教育部高等学校电工电子基础课程教学指导分委员会推荐教材

高频电子线路（第4版）

○ 曾兴雯　刘乃安　主　编

○ 曾兴雯　刘乃安　陈　健　付卫红　黑永强　编

中国教育出版传媒集团

高等教育出版社·北京

内容简介

“高频电子线路”是通信工程、电子信息工程及相关专业重要的专业基础课程。本书是《高频电子线路》(第3版)的修订版,仍然从系统原理入手,更新部分电路,进一步强化系统概念和系统设计。本书内容包括绪论,高频电路基础,高频放大器,正弦波振荡器,频谱的线性搬移电路,振幅调制、解调及混频,角度调制与解调,反馈控制电路和高频电路系统设计等九章。

本书为新形态教材,将相关知识、各章知识图谱与导学图、案例、仿真和分析视频等制作成二维码,扫描即可实现在线学习。

本书可作为通信工程、电子信息工程等专业的本科生教材,也可作为高职高专院校教材和有关工程技术人员的参考书。

图书在版编目(CIP)数据

高频电子线路/曾兴雯,刘乃安主编;曾兴雯等编.--4版.--北京:高等教育出版社,2024.1

ISBN 978-7-04-061047-5

Ⅰ.①高… Ⅱ.①曾…②刘… Ⅲ.①高频-电子电路-高等学校-教材 Ⅳ.①TN710.2

中国国家版本馆CIP数据核字(2023)第148858号

Gaopin Dianzi Xianlu

策划编辑 吴陈滨 责任编辑 杨晨 封面设计 张申申 王洋 版式设计 童丹
责任绘图 于博 责任校对 张然 责任印制 高峰

出版发行 高等教育出版社
社 址 北京市西城区德外大街4号
邮政编码 100120
印 刷 固安县铭成印刷有限公司
开 本 787mm×1092mm 1/16
印 张 24.75
字 数 610千字
购书热线 010-58581118
咨询电话 400-810-0598
网 址 http://www.hep.edu.cn
http://www.hep.com.cn
网上订购 http://www.hepmall.com.cn
http://www.hepmall.com
http://www.hepmall.cn
版 次 2004年1月第1版
2024年1月第4版
印 次 2024年9月第3次印刷
定 价 49.60元

物 料 号 61047-00

第4版前言

本书第1版为普通高等教育“十五”国家级规划教材，第2版为普通高等教育“十一五”国家级规划教材，第3版为教育部高等学校电子电气基础课程教学指导分委员会推荐教材，并为首批国家一流课程配套教材。本书是在第3版的基础上，结合近年来的技术发展和教学实践修订而成的。

近年来，随着5G移动通信系统、WiFi5/6等技术的发展，高频电子线路方面也出现了一些变化，比如新的元器件与芯片、各种物理层新技术、功能强大的设计与仿真工具、新的封装与装配工艺和新的测试技术的出现，射频带宽的宽带化等。同时，随着工程教育专业认证的深化，高校人才培养目标也有新的要求，更宽的知识面，更系统的知识体系，更全面的能力结构，特别强调解决复杂工程问题的能力。

针对这些变化，本次修订在坚持“控制篇幅，精选内容，突出重点，便于教学”指导思想和“基础性、实践性、先进性”编写原则的基础上，进一步拓展知识面，强化知识的系统性和学习的逻辑性，重点加强关键实际电路的深度原理和工程设计，将需求、原理、电路设计和系统设计，以及测试与验证结合起来，即贯彻“系统-电路-系统”的课程建设指导思想。本次修订变化主要体现在以下几方面：

1. 结合无线通信系统的发展，进一步强化无线通信电路的系统结构、电路组成和系统与电路指标。

2. 扩展知识面，增加了许多相关的人物、事件、概念、方法与工具等。

3. 为了便于学习，增加各章的知识图谱和知识点与能力点要求。

4. 增加实际电路和新型元器件特别是集成电路的内容以及高频电路工程实现的内容。

5. 将系统设计与电路设计相结合，细化系统设计，增加相关案例，单独一章以集成电路为例讨论系统设计。

本书为新形态教材，将相关知识、各章知识图谱与导学图、案例、仿真和分析视频等制作成二维码，扫描即可实现在线学习。

本书可作为通信工程、电子信息工程等专业的本科生教材，也可作为高职高专院校教材和有关工程技术人员的参考书。在使用本教材时可根据各学校、各专业的具体要求选择本教材的内容实施教学。

本书由曾兴雯和刘乃安主编，刘乃安统稿全书，陈健、付卫红和黑永强编写了部分内容。

在本书修订过程中，得到了西安电子科技大学通信工程学院有关同事的支持和帮助，在此表示深深的谢意。西安交通大学邓建国教授在百忙中审阅了全部书稿，并提出了许多宝贵意见，在此深表感谢！感谢高等教育出版社对本教材修订的支持和帮助。在这里还要感谢我们的家人对本书编写的支持。

由于作者水平有限，本书中难免有不妥和错误之处，恳请读者批评指正。编者邮箱：naliu@mail. xidian. edu. cn。

编者

2023 年 3 月　于西安电子科技大学

第3版前言

本书第1版为普通高等教育“十五”国家级规划教材,第2版是普通高等教育“十一五”国家级规划教材。本书是教育部高等学校电子电气基础课程教学指导分委员会推荐教材,是在第2版的基础上,结合近年来的技术发展和教学实践修订而成。

作为通信工程、电子信息工程等相关电子信息类专业的核心专业基础课程,如何面对科学技术的飞速发展,如何将最新的科学技术成果引入课程,又不失课程的基础性,即在保证课程基础性的前提下,体现科学技术的发展和最新的技术成果,是我们在教学过程中不断探索和思考的问题,是业内同行十分关心的问题,也是“高频电子线路”这门课程发展方向的问题。我们试图将思考和实际的课程讲授反映在本教材之中,与业内同行共同研究和探讨。

通过多年的教学实践和工程应用,在国家精品课程和国家精品资源共享课程的建设中,我们认为:配套本教材的课程体系已经形成,相关课程的知识与能力结构衔接比较好,针对“高频电子线路”课程的基本内容变化不多,但随着技术的发展和需求的变化,高频电子线路方面出现了一些变化,主要体现在新的元器件与芯片、各种物理层新技术的出现,射频带宽的宽带化,功能强大的设计与仿真工具,封装与装配工艺和新的测试技术等。同时,也存在着一些问题,如关键实际电路和工程设计,特别是系统设计强调和训练不够,针对工程教育专业认证要求的解决复杂工程问题的能力涉及不足。

针对以上现状,本次修订在坚持“控制篇幅,精选内容,突出重点,便于教学”指导思想和“基础性、实践性、先进性”编写原则的基础上,进一步强化工程性和实用性,着重强调系统性,以及本课程在专业培养方案中的作用和地位,针对课程特点,从系统原理入手,以分立元件讲述单元电路原理与设计以及在系统中的地位与作用,最后回到系统,以集成电路为例讨论系统设计,即贯彻“系统—电路—系统”的课程建设指导思想。本次修订主要在以下几方面做了较大改动。

1. 以无线通信系统为主线,进一步强化无线收发信机的结构、电路组成和系统指标,并在绪论中介绍高频电路的发展趋势。

2. 明确高频电路的特点,清楚解析高频电路中的两个重要基础问题——阻抗匹配与阻抗变换和非线性。

3. 增加实际电路和新型元器件特别是集成电路的内容以及高频电路工程实现的内容。

4. 精简内容,强化系统设计,删去“高频电路新技术”一章(部分内容分散到其他各章节)和“整机线路分析的内容”,专设“高频电路系统设计”一章,并以示例加以介绍。

5. 精选习题,增加具有扩展性和深度的思考题。

本教材可作为高等院校通信工程、电子信息工程等专业的教材,或者作为有关工程技术人员的参考书。在使用本教材时可根据各学校、各专业的具体要求选择本教材的内容实施教学。

本书由曾兴雯主编，并编写了第五、六、七章，刘乃安编写了第一、二、八、九章，陈健编写了第三、四章，付卫红选编了思考题和练习题。

本教材修订过程中，得到了西安电子科技大学通信工程学院有关同事的支持和帮助，在此表示深深的谢意。西北工业大学王永生教授在百忙中审阅了全部书稿，并提出了许多宝贵意见，在此深表感谢！感谢高等教育出版社编辑对本教材修订再版的支持和帮助。在这里还要感谢我们的家人对本书编写的支持。

由于作者水平有限，本书中难免有不妥和错误之处，恳请读者批评指正。

编者邮箱为 xwzeng@ mail.xidian.edu.cn。

编　者

2015 年 6 月　于西安电子科技大学

第2版前言

本书是在2004年1月出版的普通高等教育“十五”国家级规划教材《高频电子线路》的基础上编写的，为普通高等教育“十一五”国家级规划教材。

第2版仍然坚持“控制篇幅，精选内容，突出重点，便于教学”的指导思想和“基础性、实践性、先进性”的编写原则，根据专业发展和教学改革的成果，进一步加强实践性和实用性，深化先进性，强调系统性。第二版主要在以下几方面做了较大改动。

1. 在第一章绪论中强化了无线通信系统的组成以及与高频电子线路的关系，细化了收发信机结构，介绍了无线信道的特性，为后面单元电路的分析与设计、整机线路分析与系统设计打下基础。

2. 第二章中修改了“噪声系数与接收机灵敏度”部分的内容，讨论了最小可检测信号的概念及其与接收机灵敏度和动态范围的关系，为后面的系统设计奠定基础。

3. 第三章中增加了“低噪声小信号放大器的设计”和“功率放大器线性化技术”两节，在第四章中增加了“负阻振荡器”一节，将原来第二节中的“压控振荡器”充实，成为单独一节。

4. 根据调频电路的分类，第七章中将原来的“调频电路”扩编成“变容二极管直接调频电路”“其他直接调频电路”和“间接调频电路”三节，将“相位鉴频器电路”单独成节，强化了电路及其实用性。

5. 在第八章中充实了AGC和AFC的原理，增加了锁相环非线性分析和小数分频频率合成的内容。第九章充实了软件无线电技术及其应用方面的内容。

6. 为了加强系统性，并考虑到高频电子线路主要应包括电路分析和设计两方面的内容，第十章重点讨论整机线路分析和系统设计，增加了“系统设计”一节。这部分内容既可有选择地在课堂上讲授，也可作为参考资料，由学生结合实际自学。

本书可作为通信工程、电子信息工程等专业的本科生教材，也可作为大专、电大、职大的教材和有关工程技术人员的参考书。在使用本书时可根据各学校、各专业的具体要求选择本书的内容实施教学。

本书由曾兴雯主编，并编写了第五、六、七章，刘乃安编写了第一、二、八、十章，陈健编写了第三、四章，付卫红编写了第九章并选编了思考题与练习题。

本书修订过程中，得到了西安电子科技大学通信工程学院有关同事的支持和帮助，在此表示深深的谢意。感谢高等教育出版社对本书修订再版的支持和帮助。在这里还要感谢我们的家人对本书编写的支持。

由于编者水平有限，本书中难免有不妥和错误之处，恳请读者批评指正。

编　者

2009年3月　于西安电子科技大学

第1版前言

在信息时代飞速发展的今天，对信息的获取、传输与处理的方法越来越受到人们的重视，信息科学技术已成为21世纪国际社会和世界经济发展的新的强大推动力。信息作为一种资源，只有通过广泛地传播与交换，促进人们的交流与合作，才能创造和产生出巨大的经济效益。信息的传播与交换是依靠各通信系统实现的。

“高频电子线路”是通信工程、电子信息工程等电子信息类专业重要的专业基础课程，有很强的理论性、工程性和实践性。随着科学技术的迅速发展，“高频电子线路”从内容和形式上都发生了很大变化，各相关专业对该门课程的要求也发生了较大变化，编写出符合专业需要、适应科学技术发展的新教材，是我们编写本教材的基本原则。根据我们多年的教学和科研实践，对高频电子线路的内容和重点有了较深刻的认识，在参考了国内外有关教材的基础上，确定了本教材“控制篇幅，精选内容，突出重点，便于教学”的编写指导思想。

随着科学技术的发展，专业的教学计划需要调整，课程的内容和形式也必须随之而调整，要不断地引进新的思想、新的技术和新的器件，更新内容。作为一门专业基础课教材，本书在强调课程的基本概念、基本原理、基本电路和基本分析方法的基础上，与科学技术的发展紧密结合，将本课程所涉及的新技术、新器件（部件）充实其中，既强调了基础性、实践性，又不失其先进性。

全书共分十章。

第一章为绪论，主要介绍通信系统的组成、通信系统的一些基本概念、本课程的特点和难点等。

第二章为高频电子线路基础，主要介绍高频电路中的元器件和基本电路，重点在谐振回路。本章另一个内容是电子噪声，介绍了电子噪声的来源与特性、噪声系数和噪声温度的概念、计算方法和用途。

第三章为高频谐振放大器，主要内容有高频小信号放大器的工作原理、性能指标、稳定性，高频集成放大器等；高频功率谐振放大器的工作原理、分析方法、外部特性、实际线路等。

第四章介绍正弦波振荡器的原理、*LC* 振荡器的原理和实际线路、晶体振荡器、振荡器的频率稳定性分析等。

第五章主要介绍频谱的线性搬移电路的原理和线路组成，包括二极管电路、差分对电路、晶体管和场效应管电路。

第六章介绍振幅调制、解调和混频的原理和实现方法。振幅调制、解调和混频均属于频谱的线性搬移，在实现方法上是相同的。第五章和第六章属于同一单元，第五章为第六章具体频谱搬移电路的实现打基础。

第七章介绍角度调制，重点是频率调制和解调的原理、实现方法。频率调制与解调是频谱的非线性搬移，其实现方法有别于频谱的线性搬移。相位调制的原理与电路与频率调制相似。

第八章介绍反馈控制电路，包括自动增益控制电路、自动频率控制电路、锁相环和频率合成器电路的原理和实现电路。

第九章介绍高频电路的新技术，主要有高频集成电路、高频电路 EDA 及软件无线电技术等。

第十章介绍典型整机电路。

本书由曾兴雯主编，参加编写的还有刘乃安、陈健。刘乃安编写了第一、二、七、九章，陈健编写了第三、四、十章，曾兴雯编写了第五、六、八章。

本书是在我校其他老师的工作基础上和支持下完成的。首先要感谢我们的恩师杜武林教授，可以这样说，没有杜教授的支持和为我们打下的基础，就不可能有本书的出版，我们以此书的出版献给我们敬爱的杜武林教授。同时要感谢张厥盛教授、魏柃教授和李纪澄教授，对他们为本书的贡献表示敬意。

西北工业大学的王永生教授在百忙中审阅了本书，提出了很好的意见和建议，对此我们表示深深的谢意。

由于作者水平有限，本书中难免有不妥和错误之处，恳请读者批评指正。

编　者

2003年6月　于西安电子科技大学

目　录

第一章　绪论 …… 1

第一节　无线通信系统概述 …… 1

一、无线通信系统的组成原理 …… 1

二、无线通信中的信号与调制 …… 2

三、无线通信系统的类型 …… 6

四、无线通信系统的要求与指标 …… 8

第二节　射频前端结构 …… 8

一、发信(射)机结构 …… 9

二、接收机结构 …… 9

三、天线 …… 12

第三节　高频电子线路发展趋势 …… 13

一、高频集成电路发展趋势 …… 13

二、高频电路 EDA …… 15

第四节　本课程的特点与学习方法 …… 17

思考题与练习题 …… 18

第二章　高频电路基础 …… 19

第一节　高频电路中的基本元器件 …… 19

一、高频电路中的元件 …… 19

二、高频电路中的有源器件 …… 21

第二节　高频电路中的基本电路 …… 23

一、高频振荡回路 …… 23

二、高频变压器和传输线变压器 …… 33

三、石英晶体谐振器 …… 36

四、集中滤波器 …… 40

五、衰减器与匹配器 …… 44

第三节　电子噪声及其特性 …… 46

一、概述 …… 46

二、电子噪声的来源与特性 …… 46

第四节　噪声系数和噪声温度 …… 52

一、噪声系数 …… 52

二、噪声系数的计算 …… 54

三、噪声系数的测量 …… 57

四、噪声温度 …… 58

五、噪声系数与接收机灵敏度 …… 59

思考题与练习题 …… 60

第三章　高频放大器 …… 62

第一节　高频小信号选频放大器 …… 62

一、高频小信号谐振放大器的工作原理 …… 63

二、放大器性能分析 …… 63

三、高频谐振放大器的稳定性 …… 66

四、多级谐振放大器 …… 68

五、高频集成放大器 …… 70

第二节　低噪声小信号放大器的设计 …… 72

一、半导体器件及其工作点选择 …… 73

二、放大器噪声匹配网络的设计 …… 73

三、电容、电感选择 …… 75

四、电磁兼容考虑 …… 75

五、集成低噪声放大器 …… 75

第三节　高频功率放大器的原理与特性 …… 76

一、高频功率放大器的工作原理 …… 76

二、高频谐振功率放大器的工作状态 …… 79

三、高频功率放大器的外部特性 …… 82

第四节　高频功率放大器的高频效应 …… 86

一、少数载流子的渡越时间效应 …… 86

二、非线性电抗效应 …… 87

三、发射极引线电感的影响 …… 87

四、饱和压降的影响 …… 88

第五节　高频功率放大器的实际线路 …… 88

一、直流馈电线路 …… 88
二、输出匹配网络 …… 90
三、推挽连接线路 …… 94
四、高频功率放大器的实际线路举例 …… 95
第六节 功率放大器线性化技术 …… 96
一、功率回退法 …… 98
二、预失真线性化法 …… 99
三、前馈法 …… 99
四、负反馈法 …… 100
五、包络消除与恢复法 …… 100
第七节 高效功率放大器、功率合成与射频模块放大器 …… 101
一、D类高频功率放大器 …… 101
二、E类高频功率放大器 …… 105
三、功率合成器 …… 106
四、射频模块放大器 …… 108
思考题与练习题 …… 114
第四章 正弦波振荡器 …… 117
第一节 反馈振荡器的原理 …… 117
一、反馈振荡器的原理分析 …… 117
二、平衡条件 …… 118
三、起振条件 …… 119
四、稳定条件 …… 120
五、振荡电路举例——互感耦合振荡器 …… 121
六、振荡器主要技术指标 …… 121
第二节 *LC* 振荡器 …… 122
一、*LC* 振荡器的组成原则 …… 122
二、电容反馈振荡器 …… 124
三、电感反馈振荡器 …… 126
四、两种改进型电容反馈振荡器 …… 127
五、场效应管振荡器 …… 129
六、单片集成振荡器举例 …… 129
第三节 振荡器的频率稳定度 …… 131
一、频率稳定度的意义和表征 …… 131
二、振荡器的稳频原理 …… 132
三、提高频率稳定度的措施 …… 134
第四节 *LC* 振荡器的设计方法 …… 134
一、振荡器电路选择 …… 135
二、晶体管选择 …… 135
三、直流馈电线路选择 …… 135
四、振荡回路元件选择 …… 135
五、反馈回路元件选择 …… 135
第五节 石英晶体振荡器 …… 136
一、石英晶体振荡器频率稳定度 …… 136
二、晶体振荡器电路 …… 136
三、高稳定度晶体振荡器 …… 139
四、MEMS 硅晶振简介 …… 140
第六节 负阻振荡器 …… 141
一、负阻振荡器原理 …… 141
二、负阻器件 …… 142
三、负阻振荡器电路 …… 143
第七节 压控振荡器 …… 145
第八节 振荡器中的几种现象 …… 149
一、间歇振荡 …… 149
二、频率拖曳现象 …… 150
三、频率占据现象 …… 151
四、寄生振荡 …… 153
思考题与练习题 …… 155
第五章 频谱的线性搬移电路 …… 161
第一节 非线性电路的分析方法 …… 161
一、非线性函数的幂级数展开分析法 …… 162
二、线性时变电路分析法 …… 164
第二节 二极管电路 …… 166
一、单二极管电路 …… 166
二、二极管平衡电路 …… 169
三、二极管环形电路 …… 171
第三节 差分对电路 …… 176
一、单差分对电路 …… 176
二、双差分对电路 …… 179
第四节 其他频谱线性搬移电路 …… 183
一、晶体管频谱线性搬移电路 …… 183
二、场效应管频谱线性搬移电路 …… 185

思考题与练习题 …… 186

第六章 振幅调制、解调及混频 …… 189

第一节 振幅调制 …… 189

一、振幅调制信号分析 …… 189

二、振幅调制电路 …… 195

第二节 调幅信号的解调 …… 207

一、调幅信号解调的方法 …… 207

二、二极管峰值包络检波器 …… 209

三、同步检波 …… 219

第三节 混频 …… 222

一、混频概述 …… 222

二、混频电路 …… 226

三、软件无线电中的数字混频器 …… 234

第四节 混频器的干扰 …… 234

一、信号与本振的自身组合干扰 …… 235

二、外来干扰与本振的组合干扰 …… 236

三、交叉调制干扰(交调干扰) …… 238

四、互相调制干扰 …… 239

五、包络失真和阻塞干扰 …… 240

六、倒易混频 …… 240

思考题与练习题 …… 241

第七章 角度调制与解调 …… 249

第一节 角度调制信号分析 …… 250

一、调频信号分析 …… 250

二、调相信号分析 …… 255

三、调频信号与调相信号的比较 …… 257

第二节 调频方法 …… 257

一、调频方法概述 …… 257

二、调频电路的调频特性 …… 260

第三节 变容二极管调频电路 …… 260

一、变容二极管 …… 260

二、变容二极管直接调频电路 …… 262

第四节 其他直接调频电路 …… 267

一、晶体振荡器直接调频电路 …… 267

二、张弛振荡器直接调频电路 …… 268

第五节 间接调频电路 …… 269

一、回路参数调相电路 …… 269

二、*RC* 网络调相电路 …… 271

三、可变延时法调相电路 …… 271

第六节 调频信号的解调 …… 273

一、鉴频器的性能指标 …… 273

二、直接鉴频 …… 274

三、间接鉴频 …… 275

第七节 相位鉴频器电路 …… 285

一、互感耦合相位鉴频器 …… 285

二、电容耦合相位鉴频器 …… 289

三、比例鉴频器 …… 290

第八节 调频收发信机及附属电路 …… 293

一、调频发信机 …… 293

二、调频接收机 …… 294

三、附属电路与特殊电路 …… 296

第九节 调频多重广播 …… 299

一、调频立体声广播 …… 299

二、电视伴音的多重广播 …… 301

思考题与练习题 …… 301

第八章 反馈控制电路 …… 307

第一节 自动增益控制电路 …… 308

一、AGC 电路原理 …… 309

二、AGC 电路 …… 311

三、增益控制电路 …… 313

第二节 自动频率控制电路 …… 315

一、AFC 电路的组成原理 …… 315

二、AFC 在通信电子电路中的应用 …… 317

第三节 锁相环路 …… 318

一、锁相环的基本原理 …… 319

二、锁相环工作过程的定性分析 …… 323

三、锁相环的线性分析 …… 326

四、锁相环的非线性分析 …… 332

五、锁相环在通信电子线路中的应用 …… 334

第四节 频率合成器 …… 336

一、频率合成器及其技术指标 …… 336

二、频率合成方法 …… 338

三、锁相频率合成器 …………………… 344
四、集成锁相频率合成器 ………………… 347
思考题与练习题…………………………… 351
第九章　高频电路系统设计 ………… 354
第一节　高频电路系统设计方法 ……… 354
一、系统总传输损耗 …………………… 354
二、链路预算与系统设计 ……………… 357
三、接收机设计与指标分配 …………… 359
四、发射机设计与指标分配 …………… 365
第二节　WLAN 射频电路系统设计 …… 366
一、WLAN 系统链路预算与指标分配 ………………………… 366
二、WLAN 射频电路系统实现 ………… 369
三、WLAN 射频电路中的关键技术 … 375
思考题与练习题…………………………… 377
参考文献 ……………………………… 378

第一章

绪 论

随着技术的飞速发展，无线通信系统和基于无线通信的4G/5G移动通信、WiFi6、物联网(IoT)、移动互联网等技术已广泛应用于国民经济、国防建设和人们日常生活的各个领域。实现无线通信的关键就是利用高频(射频)信号来实现信息传输。本书将主要结合无线通信来讨论用于各种电子与通信系统及其设备中的高频电子线路，特别是高频电子线路的组成、工作原理和分析、设计以及相关工程技术问题。本章将从整体上介绍无线通信系统的组成原理和技术要求，讨论射频发信机和接收机的结构与特点，分析高频电子线路的发展趋势，给出本课程的特点与学习方法。

第一章
导学图与要求

第一节 无线通信系统概述

高频电子线路是通信系统，特别是无线通信系统的基础，是无线通信设备的重要组成部分。

一、无线通信系统的组成原理

麦克斯韦(Maxwell)在1861年从理论上预言了电磁波的存在，通过1888年赫兹(Hertz)的火花放电实验得以证明。从1896年马可尼(Marconi)的无线通信实验开始，出现了无线通信技术，并逐步涉及陆地、海洋、航空、航天等固定和移动无线通信领域。现在的无线通信技术已相当成熟，并还在继续发展。

麦克斯韦

无线通信(或称无线电通信)的类型很多，可以根据传输方法、频率范围、用途等来分类。不同的无线通信系统，其设备组成和复杂度虽然有较大差异，但它们的基本组成不变，图1-1是典型的点对点双向无线通信系统基本组成示意图。

赫兹

图1-1所示示意图中发送链路和接收链路都由前端电路、后端电路和用户电路三部分组成。用户电路属于信源和信宿设备，用来产生或接收信息，如语音通信的话筒将声音变换为电信号，扬声器将接收到的电信号变换为声音。发送端用户电路的这种变换是将信源产生的原始信息变换成电信号，而这一信号的频谱通常靠近零频附近，属于低频信号，称为基带(baseband)信号。基带信号可以是模拟的、脉冲式的或数字式的信号，但只是对原始信息的直接映射，没有附加任何其他信息。基带信号对于传输系统的设计者来说通常都具有不可预知的特性。为了压缩信息带宽，可以对此基带信号进行信源编码。不同的通信业务，有不同的用户电路。用户电路及其相关低频电路不是本书讨论的内容。

马可尼

对于通常的电子系统，后端电路可以是其他功能电路，而对于通信系统，对信号的处理通常是调制(modulation)和解调(demodulation)。发送链路中的调制，是将基带信号变换成适合在信道中传输的信号形式。调制后的信号称为已调信号(modulated signal)，相应的没有进行调制之

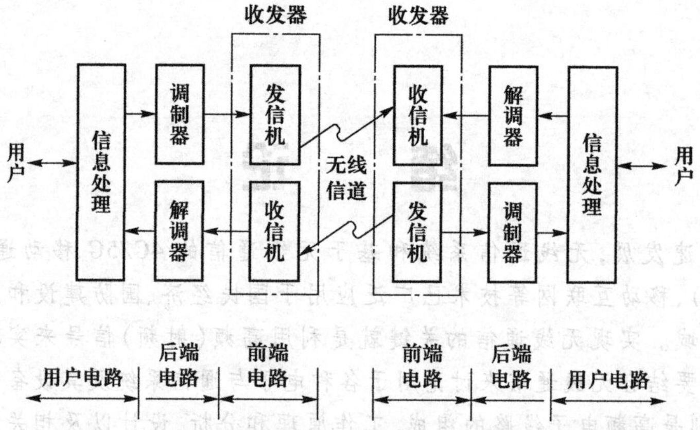
收发器
收发器
用户
信息处理
调制器
发信机
收信机
解调器
信息处理
用户
无线信道
解调器
收信机
发信机
调制器
用户电路
后端电路
前端电路
前端电路
后端电路
用户电路

图 1-1　典型的点对点双向无线通信系统基本组成示意图

前的基带信号也可称为调制信号(modulating signal)。已调信号通常为射频或高频的带通信号,但也可在基带上实现数字调制或星座映射。调制时还需要一个高频振荡信号,称为载波(carrier),它可由高频振荡器(oscillator)或频率合成器(frequency synthesizer)产生。实现调制的电路称为调制器(modulator)。在接收链路中,将接收到的已调信号变换(恢复)为基带信号的过程称为解调,把实现解调的部件称为解调器(demodulator)。解调时一般也需要一个本地的高频振荡信号,称为恢复载波(或插入载波)。有时将收发设备中的调制器和解调器合称为调制解调器(modem)。

前端电路主要包括发信机(发射机)、收信机(接收机)、天线和馈线(有时将直接调制的调制器也归于前端电路)以及一些辅助或支持电路等。由于前端电路一般工作于射频(高频),因此,前端电路通常称为射频前端或射频收发器(收发信机)。发信机将调制后的信号变换到频率较高的载波上,使所传送信号的时域和频域的特性更好地与信道特性相匹配。接收机将动态范围很宽的射频信号由高频变换到适宜处理的低频。接收机接收到的是高频、小信号、大动态范围和低信噪比的信号,因此,接收机通常采用高精度的滤波器、低噪声放大器和混频器等模拟电路。天线用来实现射频信号的有效辐射与接收。在前端电路中进行复杂的处理的目的,除了方便实现干扰抑制、电平变换之外,最主要的就是在天线尺寸合理的条件下得到足够高的辐射和接收效率。

调制解调器和收发信机都可以认为是对高频信号进行处理的电路。

二、无线通信中的信号与调制

1. 无线通信中的信号

无线通信是靠电磁波实现信息传输的。自然界中存在的电磁波的频谱很宽,如图 1-2 所示,无线电波、红外线、可见光等都属于电磁波。在自由空间中,波长与频率存在以下关系

$$c=f\lambda \tag{1-1}$$

式中,c 为光速,f 和 λ 分别为电磁波的频率和波长,因此,无线电波也可以认为是一种频率相对较低的电磁波,无线电波的频率是一种重要资源。

对频率或波长进行分段,分别称为频段(或波段)。不同频段信号的产生、放大和接收的方法不同,传播的能力和方式也不同,因而它们的分析方法和应用范围也不同。表 1-1 列出了无线电波的频(波)段划分及其主要传播方式和用途等。表中关于频段、传播方式和用途的划分是相对而言的,相邻频段间无绝对的分界线。

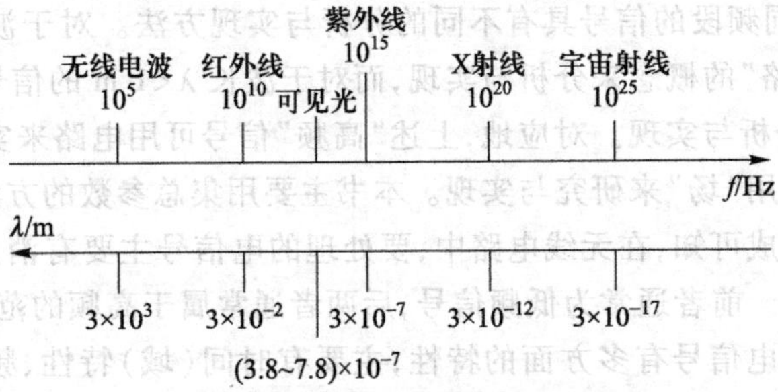
紫外线
10^{15}
无线电波
10^5
红外线
10^{10}
可见光
X射线
10^{20}
宇宙射线
10^{25}
f/Hz
λ/m
3×10^3
3×10^{-2}
3×10^{-7}
3×10^{-12}
3×10^{-17}
$(3.8\sim7.8)\times10^{-7}$

图 1-2　电磁波频谱

表 1-1　无线电波的频(波)段划分表

波段名称		波长范围	频率范围	频段名称	主要传播方式和用途
长波(LW)		$10^3\sim10^4$ m	30~300 kHz	低频(LF)	地波;远距离通信
中波(MW)		$10^2\sim10^3$ m	300 kHz~3 MHz	中频(MF)	地波、天波;广播、通信、导航
短波(SW)		10~100 m	3~30 MHz	高频(HF)	地波、天波;广播、通信
超短波(VSW)		1~10 m	30~300 MHz	甚高频(VHF)	直线传播、对流层散射;通信、电视广播、调频广播、雷达
微波	分米波(USW)	10~100 cm	300 MHz~3 GHz	特高频(UHF)	直线传播、散射传播;通信、中继与卫星通信、雷达、电视广播
	厘米波(SSW)	1~10 cm	3~30 GHz	超高频(SHF)	直线传播;中继和卫星通信、雷达
	毫米波(ESW)	1~10 mm	30~300 GHz	极高频(EHF)	直线传播;微波通信、雷达

"高频"也是一个相对的概念,表中的"高频"指的是短波频段,其频率范围为3~30 MHz,这只是"高频"的狭义解释。而广义的"高频"指的是射频(radio frequency,RF),其频率范围非常宽。只要电路尺寸比工作波长小得多,仍可用集总参数来分析实现,都可认为属于"高频"范围。就目前的技术水平来讲,"高频"的上限频率可达微波频段(如3~5 GHz)。更高的频段称为微波,主要由UHF、SHF和EHF三个频段组成,表1-2为IEEE给出的更为详细的工业用微波频段的定义。

高频与射频

表 1-2　IEEE 定义的工业用微波频段

频带名称	频率范围/GHz	频带名称	频率范围/GHz
L	1.0~2.0	S	2.0~4.0
C	4.0~8.0	X	8.0~12.0
Ku	12.0~18.0	K	18.0~26.5
Ka	26.5~40.0	Q	33.0~50.0
U	40.0~60.0	V	50.0~75.0
E	60.0~90.0	W	75.0~110.0
F	90.0~140.0	D	110.0~170.0
G	140.0~220.0		

需要强调的是,不同频段的信号具有不同的分析与实现方法。对于波长$\lambda \geqslant 1$ m的信号通常用集总参数的方法和“路”的概念来分析与实现,而对于波长$\lambda<1$ m的信号一般应用分布参数的方法和“场”的概念来分析与实现。对应地,上述“高频”信号可用电路来实现,称为“高频电路”,频率很高的微波信号要用“场”来研究与实现。本书主要用集总参数的方法讨论高频电子线路。

由无线通信系统组成可知,在无线电路中,要处理的电信号主要有消息(基带)信号、高频载波信号和已调信号三种。前者通常为低频信号,后两者通常属于高频的范畴。

频谱与频谱分析仪

无线电信号有多方面的特性,主要有时间(域)特性、频谱特性、调制特性、传播特性等。无线电信号的时间特性就是信号随时间变化快慢的特性。信号的时间特性要求传输该信号的电路的时间特性(如时间常数)与之相适应。频谱特性包含幅频特性和相频特性两部分,它们分别反映信号中各个频率分量的振幅和相位的分布情况。在通信系统中传输的信号,一般情况下都不是单一频率的信号,而是占据一定的带宽。从频谱特性上看,带宽就是信号能量主要部分(一般为90%以上)所占据的频率范围或频带宽度。不同的信号,其带宽不同。频率越高的频段,可利用的频带宽度就越宽,不仅可以容纳许多互不干扰的信道,从而实现频分复用(FDM)或频分多址(FDMA),而且也可以传播某些宽频带的消息信号(如图像信号),这是无线通信采用高频的原因之一。测量信号时域特性的示波器和频域特性的频谱分析仪都可以看作是具有信号处理功能的接收机。

电磁波的传播特性指的是无线电信号的传播方式、传播距离、传播特点等。无线电信号的传播特性主要根据其所处的频段或波段来区分。

电磁波从发射天线辐射到空间后,不仅其能量会扩散衰减,接收机只能收到其中极小的一部分,而且在传播过程中,电磁波的能量会被地面、建筑物或高空的电离层吸收或反射,或者在大气层中产生折射或散射等现象,形成直射(视距)传播、绕射(地波)传播、折射和反射(天波)传播及散射传播等,如图 1-3 所示,从而使到达接收机时的强度大大衰减。在移动无线环境中,还会由于多径或运动的原因而产生快衰落。决定传播方式和传播特点的关键因素是电磁波的频率。

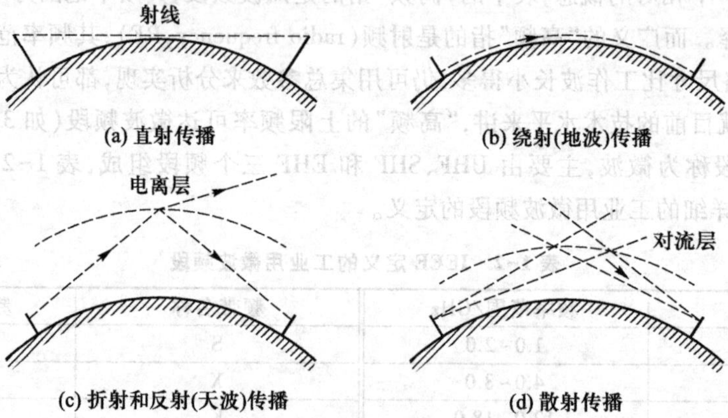
射线
(a) 直射传播
(b) 绕射(地波)传播
电离层
对流层
(c) 折射和反射(天波)传播
(d) 散射传播

图 1-3　电磁波的主要传播方式

一般来讲,电磁波信号的辐射是多方向的。由于地球是一个巨大的导体,电磁波沿地面传播(绕射)时能量会被吸收,通常是波长越长(或频率越低),被吸收的能量越少,损耗就越小,因此,中、低频(或中、长波)信号可以以地波的方式绕射传播很远,并且比较稳定,多用于远距离通信与导航。实际上，绕射依赖于电磁波的波长，物体的体积与形状，绕射点入射波的振幅、相位和极化情况等，当电磁波的波长大于物体的体积时容易发生绕射。

短波波段的无线电波沿地面传播的距离很近，远距离传播主要靠电离层。地球外部包裹着厚厚的大气层，在大气层中离地面 60~600 km 的区域称为电离层（ionosphere），它是由于太阳和星际空间的辐射引起大气电离而产生的。电离层从里往外可以分为 D、E、F_1、F_2 四层，D 层和 F_1 层在夜晚几乎消失，因此经常存在的是 E 层和 F_2 层。电离层对通过的电磁波也有吸收作用，频率越高的信号，电离层吸收能力越弱，或者说电波的穿透能力越强。因此，频率太高的信号会穿过电离层而到达外层空间。另一方面，电离层也是一层介质，对射向它的电磁波会产生反射与折射作用。入射角越大，越易反射；入射角太小，容易折射。在通常情况下，对于短波信号，F_2 层是反射层，D、E 层是吸收层（因为它们的电子密度小，不满足反射条件）。F_2 层的高度为 250~300 km，所以，一次反射的最大跳距约 4 000 km。应当指出，由于电离层的状态随着时间（年、季、月、天、小时甚至更小单位）而变化，因此，利用电离层进行的短波通信并不稳定。但由于电离层离地面较高，因此，短波通信可以方便地通过反射实现远距离传输。需要指出，电磁波的反射传播不只存在于电离层中。由于电磁波在不同性质的介质交界处都会发生反射，因此，当电磁波遇到比波长大得多的物体时将产生反射，也就是说，反射也发生于地球表面、建筑物表面等许多地方。

离地面 10~12 km 范围内的大气层称为对流层（troposphere），该层的空气密度较高，所有的大气现象（如风、雨、雷、电等）都发生在这一层，散射现象也主要发生在对流层。在对流层中由于大气湍流运动等原因形成的不均匀性就是电磁波的散射源。散射具有很强的方向性和随机性，接收到的能量与入射线和散射线的夹角有关。散射信号随时间的变化分为慢衰落和快衰落两种，前者取决于气象条件，后者由多径传播引起。散射传播还有一定的散射损耗。散射传播一跳的传播距离为 100~500 km，适合的频率在 400~6 000 MHz 之间。需要指出，散射是在电磁波通过的介质中存在小于波长的物体并且单位体积内阻挡体的个数非常大时产生的，因此，散射发生于粗糙表面、小物体或不规则物体等许多地方。

频率较高的超短波及其更高频率的无线电波，主要沿空间直（视）线（line of sight，LOS）传播。由于地球曲率的原因，直射传播的距离有限，通常只能为视距，因此也称为视距传播。当然，直线传播方式可以通过架高天线、中继或卫星等方式来扩大传输距离。

总之，长波信号以地波（绕射）为主；中波和短波信号可以以地波和天波两种方式传播，不过，前者以地波传播为主，后者以天波（反射与折射）为主；超短波以上频段的信号大多以直射方式传播，也可以采用对流层散射的方式传播。

2. 无线通信中的调制

射频通信信号的设计需要在有效利用电磁频谱与所需射频硬件的复杂性和性能之间进行综合考虑。转换基带信息到射频的过程称为调制。调制在无线通信中的作用至关重要。无线电传播一般都要采用高频（射频）的另一个原因就是高频适合于天线辐射和无线传播。只有当天线的尺寸大到可以与信号波长相比拟时，天线的辐射效率才会较高，从而以较小的信号功率传播较远的距离，接收天线也才能有效地接收信号。若把低频的调制信号直接馈送至天线上，要想将它有效地变换成电磁波辐射，则所需天线的长度几乎无法实现。如果通过调制，把调制信号的频谱搬至高频载波频率，则收发天线的尺寸就可大为缩小。基于此还可以实现信道的复用，提高信道利用率。调制还有一个重要作用就是对信息进行处理或编码，以满足通信信道的需求，如抗噪声与干扰性能、抗衰落能力、可用带宽、频谱效率、功率效率、成本等，提高传输性能，实现可靠通信。

所谓调制，就是把信号变换成适合于在信道（传输链路）中进行传输的形式的加工过程。在无线通信中，基本的调制方法是使高频载波信号的一个或几个参数（振幅、频率或相位）按照基带调制信号的规律而变化。

在传统的模拟无线电通信系统中，根据载波受调参数的不同，调制分为三种基本方式，它们是振幅调制（调幅）、频率调制（调频）、相位调制（调相），分别用 AM、FM、PM 表示。频率调制与相位调制都表现为信号角度的变化，统称为角度调制。还可以有组合调制方式。当调制信号为数字信号时，通常称为键控，三种基本的键控方式为振幅键控（ASK）、频率键控（FSK）和相位键控（PSK）。不论模拟调制还是数字调制，都可以有组合调制方式，如 QAM 调制等。

一般情况下，高频载波为单一频率的正弦波，对应的调制为正弦调制。若载波为一脉冲信号，则称这种调制为脉冲调制。本课程中主要讨论模拟消息（调制）信号和正弦载波的模拟调制，但这些原理甚至电路完全可以推广到数字调制中去。

调制与解调可用模拟或数字的形式实现，还可以采用复杂的调制和解调方法、高可靠性的加密算法以及高级的误差修正技术。在调制过程中，信息的顺序和表现形式有可能发生改变，也可能增加一些额外的信息。解调是调制的逆过程，在双向通信中，实现调制和解调的复杂程度很可能是不对称的。在广播系统中，通常要求解调的复杂度要小，而不太关心调制的复杂度。

数字调制性能

不同的调制信号和不同的调制解调方式，其调制解调性能不同。衡量调制器和解调器性能优劣的指标主要是调制方式的频带利用率或频谱有效性、功率有效性及抗干扰和噪声的能力。在实际工程应用中，只有部分调制方案能够较好地实现频谱效率与硬件易用性的折中。

三、无线通信系统的类型

无线通信系统的应用、协议、标准很多，但有内在的规律和普适性，可以根据不同的方法将无线通信系统分成不同的类型。按照通信节点数来分，两个节点之间的点对点通信就是一般意义上的无线通信系统，多个节点之间通信形成无线通信网络。无线通信网络又分为有中心和无中心两种网络结构。在无线通信网络中，不论哪种网络结构，两个节点之间，无论是通过中继、接入或交换，也或者是两者直连，从物理层上看，都可以认为是一个一般意义上的无线通信系统。对于一般意义上的无线通信系统，按照无线通信系统中关键部分的不同特性，有以下一些类型：

① 按照信源产生的消息类型（基带信号的类型）分类，有模拟通信和数字通信，也可以分为语音通信、图像通信、数据通信和多媒体通信等。语音通信系统以公共交换电话网（PSTN）和移动通信系统为主要代表，电视广播系统是典型的图像通信系统，计算机通信网和互联网（Internet）是数据通信系统的代表，当前的主要通信系统都在向多媒体通信发展，如 WLAN、4G、5G、IPTV 等系统。

② 无线通信系统是利用电磁波在空间传播来传送信号的通信系统，对于无线通信系统，可以按照工作频段或传输手段分类，可分为长波或超长波通信（声呐通信）、中波通信、短波通信、超短波通信、微波通信和卫星通信等。所谓工作频率，主要指发射与接收的射频（RF）频率。射频实际上就是“高频”的广义语，它是指适合无线电波发射传播的频率。无线通信的一个发展方

向就是开辟更高的频段。要实现未来通信的目标，需要借助于无线通信系统。

③ 按照通信方式或信号传递方向来分类，可分为单工、半双工和（全）双工三种方式。所谓单工通信，指的是只能发或只能收的通信方式；半双工通信是一种既可以发也可以收，但不能同时收发的通信方式；而双工通信是一种可以同时收发的通信方式。图 1-4 所示是半双工（TDD）和全双工（FDD）通信方式的两种典型无线通信系统框图，将 TDD 通信方式中的收发转换开关（T/R）换成双工器（天线分离滤波器）就成了 FDD 通信方式。

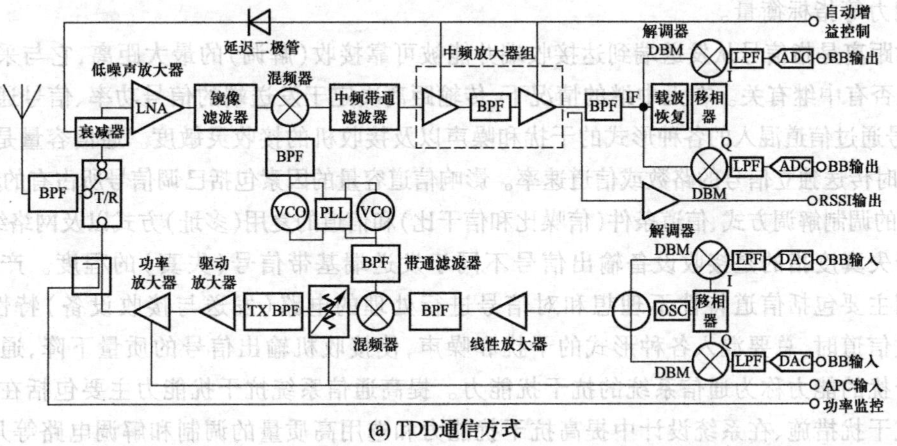

延迟二极管
低噪声放大器
衰减器
LNA
镜像滤波器
混频器
BPF
中频带通滤波器
中频放大器组
BPF
BPF
IF
解调器
DBM
载波恢复
移相器
LPF
ADC
BB输出
自动增益控制
Q
I
RSSI输出
BPF
T/R
VCO
PLL
VCO
功率放大器
驱动放大器
带通滤波器
TX BPF
混频器
线性放大器
OSC
DAC
BB输入
APC输入
功率监控

(a) TDD通信方式

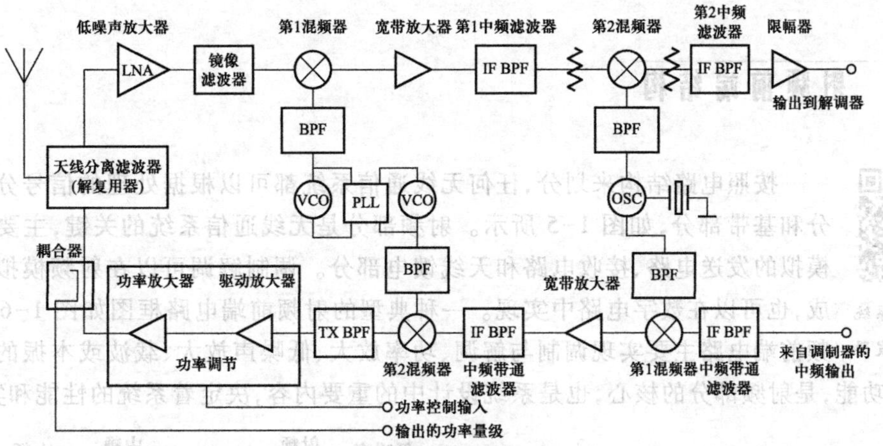

低噪声放大器
第1混频器
宽带放大器
第1中频滤波器
第2混频器
第2中频滤波器
限幅器
LNA
镜像滤波器
IF BPF
输出到解调器
BPF
天线分离滤波器（解复用器）
VCO
PLL
OSC
耦合器
功率放大器
驱动放大器
宽带放大器
TX BPF
功率调节
第2混频器
中频带通滤波器
第1混频器
来自调制器的中频输出
功率控制输入
输出的功率量级

(b) FDD通信方式

图 1-4　两种典型的无线通信系统框图

④ 按照是否采用调制可将通信系统分为频带传输系统和基带传输系统。基带传输系统的传输距离有限，频带利用率较低。无线通信系统通常采用频带传输。在频带传输系统中，按照调制方式的不同，可再分为调幅、调频、调相以及混合调制等通信系统。

⑤ 按照无线通信系统的应用场合可将通信系统分为水下通信、地面通信和空间通信等系统。水下通信系统通常靠声呐技术，空间通信系统主要指卫星通信（包括卫星中继）、遥控遥测和深空通信系统，而地面通信系统又可根据覆盖范围分为无线个人区域网（WPAN）、无线局域网（WLAN）、无线城域网（WMAN）和无线广域网（WWAN）。

各种不同类型的通信系统，其系统组成和设备的复杂程度都有很大不同，但是组成设备的基本电路及其原理都是相同的或相似的,遵从同样的规律。本书将以频带传输的模拟无线通信为重点来分析这些电子线路,认识其规律。这些电路和规律完全可以推广应用于其他类型的通信系统。

四、无线通信系统的要求与指标

无线通信系统的基本特性主要是有效性和可靠性两方面,有效性就是指空间、时间、频率的利用率,主要用传输距离和通信容量(信道容量)指标来衡量;而可靠性主要用失真度、误码率、抗干扰能力等指标衡量。

传输距离是指信号从发送端到达接收端并能被可靠接收(解调)的最大距离,它与采用的通信体制和是否有中继有关。在无中继的情况下,传输距离决定于发送端的信号功率、信号通过信道的损耗、信号通过信道混入的各种形式的干扰和噪声以及接收机的接收灵敏度。通信容量是指一个信道能够同时传送独立信号的路数或信道速率。影响信道容量的因素包括已调信号所占有的频带宽度、系统采用的调制解调方式、信道条件(信噪比和信干比)和信道的复用(多址)方式以及网络结构等。

信号失真度指的是接收设备输出信号不同于发送端基带信号(失真)的程度。产生信号失真的原因主要包括信道特性不理想和对信号进行处理的电路(发送与接收设备)特性不理想。信号通过信道时,总要混入各种形式的干扰和噪声,使接收机输出信号的质量下降,通信系统抵抗这种干扰的能力称为通信系统的抗干扰能力。提高通信系统抗干扰能力主要包括在技术体制中采取抗干扰措施、在系统设计中提高抗干扰能力和选用高质量的调制和解调电路等几方面。

第二节 射频前端结构

无线通信系统与射频收发器

按照电路结构来划分,任何无线通信系统都可以根据处理的信号分为射频部分和基带部分,如图 1-5 所示。射频部分是无线通信系统的关键,主要包括射频模拟的发送电路、接收电路和天线馈电部分。调制解调可以在射频模拟电路中完成,也可以在数字电路中实现。一种典型的射频前端电路框图如图 1-6 所示。射频前端电路主要实现调制与解调、功率放大、低噪声放大、载波或本振的产生和频率变换等功能,是射频部分的核心,也是系统设计中的重要内容,决定着系统的性能和实现代价。

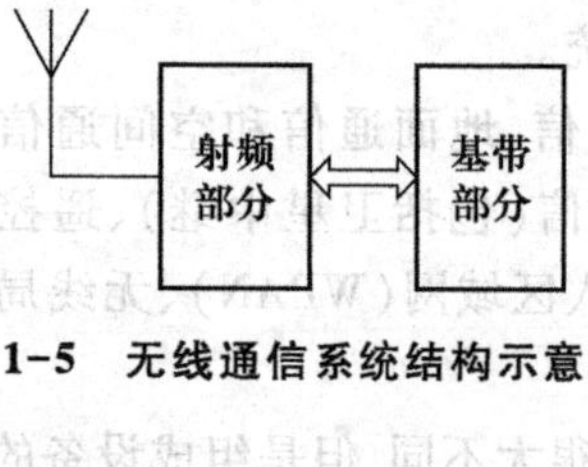
射频
部分
基带
部分

图 1-5 无线通信系统结构示意图

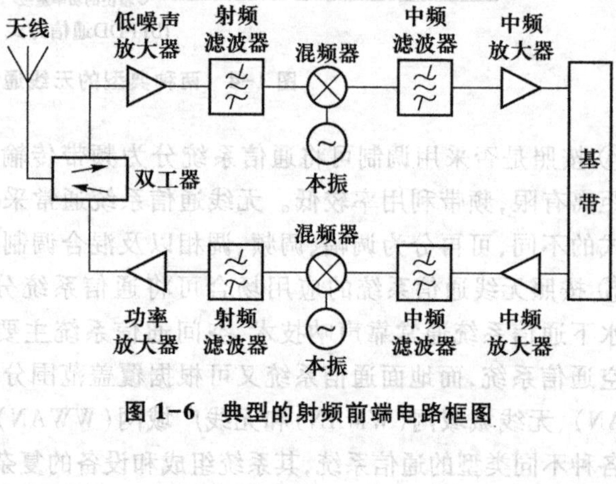
天线
低噪声
放大器
射频
滤波器
混频器
中频
滤波器
中频
放大器
本振
双工器
基带
混频器
功率
放大器
射频
滤波器
中频
滤波器
中频
放大器
本振

图 1-6 典型的射频前端电路框图

一、发信(射)机结构

发信机主要完成调制、上变频、功率放大和滤波等功能。根据调制和上变频是否合二为一,发信机可分为直接变换结构和两次变换结构两种方式,在每种方式中也都可以采用单通道调制和双通道正交调制方式。直接变换结构就是调制和上变频在一个电路里完成(通常在射频上),实现比较简单,但发射后的强信号会泄漏或反射回来影响本地振荡或载波的稳定。两次变换结构将调制和上变频(或倍频)分开进行,可避免这一缺点。

发信机的种类最多,但一般以调制方式作为分类依据,如 AM 发信机、FM 发信机、单边带(SSB)发信机等。发信机的调制可以采用基带调制、中频调制、射频直接调制等,目前中频调制用得较多。上变频也可以采用一次变频或二次变频等。不论调制方式如何,其组成基本相同,呈链状结构。发信机典型结构一般由调制器、中频放大器与滤波器、发信本振信号源、上混频器、射频滤波器和射频功率放大器等几部分组成,如图 1-7 所示。其特点是调制在中频上实现,具有较好的调制特性和设备兼容性。

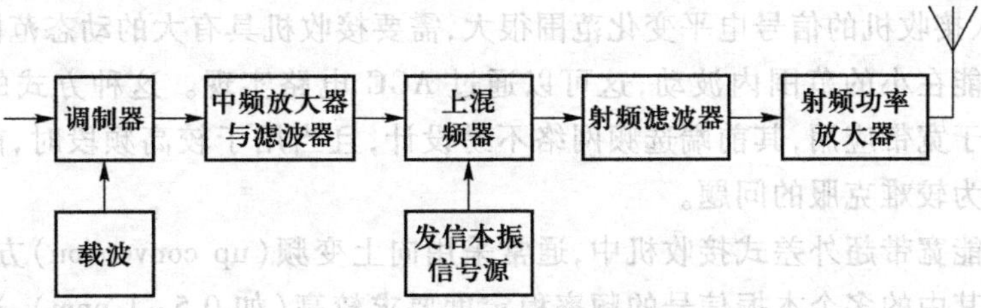
调制器
中频放大器
与滤波器
上混
频器
射频滤波器
射频功率
放大器
载波
发信本振
信号源

图 1-7　发信机典型结构

发信机的主要指标有基带信号频谱宽度、发信机工作频率、发信机输出功率、发信机工作效率、发射信号频谱纯度和频率稳定度、杂散与谐波、发信机频带宽度、信号的动态范围和发信机线性度以及驻波比等。现代无线通信对发射机的要求侧重于高频谱纯度、线性度和电源效率,由此催生的新器件、部件和相关技术,以及发信机结构在后续章节中会有介绍。

二、接收机结构

接收机的任务是有选择地放大空中微弱电磁信号,尽可能地将非所需信号和噪声排除在外,并经解调恢复出有用信息,而且要尽可能提高输出基带信号的信噪比,以保证信息的质量。接收机结构主要有超外差(super heterodyne)式、镜频抑制式、直接变换(direct conversion)式或零中频(zero IF)式和数字中频(digital IF)式等几种,长期以来,超外差式接收机都是接收系统的主流方式。

1. 超外差结构

顾名思义,“超外差”就是在接收过程中,将射频输入信号与本地振荡器产生的信号混(变)频或差拍(heterodyne),由混频器后的中频滤波器选出射频信号与本振信号频率两者的和频或差频。超外差接收机可以采用一次变频、两次变频,甚至多次变频结构,以降低放大器和滤波器实现的难度,提高镜(像)频(率)抑制能力,图 1-8 所示是一种一次变频结构的超外差式接收机组成框图。

超外差式接收机与阿姆斯特朗

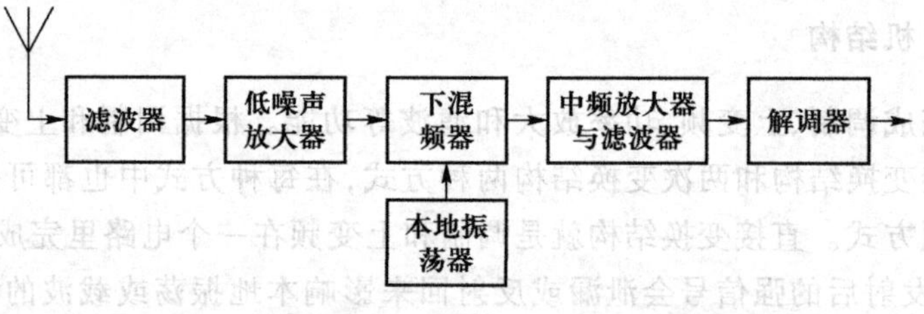
滤波器
低噪声放大器
下混频器
中频放大器与滤波器
解调器
本地振荡器

图 1-8　一次变频结构的超外差式接收机组成框图

传统的超外差式接收机采用向下变频(down conversion)方式,接收信号首先通过混频前的选频网络(镜频抑制滤波器),选出所需频率并削弱干扰,特别是镜频干扰后,经低噪声放大器放大后送到混频器进行下混频,得到中频信号。随着无线通信工作频率的不断提高,高品质因数(Q)的镜频抑制滤波器越来越难以实现,因此,高性能的超外差式接收机通常采用多级频率变换结构,使每级变频前后的工作频率之比在 10 左右。中频信号经中频滤波器滤波后再进入自动增益控制(AGC)放大器或限幅放大器中放大到合适电平,经解调器恢复出基带信号。由于无线信道存在衰落,输入接收机的信号电平变化范围很大,需要接收机具有大的动态范围,同时,要求输出信号幅度尽可能在小的范围内波动,这可以通过 AGC 电路实现。这种方式的优点是结构简单、成本低,但对于宽带应用,其前端选频网络不易设计,且当用于较高频段时,前端选频网络的可调谐性也会成为较难克服的问题。

在现代高性能宽带超外差式接收机中,通常采用向上变频(up conversion)方式,并至少需要两次频率变换。其中的多个本振信号的频率稳定度要求较高(如 0.5~1 ppm),这就需要采用复杂的锁相环或高性能的频率合成电路,也可以采用本振频率漂移抵消设计,但这增加了系统成本和复杂性。

在超外差式接收机中,中频频率是固定的,当信号频率改变时,只要相应地改变本地振荡信号频率即可。通常中频频率相对较低,中频放大器可以获得很高的稳定增益,降低了射频级实现高增益的难度,相应地,AGC 范围也就较大。由于使用高性能的中频滤波器(通常是晶体滤波器或声表面波滤波器),接收机的选择性好,抗干扰能力强。超外差结构的最大缺点就是组合干扰频率点多,特别是对于镜像频率干扰的抑制颇为麻烦,因此出现了多种镜频抑制接收方案。

2. 镜频抑制结构

镜频抑制式接收机结构有哈特莱(Hartley)和韦弗(Weaver)两种,分别如图 1-9(a)和(b)所示。

LPF
90°
$\sin\omega_{LO}t$
IF
$\cos\omega_{LO}t$
LPF
LPF
$\sin\omega_{LO1}t$
$\sin\omega_{LO2}t$
IF
$\cos\omega_{LO1}t$
$\cos\omega_{LO2}t$
LPF

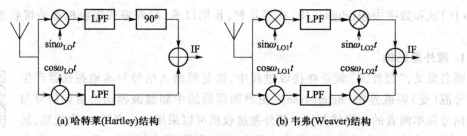

(a) 哈特莱(Hartley)结构　　(b) 韦弗(Weaver)结构

图 1-9　镜频抑制式接收机结构

哈特莱与韦弗结构理论上完全消除了镜频响应和镜频噪声，结构也比较简单，然而，这两种方法在实践中都有明显的缺点。Hartley 结构两路信道功率增益失配与相位失配相对较低，但是无法实现宽带中频（IF）下变换，要实现宽带固定移相器是相当困难的，且频率越高，难度越大。Weaver 结构是宽带 IF 下变换的基础。第一下变频后的第一中频是固定的，第二中频可以调谐到要求的 IF 频率，但结构相对复杂，两路信道的失配度相对较大。

值得注意的是，这两种结构方案的效用取决于最终实现所得到的镜频抑制度。在实际中，由于两路信道的增益与相位失配，完全抑制镜频响应是不可能的。而且随着失配增大，镜频抑制度会降低。在给定镜频抑制要求情况下，可以在前端预选器和接收机结构之间进行折中设计。

3. 直接变换结构

直接变换式接收机结构如图 1-10 所示，也是按照超外差原理设计的，只是让本地振荡频率等于载频，使中频为零（因此也称为零中频结构），从而不存在镜像频率，也就避免了镜频干扰的抑制问题。接收的信号通过直接变换处理成为零中频的低频基带信号，但不一定经过解调，可能需要在基带上进行同步与解调。另外，直接变换结构中射频部分只有高放和混频器，增益低，易满足线性动态范围的要求；由于下变频后为低频基带信号，只需用低通滤波器来选择信道即可，省去了价格昂贵的中频滤波器，体积小，功耗低，便于集成，多用于便携式的低功耗设备中。但是，直接变换结构也存在着本振泄漏与辐射、直流偏移（DC offset）、闪烁噪声、两支路平衡与匹配问题等缺点。

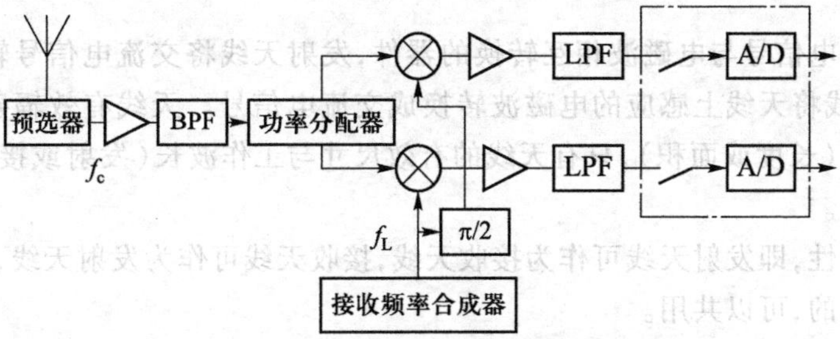
预选器
f_c
BPF
功率分配器
LPF
A/D
LPF
A/D
f_L
π/2
接收频率合成器

图 1-10　直接变换式接收机结构

4. 数字中频结构

数字中频式接收机结构如图 1-11 所示，其中，A/D 转换前的射频模拟电路完成放大、变频、滤波等功能，将射频信号变换到中频，A/D 转换后经过专用的数字信号处理器件，如数字下变频器（DDC）处理（以降低数据流速率）后，将 IF 数字信号变换成基带数字信号，再送到通用 DSP 进行处理，完成各种数据率相对较低的数字基带信号处理，如用数字 I/Q 解调器进行 I/Q 解调等。

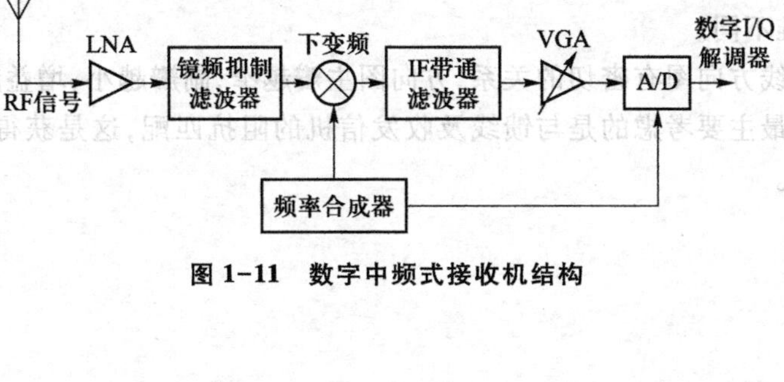
LNA
RF信号
镜频抑制
滤波器
下变频
IF带通
滤波器
VGA
A/D
数字I/Q
解调器
频率合成器

图 1-11　数字中频式接收机结构

直接变换结构和数字中频结构是软件无线电(software radio)的基础前端电路结构,而且往往采用正交方式。随着工作频率越来越高和软件无线电接收机中A/D变换器位置的前移,使得对数字IF和动态范围的要求大幅度提高,数字化问题变得越来越困难。这种结构的接收机的主要障碍是A/D转换器的性能和对RF前端电路的要求高。其中的IF采样依赖于高性能的A/D转换器,A/D转换器的采样频率越高,位数越多,则采样中频就可以做得越高;数字IF越高,前端RF模拟电路的数目就可以减少,可以降低整机的功耗,获得更高的集成度。RF前端电路要求具有高线性度、大动态范围、高镜频抑制度和极低的噪声系数,前端电调预选滤波器也比较难实现。

数字中频结构可以共享RF/IF模块,由于解调和同步均采用数字化处理,灵活方便,功能强大,也便于产品的集成和小型化。但是,在宽带通信中,需要选用高速的A/D转换器、宽带采样保持电路以及速度足够快的数字处理芯片。随着A/D转换器位置向天线端的前移,数字无线通信系统逐渐向软件无线电系统发展。

需要指出,接收机中主要考虑工作频率、接收机灵敏度、接收动态范围、射频信号带宽、中频信号带宽、中频频率、选择性、输出信号信噪比等指标,其中,接收机灵敏度和输出信号信噪比都与本振信号源的频谱纯度或相位噪声有着密切的关系。

三、天线

天线是将交流电信号与电磁波相互转换的器件,发射天线将交流电信号转换成电磁波并向空中辐射,接收天线将天线上感应的电磁波转换成交流电信号。天线有效辐射和有效接收的根本在于天线的尺寸(长度或面积),只有天线的有效尺寸与工作波长(发射或接收信号的波长)相比拟时效率才较高。

天线具有互易性,即发射天线可作为接收天线,接收天线可作为发射天线,或者说,发射天线与接收天线是相同的,可以共用。

天线的种类很多,有全向[各向同性(isotropic)]天线与方向性天线、鞭天线与面天线、水平天线与垂直天线、偶极子天线与八木天线、贴片天线、抛物面天线与螺旋天线,还有喇叭天线等。有关天线原理及天线设计的问题已超出本书的讨论范围,这里只是给出与无线通信电路设计有关的指标和注意事项。

天线增益是天线最主要的指标之一,用来定量描述天线集中辐射的程度。天线增益是指在输入功率相等的条件下,实际天线与理想的辐射单元(各向均匀辐射的理想点源)在空间同一点处所产生的信号的功率密度之比,通常用dBi为单位进行计量。半波对称振子的增益为$G=2.15$ dBi,如果以半波对称振子作为比较对象,其增益的单位是dBd。dBi与dBd都是以dB计量,只是参考的标准不同。

增益显然与天线方向图有密切的关系,方向图主瓣越窄,副瓣越小,增益越高。

天线在设计时最主要考虑的是与馈线及收发信机的阻抗匹配,这是获得最大辐射功率和实现最佳接收的基础。

第三节 高频电子线路发展趋势

随着社会的进步和技术的发展,通信需求发生了重大变化,出现了5G移动通信(有多种应用场景)、WiFi6、物联网(IoT)、移动互联网等系统。无线通信所需的带宽已经从几千赫兹扩展到几兆赫兹、几十兆赫兹乃至上百兆赫兹,工作频率也已经从数十、数百兆赫兹提高到数吉赫兹、甚至到毫米波、太赫兹频段。设备的便携性和绿色通信的需要使得设备的质量已经从数千克减少到数百克,功耗从瓦级减小到毫瓦级水平。物理层的新技术不断涌现,如以OFDM为代表的高效抗衰落调制技术,以MIMO为代表的分集与协作技术,以LDPC、Turbo等为代表的接近香农限的信道编码技术,以增加带宽为目的的频谱聚合技术、射频和基带智能天线技术。通信系统与电路结构也出现了重大变化,如第二节所述,以正交调制解调方式为通用模块,实现高阶QAM调制解调;以直接变换取代超外差成为频率变换的常用方式,以软件无线电为实现认知无线电的基础等,从而适应高速数字传输和多媒体化。无线通信电路中关键模块的功能、性能和实现方法也发生了变化,如要求宽带LNA、宽带低噪声混频器、宽带线性PA、DDS频率合成器、高速高分辨ADC/DAC、数字上变频器(DUC)与数字下变频器(DDC)等。未来信息技术的发展,就是用更少的能量传输更多的信息,因此,集成化、小型化和低功耗也是无线通信和射频电路的重要发展趋势。不论电路和系统结构如何变化,即使信号与数字处理部分增加,射频电路部分仍十分重要。电子设备的实现技术也发生了一些变化,如数模一体化设计与实现,多种工艺共存并可实现免调试的密集装配,广泛采用集成电路实现,计算机辅助设计工具(EDA)与手段不断完善,以频谱分析仪为核心的智能化综合测试方法等。下面仅就高频集成电路的发展趋势和高频电路EDA技术做一简单介绍。

一、高频集成电路发展趋势

无线通信技术正朝着宽带化、网络化和软件化乃至智能化方向发展,实现无线传输的高频电路也正朝着高频化、宽带化、集成化和软件化的方向发展,而高频化、宽带化乃至软件化都体现在集成化之中。

广义的高频集成电路按照频率可分为高频集成电路(HFIC)和微波集成电路(MIC),按照功能或用途可分为通用集成电路和专用集成电路(ASIC),也可分为单元集成电路和系统集成电路(SoC)。

迄今为止,在竞争激烈的射频行业中,影响工艺选择的主要因素是性能、成本、上市时间和越来越重要的功耗。高频集成电路的实现方法和集成工艺主要有硅(Si)技术(主要是CMOS)、砷化镓(GaAs)技术和硅锗(SiGe)技术(还包含BiCMOS)以及微机电系统(MEMS)。硅技术是一种传统的集成电路生产工艺,制作简单且成熟,功耗小,成本低,但工作频率受限(一般认为不超过2 GHz)。但新技术的开发与运用扩展了传统硅技术的频率范围,最高可达35 GHz。以砷化镓单晶材料替代硅材料制作的砷化镓集成电路具有高频(可达30 GHz以上)、高速、低噪声、低功耗、宽温区、抗辐射等特性,但由于其成本高、工艺复杂,在频率不是非常高时其使用受到限制。硅锗技术结合了硅和锗的优点,综合了硅技术和砷化镓技术的特点,使其在性价比、功耗、噪声和集成度等方面具有明显优势。RF MEMS技术可覆盖100 kHz~300 GHz频段,可实现单芯片的射频导流(微型化),具有低插损、高隔离度、宽带、极低互调失真、近零驱动功耗、低成本集成能力等优势。

集成电路发展的核心是集成度的提高,而集成度的提高又依赖于工艺技术的提高和新的制造方法,主要概括为如下几方面。

1. 更高集成度(更细工艺或更高精度)

集成电路发展的核心是集成度的提高。从电路集成开始,IC 的发展基本上是按照摩尔(Moore)定律(每三年芯片集成度增加四倍,特征尺寸减小30%)进行的,芯片的集成度由十几万个晶体管到几十万、几百万个晶体管甚至达到上千万个晶体管;封装的引线脚多达几百个,集成在一块芯片上的功能也越来越多,甚至于集成电路的设计与制造模式也发生了很大的变化,出现了设计、制造、封装、测试等相对独立的“行业”,各“行”各司其职,各自发展,相得益彰。如今,包括高频 IC 在内的集成电路的发展仍然服从摩尔定律,而且,在相当长的一段时间内,这种发展态势可能不会改变。

集成度的提高依赖于工艺技术的提高和新的制造方法。21 世纪的 IC 将冲破来自工艺技术和物理因素等方面的限制继续高速发展,可以概括如下。

(1)(超)微细加工工艺

超微细加工的关键是形成图形的曝光方式和光刻方法。当前主流技术仍然是光学曝光,光刻方法已从接触式、接近式、反射投影式、步进投影式发展到步进扫描投影式。采用减少光源波长(由 436 nm 和 365 nm 的汞弧灯缩短到 248 nm 的 KrF 准分子激光源再到 193 nm 的 ArF 准分子激光源)的方法可以将微细加工工艺从 1 μm、0. 8 μm 发展到 0. 5 μm、0. 35 μm、0. 25 μm,再提高到 0. 18 μm、0. 15 μm甚至 0. 13 μm 的水平。采用 157 nm 的 F2 准分子激光光源进一步结合离轴照明以及移相掩模(PSM)等技术,将使光学的曝光方法扩展到 0.1 μm 分辨率。对于小于 0.1 μm 的光刻将采用新的方法,如极紫外线(EUV)光学曝光法、X 射线曝光法、电子投影曝光(EPL)法、离子投影曝光(IPL)法、电子束直写光刻(EBDW)法等。

(2)铜互连技术

长期以来,芯片互连金属化层采用铝。器件与互连线的尺寸和间距不断缩小,互连线的 R 和 C 急剧增加,0. 18 μm 宽、43 μm 长的铝和二氧化硅介质的互连延迟(大于 10 ps)已超过了 0. 18 μm 晶体管的栅延迟(5 ps)。除了时间延迟以外,还产生了噪声容限、功率耗散和电迁移等问题。因此研究导电性能好、抗电迁移能力强的金属和低介电常数($K<3$)的绝缘介质一直是一个重要的课题。

1997 年 9 月 IBM 公司和 Motorola 公司相继宣布成功开发以铜代铝制造 IC 的新技术,即用电镀方法把铜沉积在硅圆片上预先腐蚀的沟槽里,然后用化学机械抛光(CMP)使之平坦化。1998 年末两公司先后生产出铜布线的商用高速 PC 芯片。铜互连的优点为电阻率较铝低 40%,在保持同样的 RC 时间延迟下,可以减少金属布线的层数,而且芯片面积可缩小 20%~30%,其性能和可靠性均获得提高。铜互连还存在一些问题,如铜易扩散入硅和大多数电介质中,因此需要引入适当的阻挡层等。

(3)低 K 介电材料技术

由于 IC 互连金属层之间的绝缘介质采用二氧化硅或氮化硅,其介电常数分别接近 4 和 7,造成互连线间较大的电容。因此研究与硅工艺兼容的低 K 介质也是重要的课题之一。

2. 更大规模和单片化

集成工艺的改进和集成度的提高直接导致集成电路规模的扩大。实际上,改进集成工艺和提高集成度的目的正是制作更大规模的集成电路。20 世纪 90 年代的硅工艺技术发展到现在的纳米工艺,芯片的集成度已大大超过1 000万,已经足以将各种功能电路(A/D、D/A 和 RF 电路等)甚至整个电子系统集成到单一芯片上,成为单片集成的片上系统(system on chip,SOC)。当前,单片化的大规模集成电路的热点之一就是高频电路或射频电路的单片集成化。而这些集成电路在过去大多是用双极工艺或砷化镓工艺制作、以薄/厚膜技术实现的,现在基本上可以用 CMOS 工艺来实现,如用 0.5 μm 的标准 CMOS 工艺可以为 GPS 接收机和 GSM 手机提供性能/价格比优于 GaAs 的 RF 器件,工作频率可达 1.8 GHz。由此可见,CMOS 射频集成电路仍然是未来发展的趋势之一。当然,在集成电路向单片化发展的同时,并不妨碍独立的高频集成电路的发展。

3. 更高频率

随着无线通信频段向高频段的扩展,势必也会开发出频率更高的高频集成电路。

4. 数字化与智能化

随着数字技术和数字信号处理(DSP)技术的发展,越来越多的高频信号处理电路可以用数字信号处理技术来实现,如数字上/下变频器、数字调制/解调器等。这种趋势也表现在高频集成电路中。从无线通信的角度来讲,高频集成电路数字化的趋势将越来越向天线端靠近,这与软件无线电的发展趋势是一致的。所谓软件无线电(software radio),就是用软件来控制无线通信系统各个模块(放大器、调制器、解调器、数控振荡器、滤波器等)的不同参数(频率、增益、功率、带宽、调制解调方式、阻抗等),实现不同的功能。

5. 低功耗和小封装

随着系统功能的增加和设备小型化的发展,芯片规模和复杂度也越来越大,因此,降低芯片功耗(通常需要降低供电电压)和缩小芯片的封装尺寸成为高频 IC 发展的必然。

应当指出,片上系统或大规模的单片集成电路中通常不仅有高频集成电路的成分,而且包含大量的其他数字型和模拟型电路,使整个集成电路的“硬件”很难区分出高频集成电路和其他集成电路。在芯片上系统或大规模的单片集成电路中还经常嵌入有系统运行涉及的算法、指令、驱动模式等“软件”,配合“硬件”中的数字信号处理(DSP)器、微处理器(MPU)、各种存储器(如 ROM、RAM、E^2ROM、Flash ROM)等单元或模块,可以实现智能化。

高频电路集成化存在的主要问题是,除了一般集成电路都存在的工艺、成本、功耗和体积问题之外,电感、大电容、选择性滤波器等很难集成。对于无线通信,理想的集成化收发信机,应该是除天线、收发和频道开关/音量电位器、终端设备及选择性滤波器之外,其他电路都由集成电路或单片集成电路来完成。当然,目前要做到这一点还是有一定困难的。但是,随着技术的发展,收发信机的完全集成化不是不能实现的。

随着各种无线应用的普及,多模、多频、多系统的 SoC 芯片越来越多,其中射频部分还集成有无源与有源组件,甚至有声表面波(SAW)滤波器。

二、高频电路 EDA

随着计算机技术的飞速发展,电子系统的设计与仿真软件逐渐成为电路设计中非常重要的工具。电子系统的设计软件也从最初的计算机辅助设计（CAD）软件发展成电子系统设计自动化（EDA）软件。

集成电子系统的设计三要素是人才、工具和库，工艺是电子设计中最活跃的因素，而系统集成的观念随着工具与设计方法学的变革在更新。早期的集成系统是用板级系统组成整机，即“自底向上（bottom-up）”的设计方法，而现代 EDA 技术主要采用并行工程和“自顶向下（top-down）”的设计方法，使开发者从一开始就要考虑到产品生成周期的诸多方面，包括质量、成本、开发时间及用户需求等。然后从系统设计入手，在顶层进行功能方框图的划分和结构设计，在方框图一级进行仿真、纠错，并用 VHDL、Verilog-HDL、ABEL等硬件描述语言对高层次的系统行为进行描述，在系统一级进行验证，最后再用逻辑综合优化工具生成具体的门级逻辑电路的网表，其对应的物理实现级可以是印制电路板或专用集成电路。这种方法的基本特征是采用高级语言描述，具有系统级仿真和综合能力。

近几年来，硬件描述语言等设计数据格式的逐步标准化、不同设计风格和应用的要求导致各具特色的 EDA 工具被集成在同一个工作站上，从而使 EDA 框架日趋标准化。EDA 系统框架结构（framework）是一套配置和使用 EDA 软件包的规范，目前主要的 EDA 系统都建立了框架结构，如 Cadence 公司的Design Framework、Mentor 公司的 Falcon Framework 等，这些框架结构都遵守国际 CFI 组织（CAD Framework Initiative）制定的统一技术标准。Framework 能将来自不同 EDA 厂商的工具软件进行优化组合，集成在一个易于管理的统一环境之下，而且还支持任务之间、设计师之间在整个产品开发过程中实现信息的传输与共享，这是并行工程和 Top-Down 设计方法的实现基础。

EDA 技术的基本设计方法主要包括系统级设计、电路级设计和物理级设计。物理级设计一般由半导体厂家完成，对电子工程师最有意义的是系统级设计和电路级设计。

电路级设计工作从确定设计方案开始，同时要选择能实现该方案的合适元器件，然后根据具体的元器件设计电路原理图。接着进行第一次仿真，包括数字电路的逻辑模拟、故障分析、模拟电路的交直流分析、瞬态分析。系统在进行仿真时，必须要有元器件模型库的支持，计算机上模拟的输入、输出波形代替了实际电路调试中的信号源和示波器。这一次仿真主要是检验设计方案在功能方面的正确性。仿真通过后，根据原理图产生的电气连接网表进行 PCB 板的自动布局布线。在制作 PCB 板之前还可以进行后分析，包括热分析、噪声及窜扰分析、电磁兼容分析、可靠性分析等，并且可以将分析后的结果参数反馈回电路图，进行第二次仿真，也称为后仿真。这一次仿真主要是检验 PCB 板在实际工作环境中的可行性。

由此可见，电路级的 EDA 技术使电子工程师在实际的电子系统产生之前，就可以全面地了解系统的功能特性和物理特性，从而将开发过程中出现的缺陷消灭在设计阶段，这不仅缩短了开发时间，也降低了开发成本。

系统级设计是一种“概念驱动式”设计，设计人员无须进行电路级设计，因此可以把精力集中于创造性的概念构思与方案上，一旦这些概念构思以高层次描述的形式输入计算机后，EDA 系统就能以规则驱动的方式自动完成整个设计。这样，新的概念得以迅速有效地成为产品，大大缩短了产品的研制周期。此外，系统级设计只涉及系统的行为特性，而不涉及实现工艺，在厂家综合库的支持下，利用综合优化工具可以将高层次描述转换成针对某种工艺优化的网表，工艺转化变得轻松容易。

目前，国内使用的 EDA 软件很多，最常用的主要是：PROTEL，CADENCE，ADS。

另外，还有许多小型（只有几兆字节到几十兆字节，最多几百兆字节）的高频电路 EDA 软件，它们一般只有单一功能或某一方面的功能，且很多为免费软件或费用很低，如 AppCAD、RFSim99、Multisim、Filter Design、MixSpur、LC Match 等。其中有的软件可在有关网站上下载，有的可以在线（online）仿真。

第四节　本课程的特点与学习方法

高频电子线路的最大特点就是高频和非线性。由射频前端结构可知，无线通信电路包括射频（RF）电路、中频（IF）电路、基带（BB）电路和辅助电路等几部分。其中，射频电路和中频电路都属于高频电路，主要有高频振荡器（信号源、载波信号或本地振荡信号）、放大器（高频小信号放大器及高频功率放大器）、混频或变频、调制与解调等单元电路。辅助与支持电路主要有射频开关、倍频/分频器、衰减器、功率合成/分配器、耦合器、滤波与匹配器、平衡-非平衡转换器和限幅器等，它们也都工作于高频。甚至，在无线通信系统中经常使用的反馈控制电路，如自动增益控制（AGC）电路、自动电平控制（ALC）电路、自动频率控制（AFC）电路和自动相位控制（APC）电路（也称锁相环 PLL），也都属于高频电路。

频率高的射频信号会产生许多低频信号所没有的效应，主要是分布参数效应、集肤效应和辐射效应。集总参数元件是指一个独立的局域性元件，能够在一定的频率范围内提供特定的电路性能。而随着频率提高到射频，任何元器件甚至导线都要考虑分布参数效应和由此产生的寄生参数，如导体间、导体或元件与地之间、元件之间的杂散电容，连接元件的导线的电感和元件自身的寄生电感等。由于分布参数元件的电磁场分布在附近空间，其特性会受到周围环境的影响，故分析和设计都相当复杂。集肤效应是指当频率升高时，电流只集中在导体的表面，导致有效导电面积减小，交流电阻可能远大于直流电阻，从而使导体损耗增加，电路性能恶化。辐射是指信号泄漏到空间中，这就使得信号源或要传输的信号的能量不能全部输送到负载上，产生能量损失和电磁干扰。辐射还会引起一些耦合效应，使得高频电路的设计、制作、调试和测量等都非常困难。此外，射频电路的输入输出阻抗一般情况下都是相当低的，大部分射频电路与设备的典型阻抗是 50 Ω。因此，在射频电路与系统的分析与设计时，一定要重视阻抗匹配问题，并要考虑噪声和损耗问题。

高频电子线路几乎都是由线性的元件和非线性的器件组成的。严格来讲，所有包含非线性器件的电子线路都是非线性电路，只是在不同的使用条件下，非线性器件所表现的非线性程度不同而已。比如对于高频小信号放大器，由于输入的信号足够小，而又要求不失真放大，因此，其中的非线性器件可以用线性等效电路表示（但存在不希望有的失真），分析方法也可用线性电路的分析方法。本课程的核心内容和绝大部分电路都属于非线性电路，非线性电路在无线通信中主要用来完成频谱变换和能量转换等功能，如 C 类功率放大器、振荡器、混频器、倍频器、调制器与解调器等。

与线性元件不同，对非线性器件的描述通常用多个参数，如直流跨导、时变跨导和平均跨导，而且大都与控制变量有关。器件的非线性会产生变频压缩、交调、互调等非线性失真，它们将影响收发信机的性能。在分析非线性器件对输入信号的响应时，不能采用线性电路中行之有效的叠加原理，而必须求解非线性方程（包括代数方程和微分方程）。对非线性电路进行严格的数学分析非常困难。在实际中，一般都采用计算机辅助设计（CAD）的方法进行辅助分析。在工程上也往往根据实际情况对器件的数学模型和电路的工作条件进行合理的近似，以便用简单的分析方法（如折线近似法、线性时变电路分析法、开关函数分析法等）获得具有实际意义的结果，而不必过分追求其严格性，这也是学习本课程的困难所在。

高频电子线路能够实现的功能和单元电路很多，实现每一种功能的电路形式更是多种多样，但它们都是基于非线性器件实现的，也都是在为数不多的基本电路的基础上发展而来的。因此，在学习本课程时，要抓住各种电路之间的共性，洞悉各种功能之间的内在联系，而不要局限于掌握一个个具体的电路及其工作原理。当然，熟悉典型的单元电路对读识图能力的提高和电路的系统设计都是非常有意义的。近年来，集成电路和数字信号处理技术迅速发展，各种通信电路甚至系统都可以做在一个芯片内，称为片上系统。但要注意，所有这些电路都是以分立器件为基础的，因此，在学习时要注意“分立为基础，集成为重点，分立为集成服务”的原则，把握好“电路原理以分立器件电路为基础，系统设计以集成电路为主要内容”的尺度。在学习具体电路时，要做到以点带面，举一反三，触类旁通。

本课程所讲的电路都是无线通信系统发送设备和接收设备中的单元电路，虽然在讲解原理时经过了一定的归纳与抽象，但电路形式仍具有十分强烈的工程实践性。同时还要注意高频电子线路的特殊性，如耦合、屏蔽与滤波等。高频电子线路的内容应该包括单元电路和系统设计，电路与系统的关系犹如树木与森林的关系，在对单元电路进行分析、设计时要有系统观，充分理解电路参数与系统参数的关系，要从整个系统的角度来考虑要求和指标。各单元电路之间的关联性可通过系统来实现，要理解射频电路系统优化设计的基本方法，了解根据系统参数要求给出完整的系统电路设计方案的基本过程。这也是在学习时要牢记的观念。此外，在学习本课程时必须要高度重视实验环节，坚持理论联系实际，在实践中积累丰富的经验。随着计算机技术和电子设计自动化（EDA）的发展，越来越多的高频电子线路可以采用 EDA 软件进行设计、仿真分析和电路板制作，甚至可以做电磁兼容的分析和实际环境下的仿真。因此，掌握先进的高频电路 EDA 技术，也是学习通信电子线路的一个重要内容。

思考题与练习题

1-1　画出无线通信收发信机的原理框图，并说明各部分的功用。

1-2　无线通信为什么要用高频信号？“高频”信号指的是什么？

1-3　无线通信为什么要进行调制？如何进行调制？

1-4　无线电波的频段或波段是如何划分的？各个频段的传播特性和应用情况如何？

1-5　要有效地辐射射频信号，发射天线尺寸与信号波长之间的关系应如何？

1-6　什么是基带信号、高频载波信号和已调信号？它们之间有什么差别？

1-7　射频收发信机的主要结构有哪几种？它们各有什么优缺点？

1-8　高频电路有什么特点？未来可能如何发展？

第二章

高频电路基础

由第一章可知，各种无线电设备都包含处理高频信号的功能电路，如高频放大器、滤波器与混频器、调制器与解调器等。虽然这些电路的工作原理和实际电路都有各自的特点，但是它们之间也有一些共同之处。这就是高频电路的基础，主要包括高频电路的基本元器件、基本电路以及高频电路系统中的基本问题、基本方法、基本指标等。各种高频电路基本上是由无源元件、有源器件和高频基本电路（主要是一些无源网络）等组成的，而这些元器件和基本电路绝大部分与用于低频电路的基本元器件与电路没有本质上的差异，主要需注意这些元器件与电路在高频运用时有其特殊性，如集肤效应、辐射效应、寄生耦合和电路元件的频率响应等，当然也有一些高频所特有的器件。高频电路的主要任务是功率的传输与处理，而功率的传输与处理又与阻抗匹配直接相关，或者说，优化功率的传输与处理的充要条件是高频电路模块间的输入与输出阻抗的共轭匹配。因此，阻抗变换与阻抗匹配是高频系统的关键问题。

第二章
导学图与要求

高频系统的两个重要指标是在小信号状态时的噪声系数和在大信号工作时的非线性失真。电子噪声存在于各种电子电路和系统中，噪声系数与电子噪声密切相关，了解电子噪声的概念对理解某些高频电路和系统的性能非常有用，因此，电子噪声的来源与特性及噪声系数的计算与测量也是高频电路的重要基础。本章主要讨论高频电路的基本元器件、基本电路和电子噪声，至于非线性失真问题则分散在其他章节中讨论。

第一节　高频电路中的基本元器件

一、高频电路中的元件

高频电路中使用的元器件与在低频电路中使用的元器件基本相同，但要注意它们在高频使用时的高频特性。高频电路中的元件主要是电阻器、电容器和电感器，它们都属于无源的线性元件。高频电缆、高频接插件和高频开关等由于比较简单，这里不加讨论。

电阻特性
与色环电阻

1. 高频电阻

一个实际的电阻器，在低频时主要表现为电阻特性，但在高频使用时不仅表现有电阻特性的一面，而且还表现有电抗特性的一面。电阻器的电抗特性反映的就是其高频特性。

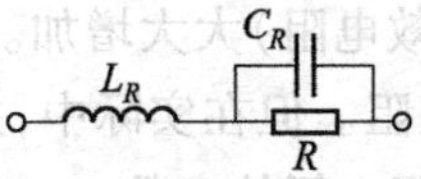

C_R
L_R
R

图 2-1　电阻器的高频等效电路

一个电阻器的高频等效电路如图 2-1 所示，其中，C_R 为分布电容，L_R 为引线电感，R 为电阻。分布电容和引线电感越小，表明电阻的高频特性越好。电阻器的高频特性与制作电阻的材料、电阻的封装形式和尺寸大小有密切关系。一般说来，金属膜电阻比碳膜电阻的高频特性要好，而碳膜电阻比线绕电阻的高频特性要好；表面贴装(SMD)电阻比引线电阻的高频特性要好；小尺寸电阻比大尺寸电阻的高频特性要好。频率越高，电阻器的高频特性表现越明显。在实际使用时，要尽量减小电阻器高频特性的影响，使之表现为纯电阻。

在集成电路中，电阻有两种方法实现：一是利用电阻条来实现的线性电阻，基本可按照电阻的计算公式(与半导体的掺杂水平和掺杂区的结深有关)来设计，并作适当修正；二是利用 MOS 管来实现的有源非线性电阻，它可以实现较大阻值，但其精度很低，且受外界因素影响较大。在射频集成电路中，由于受到工艺的限制，故电阻的性能远低于分立元件。

2. 高频电容

在高频电路中常常使用片状电容和表面贴装电容。高频电容的等效电路如图 2-2(a)所示。其中，电阻 R_C 为极间绝缘电阻，它由两导体间的介质的非理想(非完全绝缘)所致，通常用损耗角 δ 或品质因数 Q_C 来表示；电感 L_C 为分布电感或(和)极间电感，小容量电容器的引线电感也是其重要组成部分。在高频电路中，电容的损耗可以忽略不计，但如果到了微波波段，电容中的损耗就必须加以考虑。

电阻、电容的E系列标准

理想电容器的阻抗为 $1/(j\omega C)$，其阻抗特性如图 2-2(b)虚线所示。但实际的电容器在高频运用时的阻抗特性如图 2-2(b)实线所示，呈 V 形特性，而且其具体形状与电容器的种类和电容量的不同有关。由此可知，每个电容器都有一个自身谐振频率(self resonant frequency，SRF)。当工作频率小于自身谐振频率时，电容器呈正常的电容特性，但当工作频率大于自身谐振频率时，电容器将等效为一个电感。

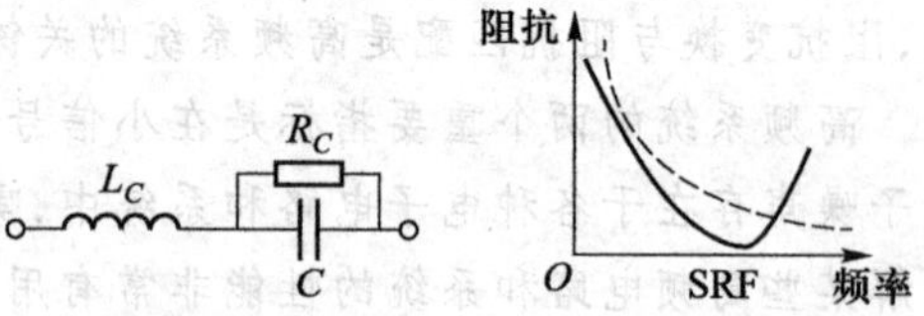
阻抗
L_C
R_C
C
O
SRF
频率

(a) 电容器的等效电路 (b) 电容器的阻抗特性

图 2-2 电容器的高频等效电路

在集成电路中，电容很容易实现，其主要实现方法有 PN 结电容、MOS 电容、MIM(metal insulator metal)电容、多晶硅电容和互连线电容等。不同的实现方法，电容的大小、精度等性能不同。

3. 高频电感

高频电感主要用作谐振元件、滤波元件和阻隔元件(称为射频扼流圈 RFC)。高频电感一般由导线绕制而成，也称为电感线圈。可以是空心的或是有骨架(如有机玻璃或聚四氟乙烯等塑料、锰锌或镍锌铁氧体等磁芯或者其他软磁材料等)的，也可以是单层的或多层的。绕制高频电感的导线都有一定的直流电阻，这也成为整个高频电感的直流电阻 R，骨架也会引起额外的损耗。把两个或多个电感线圈靠近放置就可组成一个高频变压器。

高频电感

在高频电路中，电感线圈的损耗是不能忽略的。工作频率越高，集肤效应越强，再加上涡流损失、磁芯电感在磁介质内的磁滞损失以及由电磁辐射引起的能量损失等，都会使高频电感的损耗(等效电阻)大大增加。一般地，交流电阻远大于直流电阻，因此，高频电感的损耗电阻主要指交流电阻。但在实际中，并不直接用交流电阻来表示高频电感的损耗性能，而是引入一个易于测量、使用方便的参数——品质因数 Q 来表征。品质因数 Q 在这里可以用高频电感的感抗与其串联损耗电阻之比来表示。Q 值越高，表明该电感的储能作用越强，损耗越小。因此，在中短波波段和米波波段，高频电感可等效为电感和电阻的串联或并联。

若工作频率更高，电感内线圈匝与匝之间及各匝与地之间的分布电容的作用就十分明显，等效电路应考虑电感两端总的分布电容，它应与电感并联。为了使电路小型化，减少连线和由此引入的电磁干扰，避免寄生参数的影响，高频电感可采用表面贴装形式，也可将电感集成在电路板上，制成集成电感。

与电容器类似，高频电感器也具有自身谐振频率（SRF）。在 SRF 上，高频电感的阻抗幅值最大，而相角为零，如图 2-3 所示。一个高频电感器可用的频率范围主要取决于 SRF，当工作频率超过 SRF 时，该电感就不再是一个储能元件了。

高频集成电路需要高质量的无源元件。片上电感、片上变压器等在普通模拟集成电路中所不需要的元件，在高频集成电路中有时是不可或缺的。利用运算放大器等有源器件构成的等效电感，由于其功耗大、噪声大、面积大以及高频性能差等原因，不能满足目前的要求。现在一般用 CMOS 技术或 MEMS 技术来实现这些无源元件。

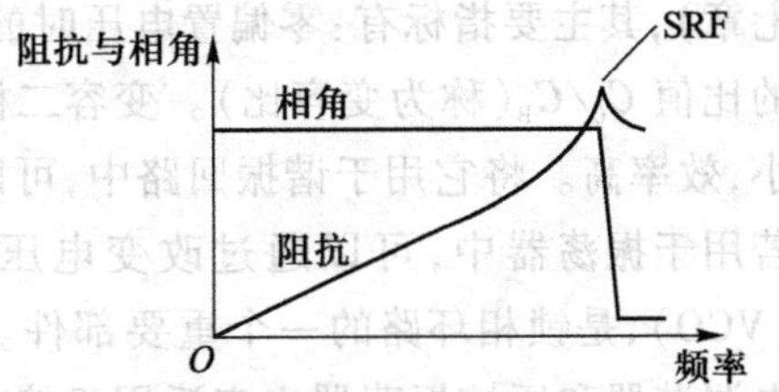
阻抗与相角
SRF
相角
阻抗
O
频率
图 2-3　高频电感器的自身谐振频率（SRF）

集成电感有两种实现方式：一是键合线电感（bond wire inductor），它是将芯片两个点之间架设的导线作为电感，其主要优点是 Q 值较高（在 2 GHz 频率上约为 50），但不足之处是电感值受限（1～4 nH 数量级），且导线和芯片间会产生耦合干扰，可靠性也不高。二是用 CMOS 的金属层制成平面螺旋线电感（spiral inductor），电感中心点从下一层用金属线引出。螺旋线的形状有矩形、六边形、八边形和圆形等，其中矩形由于易于加工而被广泛应用。为了减小集成电感的面积，通常其电感量都在几十纳亨以下。与普通电感一样，集成电感的可用频率也受自身谐振频率的限制，只有工作频率小于自身谐振频率时，集成电感才有效。这种电感衬底的寄生效应大，品质因数低（在 1 GHz 频率上约为 5，在 2 GHz 频率上约为 10，目前很难超过 10）。为此，可采用多种措施来提高品质因数，如去掉最里边的几圈电感线圈、在电感面和衬底之间插入用作地屏蔽的导电层等。虽然片上电感的 Q 值显著低于独立的非片上电感（典型的 Q 值大约是 50），但是在集成射频系统中应用它们证明是有用和必要的。

片上变压器基本上由两个平面螺旋线电感组成，这两个电感之间的形状可以是包围式，也可以是交叉式，还可以是堆叠式，各有各的特点。集成电容也可以有多种形式，如栅电容、金属-绝缘体-金属电容等。

二、高频电路中的有源器件

高频电路中的有源器件主要是二极管、晶体管和集成电路，完成信号的放大、非线性变换等功能。从原理上看，用于高频电路的各种有源器件，与用于低频或其他电子线路的器件没有什么根本不同，这些器件的物理机制和工作原理，在有关课程中已详细讨论过。只是由于工作在高频范围，对器件的某些性能要求更高。随着半导体和集成电路技术的高速发展，能满足高频应用要求的器件越来越多，也出现了一些专门用途的高频半导体器件。

1. 二极管

二极管在高频中主要用于检波、调制、解调及混频等非线性变换电路中，大多工作在低电平。

因此主要用点接触式二极管和表面势垒二极管(又称肖特基二极管)。两者都是利用多数载流子导电机理,它们的极间电容小、工作频率高。常用的点接触式二极管(如 2AP 系列)工作频率可到 100~200 MHz,而表面势垒二极管工作频率可高至微波范围。

另一种在高频中应用很广的二极管是变容二极管。其特点是电容随偏置电压变化。已知,二极管具有 PN 结,PN 结具有电容效应,它包括扩散电容和势垒电容。当 PN 结正偏时,扩散电容起主要作用;而当 PN 结反偏时,势垒电容将起主要作用。利用 PN 结反偏时势垒电容随外加反偏电压变化的机理,在制作时用专门工艺和技术经特殊处理而制成的具有较大电容变化范围的二极管就是变容二极管。变容二极管的结电容 C_j 与外加反偏电压 u 之间呈非线性关系(见第七章),其主要指标有:零偏置电压时的结电容值 C_0,反向击穿电压时的结电容 C_B 以及它们两者的比值 C_0/C_B(称为变容比)。变容二极管在工作时处于反偏截止状态,基本上不消耗能量,噪声小,效率高。将它用于谐振回路中,可以做成电调谐器,也可以构成自动调谐电路。变容二极管若用于振荡器中,可以通过改变电压来改变振荡信号的频率。这种振荡器称为压控振荡器(VCO),是锁相环路的一个重要部件。通常情况下,变容比越大,振荡器的频率变化范围越大。电调谐器和压控振荡器也广泛用于接收机的前端电路中。具有变容效应的某些微波二极管(微波变容二极管)还可以进行非线性电容混频、倍频等。

还有一种以 P 型、N 型和本征(I)型三种半导体构成的 PIN 二极管,它具有较强的正向电荷储存能力。它的高频等效电阻受正向直流电流的控制,是一种电可调电阻。它在高频及微波电路中可以用作电可控开关、限幅器、电调衰减器或电调移相器等。

2. 晶体管与场效应管

在高频中应用的晶体管仍然是双极型晶体管和各种场效应管(FET)。只是由于高频应用的要求更高以及半导体技术的发展,这些晶体管比用于低频的晶体管性能更好,有的外形结构也有所不同。

高频晶体管有两大类型:一类是作小信号放大的高频小功率管,对它们的主要要求是高增益和低噪声;另一类为高频功率放大管,主要要求除了增益外,还要求在高频有较大的输出功率。目前,双极型小信号放大管工作频率可达几千兆赫兹,噪声系数为几个分贝。小信号的场效应管也能工作在同样高的频率,且噪声更低。一种砷化镓场效应管,其工作频率可达十几千兆赫兹。高频大功率晶体管在几百兆赫兹以下频率上,其输出功率可达 10~100 W。而另一种金属氧化物场效应管(MOSFET),甚至在几千兆赫兹的频率上还能输出几瓦功率。

有关晶体管和场效应管的高频等效电路、性能参数及分析方法在第三章中将有较为详细的描述。

3. 集成电路(IC)

用于高频的集成电路的类型和品种要比用于低频的集成电路少得多,主要分为通用型和专用型两种。目前通用型的宽带集成放大器,工作频率可达一二百兆赫兹,增益可达五六十分贝甚至更高。用于高频的晶体管模拟相乘器,工作频率也可达 100 MHz。随着集成技术的发展,也生产出了一些高频的专用集成电路(ASIC)。其中包括集成锁相环、集成调频信号解调器、单片集成接收机以及系统集成电路(SoC)等。

第二节　高频电路中的基本电路

高频电路中的基本电路(无源组件或无源网络)主要有高频谐振回路、高频变压器、谐振器与滤波器等,它们完成信号的传输、频率选择及阻抗变换等功能。高频电路中的其他基本电路,如平衡调制(混频)器、正交调制(混频)器、移相器、匹配器与衰减器、分配器与合成器、定向耦合器、隔离器与缓冲器、高频开关与双工器等,功能和实现方式各异。下面介绍几种高频基本电路。

一、高频谐振回路

高频谐振回路是高频电路中应用最广的无源网络,也是构成高频放大器、振荡器以及各种滤波器的主要部件,在电路中完成阻抗变换、信号选择与滤波、相频转换和移相等功能,并可直接作为负载使用。谐振回路有不同的实现形式,如在微波波段,它可由终端开路或终端短路的传输线实现,也可以由规定长度的同轴腔体构成。但从电路的角度看,它总是由电感 L 和电容 C 以串联或并联的形式构成回路。下面分简单谐振回路、抽头并联谐振回路和耦合谐振回路三部分来讨论。

1. 简单谐振回路

只有一个回路的谐振电路称为简单谐振回路或单谐振回路,有串联谐振回路和并联谐振回路两类。串联谐振回路适用于电源内阻为低内阻(如理想电压源)的情况或低阻抗的电路(如微波电路)。当频率不是非常高时,并联谐振回路应用最广。简单振荡回路的阻抗在某一特定频率上具有最大或最小值的特性称为谐振特性,这个特定频率称为谐振频率。简单谐振回路具有谐振特性和频率选择作用,这是它在高频电子线路中得到广泛应用的重要原因。

(1) 并联谐振回路

简单并联谐振回路如图 2-4(a)所示,L 为电感线圈,r 是其损耗电阻,r 通常很小,可以忽略,C 为电容。谐振回路的谐振特性可以从它们的阻抗特性看出来。对于图 2-4(a)所示的并联谐振回路,当信号角频率为 ω 时,其并联阻抗为

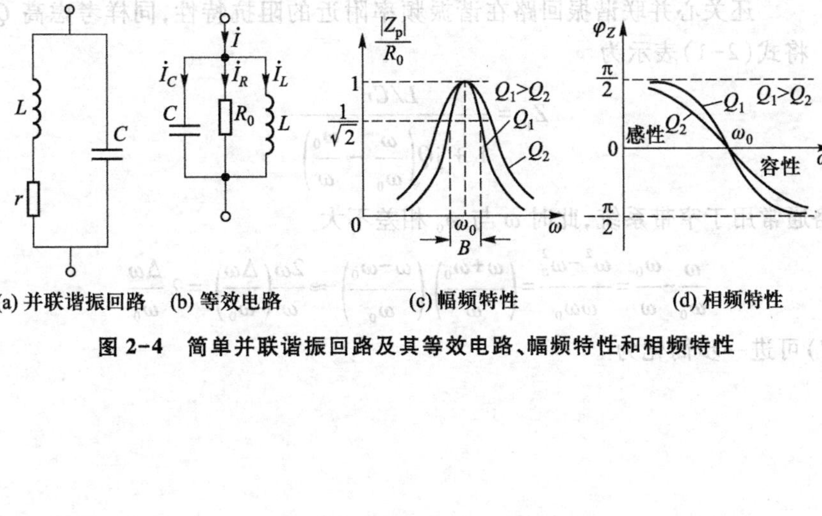
L
C
r
İ
İ_C
İ_R
İ_L
C
R_0
L
|Z_p|/R_0
1
1/√2
Q_1>Q_2
Q_1
Q_2
0
ω_0
B
ω
φ_Z
π/2
Q_1
Q_1>Q_2
感性
Q_2
ω_0
0
容性
ω
−π/2
(a) 并联谐振回路
(b) 等效电路
(c) 幅频特性
(d) 相频特性

图 2-4　简单并联谐振回路及其等效电路、幅频特性和相频特性

$$Z_p = \frac{(r + j\omega L)\dfrac{1}{j\omega C}}{r + j\omega L + \dfrac{1}{j\omega C}} \tag{2-1}$$

定义使感抗与容抗相等的频率为并联谐振频率 ω_0，令 Z_p 的虚部为零，求解方程的根就是 ω_0，可得

$$\omega_0 = \frac{1}{\sqrt{LC}}\sqrt{1 - \frac{1}{Q^2}} \tag{2-2}$$

式中，Q 为回路的品质因数，有

$$Q = \frac{\omega_0 L}{r} = \frac{1}{\omega_0 Cr} \tag{2-3}$$

Q 是谐振回路的一个重要参数。在高频电路中，通常 Q 是远大于 1（$Q \gg 1$）的值（一般电感线圈的 Q 值为 10~200），此时，谐振频率可简化为

$$\omega_0 = \frac{1}{\sqrt{LC}} \tag{2-4}$$

此频率也是回路的中心频率。谐振回路的品质因数还与特性阻抗 $\rho = \sqrt{L/C}$ 有关，在电感 L 的损耗电阻 r 相同的条件下，回路的品质因数 Q 与特性阻抗 ρ 成正比，即

$$Q = \frac{\omega_0 L}{r} = \frac{1}{r}\sqrt{\frac{L}{C}} = \frac{\rho}{r} \tag{2-5}$$

发生谐振的物理意义是，此时，电容中储存的电能和电感中储存的磁能周期性地转换，并且储存的最大能量相等。回路在谐振时的阻抗最大，为纯电阻 R_0

$$R_0 = \frac{L}{Cr} = Q\omega_0 L = \frac{Q}{\omega_0 C} \tag{2-6}$$

电感 L 的损耗电阻 r 越小，并联谐振电阻 R_0 越大，$r \to 0$ 时，$R_0 \to \infty$。因此，图 2-4(a) 所示的并联谐振回路可用图 2-4(b) 所示的等效电路来表示。实际的电感器都存在损耗，可以等效成整个谐振回路的插入损耗（IL），这也是表征谐振回路的一个重要参数。

谐振回路设计与插入损耗计算举例

还关心并联谐振回路在谐振频率附近的阻抗特性，同样考虑高 Q 条件下，可将式(2-1)表示为

$$Z_p = \frac{L/Cr}{1 + jQ\left(\dfrac{\omega}{\omega_0} - \dfrac{\omega_0}{\omega}\right)} \tag{2-7}$$

并联谐振回路通常用于窄带系统，此时 ω 与 ω_0 相差不大

$$\frac{\omega}{\omega_0} - \frac{\omega_0}{\omega} = \frac{\omega^2 - \omega_0^2}{\omega\omega_0} = \left(\frac{\omega + \omega_0}{\omega}\right)\left(\frac{\omega - \omega_0}{\omega_0}\right) \approx \frac{2\omega}{\omega}\left(\frac{\Delta\omega}{\omega_0}\right) = 2\frac{\Delta\omega}{\omega_0} \tag{2-8}$$

因此，式(2-7)可进一步简化为

$$Z_p=\frac{R_0}{1+jQ\dfrac{2\Delta\omega}{\omega_0}}=\frac{R_0}{1+j\xi} \tag{2-9}$$

式中，$\Delta\omega=\omega-\omega_0$ 为相对于回路中心频率的绝对角频率偏移，它表示频率偏离谐振的程度，称为失谐；$\xi=2Q\dfrac{\Delta\omega}{\omega_0}=2Q\dfrac{\Delta f}{f_0}$为广义失谐。当 $f=f_0$ 或 $\xi=0$ 时，Z_p 达到其最大值 R_0。根据式(2-9)可画出归一化的并联谐振阻抗特性和辐角特性，如图 2-4(c)、(d)所示，分别称为谐振曲线的幅频特性和相频特性(群时延特性)。由式(2-9)和图 2-4(c)可得到谐振回路的两个重要参数——通频带和矩形系数。

3 dB 通频带(半功率点通频带)定义为阻抗幅频特性下降为谐振值(中心频率 f_0 处)的 $1/\sqrt{2}$ 时对应的频率范围，也称回路 3 dB 带宽，通常用 B_{3dB} 或 $B_{0.707}$ 来表示。令 Z_p/R_0 等于 $1/\sqrt{2}$，则可推得$\xi=\pm1$，从而可得 3 dB 带宽为

$$B_{0.707}=2\Delta f=\frac{f_0}{Q} \tag{2-10}$$

理想滤波器的幅频特性应该是一个矩形，因此，可以用谐振回路幅频特性接近矩形的程度，即矩形系数来描述谐振回路的选择性，它定义为

$$K_{r0.1}=\frac{B_{0.1}}{B_{0.707}} \tag{2-11}$$

式中，$B_{0.707}$是 3 dB 带宽，而 $B_{0.1}$是阻抗幅频特性曲线下降为谐振值(中心频率 f_0 处)的 0.1 时对应的频带宽度。$K_{r0.1}$总是大于 1 的，理想矩形时，$B_{0.707}=B_{0.1}$，矩形系数 $K_{r0.1}=1$。通常，矩形系数越接近于 1 越好。对于单并联谐振回路，$B_{0.1}=\sqrt{10^2-1}\dfrac{f_0}{Q}$，因此，其矩形系数 $K_{r0.1}=\sqrt{10^2-1}=9.96$ 远远大于 1，这说明简单谐振回路的选择性很差。工程上还可以定义 $K_{r0.01}$和 $K_{r0.001}$。

需要注意，回路的品质因数越高，谐振曲线越尖锐，回路的通频带越窄，但其矩形系数并不改变。这说明，对于简单并联谐振回路，回路品质因数对回路宽的通频带和高的选择性的矛盾不能兼顾。

对于相频特性，有

$$\varphi_Z=-\arctan\left(2Q\frac{\Delta\omega}{\omega_0}\right)=-\arctan\xi \tag{2-12}$$

谐振时($f=f_0$)，回路呈纯电阻性，输出电压与信号电流源同相。失谐时，若 $f<f_0$，回路呈感性；若 $f>f_0$，回路呈容性。相频特性呈负斜率，在谐振频率处为

$$\left.\frac{d\varphi_Z}{d\omega}\right|_{\omega=\omega_0}=-\frac{2Q}{\omega_0} \tag{2-13}$$

且 Q 值越高，斜率越大，曲线越陡峭。在谐振频率附近，相频特性近似呈线性关系，且 Q 值越小，线性范围越宽。

在图 2-4(b)所示的等效电路中，流过 L 的电流 $\dot{I}_L$ 是感性电流，它滞后于回路两端电压 90°。$\dot{I}_C$ 是容性电流，超前于回路两端电压 90°。$\dot{I}_R$ 则与回路电压同相。谐振时 $\dot{I}_L$ 与 $\dot{I}_C$ 相位

相反,大小相等。此时流过回路的电流 $\dot{I}$ 正好就是流过 R_0 的电流 $\dot{I}_R$。由式(2-6)还可看出,由于回路并联谐振电阻 R_0 为 $\omega_0 L$ 及 $1/\omega_0 C$ 的 Q 倍,并联电路各支路电流大小与阻抗成反比,因此电感和电容中的电流为外部电流的 Q 倍,即有

$$I_L = I_C = QI \tag{2-14}$$

图 2-5 表示了并联谐振回路中谐振时的电流、电压关系。

应当指出,以上讨论的是高 Q 的情况。如果 Q 值较低时,并联谐振回路谐振频率将低于高 Q 情况的频率,并使谐振曲线的幅频特性和相频特性随着 Q 值变化而偏离。还应当强调指出,以上所用到的品质因数都是指回路没有外加负载时的值,称为空载 Q 值或 Q_0。当回路有外加负载时,品质因数要用有载 Q 值或 Q_L 来表示,其中的电阻 r 应为考虑负载后的总的损耗电阻。

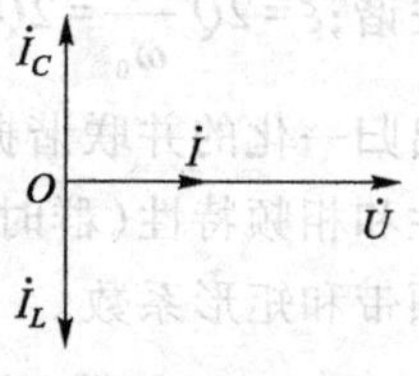
İC
O
İ
U̇
İL

图 2-5　并联谐振回路中谐振时的电流、电压关系

下面举一例说明实际并联谐振回路和有载 Q 值的计算。

例 2-1　设一放大器以简单并联谐振回路为负载,信号中心频率 $f_s = 10$ MHz,回路电容 $C = 50$ pF,试计算所需的线圈电感值。又若线圈品质因数为 $Q = 100$,试计算回路谐振电阻及回路带宽。若放大器所需的带宽为 0.5 MHz,则应在回路上并联多大电阻才能满足放大器所需带宽要求?

解:① 计算 L 值。由式(2-4),可得

$$L = \frac{1}{\omega_0^2 C} = \frac{1}{(2\pi)^2 f_0^2 C}$$

将 f_0 以兆赫(MHz)为单位,C 以皮法(pF)为单位,L 以微亨(μH)为单位,则上式可变为一实用计算公式

$$L = \left(\frac{1}{2\pi}\right)^2 \frac{1}{f_0^2 C} \times 10^6 = \frac{25\ 330}{f_0^2 C}$$

将 $f_0 = f_s = 10$ MHz,$C = 50$ pF 代入,得

$$L = 5.07\ \mu\text{H}$$

② 计算回路谐振电阻和带宽。由式(2-6),可得

$$R_0 = Q\omega_0 L = (100 \times 2\pi \times 10^7 \times 5.07 \times 10^{-6})\ \Omega = 3.18 \times 10^4\ \Omega = 31.8\ \text{k}\Omega$$

回路带宽为

$$B = \frac{f_0}{Q} = 100\ \text{kHz}$$

③ 求满足 0.5 MHz 带宽的并联电阻。设回路上并联电阻为 R_1,并联后的总电阻为 $R_1 /\!/ R_0$,总的回路有载品质因数为 Q_L。由带宽公式,有

$$Q_L = \frac{f_0}{B}$$

此时要求的带宽 $B = 0.5$ MHz,故

$$Q_L = 20$$

回路总电阻为

$$\frac{R_0R_1}{R_0+R_1}=Q_L\omega_0L=(20\times2\pi\times10^7\times5.07\times10^{-6})\ \Omega=6.37\ \text{k}\Omega$$

$$R_1=\frac{6.37\times R_0}{R_0-6.37}=7.97\ \text{k}\Omega$$

本例题需要在回路上并联 7.97 kΩ 的电阻。

(2) 串联谐振回路

串联谐振回路是与并联谐振回路对偶的电路，其电路组成、电抗特性、幅频特性和辐角特性（相频特性）如图 2-6 所示。其基本特性与并联谐振回路呈对偶关系，通频带、矩形系数与并联谐振回路相同，串联谐振角频率 ω_0 为

$$\omega_0=\frac{1}{\sqrt{LC}} \tag{2-15}$$

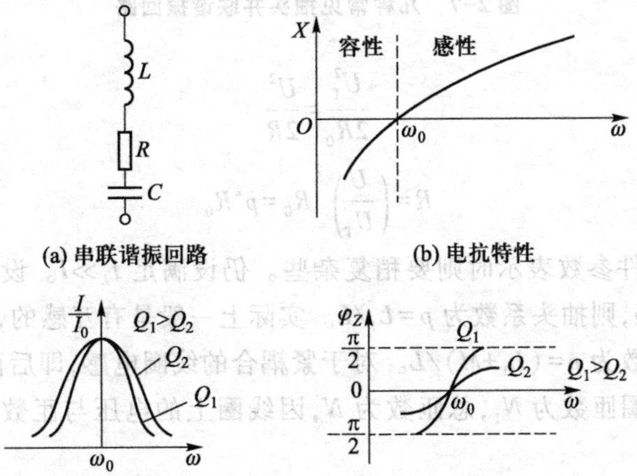
L
R
C
X
容性
感性
O
ω0
ω
I/I0
Q1>Q2
Q2
Q1
ω0
ω
φZ
π/2
Q1
Q2
Q1>Q2
0
ω0
−π/2
ω

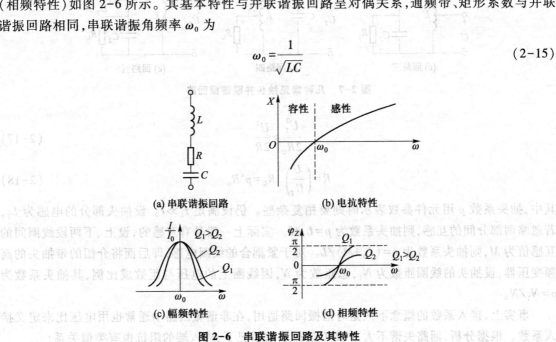

(a) 串联谐振回路　(b) 电抗特性

(c) 幅频特性　(d) 相频特性

图 2-6　串联谐振回路及其特性

2. 抽头并联谐振回路

在实际应用中，常常用到激励源或负载与回路电感或电容部分连接的并联谐振回路，称为抽头并联谐振回路。图 2-7 所示是几种常见的抽头并联谐振回路。采用抽头回路，可以通过改变抽头位置或电容分压比来实现回路与信号源的阻抗匹配，如图 2-7(a)和(b)所示，或者进行阻抗变换，如图 2-7(d)和(e)所示。也就是说，除了回路的基本参数 ω_0、Q 和 R_0 外，还增加了一个可以调节的因子。这个调节因子就是抽头系数（接入系数）p，其定义如下：与外电路相连的那部分电抗与本回路参与分压的同性质总电抗之比。也可以用电压比来表示，即

$$p=\frac{U}{U_T} \tag{2-16}$$

式中，U 为抽头两端电压，U_T 为回路两端电压。因此，又把抽头系数称为电压比或变比。

下面简单分析图 2-7(a)、(b)所示的两种电路。仍考虑是窄带高 Q 的实际情况。对于图 2-7(a)所示回路，设回路处于谐振或失谐不大时，流过电感的电流 I_L 仍然比外部电流大得多，即 $I_L\gg I$，因而 U_T 比 U 大。当谐振时，输入端呈现的电阻设为 R，从功率相等的关系看，有

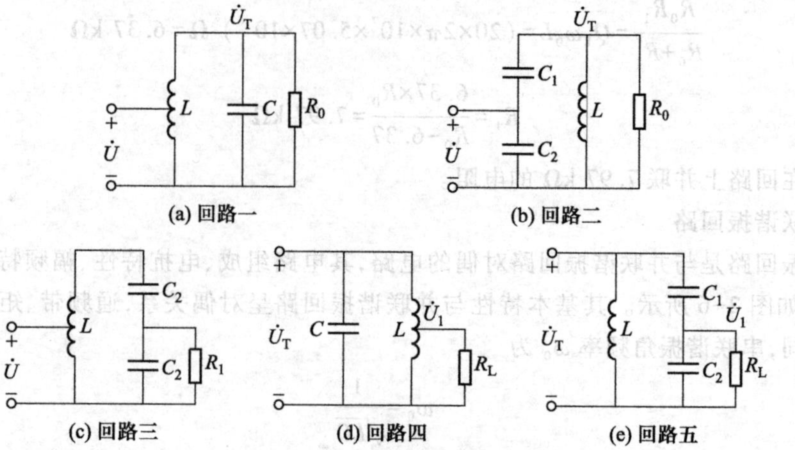

$\dot{U}_T$
L
C
R_0
+
$\dot{U}$
(a) 回路一
$\dot{U}_T$
C_1
L
R_0
C_2
(b) 回路二
C_2
L
C_2
R_1
(c) 回路三
$\dot{U}_T$
C
L
$\dot{U}_1$
R_L
(d) 回路四
C_1
$\dot{U}_1$
C_2
R_L
(e) 回路五

图 2-7　几种常见抽头并联谐振回路

$$\frac{U_T^2}{2R_0}=\frac{U^2}{2R} \tag{2-17}$$

$$R=\left(\frac{U}{U_T}\right)^2 R_0=p^2 R_0 \tag{2-18}$$

其中，抽头系数 p 用元件参数表示时则要稍复杂些。仍设满足 $I_L \gg I$。设抽头部分的电感为 L_1，若忽略两部分间的互感，则抽头系数为 $p=L_1/L$。实际上一般是有互感的，设上、下两段线圈间的互感值为 M，则抽头系数为 $p=(L_1+M)/L$。对于紧耦合的线圈电感，即后面将介绍的带抽头的高频变压器，设抽头的线圈匝数为 N_1，总匝数为 N，因线圈上的电压与匝数成比例，其抽头系数为 $p=N_1/N$。

事实上，接入系数的概念不只是对谐振回路适用，在非谐振回路中通常也用电压比来定义接入系数。根据分析，回路失谐不大，p 又不是很小的情况下，输入端的阻抗也有类似关系

$$Z=p^2 Z_T=\frac{p^2 R_0}{1+\mathrm{j}2Q\dfrac{\Delta\omega}{\omega_0}} \tag{2-19}$$

对于图 2-7(b)所示的电路，其接入系数 p 可以直接用电容比值表示为

$$p=\frac{U}{U_T}=\frac{\dfrac{1}{\omega C_2}}{\dfrac{1}{\omega\dfrac{C_1 C_2}{C_1+C_2}}}=\frac{C_1}{C_1+C_2} \tag{2-20}$$

在实际应用中，除了阻抗需要折合外，有时信号源也需要折合。对于电压源，由式(2-16)可得

$$U=pU_T \tag{2-21}$$

对于图 2-8 所示的电流源，其折合关系为

$$I_T=pI \tag{2-22}$$

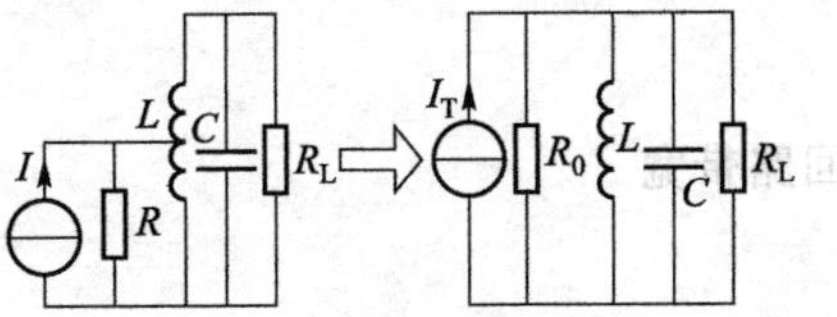

L
C
I
R
R_L
I_T
R_0
L
C
R_L

图 2-8　电流源的折合

需要注意，对信号源进行折合时的变比是 p，而不是 p^2。

在抽头回路中，由于激励端的电压 U 小于回路两端电压 U_T，从功率等效的概念来考虑，回路要得到同样功率，抽头端的电流要更大些（比起不抽头回路）。这也意味着谐振时的回路电流 I_L 或 I_C 与 I 的比值要小些，而不再是 Q 倍。由

$$I_L=\frac{U_T}{\omega L}=\frac{U_T Q}{R_0}$$

及

$$I=\frac{U}{R}$$

$$\frac{I_L}{I}=\frac{U_T}{U}\frac{R}{R_0}Q$$

可得

$$I_L=pQI \tag{2-23}$$

接入系数 p 越小，I_L 与 I 的比值也越小。在上面的分析中，曾假设 $I_L \gg I$，当 p 较小时将不能满足。因此阻抗式（2-19）的近似公式的适用条件为 $I_L/I=pQ\gg 1$。

例 2-2　如图 2-9 所示，抽头回路由电流源激励，忽略回路本身的固有损耗，试求回路两端电压 $u(t)$ 的表达式及回路带宽。

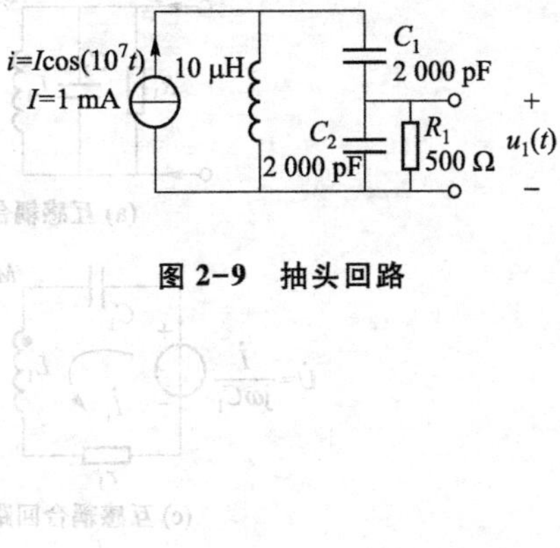

i=Icos(10⁷t)
I=1 mA
10 μH
C_1
2 000 pF
C_2
2 000 pF
R_1
500 Ω
+
$u_1(t)$
−

图 2-9　抽头回路

解：先假设回路满足高 Q 条件，由图 2-9 可知，回路电容为

$$C=\frac{C_1C_2}{C_1+C_2}=1\ 000\ \text{pF}$$

谐振角频率为

$$\omega_0=\frac{1}{\sqrt{LC}}=10^7\ \text{rad/s}$$

电阻 R_1 的接入系数

$$p=\frac{C_1}{C_1+C_2}=0.5$$

等效到回路两端的电阻为

$$R=\frac{1}{p^2}R_1=2\ 000\ \Omega$$

回路两端电压 $u(t)$ 与 $i(t)$ 同相，电压振幅 $U=IR=2$ V，故

$$u(t)=2\cos 10^7 t\ \text{V}$$

输出电压为

$$u_1(t)=pu(t)=\cos 10^7 t\ \text{V}$$

回路品质因数

$$Q=\frac{R}{\omega_0 L}=\frac{2\ 000}{100}=20$$

回路带宽

$$B_\omega=\frac{\omega_0}{Q}=5\times10^5\ \text{rad/s}$$

计算表明满足原来的高 Q 的假设，而且也基本满足 $pQ=10$ 远大于 1 的条件。在上述近似计算中认为 $u_1(t)$ 与 $u(t)$ 同相。考虑到 R_1 对实际电压比的影响，$u_1(t)$ 与 $u(t)$ 之间还有一小的相移。

3. 耦合谐振回路

简单谐振回路具有一定的选频能力，结构简单，但其选择性差，矩形系数太大且固定。因此，在高频电路中，也经常用到两个互相耦合的谐振回路，称为双调谐回路。把其中接有激励信号源的回路称为一次（初级）回路，把与负载相接的回路称为二次（次级）回路或负载回路。实际应用时一次、二次回路通常都对信号频率调谐且都为高 Q 电路。图 2-10 所示是两种常见的耦合回路及其等效电路，图 2-10(a) 所示是互感耦合回路，图 2-10(b) 所示是电容耦合回路。

耦合谐振回路在高频电路中的主要功能，一是用来进行阻抗转换以完成高频信号的传输；二是形成比简单谐振回路更好的频率特性。下面以图 2-10(a) 所示的互感耦合回路为主来分析说明它的原理和特性。反映两回路耦合大小的是两线圈间的互感 M 以及互感与一次、二次电感 L_1、L_2 的大小关系。耦合阻抗为 $Z_m=jX_m=j\omega M$。为了反映两回路的相对耦合程度，可以引入一耦合系数 k，它定义为 X_m 与一次侧、二次侧中与 X_m 同性质两电抗的几何平均值之比，具体到图 2-10(a) 所示回路，有

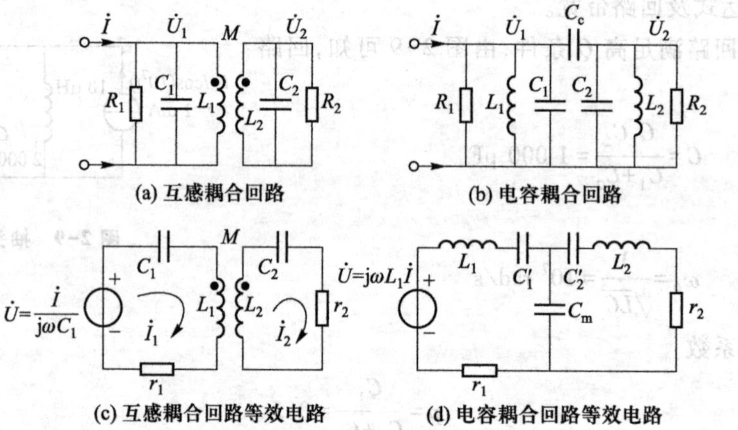

$\dot{I}$
$\dot{U}_1$
M
$\dot{U}_2$
R_1
C_1
L_1
L_2
C_2
R_2
(a) 互感耦合回路
C_c
(b) 电容耦合回路
$\dot{U}=\frac{\dot{I}}{j\omega C_1}$
$\dot{I}_1$
$\dot{I}_2$
r_1
r_2
(c) 互感耦合回路等效电路
$\dot{U}=j\omega L_1\dot{I}$
C_1'
C_2'
C_m
(d) 电容耦合回路等效电路

图 2-10　两种常见的耦合回路及其等效电路

$$k=\frac{\omega M}{\sqrt{\omega^2 L_1 L_2}}=\frac{M}{\sqrt{L_1 L_2}} \tag{2-24}$$

对于图 2-10(b) 所示回路，耦合系数为

$$k=\frac{C_c}{\sqrt{(C_1+C_c)(C_2+C_c)}} \tag{2-25}$$

根据电路理论，当一次侧有信号源激励时，一次回路电流 $\dot{I}_1$ 通过耦合阻抗将在二次回路中产生一感应电势 $j\omega M\dot{I}_1$，从而在二次回路中产生电流 $\dot{I}_2$。二次回路必然要对一次回路产生反作用（即 $\dot{I}_2$ 要在一次侧产生反电动势），此反作用可以用在一次回路中引入一反映（射）阻抗 Z_f 来等效。反映阻抗为

$$Z_f=-\frac{Z_m^2}{Z_2}=\frac{\omega^2M^2}{Z_2} \tag{2-26}$$

Z_2 是二次回路的串联阻抗，它具有串联谐振的特性。当二次回路谐振时，Z_f 为一电阻 r_f，会使一次侧的并联谐振电阻下降。在二次侧失谐时，Z_f 为一随频率变化的感性阻抗（$\omega<\omega_0$）或容性阻抗（$\omega>\omega_0$）。显然，Z_f 的影响会使一次侧的并联阻抗 Z_1 和一次侧、二次侧的转移阻抗 Z_{21} 的频率特性发生变化。

耦合回路常作为四端网络（两端口网络）应用，更关心的是其转移阻抗的频率特性。假设两回路的电感、电容和品质因数相同（这是常见的情况），在此条件下来分析转移阻抗。此时有

$$L_1=L_2=L, C_1=C_2=C, Q_1=Q_2=Q$$

再引入两个参数，广义失谐

$$\xi=\frac{\omega_0L}{R}\left(\frac{\omega}{\omega_0}-\frac{\omega_0}{\omega}\right)\approx 2Q\frac{\Delta\omega}{\omega_0} \tag{2-27}$$

耦合因子

$$A=kQ \tag{2-28}$$

一次侧、二次侧的串联阻抗可分别表示为

$$Z_1=r_1(1+j\xi)$$
$$Z_2=r_2(1+j\xi)$$

耦合阻抗为

$$Z_m=j\omega M$$

由图 2-10(c) 所示等效电路可知，转移阻抗为

$$Z_{21}=\frac{\dot{U}_2}{\dot{I}}=\frac{\frac{1}{j\omega C_2}\dot{I}_2}{j\omega C_1\dot{U}}=-\frac{1}{\omega^2C_1C_2}\frac{\dot{I}_2}{\dot{U}} \tag{2-29}$$

$\dot{I}_2$ 由二次感应电动势 $\dot{I}_1Z_m$ 产生，有

$$\dot{I}_2=\frac{\dot{I}_1Z_m}{Z_2}$$

考虑二次侧的反映阻抗，则

$$\dot{U}=\dot{I}_1(Z_1+Z_f)=\dot{I}_1\left(Z_1-\frac{Z_m^2}{Z_2}\right)$$

将上两式代入式(2-29)，再考虑其他关系，经简化得

$$Z_{21}=-j\frac{Q}{\omega_0C}\frac{A}{1-\xi^2+A^2+2j\xi} \tag{2-30}$$

根据同样的方法可以得到电容耦合回路的转移阻抗为

$$Z_{21}=\mathrm{j}Q\omega_0L\frac{A}{1-\xi^2+A^2+2\mathrm{j}\xi} \tag{2-31}$$

若不计常数因子,式(2-30)与式(2-31)具有相同的频率特性。A 出现在分子和分母中,这表示两回路的耦合程度会影响转移阻抗频率特性曲线的高度和形状。以 ξ 为变量,对式(2-30)求极值可知,当耦合因子 A 小于 1 时,在 $\xi=0$ 处有极大值。当 A 大于 1 时,则有两个极大值,在 $\xi=0$ 处有凹点。此时 $|Z_{21}|$ 曲线为双峰。求出 $|Z_{21}|$ 的极大值 $|Z_{21}|_{\max}$,可以求出不同 A 时的归一化转移阻抗

$$\frac{|Z_{21}|}{|Z_{21}|_{\max}}=\frac{2A}{\sqrt{(1-\xi^2+A^2)^2+4\xi^2}} \tag{2-32}$$

通常将 $A=1$ 的情况称为临界耦合,而将此时的耦合系数称为临界耦合系数

$$k_c=\frac{1}{Q} \tag{2-33}$$

将 $A>1$,或 $k>k_c$ 称为过耦合;$A<1$,或 $k<k_c$ 称为欠耦合。

图 2-11 所示为归一化的转移阻抗的频率特性。由图可见,当 $k<k_c$ 的欠耦合时,曲线较尖,带宽窄,且其最大值也较小(比 $k\geqslant k_c$ 时),通常不工作在这种状态。当 k 增加至 k_c 的临界耦合时,曲线由单峰向双峰变化,曲线顶部较平缓。临界耦合时的特性可将 $A=1$ 代入式(2-32)得到

$$\frac{|Z_{21}|}{|Z_{21}|_{\max}}=\frac{1}{\sqrt{1+\frac{1}{4}\xi^4}} \tag{2-34}$$

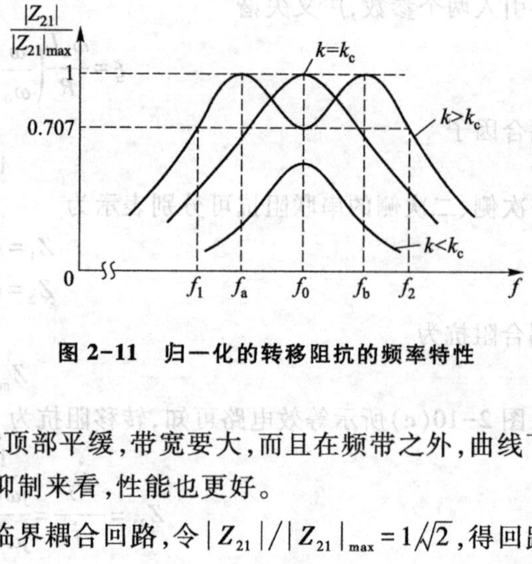

|Z21|/|Z21|max
1
0.707
0
k=kc
k>kc
k<kc
f1
fa
f0
fb
f2
f

图 2-11　归一化的转移阻抗的频率特性

与前面单回路的阻抗特性相比,耦合回路特性顶部平缓,带宽要大,而且在频带之外,曲线下降也更陡峭。从提高回路对邻近无用信号频率的抑制来看,性能也更好。

已知简单谐振回路的带宽为 $B_{0.707}=f_0/Q$。对临界耦合回路,令 $|Z_{21}|/|Z_{21}|_{\max}=1/\sqrt{2}$,得回路带宽为

$$B_{0.707}=\sqrt{2}\frac{f_0}{Q} \tag{2-35}$$

同样,由式(2-34),令 $|Z_{21}|/|Z_{21}|_{\max}=0.1$ 可得

$$B_{0.1}=4.5\frac{f_0}{Q}$$

因此临界耦合时的矩形系数为

$$K_{r0.1}=\frac{B_{0.1}}{B_{0.707}}=3.18$$

而单回路的矩形系数 $K_{r0.1}=9.96$。

当允许频带内有凹陷起伏特性时,可以采用 $k>k_c$ 的过耦合状态,它可以得到更大的带宽。

但凹陷点的值小于 0.707 的过耦合情况没有什么应用价值。根据式(2-32)的频率特性可以分析出最大凹陷点也为 0.707 时的耦合因子及带宽,它们分别为

$$A=2.41$$

$$B_{0.707}=3.1\frac{f_0}{Q}$$

必须再一次指出,以上分析只限于高 Q 的窄带耦合回路。

顺便指出,多个单回路级联的情况和参差调谐(不同回路调谐于不同频率)的情况请参见本书第三章和其他参考书。

二、高频变压器和传输线变压器

变压器是靠磁通交链或者是靠互感进行耦合的。两个耦合的线圈,通常只有当两者紧耦合(k 接近 1)时,性能才接近理想变压器。

1. 高频变压器

高频变压器常应用于几十兆赫以下的高频电路中,其功用仍然是进行信号传输和阻抗变换,也用来隔绝直流。高频变压器也以磁性材料作为公共的磁路,以增加线圈间的耦合。但高频变压器无论是磁芯材料还是变压器结构都与低频变压器有较大不同。主要表现在:

① 为了减少损耗,高频变压器常用磁导率 μ 高、高频损耗小的软磁材料作为磁芯。最常用的高频磁芯是铁氧体材料(铁氧体材料也可用于低频中),一般有锰锌铁氧体 MXO 和镍锌铁氧体 NXO 两种。前者磁导率(通常以相对磁导率表示)高,但高频损耗大,多用于几百千赫兹至几兆赫兹范围,或者允许有较大损耗的高频范围。后者磁导率较低,但高频损耗小,可用于几十兆赫兹甚至更高的频率范围。

② 高频变压器一般用于小信号场合,尺寸小,线圈的匝数较少。因此,其磁芯的结构形状与低频时不同,主要采用图 2-12(a)、(b)所示的环形结构和罐形结构。一次、二次绕组直接穿绕在环形结构的磁环上,或绕制在骨架上,放于两罐之间。罐形结构中磁路允许有气隙,可以通过调节气隙大小来微调变压器的电感。图 2-12(c)所示是双孔磁芯,它是环形磁芯的一种变形,可以在两个孔中分别绕制线圈。

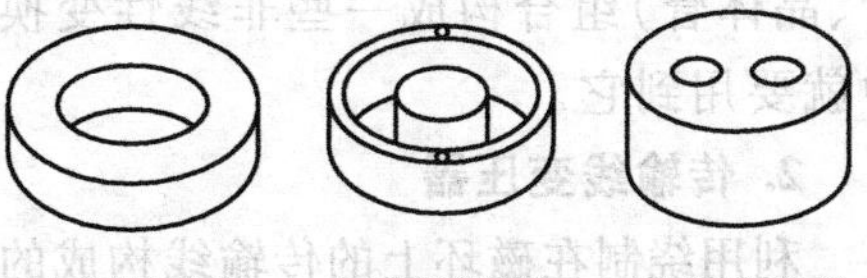

(a) 环形磁芯　(b) 罐形磁芯　(c) 双孔磁芯

图 2-12 高频变压器的磁芯结构

高频变压器及其等效电路如图 2-13 所示,它忽略了实际变压器中存在的各种损耗(磁芯中的涡流损耗、磁滞损耗和导线电阻损耗)和漏感。除了元件数值范围不同外,它与低频变压器的等效电路没有什么不同。图中,点画线内为理想变压器,L 为一次励磁电感,L_S 为漏感,C_S 为变压器的分布电容。

当高频变压器用于窄带电路时,只要知道此频率时等效电路中的参数 L、L_S 和 C_S,就不难构成实际电路和进行计算。当用在宽带电路,比如用作宽带阻抗变换器时,希望在宽频带内有比较均匀的阻抗和传输特性。由图 2-13(b)所示的等效电路可以看出,影响宽带特性的因素就是 L、L_S 和 C_S。在低频端,由于励磁电感 L 的阻抗小,对负载起分流作用,影响低频响应。在高频端,C_S 的阻抗起旁路作用,而漏感 L_S 的阻抗大,起分压作用。C_S 与 L_S 是引起高频传输系数下降的主要因素。L、L_S 和 C_S 对变压器频率特性的影响还与负载端接的阻抗大小有关。高频变压器在

宽带应用时，在不同频率范围，可忽略某些参数的影响，进一步简化电路和分析。在低频端，L_S 和 C_S 的影响可忽略；在高频端，L 的旁路作用可忽略。要展宽高频范围，应尽量减小 L_S 和 C_S。减少变压器一次侧、二次侧的线圈匝数，可以减小漏感 L_S 和分布电容 C_S；但励磁电感 L 将随匝数减小而迅速减小，这会导致低频响应变差。比较好的方法是采用高磁导率的高频磁芯，可以在减小匝数的同时保持所需的励磁电感值。

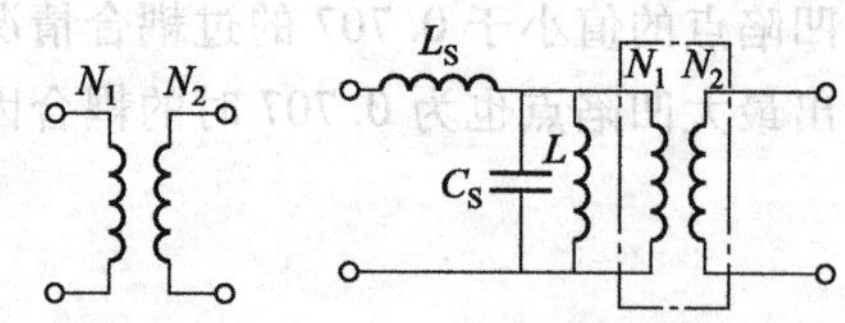

N1
N2
LS
CS
L
N1
N2

(a) 图形符号　　(b) 等效电路

图 2-13　高频变压器及其等效电路

目前，在低阻抗负载（10～100 Ω）电路中，在变压比（N_1/N_2）不很大的情况下，高频变压器的频带宽度可以做到 3 到 4 个倍频程（即最高频率与最低频率比为 8～16）甚至还可更高些。

在某些高频电路中经常会用到一种具有中心抽头的三绕组高频变压器，称之为中心抽头变压器，如图 2-14 所示，其一次侧为两个等匝数的线圈串联，极性相同，一次侧、二次侧的变压比为 $n=N_1/N_2$。作为理想变压器看待，线圈间的电压和电流关系分别为

$$U_1=U_2=nU_3 \tag{2-36}$$

$$-I_3=n(I_1+I_2) \tag{2-37}$$

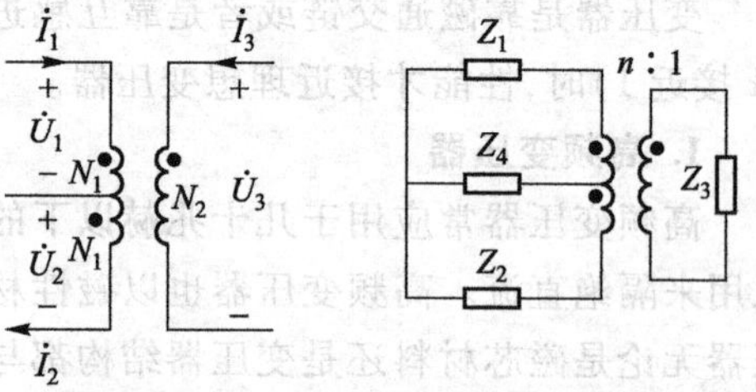

İ1
+
U̇1
−
N1
+
U̇2
N1
−
İ2
İ3
+
N2
U̇3
−
Z1
n : 1
Z4
Z3
Z2

(a) 变压器电路　　(b) 作为四端口器件应用

图 2-14　中心抽头变压器电路

中心抽头变压器可以实现多个输入信号的相加或相减，在某些端口间有隔离，另一些端口间有最大的功率传输。图 2-14(b) 所示即为其典型应用，四个端口上可接阻抗或者信号源。中心抽头变压器还可以用作功率分配器、功率合成器、平衡桥电路，也可以与有源器件（二极管、晶体管）组合构成一些非线性变换电路。第五章中的二极管平衡电路、二极管环形电路中就要用到它。

2. 传输线变压器

利用绕制在磁环上的传输线构成的高频变压器称为传输线变压器，它是一种集总参数和分布参数相结合的组件，常用于高频及更高频率（如几百兆赫兹）电路中，而且其工作频带宽，还可以完成一些其他功能。图 2-15 所示为其典型结构和电路图。

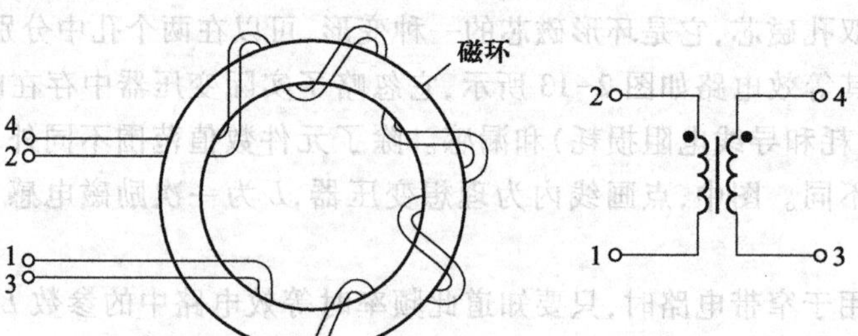

磁环
4
2
1
3
2
4
1
3

(a) 结构示意图　　(b) 电路

图 2-15　传输线变压器的典型结构和电路

传输线变压器主要用传输高频信号的双导线（一般用漆包线）或同轴线扭绞绕制，它有两种

工作方式(或工作模式),即传输线方式和变压器方式,如图2-16所示。不同方式取决于信号对它的不同激励。传输线变压器可以看作是绕在磁环上的传输线,而传输线的特点,就是利用两导线间(或同轴线内外导体间)的分布电容和分布电感形成一电磁波的传输系统。它传输信号的频率范围很宽,可以从直流到几百、上千兆赫兹(同轴电缆)。传输线主要参数是波速、波长及特性阻抗。波速与波长分别为

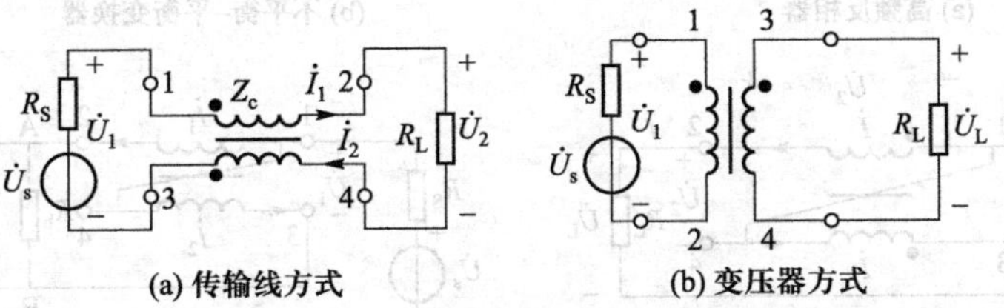

(a) 传输线方式
(b) 变压器方式

图 2-16 传输线变压器的工作方式

$$v=\frac{c}{\sqrt{\varepsilon_r}} \tag{2-38}$$

$$\lambda=\frac{v}{f}=\frac{\lambda_0}{\sqrt{\varepsilon_r}} \tag{2-39}$$

式中,ε_r 为传输线的相对介电常数。因 ε_r 总是大于1(一般为2~4),传输线上的波速和波长比自由空间电磁波的波速 c 和波长 λ_0 都要小。传输线特性阻抗 Z_c 取决于传输线的横向尺寸(导线粗细、导线间距离、介质常数)。当传输线端接的负载电阻值与特性阻抗 Z_c 相等时,传输线上传输行波,此时有最大的传输带宽。因此,传输线工作方式的特点是,在传输线的任一点上,两导线上流过的电流大小相等、方向相反。两导线上电流所产生的磁通只存在于两导线间,磁芯中没有磁通和损耗。当负载电阻 R_L 与 Z_c 相等而匹配时,两导线间的电压沿线均匀分布(指振幅)。这种方式传输特性的频率很宽,也正因为如此,传输线变压器才有更宽的频率特性。

传输线变压器也可以看作是双线并绕的1∶1变压器,在这种工作方式中,信号源加在一个绕组两端,在一次绕组中有励磁电流,此电流在磁环中产生磁通。由于有磁芯,励磁电感较大,在工作频率上其感抗值远大于特性阻抗 Z_c 和负载阻抗。此外,在两线圈端(1、2端和3、4端)有同相的电压。在实际应用中,通常两种工作方式同时存在,可以利用这两种方式实现不同的作用。

传输线变压器的用法很多,但其基本形式是1∶1和1∶4阻抗变换器。用两个或多个传输线变压器进行组合,还可以得到其他阻抗变换器,也可用作不平衡-平衡变换器、3 dB 耦合器等,如图2-17所示。也有用三线并绕构成的传输线变压器。

图2-17(a)所示是高频反相器,它是一种1∶1的变压器。端点2、3相连并接地,在1、3端加高频电压 $\dot U_1$。因 $\dot U_1$与 $\dot U_2$相等,当2端接地后,输出电压 $\dot U_L=-\dot U_2$,与输入电压反相。图2-17(c)所示是一个1∶4阻抗变换器,1、4连接,信号源加在1、3端(实际上也加在4、3端),负载电阻 R_L 加在2、3端。由于 $\dot U_2=\dot U_1$、$\dot U_L=2\dot U_1$,而负载电流为 $\dot I$,$R_L=\dot U_L/\dot I$,因此,输入端阻抗(忽略励磁电流)为

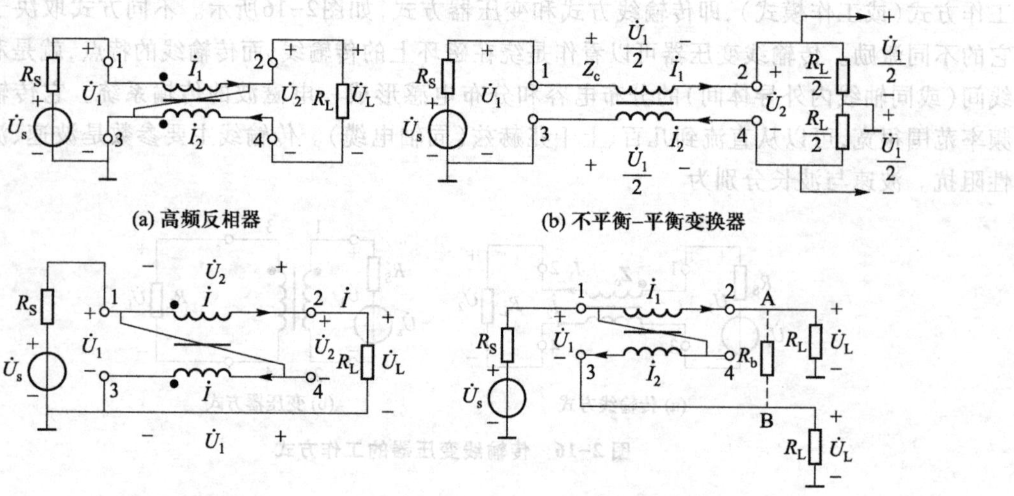

(a) 高频反相器　(b) 不平衡–平衡变换器

(c) 1 : 4阻抗变换器　(d) 3 dB耦合器

图 2-17　传输线变压器的应用举例

$$R_{\mathrm{i}}=\frac{\dot{U}_1}{2\dot{I}}=\frac{\dot{U}_{\mathrm{L}}/2}{2\dot{I}}=\frac{1}{4}R_{\mathrm{L}} \tag{2-40}$$

这就完成了 1 : 4 的阻抗变换。

传输线变压器通常都作宽带应用，其宽带性能的好坏与参数及结构尺寸的选择有很大关系。对于特性阻抗 Z_c，应选择和负载阻抗 Z_L 接近。用双绞线（漆包线）作传输线时，其特性阻抗与所用导线的粗细、绕制的松紧和单位长度内扭绞的次数有关。每厘米长度内扭绞的次数多，特性阻抗就低，其特性阻抗一般可以小到 40~50 Ω。传输线变压器所用的磁芯尺寸应根据信号功率大小选择。传输的功率越大，线圈两端的电压就越高，通过磁芯的磁通量就越大，磁芯和线圈的损耗也越大，磁芯的尺寸应能承受此损耗而不至升温过高。根据前面关于高频变压器的说明，应选择有较高磁导率和高频损耗小的磁芯材料。线圈的匝数取决于所需励磁电感的大小，应使在工作频率低端，其阻抗值 ωL 比输入阻抗大得多（如 10 倍以上）；为了得到好的高频响应，传输线的长度 l 应尽可能小，通常 l 应短于 $(1/8\sim1/10)\lambda_{\min}$。

双绞线的传输线变压器的上限频率可到 100 MHz 左右，同轴线的传输线变压器的上限频率还可更高些。

三、石英晶体谐振器

在高频电路中，石英晶体谐振器（简称晶体谐振器，也称石英振子）是一个重要的高频组件，它广泛用于高频率稳定性的振荡器中，也用作高性能的窄带滤波器和鉴频器。

1. 物理特性

石英晶体谐振器是由天然或人工生成的石英晶体切片而成。石英晶体是 SiO_2 的结晶体，在自然界中以六角锥体出现。它有三个对称轴：z 轴（光轴）、x 轴（电轴）、y 轴（机械轴）。各种晶片就是按与各轴不同角度切割而成。图 2-18 所示就是石英晶体形状、各种切型的位置及电路图形符号。在晶片的两面制作金属电极，并与底座的插脚相连，最后以金属壳封装或玻璃壳封装（真空封装），成为晶体谐振器，如图 2-19 所示。

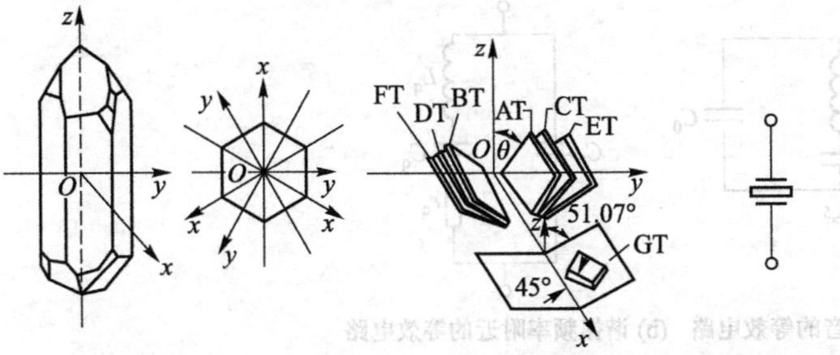

z
x
y
O
FT
DT
BT
AT
CT
ET
θ
51.07°
GT
45°

(a) 形状　(b) 各种切型位置　(c) 图形符号

图 2-18　石英晶体的形状、各种切型的位置及电路图形符号

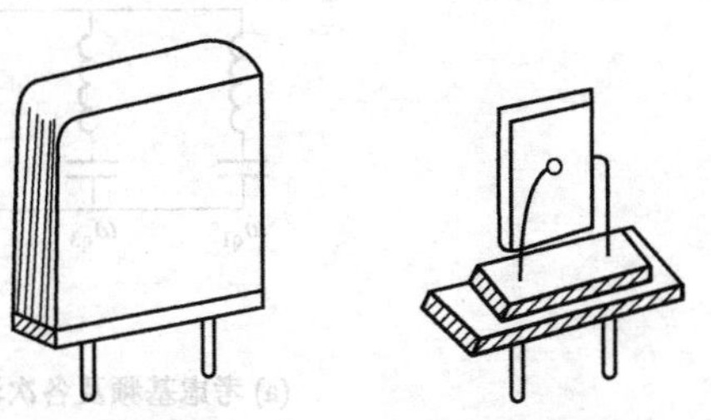

(a) 外形　(b) 内部结构

图 2-19　晶体谐振器

石英晶体之所以能成为电的谐振器，是利用了它所特有的压电效应。所谓压电效应，就是当晶体受外力作用而变形（如伸缩、切变、扭曲等）时，会在它对应的表面产生正、负电荷，呈现出电压，这称为正压电效应。当在晶体两面加以电压时，晶体又会发生机械形变，这称为反压电效应。因此若在晶体两端加交变电压时，晶体就会发生周期性的振动，同时由于电荷的周期变化，又会有交流电流流过晶体。由于晶体是有弹性的固体，对于某一种振动方式，有一个机械的谐振频率（固有谐振频率）。当外加电信号频率在此自然频率附近时，就会发生谐振现象。它既表现为晶体的机械共振，又在电路上表现出电谐振，这时有很大的电流流过晶体，产生电能和机械能的转换。晶体的谐振频率与晶体的材料、几何形状、尺寸及振动方式（取决于切片方式）有关，而且十分稳定，其温度系数（温度变化 1 ℃时引起的固有谐振频率相对变化量）均在 10^{-6} 或更高数量级上。实践表明，温度系数与振动方式有关，某些切型的石英片（如 GT 和 AT 型），其温度系数在很宽范围内都趋近于零。而其他切型的石英片，只在某一特定温度附近的小范围内才趋近于零，通常将这个特定的温度称为拐点温度。若将晶体置于恒温槽内，槽内温度就应控制在此拐点温度上。

用于高频的晶体切片，其谐振时的电波长 λ_0 常与晶体切片厚度成正比，谐振频率与厚度成反比。正如平常观察到的某些机械振动那样（比如琴弦的振动），对于一定形状和尺寸的某一晶体，它既可以在某一基频上谐振（此时沿某一方向分布 1/2 个机械波长），也可以在高次谐波（谐频或泛音）上谐振（此时沿同一方向分布 3/2、5/2、7/2 个机械波长）。通常把利用晶体基频（音）共振的谐振器称为基频（音）谐振器，频率通常用×××kHz 表示。把利用晶体谐频共振的谐振器称为泛音谐振器，频率通常用×××MHz 表示。由于机械强度和加工的限制，目前，基频谐振频率最高只能达到 25 MHz 左右，泛音谐振频率可达 250 MHz 以上。通常能利用的是 3、5、7 之类的奇次泛音。同一尺寸晶片，泛音工作时的频率比基频工作时的要高 3、5、7 倍。应该指出，由于是机械谐振时的谐频，它们的电谐振频率之间并不是准确的 3、5、7 的整数关系。

2. 等效电路及阻抗特性

图 2-20 所示是石英晶体谐振器的等效电路。图 2-20(a) 所示是考虑基频及各次泛音的等效电路。由于各谐波频率相隔较远，互相影响很小，对于某一具体应用（如工作于基频或工作于泛音），只需考虑此频率附近的电路特性，因此可以用图 2-20(b) 所示电路来等效。图 2-20(b) 所

示电路中，C_0 是晶体作为电介质的静电容，其数值一般为 1~100 pF。L_q、C_q、r_q 是对应于机械共振经压电转换而呈现的电参数。r_q 是机械摩擦和空气阻尼引起的损耗。

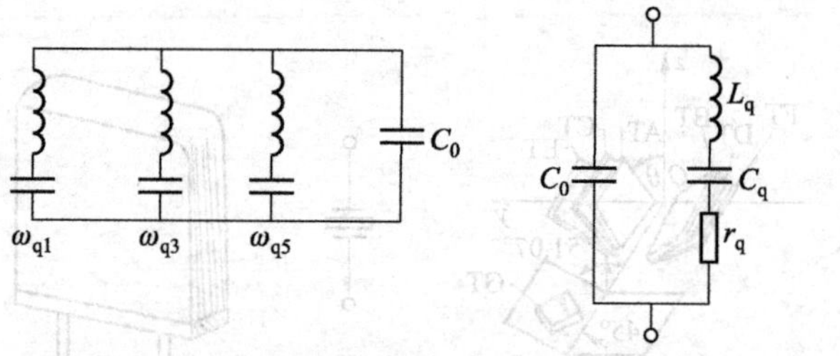
C_0
ω_{q1}
ω_{q3}
ω_{q5}
L_q
C_0
C_q
r_q

(a) 考虑基频及各次泛音的等效电路　(b) 谐振频率附近的等效电路

图 2-20　石英晶体谐振器的等效电路

由图 2-20(b)所示电路可看出，晶体谐振器是一串并联的谐振回路，其串联谐振频率 f_q 和并联谐振频率 f_0 分别为

$$f_q=\frac{1}{2\pi\sqrt{L_qC_q}} \tag{2-41}$$

$$f_0=\frac{1}{2\pi\sqrt{L_q\frac{C_0C_q}{C_0+C_q}}}=\frac{1}{2\pi\sqrt{L_qC_q}}\sqrt{1+\frac{C_q}{C_0}}=f_q\sqrt{1+\frac{C_q}{C_0}} \tag{2-42}$$

与通常的谐振回路比较，晶体的参数 L_q 和 C_q 与一般电感元件 L、电容元件 C 有很大不同。现举一例。国产 B45 型 1 MHz 中等精度晶体的等效参数为

$$L_q=4.00\ \text{H}\qquad C_q=0.006\,3\ \text{pF}$$

$$r_q=100\sim200\ \Omega\qquad C_0=2\sim3\ \text{pF}$$

由此可见，L_q 很大，C_q 很小。与同样频率的 LC 元件构成的回路相比，L_q、C_q 与 L、C 元件数值要相差 4~5 个数量级。同时，晶体谐振器的品质因数也非常大，一般为几万甚至几百万，这是普通 LC 电路无法比拟的。在上例中

$$Q_q=\frac{\omega_qL_q}{r_q}\geqslant(125\,000\sim250\,000)$$

由于 $C_0\gg C_q$，晶体谐振器的并联谐振频率 f_0 与串联谐振频率 f_q 相差很小。由式(2-42)，考虑 $C_q/C_0\ll1$，可得

$$f_0=f_q\left(1+\frac{1}{2}\frac{C_q}{C_0}\right) \tag{2-43}$$

上例中，$C_q/C_0=(0.002\sim0.003)$，相对频率间隔仅为 0.1%~0.2%。

$$\frac{f_0-f_q}{f_q}=\frac{1}{2}\frac{C_q}{C_0}$$

此外，$C_q/C_0\ll1$，也意味着图 2-20(b)所示的等效电路的接入系数 $p\approx C_q/C_0$ 非常小。因此，

晶体谐振器与外电路的耦合必然很弱。在实际电路中,晶体两端并接有电容 C_L,在这种情况下,接入系数将变为 $p \approx C_q/(C_0+C_L)$,相应的并联谐振频率 f_0 将减小。显然,C_L 越大,f_0 越靠近 f_q。通常将 C_L 称为晶体的负载电容(一般基频晶体规定 C_L 为 30 pF 或 50 pF),标在晶体外壳的谐振频率或标称频率就是并接 C_L 后测得的 f_0 的值。

图 2-20(b)所示的等效电路的阻抗的一般表示式为

$$Z_e=\frac{-j\dfrac{1}{\omega C_0}\left[r_q+j\left(\omega L_q-\dfrac{1}{\omega C_q}\right)\right]}{r_q+j\left(\omega L_q-\dfrac{1}{\omega C_q}\right)-j\dfrac{1}{\omega C_0}} \tag{2-44}$$

在忽略 r_q 后,式(2-44)可化简为

$$Z_e=jX_e\approx -j\frac{1}{\omega C_0}\frac{1-\omega_q^2/\omega^2}{1-\omega_0^2/\omega^2} \tag{2-45}$$

由式(2-45)可得晶体谐振器的电抗特性如图 2-21 所示,要注意它是在忽略晶体电阻 r_q 后得出的。由于晶体的 Q 值非常高,除了并联谐振频率附近外,此曲线与实际电抗曲线(即不忽略 r_q)很接近。

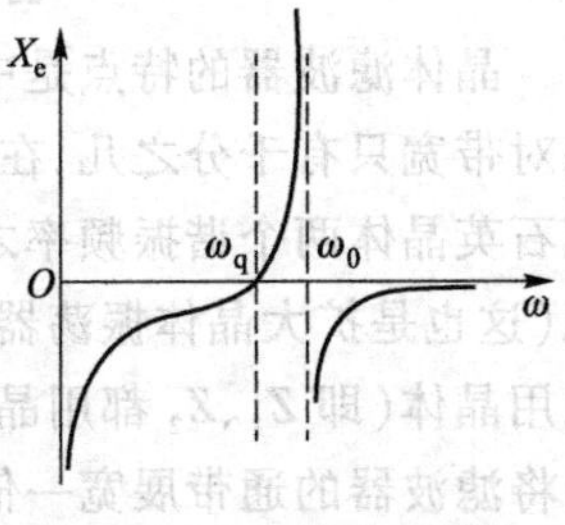

X_e
ω_q
ω_0
O
ω

图 2-21 晶体谐振器的电抗特性

由图 2-21 可知,当 $\omega<\omega_q$ 或 $\omega>\omega_0$ 时,晶体谐振器呈容性;当 ω 在 ω_q 和 ω_0 之间时,晶体谐振器等效为一电感,而且为一数值巨大的非线性电感。由于 L_q 很大,使得 ω_q 处其电抗变化率也很大。这可由下面近似式得到

$$\left.\frac{dX_e}{d\omega}\right|_{\omega=\omega_q}\approx\frac{d}{d\omega}\left(\omega L_q-\frac{1}{\omega L_q}\right)=2L_q \tag{2-46}$$

比普通回路要大几个数量级。

必须指出,当 ω 在 ω_q 和 ω_0 之间时,谐振器所呈现的等效电感并不等于石英晶体片本身的等效电感 L_q。

晶体谐振器与一般谐振回路比较,有几个明显的特点:

① 晶体的谐振频率 f_q 和 f_0 非常稳定。这是因为 L_q、C_q、C_0 由晶体尺寸决定,由于晶体的物理特性很稳定,因此这些参数受外界因素(如温度、振动)的影响就小。

② 有非常高的品质因数。一般很容易得到数值上万的 Q 值,而普通的线圈和回路 Q 值只能到 100~200。

③ 接入系数非常小,一般为 10^{-3} 数量级,甚至更小。

④ 晶体在工作频率附近阻抗变化率大,有很高的并联谐振阻抗。

所有这些特点决定了晶体谐振器的频率稳定度比一般谐振回路要高。

3. 晶体谐振器的应用

晶体谐振器主要应用于晶体振荡器中。振荡器的振荡频率取决于其中谐振回路的频率。在许多应用中,要求振荡频率很稳定。将晶体谐振器用作振荡器的谐振回路,就可以得到稳定的工作频率。这些在第四章正弦波振荡器中将详细讨论。

晶体谐振器的另一种应用是高频窄带滤波器。图 2-22(a)所示是一种差接桥式晶体带通滤波器的电路,负载电阻 R_L 与信号源处于桥路的两对角线上。图2-22(b)所示是滤波器的衰减特性。对于这种电路,根据四端网络理论,当晶体阻抗 Z_1 与 Z_2 异号时,滤波器处于通带;Z_1 与 Z_2 同号时处于阻带。由图 2-21 所示的晶体电抗特性可知,滤波器的通带只在 f_q 和 f_0 之间,其余范围为阻带。衰减最大处对应于电桥完全平衡,即 $Z_1=Z_2$。由于晶体和电路中都有损耗,负载也不可能与滤波器完全匹配,实际晶体滤波器的通带衰减并不为零。

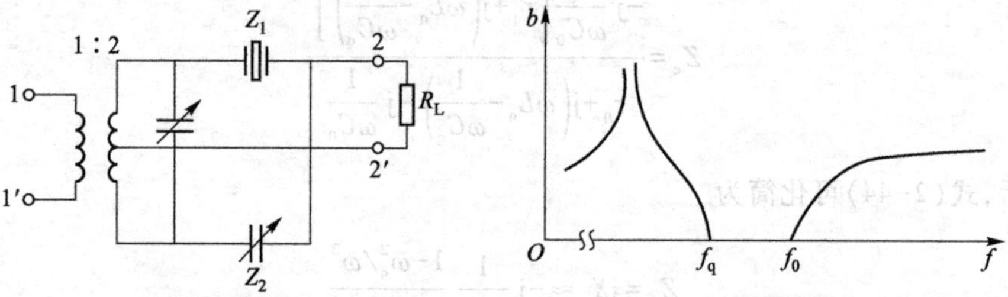
1 : 2
Z1
2
RL
1
1′
2′
Z2
b
O
fq
f0
f

(a) 滤波器电路　　(b) 衰减特性

图 2-22　差接桥式晶体带通滤波器的电路与衰减特性

晶体滤波器的特点是中心频率很稳定,带宽很窄,阻带内有陡峭的衰减特性。晶体滤波器的相对带宽只有千分之几,在许多情况下限制了它的应用。为了加宽滤波器的通带宽度,就必须加宽石英晶体两个谐振频率之间的宽度。这通常可以用外加电感与石英晶体串联或并联的方法实现(这也是扩大晶体振荡器调频频偏的一种有效方法)。此外,若在图 2-22(a)所示电路中,Z_2 也用晶体(即 Z_1、Z_2 都用晶体),并使两者的 f_q 错开,使一个晶体的 f_0 与另一个晶体的 f_q 相等,可以将滤波器的通带展宽一倍。

使用晶体滤波器时要注意:晶体不能承受大功率,只能在小信号下使用,否则会损坏;为保证晶体的频响曲线在实际应用时达到设计指标,必须尽可能地做到使输入、输出端的阻抗都匹配。

四、集中滤波器

滤波器与常用符号

无线通信设备中的 RF 滤波器

体声波滤波器

随着电子技术的发展,高增益、宽频带的高频集成放大器和其他高频处理模块(如高频乘法器、混频器、调制解调器等)越来越多,应用也越来越广泛。与这些高频集成放大器和高频处理模块配合使用的滤波器虽然可以用前面所讨论的分立元件高频调谐回路来实现(结构复杂、调谐不便、体积较大、Q 值较低),但用集中选频滤波器作选频电路已成为大势所趋。采用集中选频滤波器,不仅有利于电路和设备的微型化,便于大量生产,而且可以提高电路和系统的稳定性,改善系统性能。同时,也可以使电路和系统的设计更加简化。高频电路中常用的集中选频滤波器主要有 LC 式集中选择滤波器、晶体滤波器、陶瓷滤波器、声表面波滤波器和体声波滤波器。早些年使用的机械滤波器现在已很少使用。LC 式集中选择滤波器实际上就是由多节调谐回路构成的 LC 滤波器,在高性能电路中用得越来越少。下面主要讨论陶瓷滤波器和声表面波滤波器。

1. 陶瓷滤波器

某些陶瓷材料[如常用的锆钛酸铅 $Pb(ZrTi)O_3$]经直流高压电场极化后,可以得到类似于石英晶体中的压电效应。这些陶瓷材料称为压电陶瓷材料。利用压电陶瓷材料的压电效应可制成陶瓷谐振器式陶瓷滤波器。陶瓷滤波器的等效电路也和晶体滤波器相同。其品质因数较晶体滤波器小得多(为数百)，但比 *LC* 滤波器的要高，串、并联谐振频率间隔也较大。因此，陶瓷滤波器的通带较晶体滤波器要宽，但选择性稍差。由于陶瓷材料在自然界中比较丰富，因此，陶瓷滤波器相对较为便宜。简单的陶瓷滤波器是在单片压电陶瓷上形成双电极或三电极，它们相当于简单谐振回路或耦合谐振回路。性能较好的陶瓷滤波器通常是将多个陶瓷滤波器接入梯形网络而构成的。它是一种多极点的带通(或带阻)滤波器。单片陶瓷滤波器通常用在放大器射极电路中，取代旁路电容。陶瓷滤波器的 Q 值通常比电感元件高，滤波器的通带衰减小而带外衰减大，矩形系数较小。这类滤波器通常都封装成组件供应。高频陶瓷滤波器的工作频率可以为 1~100 MHz，相对带宽为 0.1%~10%。

2. 声表面波滤波器

声表面波(surface acoustic wave，SAW)器件是一种利用弹性固体表面传播机械振动波的器件。所谓 SAW，是在压电固体材料表面产生和传播、且振幅随深入固体材料的深度增加而迅速减小的弹性波，它有两个显著特点：一是能量密度高，其中约 90%的能量集中于厚度等于一个波长的表面薄层中；二是传播速度慢，约为纵波速度的 45%，是横波速度的 90%。在多数情况下，SAW 的传播速度为 3 000~5 000 m/s。根据这两个特性，研制出功能各异的器件，如滤波器、延迟线、匹配滤波器(对某种高频已调信号的匹配)、信号相关器和卷积器等。如果与有源器件结合，还可以做成声表面波滤波器和声表面波放大器等。这些 SAW 器件体积小、质量轻，性能稳定可靠。

图 2-23(a)所示是声表面波滤波器的结构示意图。在某些具有压电效应的材料(常用有石英晶体、锆钛酸铅 PZT 陶瓷、铌酸锂 $LiNbO_3$)的基片上，制作一些叉(对)指形电极作换能器，称为叉指换能器(IDT)。当在叉指两端加有高频信号时，通过压电效应，在基片表面激起同频率的声表面波，并沿轴线方向传播。除一端被吸收材料吸收外，另一端的换能器将它变为电信号输出。图 2-23(a)所示的声表面波滤波器的幅频特性为

$$|H(\mathrm{j}\omega)|^2=\left|\frac{\sin\left(\dfrac{N\pi}{2}\cdot\dfrac{\Delta\omega}{\omega_0}\right)}{\sin\left(\dfrac{\pi}{2}\cdot\dfrac{\Delta\omega}{\omega_0}\right)}\right|^2 \tag{2-47}$$

式中，N 为换能器叉指的个数(N 为奇数)，ω_0 为中心(角)频率，如图 2-23(b)所示。N 越大，频带就越窄。在声表面波滤波器中，由于结构和其他方面限制，N 不能做得太大，因而滤波器的带宽不能做得很窄。

在声表面波滤波器中，如果不采用上述均匀叉指换能器，而采用指长、宽度或者间隔变化的非均匀换能器，也就是对图 2-23(a)中的 d、a、b 进行加权，则可以得到幅频特性更好(如更接近矩形)，或者满足特殊幅频特性要求的滤波器，如电视接收机的中频滤波器，而采用其他滤波器是较难实现的。

声表面波滤波器有如下主要特性：

① 工作频率范围宽，可以从 $10\sim1\times10^4$ MHz。对于 SAW 器件，当压电基材选定之后，其工作频率则由 IDT 指条宽度决定。IDT 指条愈窄，频率则愈高。利用目前较普通的 0.5 μm 级的半导

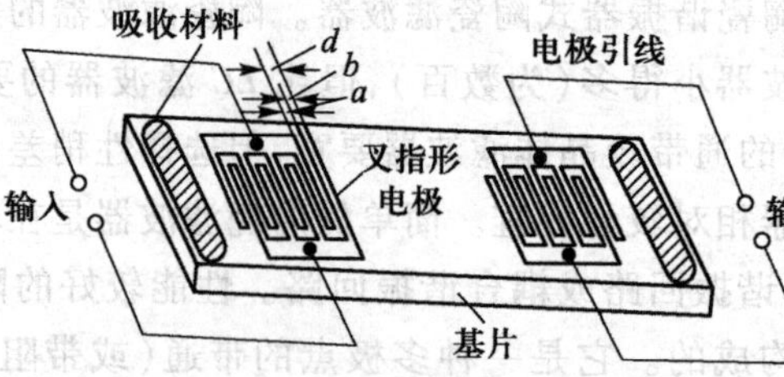
吸收材料
d
b
a
电极引线
输入
叉指形
电极
输出
基片

(a) 结构示意图

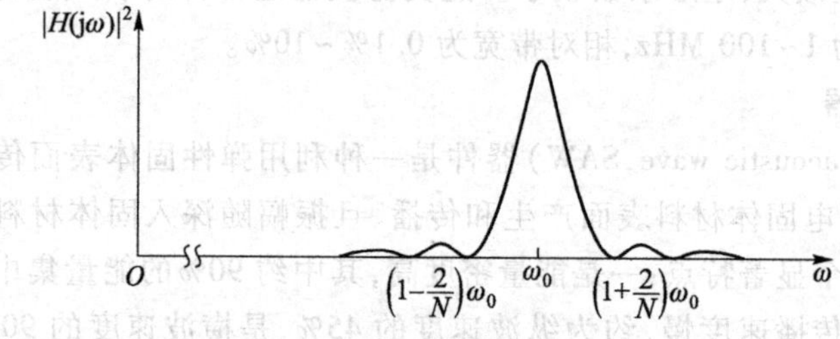
|H(jω)|²
O
ω
ω₀
(1−2/N)ω₀
(1+2/N)ω₀

(b) 均匀叉指的幅频特性

图 2-23　声表面波滤波器的结构和幅频特性

体工艺，可以制作出约 1 500 MHz 的 SAW 滤波器。利用 0.35 μm 级的光刻工艺，能制作出 2 GHz 的器件。借助于 0.18 μm 级的精细加工技术，可以制作出 3 GHz 的 SAW 器件。

② 相对带宽也比较宽，一般的横向滤波器其带宽可以从百分之几到百分之几十（大的可以到 40%~50%）。若采用梯形 IDT 结构的谐振式滤波器或纵向型滤波器结构，其带宽还可以更宽。

③ 便于器件微型化和片式化。SAW 器件的 IDT 电极条宽通常是按照 SAW 波长的 1/4 来进行设计的。对于工作在 1 GHz 下的器件，若设 SAW 的传播速度是 4 000 m/s，波长则仅为4 μm（1/4 波长是 1 μm），在 0.4 mm 的距离中能够容纳 100 条 1 μm 宽的电极。故 SAW 器件芯片可以做得非常小，便于实现微型化。为了实现片式化，其封装形式已由传统的圆形金属壳封装改为方形或长方形扁平金属或 LCC 表面贴装式，并且尺寸不断缩小。

④ 带内插入衰减较大。这是 SAW 器件最突出的问题，一般不低于 15 dB。但是通过开发高性能的压电材料和改进 IDT 设计（如单方向性的 IDT 或方向性变换器），可以使器件的插入损耗降低到 4 dB 以下甚至更低（如 1 dB 左右）。

⑤ 矩形系数可做到 1.1~2 甚至更小。与其他滤波器比较，它的主要特点是频率特性好，性能稳定，体积小，设计灵活，可靠性高，制造简单且重复性好，适合于大批生产。目前已广泛用于通信接收机、电视接收机和其他无线电设备中。图 2-24（a）所示是一种用于通信机中的声表面波滤波器的传输特性，其矩形系数可小到 1.1，接近于矩形。图 2-24（b）所示是一种典型的 2.4 GHz ISM 频段（或镜频抑制）声表面波滤波器的传输特性，插入损耗较低（但波纹稍大），带宽较宽，矩形系数也不错；图 2-24（c）所示是一种 374 MHz 中频（或信道）声表面波滤波器的传输特性，插入损耗较高（但波纹较小），带外抑制性能较好，矩形系数与图 2-24（b）差不多。

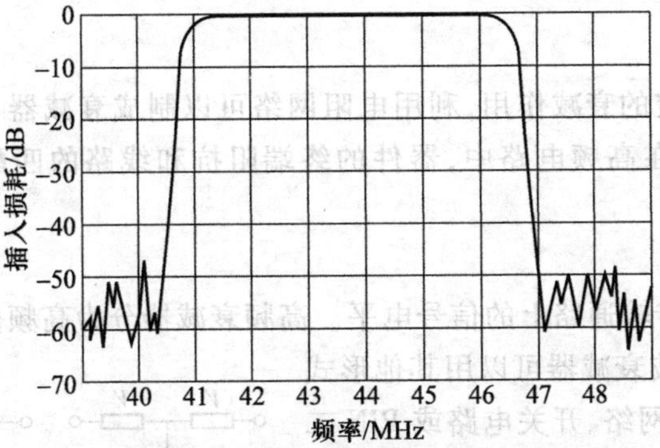
0
−10
−20
−30
−40
−50
−60
−70
插入损耗/dB
40 41 42 43 44 45 46 47 48
频率/MHz

(a) 一种用于通信机中的声表面波滤波器传输特性

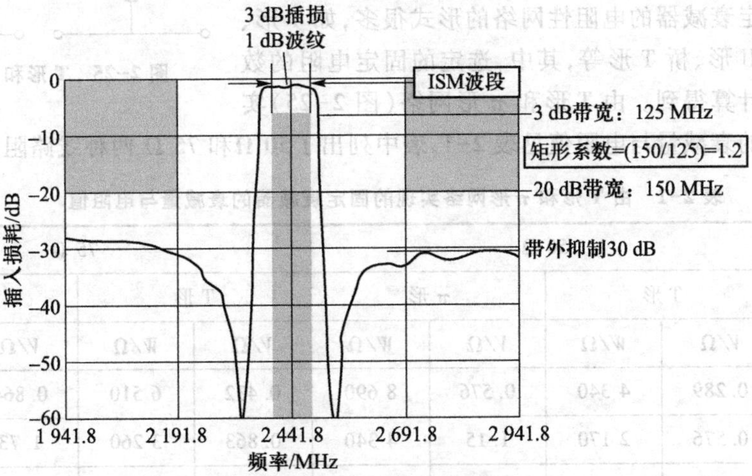
3 dB插损
1 dB波纹
ISM波段
3 dB带宽：125 MHz
矩形系数=(150/125)=1.2
20 dB带宽：150 MHz
带外抑制30 dB
0
−10
−20
−30
−40
−50
−60
插入损耗/dB
1 941.8 2 191.8 2 441.8 2 691.8 2 941.8
频率/MHz

(b) 2.4 GHz ISM频段声表面波滤波器传输特性

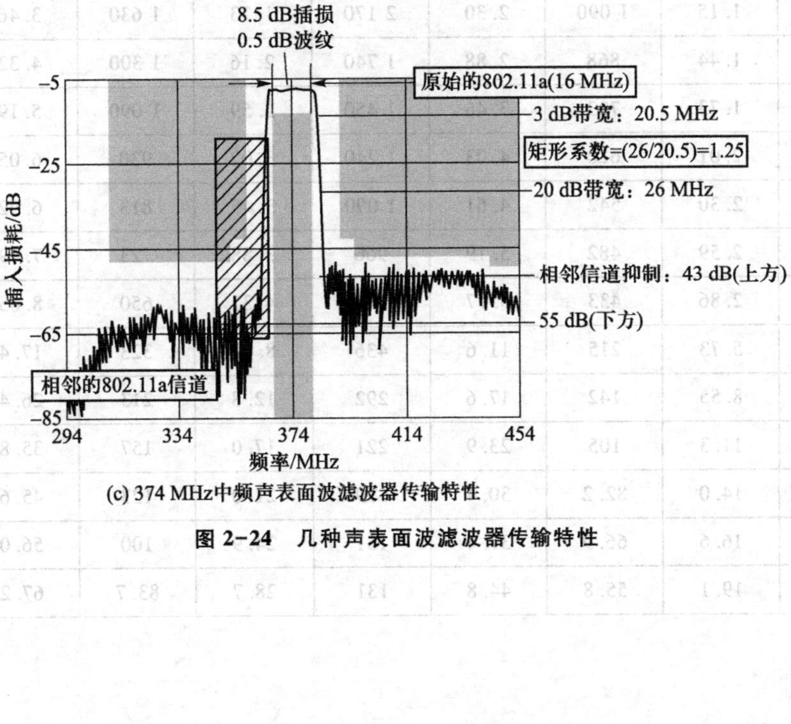
8.5 dB插损
0.5 dB波纹
原始的802.11a(16 MHz)
3 dB带宽：20.5 MHz
矩形系数=(26/20.5)=1.25
20 dB带宽：26 MHz
相邻信道抑制：43 dB(上方)
55 dB(下方)
相邻的802.11a信道
−5
−25
−45
−65
−85
插入损耗/dB
294 334 374 414 454
频率/MHz

(c) 374 MHz中频声表面波滤波器传输特性

图 2-24 几种声表面波滤波器传输特性

五、衰减器与匹配器

普通的电阻器对电信号都有一定的衰减作用，利用电阻网络可以制成衰减器（attenuator）和具有一定衰减作用的匹配器组件。在高频电路中，器件的终端阻抗和线路的匹配阻抗通常有 50 Ω和 75 Ω 两种。

1. 高频衰减器

利用高频衰减器可以调整信号传输通路上的信号电平。高频衰减器分为高频固定衰减器和高频可变（调）衰减器两种。除了微波衰减器可以用其他形式构成外，高频衰减器通常都用电阻性网络、开关电路或 PIN 二极管等实现。

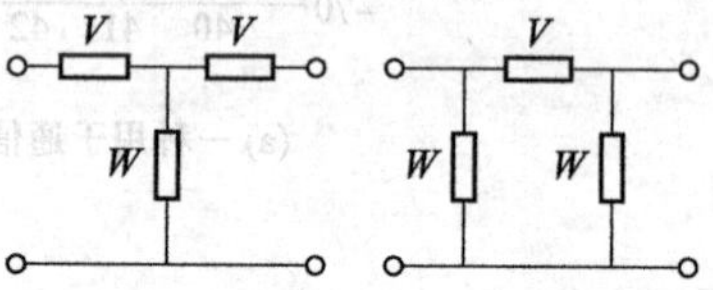
V
V
W
V
W
W
图 2-25　T 形和 π 形网络

构成高频固定衰减器的电阻性网络的形式很多，如 T 形、π 形、O 形、L 形、U 形、桥 T 形等，其中，选定的固定电阻的数值可由专门公式计算得到。由 T 形和 π 形网络（图 2-25）实现的固定衰减器的衰减量与电阻值见表 2-1，表中列出了50 Ω和 75 Ω 两种线路阻抗时的情况。

表 2-1　由 T 形和 π 形网络实现的固定衰减器的衰减量与电阻值

衰减量/dB	50 Ω				75 Ω			
	T 形		π 形		T 形		π 形	
	V/Ω	W/Ω	V/Ω	W/Ω	V/Ω	W/Ω	V/Ω	W/Ω
0.1	0.289	4 340	0.576	8 690	0.432	6 510	0.864	13 000
0.2	0.576	2 170	1.15	4 340	0.863	3 260	1.73	6 520
0.3	0.863	1 450	1.73	2 900	1.30	2 170	2.59	4 340
0.4	1.15	1 090	2.30	2 170	1.73	1 630	3.46	3 260
0.5	1.44	868	2.88	1 740	2.16	1 300	4.32	2 610
0.6	1.73	723	3.46	1 450	2.59	1 090	5.19	2 170
0.7	2.01	620	4.03	1 240	3.02	930	6.05	1 860
0.8	2.30	542	4.61	1 090	3.45	813	6.92	1 630
0.9	2.59	482	5.19	966	3.88	723	7.79	1 450
1	2.86	433	5.77	870	4.31	650	8.65	1 300
2	5.73	215	11.6	436	8.60	323	17.4	654
3	8.55	142	17.6	292	12.8	213	26.4	439
4	11.3	105	23.9	221	17.0	157	35.8	332
5	14.0	82.2	30.4	179	21.0	123	45.6	268
6	16.6	66.9	37.4	151	24.9	100	56.0	226
7	19.1	55.8	44.8	131	28.7	83.7	67.2	196

续表

衰减量/dB	50 Ω				75 Ω			
	T 形		π 形		T 形		π 形	
	V/Ω	W/Ω	V/Ω	W/Ω	V/Ω	W/Ω	V/Ω	W/Ω
8	21.5	47.3	52.8	116	32.3	71.0	79.3	174
9	23.8	40.6	61.6	105	35.7	60.9	92.4	158
10	26.0	35.1	71.2	96.3	38.7	52.7	107	144
20	40.9	10.1	248	61.1	61.4	15.2	371	91.7
30	46.9	3.17	790	53.3	70.4	4.75	1 190	79.9
40	49.0	1.00	2 500	51.0	73.5	1.50	3 750	76.5

将固定衰减器中的固定电阻换成可变电阻或者开关网络就可以构成可变衰减器。也可以用 PIN 二极管电路来实现可变衰减。这种用外部电信号来控制衰减量大小的可变衰减器又称为电调衰减器。电调衰减器被广泛应用在功率控制、自动电平控制（ALC）或自动增益控制电路中。

2. 高频匹配器

如果需要相连接的两部分高频电路阻抗匹配，则可以直接相连。但如果阻抗不匹配，就需要用高频匹配器或阻抗变换器来连接。

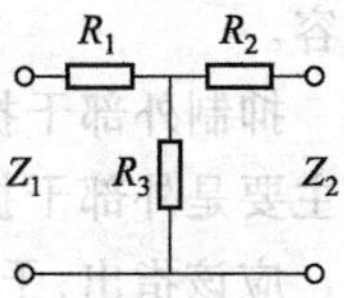
R_1
R_2
Z_1
R_3
Z_2

图 2-26　T 形电阻衰减网络

高频电路中最常用的高频匹配器或阻抗变换器是 50~75 Ω 的变换器，通常有电阻衰减型和变压器变换型两种方式。对于图 2-26 所示的 T 形电阻衰减网络，Z_1、Z_2 分别为两端的匹配阻抗，匹配器的最小衰减量为

$$L_{\min}=\frac{2Z_1}{Z_2}+2\sqrt{\frac{Z_1}{Z_2}\left(\frac{Z_1}{Z_2}-1\right)}-1 \tag{2-48}$$

根据两端的匹配阻抗和匹配器的最小衰减量，可以用下面公式分别计算匹配器中电阻值

$$R_1=\frac{Z_1(L_{\min}+1)-2\sqrt{Z_1Z_2L_{\min}}}{L_{\min}-1}$$

$$R_2=\frac{Z_2(L_{\min}+1)-2\sqrt{Z_1Z_2L_{\min}}}{L_{\min}-1}$$

$$R_3=\frac{2\sqrt{Z_1Z_2L_{\min}}}{L_{\min}-1}$$

变压器变换型阻抗变换器可以参见前面的内容。具有选频滤波作用的 *LC* 匹配网络将在后面介绍。

第三节　电子噪声及其特性

一、概述

电子设备的性能在很大程度上与干扰和噪声有关。比如,接收机的理论灵敏度可以非常高,但在考虑了噪声后,实际灵敏度不可能很高。而在通信系统中,提高接收机的灵敏度有时比增加发射机的功率可能更为有效。此外,各种外部干扰的存在也会大大影响接收机的工作。评价一个高频系统的性能(特别是在小信号工作)时通常要用到噪声这一指标。

所谓噪声(或干扰),就是除有用信号以外的一切不需要的信号及各种电磁骚扰的总称。干扰(或噪声)按其发生的地点分为由设备外部进来的外部干扰和由设备内部产生的内部干扰。按产生的根源来分有自然干扰和人为干扰。按电特性分为脉冲型、正弦型和起伏型干扰等。

干扰和噪声是两个同义的术语,没有本质的区别。习惯上,将外部来的称为干扰,内部产生的称为噪声。本节主要讨论具有起伏性质的内部噪声。外部也有一部分具有起伏性质的干扰,将与内部噪声一并讨论。即使是内部噪声,也有人为的(或故障性的)和固有的两种。故障性的人为噪声,原则上可以通过合理设计和正确调整予以消除,而设备固有的内部噪声才是要讨论的内容。

抑制外部干扰的措施主要是消除干扰源、切断干扰传播途径和躲避干扰。电台的干扰实际上主要是外部干扰。有关这一部分内容放在第六章的第四节中讨论。

应该指出,干扰和噪声问题涉及的范围很广,理论和计算都很复杂,详细分析已超出本书范围。本节将主要介绍有关电子噪声的一些基本概念和性能指标。

二、电子噪声的来源与特性

从原理上说,任何电子线路中都有电子噪声,但是因为通常电子噪声的强度很弱,因此它的影响主要出现在有用信号比较弱的场合。比如,在接收机的前级电路(高放、混频)或者多级高增益的音频放大、视频放大器中就要考虑电子噪声对它们的影响。进而在设计某些设备或电子系统时,也要考虑电子噪声对设备或系统性能的影响。

在电子线路中,噪声来源主要有两方面:电阻热噪声和晶体管噪声。两者有许多相同的特性。

1. 电阻热噪声

一个导体和电阻中有着大量的自由电子,由于温度的原因,这些自由电子要进行不规则的运动,发生碰撞、复合和产生二次电子等现象。温度越高,自由电子的运动越剧烈。就一个电子来看,电子的一次运动过程,就会在电阻两端感应出很小的电压。大量的热运动使电子在电阻两端产生起伏电压(实际上是电动势)。就一段时间看,出现正、负电压的概率相同,因而两端的平均电压为零。但就某一瞬间看,电阻两端电动势 u_n 的大小和方向是随机变化的。这种因热运动而产生的起伏电压就称为电阻热噪声。图 2-27 所示就是电阻热噪声电压波形的一个样本。

(1) 热噪声电压和功率谱密度

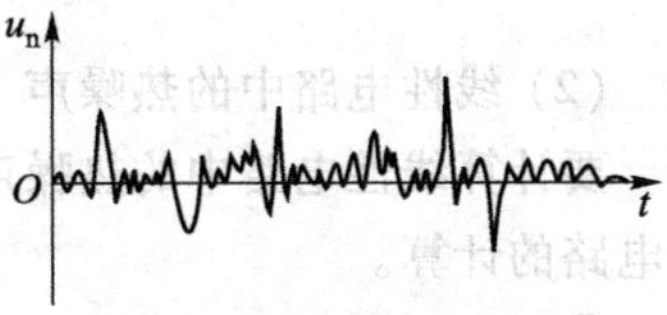

u_n
O
t

图 2-27 电阻热噪声电压波形的一个样本

理论和实践证明,当电阻的温度为 T(K)(热力学温度)时,电阻 R 两端噪声电压的均方值为

$$U_n^2 = \lim_{T\to\infty}\frac{1}{T}\int_0^T u_n^2 dt = 4\ kTBR \tag{2-49}$$

式中,k 为波耳兹曼常数,$k=1.37\times10^{-23}$ J/K;B 为测量此电压时的带宽(Hz),这就是奈奎斯特公式。均方根 $U_n=\sqrt{4kTBR}$ 表示的是起伏电压交流分量的有效值。

根据概率论可知,由于热噪声电压是由大量电子运动产生的感应电动势之和,总的噪声电压 u_n 服从正态分布(高斯分布),即其概率密度 $p(u_n)$ 为

$$p(u_n)=\frac{1}{\sqrt{2\pi U_n^2}}\exp\left(-\frac{1}{2}\frac{u_n^2}{U_n^2}\right) \tag{2-50}$$

具有这种分布的噪声称为高斯噪声。根据上述分布,噪声电压 u_n 有可能出现远大于 U_n 的值,但 u_n 出现大值的概率是很小的。分析可得到,$|u_n|>4U_n$ 的概率小于 0.01%,也就是说,$|u_n|$大于此值的情况实际上可以忽略。

根据式(2-49)表示的噪声电动势,电阻热噪声可以用图 2-28(a)所示的等效电路表示,即由一个噪声电压源和一个无噪声的电阻串联。根据戴维南定理,也可以化为图 2-28(b)所示的电流源电路,图中 $G=1/R$。

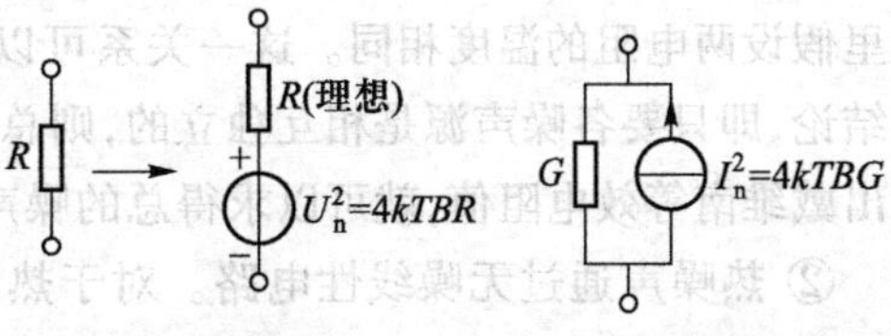

R
R(理想)
$U_n^2=4kTBR$
G
$I_n^2=4kTBG$

(a) 等效电路 (b) 电流源电路

图 2-28 电阻热噪声等效电路

因功率与电压或电流的均方值成正比,电阻热噪声也可以看成噪声功率源。由图 2-28 可以算出,此功率源输出的最大噪声功率为 kTB,其中,B 为测量此噪声时的带宽。这说明,电阻的输出热噪声功率与带宽成正比。若观察的带宽为 Δf,对应的噪声功率为 $kT\Delta f$。因而单位频带(1 Hz 带宽)内的最大噪声功率为 kT,它与观察的频带范围无关。根据傅里叶分析的概念,此 kT 值就是噪声源的噪声功率谱密度。因为它是任意电阻在频率较低时的最大输出,因此也与电阻值 R 无关。这种功率谱不随频率变化的噪声,称之为白噪声。这是因为它和光学中的“白光”相类似,具有均匀的功率谱。电阻热噪声是白噪声,可以从它产生的原因来解释。热噪声是大量运动电子产生的电压脉冲之和。对于一个电子来说,它的持续时间很短(自由电子两次碰撞间的时间间隔为 $10^{-14}\sim10^{-12}$ s),在电阻两端感应的电压脉冲就很窄。根据傅里叶分析,窄脉冲具有很宽的频谱,并有平坦的频谱分布。电阻热噪声的功率谱是所有电子产生的功率谱相加,同样具有平坦的频谱。事实上电阻热噪声其均匀频谱大致可以保持到 $10^{12}\sim10^{14}$ Hz,即相当于红外线的频率范围,对无线电频率范围来说,完全可以当作白噪声。

为了方便计算电路中的噪声,也可以引入噪声电压谱密度或噪声电流谱密度。考虑到噪声的随机性,只有均方电压、均方电流才有意义,因此,定义均方电压谱密度和均方电流谱密度分别对应于单位频带内的噪声电压均方值与噪声电流均方值,在图 2-28 中,它们分别为

$$S_U=4kTR \quad (\mathrm{V^2/Hz}) \tag{2-51}$$

$$S_I = 4kTG \quad (A^2/Hz) \tag{2-52}$$

(2) 线性电路中的热噪声

要计算线性电路中的热噪声,会遇到下列情况:多个电阻的热噪声计算和热噪声通过无噪线性电路的计算。

① 多个电阻的热噪声。考虑多个电阻串联或并联,或者是混联连接,求总的电阻热噪声。以两个电阻(R_1、R_2)串联为例,假设两个电阻上的噪声电动势 u_{n1}、u_{n2} 是统计独立的(实际也是这样),因而,从概率论观点来说,它们也是互不相关的。设串联后的电动势瞬时值为

$$u_n = u_{n1} + u_{n2}$$

根据式(2-49),其均方值为

$$U_n^2 = \lim_{T\to\infty}\frac{1}{T}\int_0^T (u_{n1}+u_{n2})^2 dt$$

$$= \lim_{T\to\infty}\frac{1}{T}\int_0^T u_{n1}^2 dt + \lim_{T\to\infty}\frac{1}{T}\int_0^T u_{n2}^2 dt + \lim_{T\to\infty}\frac{1}{T}\int_0^T 2u_{n1}u_{n2} dt$$

因 u_{n1}、u_{n2} 互不相关,上式第三项为零。因此有

$$U_n^2 = U_{n1}^2 + U_{n2}^2 = 4kTB(R_1+R_2) \tag{2-53}$$

这里假设两电阻的温度相同。这一关系可以推广至多个电阻的串、并联和混联。这里得出一个重要结论,即只要各噪声源是相互独立的,则总的噪声服从均方叠加原则。由式(2-53)可看出,只要求出戴维南等效电阻值,就可以求得总的噪声均方值。

② 热噪声通过无噪线性电路。对于热噪声通过本身无噪线性电路的普遍情况,可以研究图 2-29 所示的电路模型。图中,$H(j\omega)$ 为电路的传输函数,它是输出电压、电流(复频域)与输入电压、电流间的比值,它可以无量纲或以阻抗、导纳为量纲。对于单一频率的信号来说,输出电压、电流的均方值与输入电压、电流的均方值之间的比值,与 $|H(j\omega)|^2$ 成正比。因此,对于反映窄带(近似单一频率信号)噪声的噪声电压或噪声电流谱密度 S_U、S_I 之间也有同样关系。比如,传输函数表示电压之比,则有

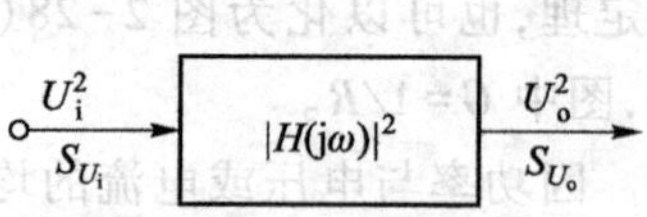
U_i^2
S_{U_i}
$|H(j\omega)|^2$
U_o^2
S_{U_o}

图 2-29　热噪声通过线路电路的模型

$$S_{U_o} = |H(j\omega)|^2 S_{U_i} \tag{2-54}$$

的关系,S_{U_o}、S_{U_i} 分别表示输出、输入端的噪声电压谱密度。输出噪声电压均方值为

$$U_n^2 = \int_0^\infty S_{U_o} df$$

式(2-54)也可推广为转移阻抗、转移导纳表示的传输函数。

利用式(2-54)就可以分析热噪声通过线性电路后的输出噪声。现以热噪声通过谐振回路为例,说明它的应用。图 2-30(a)所示是一并联谐振回路,其参数为 L、C、r。其中,只有 r 产生热噪声,已知其噪声电压谱密度为 $S_{U_i} = 4kTr$。现求输出端的噪声电压谱密度。图 2-30(b)所示是作为四端网络的等效电路。由电路可知,传输函数(亦称传递函数)为

$$H(j\omega) = \frac{-j\dfrac{1}{\omega C}}{r + j\omega L - j\dfrac{1}{\omega C}}$$

$$|H(j\omega)|^2 = \frac{\left(\frac{1}{\omega C}\right)^2}{r^2 + \left(\omega L - \frac{1}{\omega C}\right)^2}$$

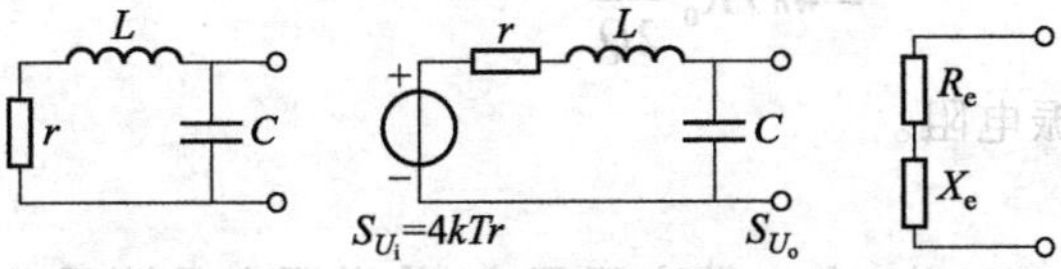
L
r
C
r
L
+
−
C
$S_{U_i}=4kTr$
S_{U_o}
R_e
X_e

(a) 并联谐振回路 (b) 四端网络的等效电路 (c) 等效电路

图 2-30 并联回路的热噪声

由式(2-54)可得

$$S_{U_o} = \frac{\left(\frac{1}{\omega C}\right)^2}{r^2+\left(\omega L-\frac{1}{\omega C}\right)^2}\times 4kTr \tag{2-55}$$

已知,并联回路可以等效为 R_e+jX_e[图 2-30(c)],现在看上述输出噪声电压谱密度与 R_e、X_e 的关系

$$R_e+jX_e = \frac{-j\frac{1}{\omega C}(r+j\omega L)}{(r+j\omega L)-j\frac{1}{\omega C}}$$

展开化简后得

$$R_e = \frac{\left(\frac{1}{\omega C}\right)^2 r}{r^2+\left(\omega L-\frac{1}{\omega C}\right)^2}$$

与式(2-55)对比,可得

$$S_{U_o} = 4kTR_e \tag{2-56}$$

由式(2-55)与式(2-56)可以得出两个重要的结论。一是对于双端口线性电路,其噪声电压或噪声电流谱密度 S_U、S_I 可以用等效电阻 R_e(或 G_e)来代替式(2-51)、式(2-52)中的 R 或 G。此结论虽然是从上述具体电路分析中得出的,但却是普遍成立的(可以证明)。第二就是电阻热噪声通过线性电路后,一般就不再是白噪声了。这从 R_e 是频率的函数这一关系就可以看出,这也是一普遍性的结论。

根据式(2-55)与式(2-56)可以求出输出端的均方噪声电压为

$$U_n^2 = \int_0^{\infty} S_{U_o} df = \int_{-\infty}^{\infty} S_{U_o} d\Delta f$$

$$= \int_{-\infty}^{\infty} \frac{\frac{1}{(\omega Cr)^2}}{1+\left(2Q\frac{\Delta f}{f_0}\right)^2} \times 4kTr d\Delta f$$

$$= 4kT\int_{-\infty}^{\infty}\frac{R_0}{1+\left(2Q\dfrac{\Delta f}{f_0}\right)^2}\mathrm{d}\Delta f$$

$$= 4kTR_0\frac{\pi f_0}{2Q}$$

式中，R_0 为回路的并联谐振电阻。

(3) 噪声带宽

在电阻热噪声公式(2-49)中，有一带宽因子 B，曾说明它是测量此噪声电压均方值时的带宽。因为电阻热噪声是均匀频谱的白噪声，因此这一带宽应该理解为一理想滤波器的带宽。实际的测量系统，包括噪声通过的后面的线性系统（如接收机的频带放大系统）都不具有理想的滤波特性。此时输出端的噪声功率或者噪声电压均方值应该按谱密度进行积分计算。计算后可以引入一“噪声带宽”的概念，知道系统的噪声带宽对计算和测量噪声都是很方便的。

图 2-29 所示是一线性系统，其电压传输函数为 $H(\mathrm{j}\omega)$。设输入一电阻热噪声，均方电压谱密度为 $S_{U_\mathrm{i}}=4kTR$，输出均方电压谱密度为 S_{U_o}，则输出均方噪声电压 U_{n2}^2 为

$$U_{\mathrm{n2}}^2=\int_0^{\infty}S_{U_\mathrm{o}}\mathrm{d}f=\int_0^{\infty}S_{U_\mathrm{i}}\left|H(\mathrm{j}\omega)\right|^2\mathrm{d}f=4kTR\int_0^{\infty}\left|H(\mathrm{j}\omega)\right|^2\mathrm{d}f$$

设 $|H(\mathrm{j}\omega)|$ 的最大值为 H_0，则可定义一等效噪声带宽 B_n，令

$$U_{\mathrm{n2}}^2=4kTRB_\mathrm{n}H_0^2 \tag{2-57}$$

则等效噪声带宽 B_n 为

$$B_\mathrm{n}=\frac{\int_0^{\infty}\left|H(\mathrm{j}\omega)\right|^2\mathrm{d}f}{H_0^2} \tag{2-58}$$

其关系如图 2-31 所示。在式(2-58)中，分子为曲线 $|H(\mathrm{j}\omega)|^2$ 下的面积，因此噪声带宽的意义是，使 H_0^2 和 B_n 为两边的矩形面积与曲线下的面积相等。B_n 的大小由实际特性 $|H(\mathrm{j}\omega)|^2$ 决定，而与输入噪声无关。一般情况下它不等于实际特性的 3 dB 带宽 $B_{0.707}$。只有实际特性接近理想矩形时，两者数值上才接近相等。

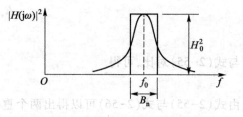

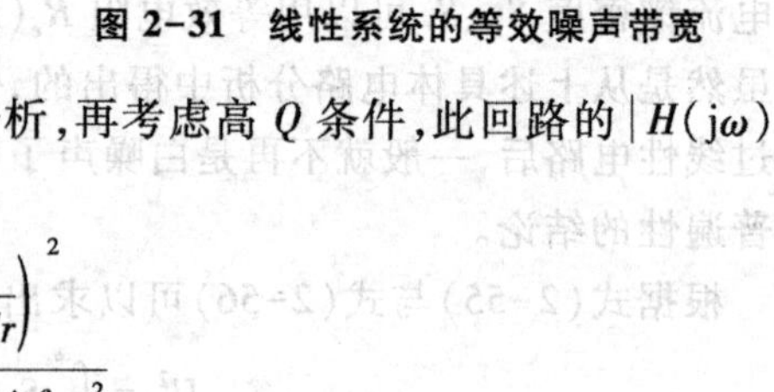
|H(jω)|²
H₀²
O
f₀
f
Bn
图 2-31　线性系统的等效噪声带宽

现以图 2-30 的简单谐振回路为例，计算其等效噪声带宽。设回路为高 Q 电路，谐振频率为 f_0。由前面分析，再考虑高 Q 条件，此回路的 $|H(\mathrm{j}\omega)|^2$ 可近似为

$$|H(\mathrm{j}\omega)|^2\approx\frac{\left(\dfrac{1}{\omega_0 Cr}\right)^2}{1+\left(2Q\dfrac{\Delta f}{f_0}\right)^2}$$

式中，Δf 为相对于 f_0 的频偏。由此可得等效噪声带宽为

$$B_n = \int_{-\infty}^{\infty} \frac{1}{1+\left(2Q\dfrac{\Delta f}{f_0}\right)^2} d\Delta f = \frac{\pi f_0}{2Q}$$

已知并联回路的 3 dB 带宽为 $B_{0.707}=f_0/Q$，故

$$B_n = \frac{\pi}{2} B_{0.707} = 1.57 B_{0.707}$$

对于多级单调谐回路，级数越多，传输特性越接近矩形，B_n 越接近于 $B_{0.707}$。对于临界耦合的双调谐回路，$B_n = 1.11 B_{0.707}$。

对于其他线性系统，如低通滤波器、多级回路或集中滤波器，均可以用同样方法计算等效噪声带宽。

2. 晶体管噪声

晶体管噪声是设备内部固有噪声的另一个重要来源。一般说来，在一个放大电路中，晶体管的噪声往往比电阻热噪声强得多。在晶体管中，除了其中某些分布电阻，如基极电阻 $r_{bb'}$ 会产生热噪声以外，还有以下几种噪声来源。

(1) 散弹(粒)噪声

在晶体管的 PN 结(包括二极管的 PN 结)中，事实上每个载流子都是随机地通过 PN 结的(包括随机注入、随机复合)。大量载流子流过 PN 结时的平均值(单位时间内平均)决定了它的直流电流 I_0。因此真实的结电流是围绕 I_0 起伏的。这种由于载流子随机起伏流动产生的噪声称为散弹噪声或散粒噪声。这种噪声也存在于电子管、光电管之类的器件中，是一种普遍的物理现象。由于散弹噪声是由大量载流子引起的，每个载流子通过 PN 结的时间很短，因此它的噪声谱和电阻热噪声谱相似，具有平坦的噪声功率谱。也就是说散弹噪声也是白噪声。根据理论分析和实验表明，散弹噪声引起的电流起伏均方值与 PN 结的直流电流成正比。如果用噪声均方电流谱密度表示，有

$$S_I(f) = 2qI_0 \tag{2-59}$$

式中，q 为每个载流子的电荷量，$q=1.6\times10^{-19}$ C；I_0 为 PN 结的平均电流。此式称为肖特基公式，它也适用于其他器件的散弹噪声，它们的区别只是白噪声扩展的范围不同。

散弹噪声的噪声功率与 PN 结的平均电流成正比，一般情况下，散弹噪声大于基极体电阻热噪声。

因为散弹噪声和电阻热噪声都是白噪声，前面关于热噪声通过线性系统时的分析对散弹噪声也完全适用。这包括均方相加的原则，通过四端网络的计算以及等效噪声带宽等。

晶体管中有发射结和集电结，因为发射结工作于正偏，结电流大，而集电结工作于反偏，除了基区来的传输电流外，只有较小的反向饱和电流(它也产生散弹噪声)，因此发射结的散弹噪声起主要作用，而集电结的散弹噪声可以忽略。

(2) 分配噪声

晶体管中通过发射结的少数载流子，大部分由集电极收集，形成集电极电流，少部分载流子被基极流入的多数载流子复合，产生基极电流。由于基区中载流子的复合也具有随机性，即单位时间内复合的载流子数目是起伏变化的，因此，集电极电流和基极电流的分配比例也是变化的。晶体管的电流放大系数 α、β 只反映平均意义上的分配比。这种因分配比起伏变化而产生的集电

极电流、基极电流起伏噪声,称为晶体管的分配噪声。

分配噪声在一定的频率范围内具有白噪声特性。但由于渡越时间的影响,当晶体管的工作频率高到一定值后,这类噪声的功率谱密度将随频率的增加而迅速增大。

(3) 闪烁噪声

由于半导体材料及制造工艺水平造成表面清洁处理不好而引起的噪声称为闪烁噪声。它与半导体表面少数载流子的复合有关,表现为发射极电流的起伏,其电流噪声谱密度与频率近似成反比,又称 $1/f$ 噪声,因此,它在低频(如几千赫兹以下)范围起主要作用。这种噪声也存在于其他电子器件中,某些实际电阻器就有这种噪声。晶体管在高频应用时,除非考虑它的调幅、调相作用,这种噪声的影响可以忽略。

3. 场效应管噪声

在场效应管中,由于其工作原理不是靠少数载流子的运动,因而散弹噪声的影响很小。场效应管的噪声有以下几方面的来源:沟道电阻产生的热噪声;沟道热噪声通过沟道和栅极电容的耦合作用在栅极上的感应噪声;闪烁噪声。

必须指出,前面讨论的晶体管中的噪声,在实际放大器中将同时起作用并参与放大。有关晶体管的噪声模型和晶体管放大器的噪声分析比较复杂,这里就不讨论了。

第四节　噪声系数和噪声温度

为了衡量某一线性电路(如放大器)或一系统(如接收机)的噪声特性,通常需要引入一个衡量电路或系统内部噪声大小的量度。有了这种量度就可以比较不同电路噪声性能的好坏,也可以据此进行测量。目前广泛使用的一个噪声量度称为噪声系数(noise factor)或噪声指数(noise figure)。有时人们还使用一个与噪声系数等效的,称为“噪声温度”的指标。

一、噪声系数

在一些部件和系统中,噪声对它们性能的影响主要表现在信号与噪声的相对大小,即信(号)噪(声)(功率)比上。就以收音机和电视机来说,若输出端的信噪比越大,声音就越清楚,图像就越清晰。因此,希望有这样的电路和系统,当有用信号和输入端的噪声通过它们时,此系统不引入附加的噪声。这意味着输出端与输入端具有相同的信噪比。实际上,由于电路或系统内部总有附加噪声,信噪比不可能不变。希望输出端信噪比的下降应尽可能小。噪声系数的定义就是从上述角度引出的。

图 2-32 所示为一线性四端网络,它的噪声系数定义为输入端的信号噪声功率比 $(S/N)_i$ 与输出端的信号噪声功率比 $(S/N)_o$ 的比值,即

$$N_F=\frac{(S/N)_i}{(S/N)_o}=\frac{S_i/N_i}{S_o/N_o} \tag{2-60}$$

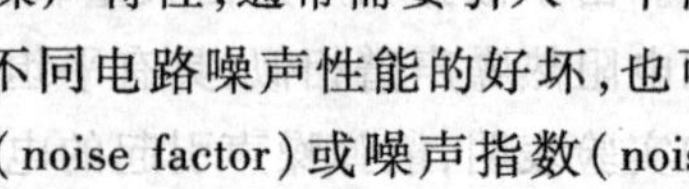

S_i
N_i
线性电路
K_P N_a N_F
S_o
N_o

图 2-32　线性四端网络

图中,K_P 为电路的功率传输系数(或功率放大倍数),N_a 为表现在输出端的内部附加噪声功率。考虑到 $K_P=S_o/S_i$,式(2-60)可以表示为

$$N_F=\frac{N_o}{N_iK_P}=\frac{N_o/K_P}{N_i} \tag{2-61}$$

$$N_F=\frac{(N_iK_P+N_a)/K_P}{N_i}=1+\frac{N_a/K_P}{N_i} \tag{2-62}$$

式(2-61)、式(2-62)也可以看作是噪声系数的另外定义。式(2-61)表示噪声系数等于归于输入端的总输出噪声与输入噪声之比。式(2-62)是用归于输入端的附加噪声表示的噪声系数。

噪声系数通常用 dB 表示,用 dB 表示的噪声系数(噪声指数)为

$$N_F(\text{dB})=10\lg N_F=10\lg\frac{(S/N)_i}{(S/N)_o}\text{dB} \tag{2-63}$$

由于$(S/N)_i$总是大于$(S/N)_o$,故噪声系数的数值总是大于 1,其 dB 数为正。理想无噪系统的噪声系数为 0 dB。

噪声系数是一个很容易含糊不清的参数指标,为了使它能进行计算和测量,有必要在定义的基础上加以说明和澄清。

① 已知噪声功率是与带宽 B 相联系的,对于白噪声,噪声功率与带宽 B 成正比。但是线性系统一般是有频响的系统,K_P 随频率变化,而电路内部的附加噪声 N_a 一般情况并不是白噪声,其输出噪声功率并不与带宽 B 成正比。为了使噪声系数不依赖于指定的带宽,最好用一规定的窄频带内的噪声功率进行定义。在国际上(如按 IEEE 的标准),式(2-61)定义的噪声功率是按单位频带内的噪声功率定义的,也就是按输出、输入功率谱密度定义的。此时噪声系数只是随指定的工作频率不同而不同,即表示为点频的噪声系数。在实际应用中,所关心的是实际系统的输出噪声或信噪比,原理上应从上述定义的点频噪声系数计算总的噪声或信噪比。但是若引入等效噪声带宽,则式(2-60)、式(2-61)也可以用于整个频带内的噪声功率,即此定义中的噪声功率为系统内的实际功率。这时的噪声系数具有平均意义。

② 由式(2-60)可以看出,信号功率 S_o、S_i 是成比例变化的,因而噪声系数与输入信号大小无关。但是由式(2-60)、式(2-61)、式(2-62)可看出,噪声系数与输入噪声功率 N_i 有关。如果不给 N_i 以明确的规定,则噪声系数就没有意义。为此,在噪声系数的定义中,规定 N_i 为信号源内阻 R_S 的最大噪声输出功率。表示为电压源的噪声电压均方值为 $4kTBR$,输出的最大功率为 kTB,与 R_S 大小无关。并规定 R_S 的温度为 290 K,此温度称为标准噪声温度。需要说明的是,N_i 并不一定是实际输入线性系统的噪声功率,只是在输入端匹配时才与实际输入噪声功率相等。

③ 在噪声系数的定义中,并没有对线性网络两端的匹配情况提出要求,而实际电路也不一定是阻抗匹配的。因此,噪声系数的定义具有普遍适用性。但是可以看一下两端匹配情况对噪声系数的影响。输出端的阻抗匹配与否并不影响噪声系数的大小,即噪声系数与输出端所接负载的大小(包括开路或短路)无关。因此,噪声系数也可表示成输出端开路时的两均方电压之比或输出端短路时的两均方电流之比,即

$$N_F=\frac{U_{no}^2}{U_{nio}^2} \tag{2-64}$$

或

$$N_F=\frac{I_{no}^2}{I_{nio}^2} \tag{2-65}$$

式中，U_{no}^2 和 I_{no}^2 分别是网络输出端开路和短路时总的输出均方噪声电压和电流；U_{nio}^2 和 I_{nio}^2 分别是网络输出端开路和短路时理想网络的输出均方噪声电压和电流。这两种计算噪声系数的方法分别称为开路电压法和短路电流法。

噪声系数的大小与四端网络输入端的匹配情况有关。输入端的阻抗匹配情况取决于信号源内阻与四端网络输入阻抗之间的关系。在不同的匹配情况下，网络内部产生的附加噪声及功率放大倍数是不同的，这当然要影响噪声系数。至于如何影响将取决于电路中噪声源的具体情况。比如，设计低噪声放大器时，就应考虑最佳的阻抗关系，也就是噪声匹配。

④ 噪声系数的定义只适用于线性或准线性电路。对于非线性电路，由于信号与噪声、噪声与噪声之间的相互作用，将会使输出端的信噪比更加恶化，因此，噪声系数的概念就不能适用。所以，通常讲的接收机的噪声系数，实际上指的是检波器之前的线性电路，包括高频放大、变频和中频放大。变频虽然是非线性电路，但它对信号而言，只产生频谱的线性搬移，可以认为是准线性电路。

二、噪声系数的计算

从根本上讲，噪声系数的计算都是根据其定义而进行的，如开路电压法、短路电流法等。噪声系数的定义是针对四端网络的。对于四端网络，用额定功率法计算噪声系数更为简单。对于由晶体管构成的放大器的噪声系数，由于涉及晶体管和放大器的噪声模型等较为复杂的内容，简单的叙述无法讲清楚，因此，这里不加讨论。但可以把放大器作为一级网络来计算多级级联放大器或网络的噪声系数。

1. 额定功率法

为了计算和测量的方便，四端网络的噪声系数也可以用额定功率增益来定义。为此，引入“额定功率”和“额定功率增益”的概念。

额定功率又称资用功率或可用功率，是指信号源所能输出的最大功率，它是一个度量信号源容量大小的参数，是信号源的一个属性，它只取决于信号源本身的参数——内阻和电动势，与输入电阻和负载无关，如图 2-33 所示。为了使信号源输出最大功率，要求信号源内阻 R_S 与负载电阻 R_L 相匹配，即 $R_S=R_L$。也就是说，只有在匹配时负载才能得到额定功率值。对于图 2-33(a)和(b)所示电路，其额定功率分别为

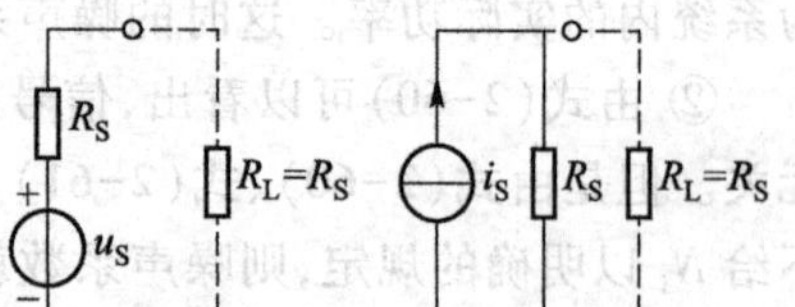

R_S
R_L=R_S
u_S
+
−
i_S
R_S
R_L=R_S
(a) 电压源
(b) 电流源

图 2-33　信号源的额定功率

$$P_{sm}=\frac{U_S^2}{4R_S} \tag{2-66}$$

和

$$P_{sm}=\frac{1}{4}I_S^2R_S \tag{2-67}$$

式中，U_S 和 I_S 分别是电压源和电流源的电压有效值和电流有效值。任何电阻 R 的额定噪声功率均为 kTB。

额定功率增益 K_{Pm} 是指四端网络的输出额定功率 P_{smo} 和输入额定功率 P_{smi} 之比，即

$$K_{Pm}=\frac{P_{smo}}{P_{smi}} \tag{2-68}$$

显然，额定功率增益 K_{Pm} 不一定是网络的实际功率增益，只有在输出和输入都匹配时，这两个功率才相等。

根据噪声系数的定义，分子和分母都是同一端点上的功率比，因此将实际功率改为额定功率，并不改变噪声系数的定义，则

$$N_F=\frac{P_{smi}/N_{mi}}{P_{smo}/N_{mo}}=\frac{N_{mo}}{K_{Pm}N_{mi}} \tag{2-69}$$

因为 $N_{mi}=kTB$，$N_{mo}=K_{Pm}N_{mi}+N_{mn}$，所以

$$N_F=\frac{N_{mo}}{K_{Pm}kTB}=1+\frac{N_{mn}}{K_{Pm}kTB} \tag{2-70}$$

式中，P_{smi} 和 P_{smo} 分别为输入和输出的信号额定功率；N_{mi} 和 N_{mo} 分别为输入和输出的噪声额定功率；N_{mn} 为网络内部的最大输出噪声功率。噪声系数也可以等效到输入端计算，有

$$N_F=\frac{N_{moi}}{kTB} \tag{2-71}$$

式中，$N_{moi}=N_{mo}/K_{Pm}$ 是网络输出噪声额定功率等效到输入端的数值。

特殊地，对于无源四端网络（它可以是振荡回路，也可以是电抗、电阻元件构成的滤波器、衰减器等），如图 2-34 所示，由于在输出端匹配时（噪声系数与输出端的阻抗匹配与否无关，考虑匹配时较为简单），输出的额定噪声功率 N_{mo} 也为 kTB，因此，由式（2-69）得无源四端网络的噪声系数为

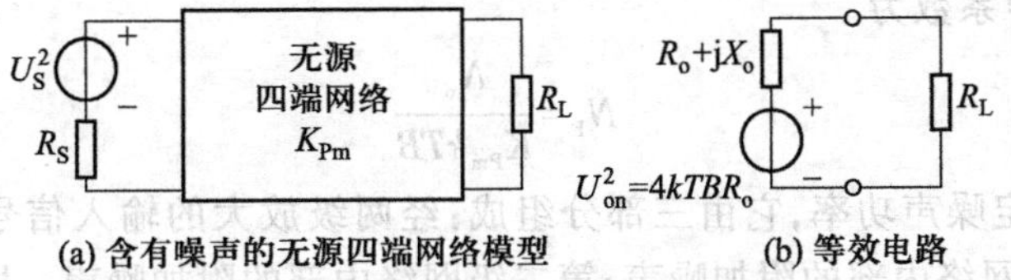

U_S^2
+
−
R_S
无源
四端网络
K_{Pm}
R_L
R_o+jX_o
+
−
R_L
$U_{on}^2=4kTBR_o$

(a) 含有噪声的无源四端网络模型　　(b) 等效电路

图 2-34　无源四端网络的噪声系数

$$N_F=\frac{1}{K_{Pm}}=L \tag{2-72}$$

式中，L 为网络的衰减倍数。式（2-72）表明，无源网络的噪声系数正好等于网络的衰减倍数。这也可以从式（2-60）的定义来理解。对于无源网络，输出的是电阻热噪声，在输出匹配时，输出噪声功率与定义中规定的输入噪声相同。而输入信号功率 S_i 为输出信号功率 S_o 的 L 倍，也就是说输出信噪比也按同样比例下降，因而噪声系数为 L。

现以图 2-35 所示的抽头回路为例，计算其噪声系数。这种电路常用作接收机的天线输入电路。图中信号源以电流源表示，G_S 为信号源电导，G 为回路的损耗电导，p 为接入系数。现求输出端匹配时的功率传输系数。将信号源电导等效到回路两端，为 p^2G_S。等效到回路两端的信号源电流为 pI_S。输出端匹配时的最大输出功率为

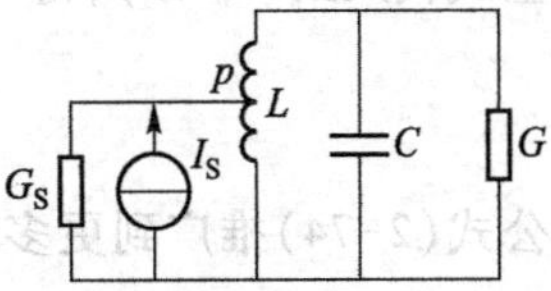

p
L
G_S
I_S
C
G

图 2-35　抽头回路

$$P_{mo}=\frac{p^2 I_S^2}{4(G+p^2 G_S)}$$

输入端信号源的最大输出功率为

$$P_{sm}=\frac{I_S^2}{4G_S}$$

因此，网络的噪声系数为

$$N_F=\frac{1}{K_{Pm}}=\frac{P_{sm}}{P_{mo}}=\frac{G+p^2 G_S}{p^2 G_S}=1+\frac{G}{p^2 G_S}$$

无源四端网络的噪声系数等于它的衰减值，这是一个有用的结论。比如，接收机输入端加一衰减器（或者因馈线引入衰减），就使得系统（包括衰减器和接收机）的噪声系数增加。

2. 级联四端网络的噪声系数

无线电设备都是由许多单元级联而成的。研究总噪声系数与各级网络的噪声系数之间的关系有非常重要的实际意义，它可以指明降低噪声系数的方向。在多级四端网络级联后，若已知各级网络的噪声系数和额定功率增益，就能十分方便地求得级联四端网络的总噪声系数，这是采用噪声系数带来的一个突出优点。

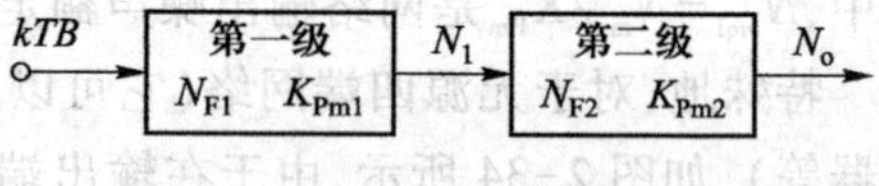
kTB
第一级
N_{F1} K_{Pm1}
N_1
第二级
N_{F2} K_{Pm2}
N_o

图 2-36　级联网络噪声系数

级联的四端网络，可以是无源网络，也可以是放大器、混频器等。现假设有两个四端网络级联，如图2-36所示，它们的噪声系数和额定功率增益分别为 N_{F1}、N_{F2} 和 K_{Pm1}、K_{Pm2}，各级内部的附加噪声功率为 N_{a1}、N_{a2}，等效噪声带宽均为 B。级联后总的额定功率增益为 $K_{Pm}=K_{Pm1}\cdot K_{Pm2}$，等效噪声带宽仍为 B。根据定义，级联后总的噪声系数为

$$N_F=\frac{N_o}{K_{Pm}kTB} \tag{2-73}$$

式中，N_o 为总输出额定噪声功率，它由三部分组成：经两级放大的输入信号源内阻的热噪声；经第二级放大的第一级网络内部的附加噪声；第二级网络内部的附加噪声。即

$$N_o=K_{Pm}kTB+K_{Pm2}N_{a1}+N_{a2}$$

按噪声系数的表达式，N_{a1} 和 N_{a2} 可分别表示为

$$N_{a1}=(N_{F1}-1)K_{Pm1}kTB$$

$$N_{a2}=(N_{F2}-1)K_{Pm2}kTB$$

则

$$\begin{aligned}N_o&=K_{Pm}kTB+K_{Pm1}K_{Pm2}(N_{F1}-1)kTB+K_{Pm2}(N_{F2}-1)kTB\\&=[K_{Pm}N_{F1}+(N_{F2}-1)K_{Pm2}]kTB\end{aligned}$$

将上式代入式(2-73)，得

$$N_F=N_{F1}+\frac{N_{F2}-1}{K_{Pm1}} \tag{2-74}$$

将公式(2-74)推广到更多级级联网络中，有

$$N_F=N_{F1}+\frac{N_{F2}-1}{K_{Pm1}}+\frac{N_{F3}-1}{K_{Pm1}K_{Pm2}}+\cdots \tag{2-75}$$

从式(2-74)和式(2-75)可以看出,当网络的额定功率增益远大于1时,系统的总噪声系数主要取决于第一级的噪声系数。越是后面的网络,对噪声系数的影响就越小。这是因为越到后级信号的功率越大,后面网络内部噪声对信噪比的影响就不大了。因此,对第一级来说,不但希望噪声系数小,也希望增益大,以便减小后级噪声的影响。

例2-3 图2-37所示是一接收机的前端电路,高频放大器和场效应管混频器的噪声系数和功率增益如图所示。试求前端电路的噪声系数(设本振产生的噪声忽略不计)。

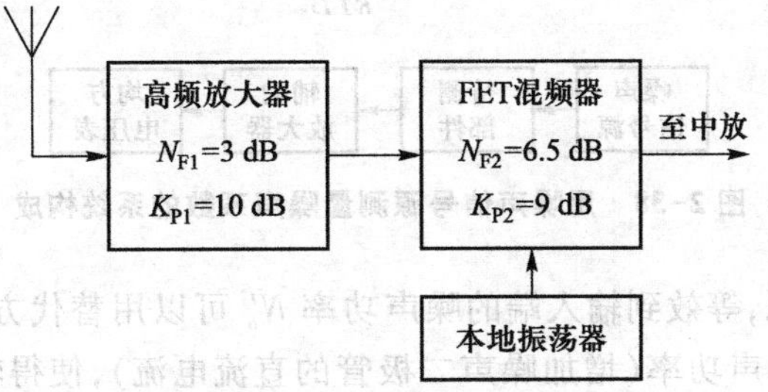
高频放大器
N_{F1}=3 dB
K_{P1}=10 dB
FET混频器
N_{F2}=6.5 dB
K_{P2}=9 dB
至中放
本地振荡器

图2-37 接收机前端电路

解:将图中的噪声系数和增益化为倍数,有

$$K_{P1}=10^{1}=10 \qquad N_{F1}=10^{0.3}=2$$

$$K_{P2}=10^{0.9}=7.94 \qquad N_{F2}=10^{0.65}=4.47$$

因此,前端电路的噪声系数为

$$N_F=N_{F1}+\frac{N_{F2}-1}{K_{P1}}=2+0.35=2.35(3.7\ \text{dB})$$

三、噪声系数的测量

虽然线性电路(如晶体管放大器)有噪声模型,但是用计算的方法决定噪声系数是有一定困难(如模型中的一些参数很难准确得到)的,因此常用测量的方法来确定一个电路和系统的噪声系数。根据频率范围、采用仪器或要求的精度不同,有多种测量噪声系数的方法。下面简单介绍两种测量噪声系数的方法。通常,噪声源处的噪声电平很低,即使一个放大器输出噪声,其噪声电平也难以直接测量。因此,只有测量一个系统,比如一个接收机的噪声系数时,它是可以直接测量的。在测量某个部件、电路的噪声系数时,都应加有辅助的放大系统,比如,用一个有某种频率选择电路的测量放大器。若被测电路的增益较大,而辅助放大系统的噪声又较低,则根据前面关于多级网络噪声系数的关系,测得的是被测部件的噪声系数。

1. 采用噪声信号源的测量方法

图2-38所示是用噪声信号源测量噪声系数的系统构成。噪声信号源在测量的频率范围内产生白噪声。通常是用某种真空二极管或半导体二极管作为噪声源,令二极管的电流通过一电阻。利用电流中的散弹噪声与直流电流的关系,可以用直流电流大小表示产生的噪声谱密度。为了测量输出噪声功率,输出应采用指示均方根电压的电表或直接测量功率(用热效应的功率计)。测量应在所关心的频率上进行,即辅助放大器的频率选择电路应调谐在指定频率上。在许多情况下,辅助放大系统也可以进行频率的线性变换(如采用超外差的方法)。但不应进行解

调,因为通常解调中噪声有非线性变换。测量方法如下:首先令噪声源的输出为零(即将二极管电流调为零)。此时,输出端测得一噪声功率值(或均方电压值)。此噪声是被测部件的内部附加噪声和噪声信号源电阻产生的电阻热噪声放大的噪声功率,设为 N_o。若能准确知道功率增益 K_P,又知道系统的等效带宽 B,则不难计算折算到输入端的噪声功率 $N'_o = N_o/K_P$,并根据式(2-61)的定义计算出噪声系数

$$N_F = \frac{N_o/K_P}{kTB}$$

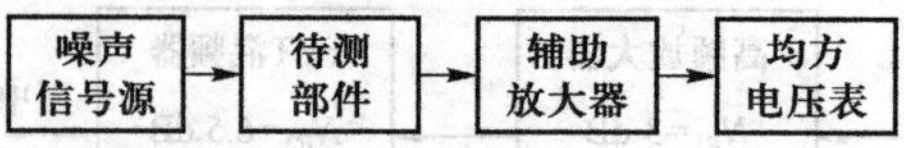
噪声
信号源
待测
部件
辅助
放大器
均方
电压表

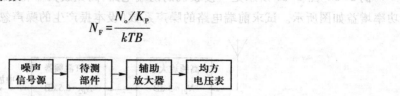

图 2-38　用噪声信号源测量噪声系数的系统构成

但因采用噪声信号源,等效到输入端的噪声功率 N'_o 可以用替代方法确定。即第二步,从零开始增加噪声信号源的噪声功率(增加噪声二极管的直流电流),使得输出端的噪声功率加倍为 $2N_o$,此时噪声信号源输入到系统的噪声功率即为 N'_o。它与二极管直流电流 I_o、噪声源内阻 R_S、噪声带宽 B 的关系为

$$N'_o = \frac{1}{4}(2qI_o)BR_S$$

噪声系数为

$$N_F = \frac{N'_o}{kTB} = \frac{q}{2kT}R_S I_o \tag{2-76}$$

可见噪声系数直接与噪声二极管电流成正比,且与噪声带宽无关。而其余数值都是已知的,因此,可以用直流电流直接标注测量的噪声系数。在上述测量中,设噪声源和系统间是阻抗匹配的。测得的噪声系数是在待测中心频率(即系统的频带中心)左右的噪声系数。这种测量噪声系数的方法很方便,并且较准确,唯一的关键是要有可用的噪声信号源。

2. 无噪声源的测量方法

当无合适的噪声信号源,而又要测量部件或系统的噪声系数时,可以采用间接的方法。与图 2-38类似,将噪声信号源换成一高频信号源即可。测量方法如下:设信号源的内阻为 R_S,并与系统匹配。首先,关断信号源(保留源电阻),在系统的输出端测出噪声功率值或电压均方根值。然后,加正弦信号,使其输出电压远大于噪声电压值,测出中心频率的电压增益或功率增益 K_P。再改变信号源频率重复上述测量。根据测量结果可以画出 $|H(j\omega)|$ 曲线或 $|H(j\omega)|^2$ 曲线。从而计算出此系统的等效噪声带宽 B。由输出噪声功率 N_o、功率增益 K_P 及噪声带宽 B,可由式(2-61)计算出此系统的噪声系数。这种测量方法由于要计算实际功率增益和噪声带宽,不但较烦琐,且准确性也较差。

四、噪声温度

在许多情况下,特别是低噪声系统(如卫星地面站接收机)中,往往用"噪声温度"来衡量系统的噪声性能。将线性电路的内部附加噪声折算到输入端,此附加噪声可以用提高信号源内阻上的温度来等效,这就是"噪声温度"或者等效噪声温度。由式(2-62),等效到输入端的附加噪

声为 N_a/K_P，令增加的温度为 T_e，即噪声温度，可得

$$N_a/K_P = kT_eB \tag{2-77}$$

这样，式(2-62)可重写为

$$N_F = 1+\frac{kT_eB}{N_i} = 1+\frac{kT_eB}{kTB} = 1+\frac{T_e}{T} \tag{2-78}$$

$$T_e = (N_F-1)T \tag{2-79}$$

噪声温度 T_e 是电路或系统内部噪声的另一种量度。噪声温度这一概念可以推广到系统内有多个独立噪声源的场合，或者推广到多级放大电路中。利用噪声均方相加的原则，可以用电路中某一点（一般为源内阻上）的各噪声温度相加，来表示总的噪声温度和噪声系数。同时可以把天线引入的外部噪声也看作是由信号源内阻处于某一温度 T_a 所产生的电阻热噪声功率 KT_aB，从而外部和内部噪声功率的叠加也就是等效噪声温度的叠加。采用噪声温度还有一个优点，在某些低噪声器件中，内部噪声很小，噪声系数只比 1 稍大，这时用噪声温度要比用噪声系数更方便，更明显。比如，某低噪声放大器的噪声系数为 1.05(0.21 dB)，经采取某种措施，噪声系数下降到 1.025(0.11 dB)。噪声系数只降低了 2.5%。若用噪声温度，则可知此放大器的噪声温度由 T_e = 0.05×290 K = 14.5 K 降至 7.25 K，下降了一半，取得了很大改进。在这种情况下，采用噪声温度的量度方法，其数量变化概念比较明显。

噪声温度测量的Y因子法

五、噪声系数与接收机灵敏度

前已述及噪声是限制接收机灵敏度(sensitivity)的根本原因。所谓接收机灵敏度就是保持接收机输出端一定信噪比时，接收机输入的最小信号电压或功率（设接收机有足够的增益）。灵敏度是一个最小的信号电平，当接收到的信号刚刚达到这样的强度时，接收机就能正常工作，并且产生预期的输出。噪声系数与灵敏度都是衡量接收机接收和检测微弱信号能力的指标，两者之间必然存在着一定的换算关系。

如果要求的接收机前端输出信噪比（解调所需的最低信噪比，也称解调门限，不同解调方式其解调门限不同）为 $(S/N)_o$，根据噪声系数定义，则输入信噪比为

信噪比与载噪比

$$\left(\frac{S}{N}\right)_i = N_F\left(\frac{S}{N}\right)_o \tag{2-80}$$

考虑输入噪声功率为 $N_i = kTB$，因此，要求的输入信号功率（接收灵敏度）为

$$S_{i\min} = N_F\left(\frac{S}{N}\right)_o kTB \tag{2-81}$$

接收机灵敏度并非基本量，其定义方法也有多种，一般要依赖一些其他的因素或参数才能确定，如接收机的噪声系数、所接收信号的调制类型、中频带宽（或视频带宽）和解调所需的信噪比。

也可以用输入信号电压幅值来表示接收机的灵敏度。设信号源的内阻为 R_s，则用电动势表示的接收机灵敏度为

$$U_s = \sqrt{4R_sS_i} = \sqrt{4R_sN_F\left(\frac{S}{N}\right)_o kTB}\ \text{(V)} \tag{2-82}$$

用这种方法表示的接收机灵敏度，测量时通常是指输入信号比接收机噪声系数大 10 dB 的

音频输出所必需的输入信号电压幅值(调幅度为0.3)。

由上面分析可知,接收机灵敏度主要取决于接收机的前端电路(特别是线性部分)。为了提高接收机灵敏度(即降低 S_i 的值),可采取以下几条途径:一是尽量降低接收机的噪声系数 N_F;二是降低接收机前端设备的温度 T;三是减小等效噪声带宽(在超外差式接收机中通常可用中频带宽近似);四是在满足系统性能要求的情况下,尽可能减小解调所需的信噪比(与调制和解调制度有关)。以上是非扩频系统的接收机灵敏度考虑,由于扩频系统有处理增益,一定程度上可以降低解调所需信噪比,因此可进一步改善接收机灵敏度。

扩频系统的接收灵敏度计算举例

如果考虑天线噪声,把天线噪声和接收机内部噪声合称为基底噪声(noise floor)。基底噪声功率为

$$N_i = N_A + N_R = kT_AB + (N_F - 1)kT_0B = k(T_A + T_e)B$$

式中,T_0 和 T_A 分别为标准噪声温度和天线噪声温度,N_F 为接收机的噪声系数,T_e 为接收机的等效噪声温度。基底噪声和要求的输出信噪比共同决定了接收机的"临界灵敏度"或最小可检测信号 *MDS*(minimum detectable signal)。

最小可检测信号 *MDS* 是衡量和比较接收机性能的主要参数之一,它主要与接收机的噪声带宽和噪声性能有关。计入天线噪声,通常取基底噪声以上3 dB为 *MDS*。室温下基底噪声为 -174 dBm/Hz,则 *MDS* 为 -171 dBm/Hz (-111 dBm/MHz)。对于一个噪声系数为 N_F(dB)、系统带宽为 B(Hz)的系统,最小可检测信号为

$$MDS = -171\ \text{dBm} + 10\lg B + N_F \tag{2-83}$$

需要说明,实际上并不是灵敏度越高越好,因为接收机灵敏度越高,接收机的噪声系数就需要越低,这就需要大量的低噪声器件或电路,不仅增加了成本,而且外部干扰的影响也会增大,从而影响接收机对有用信号的接收。这种用噪声系数来定义的接收机灵敏度只能说明接收机内部噪声大小的程度,没有考虑外部干扰,因此是不充分和不全面的。比如在短波波段,外部干扰一般都大于内部噪声,短波单边带接收机的噪声系数的典型值为7~10 dB。反过来,要想提高接收机灵敏度,需要提高接收机的增益,但是并不是无限提高接收机的增益就可以提高接收机灵敏度,因为接收机内部及接收天线还存在噪声。

思考题与练习题

2-1　高频电路中的元器件特性与低频电路中的元器件相比有何不同?

2-2　高频振荡回路(*LC* 谐振回路)是高频电路中应用最广泛的无源网络,主要在电路中完成哪些功能?

2-3　工作频率对并联谐振回路的电抗特性有没有影响?当工作频率从小到大变化时,并联谐振回路的电抗特性如何变化?

2-4　对于收音机的中频放大器,其中心频率为 $f_0 = 465$ kHz,$B_{0.707} = 8$ kHz,回路电容 $C = 200$ pF。试计算回路电感和 Q_L 值。若电感线圈的 $Q_0 = 100$,问在回路上应并联多大的电阻才能满足要求?

2-5　图 P2-1 所示为波段内调谐的并联谐振回路,可变电容 C 的变化范围为 12~260 pF,C_t 为微调电容。要求此回路的调谐范围为 535~1 605 kHz,求回路电感 L 和 C_t 的值,并要求 C 的最

大和最小值与波段的最低和最高频率对应。

2-6　图 P2-2 所示为一电容抽头的并联谐振回路，谐振频率为 1 MHz，$C_1=400$ pF，$C_2=100$ pF，求回路电感 L。若 $Q_0=100$，$R_L=2$ kΩ，求回路有载 Q_L 值。

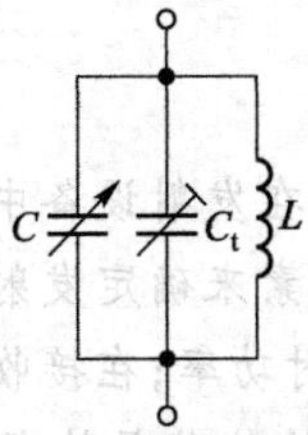
C
C_t
L

图 P2-1　题 2-5 图

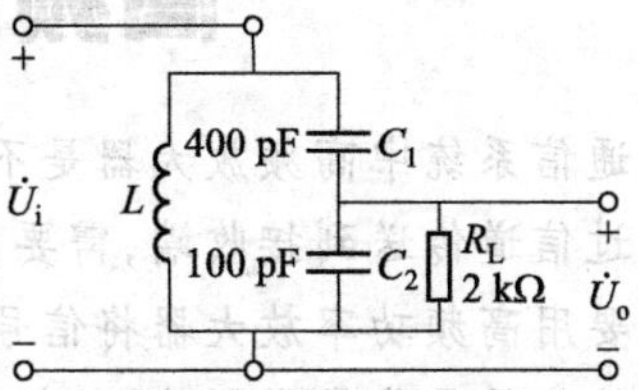
400 pF
C_1
L
U_i
100 pF
C_2
R_L
2 kΩ
U_o

图 P2-2　题 2-6 图

2-7　给定串联谐振回路的 $f_0=1.5$ MHz，$C=100$ pF，谐振时电阻 $r=5\ \Omega$，试求 Q 和 L。又若信号源电压振幅 $U_S=1$ mV，求谐振时回路中的电流 I_0 以及回路上的电感电压振幅 U_{Lm} 和电容电压振幅 U_{Cm}。

2-8　耦合谐振回路与简单谐振回路相比，有何优点？

2-9　石英晶体有何特点？为什么用它制作的振荡器的频率稳定度较高？

2-10　石英晶体谐振器可以呈现出哪几种电抗特性？具体与什么参数有关？

2-11　电阻热噪声有何特性？如何描述？

2-12　求图 P2-3 所示并联电路的等效噪声带宽和输出均方噪声电压值。设电阻 $R=10$ kΩ，$C=200$ pF，$T=290$ K。

2-13　白噪声通过线性网络后是否还是白噪声？为什么？

2-14　求图 P2-4 所示的 T 形和 π 形电阻网络的噪声系数。

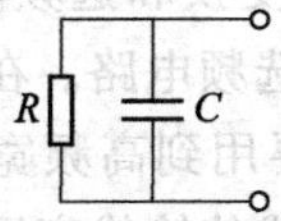
R
C

图 P2-3　题 2-12 图

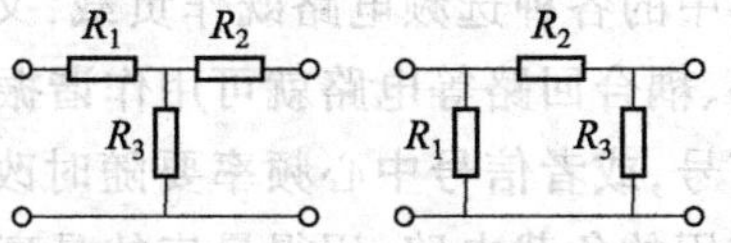
R_1
R_2
R_3
R_2
R_1
R_3

图 P2-4　题 2-14 图

2-15　接收机等效噪声带宽近似为信号带宽，约 1 MHz，输出信噪比为 12 dB，要求接收机灵敏度为 0.1 pW，问接收机的噪声系数应为多大？

2-16　接收机带宽为 3 kHz，输入阻抗为 50 Ω，噪声系数为 6 dB，用一总衰减为 4 dB 的电缆连接到天线。假设各接口均匹配，为了使接收机输出信噪比为 10 dB，则最小输入信号应为多大？

2-17　有一线性放大器的功率增益为 15 dB，带宽为 100 MHz，噪声系数为 3 dB。若将其连接到等效噪声温度为 800 K 的解调器前端，则整个系统的噪声系数和等效噪声温度为多少？

2-18　要提高通信系统的噪声性能，在设计时应如何考虑？

第三章

高频放大器

第三章
导学图与要求

通信系统中高频放大器是不可缺少的部件，如在发射设备中，为了有效地使信号通过信道传送到接收端，需要根据传送距离等因素来确定发射设备的发射功率，这就要用高频功率放大器将信号放大到所需的发射功率；在接收设备中，从天线上感应的信号是非常微弱的，一般在微伏级，要将传输的信号恢复出来，需要将信号放大，这就需要用高频小信号放大器来完成。另外，其他电子系统中放大器也获得了广泛应用。对于窄带高增益放大器，通常采用窄带选频滤波形式，最简单的电路就是谐振回路；对于宽带放大器，通常采用宽带选频滤波电路，如宽带集中选频滤波电路。本章主要介绍高频小信号谐振放大器和高频谐振功率放大器。

第一节　高频小信号选频放大器

高频小信号选频放大器的功用就是放大各种无线电设备中特定频带的高频小信号，以便进一步处理。这里所说的“小信号”，主要是强调输入信号电平较低，放大器工作在线性范围内。

高频小信号选频放大器按频带宽度可以分为窄带放大器和宽带放大器。如果被放大的信号是窄带信号，比如说信号带宽只有中心频率的百分之几，甚至千分之几，则常用高频小信号谐振放大器。谐振放大器中的各种选频电路既作负载，又兼具阻抗变换和选频滤波的功能。第二章讨论的并联谐振回路、耦合回路等电路就可用作谐振放大器的选频电路。在某些无线电设备中，需要放大多个高频信号，或者信号中心频率要随时改变，这时要用到高频宽带放大器，这种放大器一般采用无选频作用的负载电路，用得最广的是高频变压器或传输线变压器。

按有源器件可以分为以分立元件为主的高频放大器和以集成电路为主的集中选频放大器。以分立元件为主的高频放大器，由于单个晶体管的最高工作频率可以很高，线路也较简单，目前应用仍较广泛。集中选频高频放大器由高频或宽带集成放大器和选频电路（特别是集中滤波器）组成，它具有增益高、性能稳定、调整简单等优点，在高频电路中的应用也越来越多。

对高频小信号选频放大器的主要要求如下：

① 增益要高，也就是放大倍数要大。例如，用于各种接收机中的中频放大器，其电压放大倍数可达到 $10^4 \sim 10^5$，即电压增益为 80~100 dB。通常要靠多级放大器才能实现。

② 频率选择性要好。选择性就是描述选择所需信号和抑制无用信号的能力，这是靠选频电路完成的，放大器的频带宽度和矩形系数是衡量选择性的两个重要参数。

③ 工作稳定可靠。这要求放大器的性能应尽可能地不受温度、电源电压等外界因素变化的影响，不产生任何自激。此外，在放大微弱信号的接收机前级放大器中，还要求放大器内部噪声要小。放大器本身的噪声越低，接收微弱信号的能力就越强。

下面以高频小信号谐振放大器为主讨论高频小信号选频放大器。

一、高频小信号谐振放大器的工作原理

图 3-1(a)所示是一典型的高频小信号谐振放大器的原理电路。由图可知，直流偏置电路与低频放大器的电路完全相同，只是电容 C_b、C_e 为高频旁路，它们的电容值比在低频放大器中小得多。图 3-1(b)所示是它的交流等效电路，图中采用抽头谐振回路作为放大器负载，对信号频率谐振，即$\omega=\omega_0$，完成阻抗匹配和选频滤波功能。由于输入的是高频小信号，放大器工作在 A（甲）类状态。

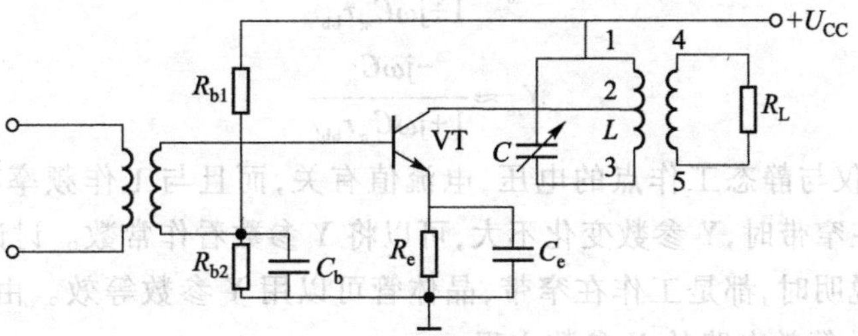
+U_{CC}
1
4
R_{b1}
2
R_L
L
VT
C
3
5
R_e
C_e
R_{b2}
C_b

(a) 原理线路

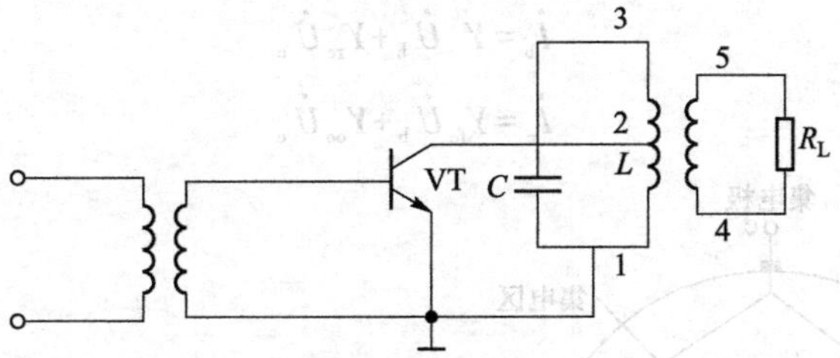
3
5
2
R_L
VT
C
L
4
1

(b) 交流等效电路

图 3-1　高频小信号谐振放大器

二、放大器性能分析

1. 晶体管的高频等效电路

要分析和说明高频谐振放大器的性能，首先要考虑晶体管在高频时的等效电路。图 3-2(a)所示是晶体管内部结构等效电路。图 3-2(a)中，r'_e为发射区体电阻，r'_c为集电区体电阻，r'_e和 r'_c一般都小于 10 Ω，通常可以忽略不计；$r_{bb'}$为基区体电阻，通常为几十至几百欧；$r_{b'e}$为折合到基极支路的发射结正向电阻，通常为几百欧到几千欧；$r_{b'c}$表示集电结反向电阻，为几兆欧，通常可以认为开路；r_{ce}表示输出电压对输出电流的影响，为几十到几百千欧；$C_{b'e}$为发射结电容；$C_{b'c}$为集电结电容；g_m 为晶体管的跨导，反映 $U_{b'e}$对输出电流 i_c 的控制能力，与静态工作点有关。忽略 r'_e和 r'_c，并将 $r_{b'c}$认为开路，则得到图 3-2(b)的晶体管在高频运用时的混 π 等效电路，这是分析晶体管高频时的基本等效电路。这些参数决定了晶体管的最高工作频率 f_{max}（功率增益为 1 时的频率）。

直接用混 π 等效电路[如图 3-2(b)所示，图中，g_m 为晶体管的跨导，$r_{bb'}$为基区体电阻，$C_\pi=C_{b'e}$，$C_\mu=C_{b'c}$]分析放大器性能时很不方便，因此常采用 Y 参数等效电路，如图 3-2(c)所示。Y_{ie}是输出端交流短路时的输入导纳；Y_{oe}是输入端交流短路时的输出导纳；而 Y_{fe}和 Y_{re}分别为输出端交流短路时的正向传输导纳和输入端交流短路时的反向传输导纳。晶体管的 Y 参数通常可以

用仪器测出，有些晶体管的手册或数据单上也会给出这些参数（一般是在指定的频率及电流条件下的值）。在忽略 $r_{b'e}$ 及满足 $C_\pi \gg C_\mu$ 的条件下，Y 参数与混 π 参数之间的关系为

$$Y_{ie} \approx \frac{j\omega C_\pi}{1+j\omega C_\pi r_{bb'}} \tag{3-1}$$

$$Y_{oe} \approx j\omega C_\mu + \frac{j\omega C_\pi r_{bb'} g_m}{1+j\omega C_\pi r_{bb'}} \tag{3-2}$$

$$Y_{fe} \approx \frac{g_m}{1+j\omega C_\pi r_{bb'}} \tag{3-3}$$

$$Y_{re} \approx \frac{-j\omega C_\mu}{1+j\omega C_\pi r_{bb'}} \tag{3-4}$$

由此可见，Y 参数不仅与静态工作点的电压、电流值有关，而且与工作频率有关，是频率的复函数。当放大器工作在窄带时，Y 参数变化不大，可以将 Y 参数看作常数。讨论的高频小信号谐振放大器在没有特别说明时，都是工作在窄带，晶体管可以用 Y 参数等效。由图 3-2 所示电路可以得到晶体管 Y 参数等效电路的 Y 参数方程

$$\dot{I}_b = Y_{ie}\dot{U}_b + Y_{re}\dot{U}_c \tag{3-5a}$$

$$\dot{I}_c = Y_{fe}\dot{U}_b + Y_{oe}\dot{U}_c \tag{3-5b}$$

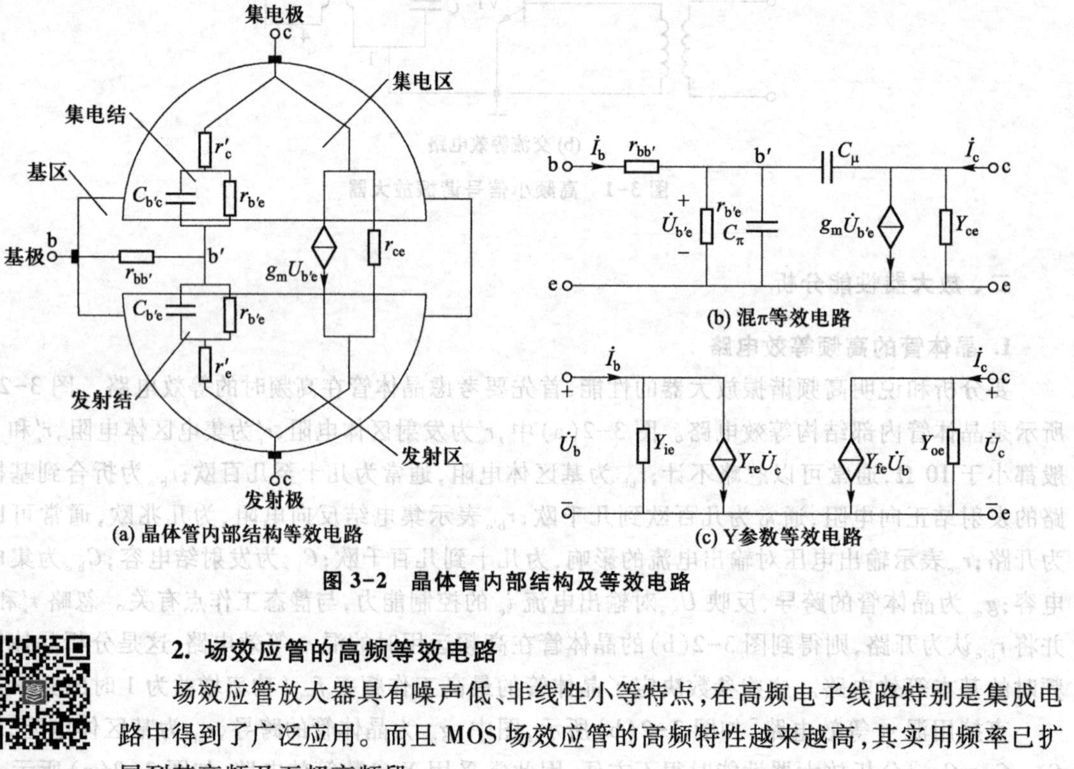
集电极
c
集电区
集电结
基区
b
基极
b′
e
发射结
发射区
发射极
(a) 晶体管内部结构等效电路
(b) 混π等效电路
(c) Y参数等效电路

图 3-2　晶体管内部结构及等效电路

场效应管高频等效电路

2. 场效应管的高频等效电路

场效应管放大器具有噪声低、非线性小等特点，在高频电子线路特别是集成电路中得到了广泛应用。而且 MOS 场效应管的高频特性越来越高，其实用频率已扩展到甚高频乃至超高频段。

3. 放大器的性能参数

下面以晶体管放大器为例分析放大器的性能。

图 3-3 是图 3-1 所示高频小信号谐振放大器的高频等效电路，图中将晶体管用 Y 参数等效电路进行了等效。信号源用电流源 $\dot{I}_s$ 表示，Y_S 是电流源的内导纳，负载导纳为 Y'_L，它包括谐振回路的导纳和负载电阻 R_L 的等效导纳。忽略管子内部的反馈，即令 $Y_{re}=0$，由图 3-3 可得

$$\dot{I}_b=\dot{I}_s-Y_S\dot{U}_b \tag{3-6a}$$

$$\dot{I}_c=-Y'_L\dot{U}_c \tag{3-6b}$$

根据式(3-5)和式(3-6)可以得出高频小信号放大器的主要性能指标。

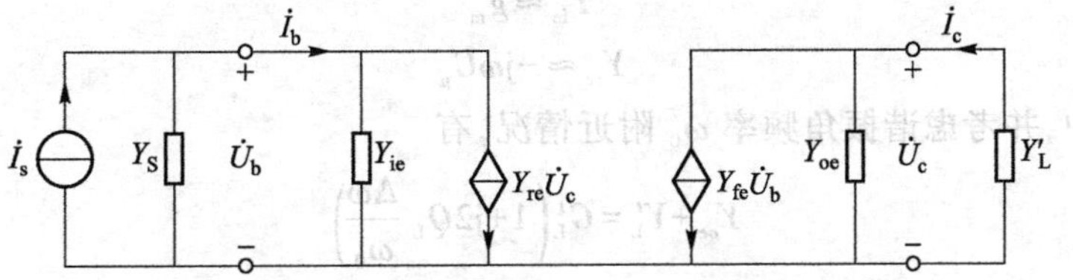

$\dot{I}_b$
$\dot{I}_c$
+
+
$\dot{I}_s$
Y_S
$\dot{U}_b$
Y_{ie}
$Y_{re}\dot{U}_c$
$Y_{fe}\dot{U}_b$
Y_{oe}
$\dot{U}_c$
Y'_L
−
−

图 3-3　图 3-1 高频小信号谐振放大器的高频等效电路

(1) 电压增益 K_V

$$K_V=\frac{\dot{U}_c}{\dot{U}_b}=-\frac{Y_{fe}}{Y_{oe}+Y'_L} \tag{3-7}$$

(2) 输入导纳 Y_i

$$Y_i=\frac{\dot{I}_b}{\dot{U}_b}=Y_{ie}-\frac{Y_{re}Y_{fe}}{Y_{oe}+Y'_L} \tag{3-8}$$

式中，第一项为晶体管的输入导纳，第二项是反向传输导纳 Y_{re} 引入的输入导纳。

(3) 输出导纳 Y_o

$$Y_o=\left.\frac{\dot{I}_c}{\dot{U}_c}\right|_{\dot{I}_s=0}=Y_{oe}-\frac{Y_{re}Y_{fe}}{Y_S+Y_{ie}} \tag{3-9}$$

式中，第一项为晶体管的输出导纳，第二项也与 Y_{re} 有关。

(4) 通频带 $B_{0.707}$ 与矩形系数 $K_{r0.1}$

通频带 $B_{0.707}$ 为

$$B_{0.707}=f_0/Q_L \tag{3-10}$$

式中，f_0 为谐振回路的谐振频率，$f_0=1/(2\pi\sqrt{LC_\Sigma})$，$L$ 为回路电感，C_Σ 为回路的总电容，包括回路本身的电容以及 Y_{oe} 等效到回路中呈现的电容；Q_L 为有载品质因数，$Q_L=1/(\omega_0Lg_\Sigma)$，$g_\Sigma$ 为回路的总电导，包括回路本身的损耗以及 Y_{oe}、R_L 等效到回路中的损耗。

由于图 3-1 是一单谐振回路放大器，故其矩形系数 $K_{r0.1}$ 仍为 9.95。

应当指出，对于一般的高频小信号谐振放大器，增益与带宽的乘积为一常数。也就是说，在晶体管参数确定的情况下，放大器的增益与带宽相互制约。

三、高频谐振放大器的稳定性

1. 放大器的稳定性

应当指出，上面分析的放大器的各种性能参数，是在放大器能正常工作前提下得到的。但是在实际的谐振放大器中由于晶体管集基间电容 $C_{b'c}$（混 π 网络中）的反馈，或者 Y 参数等效电路中反向传输导纳 Y_{re} 的反馈，使放大器存在着工作不稳定的问题。Y_{re} 的存在使输出信号反馈到输入端，引起输入电流的变化。如果这个反馈在某个频率上相位满足正反馈条件，且反馈量足够大，则会在满足条件的频率上产生自激振荡。现在来考察输入导纳 Y_i 中的第二项，即反向传输导纳 Y_{re} 引入的输入导纳，记为 Y_{ir}。忽略 $r_{bb'}$ 的影响，则由式（3-3）和式（3-4）有

$$Y_{fe} \approx g_m$$

$$Y_{re} \approx -j\omega C_\mu$$

将 Y_{oe} 归入负载中，并考虑谐振角频率 ω_0 附近情况，有

$$Y_{oe}+Y_L' = G_L'\left(1+j2Q_L\frac{\Delta\omega}{\omega_0}\right)$$

则

$$Y_{ir} \approx -\frac{-j\omega_0 C_\mu g_m}{G_L'\left(1+j2Q_L\frac{\Delta\omega}{\omega_0}\right)} = j\frac{\omega_0 C_\mu g_m}{G_L'\left(1+j2Q_L\frac{\Delta\omega}{\omega_0}\right)} \tag{3-11}$$

由式（3-11）可以看出，当回路谐振时 $\Delta\omega=0$，Y_{ir} 为一电容；当 $\omega>\omega_0$ 时，Y_{ir} 的电导为正，是负反馈；当 $\omega<\omega_0$ 时，Y_{ir} 的电导为负，是正反馈，这将引起放大器的不稳定。图 3-4 所示是考虑反馈时的放大器的频率特性。由图可见，在 $\omega<\omega_0$ 时，由于存在正反馈，使放大器的放大倍数增加。当正反馈严重时，即 Y_{ir} 中的负电导使放大器输入端的总电导为零或负值时，即使没有外加信号，放大器输出端也会有输出信号，产生自激。

2. 提高放大器稳定性的方法

为了提高放大器的稳定性，通常从两个方面入手。一是从晶体管本身想办法，减小其反向传输导纳 Y_{re}。Y_{re} 的大小主要取决于 $C_{b'c}$，选择晶体管时尽可能选择 $C_{b'c}$ 小的晶体管，使其容抗增大，反馈作用减弱。二是从电路上设法消除晶体管的反向作用，使它单向化，具体方法有中和法和失配法。

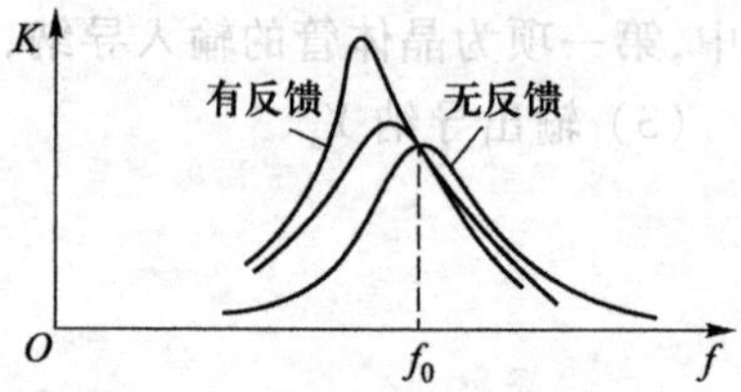
K
有反馈
无反馈
O
f_0
f
图 3-4　放大器的频率特性

中和法是通过在晶体管的输出端与输入端之间引入一个附加的外部反馈电路（中和电路）来抵消晶体管内部参数 Y_{re} 的反馈作用。由于 Y_{re} 的实部（反馈电导）很小，可以忽略，所以常常只用一个中和电容 C_n 来抵消 Y_{re} 的虚部（即反馈电容 $C_{b'c}$）的影响，就可达到中和的目的。图 3-5(a) 所示就是利用中和电容 C_n 的原理电路。为了抵消 Y_{re} 的反馈，从集电极回路取一与 $\dot{U}_c$ 反相的电压 $\dot{U}_n$，通过 C_n 反馈到输入端。根据电桥平衡有

$$\frac{1}{j\omega_0 C_{b'c}} j\omega_0 L_2 = \frac{1}{j\omega_0 C_n} j\omega_0 L_1$$

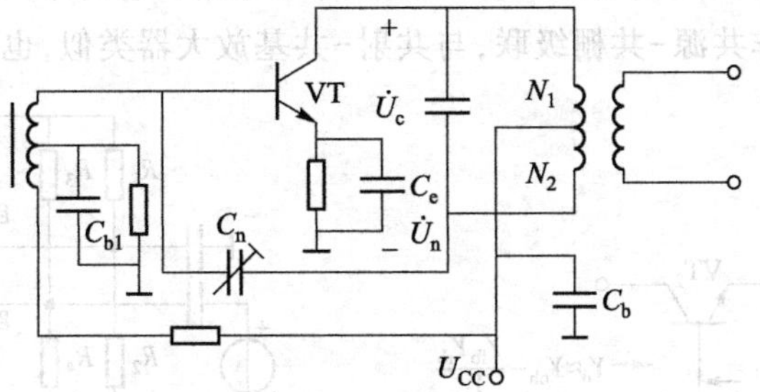
+
VT
$\dot{U}_c$
N_1
N_2
C_e
$\dot{U}_n$
C_{b1}
C_n
–
C_b
U_{CC}

(a) 原理电路

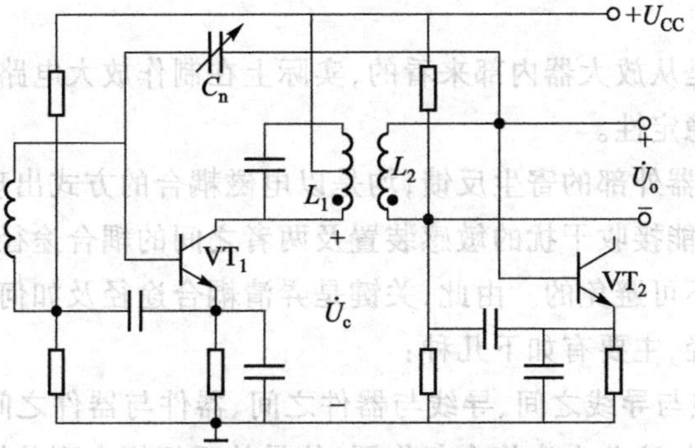
$+U_{CC}$
C_n
L_1
L_2
+
$\dot{U}_o$
–
VT_1
VT_2
$\dot{U}_c$
–

(b) 某收音机中常用的中和电路

图 3-5　中和电路

则中和条件为

$$C_n = \frac{L_1}{L_2} C_{b'c} = \frac{N_1}{N_2} C_{b'c} \tag{3-12}$$

由于用 $C_{b'c}$ 来表示晶体管的反馈只是一个近似，而 $\dot{U}_c$ 与 $\dot{U}_n$ 又只是在回路完全谐振的频率上才准确反相，因此图 3-5 所示的中和电路中固定的中和电容 C_n 只能在某一个频率点起到完全中和的作用，对其他频率只能有部分中和作用。另外，如果再考虑到分布参数的作用和温度变化等因素的影响，则中和电路的效果是很有限的。中和法应用较少，一般用在某些要求不高（如收音机）的电路中，图 3-5(b) 所示为某收音机中常用的中和电路。

失配法是通过增大负载导纳，进而增大总回路导纳，使输出电路失配，输出电压相应减小，对输入端的影响也就减小。可见，失配法用牺牲增益来换取电路的稳定。为了同时满足增益和稳定性的要求，常用的失配法是用两只晶体管按共射-共基方式连接成一个复合管，如图 3-6 所示。由于共基电路的输入导纳较大，当它和输出导纳较小的共射电路连接时，相当于增大共射电路的负载导纳而使之失配，从而使共射晶体管内部反馈减弱，稳定性大大提高。共射电路在负载导纳很大的情况下，虽然电压增益减小，但电流增益仍很大，而共基电路虽然电流增益接近于 1，但电压增益较大，所以二者级联后，互相补偿，电压增益和电流增益均较大。

在场效应管放大器中也存在着同样的稳定性问题，这是由于漏栅的电容构成了输出和输入之间的反馈。如果采用双栅场效应管作高频小信号谐振放大器，则可以获得较高的稳定增益，噪声也比较低。图 3-7 所示为双栅场效应管谐振放大器电路。它的第二栅(g_2)对高频是接地的。它相当于两个场效应管作共源-共栅级联,与共射-共基放大器类似,也提高了放大器的稳定性。

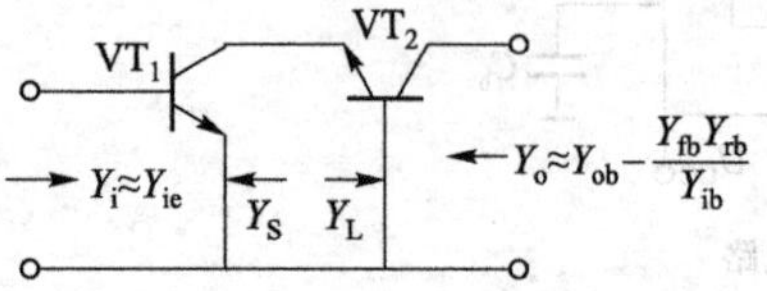

VT_1
VT_2
$Y_i \approx Y_{ie}$
Y_S
Y_L
$Y_o \approx Y_{ob} - \frac{Y_{fb}Y_{rb}}{Y_{ib}}$

图 3-6　共射-共基电路

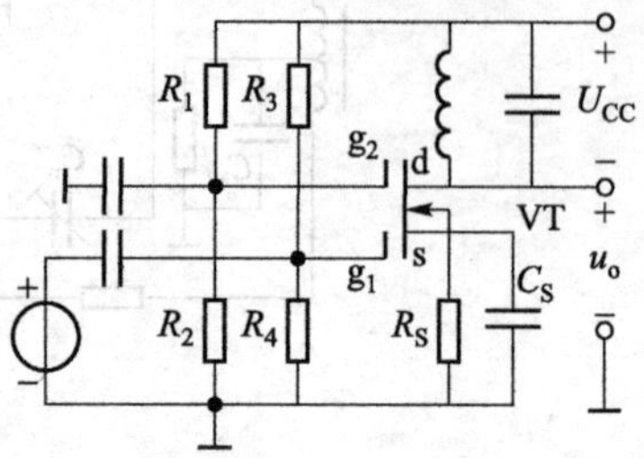

R_1
R_3
R_2
R_4
R_S
C_S
U_{CC}
g_2
g_1
d
s
VT
u_o

图 3-7　双栅场效应管谐振放大器电路

以上讨论的稳定性是从放大器内部来看的,实际上在制作放大电路时为了使电路稳定,还应考虑外部反馈引起的不稳定性。

在实际电路中,放大器外部的寄生反馈,均是以电磁耦合的方式出现的。引起电磁干扰必然存在发射电磁干扰的源、能接收干扰的敏感装置及两者之间的耦合途径。由于频率高的缘故,干扰源与接收装置几乎是不可避免的。由此,关键是弄清耦合途径及如何去截断它。

电磁干扰的耦合途径,主要有如下几种:

① 电容性耦合:导线与导线之间、导线与器件之间、器件与器件之间均存在着分布电容。当工作频率达到一定程度时,这些电容将会起作用,信号从后级耦合到前级。

② 电感性耦合:导线与导线之间、导线与电感之间、电感与电感之间,除了分布电容外,在高频情况下,还存在互感。流经导线或电感的后级高频电流产生交变磁场,可以与前级电感式回路交链,产生不必要的耦合。

③ 公共电阻耦合:当前、后级信号流经同一公共导线或电阻时,后级电流会产生电压,从而对前级产生影响。

④ 辐射耦合:当工作频率达到一定程度时,后级的高频信号可以通过电磁辐射的方式耦合到前级。

另外,在电子设备中,接地是控制干扰的重要方法。如能将接地和屏蔽正确结合起来使用,可解决大部分干扰问题。根据经验,当信号工作频率大于10 MHz时,地线阻抗变得很大,此时应尽量降低地线阻抗,应采用就近多点接地。当工作频率在 1~10 MHz 时,如果采用一点接地,其地线长度不应超过波长的 1/20,否则应采用多点接地法。而且若接地线很细,接地电位则随电流的变化而变化,抗噪声性能变坏,因此应将接地线尽量加粗。

四、多级谐振放大器

多级谐振放大器的总增益是单级增益的乘积(若用分贝表示时,总增益为单级增益之和),频率特性也是由单级谐振放大器传输函数决定的。

1. 多级单调谐放大器

多级单调谐放大器的谐振频率相同,均为信号的中心频率。设各级谐振时的电压增益为 K_{V01}、K_{V02}、…、K_{V0n},则放大器总的电压增益 $K_{V0\Sigma}$ 为

$$K_{V0\Sigma}=K_{V01}K_{V02}\cdots K_{V0n} \tag{3-13}$$

由第二章分析可知，简单谐振回路的归一化频率特性为

$$\alpha=\frac{1}{\sqrt{1+\xi^2}} \tag{3-14}$$

式中，ξ 为广义失谐，$\xi=2Q\Delta\omega/\omega_0$。设多级放大器各回路的带宽及 Q 值相同，即 α 相同，则有 n 个回路的多级放大器的归一化频率特性为

$$\alpha^n=(1+\xi^2)^{-n/2} \tag{3-15}$$

由此可以计算出多级单调谐放大器的带宽和矩形系数，见表 3-1。由表 3-1 可见，随着 n 的增加，总带宽将减小，矩形系数有所改善。

表 3-1　多级单调谐放大器的带宽和矩形系数

级数 n	1	2	3	4	5
B_Σ/B_1	1.0	0.64	0.51	0.43	0.35
$K_{r0.1}$	9.95	4.66	3.74	3.18	3.07

2. 多级双调谐放大器

采用多级双调谐放大器可以改善放大器的频率选择性，设各级均采用同样的双回路，并选择临界耦合（耦合因子 $A=1$），由第二章分析可知，有 n 个双回路的多级放大器的归一化频率特性为

$$\alpha^n=(1+\xi^4/4)^{-n/2} \tag{3-16}$$

由此可以计算出多级双调谐放大器的带宽和矩形系数，见表 3-2。由表 3-2 可知，随着 n 的增加，总带宽也将减小，但减小较慢；矩形系数改善较快。

表 3-2　多级双调谐放大器的带宽和矩形系数

级数 n	1	2	3	4
B_Σ/B_1	1.0	0.8	0.71	0.66
$K_{r0.1}$	3.15	2.16	1.9	1.8

3. 多级参差调谐放大器

多级参差调谐放大器，就是各级的调谐回路和调谐频率都彼此不同。采用多级参差调谐放大器的目的是增加放大器总的带宽，同时又得到边沿较陡峭的频率特性。图 3-8 所示是采用单调谐回路和双调谐回路组成的多级参差调谐放大器的频率特性。双调谐回路采用 $A>1$（如 $A=2.41$）的过临界耦合。由图 3-8 可见，当两种回路采用不同的品质因数时，总的频率特性可有较宽的频带宽度，带内特性很平坦，而带外又有较陡峭的特性。这种多级参差调谐放大器常用于要求带宽较宽的场合，如电视机的高频头。图 3-9 所示为一彩色电视机高频头的调谐放大器的简化电路。可见，晶体管输入电路采用单调谐回路，输出电路采用双调谐回路。图中 C_1、C_2、C_3 是变容管，进行电调谐使用的。由于这种电路调谐复杂，现在使用较少，转而使用高频集成放大器。

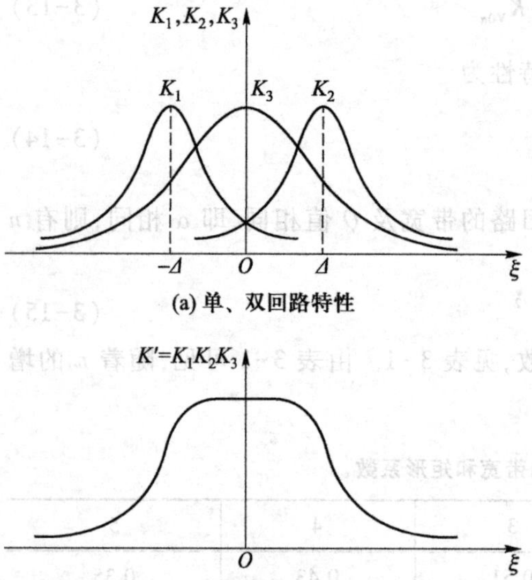
K1,K2,K3
K1
K3
K2
-Δ
O
Δ
ξ
K'=K1K2K3
O
ξ

(a) 单、双回路特性

(b) 总特性

图 3-8　多级参差调谐放大器的频率特性

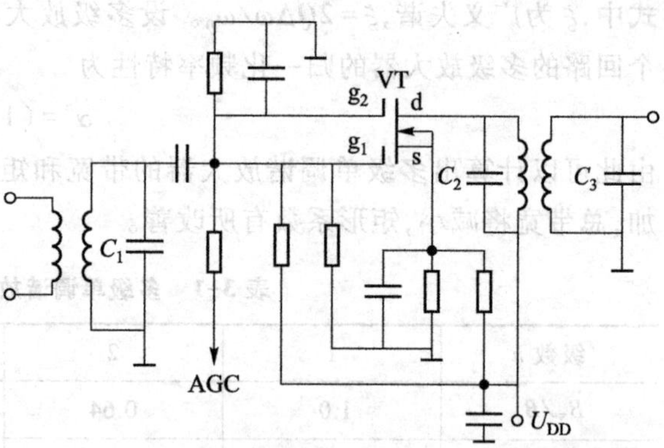
VT
g2
d
g1
s
C1
C2
C3
AGC
UDD

图 3-9　彩色电视机高频头的调谐放大器的简化电路

五、高频集成放大器

随着电子技术的发展，出现了越来越多的高频集成放大器，由于它具有线路简单、性能稳定可靠、调整方便等优点，应用也越来越广泛。

高频集成放大器有两类：一类是非选频的高频集成放大器，主要用于某些不需有选频功能的设备中，通常以电阻或宽带高频变压器作负载；另一种是选频放大器，用于需要有选频功能的场合，如接收机的中放就是它的典型应用。

为满足高增益放大器的选频要求，集成选频放大器一般采用集中滤波器作为选频电路，如第二章介绍的晶体滤波器、陶瓷滤波器或声表面波滤波器等。当然，它们只适用于固定频率的选频放大器。这种放大器也称为集中选频放大器。图 3-10 所示是集中选频放大器的组成框图。图 3-10(a)中，集中选频滤波器接于宽带放大器的后面，这是一种常用的接法。这种接法要注意的问题是，使宽带放大器与集中滤波器之间实现阻抗匹配。这有两重意义：从宽带放大器输出看，阻抗匹配表示放大器有较大的功率增益；从滤波器输入端看，要求信号源的阻抗与滤波器的输入阻抗相等而匹配（在滤波器的另一端也是一样），这是因为滤波器的频率特性依赖于两端的源阻抗与负载阻抗，只有当两端端接阻抗等于要求的阻抗时，方能得到预期的频率特性。当宽带放大器的输出阻抗与滤波器输入阻抗不相等时，应在两者间加阻抗转换电路。通常可用高频宽带变压器进行阻抗变换，也可以用低 Q 的谐振回路。采用谐振回路时，应使回路带宽大于滤波器带宽，使放大器的频率特性只由滤波器决定。通常宽带放大器的输出阻抗较低，实

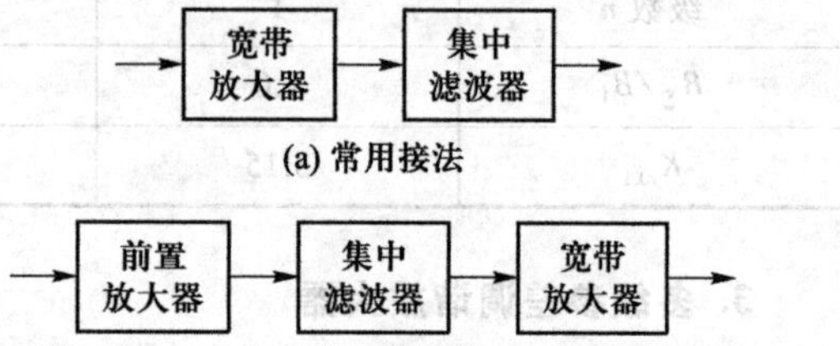
宽带
放大器
集中
滤波器
前置
放大器
集中
滤波器
宽带
放大器

(a) 常用接法

(b) 另一种接法

图 3-10　集中选频放大器组成框图

现阻抗变换没有什么困难。

图 3-10(b)所示是另一种接法。集中滤波器放在宽带放大器的前面。这种接法的好处是，当所需放大信号的频带以外有强的干扰信号(在接收中放时常有这种情况)时，不会直接进入宽带放大器，避免此干扰信号因放大器的非线性(放大器在大信号时总是有非线性)而产生新的不需要的干扰。有些集中滤波器，如声表面波滤波器，本身有较大的衰减(可达十多分贝)，放在宽带放大器之前，将有用信号减弱，从而使宽带放大器中的噪声对信号的影响加大，使整个放大器的噪声性能变差。为此，常在集中滤波器之前加一前置放大器，以补偿滤波器的衰减。

图 3-11 示出了 Mini Circuits 公司生产的一种低噪声、高动态范围的集成放大器 PGA-106-75+的应用电路。由图可见，PGA-106-75+有四个引脚：两个接地脚，一个输入脚及一个输出脚，输出脚需要外加偏置电路，应用非常简单。PGA-106-75+主要指标见表 3-3。

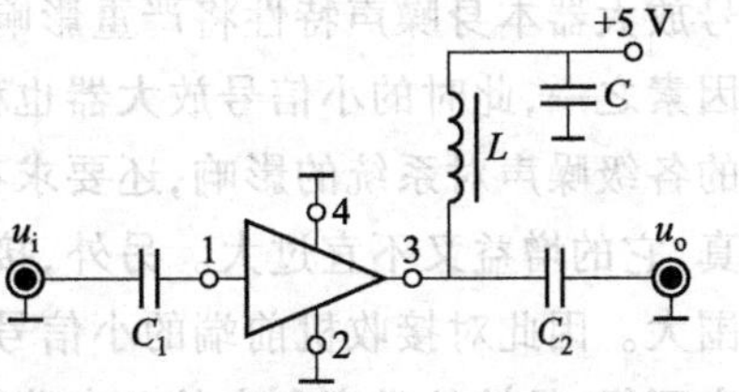
+5 V
C
L
4
u_i
1
3
u_o
C_1
2
C_2

图 3-11 集成选频放大器应用举例

表 3-3 PGA-106-75+主要性能指标

参数	指标
工作频率 f/GHz	0.01～1.5
增益 G/dB	17.8(f=0.05 GHz), 16.9(f=1 GHz), 16.1(f=1.5 GHz)
噪声系数 N_F/dB	3.1
输入、输出阻抗/Ω	75
输出功率/dBm	12.5

随着半导体技术的发展，出现了许多宽带集成运算放大器，可用于不太高的频段，表 3-4 列出了 AD 公司生产的一些产品。

表 3-4 AD 公司生产的宽带集成运算放大器简介

型号	电源电压/V	-3 dB 带宽/MHz	转换率/(V/μs)	建立时间(0.10%)/ns
AD8031	+2.7～+5, ±5	80	30	125
AD8032	+2.7～+5, ±5	80	30	125
AD818	+5, ±5～±15	100	500	45
AD810	±5, ±12	55	1 000	50
AD8011	+5, +12, ±5	340	2 000	25
AD8055	+12, ±5	300	1 400	20
AD8056	+12, ±5	300	1 400	20

在需要进行 AGC 控制的场合下，可以使用宽带可变增益的放大器，如 AD 公司的 AD603，增益范围为-11～+31 dB，带宽为 90 MHz；在对噪声和失真要求较高时，可以选择低噪声/低失真运算放大器，如 AD 公司的 ADA4817，采用超快速互补双极性工艺进行开发，使得放大器具有超低

的噪声（4 nV/$\sqrt{Hz}$，2.5 fA/$\sqrt{Hz}$）以及极高的输入阻抗，3 dB 带宽可以达到 1 GHz。

第二节　低噪声小信号放大器的设计

对于接收机，小信号放大器与天线相连，位于接收机的前端，由第二章的噪声特性可知，小信号放大器本身噪声特性将严重影响到整机的灵敏度。因此噪声是小信号放大器需要考虑的主要因素之一，此时的小信号放大器也称为低噪声放大器（low noise amplifier, LNA）。为了抑制后面的各级噪声对系统的影响，还要求有一定的增益，但为了不使后面的混频器过载，产生非线性失真，它的增益又不宜过大。另外，接收到的信号微弱，并且强度变化大，要求小信号放大器线性范围大。因此对接收机前端的小信号放大器的基本要求是：噪声系数低、足够的功率增益、工作稳定可靠、足够的带宽和大的动态范围等。

低噪声放大器的设计与一般小信号放大器设计的区别在于：一般小信号放大器为了获得高的功率增益，放大器的每一级都按功率匹配原则进行设计；而低噪声放大器为了获得较小的噪声系数，第一级必须进行最佳噪声匹配，后级再进行功率匹配，从而使系统具有较好的噪声性能和增益特性。图 3-12 所示为某晶体管放大器的噪声系数特性。因此低噪声放大器设计时需要选择低噪声半导体器件（晶体管、场效应管等），确定低噪声工作点及其对工作状态的优化，选择电子线路形式（例如共基、共集、共射组态或者共栅、共漏或共源组态），并满足信号源阻抗与放大器的噪声匹配。虽然多级放大器的噪声性能主要由第一级决定，但当第一级功率增益较小时，第二级噪声也会起到一定作用，因此级联电路的设计也需要一并加以考虑。

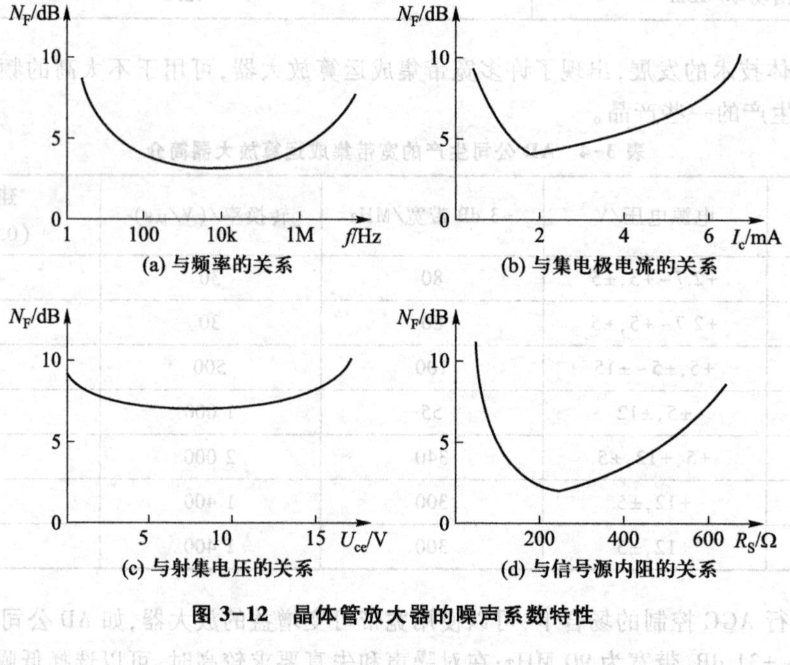

N_F/dB
10
5
0
1
100
10k
1M
f/Hz
(a) 与频率的关系
N_F/dB
10
5
0
2
4
6
I_c/mA
(b) 与集电极电流的关系
N_F/dB
10
5
0
5
10
15
U_{ce}/V
(c) 与射集电压的关系
N_F/dB
10
5
0
200
400
600
R_S/Ω
(d) 与信号源内阻的关系

图 3-12　晶体管放大器的噪声系数特性

一、半导体器件及其工作点选择

在给定信号源(包括信号源阻抗)的条件下,在信号工作频率范围内,为了得到最小的噪声,选择适用于工作频率且具有可接受的增益和噪声系数的晶体管、场效应管等。图 3-13 所示为低噪声放大器选用晶体管、场效应管的原则。在工作频率较高时,也可以采用高电子迁移率晶体管(HEMT)。虽然在设计小信号放大器时一般要求晶体管的截止频率大于或等于 2 倍的工作频率,但在低噪声放大器中晶体管的 f_T 一般要比工作频率高 4 倍以上。

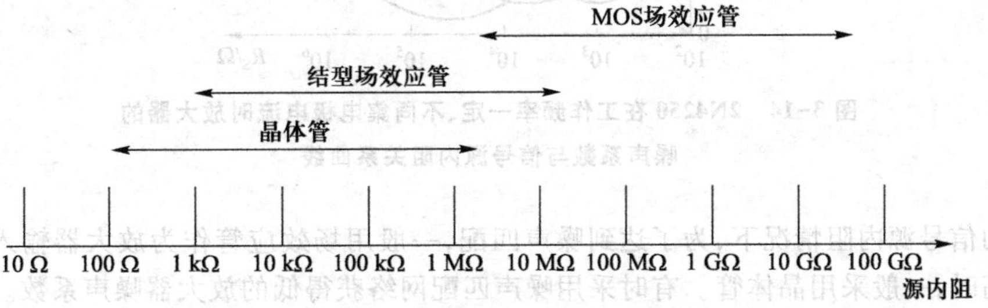
MOS场效应管
结型场效应管
晶体管
10 Ω
100 Ω
1 kΩ
10 kΩ
100 kΩ
1 MΩ
10 MΩ
100 MΩ
1 GΩ
10 GΩ
100 GΩ
源内阻

图 3-13　低噪声放大器选用晶体管、场效应管的原则

低频时,共射与共基的噪声电压与噪声电流基本相同,并且这种关系不受工作点变化的影响;高频时,共基的噪声电压与噪声电流较共射的高,并且二者间的差别随工作点的降低而增加。共集的噪声电压均较共射的大,并随工作点降低而增加。在低频端,共集与共射的噪声电流基本相同;在高频端,共集的噪声电流较共射的低,但这种差别将随工作点的降低而减小。

场效应管共源、共栅和共漏组态的低、中频段噪声系数完全相同,对高频端的噪声系数共栅最小,共源次之,共漏最大。

晶体管的工作状态是根据噪声、增益和饱和输出电平的要求来确定的。为使放大器具有更低的噪声,第一级的工作点应根据最小噪声系数来选取最佳的工作电流。为保证有足够的增益,第二级应从最佳增益条件来考虑,同时应兼顾噪声。当然,晶体管工作状态的设计,还应考虑到晶体管放大器的工作稳定性。

在低噪声放大器的设计中,还应考虑整个接收机的动态范围,以免在接收机后级造成严重的非线性失真,一般选择低噪声放大器的输入三阶交调点 IIP_3 较高一点,至少比最大输入信号高 30 dB,以免大信号输入时产生非线性失真。

二、放大器噪声匹配网络的设计

放大器的噪声匹配和功率匹配是两个完全不同的概念。功率匹配是指源阻抗与负载阻抗匹配,以使放大器获得最大的功率输出;而噪声匹配是指信号源阻抗与最佳源阻抗相匹配,以使放大器获得最佳的噪声性能。图 3-12(d)示出了噪声系数与信号源内阻之间的关系。可见,存在一信号源最佳内阻使得放大器的噪声系数最小,但此时内阻的取值并不等于功率匹配时的内阻值。另外,需要指出的是,当放大器的工作点及其工作频率发生变化时,信号源最佳噪声内阻值也将发生变化。图 3-14 所示为晶体管 2N4250 在工作频率一定、不同集电极电流时放大器的噪声系数与信号源内阻关系曲线。

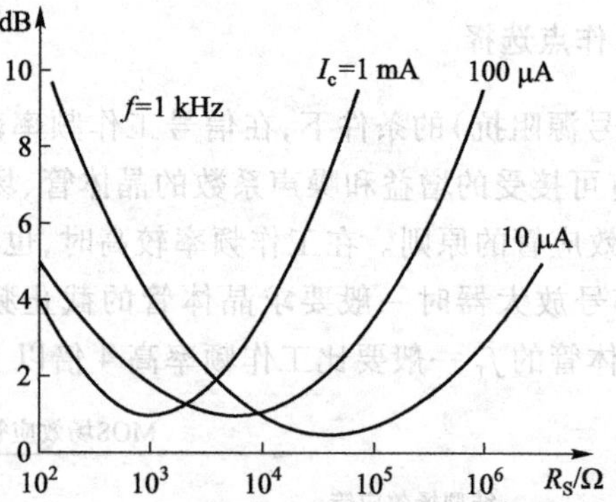

N_F/dB
10
8
6
4
2
0
I_c=1 mA
100 μA
10 μA
f=1 kHz
10^2
10^3
10^4
10^5
10^6
R_S/Ω

图 3-14 2N4250 在工作频率一定、不同集电极电流时放大器的噪声系数与信号源内阻关系曲线

在高的信号源内阻情况下，为了达到噪声匹配，一般用场效应管作为放大器输入级；在信号源内阻不高时，一般采用晶体管。有时采用噪声匹配网络获得低的放大器噪声系数。图 3-15 所示为几种常用的噪声匹配网络。

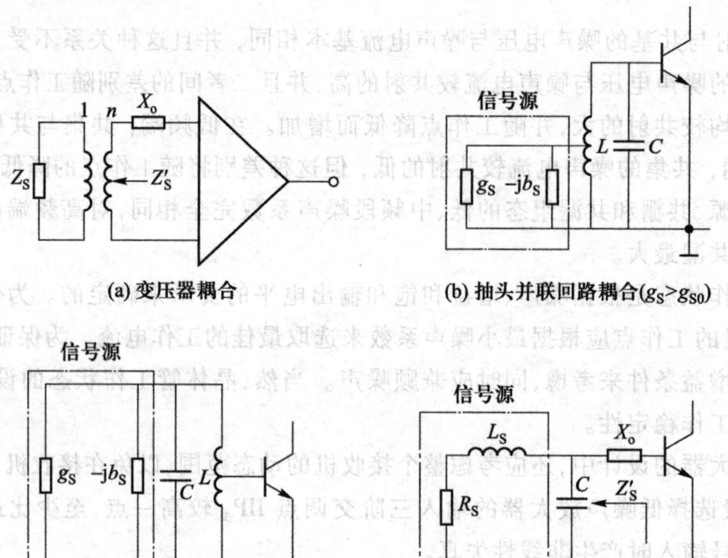

1
n
X_o
Z_S
Z'_S
(a) 变压器耦合
信号源
L
C
g_S
$-jb_S$
(b) 抽头并联回路耦合($g_S>g_{S0}$)
信号源
g_S
$-jb_S$
C
L
(c) 抽头并联回路耦合($g_S<g_{S0}$)
信号源
L_S
X_o
C
Z'_S
R_S
(d) 串联回路耦合

图 3-15 几种常用的噪声匹配网络

图 3-15(a)所示为变压器耦合，它是一种很常用的噪声匹配方式，特别是源电阻很小时。变压器耦合方式在一定频率范围工作时，是一种较理想的噪声匹配电路，但在频率较高或较低时，会使噪声匹配受到破坏。

对于微弱高频信号放大用的噪声匹配网络，最好采用并联回路耦合，如图3-15(b)、(c)所示。抽头并联回路不仅可以起到噪声匹配作用，而且还可充分滤除带外噪声及干扰。

对于高频信号源具有很小源阻抗的情况，采用并联谐振回路方式匹配时由于接入系数太小，噪声匹配有一定困难,这时可采用串联回路耦合方式来实现匹配,如图 3-15(d)所示。

在设计低噪声放大器的匹配电路时,为获得最小噪声,输入匹配网络设计为接近最佳噪声匹配网络而不是最佳功率匹配网络。从功率传输的角度来看,输入端是失配的,放大器的功率增益会降低,但为了获得最小噪声,需要适当地牺牲一些增益;输出匹配网络则设计为最佳功率匹配网络。

三、电容、电感选择

放大器电路的总噪声取决于放大器本身、外部电路阻抗、增益、电路带宽和环境温度等参数。电路的外部电阻所产生的热噪声也是总噪声的一部分。因此,设计低噪声放大器、选择电路元器件时应尽量减少或避免噪声的引入。对于电感,一般采用高 Q 值的电感完成偏置和匹配功能。

对于电容,由于介质的漏电,一个实际电容等效于理想电容并接一个电阻 R_p,电阻 R_p 也会产生热噪声,并且电路中电容两端加有电压,所以电容还存在过剩噪声。衡量电容器质量好坏,常用损耗角来表示

$$\delta = \arctan \frac{1}{\omega C R_p} \tag{3-17}$$

当漏阻 R_p 很大时,δ 值小,电容对 R_p 所产生的噪声旁路能力很强,因此它的噪声性能好。电容的 δ 值一般为 $10^{-2} \sim 10^{-3}$。云母电容和瓷介电容的 δ 可达 10^{-4},所以在低噪声设计中常用云母和瓷介电容器。对于大容量电容,铝壳的电解电容漏电较大,而钽电解电容漏电小,所以在低噪声电路中应使用钽电解电容。

四、电磁兼容考虑

用于低噪声放大器的印制板应具有损耗小、易于加工、性质稳定的特点,材料的物理和电气性能均匀(特别是介电常数和厚度),同时对材料的表面光洁度有一定要求,通常采用以 FR4(介电常数在 4~5 之间)为基片的板材,若电路要求较高时还可采用以氧化铝陶瓷等材料为基片的微波板材,在印制电路板(PCB)布板中则要考虑到邻近相关电路的影响,注意滤波、接地和外电路干扰问题,设计中要满足电磁兼容设计原则。

低噪声电子设计的目的是追求尽量小的噪声。但过分追求最小的噪声系数,有可能会使放大器的成本急剧增加(主要是低噪声器件价格较贵),而性能不一定有明显的改进。实际应用中,应根据用途进行适当的折中。另外,随着集成电路的发展,也出现了许多集成低噪声放大器,应用时也可以选择使用。

五、集成低噪声放大器

近年来移动通信技术取得了极大的发展,出现了适应多种移动通信系统要求的低噪声宽带放大器,如 ASB 公司生产的 AST20S 低噪声放大器,其在频率 0 至 6 GHz范围内具有低噪声、高增益和高线性度的特点,可以用于 T-DMB、CDMA、GSM、GPS、GLONASS、Galileo、Compass、PCS、WCDMA、WiBro、WiMAX、WLAN 等移动无线系统中。

集成低噪声放大器及其典型应用

第三节　高频功率放大器的原理与特性

高频功率放大器是通信系统中的基本部件之一，广泛应用于各种无线电发射机中。高频功率放大器的技术指标很多，但其主要功能是不失真地放大高频大信号，并且以高效输出大功率为目的。发射机中刚经过调制的信号一般功率较小，需要经多级高频功率放大器才能获得足够的功率，送到天线辐射出去。高频功率放大器的输出功率范围，可以小到便携式发射机的毫瓦级，大到无线电广播电台的几十千瓦，甚至兆瓦级。

高频信号的功率放大，其实质是在输入高频信号的控制下将电源直流功率转换成高频功率，因此除要求高频功率放大器产生符合要求的高频功率外，还应要求具有尽可能高的转换效率。

高频功率放大器技术指标

由先修课程可知，低频功率放大器可以工作在A(甲)类状态，也可以工作在B(乙)类状态，或AB(甲乙)类状态。B类状态要比A类状态效率高(A类 $\eta_{max}=50\%$；B类 $\eta_{max}=78.5\%$)。为了提高效率，高频功率放大器多工作在C类(丙)状态。为了进一步提高高频功率放大器的效率，近年来又出现了D类、E类和S类等开关型高频功率放大器；还有利用特殊电路技术来提高放大器效率的F类、G类和H类高频功率放大器。

尽管高频功率放大器和低频功率放大器的共同点都要求输出功率大和效率高，但二者的工作频率和相对频带宽度相差很大，因此存在着本质的区别。低频功率放大器的工作频率低，相对频带很宽，一般采用电阻、变压器等非调谐负载。而高频功率放大器的工作频率很高，相对频带一般很窄，如调幅广播电台的频带宽度为9 kHz，若中心频率取900 kHz，则相对频带宽度仅为1%。因此高频功率放大器一般采用选频网络作为负载，故也称为谐振功率放大器。近年来，为了简化调谐，出现了宽带高频功率放大器，如同宽带小信号放大器一样，其负载采用传输线变压器或其他宽带匹配电路，宽带功率放大器常用在中心频率多变化的通信电台中。本节主要讨论高效的C类、窄带高频谐振功率放大器的工作原理。

需要说明的是，放大的信号具有恒包络特点时，对功率放大器的线性度要求不高，多采用非线性功率放大器，如C类谐振功率放大器；放大非恒包络信号以及多载波调制信号时，对功率放大器的线性度要求很高，此时应采用线性功率放大器，如A类、AB类功率放大器，并采取如本章第六节的措施，以提高功率放大器的线性度。

一、高频功率放大器的工作原理

图3-16所示是一个采用晶体管的高频功率放大器(简称为功放)的原理电路。除电源和偏置电路外，它由晶体管、谐振回路和输入回路三部分组成。高频功率放大器中常采用平面工艺制造的NPN高频大功率晶体管，它能承受高电压和大电流，并有较高的特征频率 f_T。晶体管作为一个电流控制器件，它在较小的激励信号电压作用下，形成基极电流 i_b，i_b 控制了较大的集电极电流 i_c，i_c 流过谐振回路产生高频功率输出，从而完成了把电源的直流功率转换为高频功率的任务。为了使高频功率放大器以高效输出大功率，常选在C类状态下工作，为了保证在C类工作，基极偏置电压 U_{BB} 应使晶体管工作在截止区，一般为负值，即静态时发射结为反偏。此时输入激励信

号应为大信号，一般在 0.5 V 以上，可达 1~2 V，甚至更大。也就是说，晶体管工作在截止和导通（线性放大）两种状态下，基极电流和集电极电流均为高频脉冲信号。与低频功率放大器不同的是，高频功率放大器选用谐振回路作负载，既保证输出电压相对于输入电压不失真，还具有阻抗变换的作用，这是因为集电极电流是周期性的高频脉冲，其频率分量除了有用分量（基波分量）外，还有谐波分量和其他频率成分，用谐振回路选出有用分量，将其他无用分量滤除；通过谐振回路阻抗的调节，从而使谐振回路呈现高频功率放大器所要求的最佳负载阻抗值，即匹配，使高频功率放大器以高效输出大功率。

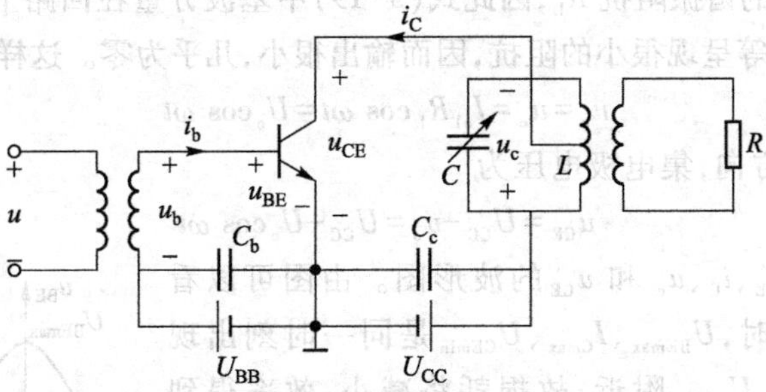

i_C
+
u_{CE}
i_b
+
+
u
u_b
u_{BE}
−
−
−
C_b
C_c
U_{BB}
U_{CC}
−
u_c
+
C
L
R

图 3-16　采用晶体管的高频功率放大器的原理电路

1. 电流、电压波形

设输入信号为

$$u_b = U_b \cos \omega t$$

则由图 3-16 得基极回路电压为

$$u_{BE} = U_{BB} + U_b \cos \omega t \tag{3-18}$$

由式（3-18）可以画出 u_{BE} 的波形，再由晶体管的转移特性曲线即可得到集电极电流 i_C 的波形，如图 3-17 所示。由于输入为大信号，当管子导通时主要工作在线性放大区，故转移特性进行了折线化近似。C 类工作时，U_{BB} 通常为负值（也可为零或小的正压），图中 U_{BB} 取了某一负值。由图 3-17 可见，只有 u_{BE} 大于晶体管发射结门限电压 U'_{BB} 时，晶体管才导通，其余时间都截止，集电极电流为周期性脉冲电流，其电流导通角为 2θ，小于 π，通常将 θ 称为通角。这样的周期性脉冲可以分解成直流、基波（信号频率分量）和各次谐波分量，即

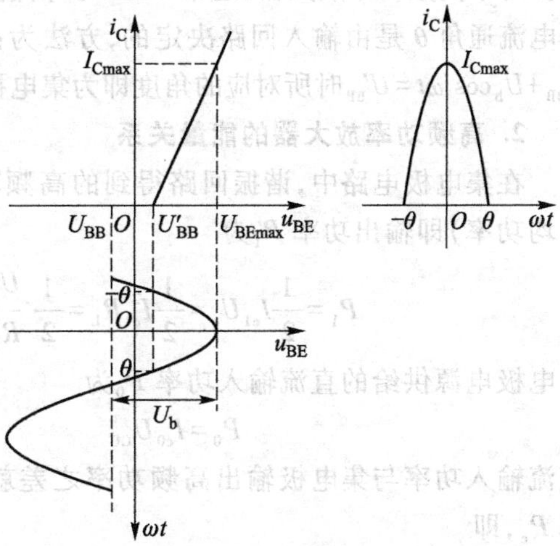

i_C
I_{Cmax}
U_{BB}
O
U'_{BB}
U_{BEmax}
u_{BE}
$-\theta$
O
θ
u_{BE}
U_b
ωt
i_C
I_{Cmax}
$-\theta$
O
θ
ωt

图 3-17　集电极电流的波形

$$i_C = I_{c0} + I_{c1}\cos \omega t + I_{c2}\cos 2\omega t + \cdots + I_{cn}\cos n\omega t + \cdots \tag{3-19}$$

式中

$$I_{c0} = I_{Cmax}\frac{\sin \theta - \theta\cos \theta}{\pi(1-\cos \theta)} = I_{Cmax}\alpha_0(\theta) \tag{3-20a}$$

$$I_{c1}=I_{Cmax}\frac{\theta-\sin\theta\cos\theta}{\pi(1-\cos\theta)}=I_{Cmax}\alpha_1(\theta) \tag{3-20b}$$

$$\vdots$$

$$I_{cn}=I_{Cmax}\frac{2\sin n\theta\cos\theta-2n\sin\theta\cos n\theta}{n\pi(n^2-1)(1-\cos\theta)}=I_{Cmax}\alpha_n(\theta)\ (n>1) \tag{3-20c}$$

$\alpha_0(\theta)$、$\alpha_1(\theta)$、$\alpha_n(\theta)$分别称为余弦脉冲的直流、基波、n 次谐波的分解系数。

由图 3-16 可以看出，放大器的负载为并联谐振回路，其谐振频率 ω_0 等于激励信号频率 ω 时，回路对 ω 频率呈现一大的谐振阻抗 R_L，因此式(3-19)中基波分量在回路上产生电压；对远离 ω 的直流和谐波分量 2ω、3ω 等呈现很小的阻抗，因而输出很小，几乎为零。这样回路输出的电压为

$$u_o=u_c=I_{c1}R_L\cos\omega t=U_c\cos\omega t \tag{3-21}$$

按图 3-16 规定的电压方向，集电极电压为

$$u_{CE}=U_{CC}-u_o=U_{CC}-U_c\cos\omega t \tag{3-22}$$

图 3-18 给出了 u_{BE}、i_C、u_c 和 u_{CE} 的波形图。由图可以看出，当集电极回路调谐时，U_{BEmax}、I_{Cmax}、U_{CEmin} 是同一时刻出现的，θ 越小，i_C 越集中在 U_{CEmin} 附近，故损耗将减小，效率得到提高。

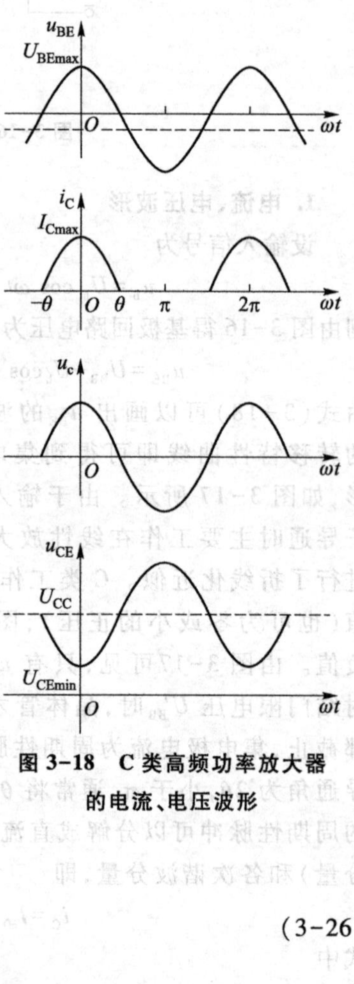

u_{BE}
U_{BEmax}
O
ωt
i_C
I_{Cmax}
$-\theta$
O
θ
π
2π
ωt
u_c
O
ωt
u_{CE}
U_{CC}
U_{CEmin}
O
ωt

图 3-18　C 类高频功率放大器的电流、电压波形

可以根据集电极电流通角 θ 的大小划分功率放大器的工作类别。当$\theta=180°$时，放大器工作于 A(甲)类；当 $90°<\theta<180°$ 时为 AB(甲乙)类；当 $\theta=90°$时为 B(乙)类；$\theta<90°$时则为 C(丙)类。对于高频功率放大器，通常 $\theta<90°$。由前述分析可知，集电极电流通角 θ 是由输入回路决定的，方法为：当输入电压 $u_{BE}=U_{BB}+U_b\cos\omega t=U'_{BB}$时所对应的角度即为集电极电流通角 θ。

2. 高频功率放大器的能量关系

在集电极电路中，谐振回路得到的高频功率（高频一周的平均功率）即输出功率 P_1 为

$$P_1=\frac{1}{2}I_{c1}U_c=\frac{1}{2}I_{c1}^2R_L=\frac{1}{2}\frac{U_c^2}{R_L} \tag{3-23}$$

集电极电源供给的直流输入功率 P_0 为

$$P_0=I_{c0}U_{CC} \tag{3-24}$$

直流输入功率与集电极输出高频功率之差就是集电极损耗功率 P_c，即

$$P_c=P_0-P_1 \tag{3-25}$$

P_c变为耗散在晶体管集电结中的热能。定义集电极效率 η 为

$$\eta=\frac{P_1}{P_0}=\frac{1}{2}\frac{I_{c1}}{I_{c0}}\frac{U_c}{U_{CC}}=\frac{1}{2}\gamma\xi \tag{3-26}$$

式中，$\gamma=\dfrac{I_{c1}}{I_{c0}}=\dfrac{\alpha_1(\theta)}{\alpha_0(\theta)}$，称为波形系数；$\xi=\dfrac{U_c}{U_{CC}}$，称为集电极电压利用系数，$\eta$ 是表示能量转换的一个重要参数。由于 $\xi\leqslant1$，因此，对 A 类放大器，$\gamma(180°)=1$，则$\eta\leqslant50\%$；B 类放大器，$\gamma(90°)=1.75$，

$\eta \leqslant 78.5\%$；C 类放大器，$\gamma > 1.75$，故 η 可以更高。在高频功率放大器中，提高集电极效率 η 的主要目的在于提高晶体管的输出功率。当直流输入功率一定时，若集电极损耗功率 P_c 越小，效率 η 越高，输出功率 P_1 就越大。另外，由式（3-25）和式（3-26）可以得到输出功率 P_1 和集电极损耗功率 P_c 之间的关系为

$$P_1 = \frac{P_c}{1/\eta - 1} \tag{3-27}$$

这说明当晶体管的允许损耗功率 P_c 一定时，效率 η 越高，输出功率 P_1 越大。比如，若集电极效率 η 由 70% 提高到 80%，输出功率 P_1 将由 $2.33P_c$ 提高到 $4P_c$，输出功率 P_1 增加 70%。

余弦脉冲分解系数表

由式（3-26）可知，要提高效率 η，有两种途径：一是提高电压利用系数 ξ，即提高 U_c，这通常靠提高回路谐振阻抗 R_L 来实现，如何选择 R_L 是下面要研究的一个重要问题；二是提高波形系数 γ，γ 与 θ 有关，图 3-19 所示为 γ、$\alpha_0(\theta)$、$\alpha_1(\theta)$、$\alpha_2(\theta)$、$\alpha_3(\theta)$ 与 θ 的关系曲线。由图可知，θ 越小，γ 越大，效率 η 越高，但 θ 太小时，$\alpha_1(\theta)$ 将降低，输出功率将下降，如 $\theta = 0°$ 时，$\gamma = \gamma_{max} = 2$，$\alpha_1(\theta) = 0$，输出功率 P_1 也为零，为了兼顾输出功率 P_1 和效率 η，通常选 θ 在 65°~75°。

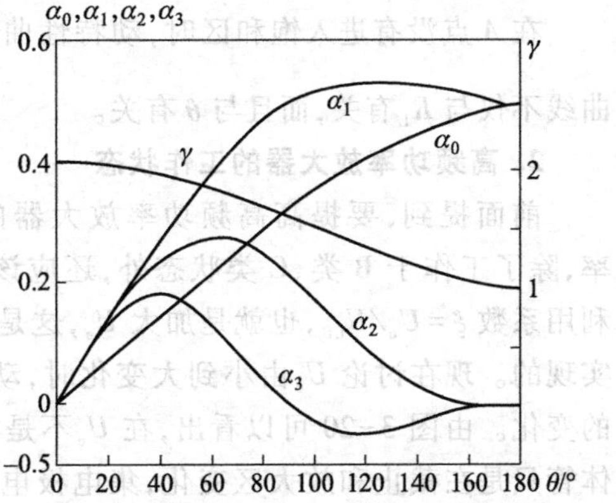

α0,α1,α2,α3
γ
0.6
0.4
0.2
0
−0.5
2
1
α1
α0
γ
α2
α3
0
20
40
60
80
100
120
140
160
180
θ/°

图 3-19　γ、$\alpha_0(\theta)$、$\alpha_1(\theta)$、$\alpha_2(\theta)$、$\alpha_3(\theta)$ 与 θ 的关系

基极电路中，信号源供给的功率称为高频功率放大器的激励功率。因为信号电压为正弦波，因此激励功率大小取决于基极电流中基波分量的大小。设其基波电流振幅为 I_{b1}，且与 u_b 同相（忽略实际存在的容性电流），则激励功率为

$$P_d = \frac{1}{2} I_{b1} U_b \tag{3-28}$$

此激励功率最后变为发射结和基区的热损耗。

高频功率放大器的功率增益为

$$K_p = \frac{P_1}{P_d} \tag{3-29}$$

用 dB 表示为

$$K_p(\text{dB}) = 10\ \lg \frac{P_1}{P_d}(\text{dB}) \tag{3-30}$$

在高频功率放大器中，由于高频大信号的电流放大倍数 I_{c1}/I_{b1} 和电压放大倍数 U_c/U_b 都比小信号及低频时小，故功率增益（与晶体管以及工作频率有关）也小，通常为 10~30 dB。

二、高频谐振功率放大器的工作状态

1. 高频功率放大器的动特性

动特性是指当加上激励信号及接上负载阻抗时，晶体管集电极电流 i_C 与发射结或集电结电

压(u_{BE}或u_{CE})的关系曲线,它在i_C-u_{CE}或i_C-u_{BE}坐标系统中是一条曲线。它的作图方法与小信号放大器不同,小信号放大器中,若已知负载电阻,过静态工作点作一斜率为负的交流负载电阻值的倒数的直线,即得负载线,动特性是负载线的一部分;而在高频功率放大器中是已知$u_{BE}=U_{BB}+u_b$和$u_{CE}=U_{CC}-u_c$,逐点(以ωt为变量,如由$0\sim\pi$变化)由u_{BE}、u_{CE}从晶体管输出特性上找出i_C,并连成线,一般不是直线。当晶体管的特性用折线近似时即为直线,此时的做法是取$\omega t=0$,则$u_{BE}=U_{BB}+U_b$,$u_{CE}=U_{CC}-U_c$,得到A点;取$\omega t=\pi/2$,$u_{BE}=U_{BB}$,$u_{CE}=U_{CC}$,得到Q点;取$\omega t=\pi$,$i_C=0$,$u_{CE}=U_{CC}+U_c$,得到C点;连接A、Q两点,横轴上方用实线表示,横轴下方用虚线表示,交横轴于B点,则A、B、C三点连线即为动特性曲线。如果A点进入到饱和区时,饱和区中的线用临界饱和线代替,如图3-20所示。

在A点没有进入饱和区时,动特性曲线的斜率为$-\dfrac{I_{Cmax}}{U_c(1-\cos\theta)}=-\dfrac{2\pi}{R_L(2\theta-\sin 2\theta)}$。动特性曲线不仅与$R_L$有关,而且与$\theta$有关。

2. 高频功率放大器的工作状态

前面提到,要提高高频功率放大器的功率、效率,除了工作于B类、C类状态外,还应该提高电压利用系数$\xi=U_c/U_{CC}$,也就是加大U_c,这是靠增加R_L实现的。现在讨论U_c由小到大变化时,动特性曲线的变化。由图3-20可以看出,在U_c不是很大时,晶体管只是在截止和放大区变化,集电极电流i_C为余弦脉冲,而且在此区域内U_c增加时,集电极电流i_C基本不变,即I_{c0}、I_{c1}基本不变,所以输出功率$P_1=U_cI_{c1}/2$随U_c增加而增加,而$P_0=U_{CC}I_{c0}$基本不变,故η随U_c增加而增加,这表明此时集电极电压利用得不充分,这种工作状态称为欠压状态。

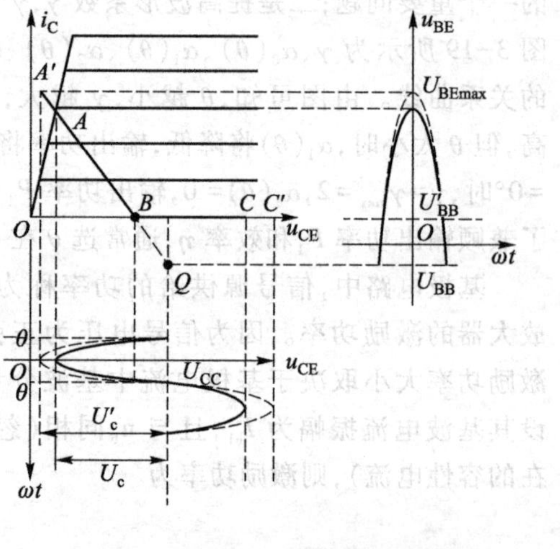

i_C
A'
A
B
C
C'
O
u_{CE}
Q
$-\theta$
O
θ
U_{CC}
U'_c
U_c
ωt
u_{BE}
U_{BEmax}
U'_{BB}
O
ωt
U_{BB}

图3-20　高频功率放大器的动特性

当U_c加大到接近U_{CC}时,U_{CEmin}将小于U_{CES},此瞬间不但发射结处于正向偏置,集电结也处于正向偏置,即工作到饱和状态,由于饱和区u_{CE}对i_C的强烈反作用,电流i_C随u_{CE}的下降而迅速下降,动特性与饱和区的电流下降段重合,这就是为什么上述A点进入到饱和区时动特性曲线用临界饱和线代替的原因。这时i_C为顶部出现凹陷的余弦脉冲,如图3-21所示。通常将高频功率放大器的这种状态称为过压状态,这是高频功率放大器中所特有的一种状态和特有的电流波形。出现这种状态的原因是,谐振回路上的电压并不决定于i_C的瞬时电流,使得在脉冲顶部期间,集电极电流迅速下降,这是采用电抗元件作负载时才有的情况。由于i_C出现了凹陷,它相当于一个余弦脉冲减去两个小的余弦脉冲,因而可以预料,其基波分量I_{c1}和直流分量I_{c0}都小于欠压状态的值,这意味着输出功率P_1将下降,直流输入功率P_0也将下降。

当U_c介于欠压和过压状态之间的某一值时,动特性曲线的上端正好位于电流下降线(临界饱和线)上,此状态称为临界状态。临界状态的集电极电流仍为余弦脉冲。与欠压和过压状态比较,它既有较大的基波电流I_{c1},也有较大的回路电压U_c,所以晶体管的输出功率P_1最大,高频功率放大器一般工作在此状态。保证这一状态所需的集电极负载电阻R_L称为临界电阻或最佳负载电阻，一般用 R_{Lcr} 表示。

由上述分析可知，高频谐振功率放大器根据集电极电流是否进入饱和区（饱和压降为 U_{CES}）可以分为欠压、临界和过压三种状态，即如果满足 $U_{\text{CEmin}}>U_{\text{CES}}$ 时，功率放大器工作在欠压状态；如果 $U_{\text{CEmin}}=U_{\text{CES}}$，功率放大器工作在临界状态；如果 $U_{\text{CEmin}}<U_{\text{CES}}$，功率放大器工作在过压状态。临界状态下，晶体管的输出功率 P_1 最大，功率放大器一般工作在此状态。

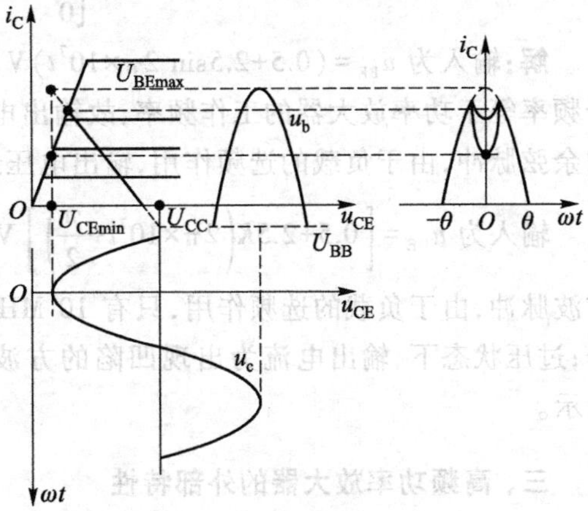

i_C
U_{BEmax}
u_b
O
U_{CEmin}
U_{CC}
u_{CE}
U_{BB}
u_c
ωt
$-\theta$
θ

图 3-21　过压状态的 i_C 波形

例 3-1　一谐振功率放大器的工作频率为 10 MHz，晶体管输出特性如图3-22（a）所示，试画出 u_{BE} 分别为 $u_{\text{BE}}=(0.5+2.5\sin 2\pi\times10^7t)$ V 及 $u_{\text{BE}}=\left[0.5+2.5K\left(2\pi\times10^7t+\frac{\pi}{2}\right)\right]$ V 时的临界和过压状态下的输出电流波形。其中

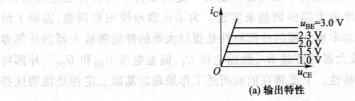

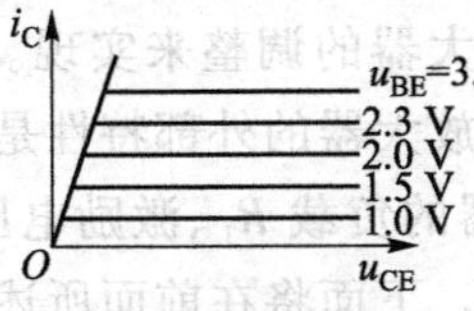

i_C
u_{BE}=3.0 V
2.3 V
2.0 V
1.5 V
1.0 V
O
u_{CE}

(a) 输出特性

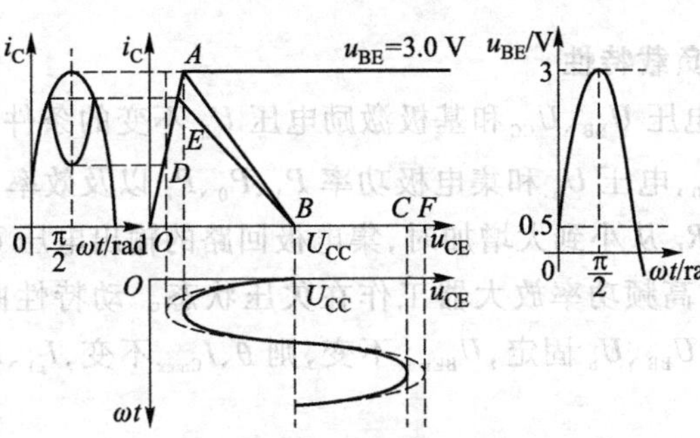

i_C
A
u_{BE}=3.0 V
u_{BE}/V
3
E
D
B
C F
0.5
$\frac{\pi}{2}$
ωt/rad
U_{CC}
u_{CE}
ωt

(b) 输入一的输出波形

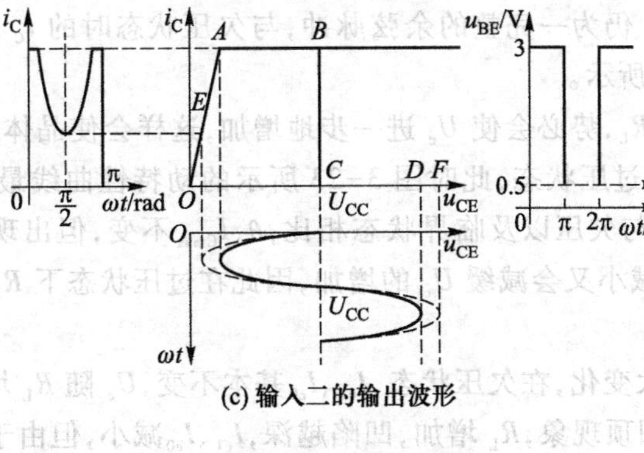

i_C
A
B
u_{BE}/V
3
E
C
D F
0.5
π
2π
$\frac{\pi}{2}$
ωt/rad
U_{CC}
u_{CE}
ωt

(c) 输入二的输出波形

图 3-22　例 3-1 图

$$K(\omega t)=\begin{cases}1 & n\pi-\dfrac{\pi}{2}\leqslant\omega t\leqslant 2n\pi+\dfrac{\pi}{2}\\ 0 & 其余\end{cases}$$

解：输入为 $u_{BE}=(0.5+2.5\sin 2\pi\times10^7 t)$ V 时，临界状态下，输出电流为余弦脉冲，由于输入信号频率等于功率放大器的工作频率，故输出电压为余弦信号；过压状态下，输出电流为出现凹陷的余弦脉冲，由于负载的选频作用，输出电压还是余弦信号。如图 3-22(b)所示。

输入为 $u_{BE}=\left[0.5+2.5K\left(2\pi\times10^7 t+\dfrac{\pi}{2}\right)\right]$ V 时，输入的是一方波信号，临界状态下，输出电流为方波脉冲，由于负载的选频作用，只有 10 MHz 的信号在负载上产生压降，故输出电压为余弦信号；过压状态下，输出电流为出现凹陷的方波脉冲，但输出电压还是余弦信号。如图 3-22(c)所示。

三、高频功率放大器的外部特性

高频功率放大器是工作于非线性状态的放大器，同时也可以看成是一高频功率发生器（在外部激励下的发生器）。前面已经指出，高频功率放大器只能在一定的条件下对其性能进行估算。要达到设计要求还需通过对高频功率放大器的调整来实现。为了正确地使用和调整，需要了解高频功率放大器的外部特性。高频功率放大器的外部特性是指放大器的性能随放大器的外部参数变化的规律，外部参数主要包括放大器的负载 R_L、激励电压 U_b、偏置电压 U_{BB} 和 U_{CC}。外部特性也包括负载在调谐过程中的调谐特性。下面将在前面所述工作原理的基础上定性地说明这些特性和它们的应用。

1. 高频功率放大器的负载特性

负载特性是指当偏置电压 U_{BB}、U_{CC} 和基极激励电压 U_b 不变的条件下，负载电阻 R_L 变化时，高频功率放大器电流 I_{c1}、I_{c0}，电压 U_c 和集电极功率 P_1、P_0、P_c 以及效率 η 变化的特性。

当谐振回路谐振阻抗 R_L 从小到大增加时，集电极回路的输出电压 $U_c=R_L I_{c1}$ 要随之变化。当 R_L 较小时，U_c 比较小，此时高频功率放大器工作在欠压状态。动特性曲线如图 3-23 中折线段 ABC 所示。在欠压状态时，U_{BB}、U_b 固定，U_{BEmax} 不变，则 θ、I_{Cmax} 不变，I_{c1}、I_{c0} 不变，因此 U_c 随 R_L 的增加而线性增加。

当 R_L 增加到 $R_L=R_{Lcr}$，使 $U_{CEmin}=U_{CC}-U_c$ 等于晶体管的饱和压降 U_{CES} 时，放大器工作在临界状态，此时的集电极电流 i_C 仍为一完整的余弦脉冲，与欠压状态时的 i_C 基本相同。动特性曲线如图 3-23 中折线段 $A'BC'$ 所示。

在临界状态下再增加 R_L，势必会使 U_c 进一步地增加，这样会使晶体管在导通期间进入到饱和区，从而使放大器工作在过压状态，此时图 3-23 所示的动特性曲线最高点 A'' 进入到饱和区，集电极电流 i_C 出现凹顶。与欠压以及临界状态相比，θ、I_{Cmax} 不变，但出现了凹陷，从而分解出的 I_{c1}、I_{c0} 迅速减小，I_{c1} 的迅速减小又会减缓 U_c 的增加，因此在过压状态下 R_L 增加，U_c 基本不变（略微有些增加）。

综上所述，R_L 由小到大变化，在欠压状态，I_{c1}、I_{c0} 基本不变，U_c 随 R_L 增加近似为线性增加；在过压状态时，由于 i_C 产生凹顶现象，R_L 增加，凹陷越深，I_{c1}、I_{c0} 减小，但由于 $U_c=I_{c1}R_L$，这结果使得随着 R_L 增加，U_c 基本不变（或缓慢增加）。I_{c1}、I_{c0}、U_c 随 R_L 的变化曲线如图 3-24(a)所示。

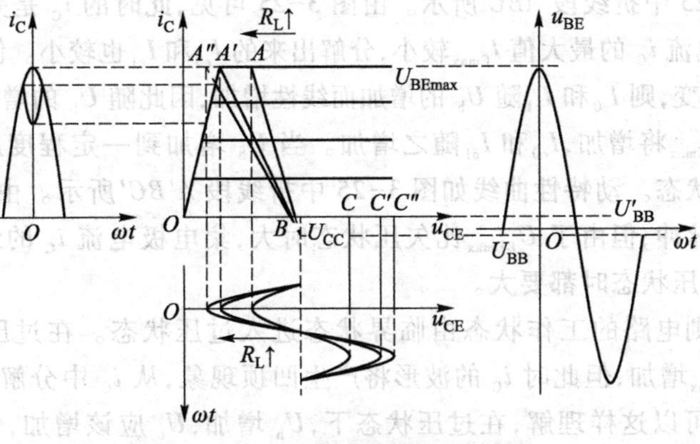
i_C
i_C
$R_L\uparrow$
$A''A'A$
u_{BE}
U_{BEmax}
C $C'C''$
U'_{BB}
O ωt
O
B U_{CC} u_{CE}
U_{BB} O ωt
O
u_{CE}
$R_L\uparrow$
ωt

图 3-23　R_L 变化时动特性曲线变化

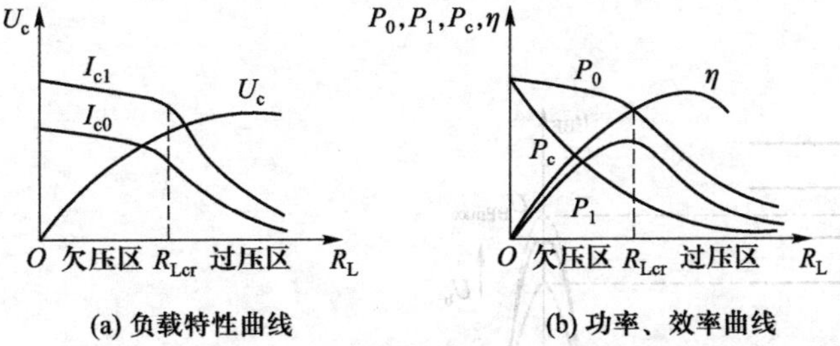
I_{c0}, I_{c1}, U_c
I_{c1}
U_c
I_{c0}
O 欠压区 R_{Lcr} 过压区 R_L
(a) 负载特性曲线
P_0, P_1, P_c, η
P_0
η
P_c
P_1
O 欠压区 R_{Lcr} 过压区 R_L
(b) 功率、效率曲线

图 3-24　高频功率放大器的负载特性曲线及功率、效率曲线

图 3-24(b)所示是根据图 3-24(a)而得到的功率、效率曲线。直流输入功率 $P_0=I_{c0}U_{CC}$ 与 I_{c0}的变化规律相同。在欠压状态，输出功率 $P_1=I_{c1}^2R_L/2$ 随 R_L 增加而增加，至临界 R_{Lcr}时达到最大值。在过压状态，由于 $P_1=U_c^2/(2R_L)$，输出功率随 R_L 增加而减小。集电极效率 η 变化可用 $\eta=\gamma\xi/2$ 分析，在欠压状态，$\gamma=I_{c1}/I_{c0}$ 基本不变，η 与 $\xi=U_c/U_{CC}$ 及 R_L 近似呈线性关系；在过压状态，因 ξ 随 R_L 增加稍有增加，所以 η 也稍有增加，但在 R_L 很大，到达强过压状态时，因 i_C 波形强烈畸变，波形系数 γ 下降，η 也会有所减小。

由图 3-24 所示的负载特性曲线可以看出高频功率放大器各种状态的特点：临界状态输出功率最大，效率也较高，通常应选择在此状态工作。过压状态的特点是效率高、损耗小，并且输出电压受负载电阻 R_L的影响小，近似为交流理想电压源特性。欠压状态时电流受负载电阻 R_L的影响小，近似为交流理想电流源特性，但由于效率低、集电极损耗大，一般不选择在此状态工作。在实际调整中，高频功率放大器可能会经历上述各种状态，利用负载特性就可以正确判断各种状态，以进行正确的调整。

2. 高频功率放大器的振幅特性

高频功率放大器的振幅特性是指当 U_{CC}、U_{BB}、R_L 保持不变，只改变激励信号振幅 U_b 时，放大器电流 I_{c0}、I_{c1}，电压 U_c 以及功率、效率的变化特性。在高频功率放大器中，研究放大某些振幅变化的高频信号时，必须了解它的振幅特性。

为了方便讨论，我们设 $\theta=\pi/2$。由前面的分析已知，基极回路的电压 $u_{BE}=U_{BB}+U_b\cos\omega t$，当 U_{BB}不变时，随 U_b 的增加，U_{BEmax}要增加，从而 I_{Cmax} 增加。当 U_b 比较小时，放大器工作在欠压状态。

动特性曲线如图 3-25 中折线段 ABC 所示。由图 3-25 可见，此时的 i_C 是完整的余弦脉冲。由于 U_{BEmax} 较小，集电极电流 i_C 的最大值 I_{Cmax} 较小，分解出来的 I_{c0} 和 I_{c1} 也较小。但在变化过程中，I_{Cmax} 随 U_{BEmax} 线性增加，θ 不变，则 I_{c0} 和 I_{c1} 随 U_b 的增加而线性增加，因此随 U_b 的增加 U_c 也线性增加。

继续增大 U_b，I_{Cmax} 将增加，I_{c0} 和 I_{c1} 随之增加。当 U_b 增加到一定程度后，电路的工作状态由欠压状态进入临界状态。动特性曲线如图 3-25 中折线段 $A'BC'$ 所示。由图 3-25 可见，此时的 i_C 还是完整的余弦脉冲，但由于 U_{BEmax} 比欠压状态时大，集电极电流 i_C 的最大值 I_{Cmax} 也大，分解出来的 I_{c0} 和 I_{c1} 比欠压状态时都要大。

当 U_b 再增加，则电路的工作状态由临界状态进入过压状态。在过压状态，随 U_b 的增加，U_{BEmax} 增加，虽然 I_{Cmax} 增加，但此时 i_C 的波形将产生凹顶现象，从 i_C 中分解出来的 I_{c0}、I_{c1} 随 U_b 的增加略有增加。也可以这样理解，在过压状态下，U_b 增加，U_c 应该增加，但由于饱和区较窄，U_c 只能略有增加，而 R_L 不变，因此 I_{c1} 随 U_b 增加略有增加，I_{c0} 也略有增加。

图 3-26 给出了 U_b 变化时 I_{c0}、I_{c1}、U_c 随 U_b 变化的特性曲线。由于 R_L 不变，因此 U_c 的变化规律与 I_{c1} 相同。

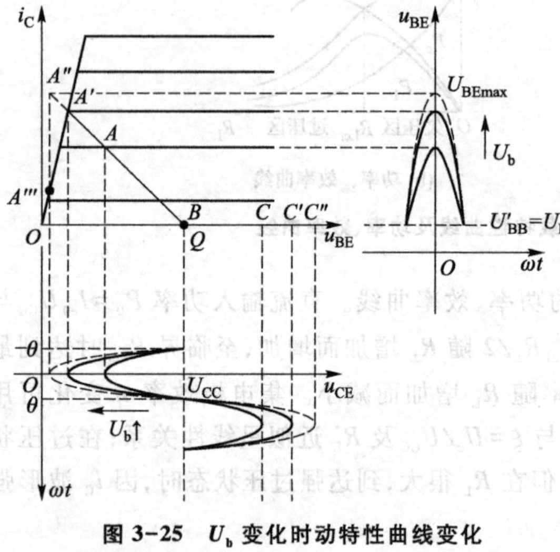
i_C
A''
A'
A
A'''
O
B
C
$C'C''$
Q
u_{BE}
u_{BE}
U_{BEmax}
U_b
$U'_{BB}=U_{BB}$
O
ωt
$-\theta$
O
θ
U_{CC}
u_{CE}
U_b
ωt

图 3-25　U_b 变化时动特性曲线变化

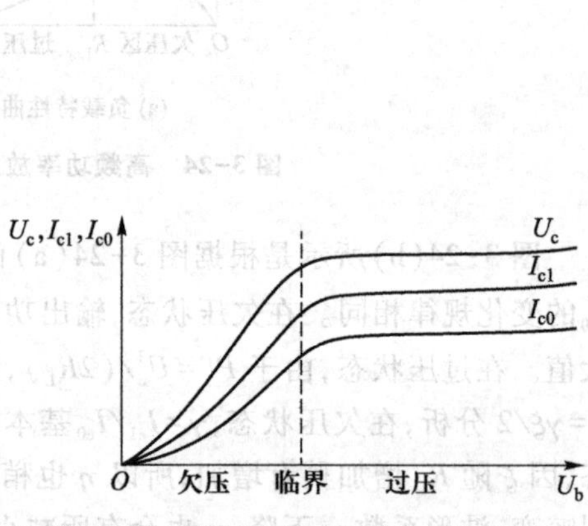
U_c,I_{c1},I_{c0}
U_c
I_{c1}
I_{c0}
O
欠压
临界
过压
U_b

图 3-26　高频功率放大器的振幅特性

由图 3-26 可以看出，在欠压区，I_{c0}、I_{c1}、U_c 随 U_b 增加而增加，但并不一定是线性关系。而在放大振幅变化的高频信号时，应使输出的高频信号的振幅 U_c 与输入的高频激励信号的振幅 U_b 呈线性关系（因此，振幅特性也称为放大特性）。为达到此目的，就必须使 U_c 与 U_b 特性曲线为线性关系，这只有在 $\theta=90°$ 的乙类状态下才能得到。因为在乙类状态工作时，$U'_{BB}=U_{BB}$，$\theta=90°$，U_b 变化时，θ 不变，而只有 I_{Cmax} 随 U_b 线性变化，从而使 I_{c1} 随 U_b 线性变化。在过压区，U_c 基本不随 U_b 变化，可以认为是恒压区，放大等幅信号时，应选择在此状态工作。

3. 高频功率放大器的调制特性

在高频功率放大器中，有时希望用改变它的某一电极直流电压来改变高频信号的振幅，从而实现振幅调制的目的。高频功率放大器的调制特性分为基极调制特性和集电极调制特性。

（1）基极调制特性

基极调制特性是指 U_{CC}、R_L、U_b 不变，U_{BB} 变化时，放大器 I_{c0}、I_{c1}、U_c 以及功率、效率的变化特性。

由于基极回路的电压 $u_{BE}=U_{BB}+U_b\cos\omega t$，$U_{BB}$和 U_b决定了放大器的 U_{BEmax}，因此，改变 U_{BB}的情况与改变 U_b的情况类似，不同的是 U_{BB}可能为负。图 3-27 给出了高频功率放大器的基极调制特性。

（2）集电极调制特性

集电极调制特性是指 U_{BB}、R_L、U_b 不变，改变 U_{CC}，放大器电流 I_{c0}、I_{c1}，电压 U_c 以及功率、效率的变化特性。由于 U_{BB}、U_b 不变，则 U_{BEmax}不变；R_L 不变。当 U_{CC}增大时，$U_{CEmin}=U_{CC}-U_c$ 也随之增大，放大器从过压状态向欠压状态过渡，动特性曲线如图 3-28（a）中 ABC 经 $A'B'C'$向 $A''B''C''$变化。在 U_{CC}从小到大的变化过程中，集电极电流 i_C 从凹顶脉冲变化为一完整的余弦脉冲，如图 3-28（b）所示。从图中可看出，欠压状态时 U_{CC}的减小可使 I_{Cmax}略小；过压工作时，U_{CC}进一步减小使集电极电流 i_C 凹陷加深，I_{c0}、I_{c1}减小较快。由此可得 U_{CC}变化时，I_{c0}、I_{c1}、U_c 随之变化的特性曲线，如图 3-29 所示。由此很容易得到放大器的功率效率随 U_{CC}变化的特性曲线，请读者自行推导。

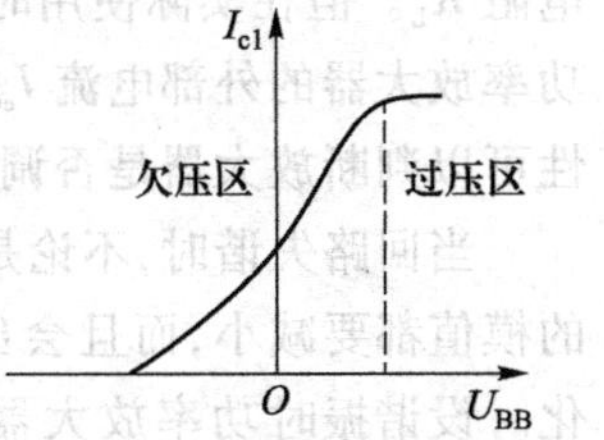
I_{c1}
欠压区
过压区
O
U_{BB}

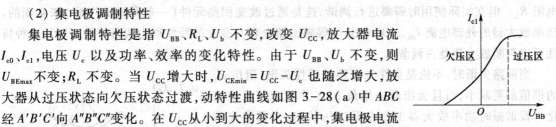

图 3-27　高频功率放大器的基极调制特性

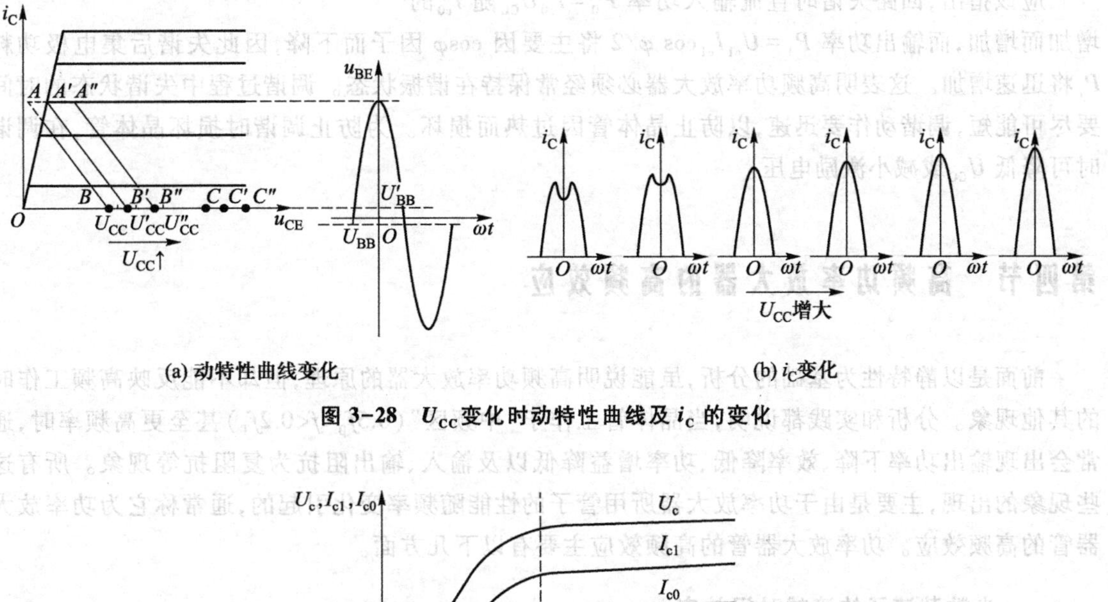
i_C
A A' A''
B B' B'' C C' C''
O
U_{CC} U'_{CC} U''_{CC}
u_{CE}
U_{CC}↑
u_{BE}
U'_{BB}
U_{BB} O
ωt
U_{CC}增大

(a) 动特性曲线变化　　(b) i_C变化

图 3-28　U_{CC}变化时动特性曲线及 i_C 的变化

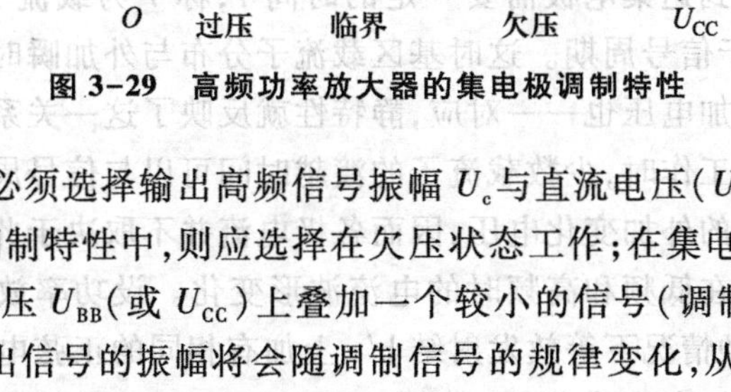
U_c, I_{c1}, I_{c0}
U_c
I_{c1}
I_{c0}
O
过压
临界
欠压
U_{CC}

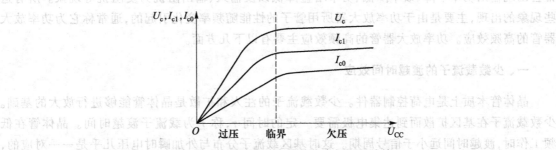

图 3-29　高频功率放大器的集电极调制特性

要实现振幅调制，就必须选择输出高频信号振幅 U_c与直流电压（U_{BB}或 U_{CC}）呈线性关系（或近似线性），因此在基极调制特性中，则应选择在欠压状态工作；在集电极调制特性中，应选择在过压状态工作。在直流电压 U_{BB}（或 U_{CC}）上叠加一个较小的信号（调制信号），并使放大器工作在选定的工作状态，则输出信号的振幅将会随调制信号的规律变化，从而完成振幅调制，使功率放大器和调制一次完成，通常称为高电平调制。

4. 高频功率放大器的调谐特性

在前面讨论高频功率放大器的各种特性时，都认为其负载回路处于谐振状态，因而呈现为一电阻 R_L。但在实际使用时需要进行调谐，这是通过改变回路元件（一般是回路电容）来实现的。功率放大器的外部电流 I_{c0}、I_{c1}和电压 U_c 等随回路电容 C 变化的特性称为调谐特性。利用这种特性可以判断放大器是否调谐。

当回路失谐时，不论是容性失谐还是感性失谐，阻抗 Z_L 的模值都要减小，而且会出现一幅角 φ，工作状态将发生变化。设谐振时功率放大器工作在弱过压状态，当回路失谐后，由于阻抗 Z_L 的模值减小，根据负载特性可知，功率放大器的工作状态将向临界及欠压状态变化，此时 I_{c0} 和 I_{c1} 要增大，而 U_c 将下降，如图 3-30 所示。由图可知，可以利用 I_{c0} 或 I_{c1} 最小，或者利用 U_c 最大来指示放大器的调谐。通常因 I_{c0} 变化明显，又只用直流电流表，故采用 I_{c0} 指示调谐的较多。

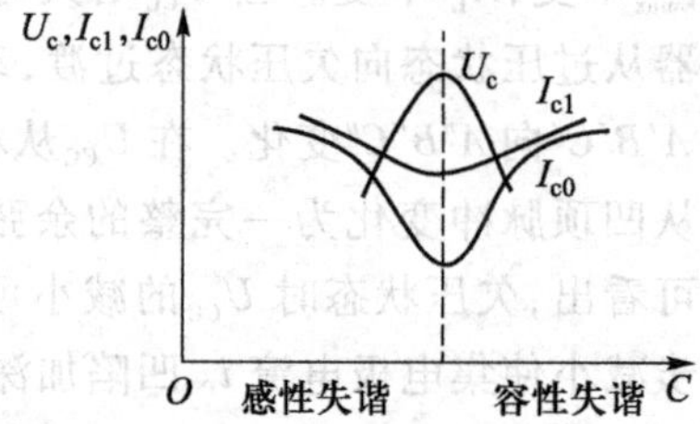

U_c, I_{c1}, I_{c0}
U_c
I_{c1}
I_{c0}
O
感性失谐
容性失谐
C

图 3-30　高频功率放大器的调谐特性

应该指出，回路失谐时直流输入功率 $P_0 = I_{c0}U_{CC}$ 随 I_{c0} 的增加而增加，而输出功率 $P_1 = U_{c1}I_{c1}\cos\varphi/2$ 将主要因 $\cos\varphi$ 因子而下降，因此失谐后集电极功耗 P_c 将迅速增加。这表明高频功率放大器必须经常保持在谐振状态。调谐过程中失谐状态的时间要尽可能短，调谐动作要迅速，以防止晶体管因过热而损坏。为防止调谐时损坏晶体管，在调谐时可降低 U_{CC} 或减小激励电压。

第四节　高频功率放大器的高频效应

前面是以静特性为基础的分析，虽能说明高频功率放大器的原理，但却不能反映高频工作时的其他现象。分析和实践都说明，当晶体管工作于“中频区”（$0.5f_\beta<f<0.2f_T$）甚至更高频率时，通常会出现输出功率下降、效率降低、功率增益降低以及输入、输出阻抗为复阻抗等现象。所有这些现象的出现，主要是由于功率放大器所用管子的性能随频率变化引起的，通常称它为功率放大器管的高频效应。功率放大器管的高频效应主要有以下几方面。

一、少数载流子的渡越时间效应

晶体管本质上是电荷控制器件。少数载流子的注入和扩散是晶体管能够进行放大的基础。少数载流子在基区扩散而到达集电极需要一定的时间 τ，称 τ 为载流子渡越时间。晶体管在低频工作时，渡越时间远小于信号周期。这时基区载流子分布与外加瞬时电压几乎是一一对应的，因而晶体管各极电流与外加电压也一一对应，静特性就反映了这一关系。

功率放大器管在高频工作时，少数载流子的渡越时间可以与信号周期相比拟，某一瞬间基区载流子分布决定于这以前的外加变化电压，因而各极电流并不取决于此刻的外加电压。

现在观察功率放大器在低频和高频时的电流波形变化。设功率放大器工作在欠压状态，为了便于说明问题，假设两种情况下等效发射结 b′e 上加有相同的正弦电压 $u_{b'e}$。少数载流子的渡越效应可以用渡越角 $\omega\tau$ 的大小来衡量。图 3-31(a) 和 (b) 所示是两种情况下的电流波形。

图 3-31(b)所示波形相当于 $\omega\tau$ 为 10°~20°范围的情况。当 $u_{b'e}$大于 U'_{BB}时发射结正向导通。近似地看,发射极的正向导通电流取决于 $u_{b'e}$。当基区中的部分少数载流子还未完全到达集电结时,$u_{b'e}$已改变方向,于是基区中靠近集电结的载流子将继续向集电结扩散,靠近发射结的载流子将受 $u_{b'e}$反向电压的作用返回发射结。这样就造成发射结电流 i_e的反向流通,即出现 $i_e<0$ 的部分。由于渡越效应,集电极电流 i_c的最大值将滞后于 i_e的最大值,且最大值比低频时要小。由于最后到达集电极的少数载流子比$u_{b'e}=U'_{BB}$时要晚,形成 i_c脉冲的展宽。基极电流是 i_e与 i_c之差,与低频时比较,它有明显的负的部分,而且其最大值也比 $u_{b'e}$的最大值提前。可以看出基极电流的基波分量要加大,而且其中有容性分量(超前 $u_{b'e}$90°的电流)。

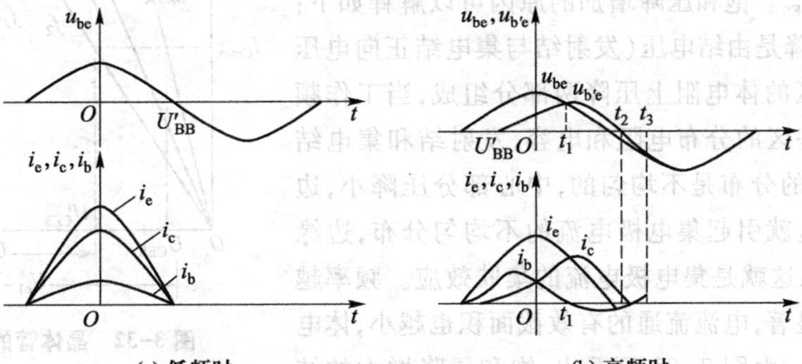
u_{be}
O
U'_{BB}
t
i_e, i_c, i_b
i_e
i_c
i_b
O
t
(a) 低频时
$u_{be}, u_{b'e}$
u_{be}
$u_{b'e}$
t_1
t_2
t_3
U'_{BB}
O
t
i_e, i_c, i_b
i_e
i_b
i_c
O
t_1
t
(b) 高频时

图 3-31　载流子渡越效应对电流波形的影响

从高频时 i_c、i_b的波形可以看出,高频功率放大器的性能要恶化。由于集电极基波电流的减小,输出功率要下降;通角的加大,使集电极效率降低。根据经验,在晶体管的“中频区”和“高频区”,功率增益大约按每倍频程 6 dB 的规律下降。此外,由于基极电流 I_{b1}的超前,功率放大器的输入阻抗 Z_i呈现非线性容抗。非线性表现为 Z_i随激励电压 U_b的大小变化而变化;而电抗分量表示 Z_i还随频率变化。在高频功率放大器中 Z_i随激励和频率的变化通常要靠实际测量来确定。

二、非线性电抗效应

功率放大器管中存在集电结电容,这个电容是随集电结电压 u_{bc}变化的非线性势垒电容。在高频大功率晶体管中它的数值可达 10~200 pF。它对放大器的工作主要有两个影响:一个是构成放大器输出端与输入端之间的一条反馈支路,频率越高,反馈越大。这个反馈在某些情况下会引起放大器工作不稳定,甚至会产生自激振荡。另一个影响就是通过它的反馈会在输出端形成一输出电容 C_0。考虑到非线性变化,根据经验,输出电容为

$$C_0 \approx 2C_c \tag{3-31}$$

式中,C_c为对应于 $u_{CE}=U_{CC}$的集电结的静电容。

三、发射极引线电感的影响

已知一段长为 l,直径为 d 的导线,其引起的电感 L_e可表示为

$$L_e = 0.197\ 1\left(2.3\lg\frac{4l}{d} - 0.75\right)\times 10^{-9}\ \text{H} \tag{3-32}$$

当晶体管工作在很高频率时，发射极的引线电感产生的阻抗 ωL_e 不能忽略。此引线既包括管子本身的引线，也包括外部电路的引线。在通常的共射组态功率放大器中，ωL_e 构成输入、输出之间的射极反馈耦合。通过它的作用使一部分激励功率不经放大直接送到输出端，从而使功率放大器的激励加大，增益降低；同时，又使输入阻抗增加了一附加的电感分量。

四、饱和压降的影响

晶体管工作于高频时，实验发现其饱和压降随频率提高而加大。图 3-32 所示为不同频率时晶体管的饱和特性。在同一电流处，高频饱和压降 U'_{CES} 大于低频饱和压降 U_{CES}。饱和压降增加的原因可以解释如下：晶体管的饱和压降是由结电压（发射结与集电结正向电压之差）和集电极区的体电阻上压降两部分组成，当工作频率增加时，由于基区的分布电阻和电容，发射结和集电结的电压在平面上的分布是不均匀的，中心部分压降小，边缘部分压降大，这就引起集电极电流的不均匀分布，边缘部分电流密度大，这就是集电极电流的集肤效应。频率越高，集肤效应越显著，电流流通的有效截面积也越小，体电阻和压降就越大。由图 3-32 可看出，饱和压降增大的结果，是使放大器在高频工作时的临界电压利用系数 ξ_{cr} 减小。由前面分析可知，这使功率放大器的效率降低，最大输出功率减小。

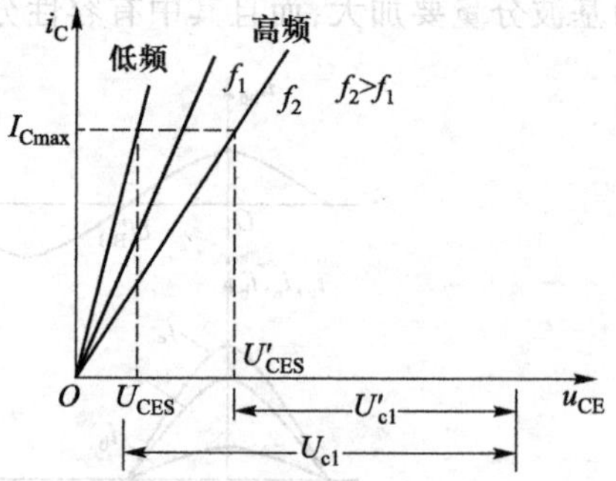

i_C
低频
高频
f_1
f_2
$f_2>f_1$
I_{Cmax}
U'_{CES}
O
U_{CES}
U'_{c1}
u_{CE}
U_{c1}

图 3-32　晶体管的饱和特性

由上述分析可知，利用静特性分析必然会带来相当大的误差，但分析出的各项数据为实际的调整测试提供了一系列可供参考的数据，也是有其实际意义的（一般高频功率放大器输入电路估算的各项数据与实际调试的数据偏差更大些）。高频功率放大器以高效率输出最大功率的最佳状态的获得，在很大程度上要依靠实际的调整和测试。

第五节　高频功率放大器的实际线路

高频功率放大器和其他放大器一样，其输入和输出端的管外电路均由直流馈电线路和输出匹配网络两部分组成。

一、直流馈电线路

直流馈电线路包括集电极馈电线路和基极馈电线路。它应保证在集电极和基极回路使放大器正常工作所必需的电压、电流关系，即保证集电极回路电压 $u_{CE}=U_{CC}-u_c$ 和基极回路电压 $u_{BE}=U_{BB}+u_b$ 以及在回路中集电极电流的直流和基波分量的各自正常的通路。并且要求高频信号不要流过直流源，以减少不必要的高频功率的损耗。为了达到上述目的，需要设置一些旁路电容 C_B（或 C_C）和阻止高频电流的扼流圈（大电感）L_B（或 L_C）。在短波范围，C_B 一般为 0.01～0.1 μF，L_B 一般为 10～1 000 μH。下面结合集电极馈电线路和基极馈电线路说明 C_B、L_B 的应用方法。

1. 集电极馈电线路

图 3-33 所示是集电极馈电线路的两种形式：串联馈电线路和并联馈电线路。图 3-33(a)中，晶体管、谐振回路和电源三者是串联连接的，故称为串联馈电线路，集电极电流中的直流电流从 U_{CC} 出发经扼流圈 L_C 和回路电感 L 流入集电极，然后经发射极回到电源负端；从发射极出来的高频电流经过旁路电容 C_C 和谐振回路再回到集电极。L_C 的作用是阻止高频电流流过电源，因为电源总有内阻，高频电流流过电源会无谓地损耗功率，而且当多级放大器共用电源时，会产生不希望的寄生反馈。C_C 的作用是提供交流通路，C_C 的值应使它的阻抗远小于回路的高频阻抗。为有效地阻止高频电流流过电源，L_C 应使呈现的阻抗远大于 C_C 的阻抗。

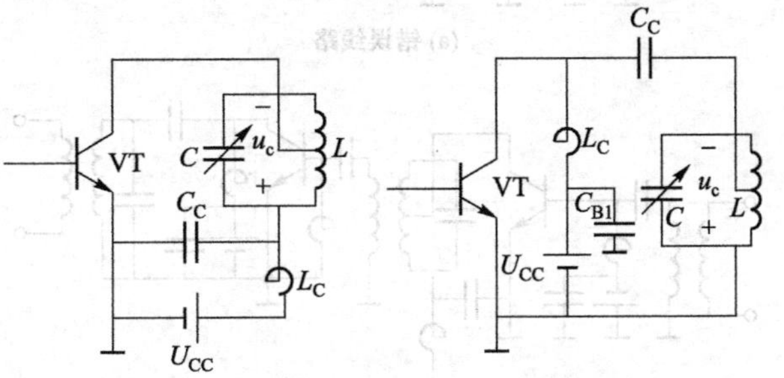
VT
C
u_c
L
−
+
C_C
L_C
U_{CC}
C_C
L_C
VT
C_{B1}
U_{CC}
u_c
C
L
−
+

(a) 串联馈电　　(b) 并联馈电

图 3-33　集电极馈电线路两种形式

图 3-33(b)中晶体管、电源、谐振回路三者是并联连接的，故称为并联馈电线路。由于正确使用了扼流圈 L_C 和耦合电容 C_C，图 3-33(b)中交流有交流通路，直流有直流通路，并且交流不流过直流电源。

串联馈电的优点是 U_{CC}、L_C、C_C 处于高频地电位，分布电容不易影响回路；并联馈电的优点是回路一端处于直流地电位，回路 L、C 元件一端可以接地，安装方便。需要指出的是，图 3-33 中无论何种馈电形式，均有 $u_{CE}=U_{CC}-u_c$。

2. 基极馈电线路

基极馈电线路也有串馈和并馈两种形式。图 3-34 所示为基极馈电线路的几种形式，基极的负偏压既可以是外加的，也可以由基极直流电流或发射极直流电流流过电阻产生。前者称为固定偏压，后者称为自给偏压。图 3-34(a)所示是发射极自给偏压，C_E 为旁路电容；图 3-34(b)所示为基极组合偏压；图 3-34(c)所示为零偏压。自给偏压的优点是偏压能随激励大小变化，使晶体管的各极电流受激励变化的影响减小，电路工作较稳定。

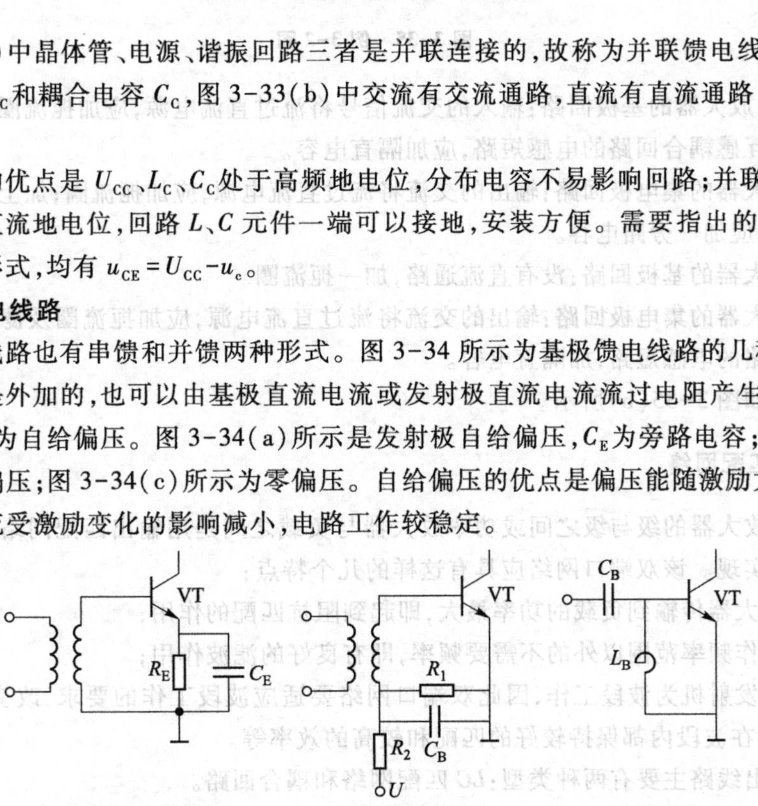
VT
R_E
C_E
VT
R_1
R_2
C_B
U
C_B
VT
L_B

(a) 发射极自给偏压　　(b) 基极组合偏压　　(c) 零偏压

图 3-34　基极馈电线路的几种形式

例 3-2　改正图 3-35(a)所示线路中的错误,不得改变馈电形式,重新画出正确的线路。

题意分析:这是一个两级功率放大器,分析时可以一级一级地考虑,且要分别考虑输入回路、输出回路是否满足交流有交流通路,直流有直流通路,同时考虑交流不能流过直流电源的原则。

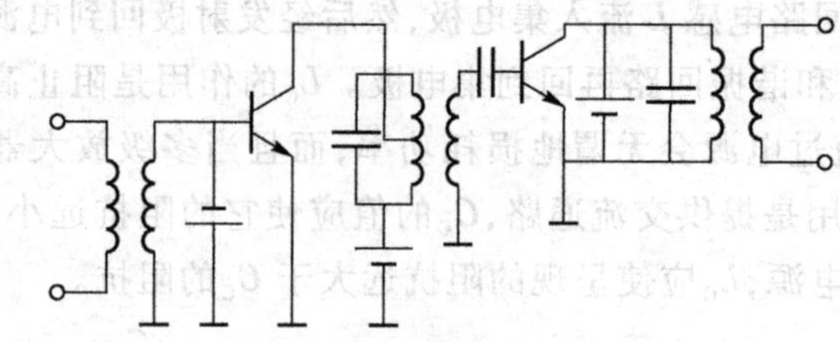

(a) 错误线路

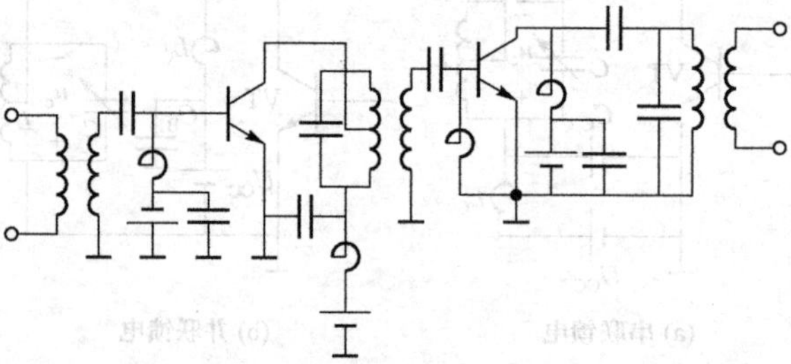

(b) 正确线路

图 3-35　例 3-2 图

解:第一级放大器的基极回路:输入的交流信号将流过直流电源,应加扼流圈和滤波电容;直流电源被输入互感耦合回路的电感短路,应加隔直电容。

第一级放大器的集电极回路:输出的交流将流过直流电源,应加扼流圈;加上扼流圈后,交流没有通路,故还应加一旁路电容。

第二级放大器的基极回路:没有直流通路,加一扼流圈。

第二级放大器的集电极回路:输出的交流将流过直流电源,应加扼流圈及滤波电容;直流电源将被输出回路的电感短路,加隔直电容。

正确线路如图 3-35(b)所示。

二、输出匹配网络

高频功率放大器的级与级之间或功率放大器与负载之间是用输出匹配网络连接的,一般用双端口网络来实现。该双端口网络应具有这样的几个特点:

① 保证放大器传输到负载的功率最大,即起到阻抗匹配的作用;

② 抑制工作频率范围以外的不需要频率,即有良好的滤波作用;

③ 大多数发射机为波段工作,因此双端口网络要适应波段工作的要求,改变工作频率时调谐要方便,并能在波段内都保持较好的匹配和较高的效率等。

常用的输出线路主要有两种类型:*LC* 匹配网络和耦合回路。

1. *LC* 匹配网络

图 3-36 所示是几种常用的 *LC* 匹配网络。它们是由两种不同性质的电抗元件构成的 L、T、

π 形的双端口网络。由于 LC 元件消耗功率很小，因此可以高效地传输功率。同时，由于它们对频率的选择作用，决定了这种电路的窄带性质。下面说明它们的阻抗变换作用。

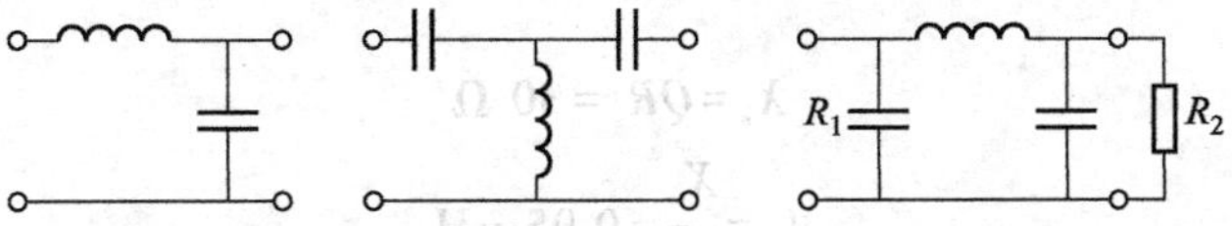

R_1
R_2
(a) L形
(b) T形
(c) π形

图 3-36　几种常见的 LC 匹配网络

L 形匹配网络按负载电阻与网络电抗的并联或串联关系，可以分为 L-Ⅰ网络（负载电阻 R_p 与 X_p 并联）与 L-Ⅱ网络（负载电阻 R_s 与 X_s 串联）两种，如图3-37所示。网络中 X_s 和 X_p 分别表示串联支路和并联支路的电抗，在同一匹配电路中两者性质相异。

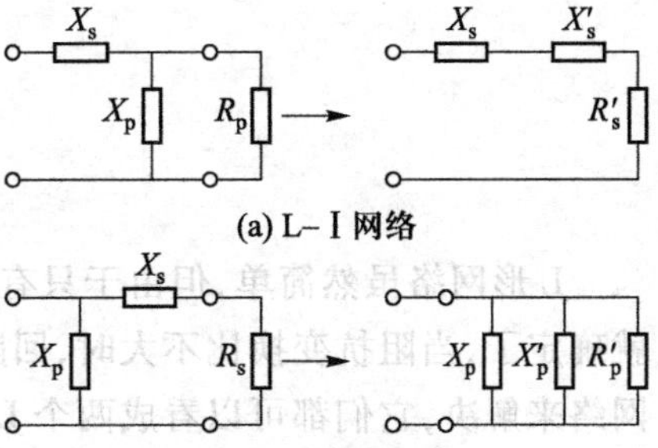

X_s
X_p
R_p
X_s
X'_s
R'_s
(a) L-Ⅰ网络
X_s
X_p
R_s
X_p
X'_p
R'_p
(b) L-Ⅱ网络

图 3-37　L 形匹配网络

对于 L-Ⅰ网络有

$$R'_s=\frac{1}{1+Q^2}R_p \qquad (3-33a)$$

$$X'_s=\frac{Q^2}{1+Q^2}X_p \qquad (3-33b)$$

$$Q=\frac{R_p}{|X_p|}=\frac{|X'_s|}{R'_s} \qquad (3-33c)$$

由此可见，在负载电阻 R_p 大于高频功率放大器要求的最佳负载阻抗 R_{Lcr} 时，采用L-Ⅰ网络，通过调整 Q 值，可以将大的 R_p 变换为小的 R'_s 以获得阻抗匹配（$R'_s=R_{Lcr}$）。谐振时，应有 X_s 与 X'_s 大小相等，电抗性质相反。

对于 L-Ⅱ网络有

$$R'_p=(1+Q^2)R_s \qquad (3-34a)$$

$$X'_p=\frac{1+Q^2}{Q^2}X_s \qquad (3-34b)$$

$$Q=\frac{|X_s|}{R_s}=\frac{R'_p}{|X'_p|} \qquad (3-34c)$$

由此可见，在负载电阻 R_s 小于高频功率放大器要求的最佳负载阻抗 R_{Lcr} 时，采用L-Ⅱ网络，通过调整 Q 值，可以将小的 R_s 变换为大的 R'_p 以获得阻抗匹配（$R'_p=R_{Lcr}$）。谐振时，应有 X_p 与 X'_p 大小相等，电抗性质相反。

例 3-3　试设计一 L 形匹配网络作为功率放大器的输出电路。已知工作频率 $f=5$ MHz，功率放大器临界电阻 $R_{Lcr}=100\ \Omega$，天线端电阻 $R_s=10\ \Omega$。

解：根据匹配电路两端电阻的大小，应采用如图3-38所示电路，串联支路用电感，并联支路用电容，这对滤除高频有利（属于低通型）。

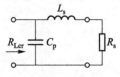

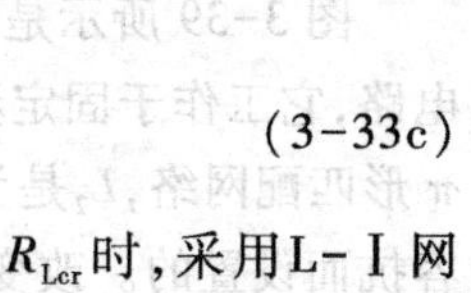

L_s
R_{Lcr}
C_p
R_s

图 3-38　例 3-3 图

回路的品质因数

$$Q=\sqrt{\frac{R_{\mathrm{Ler}}}{R_s}-1}=3$$

串联电抗和电感

$$X_s=QR_s=30\ \Omega$$

$$L_s=\frac{X_s}{\omega}=0.95\ \mu\mathrm{H}$$

等效的并联电阻和并联电容，由式(3-34)得

$$X'_p=\frac{1+Q^2}{Q^2}X_s=33.3\ \Omega$$

$$X_p=|X'_p|$$

$$C_p=\frac{1}{\omega X_p}=995\ \mathrm{pF}$$

L形网络虽然简单，但由于只有两个元件可选择，因此在满足阻抗匹配关系时，回路的 Q 值就确定了，当阻抗变换比不大时，回路 Q 值低，对滤波不利。在这种情况下，可以采用π形、T形网络来解决，它们都可以看成两个L形网络的级联，其阻抗变换在此不再详述。由于T形网络输入端有近似串联谐振回路的特性，因此一般不用作功率放大器的输出电路，而常用作各高频功率放大器的级间耦合电路。

图3-39所示是一超短波输出放大器的实际电路，它工作于固定频率。图中 L_1、C_1、C_2 构成一π形匹配网络，L_2 是为了抵消天线输入阻抗中的容抗而设置的。改变 C_1 和 C_2 就可以实现调谐和阻抗匹配的目的。

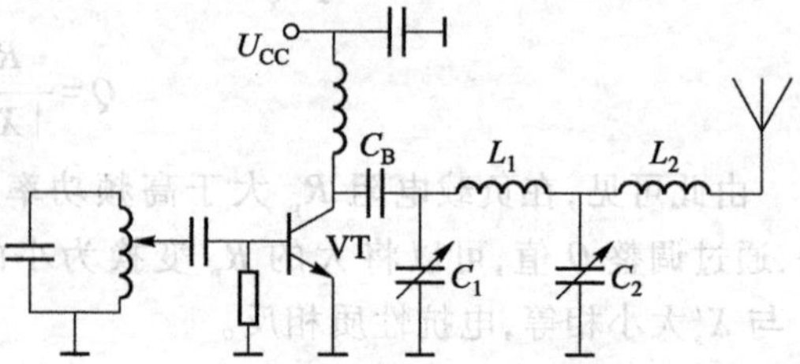

U_{CC}
C_B
L_1
L_2
VT
C_1
C_2

图3-39　一超短波输出放大器的实际电路

2. 耦合回路

图3-40所示是一短波输出放大器的实际电路。它采用互感耦合回路作输出电路，多波段工作。由第二章分析可知，改变互感 M，可以完成阻抗匹配功能。图中只画出其中一个波段。由于功率放大器管要求的匹配电阻较小，一次侧除了采用抽头回路外，还采用了1∶4的传输线变压器连接。为了便于晶体管散热，集电极直接接地。

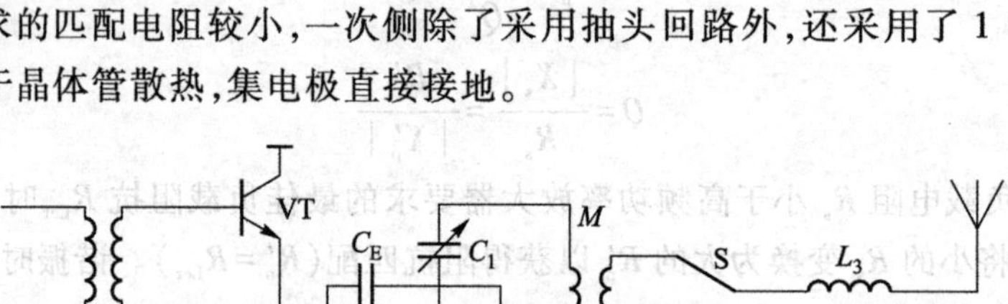

VT
C_B
C_1
M
S
L_3
C_2
L_1
L_2
−24 V

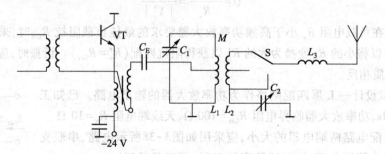

图3-40　短波输出放大器的实际电路

图3-41(a)所示是图3-40的高频等效电路，与晶体管相连的回路称中介回路，二次回路称

为天线回路。输出回路的一次侧、二次侧的等效电路分别如图 3-41(b)和(c)所示。可通过改变二次回路中的耦合电感 L_2来改变互感 M。为了得到最大天线功率和进一步滤除谐波,天线回路通常也是调谐的。从中介回路传送到天线回路的功率 P'_A,由于电感线圈 L_2、L_3的损耗,真正送到天线上的功率为 P_A,两者之比称为天线回路的效率,其大小取决于天线电阻 R_A 与 L_2、L_3 的损耗电阻 r_2、r_3之比,即

$$\eta_2=\frac{P_A}{P'_A}=\frac{R_A}{R_A+r_2+r_3} \tag{3-35}$$

天线回路功率 P'_A 与功率放大器管输出功率 P_1之比称为中介回路效率。天线回路功率 P'_A 表现在中介回路上就是图 3-41(b)中一次侧的反映(射)电阻 r_f上“消耗”的功率。因此中介回路效率 η_1 的大小取决于 r_f与中介回路损耗电阻 r_1的大小,即

$$\eta_1=\frac{P'_A}{P_1}=\frac{r_f}{r_f+r_1} \tag{3-36}$$

反映电阻 r_f为

$$r_f=\frac{(\omega M)^2}{r_2+r_3+R_A} \tag{3-37}$$

由式(3-35)和(3-36)可知,天线功率与功率放大器管输出功率的关系为

$$P_A=P_1\eta_1\eta_2 \tag{3-38}$$

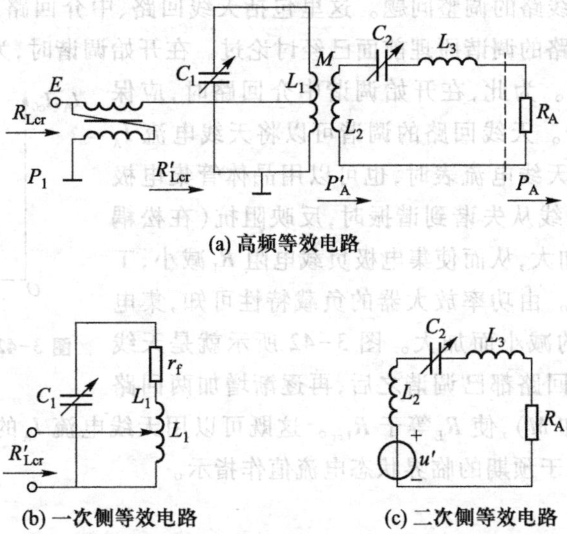
E
R_{Lcr}
P_1
C_1
L_1
M
C_2
L_3
L_2
R_A
R'_{Lcr}
P'_A
P_A
(a) 高频等效电路
C_1
r_f
L_1
L_1
R'_{Lcr}
(b) 一次侧等效电路
C_2
L_3
L_2
R_A
+
u'
−
(c) 二次侧等效电路

图 3-41　图 3-40 中耦合输出回路的高频等效电路

可见,要提高天线功率,应该提高中介回路效率 η_1。从这一要求出发,应加大反映电阻 r_f,也就是要增加天线回路和中介回路的耦合。但是它是受到一定限制的,这是因为反映电阻 r_f直接影响到中介回路的负载电阻 R_L,r_f越大,R_L就越小。晶体管集电极负载电阻 R_L的变化,必定会使功率放大器的工作状态发生变化。从功率放大器的原理知道,只有高频功率放大器保持在临界状态,即负载电阻为临界负载电阻时,P_1才最大。因此最佳耦合要由这一条件来决定,图 3-41 中就表示了这一情况。功率放大器要求的临界负载电阻为 R_{Lcr},经传输线变压器后,要求的回路阻抗为

R'_{Lcr}，$R'_{Lcr}=4R_{Lcr}$。设回路接入系数为 p，则

$$R'_{Lcr}=p^2\omega L_1 Q_L \tag{3-39}$$

式中，Q_L为中介回路的有载品质因数，可表示为

$$Q_L=\frac{\omega L_1}{r_1+r_f} \tag{3-40}$$

回路的无载品质因数和阻抗分别为

$$Q_0=\frac{\omega L_1}{r_1} \tag{3-41}$$

$$R'_{L0}=p^2\omega L_1 Q_0 \tag{3-42}$$

由式(3-36)及式(3-39)~式(3-42)，中介回路的效率可表示为

$$\eta_1=\frac{r_f}{r_1+r_f}=1-\frac{r_1}{r_1+r_f}=1-\frac{Q_L}{Q_0}=1-\frac{R'_{Lcr}}{R'_{L0}} \tag{3-43}$$

式(3-43)对 LC 匹配网络也是适用的。由此式可以看出，当回路无载品质因数 Q_0 一定时，中介回路效率 η_1 的提高意味着有载品质因数降低。通常从滤除谐波要求出发，Q_L 不能太低，一般要求大于 10。考虑到回路无载品质因数 Q_0 一般可以做到 100~200，中介回路的最大效率一般可达 90%左右。根据上面各式，当选定 Q_L 或 η_1 后可以计算出 R'_{L0}、p 和 r_f等，从而可以计算所需的互感。L_1、C_1则由调谐条件选定。

最后讨论一下输出线路的调整问题。这里包括天线回路、中介回路的调谐以及选择两回路间的最佳耦合。中介回路的调谐原理前面已经讨论过。在开始调谐时，为使调谐指示明显，要求在谐振时处于过压状态。为此，在开始调谐中介回路时，应保持它与天线回路松耦合。天线回路的调谐可以将天线电流 I_A 最大作为指示。当没有天线电流表时，也可以用晶体管集电极直流电流 I_{c0}作指示。天线从失谐到谐振时，反映阻抗（在松耦合时主要是反映电阻）加大，从而使集电极负载电阻 R_L减小，工作状态从过压趋于临界。由功率放大器的负载特性可知，集电极直流电流 I_{c0}将随 R_L 的减小而加大。图 3-42 所示就是天线回路的调谐特性。在两回路都已调谐之后，再逐渐增加两回路的耦合（互感耦合时增加 M），使 R_L等于 R_{Lcr}。这既可以用天线电流 I_A的最大值作指示，也可以用集电极直流电流 I_{c0}等于预期的临界状态电流值作指示。

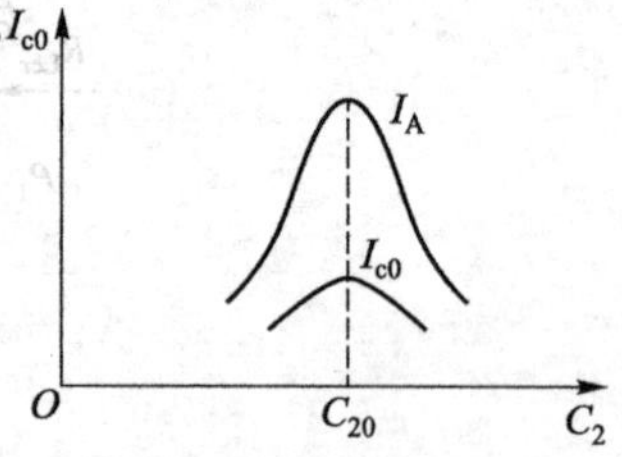
I_A, I_{c0}
I_A
I_{c0}
O
C_{20}
C_2
图 3-42　天线回路的调谐特性

三、推挽连接线路

多级功率放大器配置形式与要求

在多级级联的高频功率放大器中，对各级放大器和输入、输出网络以及级间网络的要求是不同的，采用电路形式也不一样。在输出级或中间级，有时候会用到推挽连接线路。图3-43所示就是两级推挽高频功率放大器的原理线路。高频功率放大器采用推挽线路的主要目的是提高输出功率。此外，当放大某些已调信号时（如调幅信号、单边带信号）要求“线性功率放大”，也常采用推挽线路，此时晶体管通常工作于 B 类状态，工作原理与“低频电子线路”中的介绍相同。这里主要说明推挽放大器的阻抗匹配关系。设二次侧与一次侧间的变压比 $n=N_2/N_1$，则等效到两个集电极的阻抗（对基波）$R'_L=R_L/n^2$。

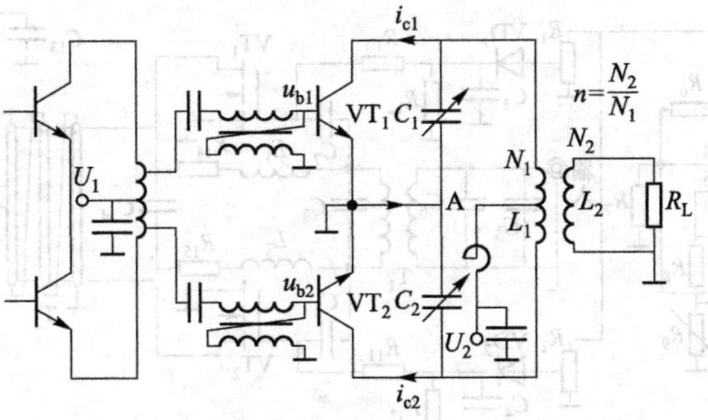
i_{c1}
u_{b1}
VT_1 C_1
$n=\frac{N_2}{N_1}$
N_2
N_1
U_1
A
L_2
R_L
L_1
u_{b2}
VT_2 C_2
U_2
i_{c2}

图 3-43　两级推挽高频功率放大器的原理线路

设每个晶体管要求的最佳负载电阻为

$$R_{\mathrm{Lcr}}=\frac{U_{\mathrm{c}}}{I_{\mathrm{c1}}} \tag{3-44}$$

根据基波电流串联流过回路的概念，匹配时应有

$$R_{\mathrm{L}}'=\frac{2U_{\mathrm{c}}}{I_{\mathrm{c1}}}=2R_{\mathrm{Lcr}} \tag{3-45}$$

由于回路上的电压是由两个晶体管的电流共同产生的，当因某种原因一晶体管不工作时，会影响到另一晶体管的工作情况。由图 3-43 可见，此时由一个晶体管看出去的回路阻抗为

$$R_{\mathrm{L1}}'=\frac{1}{4}R_{\mathrm{L}}'=\frac{1}{2}R_{\mathrm{Lcr}} \tag{3-46}$$

即负载阻抗比原来匹配时减小了一半。若原来为临界状态，则现在处于欠压状态。当几个信号源（同一来源）在公共负载上工作时，也有同样的现象。

图 3-44 所示为一由 Motorola 公司开发的，由 N 沟道增强型 MOS 场效应管 MRF154 组成的推挽高频功率放大器的电路图，它是一种新型线性大功率放大器，其工作频率为 2～50 MHz，推挽输出功率容量为 1.2 kW，考虑到输出匹配的影响和互调失真的要求，该电路的实际输出功率大约为 800 W。

四、高频功率放大器的实际线路举例

采用不同的馈电电路和匹配网络，可以构成高频功率放大器的各种实用电路。

图 3-45（a）所示是工作频率为 50 MHz 的晶体管谐振功率放大器电路，它向 50 Ω 外接负载提供 25 W 功率，功率增益达 7 dB。这个放大电路基极采用零偏压，集电极采用串馈方式，并由 L_2、L_3、C_3、C_4组成 π 形输出网络。

图 3-45（b）所示是工作频率为 175 MHz 的 VMOS 场效应管谐振功率放大器电路，可向 50 Ω 负载提供 10 W 功率，效率大于 60%，栅极采用了 C_1、C_2、C_3、L_1组成的 T 形网络，漏极采用 L_2、L_3、C_5、C_6、C_7组成的 π 形网络。栅极采用并馈，漏极采用串馈。

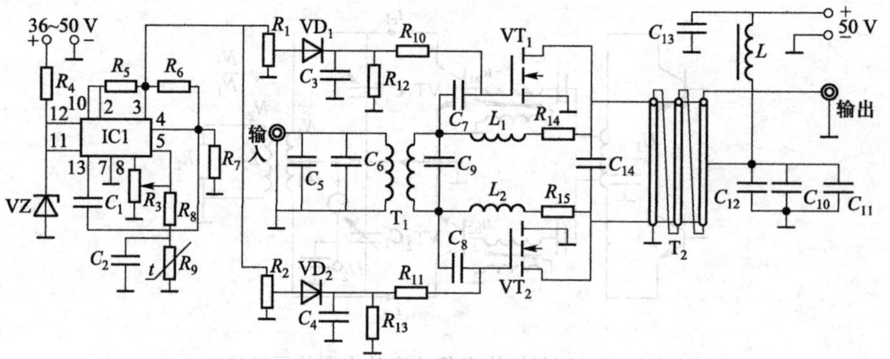

36~50 V
+
−
R_4
R_5
R_6
10
12
2
3
4
11
IC1
5
13
7
8
R_7
VZ
C_1
R_3
R_8
C_2
t
R_9
R_1
VD_1
R_{10}
C_3
R_{12}
输入
C_5
C_6
T_1
C_7
L_1
R_{14}
C_9
L_2
R_{15}
C_8
R_2
VD_2
R_{11}
C_4
R_{13}
VT_1
VT_2
C_{14}
T_2
C_{13}
L
+
50 V
−
输出
C_{12}
C_{10}
C_{11}

图 3-44　2~50 MHz 场效应管推挽高频功率放大器

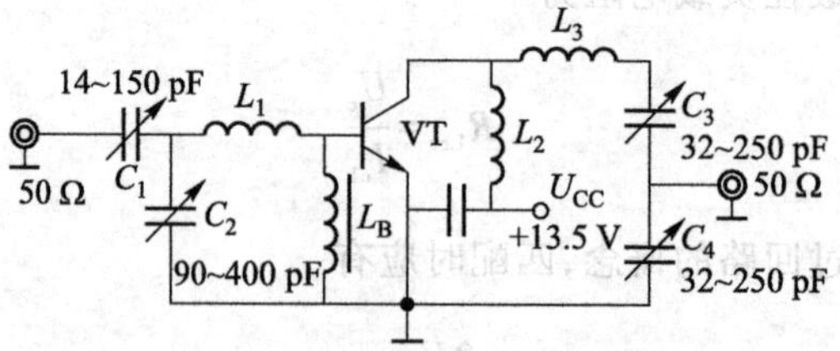

14~150 pF
L_1
L_3
VT
L_2
C_3
32~250 pF
50 Ω
C_1
C_2
L_B
U_{CC}
50 Ω
+13.5 V
C_4
90~400 pF
32~250 pF

(a) 50 MHz晶体管谐振功率放大器电路

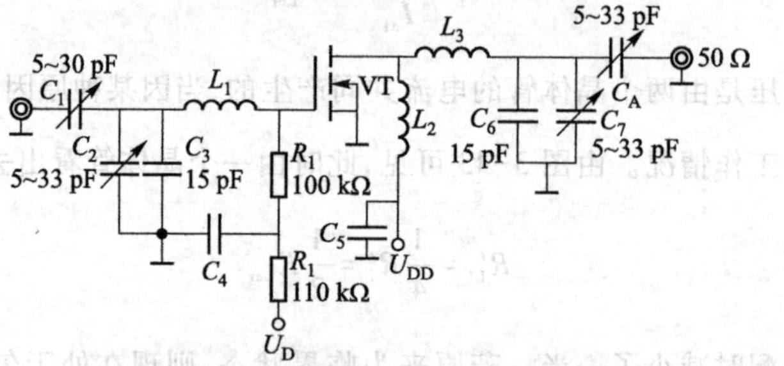

5~33 pF
L_3
50 Ω
5~30 pF
L_1
VT
C_1
C_A
L_2
C_6
C_7
C_2
C_3
15 pF
5~33 pF
5~33 pF
15 pF
R_1
100 kΩ
C_5
C_4
U_{DD}
R_1
110 kΩ
U_D

(b) 175 MHz场效应管谐振功率放大器电路

图 3-45　高频功率放大器实际线路

第六节　功率放大器线性化技术

射频功率放大器是射频通信系统中的关键部件，其性能指标的优劣直接影响到通信质量的好坏。理想的功率放大器应该是线性系统，但实际上总存在或多或少的非线性，从而产生失真。通过前面的分析已经知道，射频功率放大器可以分为线性放大与非线性放大两大类。非线性射频放大器有较高的效率，而线性单管 A 类射频放大器的最高效率只有 50%，从功率的利用率看一般应使用非线性射频功率放大器。但随着通信技术的发展，出现了一些复杂调制方式的信号，如 OFDM 信号等。这些调制信号具有非恒定包络、宽频带等特点，通过功率放大器后由于放大器的非线性，容易产生非线性失真，产生新的频率成分，这些新的频率分量如果落在了通带内，将会对发射的信号造成直接干扰，如果落在了通带外则将会干扰其他频道的信号。

非线性情况下,输出信号的幅度和相位均是输入信号幅度的函数,如图 3-46 所示。由于电压是具有幅度和相位的矢量,通常用 AM-AM 表示输出电压幅度随输入电压幅度的变化关系,AM-PM 表示输出对应相位随输入对应幅度的变化关系。由图3-46所示的非线性器件的输出特性可知,在输入信号幅度较小时,输出信号与输入信号呈良好的线性关系,但输入信号增加到一定程度,非线性不断增加,一般用 1 dB 压缩电平来表示输入信号的允许值。AM-AM 失真将影响带有幅度调制信息的通信系统,AM-PM 失真将影响带有相位调制信息的通信系统。

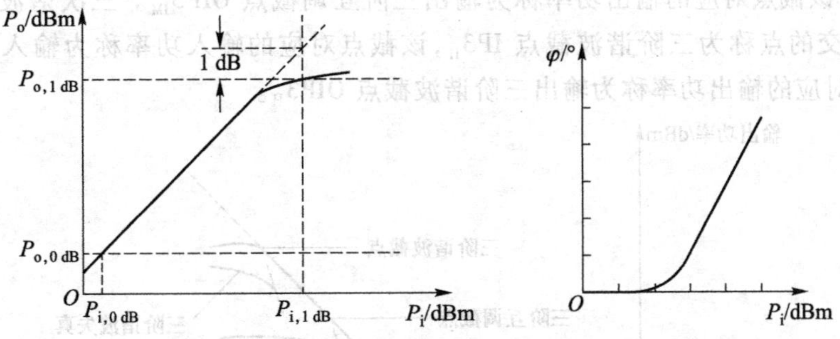
P_o/dBm
1 dB
$P_{o,1\,dB}$
$P_{o,0\,dB}$
O
$P_{i,0\,dB}$
$P_{i,1\,dB}$
P_i/dBm
φ/°
O
P_i/dBm

(a) AM–AM (b) AM–PM

图 3-46 非线性器件的输出特性

当输入信号幅度增大时,非线性器件另一个效应是出现新的频率分量。当输入信号是单一频率时,这些新的频率分量是输入信号频率的整数倍,即出现了输入信号的谐波分量,如图 3-47(a)所示。当输入信号是多个频率组合时,除了出现输入信号的谐波分量外,还将出现它们的谐波分量的组合,图 3-47(b)所示是输入信号为两个频率组合时输出的频率成分。一般用总谐波失真(total harmonic distortion,THD)来表示器件的非线性,定义为:非线性器件产生的新的频率分量的功率总和与线性频率分量处功率之比,即若基波功率为 P_1,二次、三次等功率分别为 P_2、P_3、…,则总谐波失真系数 *THD* 为

$$THD=\frac{P_2+P_3+\cdots}{P_1} \tag{3-47}$$

常说的功率放大器的失真主要包括幅度失真、互调失真等。在多载波系统中,影响较为严重的是三阶互调失真。设输入信号是由频率分别为 ω_1 和 ω_2 的信号组成的混合信号,由于功率放大器的非线性,输出信号的频率成分将是 $|\pm p\omega_1 \pm q\omega_2|$。如果 ω_1 和 ω_2 很近,如图 3-47(b)所示,则 $2\omega_1-\omega_2$ 及 $2\omega_2-\omega_1$ 两个频率与 ω_1 和 ω_2 也接近,它们将落在放大器的频带内,很难被滤除,造成的失真即为三阶互调失真。

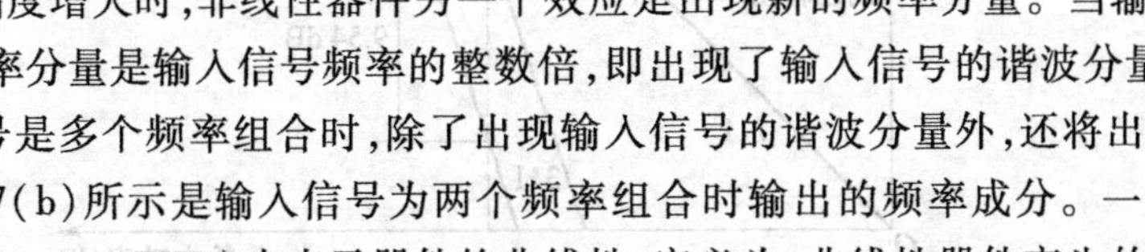
ω_0 $2\omega_0$ $3\omega_0$ $4\omega_0$ $5\omega_0$ ω
0
$\omega_2-\omega_1$
$2\omega_1-\omega_2$
ω_1
ω_2
$2\omega_2-\omega_1$
$2\omega_1$
$\omega_2+\omega_1$
$2\omega_2$
$3\omega_1$
$2\omega_1+\omega_2$
$2\omega_2+\omega_1$
$3\omega_2$
ω

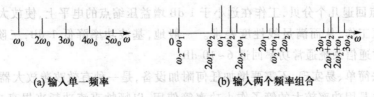

(a) 输入单一频率 (b) 输入两个频率组合

图 3-47 非线性器件产生谐波分量

三阶互调失真可以用三阶互调系数和三阶互调截点 $IP3_{IM}$ 表示。三阶互调系数 *IM*3 的定义为

$$IM3 = 20\lg \frac{\text{三阶互调幅度}}{\text{基波幅度}} \text{ dB} \tag{3-48}$$

$IM3$ 一般为负值，其绝对值越大，说明放大器的线性度越好。

三阶互调截点 $IP3_{IM}$，定义为三阶互调功率达到和基波功率相等的点，它是三阶互调同线性输出功率线性外推相交点，如图 3-48 所示。三阶非线性失真项包括三阶谐波失真和三阶互调失真，按照斜率为 3 的直线随输入功率的增加而线性增长。$IP3_{IM}$ 对应的输入功率称为输入三阶互调截点 $IIP3_{IM}$，该截点对应的输出功率称为输出三阶互调截点 $OIP3_{IM}$。三次谐波同线性输出功率线性外推相交的点称为三阶谐波截点 $IP3_H$，该截点对应的输入功率称为输入三阶谐波截点 $IIP3_H$，该截点对应的输出功率称为输出三阶谐波截点 $OIP3_H$。

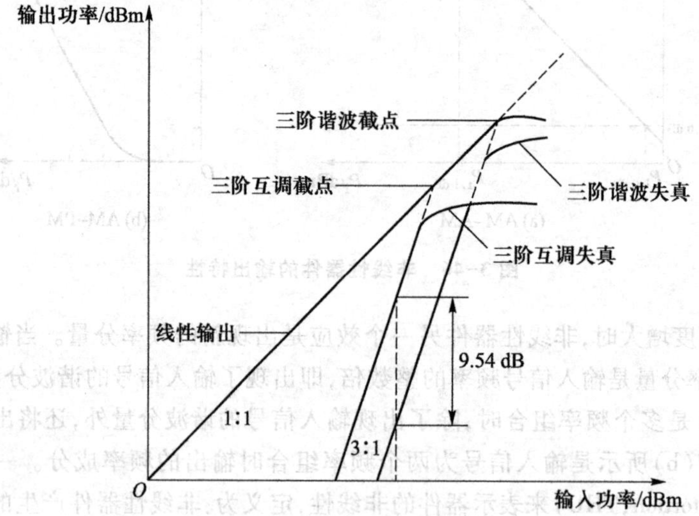

输出功率/dBm
三阶谐波截点
三阶互调截点
三阶谐波失真
三阶互调失真
线性输出
9.54 dB
1:1
3:1
O
输入功率/dBm

图 3-48　三阶非线性截点

为了降低功率放大器的非线性所引起的干扰，需要对功率放大器进行线性化处理。功率放大器的线性化技术从原理上看主要有两大类：一类是通过获得功率放大器非线性特性来消除功率放大器输出信号中的干扰分量，这类线性化技术主要包括前馈技术、负反馈技术和预失真线性化技术等；另一类是通过输入幅度恒定的信号给功率放大器来避免非线性失真，如包络消除与恢复等技术。下面介绍一些常用的功率放大器线性化技术。

一、功率回退法

功率回退法是过去最常用的功率放大器线性化技术。降低输入信号电平，把输入功率从 1 dB 增益压缩点回退几个分贝，工作在远小于 1 dB 增益压缩点的电平上，使放大器远离饱和区，只在线性放大区工作，从而满足线性度要求。一般地，基波功率降低 1 dB，三阶互调失真改善 2 dB。在设计时通信系统通常功率回退 6~10 dB。

功率回退法简单、易实现，不需要增加任何附加设备，是一种有效改善放大器线性度的方法。但是功率回退法是用功率较大的管子作小功率管使用，以牺牲直流功耗来提高功率放大器的线性度。由功率放大器的工作原理可知，此时功率放大器没有得到充分利用，大功率器件只能输出较小的有用功率，增加了系统的成本，并且由于功率放大器本身的损耗大，电源的利用率低，功率放大器散热困难。另外，当功率回退到一定程度，继续回退将不再改善放大器的线性度。功率回退法常用于低功率电路中。对线性要求较高的系统以及有大功率输出的要求时，功率回退法难以满足要求，需要采用较复杂的线性化技术。

二、预失真线性化法

预失真线性化法就是在功率放大器前加入非线性特性与功率放大器的非线性特性正好相反的预失真器，利用预失真器的非线性抵消功率放大器的非线性，使输出与输入呈现线性关系。根据预失真器在发射机中的位置，可以分为射频预失真技术、中频预失真技术和基带预失真技术。根据预失真器处理信号的形式，可以分为模拟预失真技术和数字预失真技术。图 3-49 所示为一个带有预失真器的功率放大器框图。

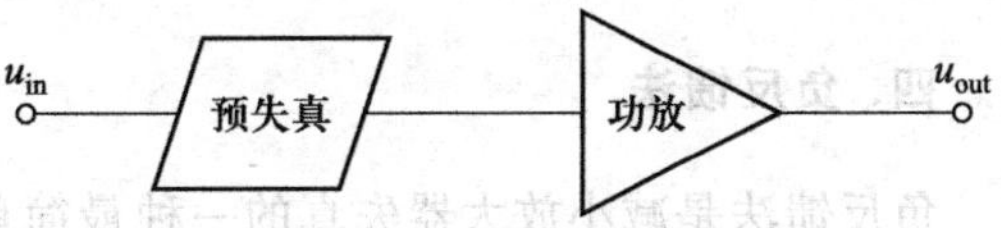
u_{in}
预失真
功放
u_{out}

图 3-49　带有预失真器的功率放大器框图

模拟信号预失真技术通常是在输入射频信号和功率放大器之间插入一个非线性发生器，通过控制其相位和幅值，可以有效地抵消功率放大器的失真。但随着工作条件、工作环境等的变化，信号预失真的幅度和相位会发生变化，线性效果将会下降。为了保持好的线性效果，需要对预失真信号发生器的幅度和相位进行自适应控制。

数字预失真法采用数字信号处理技术，适合于基站和手机等功率放大器设计中。数字预失真器由一个矢量增益调节器组成，根据查找表（LUT）的内容来控制输出信号的幅度和相位。矢量增益调节器一旦被优化，将提供一个与功率放大器相反的非线性特性。

模拟预失真法需要设计与功率放大器功能相反的组件，在精度上很难控制；数字预失真法需要自动控制机制，实现起来比较复杂。随着数字信号处理技术和半导体技术的发展，芯片处理能力的提高，数字预失真法由于结构简单、成本低、线性化好、对输出功率影响小而被广泛采用。

三、前馈法

1929 年美国的布莱克（H.S.Black）提出了前馈的概念，但由于对幅度和相位的匹配要求非常高，实现难度大，没有受到人们的重视。近年来，随着电子技术的发展和对通信技术要求的提高，前馈功率放大器没有延时，速度快，能在几个射频周期内快速测量信号的变化，能满足宽带多载波系统线性化的指标要求等，使前馈法重新受到重视并得到了迅速发展，在多载波调制系统中获得了广泛应用。

图 3-50 所示为一前馈功率放大器组成框图，它由主功率放大器、误差放大器、直接耦合器、减法器和延时单元等组成。由图可见，前馈功率放大器中有两个环路，信号消除环路和误差消除环路。输入信号进入系统后，分成两路，一路进入主功率放大支路，一路进入抵消支路。进入主功率放大支路的信号由主功率放大器进行放大，由于主功率放大器的非线性，在主功率放大器输出信号中包含了新的频率分量；进入抵消支路的信号经延时单元延时一定时间后送减法器，延时时间与信号经主功率放大器处理的时间相同。直接耦合器对主功率放大器的输出信号进行采样，并把采样信号馈送到减法器。通过调节延迟线、衰减器和移相器，使采样的主功率放大支路的信号与抵消支路延时后的信号幅度相等、相位相反，减法器输出信号中将不包含输入信号的频率，而是由主功率放大器产生的干扰信号组成的误差信号。误差信号经误差放大器放大后，与主

功率放大支路信号经延时单元延时后的信号相减，通过调整误差信号的幅度和相位，抵消掉主功率放大支路的误差信号，从而使输出信号中只包含输入信号的频率，实现了线性化处理。

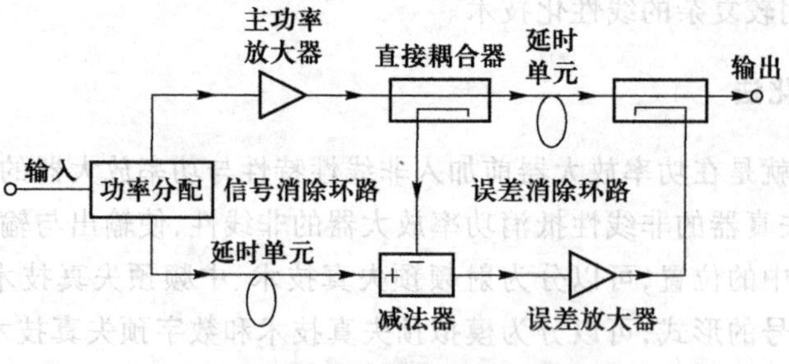
主功率
放大器
直接耦合器
延时
单元
输出
输入
功率分配
信号消除环路
误差消除环路
延时单元
减法器
误差放大器

图 3-50 前馈功率放大器组成框图

四、负反馈法

负反馈法是减小放大器失真的一种最简单的线性化技术，它是由布莱克在提出前馈技术 9 年之后提出的。负反馈法一经提出即得到了广泛的应用，这是因为这种技术在低频电子技术领域中对失真抵消具有明显的效果，电路结构也比较简单，只是工作频带窄，如图 3-51 所示。

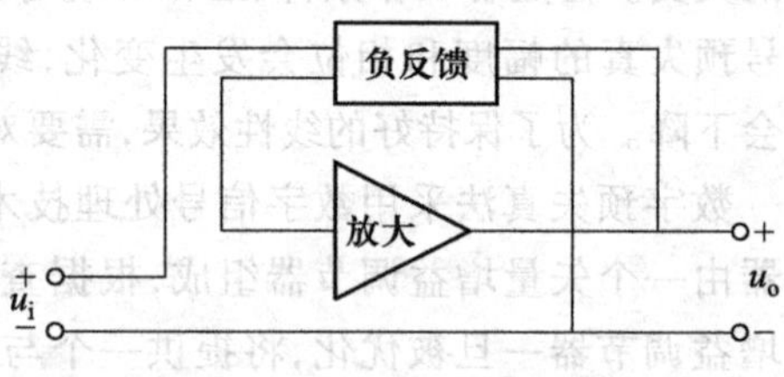
负反馈
放大
+
u_i
+
u_o
−

图 3-51 负反馈放大器组成框图

负反馈法利用放大器输出的非线性失真信号抵消放大器自身的一部分非线性，因此对放大器输出信号的稳定性、增益的稳定性、非线性失真以及通频带等指标都有改善作用。但是，负反馈方法降低了放大器的增益，且实际电路很难保证反馈网络在很宽频带内反馈信号与输入信号反相，特别是在频率较高的应用时，引入的负反馈可能变成正反馈，造成放大器不稳定，因此这种方法一般只用在低频场合。

五、包络消除与恢复法

卡恩(Kahn)在 1952 年提出了包络消除与恢复(envelope elimination and restoration，EER)架构，如图 3-52 所示。中频输入信号分别通过包络检波和限幅，提取出信号的幅度和相位信息。分离后得到的中频包络信号对供给的电源电压进行调制(S 类调制)，然后用所得的调制信号来控制功率放大器；恒包络的输入信号经混频器变频后成为射频信号，送入非线性射频功率放大器输出。功率放大器完成相位和幅度的合成，输出射频信号，一般采用高效率的开关类功率放大器。EER 方法的优点是平均效率比较高，一般是线性功率放大器的 3~5 倍，且线性度只与包络通道有关，提高线性性能比较方便；缺点是需要补偿相位、幅度两路径的延时差。

线性化技术发展到现在，出现了各种线性化技术逐步融合的趋势。例如前馈技术的载波消除环中就经常用到预失真技术，而预失真技术中也加入了反馈的思想。除了各种线性化技术之间相互融合和借鉴，线性化技术和数字信号处理技术的结合也越来越紧密，特别是随着高速度 DSP 技术的发展，自适应的思想逐渐被引入到线性化技术中，相应地出现了自适应前馈技术、自适应预失真技术等，这些技术的融入，使得线性功率放大器的线性度得到了极大的提升。

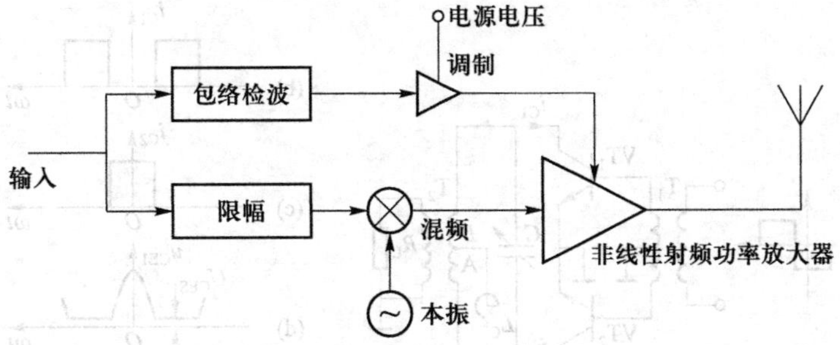
电源电压
调制
包络检波
输入
限幅
混频
本振
非线性射频功率放大器

图 3-52　EER 架构

第七节　高效功率放大器、功率合成与射频模块放大器

对高频功率放大器的主要要求是高效率和大功率。在提高效率方面，除了通常的 C 类高频功率放大器外，近年来又出现了两大类高效率（$\eta \geqslant 90\%$）高频功率放大器。一类是开关型高频功率放大器，这里有源器件不是作为电流源，而是作为开关使用的，这类功率放大器有 D 类、E 类和 S 类开关型功率放大器。还有一类高效功率放大器是采用特殊的电路设计技术设计功率放大器的负载回路，以降低器件功耗，提高功率放大器的集电极效率，这类功率放大器有 F 类、G 类和 H 类功率放大器。本节着重介绍电流开关型 D 类放大器、电压开关型 D 类放大器以及 E 类高频功率放大器。

在提高高频功率放大器的功率方面，除了研制和生产高频大功率晶体管（可承受更大的电流、电压和功耗）外，一个可行的方法就是将多个高频功率放大器产生的高频功率在一个公共负载上相加，这种技术称为功率合成技术，本节也将介绍功率合成的基本原理。

一、D 类高频功率放大器

在 C 类高频功率放大器中，提高集电极效率是靠减小集电极电流的通角（θ）来实现的。这使集电极电流只在集电极电压 u_{CE} 为最小值附近的一段时间内流通，从而减小了集电极损耗。若能使集电极电流导通期间，集电极电压为零或者是很小的值，则能进一步减小集电极损耗，提高集电极效率。D 类高频功率放大器就是工作于这种开关状态的放大器。当晶体管处于开关状态时，晶体管两端的电压和脉冲电流当然是由外电路，也就是由晶体管的激励和集电极负载所决定的。通常根据电流为理想方波波形或电压为理想方波波形，可以将 D 类放大器分为电流开关型 D 类放大器和电压开关型 D 类放大器。

1. 电流开关型 D 类放大器

图 3-53 所示是电流开关型 D 类放大器的电路和波形图。线路通过高频变压器 T_1，使晶体管 VT_1、VT_2 获得反向的方波激励电压。在理想状态下，两管的集电极电流 i_{C1} 和 i_{C2} 为方波开关电流波形，如图 3-53(b) 和 (c) 所示。i_{C1} 和 i_{C2} 交替地流过 LC 谐振回路，由于 LC 回路对方波电流中的基频分量谐振，因而在回路两端产生基频分量的正弦电压。晶体管 VT_1、VT_2 的集电极电压 u_{CE1}、u_{CE2} 波形如图 3-53(d) 和 (e) 所示。由图可见，VT_1(VT_2) 导通期间的 u_{CE1}(u_{CE2}) 等于晶体管

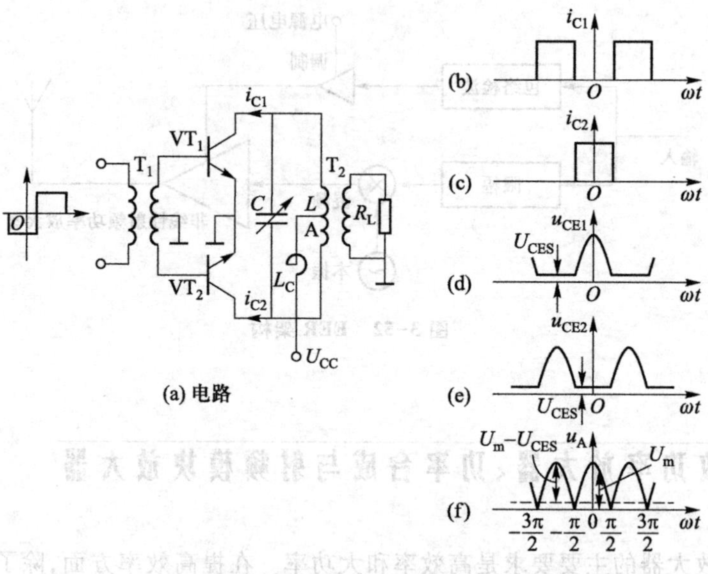

i_{C1}
VT$_1$
T$_1$
T$_2$
C
L
A
R_L
O
VT$_2$
i_{C2}
L_C
U_{CC}
(a) 电路
(b)
(c)
(d)
(e)
(f)
u_{CE1}
U_{CES}
u_{CE2}
U_m-U_{CES}
u_A
U_m
ωt

图 3-53　电流开关型 D 类放大器的电路和波形

导通时的饱和压降 U_{CES}；$VT_1(VT_2)$截止期间的 $u_{CE1}(u_{CE2})$为正弦波电压的一部分。回路线圈中点 A 对地的电压为$(u_{CE1}+u_{CE2})/2$，为图 3-53(f)所示的脉动电压 u_A，可见 A 点不是地电位，它不能与电源 U_{CC}直接相连，而应串入高频扼流圈 L_C后，再与电源 U_{CC}相连。在 A 点，脉动电压的平均值应等于电源电压 U_{CC}，即

$$\frac{1}{\pi}\int_{-\frac{\pi}{2}}^{\frac{\pi}{2}}\left[(U_m-U_{CES})\cos\omega t+U_{CES}\right]\mathrm{d}\omega t=\frac{2}{\pi}(U_m-U_{CES})+U_{CES}=U_{CC}$$

由此可得

$$U_m=\frac{\pi}{2}(U_{CC}-U_{CES})+U_{CES} \tag{3-49}$$

集电极回路两端的高频电压峰值为

$$U_{cm}=2(U_m-U_{CES})=\pi(U_{CC}-U_{CES}) \tag{3-50}$$

集电极回路两端的高频电压有效值为

$$U_{ceff}=\frac{U_{cm}}{\sqrt{2}}=\frac{\pi}{\sqrt{2}}(U_{CC}-U_{CES}) \tag{3-51}$$

$VT_1(VT_2)$的集电极电流波形为振幅等于 I_{c0}的矩形，它的基频分量振幅等于$(2/\pi)I_{c0}$。VT_1、VT_2的 i_{C1}、i_{C2}中的基频分量电流在集电极回路阻抗 R_L'(考虑了负载 R_L的反映电阻)两端产生的基频电压振幅为

$$U_{cm}=\left(\frac{2}{\pi}I_{c0}\right)R_L' \tag{3-52}$$

将式(3-50)代入式(3-52)，得

$$I_{c0}=\frac{\pi U_{cm}}{2R_L'}=\frac{\pi^2}{2R_L'}(U_{CC}-U_{CES}) \tag{3-53}$$

输出功率为

$$P_1=\frac{1}{2}\frac{U_{cm}^2}{R_L'}=\frac{\pi^2}{2R_L'}(U_{CC}-U_{CES})^2 \tag{3-54}$$

输入直流功率为

$$P_0=U_{CC}I_{c0}=\frac{\pi^2}{2R_L'}(U_{CC}-U_{CES})U_{CC} \tag{3-55}$$

集电极损耗功率为

$$P_c=P_0-P_1=\frac{\pi^2}{2R_L'}(U_{CC}-U_{CES})U_{CES} \tag{3-56}$$

集电极效率为

$$\eta=\frac{P_1}{P_0}\times 100\%=\frac{U_{CC}-U_{CES}}{U_{CC}}\times 100\% \tag{3-57}$$

这种线路由于采用方波电压激励，集电极电流为方波开关波形，故称此线路为电流开关型 D 类放大器。由集电极效率公式(3-57)可见，当晶体管导通时的饱和电压降 $U_{CES}=0$ 时，电流开关型 D 类放大器可获得理想集电极效率 100%。

实际 D 类放大器的效率低于 100%。引起实际效率下降的主要原因有两个：一个是晶体管导通时的饱和压降 U_{CES} 不为零，导通时有损耗；另一个是激励电压大小总是有限的，且由于晶体管的电容效应，由截止变饱和，或者由饱和变截止，电压 u_{CE1} 和 u_{CE2} 实际上有上升沿和下降沿，在此过渡期间已有集电极电流流通，有功率损耗。工作频率越高，上升沿和下降沿越长，损耗也越大。这是限制 D 类放大器工作频率上限的一个重要因素。通常，考虑这些实际因素后，D 类高频功率放大器的实际效率仍能做到 90%，甚至更高些。

D 类放大器的激励电压可以是正弦波，也可以是其他脉冲波形，但都必须足够大，使晶体管迅速进入饱和状态。

2. 电压开关型 D 类放大器

图 3-54 所示为一互补电压开关型 D 类放大器的电路和波形图。两个同型(NPN)晶体管串联，集电极加有恒定的直流电压 U_{CC}。两管输入端通过高频变压器 T_1 加有反相的大电压，当一管从导通至饱和状态时，另一管截止。负载电阻 R_L 与 L_0、C_0 构成一高 Q 串联谐振回路，这个回路对激励信号频率调谐。如果忽略晶体管导通时的饱和压降，两个晶体管就可等效为如图 3-54(b)所示的单刀双掷开关。晶体管输出端的电压在零和 U_{CC} 间轮流变化，如图 3-54(c)所示。在 u_{CE2} 方波电压的激励下，负载 R_L 上流过正弦波电流 i_L，这是因为高 Q 串联谐振回路阻止了高次谐波电流流过 R_L(直流也被 C_0 阻隔)。这样在 R_L 上仍然可以得到信号频率的正弦波电压，实现了高频放大的目的。在理想情况下，两管的集电极损耗都为 0(因 $u_{CE2}I_{c2}=u_{CE1}I_{c1}=0$)，理想的集电极效率为 100%。这也可以从输入功率和输出功率计算中得出。

由图 3-54(c)可见，因 i_{C1}、i_{C2} 都是半波余弦脉冲($\theta=90°$)，所以两管的直流电压和负载电流分别为

$$I_{c0}=\frac{1}{\pi}I_{Cmax}$$

$$I_L=I_{Cmax}$$

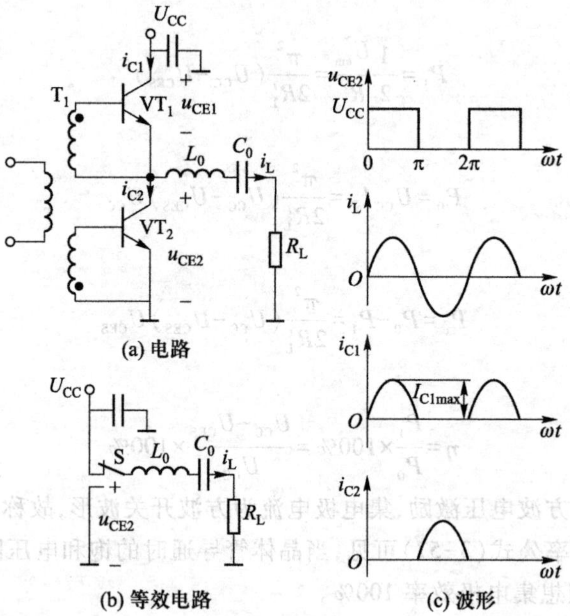
U_{CC}
i_{C1}
T_1
VT_1
u_{CE1}
L_0
C_0
i_L
i_{C2}
VT_2
u_{CE2}
R_L
(a) 电路
U_{CC}
S
L_0
C_0
i_L
u_{CE2}
R_L
(b) 等效电路
u_{CE2}
U_{CC}
0
π
2π
ωt
i_L
O
ωt
i_{C1}
I_{C1max}
O
ωt
i_{C2}
O
ωt
(c) 波形

图 3-54　互补电压开关型 D 类放大器的电路和波形

两管的直流输入功率为

$$P_0 = U_{CC} I_{c0} = \frac{1}{\pi} U_{CC} i_{Cmax}$$

负载上的基波电压 U_L 等于 u_{CE2} 方波脉冲中的基波电压分量。对 u_{CE2} 分解可得

$$U_L = \frac{1}{\pi}\int_0^{\pi} U_{CC} \sin \omega t \mathrm{d}\omega t = \frac{2}{\pi} U_{CC}$$

负载上的功率为

$$P_L = \frac{1}{2} U_L I_L = \frac{1}{\pi} U_{CC} I_{Cmax} \tag{3-58}$$

可见

$$P_L = P_0$$

此时匹配的负载电阻为

$$R_L = \frac{U_L}{I_L} = \frac{2}{\pi} \cdot \frac{U_{CC}}{I_{Cmax}} \tag{3-59}$$

影响电压开关型 D 类放大器实际效率的因素与电流开关型基本相同，即主要由晶体管导通时的饱和压降 U_{CES} 不为零和开关转换期间（脉冲上升沿和下降沿）的损耗功率所造成。

开关型 D 类放大器的主要优点是集电极效率高、输出功率大。D 类功率放大器由两个晶体管组成，两管均工作在开关状态，轮流导通，功率和效率都比 C 类功率放大器高。但当工作频率升高时，D 类功率放大器将会出现：由于晶体管开关速度不够高，在开关转换瞬间，两管会瞬间同时导通或断开，从而使功耗增大，而且由于两管瞬间同时导通或断开，可能造成晶体管二次击穿，损坏晶体管。此外由于 D 类放大器工作在开关状态，也不适于放大振幅变化的信号。由此出现了 E 类高频功率放大器。

二、E 类高频功率放大器

E 类高频功率放大器的电路及其等效电路图如图 3-55 所示。由图可见，D 类放大器总是由两个晶体管组成的，而 E 类放大器则是单管工作于开关状态。它是通过选取适当的负载网络参数，使其瞬态响应最佳：在开关导通（或断开）的瞬间，只有当器件的电压（或电流）降为零后，才能导通（或断开）。这样，即使开关转换时间与工作周期相比较已相当长，也能避免在开关器件内同时产生大的电压或电流。

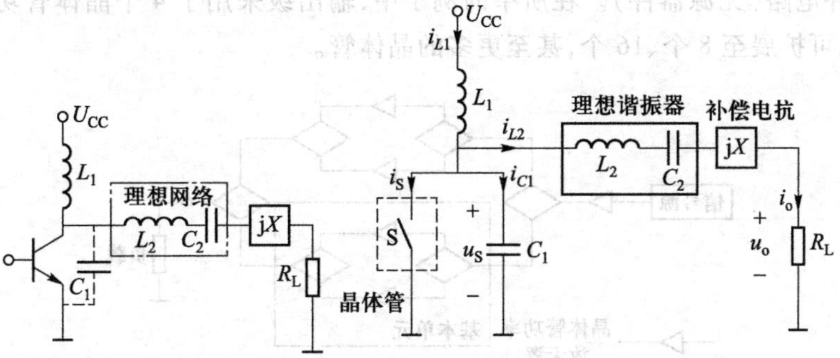

U_{CC}
L_1
理想网络
L_2
C_2
jX
R_L
C_1
U_{CC}
i_{L1}
L_1
i_{L2}
理想谐振器
补偿电抗
i_S
i_{C1}
L_2
C_2
jX
i_o
S
u_S
C_1
晶体管
u_o
R_L

图 3-55　E 类功率放大器电路及其等效电路图

图 3-55 中，C_1 是晶体管结电容和外加补偿电容；输出回路由 L_2 和 C_2 组成，它是谐振于信号频率的谐振电路，R_L 为负载电阻，L_1 是激励电感，jX 是补偿电抗，用于校正输出电压相位，以获得高的效率。

E 类功率放大器在信号一个周期内的工作过程如下。

① 在 $\omega t=0$ 时，开关刚闭合，有：$u_S=0$，i_S 将逐渐增长。

② 在 ωt 从 $0\sim\pi$ 的前半周期内是开关导通期，激励电感电流 i_{L2} 分为两部分：$i_{L2}=i_S+i_{L1}$。

③ 在 $\omega t=\pi$ 时，开关刚断开，有：i_S 突变为零，i_{L1} 开始向 C_1 充电，电压 u_S 将逐渐增长。

④ 在 ωt 从 $\pi\sim2\pi$ 的后半周期内是开关断开期，C_1 接受两部分电流充电，即 $i_{C1}(t)=i_{L1}+i_{L2}$，随后不久 C_1 又向负载（L_2、C_2、R_L）放电。

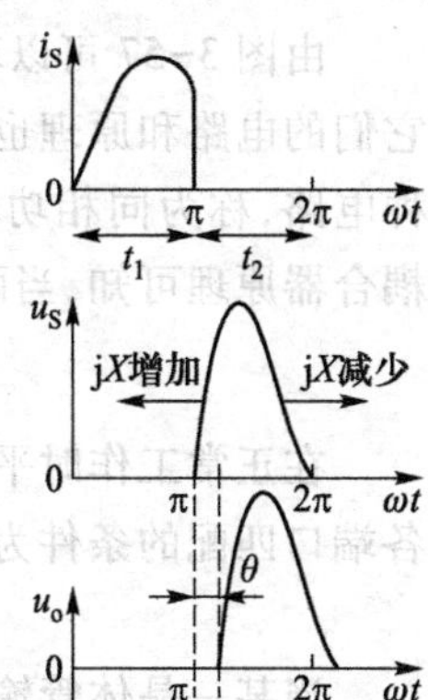

i_S
0
π
2π
ωt
t_1
t_2
u_S
jX增加
jX减少
0
π
2π
ωt
θ
u_o
0
π
2π
ωt

图 3-56　E 类功率放大器波形图

通过滤波后一个周期内负载上的输出电压 u_o 波形如图 3-56 所示，可以看到，它和开关上 u_S 之间有一个相移 θ，可以通过调整 jX 改变。

F 类、G 类和 H 类放大器是另一类高效功率放大器。在它们的集电极电路设置了专门的包括负载在内的无源网络，产生一定形状的电压波形，使晶体管在导通和截止的转换期间，电压 u_{CE} 和 i_C 同时具有较小的数值，从而减小过渡状态的集电极损耗。同时，还设法降低晶体管导通期间的集电极损耗。有关这几类放大器的原理、分析和计算可参看参考文献[6]。

各种高效功率放大器的原理与设计为进一步提高高频功率放大器的集电极效率提供了方法和思路。当然，实际器件的导通饱和电压不会为零，实际的开关转换时间也不为零，在采取各种措施后，高效功率放大器的集电极效率可达 90% 以上，但仍不能达到理想放大器的效率。

三、功率合成器

目前，由于技术上的限制和考虑，单个高频晶体管的输出功率一般只限于 10~1 000 W。当要求更大的输出功率时，除了采用电子管外，一个可行的方法就是采用功率合成器。

所谓功率合成器，就是采用多个高频功率放大器，使它们输出的高频功率在一个公共负载上相加。图 3-57 所示是常用的一种功率合成器组成方框图。图上除了信号源和负载外，还采用了两种基本器件：一种是用三角形代表的晶体管功率放大器（有源器件）；另一种是用菱形代表的功率分配和合并电路（无源器件）。在所举的例子中，输出级采用了 4 个晶体管功率放大器。根据同样原理，也可扩展至 8 个、16 个，甚至更多的晶体管。

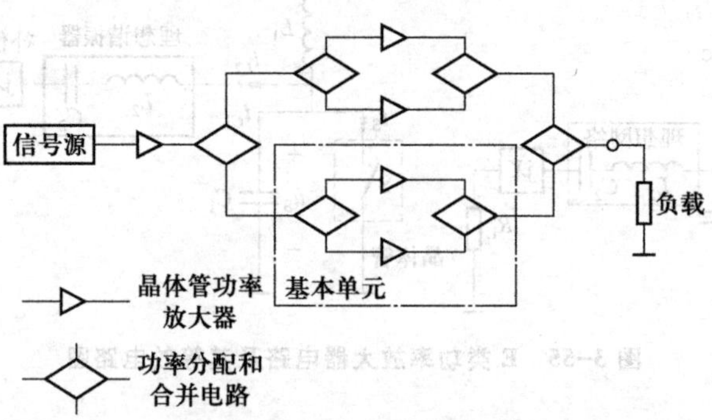
信号源
负载
晶体管功率放大器
基本单元
功率分配和合并电路

图 3-57 常用的一种功率合成器组成方框图

由图 3-57 可见，在末级放大器之前是一个功率分配过程，末级放大器之后是一个功率合并过程。通常，功率合成器所用的晶体管功率放大器数目较多。为了结构简单、性能可靠，晶体管功率放大器都不带调谐元件，也就是通常采用宽带工作方式。图中的功率分配和合并电路，可以用在第二章中介绍的由传输线变压器构成的 3 dB 耦合器，它也保证了所需的宽带特性。

由图 3-57 可以看出，功率合成器是由图上点画线方框中所示的一些基本单元组成的，掌握它们的电路和原理也就掌握了合成器的基本原理。图 3-58 所示就是功率合成器基本单元的一种电路，称为同相功率合成器。T_1 是作为分配器用的传输线变压器，T_2 作为合并器用。由 3 dB 耦合器原理可知，当两个晶体管输入电阻相等时，则两管输入电压与耦合器输入电压相等，即

$$\dot{U}_A = \dot{U}_B = \dot{U}_1$$

在正常工作时平衡电阻 R_{T1} 两端无电压，不消耗功率。由第二章中讨论的耦合器原理可知，各端口匹配的条件为

$$R_{T1} = 2R_A = 2R_B = 4R_S$$

当某一晶体管输入阻抗偏离上述值而与另一管输入阻抗不等时，将会产生反射。但因平衡电阻 R_{T1} 的存在，它会吸收反射功率，使另一管的输入电压不会变化。

在晶体管的输出端，当两管正常工作时，两管输出相同的电压，即 $\dot{U}_{A'} = \dot{U}_{B'}$，且 $\dot{U}_{A'} = \dot{U}_{B'} = \dot{U}_L$，但由于负载上的电流加倍，故负载上得到的功率是两管输出功率之和，即

$$P_L = \frac{1}{2} U_{A'}(2I_{c1}) = 2P_1$$

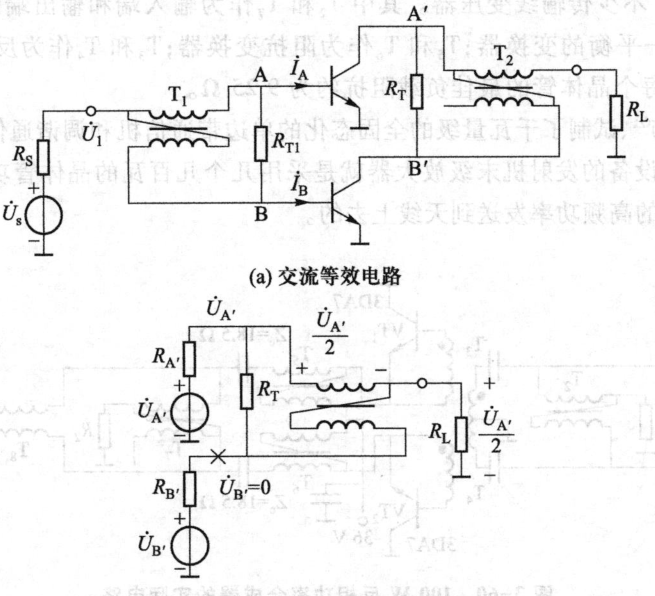
A′
A
$\dot{I}_A$
T_1
T_2
R_T
R_L
$\dot{U}_1$
R_S
R_{T1}
B′
$\dot{I}_B$
$\dot{U}_s$
B
$\dot{U}_{A'}$
$\frac{\dot{U}_{A'}}{2}$
$R_{A'}$
R_T
$\dot{U}_{A'}$
R_L
$\frac{\dot{U}_{A'}}{2}$
$R_{B'}$
$\dot{U}_{B'}=0$
$\dot{U}_{B'}$

(a) 交流等效电路

(b) B′信号源开路时的等效电路

图 3-58　同相功率合成器

此时平衡电阻 R_T上无功率损耗。

当两个晶体管不完全平衡，比如因某种原因输出电压发生变化甚至因管子损坏完全没有输出时，相当于图 3-58(b)所示的等效电路上的电动势$\dot{U}_{B'}$和等效电阻 $R_{B'}$发生变化。根据 3 dB 耦合器 A′与 B′端互相隔离的原理(在各端口阻抗满足一定关系时)，$\dot{U}_{A'}$电压是由$\dot{U}_B$产生的；$\dot{U}_{B'}$电压是由$\dot{U}_A$产生的，因此$\dot{U}_{B'}$的变化并不引起$\dot{U}_{A'}$的变化。当$\dot{U}_{B'}=0$时，由于流过负载的电流只有原来的一半，功率减小为原来的 1/4，而 A 管输出的另一半功率正好消耗在平衡电阻 R_T上，即有

$$P'_L=P_T=\frac{1}{2}P_1=\frac{1}{4}P_L \tag{3-60}$$

这样，当一管损坏时，虽然负载功率下降为原来功率的 1/4，但另一管的负载阻抗及输出电压不会变化而维持正常工作。这是在两个晶体管简单并联工作时所不能实现的。

图 3-59 所示是反相功率合成器的原理电路。输入和输出端也各加有一 3 dB 耦合器作功率分配和合并电路。只是信号源和负载分别接在两个耦合器的 Δ 端(差端)，平衡电阻 R_{T1}和 R_T接在 ∑ 端(和端)。这种放大器的工作原理和推挽功率放大器基本相同。但是由于有耦合器和平衡电阻的存在，AB 之间及A′B′之间有互相隔离作用(同样应满足一定的阻抗关系)，因而也具有上述同相功率合成器的特点，即不会因一个晶体管性能变化或损坏而影响另一晶体管的正常安全工作。

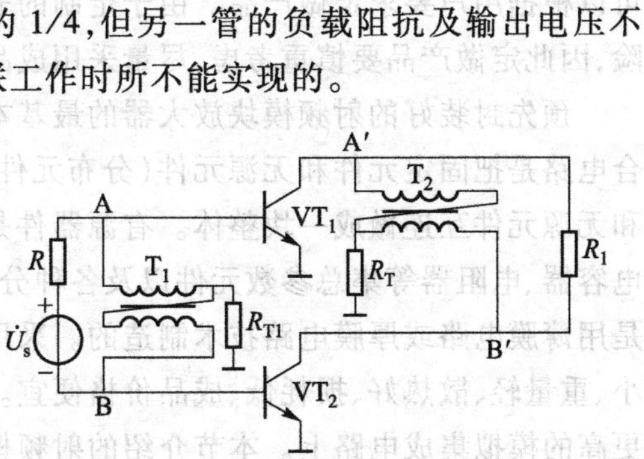
A′
T_2
A
VT_1
R
T_1
R_T
R_1
$\dot{U}_s$
R_{T1}
B′
VT_2
B

图 3-59　反相功率合成器的原理电路

图 3-60 所示是一 100 W 反相功率合成器的实际电路。它工作于 1.5～18 MHz，输出功率

100 W。电路中用了不少传输线变压器。其中 T_2 和 T_7 作为输入端和输出端的分配器和合并器；T_1 和 T_8 作为不平衡-平衡的变换器；T_5 和 T_6 作为阻抗变换器；T_3 和 T_4 作为反相激励的阻抗变换器。由图可以看出每个晶体管的最佳负载阻抗约为 9.25 Ω。

目前，我国已生产、试制了千瓦量级的全固态化的单边带通信机和调谐通信发射机。它们已经全部晶体管化，这些设备的发射机末级放大器就是采用几个几百瓦的晶体管功率放大器经功率合成以后，将千瓦量级的高频功率发送到天线上去的。

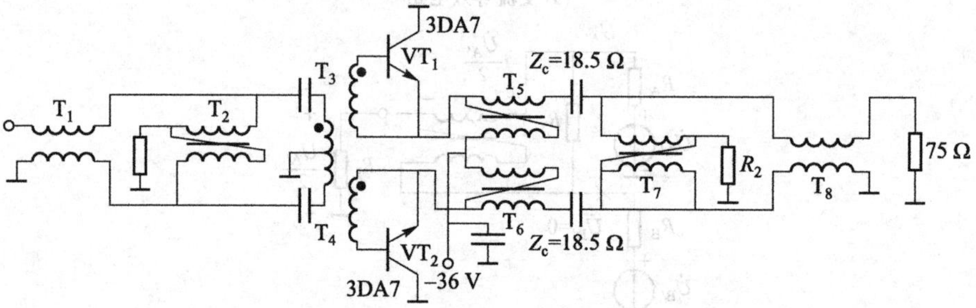
3DA7
VT1
T3
Zc=18.5 Ω
T5
T1
T2
T7
R2
T8
75 Ω
T6
T4
VT2
Zc=18.5 Ω
3DA7
−36 V

图 3-60　100 W 反相功率合成器的实际电路

四、射频模块放大器

射频单片集成功率放大器

在射频和非线性状态下工作的射频功率放大器和各种功能部件的设计是困难和复杂的，通常还要通过大量的调整、测试工作，才能使它们的性能达到设计要求。目前国内外的制造厂商提供了射频单片集成功放模块和有完善封装的射频模块放大器（radiofrequency modular amplifers）。这种射频模块放大器组件可以完成各种放大甚至振荡、混频、调制、功率合成与分配、环行器、定向耦合器等各种功能。在设计射频系统时，可以根据有关公司提供的模块手册，选用合适的模块，把它们固定在电路板上，再用高频电缆把它们连接在一起，便可构成能满足设计要求的射频系统，这就大大地简化了射频系统的设计。

大部分厂家生产的射频宽带功率放大器的主要共同特点是：提供热保护、无限驻波比保护，可以根据用户要求定做产品。由于定制的非标准产品未经过各种严格考核，使用时存在一定风险，因此定做产品要慎重考虑，尽量采用成品功率放大器。

预先封装好的射频模块放大器的最基本形式是一个采用混合电路技术的薄膜混合电路。混合电路是把固定元件和无源元件（分布元件或集总元件）外接在一块介质衬底上，并将有源器件和无源元件互连做成一块整体。有源器件是指场效应管及各种晶体管。无源元件是指电感器、电容器、电阻器等集总参数元件以及各种分布参数元件。这些集总参数元件和分布参数元件都是用薄膜电路或厚膜电路技术制造的。采用混合电路技术的优点是电路性能好、可靠性高、尺寸小、重量轻、散热好、损耗低、成品价格便宜。这种电路技术的重点越来越多地放在制造工作频率更高的模拟集成电路上。本节介绍的射频模块放大器在宽频带范围内具有增益，并封装在带有 4 个引脚的晶体管封装内（还有微带型封装和连接器封装等其他封装形式）。在晶体管封装中，两根引脚分别是输入端和输出端，另外两个引脚是地端和直流电源端。射频模块放大器的结构如图 3-61 所示。图 3-61（a）所示是一个 100～200 MHz 级联放大器，图 3-61（b）所示是一个在陶瓷芯片上的采用混合电路结构的模块构成详图，图中示出了芯片内电容器、薄膜电感器、电阻器、晶体管和导线连接的情况。

A86

(a) 100~200 MHz级联放大器

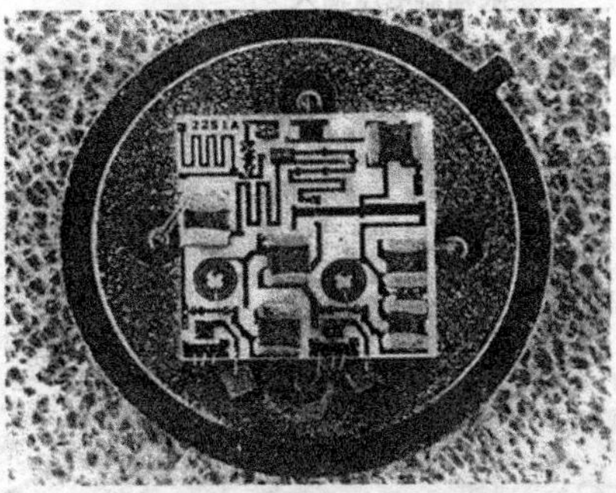

(b) 采用混合电路结构技术的模块构成详图

图 3-61 射频模块放大器结构

还有各种不同的射频模块放大器可供应用：有的是为了得到大功率或大动态范围的；有的是低噪声优化的；有的放大器可以设计在很宽的频率范围内工作；有的可工作在特定的通信频段上。例如，美国 AVANTEK 公司提供的 UTO-514 模块，它在 30~200 MHz 的频率范围内，具有 15 dB的增益、2 dB 的噪声系数和±0.75 dB 的增益平坦度，模块放大器封装在 TO-8 型的有 4 根引脚的晶体管封装中。

AVANTEK 公司的高性能 UTO 系列和 Watkin-Johnson 公司的 A 系列模块放大器几乎各有上百个品种，其最高工作频率可达 2 GHz。这些模块放大器可以单独使用，也可以级联使用。制造厂商把模块放大器装填在 2×2×1(in)的金属匣中，并带有射频同轴连接器的输入、输出插头，可供单独选用。还有装有相互级联的多个模块放大器的微带线电路板。

图 3-62 所示是一个模块式射频部件的微带线电路板，它由 A、B、C、D 4 个模块级联组成。A 是 AUF-025 衰减器，B 是 UTL 限幅器，C 和 D 都是 UFO 模块(C 的电源电压为+15 V，D 的为+24 V)。A→B、B→C、C→D 模块的上一级输出端与下一级输入端以微带线相互级联。电路板中还示出了直流、射频地和直流供电系统的电路连接。微带线电路板有一个信号输入端口和一个信号输出端口。

供组成射频系统时选用的各种连接器封装、晶体管封装和微带线封装的射频模块(AVANTEK 公司提供)如图 3-63 所示。

随着半导体技术的发展，出现了一些集成高频功率放大器件。这些功率放大器器件体积小，可靠性高，外接元件少，输出功率一般在几瓦至十几瓦之间。如日本三菱公司的 M57704 系列、

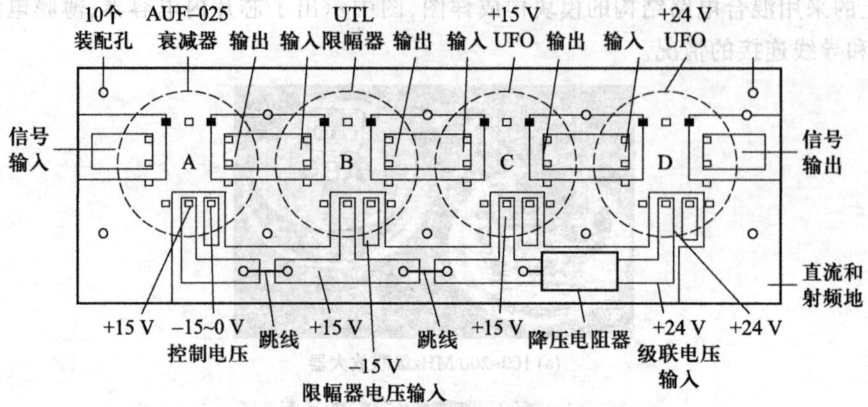
10个
装配孔
AUF-025
衰减器
输出
输入
UTL
限幅器
输出
输入
+15 V
UFO
输出
输入
+24 V
UFO
信号
输入
A
B
C
D
信号
输出
直流和
射频地
+15 V
-15~0 V
控制电压
跳线
+15 V
-15 V
限幅器电压输入
跳线
+15 V
降压电阻器
+24 V
级联电压
输入
+24 V

图 3-62 一个模块式射频部件的微带线电路板

AVANTEK
AVANTEK
AVANTEK
AVANTEK
AVANTEK

图 3-63 射频模块

美国Motorola 公司的 MHW 系列便是其中的代表产品。

表 3-5 列出了 Motorola 公司集成高频功率放大器 MHW 系列部分型号的电特性参数。

表 3-5 MHW 系列部分型号的电特性参数

型号	电源电压典型值/V	输出功率/W	最小功率增益/dB	效率/%	最大控制电压/V	频率范围/MHz	内部放大器级数	输入/输出阻抗/Ω
MHW105	7.5	5.0	37	40	7.0	68~88	3	50
MHW607-1	7.5	7.0	7.0	40	7.0	136~150	3	50
MHW704	6.0	3.0	3.0	38	6.0	440~470	4	50
MHW707-1	7.5	7.0	7.0	40	7.0	403~440	4	50

续表

型号	电源电压典型值/V	输出功率/W	最小功率增益/dB	效率/%	最大控制电压/V	频率范围/MHz	内部放大器级数	输入/输出阻抗/Ω
MHW803-1	7.5	2.0	2.0	37	4.0	820~850	4	50
MHW804-1	7.5	4.0	4.0	32	3.75	800~870	5	50
MHW903	7.2	3.5	3.5	40	3	890~915	4	50
MHW914	12.5	14	14	35	3	890~915	5	50

三菱公司的 M57704 系列高频功率放大器是一种厚膜混合集成电路，可用于频率调制移动通信系统。包括多个型号：M57704UL，工作频率为 380~400 MHz；M57704L，工作频率为 400~420 MHz；M57704M，工作频率为 430~450 MHz；M57704H，工作频率为 450~470 MHz；M57704UH，工作频率为 470~490 MHz；M57704SH，工作频率为 490~512 MHz。电特性参数为：当 $U_{CC}=12.5$ V，$P_{in}=0.2$ W，$Z_o=Z_i=50$ Ω 时，输出功率 $P_1=13$ W，效率为 35%~40%。

图 3-64 是 M57704 系列高频功率放大器的内部电路图。由图可见，它由三级放大电路和匹配网络（微带线和 LC 元件）组成。

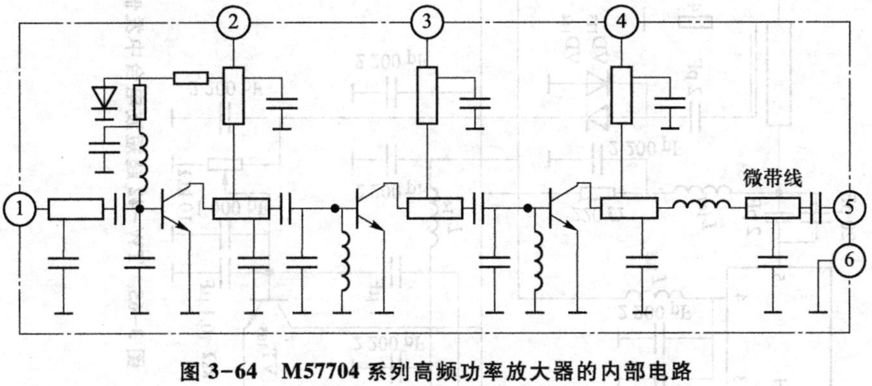
微带线

图 3-64　M57704 系列高频功率放大器的内部电路

图 3-65 所示是 TW-42 超短波电台中发信机高频功率放大器部分电路图。此电路采用了日本三菱公司的高频集成功率放大器电路 M57704H。

TW-42 电台采用频率调制，工作频率为 457.7~458 MHz，发射功率为 5 W。由图 3-65 可见，输入等幅调频信号经 M57704H 功率放大后，一路经微带线匹配滤波后，再经过 VD_{115} 送至多级 LC 网络，然后由天线发射出去；另一路经 VD_{113}、VD_{114} 检波，VT_{104}、VT_{105} 直流放大后，送给 VT_{103} 调整管，然后作为控制电压从 M57704H 的第②脚输入，调节第一级功率放大器的集电极电源，可以稳定整个集成功率放大器的输出功率。第二、三级功率放大器的集电极电源是固定的 13.8 V。

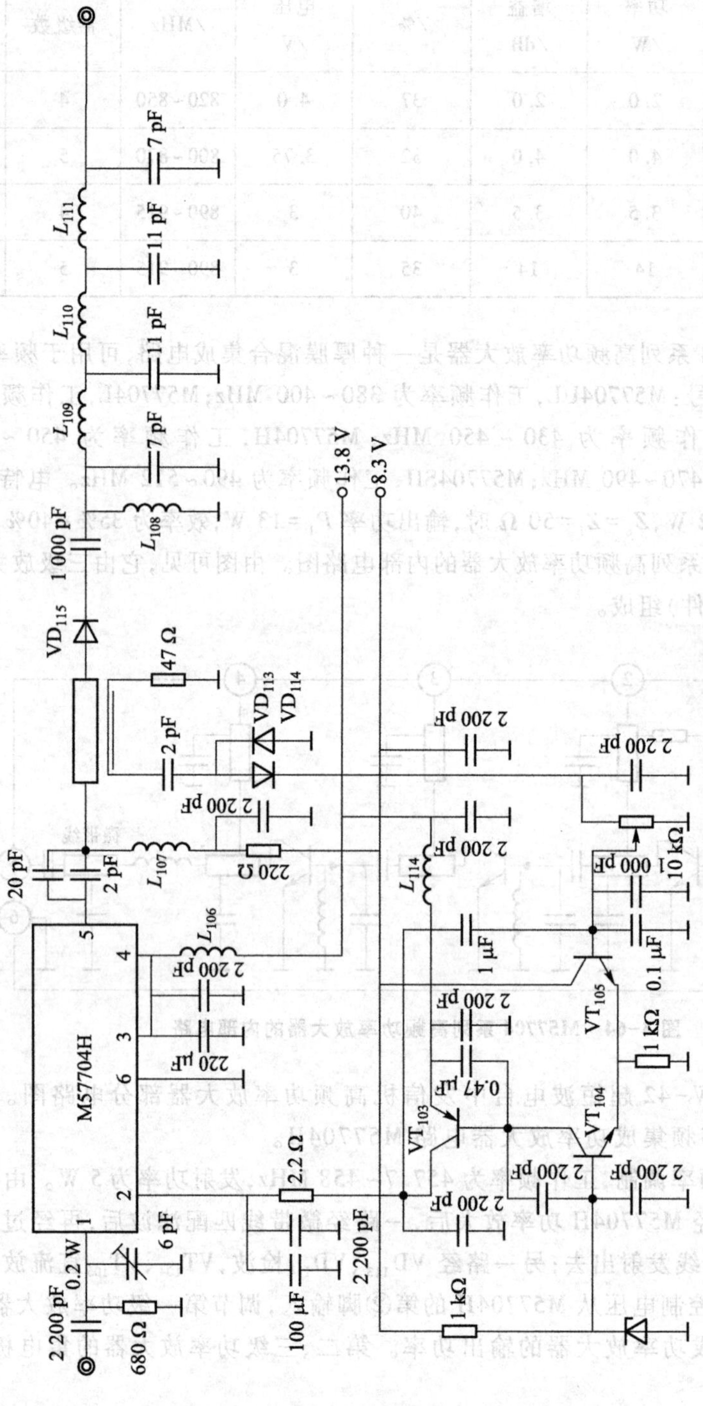
M57704H
VD115
1 000 pF
L108
13.8 V
8.3 V
L109
L110
L111
7 pF
11 pF
11 pF
7 pF
47 Ω
VD113
VD114
2 pF
2 200 pF
20 pF
2 pF
L107
220 Ω
L106
L114
1 μF
0.1 μF
1 000 pF
10 kΩ
VT105
VT104
VT103
1 kΩ
0.47 μF
220 μF
2.2 Ω
6 pF
0.2 W
2 200 pF
680 Ω
100 μF
2 200 pF
1 kΩ

图 3-65 TW-42 超短波电台中发信机高频功率放大器部分电路

美国 CERNEX 公司生产的宽带高功率放大器系列，外形封装如图 3-66 所示，+15 V 单电源输入，输出功率可高达 50 W，而且体积小。表 3-6 给出了部分参数。

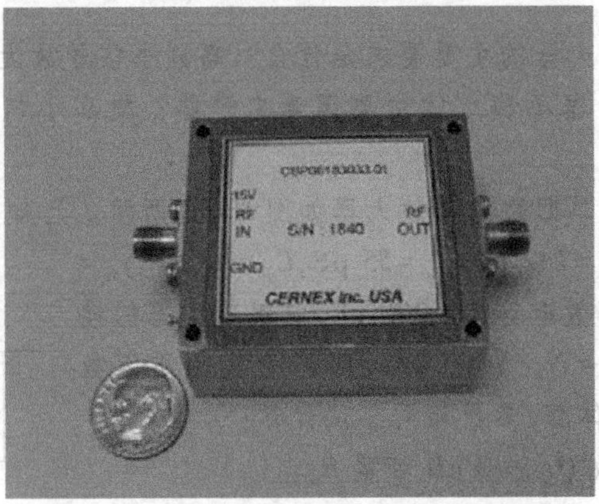
15V
RF IN
S/N 1840
RF OUT
GND
CERNEX Inc. USA

图 3-66　宽带高功率放大器系列外形封装

表 3-6　宽带高功率放大器系列部分参数

型号	频率范围 /GHz	增益 /dB (min)	噪声因子 /dB (max)	1 dB 压缩电平 $P_{in,1\ dB}$ /dBm (min)	三次互调截点 $IP3_{IM}$ /dBm (min)	驻波比输入/输出 (max)	电流@ 15VDC /A (Typ)
CBPH2014847	0.02~1	48	10	47	55	2:1	8.0
CBPU1U55253	0.1~0.5	52	10	53	63	2:1	40
CBPU2014646	0.2~1.0	46	10	46	55	2:1	8.0
CBPU4014644	0.4~1.0	46	10	44.5	57	2:1	8.0
CBPU5014036	0.4~1.2	40	10	36.5	47	2:1	2.0
CBPU5014040	0.5~1.0	40	8	40	47	2:1	7.0
CBPU5015251	0.5~1.0	50	10	49	61	2:1	30.0
CBPU5034046	0.5~3.0	40	10	37.5	46	2:1	4
CBPU8044645	0.8~4.2	46	10	45.75	53	2:1	25
CBP01023035	1.0~2.0	35	8	35	42	2:1	3.0
CBP01034646	1.0~3.0	46	10	46.5	42	2:1	26.0
CBP02043033	2.0~4.0	30	5	33	40	2:1	1.7
CBP02064040	2.0~6.0	40	8	40	47	2:1	10
CBP02083033	2.0~8.0	30	8	35	42	2:1	3.5
CBP02183533	2.0~18.0	35	7	33	40	2.25:1	90
CBP02203533	2.0~20.0	35	8	33	40	2.5:1	90

思考题与练习题

3-1　对高频小信号放大器的主要要求是什么？高频小信号放大器有哪些分类？

3-2　高频小信号放大器不稳定的主要因素有哪些？提高小信号放大器稳定性的措施有哪些？

3-3　一晶体管组成的单回路中频放大器如图 P3-1 所示。已知 $f_0=465$ kHz，晶体管经中和后的参数为：$g_{ie}=0.4$ mS，$C_{ie}=142$ pF，$g_{oe}=55$ μS，$C_{oe}=18$ pF，$y_{fe}=36.8$ mS，$y_{re}=0$ mS。回路等效电容 $C=200$ pF，中频变压器的接入系数 $p_1=N_1/N=0.35$，$p_2=N_2/N=0.035$，回路无载品质因数 $Q_0=80$，设下级也为同一晶体管，参数相同。试计算：

(1) 回路有载品质因数 Q_L 和 3 dB 带宽 $B_{0.707}$；

(2) 放大器的电压增益；

(3) 中和电容值。(设 $C_{b'c}=3$ pF)

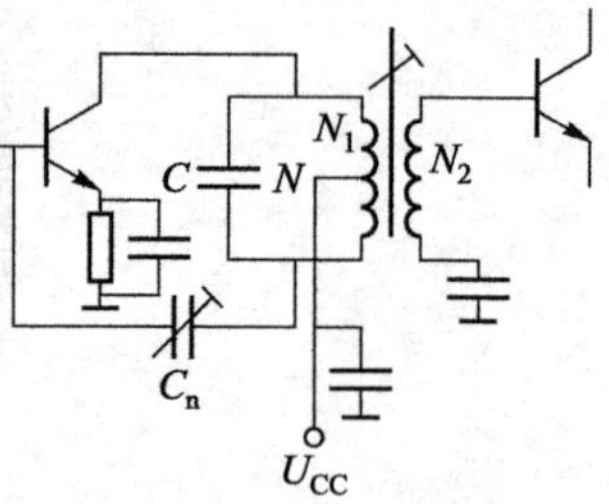
C
N
N_1
N_2
C_n
U_{CC}

图 P3-1　题 3-3 图

3-4　与单级谐振放大器相比，多级谐振放大器工作特性有何变化？

3-5　低噪声放大器与一般放大器相比，设计时需要考虑的因素有何不同？

3-6　当谐振功率放大器的输入激励信号为余弦波时，为什么集电极电流为余弦脉冲波形？但放大器为什么又能输出不失真的余弦波电压？

3-7　小信号谐振放大器与谐振功率放大器的主要区别是什么？

3-8　三级相同的单调谐中频放大器级联，中心频率 $f_0=465$ kHz，若要求总的带宽 $B_{0.707}=8$ kHz，求每一级回路的 3 dB 带宽和回路有载品质因数 Q_L 值。

3-9　若采用三级临界耦合双回路谐振放大器作中频放大器(3 个相同的双回路放大器)，中心频率为 $f_0=465$ kHz，当要求 3 dB 带宽为 8 kHz 时，每级放大器的 3 dB 带宽有多大？当偏离中心频率 10 kHz 时，电压放大倍数与中心频率时相比，下降了多少分贝？

3-10　集中选频放大器和谐振式放大器相比，有什么优点？设计集中选频放大器时，主要任务是什么？

3-11　什么叫高频功率放大器？它的功用是什么？应对它提出哪些主要要求？为什么高频功率放大器一般在 B 类、C 类状态工作？为什么通常采用谐振回路作负载？

3-12　高频功率放大器的欠压、临界、过压状态是如何区分的？各有什么特点？当 U_{CC}、U_{BB}、U_b 和 R_L 四个外界因素只变化其中的一个时，高频功率放大器的工作状态如何变化？

3-13　一高频功率放大器，原来工作在临界状态，电源电压 U_{CC} 始终保持不变，现分别出现如下现象，试分析产生的原因并说明工作状态如何变化。

(1) 功率放大器的输出功率变大，但效率降低，而 U_{BEmax} 和输出电压幅度 U_c 却不变；

(2) 功率放大器的输出功率变小，但效率反而提高，且 U_{CEmin} 和 U_{BEmax} 没有改变；

(3) 功率放大器的输出功率变大，且效率略有提高，而 U_c 保持不变。

3-14　在谐振功率放大电路中，若 U_b、U_c 及 U_{CC} 不变，而当 U_{BB} 改变时，I_{c1} 有明显的变化，问放大器此时工作在何种状态？为什么？

3-15　画出高频功率放大器的负载特性曲线，并写出最大输出功率，最高效率、最大集电极损耗各在何种工作状态。

3-16　某高频功率放大器工作在临界状态，已知其工作频率 $f=520$ MHz，电源电压 $U_{CC}=25$ V，集电极电压利用系数 $\xi=0.8$，输入激励信号电压的幅度 $U_b=6$ V，回路谐振阻抗 $R_e=50\ \Omega$，放大器的集电极效率 $\eta_c=75\%$。

(1) 求 U_c、I_{c1}、输出功率 P_1、集电极直流电源功率 P_0 及集电极功耗 P_c；

(2) 当激励电压 U_b 增加时，放大器过渡到何种工作状态？当负载阻抗 R_L 增加时，则放大器由临界状态过渡到何种工作状态？

3-17　已知集电极供电电压 $U_{CC}=24$ V，放大器输出功率 $P_1=2$ W，通角 $\theta=70°$，集电极效率 $\eta=82.5\%$，求功率放大器的其他参数 I_{c0}，I_{Cmax}，I_{c1}，P_c，U_{cm}。

3-18　已知高频功率放大器工作在过压状态，现欲将它调整到临界状态，可以通过改变哪些外界因素来实现？变化方向如何？在此过程中集电极输出功率 P_1 如何变化？

3-19　高频功率放大器中提高集电极效率的主要意义是什么？

3-20　设一理想化的晶体管静特性如图 P3-2 所示，已知 $U_{CC}=24$ V，$U_c=21$ V，基极偏压为零偏，$U_b=2.5$ V，试画出它的动特性曲线。此功率放大器工作在什么状态？并计算此功率放大器的 θ、P_1、P_0、η 及负载阻抗的大小。画出满足要求的基极回路。

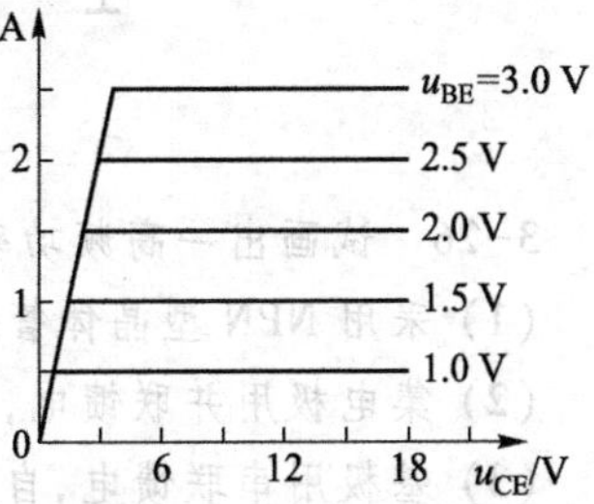

i_C/mA
u_{BE}=3.0 V
2.5 V
2.0 V
1.5 V
1.0 V
2
1
0
6
12
18
u_{CE}/V

图 P3-2　题 3-20 图

3-21　某谐振功率放大器及其动特性曲线如图 P3-3 所示。图中，$N_1=20$，$N_2=10$，$R_L=90\ \Omega$，测得该功率放大器的集电极效率 $\eta=60\%$。

(1) 确定放大器的工作状态；

(2) 求输出功率 P_1，集电极电源供给的直流输入功率 P_0 以及管耗 P_c；

(3) 为了使输出功率最大，试问电感抽头 A 点应如何变化。

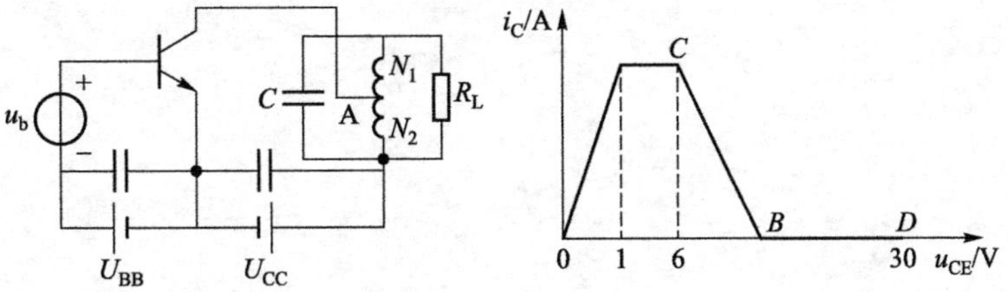

u_b
+
−
C
A
N_1
N_2
R_L
U_{BB}
U_{CC}
i_C/A
C
B
D
0
1
6
30
u_{CE}/V

图 P3-3　题 3-21 图

3-22　试回答下列问题：

(1) 利用功率放大器进行振幅调制，当调制的音频信号加在基极或集电极时，应如何选择功率放大器的工作状态？

(2) 利用功率放大器放大振幅调制信号时，应如何选择功率放大器的工作状态？

(3) 利用功率放大器放大等幅度的信号时，应如何选择功率放大器的工作状态？

3-23　谐振功率放大器工作于临界状态，若集电极回路失谐，I_{c0}，I_{c1}如何变化？对晶体管是否有危险？

3-24　当工作频率提高后，高频功率放大器通常出现增益下降，最大输出功率和集电极效率降低，这是由哪些因素引起的？

3-25　改正图 P3-4 所示电路中的错误，不得改变馈电形式，重新画出正确的电路。

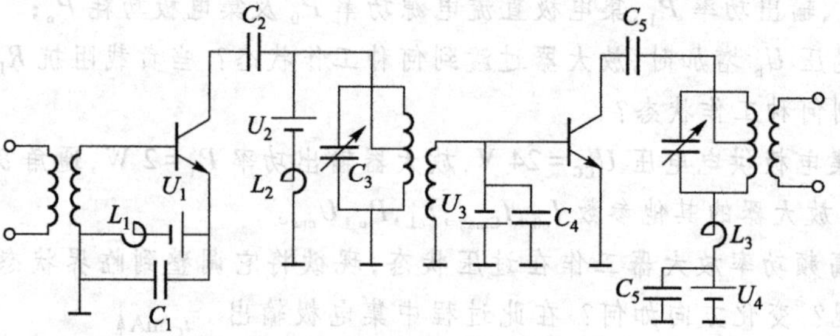

C_2
U_2
L_2
C_3
U_1
L_1
C_1
C_5
U_3
C_4
L_3
C_5
U_4

图 P3-4　题 3-25 图

3-26　试画出一高频功率放大器的实际电路。要求：

(1) 采用 NPN 型晶体管，发射极直接接地；

(2) 集电极用并联馈电，与振荡回路抽头连接；

(3) 基极用串联馈电，自偏压，与前级互感耦合。

3-27　一高频功率放大器以抽头并联回路作负载，振荡回路用可变电容调谐。工作频率 $f=5\ \mathrm{MHz}$，调谐时电容 $C=200\ \mathrm{pF}$，回路有载品质因数 $Q_L=20$，放大器要求的最佳负载阻抗 $R_{Lcr}=50\ \Omega$，试计算回路电感 L 和接入系数 p。

3-28　对于宽带线性功率放大器，如何实现在宽带范围内的线性化？

第四章

正弦波振荡器

正弦波振荡器是通信系统中不可或缺的部件，如发射机中正弦波振荡器提供指定频率的载波信号，在接收机中作为混频所需要的本地振荡信号或作为解调所需要的恢复载波信号等。另外，在自动控制及电子测量等其他领域，振荡器也有着广泛的应用。

第四章
导学图与要求

振荡器是没有激励信号的情况下能产生周期性振荡信号的电子电路。与放大器一样，振荡器也是一种能量转换器，但不同的是振荡器无须外部激励就能自动地将直流电源供给的功率转换为指定频率和振幅的交流信号功率输出。振荡器一般由晶体管等有源器件和具有选频能力的无源网络组成。

用于振荡器中的有源器件

振荡器的种类很多，根据工作原理可以分为反馈型振荡器和负阻型振荡器等；根据所产生的波形可以分为正弦波振荡器和非正弦波（矩形脉冲、三角波、锯齿波等）振荡器；根据选频网络所采用的器件可以分为 *LC* 振荡器、晶体振荡器、*RC* 振荡器等。本章主要介绍通信系统中常用的正弦波高频振荡器，更精密和多功能的振荡器或频率合成器参见第八章内容。

振荡器中的选频网络

第一节　反馈振荡器的原理

一、反馈振荡器的原理分析

反馈振荡器的原理框图如图 4-1 所示。由图可见，反馈振荡器是由放大器和反馈网络组成的一个闭合环路。放大器通常是以某种选频网络（如谐振回路）作负载的谐振放大器，反馈网络一般是由无源器件组成的线性网络。为了能产生自激振荡，必须有正反馈，即反馈到输入端的信号和放大器输入端的信号相位相同。

对于图 4-1，设放大器的电压增益（开环）为 $K(s)$，反馈网络的电压反馈系数为 $F(s)$，闭环电压增益为 $K_u(s)$，则

$$K_u(s)=\frac{U_o(s)}{U_s(s)} \tag{4-1}$$

由

$$K(s)=\frac{U_o(s)}{U_i(s)} \tag{4-2}$$

$$F(s)=\frac{U'_i(s)}{U_o(s)} \tag{4-3}$$

$$U_i(s)=U_s(s)+U'_i(s) \tag{4-4}$$

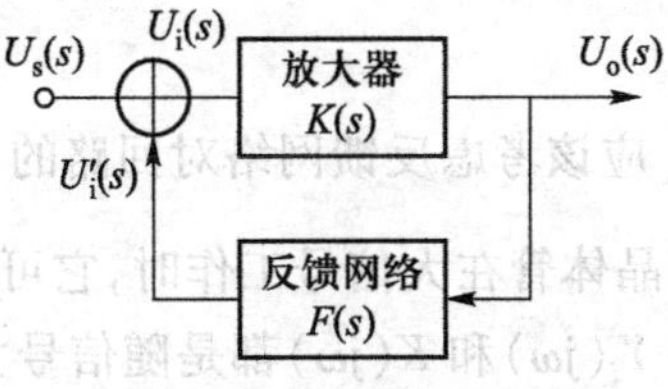

Us(s)
Ui(s)
放大器
K(s)
Uo(s)
U'i(s)
反馈网络
F(s)

图 4-1　反馈振荡器原理框图

得

$$K_u(s)=\frac{K(s)}{1-K(s)F(s)}=\frac{K(s)}{1-T(s)} \tag{4-5}$$

其中

$$T(s)=K(s)F(s)=\frac{U'_i(s)}{U_i(s)} \tag{4-6}$$

称为反馈系统的环路增益。用 $s=j\omega$ 代入，就得到稳态的传输系数和环路增益。若在某一频率 $\omega=\omega_1$ 上 $T(j\omega_1)$ 等于 1，$K_u(j\omega)$ 将趋于无穷大，这表明即使没有外加信号，也可以维持振荡输出。因此自激振荡的条件就是环路增益为 1，即

$$T(j\omega)=K(j\omega)F(j\omega)=1 \tag{4-7}$$

此条件通常又称为振荡器的平衡条件。

由式(4-6)还可知

$$\begin{cases}|T(j\omega)|>1, |U'_i(s)|>|U_i(s)|, \text{形成增幅振荡}\\ |T(j\omega)|<1, |U'_i(s)|<|U_i(s)|, \text{形成减幅振荡}\end{cases} \tag{4-8}$$

二、平衡条件

振荡器的平衡条件为

$$T(j\omega)=K(j\omega)F(j\omega)=1$$

也可以表示为

$$|T(j\omega)|=|K(j\omega)||F(j\omega)|=1 \tag{4-9a}$$

$$\varphi_T=\varphi_K+\varphi_F=2n\pi \qquad n=0,1,2,\cdots \tag{4-9b}$$

式(4-9a)和式(4-9b)分别称为振幅平衡条件和相位平衡条件。

现以单回路谐振放大器为例来看 $K(j\omega)$ 与 $F(j\omega)$ 的意义。若 $\dot{U}_o=\dot{U}_c$，$\dot{U}_i=\dot{U}_b$，则由式(4-2)可得

$$K(j\omega)=\frac{\dot{U}_o}{\dot{U}_i}=\frac{\dot{U}_c}{\dot{U}_b}=\frac{\dot{I}_c}{\dot{U}_b}\cdot\frac{\dot{U}_c}{\dot{I}_c}=-Y_f(j\omega)Z_L \tag{4-10}$$

式中，Z_L 为放大器的负载阻抗

$$Z_L=-\frac{\dot{U}_c}{\dot{I}_c}=R_L e^{j\varphi_L} \tag{4-11}$$

$Y_f(j\omega)$ 为晶体管的正向转移导纳

$$Y_f(j\omega)=\frac{\dot{I}_c}{\dot{U}_b}=Y_f e^{j\varphi_f} \tag{4-12}$$

Z_L 应该考虑反馈网络对回路的负载作用，它基本上是一线性元件。$\dot{I}_c$ 是电流的基波频率分量，当晶体管在大信号工作时，它可从对 i_C 的谐波分析中得到。$\dot{I}_c$ 与 $\dot{U}_b$ 呈非线性关系。因而一般来说 $Y_f(j\omega)$ 和 $K(j\omega)$ 都是随信号大小而变化的。

由式(4-3)可知，$F(j\omega)$ 一般情况下是线性电路的电压比值，但若考虑晶体管的输入电阻影

响，它也会随信号大小稍有变化（主要考虑对 φ_F 的影响）。为分析方便，引入一与 $F(\mathrm{j}\omega)$ 反号的反馈系数 $F'(\mathrm{j}\omega)$

$$F'(\mathrm{j}\omega)=F'\mathrm{e}^{\mathrm{j}\varphi_{F'}}=-F(\mathrm{j}\omega)=-\frac{\dot{U}'_{\mathrm{i}}}{\dot{U}_{\mathrm{c}}} \tag{4-13}$$

这样，振荡条件可写为

$$T(\mathrm{j}\omega)=-Y_{\mathrm{f}}(\mathrm{j}\omega)Z_{\mathrm{L}}F(\mathrm{j}\omega)=Y_{\mathrm{f}}(\mathrm{j}\omega)Z_{\mathrm{L}}F'(\mathrm{j}\omega)=1 \tag{4-14}$$

即振幅平衡条件和相位平衡条件分别可写为

$$Y_{\mathrm{f}}R_{\mathrm{L}}F'=1 \tag{4-15a}$$

$$\varphi_{\mathrm{f}}+\varphi_{\mathrm{L}}+\varphi_{F'}=2n\pi \quad n=0,1,2,\cdots \tag{4-15b}$$

在平衡状态中，电源供给的能量正好抵消整个环路损耗的能量，平衡时输出幅度将不再变化，因此振幅平衡条件决定了振荡器输出振幅大小。必须指出，环路只有在某一特定的频率上才能满足相位平衡条件，也就是说，相位平衡条件决定了振荡器输出信号频率的数值，解 $\varphi_T=0$ 得到的根即为振荡器的振荡频率，一般在回路的谐振频率附近。

三、起振条件

振荡器在实际应用时，不应有如图 4-1 所示的外加信号 $U_{\mathrm{s}}(s)$，应当是振荡器一加上电后即产生输出，那么初始的激励是从哪里来的呢？

振荡的最初来源是振荡器在接通电源时不可避免地存在的电冲击及各种热噪声等，例如：在加电时晶体管电流由零突然增加，突变的电流包含有很宽的频谱分量，在它们通过负载回路时，由谐振回路的性质即只有频率等于回路谐振频率的分量才可以产生较大的输出电压，而其他频率成分不会产生压降，因此负载回路上只有频率为回路谐振频率的成分产生压降，该压降通过反馈网络输出较大的正反馈电压，反馈电压又加到放大器的输入端，再进行放大、反馈，不断地循环下去，谐振负载上得到频率等于回路谐振频率的输出信号。

在振荡开始时由于激励信号较弱，输出电压的振幅 U_{o} 较小，经过不断放大、反馈循环后，输出幅度 U_{o} 应该逐渐增大，否则输出信号幅度过小，没有任何价值。为了使振荡过程中输出幅度不断增加，应使反馈回来的信号比输入到放大器的信号大，即振荡开始时应为增幅振荡，因而由式(4-8)可知

$$|T(\mathrm{j}\omega)|>1$$

此条件称为自激振荡的起振条件，也可写为

$$|T(\mathrm{j}\omega)|=Y_{\mathrm{f}}R_{\mathrm{L}}F'>1 \tag{4-16a}$$

$$\varphi_T=\varphi_{\mathrm{f}}+\varphi_{\mathrm{L}}+\varphi_{F'}=2n\pi \quad n=0,1,2,\cdots \tag{4-16b}$$

式(4-16a)和式(4-16b)分别称为起振的振幅条件和相位条件，其中起振的相位条件仍为正反馈条件。

振荡器工作时是怎样由 $|T(\mathrm{j}\omega)|>1$ 过渡到 $|T(\mathrm{j}\omega)|=1$ 的呢？已知放大器进行小信号放大时必须工作在晶体管的线性放大区，即起振时放大器工作在 $|T(\mathrm{j}\omega)|>1$ 的线性区，此时放大器的输出随输入信号的增加而线性增加；随着输入信号振幅的增加，放大器逐渐由放大区进入截止区或饱和区，即进入非线性状态，此时的输出信号幅度增加有限，或者说增益将随输入信号的增加而下降，如图 4-2 所示。所以，振荡器工作到一定阶段，环路增益将下降。当 $|T(\mathrm{j}\omega)|=1$ 即工作在

图 4-2 中 A 点时，振幅的增长过程将停止，振荡器到达平衡状态，进行等幅振荡。因此，振荡器由增幅振荡过渡到等幅振荡，是由放大器的非线性完成的。需要说明的是，电路的起振过程是非常短暂的，可以认为只要电路设计合理，满足起振条件，振荡器一通上电后，输出端就有稳定幅度的输出信号。

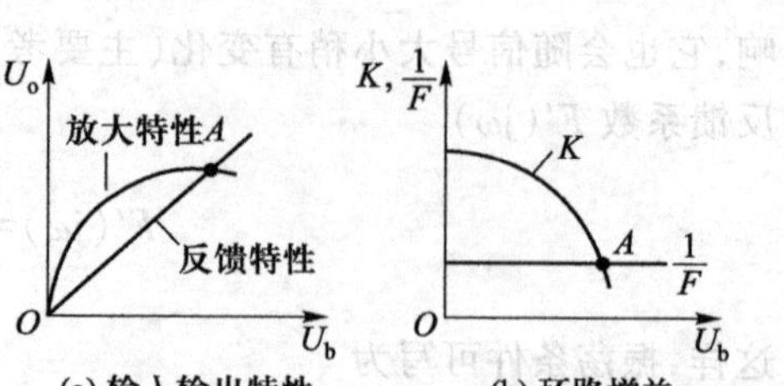

U_o
放大特性A
反馈特性
O
U_b
K, 1/F
K
A
1/F
O
U_b

(a) 输入输出特性　　(b) 环路增益

图 4-2　振幅条件的图解表示

四、稳定条件

处于平衡状态的振荡器应考虑其工作的稳定性，这是因为振荡器在工作的过程中不可避免地要受到外界各种因素的影响，如温度改变、电源电压的波动等。这些变化将使放大器增益和反馈系数改变，破坏原来的平衡状态，对振荡器的正常工作将会产生影响。如果通过放大和反馈的不断循环，振荡器能在原平衡点附近建立起新的平衡状态，而且当外界因素消失后，振荡器能自动回到原平衡状态，则原平衡点是稳定的；否则，原平衡点为不稳定的。

振荡器的稳定条件分为振幅稳定条件和相位稳定条件。

要使振幅稳定，振荡器在其平衡点必须具有阻止振幅变化的能力。具体来说就是在平衡点附近，当不稳定因素使振幅增大时，环路增益的模值 T 应减小，形成减幅振荡，从而阻止振幅的增大，达到新的平衡，并保证新平衡点在原平衡点附近，否则，若振幅增大，T 也增大，则振幅将持续增大，远离原平衡点，不能形成新的平衡，振荡器不稳定；而当不稳定因素使振幅减小时，T 应增大，形成增幅振荡，阻止振幅的减小，在原平衡点附近建立起新的平衡，否则振荡器将是不稳定的。因此，振幅稳定条件为

$$\left.\frac{\partial T}{\partial U_{\mathrm{i}}}\right|_{U_{\mathrm{i}}=U_{\mathrm{i}A}}<0 \tag{4-17}$$

由于反馈网络为线性网络，即反馈系数 F 大小不随输入信号改变，故振幅稳定条件又可写为

$$\left.\frac{\partial K}{\partial U_{\mathrm{i}}}\right|_{U_{\mathrm{i}}=U_{\mathrm{i}A}}<0 \tag{4-18}$$

式中，K 为放大器增益。由于放大器的非线性，只要电路设计合理，振幅稳定条件一般很容易满足。若振荡器采用自偏压电路，并工作到截止状态，其 $|\partial K/\partial U_{\mathrm{i}}|$ 大，振幅稳定性好。

在解释振荡器的相位稳定性前，必须清楚一个正弦信号的相位 φ 和它的频率 ω 之间的关系

$$\omega=\frac{\mathrm{d}\varphi}{\mathrm{d}t} \tag{4-19a}$$

$$\varphi=\int_{-\infty}^{t}\omega\mathrm{d}t \tag{4-19b}$$

可见，相位的变化必然要引起频率的变化，频率的变化也必然要引起相位的变化。

设振荡器原在 $\omega=\omega_1$ 时处于相位平衡状态，即有 $\varphi_{\mathrm{L}}(\omega_1)+\varphi_{\mathrm{f}}+\varphi_{F'}=0$，现因外界原因使振荡器的反馈电压 $\dot{U}_{\mathrm{b}}'$ 的相位超前原输入信号 $\dot{U}_{\mathrm{b}}$。由于反馈相位提前（即每一周期中 $\dot{U}_{\mathrm{b}}'$ 的相位均超前 $\dot{U}_{\mathrm{b}}$），振荡周期要缩短，振荡频率要提高，比如提高到 ω_2，$\omega_2>\omega_1$。当外界因素消失后，显然 ω_2 处不满足相位平衡条件。这时，$\varphi_{\mathrm{f}}+\varphi_{F'}$ 不变，但由于 $\omega_2>\omega_1$，振荡回路具有图 4-3 所示的相位特性时，φ_{L} 要下降，即这时 $\dot{U}_{\mathrm{b}}'$ 相对于 $\dot{U}_{\mathrm{b}}$ 的辐角

$$\varphi_L+\varphi_f+\varphi_{F'}<0$$

这表示$\dot{U}'_b$落后于$\dot{U}_b$，导致振荡周期增长，振荡频率降低，即又恢复到原来的振荡频率ω_1。上述相位稳定是靠φ_L随ω增加而降低来实现的，即并联振荡回路的相位特性保证了相位稳定。因此相位稳定条件为

$$\left.\frac{\partial\varphi_L}{\partial\omega}\right|_{\omega=\omega_1}<0 \tag{4-20}$$

回路的Q值越高，$|\partial\varphi_L/\partial\omega|$值越大，其相位稳定性越好。

五、振荡电路举例——互感耦合振荡器

图 4-4 所示是一 LC 振荡器的实际电路，图中反馈网络由 L 和 L_1 间的互感 M 担任，因而称为互感耦合振荡器，或称为变压器反馈振荡器。设振荡器的工作频率等于回路谐振频率，当基极加有信号$\dot{U}_b$时，由晶体管中的电流流向关系可知集电极输出电压$\dot{U}_c$与输入电压$\dot{U}_b$反相，根据图中两线圈上所标的同名端，可以判断出反馈线圈 L_1 两端的电压$\dot{U}'_b$与$\dot{U}_c$反相，故$\dot{U}'_b$与$\dot{U}_b$同相，该反馈为正反馈。因此只要电路设计合理，在工作时满足$\dot{U}'_b=\dot{U}_b$条件，在输出端就会有正弦波输出。

互感耦合振荡器的正反馈是由互感耦合振荡回路中的同名端来保证的。

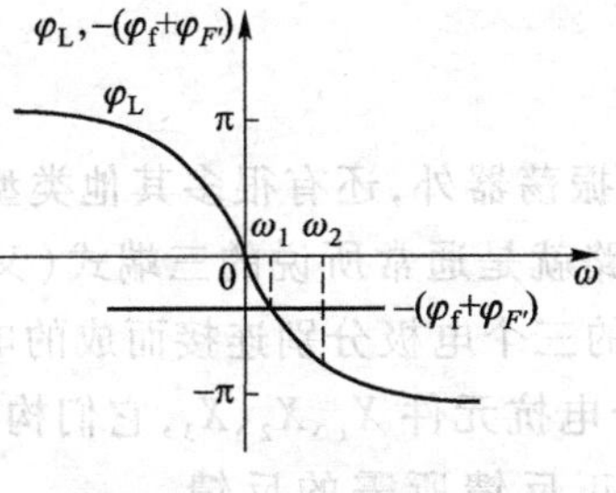

$\varphi_L, -(\varphi_f+\varphi_{F'})$
φ_L
π
ω_1 ω_2
0
ω
$-(\varphi_f+\varphi_{F'})$
−π

图 4-3 振荡器稳定工作时回路的相频特性

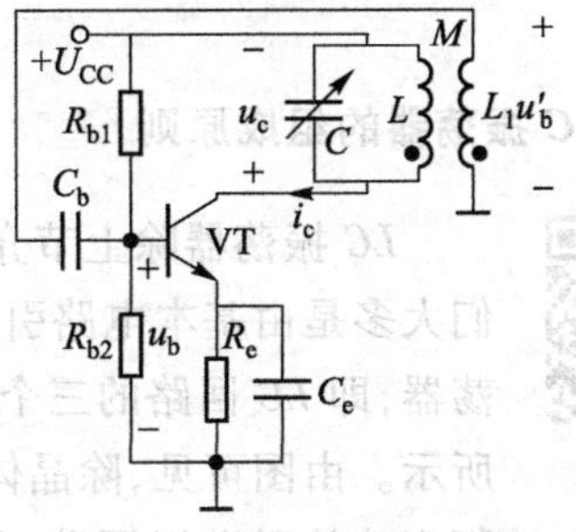

$+U_{CC}$
R_{b1}
C_b
u_c
C
L
M
L_1
u'_b
+
−
VT
i_c
R_{b2}
u_b
R_e
C_e

图 4-4 互感耦合振荡器

六、振荡器主要技术指标

由振荡器原理可知，其主要技术指标包括输出频率和输出功率两方面。不同的电路形态和不同的选频网络形式决定了或影响着振荡器的技术指标，后边几节振荡器电路的演进也正是针对不同的技术指标要求展开的。

1. 振荡频率（范围）

振荡频率或频率范围是振荡器的最基本参数。对于普通单频振荡器，振荡频率指的是振荡器（实际）工作频率(f_1)，它与标称频率(f_0)的差称为频率偏差。频率偏差的大小说明振荡频率的精确度情况。频率的精确度可以用绝对精度(Hz)和相对精度(ppm)两种表示方式表示。

对于频带振荡器，其输出频率范围是指振荡器工作的最低工作频率到最高工作频率，也可以用频率调谐范围或频率覆盖系数来表示($k=f_{max}/f_{min}$)。

2. 频率稳定性

频率稳定性是指振荡器外部条件导致的实际输出频率与理想值（标称频率）之间的差值随时间的变化程度，这是振荡器最基本也是最重要的参数之一。一般用相对稳定度表示，本章第三节将专门讨论。

3. 抖动和相位噪声

抖动是输出波形在时间上的偏差，也可以理解为相位变化，即相位噪声。理想单频正弦波振荡器的频谱应该是一根谱线，但由于相位噪声的存在，其谱线实际是一个包络，这个包络越窄，说明相位噪声（抖动）越小，信号越接近理想信号。抖动和相位噪声是由随机效应产生的，可以理解为瞬时频率稳定度。

4. 工作温度范围

工作温度范围规定了器件工作时需适应的环境温度。不同的应用场合，有不同的要求；在某些要求很高的应用场合，需要在恒温下应用。

5. 输出功率与功耗

输出功率包括输出功率的大小、摆幅、频率特性等，通常与电源电压、输出阻抗和功耗等因素有关。

第二节　*LC* 振荡器

一、*LC* 振荡器的组成原则

振荡电路分析思路

LC 振荡器除上节介绍的互感耦合振荡器外，还有很多其他类型的振荡器，它们大多是由基本电路引出的。基本电路就是通常所说的三端式（又称三点式）振荡器，即 *LC* 回路的三个端点与晶体管的三个电极分别连接而成的电路，如图 4-5 所示。由图可见，除晶体管外还有三个电抗元件 X_1、X_2、X_3，它们构成了决定振荡频率的并联谐振回路，同时也构成了正反馈所需的反馈网络，为此，三者必须满足一定的关系。

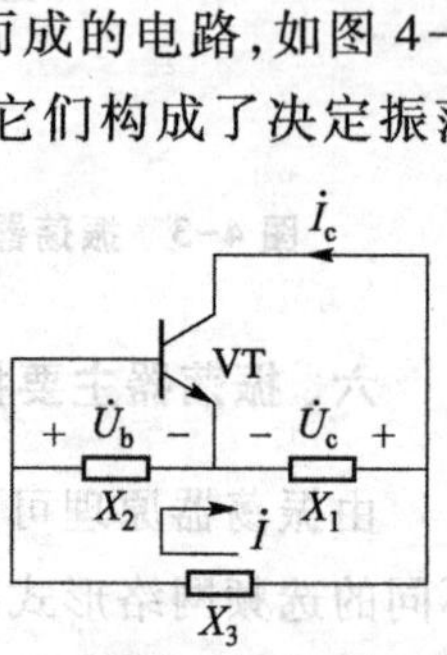

$\dot{I}_c$
VT
$+\ \dot{U}_b\ -$
$-\ \dot{U}_c\ +$
X_2
X_1
$\dot{I}$
X_3

图 4-5　三端式振荡器的组成

根据谐振回路的性质，在回路谐振时回路应呈纯阻性，因而有

$$X_1+X_2+X_3=0 \tag{4-21}$$

所以电路中三个电抗元件不能同时为感抗或容抗，必须由两种不同性质的电抗元件组成。

在不考虑晶体管参数（如输入电阻、极间电容等）的影响并假设回路谐振时，有 $\varphi_L=0,\varphi_f=0$。为了满足相位平衡条件，即正反馈条件，应要求 $\varphi_{F'}=0$。根据式(4-13)，有 $\dot{U}_b$ 应与 $-\dot{U}_c$ 同相。一般情况下，回路 Q 值很高，因此回路电流 $\dot{I}$ 远大于晶体管的基极电流 $\dot{I}_b$、集电极电流 $\dot{I}_c$ 以及发射极电流 $\dot{I}_e$，故由图 4-5 有

$$\dot{U}_b=jX_2\dot{I} \tag{4-22a}$$

$$\dot{U}_c=-jX_1\dot{I} \tag{4-22b}$$

因此 X_1、X_2 应为同性质的电抗元件。

综上所述，从相位平衡条件判断图 4-5 所示的三端式振荡器能否振荡的原则为：

① X_1 和 X_2 的电抗性质相同；

② X_3 与 X_1、X_2 的电抗性质相反。

为便于记忆，可以将此原则具体化：与晶体管发射极相连的两个电抗元件必须是同性质的，而不与发射极相连的另一电抗与它们的性质相反，简单可记为“射同余异”。考虑到场效应管与晶体管电极对应关系，只要将上述原则中的发射极改为源极即可适用于场效应管振荡器，即“源同余异”。

三端式振荡器有两种基本电路如图 4-6 所示。图 4-6(a)所示电路中 X_1 和 X_2 为容性，X_3 为感性，满足三端式振荡器的组成原则，但反馈网络是由电容元件完成的，称为电容反馈振荡器，也称为考毕兹(Colpitts)振荡器；图 4-6(b)所示电路中 X_1 和 X_2 为感性，X_3 为容性，满足三端式振荡器的组成原则，反馈网络是由电感元件完成的，称为电感反馈振荡器，也称为哈特莱(Hartley)振荡器。

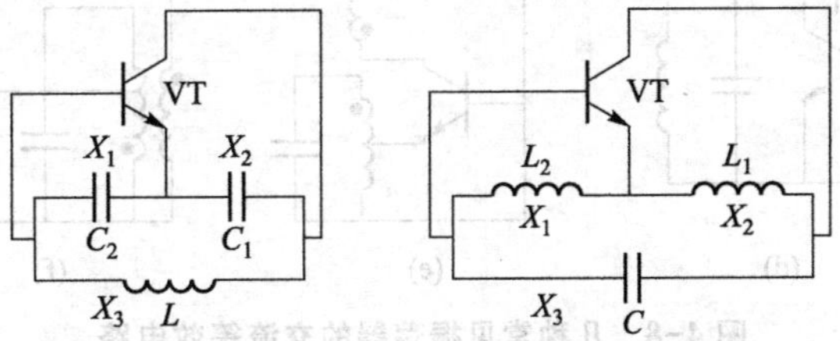
VT
X1
X2
C2
C1
X3
L
VT
L2
L1
X1
X2
X3
C

(a) 电容反馈振荡器　(b) 电感反馈振荡器

图 4-6　两种基本的三端式振荡器

例 4-1　图 4-7 所示是三回路振荡器的等效电路，设有下列四种情况：

(1) $L_1C_1>L_2C_2>L_3C_3$；

(2) $L_1C_1<L_2C_2<L_3C_3$；

(3) $L_1C_1=L_2C_2>L_3C_3$；

(4) $L_1C_1<L_2C_2=L_3C_3$。

试分析上述四种情况是否都能振荡，振荡频率 f_1 与三个回路谐振频率有何关系，属于何种类型的振荡器。

解：要使得电路可能振荡，根据三端式振荡器的组成原则有：L_1、C_1 回路与 L_2、C_2 回路在振荡时呈现的电抗性质相同，L_3、C_3 回路与它们的电抗性质不同。又由于三个回路都是并联谐振回路，根据并联谐振回路的相频特性，该电路要能够振荡，三个回路的谐振频率必须满足 $f_{03}>\max(f_{01}、f_{02})$ 或 $f_{03}<\min(f_{01}、f_{02})$。所以：

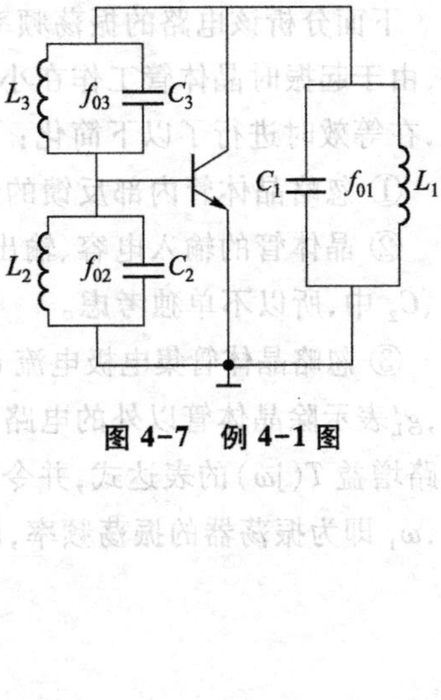
L3
f03
C3
C1
f01
L1
L2
f02
C2

图 4-7　例 4-1 图

(1) $f_{01}<f_{02}<f_{03}$，故电路可能振荡，可能振荡的频率 f_1 为 $f_{02}<f_1<f_{03}$，属于电容反馈的振荡器。

(2) $f_{01}>f_{02}>f_{03}$，故电路可能振荡，可能振荡的频率 f_1 为 $f_{02}>f_1>f_{03}$，属于电感反馈的振荡器。

(3) $f_{01}=f_{02}<f_{03}$，故电路可能振荡，可能振荡的频率 f_1 为 $f_{01}=f_{02}<f_1<f_{03}$，属于电容反馈的振荡器。

(4) $f_{01}>f_{02}=f_{03}$，故电路不可能振荡。

图 4-8 所示是几种常见振荡器的交流等效电路，读者不妨自行判断它们是由哪种基本电路演变而来的。

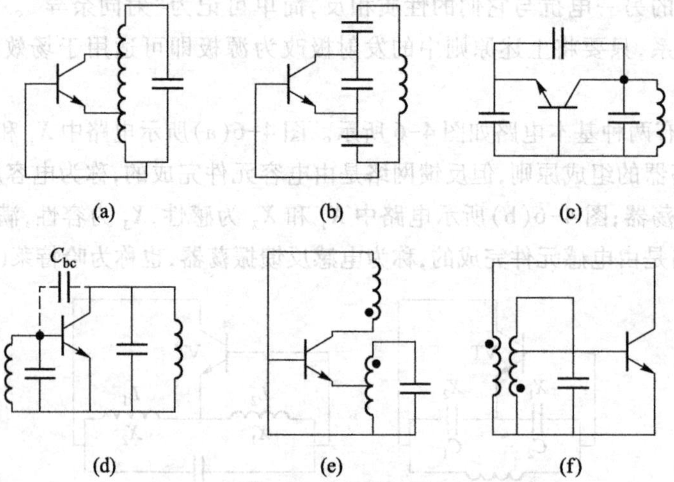

(a)
(b)
(c)
C_{bc}
(d)
(e)
(f)

图 4-8　几种常见振荡器的交流等效电路

二、电容反馈振荡器

图 4-9(a)所示是一电容反馈振荡器的实际电路，图 4-9(b)所示是其交流等效电路。由图 4-9(b)可看出，该电路满足振荡器的相位条件，且反馈是由电容产生的，因此称为电容反馈振荡器。图 4-9(a)中，电阻 R_1、R_2、R_e 起直流偏置作用，在开始振荡前这些电阻决定了静态工作点，当振荡产生以后，由于晶体管的非线性及工作到截止状态，基极、发射极电流发生变化，这些电阻又起自偏压作用，从而限制和稳定了振荡的幅度大小；C_e 为旁路电容，C_b 为隔直电容，保证起振时具有合适的静态工作点及交流通路。图中的扼流圈 L_C 可以防止集电极交流电流从电源入地，L_C 的交流阻抗很大，可以视为开路，但直流电阻很小，可为集电极提供直流通路。

下面分析该电路的振荡频率与起振条件。图 4-9(c)为图 4-9(a)所示的高频小信号等效电路，由于起振时晶体管工作在小信号线性放大区，因此可以用小信号 Y 参数等效电路。为分析方便，在等效时进行了以下简化：

① 忽略晶体管内部反馈的影响，$Y_{re}=0$。

② 晶体管的输入电容、输出电容很小，可以忽略它们的影响，也可以将它们包含在回路电容 C_1、C_2 中，所以不单独考虑。

③ 忽略晶体管集电极电流 i_c 对输入信号 u_b 的相移，将 Y_{fe} 用跨导 g_m 表示。另外在图 4-9(c)中，g_L' 表示除晶体管以外的电路中所有电导折算到 ce 两端后的总电导。由图 4-9(c)可以得出环路增益 $T(j\omega)$ 的表达式，并令 $T(j\omega)$ 虚部在频率为 ω_1 时等于零，则根据振荡器的相位平衡条件，ω_1 即为振荡器的振荡频率，因此图 4-9 所示电路的振荡频率为

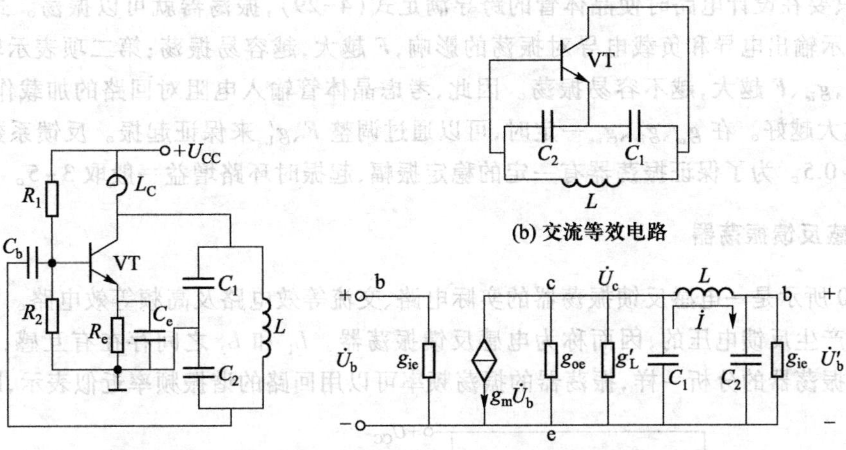

VT
C_2
C_1
L
$+U_{CC}$
L_C
R_1
C_b
VT
C_1
R_2
C_e
R_e
L
C_2
b
c
$\dot{U}_c$
L
b
$\dot{I}$
$\dot{U}_b$
g_{ie}
g_{oe}
g'_L
C_1
C_2
g_{ie}
$\dot{U}'_b$
$g_m\dot{U}_b$
e

(a) 实际电路　　(b) 交流等效电路　　(c) 高频小信号等效电路

图 4-9　电容反馈振荡器电路

$$\omega_1=\sqrt{\frac{1}{LC}+\frac{g_{ie}(g_{oe}+g'_L)}{C_1C_2}} \tag{4-23}$$

C 为回路的总电容

$$C=\frac{C_1C_2}{C_1+C_2} \tag{4-24}$$

通常式(4-23)中的第二项远小于第一项，也就是说振荡器的振荡频率 ω_1 可以近似用回路的谐振频率 $\omega_0=\sqrt{1/LC}$ 表示，因此在分析计算振荡器的振荡频率时可以近似用回路的谐振频率来表示，即

$$\omega_1\approx\omega_0=\sqrt{\frac{1}{LC}} \tag{4-25}$$

由图 4-9(c)可知，当不考虑 g_{ie} 的影响时，反馈系数 $F(j\omega)$ 的大小为

$$F=|F(j\omega)|=\frac{U_b}{U_c}=\frac{\frac{I}{\omega C_2}}{\frac{I}{\omega C_1}}=\frac{C_1}{C_2} \tag{4-26}$$

工程上一般采用式(4-26)估算反馈系数的大小。

将 g_{ie} 折算到放大器输出端，有

$$g'_{ie}=\left(\frac{U_b}{U_c}\right)^2g_{ie}=F^2g_{ie} \tag{4-27}$$

因此，放大器总的负载电导 g_L 为

$$g_L=F^2g_{ie}+g_{oe}+g'_L \tag{4-28}$$

则由振荡器的振幅起振条件 $Y_fR_LF'>1$，可以得到

$$g_m\geqslant(g_{oe}+g'_L)\frac{1}{F}+g_{ie}F \tag{4-29}$$

此式表明，只要在设计电路时使晶体管的跨导满足式(4-29)，振荡器就可以振荡。式(4-29)右边第一项表示输出电导和负载电导对振荡的影响，F 越大，越容易振荡；第二项表示输入电阻对振荡的影响，g_{ie}、F 越大，越不容易振荡。因此，考虑晶体管输入电阻对回路的加载作用，反馈系数 F 并非越大越好。在 g_m、g_{ie}、g_{oe} 一定时，可以通过调整 F、g'_L 来保证起振。反馈系数 F 的大小一般取 0.1~0.5。为了保证振荡器有一定的稳定振幅，起振时环路增益一般取 3~5。

三、电感反馈振荡器

图 4-10 所示是一电感反馈振荡器的实际电路、交流等效电路及高频等效电路。由图可见它是依靠电感产生反馈电压的，因而称为电感反馈振荡器。L_1 和 L_2 之间存在有互感，用 M 表示。同电容反馈振荡器的分析一样，振荡器的振荡频率可以用回路的谐振频率近似表示，即

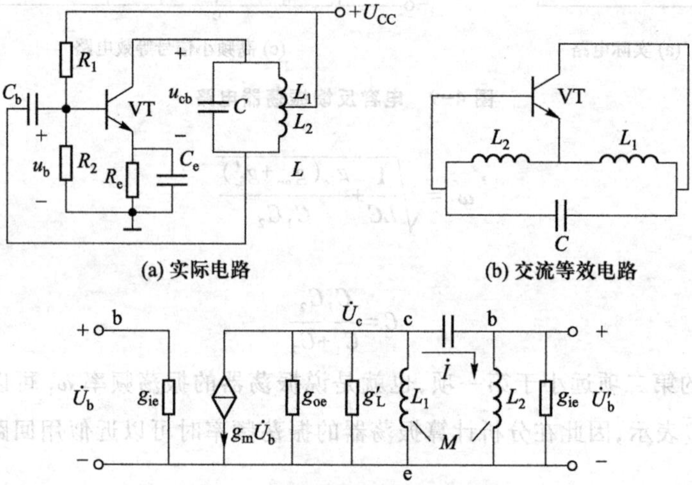

+U_CC
R_1
C_b
VT
u_cb
C
L_1
L_2
L
u_b
R_2
R_e
C_e
L_2
L_1
C
b
U̇_c
c
b
U̇_b
g_ie
g_m U̇_b
g_oe
g'_L
L_1
L_2
g_ie
U̇'_b
İ
M
e

(a) 实际电路　　(b) 交流等效电路

(c) 高频等效电路

图 4-10　电感反馈振荡器电路

$$\omega_1 \approx \omega_0 = \sqrt{\frac{1}{LC}} \tag{4-30}$$

式中的 L 为回路的总电感，由图 4-10 有

$$L = L_1 + L_2 + 2M \tag{4-31}$$

由相位平衡条件分析，振荡器的振荡频率表达式为

$$\omega_1 = \sqrt{\frac{1}{LC + g_{ie}(g_{oe} + g'_L)(L_1 L_2 - M^2)}} \tag{4-32}$$

式中的 g'_L 与电容反馈振荡器相同，表示除晶体管以外的所有电导折算到 ce 两端后的总电导。由式(4-30)和式(4-32)可见，振荡频率近似用回路的谐振频率表示时其偏差较小，而且线圈耦合越紧，偏差越小。

工程上在计算反馈系数时不考虑 g_{ie} 的影响，反馈系数的大小为

$$F = |F(j\omega)| \approx \frac{L_2 + M}{L_1 + M} \tag{4-33}$$

由起振条件分析同样可得起振时的 g_m 应满足

$$g_m \geqslant (g_{oe}+g'_L)\frac{1}{F}+g_{ie}F \tag{4-34}$$

在讨论了电容反馈振荡器和电感反馈振荡器后，对它们的特点比较如下：

① 两种电路都简单，容易起振。

② 由于晶体管存在极间电容，对于电感反馈振荡器，极间电容与回路电感并联，在频率高时极间电容影响大，有可能使电抗的性质改变，故电感反馈振荡器的工作频率不能过高；电容反馈振荡器，其极间电容与回路电容并联，不存在电抗性质改变的问题，故工作频率可以较高。

③ 振荡器在稳定振荡时，晶体管工作在非线性状态，在回路上除有基波电压外还存在少量谐波电压（谐波电压大小与回路的 Q 值有关）。对于电容反馈振荡器，由于反馈是由电容产生的，高次谐波在电容上产生的反馈压降较小；而对于电感反馈振荡器，反馈是由电感产生的，高次谐波在电感上产生的反馈压降较大。即电感反馈振荡器输出的谐波较电容反馈振荡器的大，因此电容反馈振荡器的输出波形比电感反馈振荡器的输出波形要好。

④ 改变电容能够调整振荡器的工作频率。电容反馈振荡器在改变频率时，反馈系数也将改变，影响了振荡器的振幅起振条件，故电容反馈振荡器一般工作在固定频率；电感反馈振荡器改变频率时，并不影响反馈系数，工作频带较电容反馈振荡器要宽。需要指出的是，电感反馈振荡器的工作频带不会很宽，这是因为改变频率，将改变回路的谐振阻抗，可能使振荡器停振。

综上所述，由于电容反馈振荡器具有工作频率高、波形好等优点，在许多场合得到了应用。

四、两种改进型电容反馈振荡器

由于极间电容对电容反馈振荡器及电感反馈振荡器的回路电抗均有影响，从而对振荡频率也会有影响。而极间电容受环境温度、电源电压等因素的影响较大，所以上述两种电路的频率稳定度不会太高。为了提高频率稳定度，需要对电路改进以减少晶体管极间电容对回路的影响，可以采用减弱晶体管与回路之间耦合的方法，由此得到两种改进型电容反馈振荡器——克拉泼（Clapp）振荡器和西勒（Siler）振荡器。

1. 克拉泼振荡器

图 4-11 所示是克拉泼振荡器的实际电路和交流等效电路，它是用电感 L 和可变电容 C_3 的串联电路代替原电容反馈振荡器中的电感构成的，且 $C_3 \ll C_1$、C_2。只要 L 和 C_3 串联电路等效为一电感（在振荡频率上），该电路即满足三端式振荡器的组成原则，而且属于电容反馈振荡器。

由图 4-11 可知，回路的总电容为

$$\frac{1}{C}=\frac{1}{C_1}+\frac{1}{C_2}+\frac{1}{C_3} \overset{C_3 \ll C_1、C_2}{\approx} \frac{1}{C_3} \tag{4-35}$$

可见，回路的总电容 C 将主要由 C_3 决定，而极间电容与 C_1、C_2 并联，所以极间电容对总电容的影响就很小；并且 C_1、C_2 只是回路的一部分，晶体管以部分接入的形式与回路连接，减弱了晶体管与回路之间的耦合。接入系数 p 为

$$p=\frac{C}{C_1}\approx\frac{C_3}{C_1} \tag{4-36}$$

C_1、C_2 的取值越大，接入系数 p 越小，耦合越弱。因此，克拉泼振荡器的频率稳定度得到了提高。

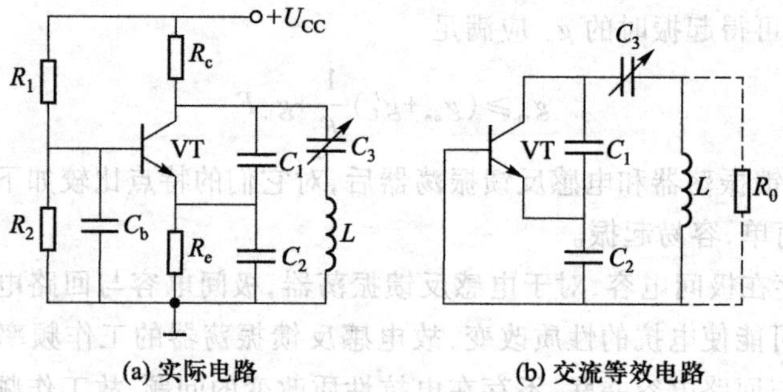
+U_{CC}
R_1
R_c
R_2
C_b
VT
C_1
C_3
R_e
C_2
L
(a) 实际电路
C_3
VT
C_1
L
R_0
C_2
(b) 交流等效电路

图 4-11　克拉泼振荡器电路

但 C_1、C_2 不能过大，假设电感两端的电阻为 R_0（即回路的谐振电阻），则由图 4-11 可知，等效到晶体管 ce 两端的负载电阻 R_L 为

$$R_L = p^2 R_0 \approx \left(\frac{C_3}{C_1}\right)^2 R_0 \tag{4-37}$$

因此，C_1 过大，负载电阻 R_L 很小，放大器增益就较低，环路增益也就较小，有可能使振荡器停振。

振荡器的振荡频率为

$$\omega_1 \approx \omega_0 = \sqrt{\frac{1}{LC}} \approx \sqrt{\frac{1}{LC_3}} \tag{4-38}$$

反馈系数的大小为

$$F = \frac{C_1}{C_2} \tag{4-39}$$

克拉泼振荡器主要用于固定频率或波段范围较窄的场合。这是因为克拉泼振荡器频率的改变是通过调整 C_3 来实现的，根据式(4-37)可知，若 C_3 改变，负载电阻 R_L 将随之改变，放大器的增益也将变化，调频率时有可能因环路增益不足而停振；另外，由于负载电阻 R_L 的变化，振荡器输出幅度也将变化，导致波段范围内输出振幅变化较大。克拉泼振荡器的频率覆盖系数（最高工作频率与最低工作频率之比）一般只有 1.2~1.3。

2. 西勒振荡器

图 4-12 所示是西勒振荡器的实际电路和交流等效电路。它的主要特点就是与电感 L 并联一可变电容 C_4。与克拉泼振荡器一样，图中 $C_3 \ll C_1$、C_2，因此晶体管与回路之间耦合较弱，频率稳定度高。与电感 L 并联的可变电容 C_4 用来改变振荡器的工作波段，而电容 C_3 起微调频率的作用。

由图 4-12 可知，回路的总电容为

$$C = \frac{1}{\frac{1}{C_1}+\frac{1}{C_2}+\frac{1}{C_3}} + C_4 \approx C_3 + C_4 \tag{4-40}$$

振荡器的振荡频率为

$$\omega_1 \approx \omega_0 = \sqrt{\frac{1}{LC}} \approx \sqrt{\frac{1}{L(C_3+C_4)}} \tag{4-41}$$

由于改变频率主要是通过调整 C_4 完成的，C_4 的改变并不影响接入系数 p（由图 4-11 和图 4-12

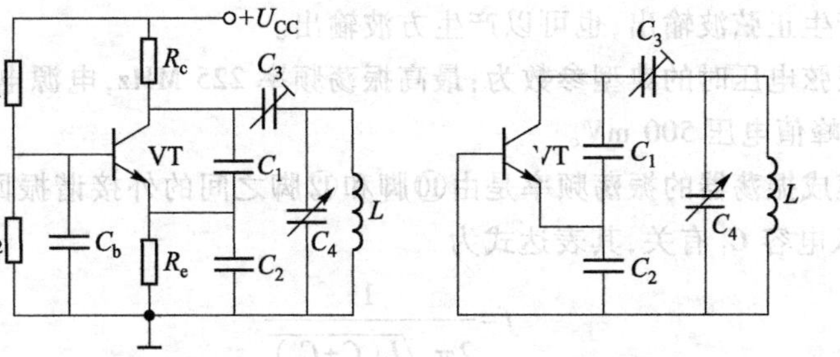

+U_CC
R_1
R_c
C_3
VT
C_1
L
C_4
R_2
C_b
R_e
C_2
C_3
VT
C_1
L
C_4
C_2

(a) 实际电路　　(b) 交流等效电路

图 4-12　西勒振荡器电路

可知,西勒振荡器的接入系数与克拉泼振荡器的相同),所以波段内输出幅度较平稳。而且由式(4-41)可见,C_4 改变,频率变化较明显,故西勒振荡器的频率覆盖系数较大,可达 1.6~1.8。西勒振荡器适用于较宽工作波段,在实际中用得较多。

五、场效应管振荡器

原则上说,上述各种晶体管振荡器电路,都可以用场效应管构成,可以根据振荡原理导出用场效应管参数表示的振荡条件,分析方法与晶体管振荡器类似,在此不再详细分析,仅举几个电路说明场效应管振荡器,如图4-13所示。

图 4-13(a)所示是一栅极调谐型场效应管振荡器的电路,它是由结型场效应管构成的互感耦合场效应管振荡器,图上两线圈的极性关系保证了此振荡器为正反馈;图 4-13(b)所示是电感反馈场效应管振荡器电路;图 4-13(c)所示是电容反馈场效应管振荡器电路。

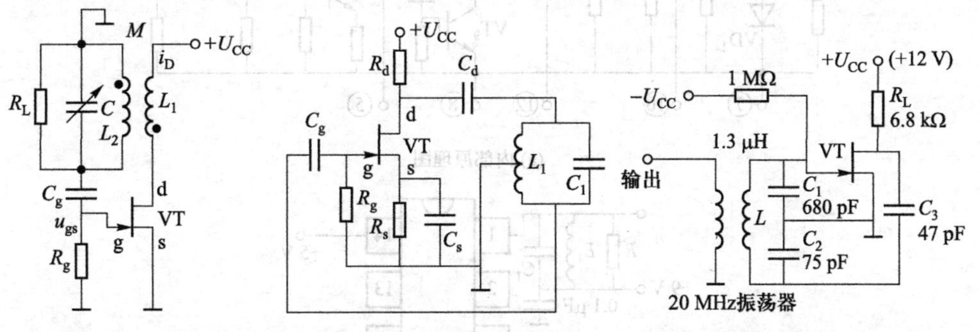

M
+U_CC
i_D
R_L
C
L_1
L_2
C_g
d
u_gs
VT
g
s
R_g
+U_CC
R_d
C_d
d
C_g
VT
g
s
R_g
R_s
C_s
L_1
C_1
+U_CC (+12 V)
-U_CC
1 MΩ
R_L
6.8 kΩ
1.3 μH
VT
输出
C_1
680 pF
C_3
47 pF
L
C_2
75 pF
20 MHz振荡器

(a) 互感耦合场效应管振荡器电路　(b) 电感反馈场效应管振荡器电路　(c) 电容反馈场效应管振荡器电路

图 4-13　由场效应管构成的振荡器电路

六、单片集成振荡器举例

随着集成技术的发展,已经有专门按振荡器工作特点设计的集成电路,使用时只需外加回路,即可产生需要的波形输出,使用极为方便。

1. E1648

单片集成振荡器 E1648 为 ECL 中规模集成电路,内部原理图及构成的振荡器如图 4-14 所示。E1648 可以产生正弦波输出,也可以产生方波输出。

E1648 输出正弦电压时的典型参数为:最高振荡频率 225 MHz,电源电压5 V,功耗 150 mW,振荡回路输出峰-峰值电压 500 mV。

E1648 单片集成振荡器的振荡频率是由⑩脚和⑫脚之间的外接谐振回路的 L、C 值决定,并与两脚之间的输入电容 C_i 有关,其表达式为

$$f=\frac{1}{2\pi\sqrt{L(C+C_i)}}$$

改变外接回路元件参数,可以改变 E1648 单片集成振荡器的工作频率。在⑤脚外加一正电压时,可以获得方波输出。

通常,①脚与⑭脚相连,由③脚输出。但有时为了提高输出幅度,可从①脚输出。此时通过外接一个 LC 谐振回路(调谐于振荡频率)后接+9 V 电源实现,如图 4-14 所示。

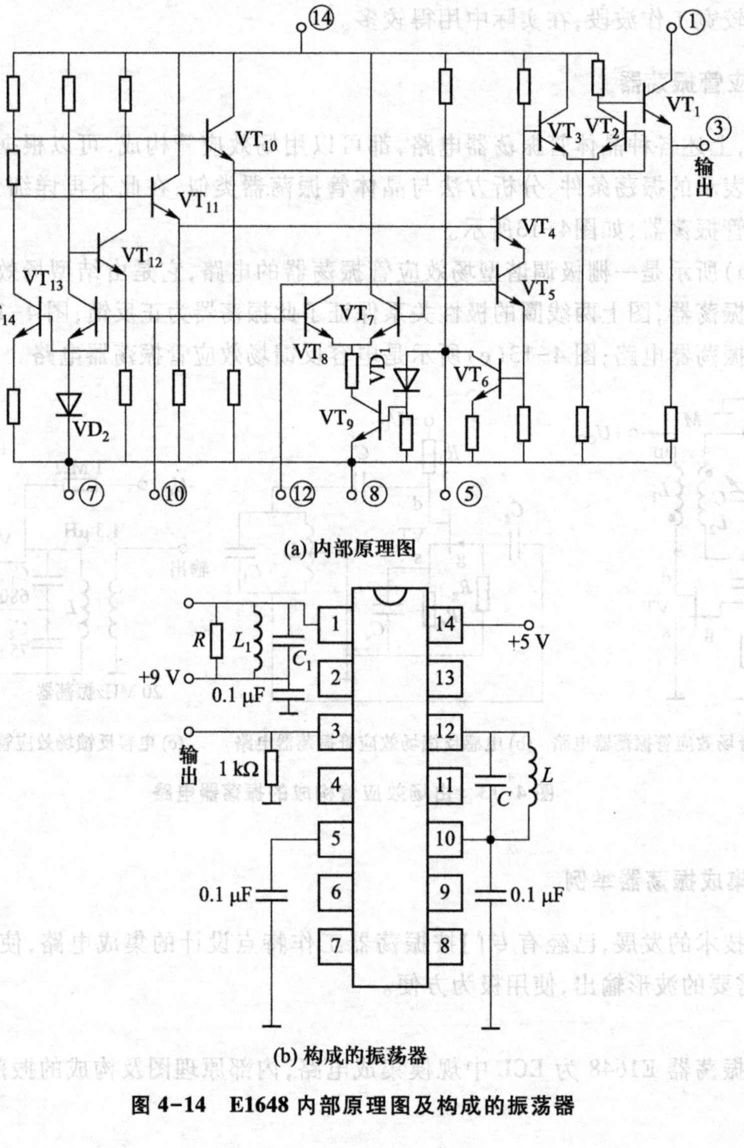
⑭
①
VT1
VT3
VT2
③
输出
VT10
VT11
VT4
VT12
VT5
VT13
VT14
VT7
VT8
VD1
VT6
VT9
VD2
⑦
⑩
⑫
⑧
⑤
(a) 内部原理图
R
L1
C1
+9 V
0.1 μF
输出
1 kΩ
0.1 μF
+5 V
L
C
0.1 μF
1
2
3
4
5
6
7
14
13
12
11
10
9
8
(b) 构成的振荡器

图 4-14 E1648 内部原理图及构成的振荡器

2. M101

M101 是美国 MF 电子公司生产的一种用于晶体振荡器的 IC 芯片，使用基频晶体能输出频率为 6~36 MHz 的方波信号；使用泛音晶体可输出 20~50 MHz 的方波信号。M101 的结构及引脚分布图如图 4-15 所示。

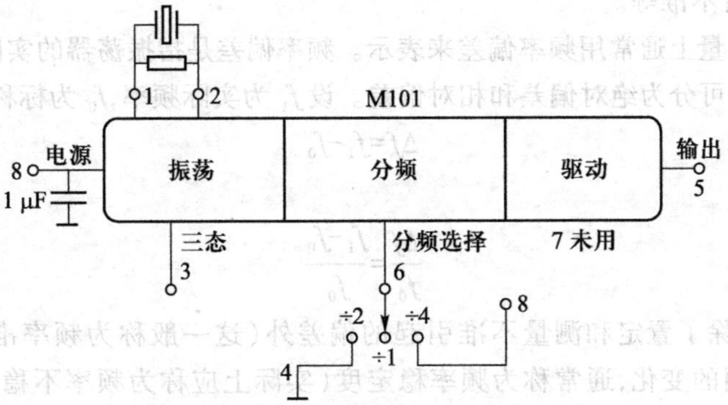
1
2
M101
电源
8
1 μF
振荡
分频
驱动
输出
5
三态
3
分频选择
6
7 未用
÷2
÷4
÷1
4
8

图 4-15　M101 结构及引脚分布图

M101 的①、②脚之间接晶体，如果采用泛音晶体，需要并接 3.3 kΩ 的电阻。根据⑥脚不同接入形式，输出频率与晶体标称频率分别呈现 1 分频、2 分频、4 分频关系。

图 4-16 所示为 M101 应用举例，图 4-16(a) 中 C_1、C_2 用于频率的微调，比如说要产生频率为 f_0 的信号，而实际输出大于 f_0 时，可以增大 C_1、C_2 使输出频率降低到 f_0；反之，实际输出小于 f_0 时，可以减少 C_1、C_2 使输出频率增大到 f_0。图4-16(b) 所示为 M101 的另一种应用，即可以完成放大整形，任何输入峰-峰值电压大于 0.5 V 的正弦波信号，均可放大整形为方波。当然，此时也可结合分频选择和三态控制输出。

900 MHz 宽带振荡器

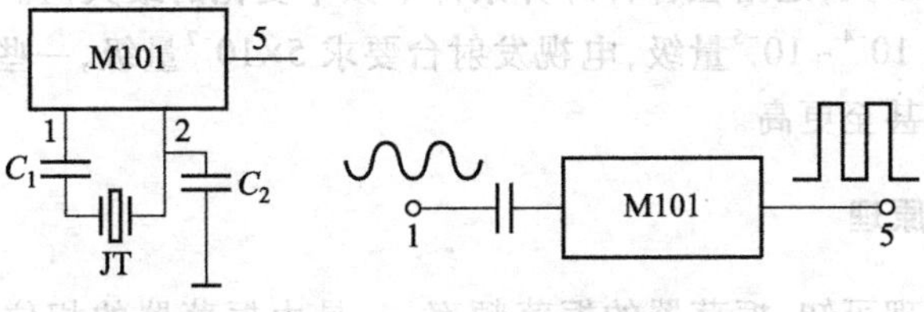
M101
5
1
2
C1
C2
JT
M101
1
5

(a) 频率微调　　(b) 放大整形

图 4-16　M101 应用举例

第三节　振荡器的频率稳定度

一、频率稳定度的意义和表征

振荡器的频率稳定度是指由于外界条件的变化，引起振荡器的实际工作频率偏离标称频率的程度,是振荡器的一个很重要的指标。已知,振荡器一般是作为某种信号源使用的(作为高频加热之类应用的除外),振荡频率的不稳定将有可能使设备和系统的性能恶化,如在通信中所用的振荡器,频率的不稳定将有可能使所发送的信号部分甚至完全收不到,另外还有可能干扰原来正常工作的邻近频道的信号。再如在数字设备中用到的定时器都是以振荡器为信号源的,频率的不稳定会造成定时不准等。

频率稳定度在数量上通常用频率偏差来表示。频率偏差是指振荡器的实际频率和指定(标称)频率之间的偏差。它可分为绝对偏差和相对偏差。设 f_1 为实际频率,f_0 为标称频率,则绝对偏差为

$$\Delta f = f_1 - f_0 \tag{4-42}$$

相对偏差为

$$\frac{\Delta f}{f_0} = \frac{f_1 - f_0}{f_0} \tag{4-43}$$

在上述偏差中,除了置定和测量不准引起的偏差外(这一般称为频率准确度),人们最关心的是频率偏差随时间的变化,通常称为频率稳定度(实际上应称为频率不稳定度)。频率稳定度通常定义为在一定时间间隔内,振荡器频率的相对变化,用 $\Delta f/f_1 \,|_{\text{时间间隔}}$ 表示,这个数值越小,频率稳定度越高。按照时间间隔长短不同,常将频率稳定度分为以下几种。

长期稳定度:一般指一天以上以至几个月的时间间隔内的频率的相对变化,通常是由振荡器中元器件老化而引起的。

短期稳定度:一般指一天以内,以小时、分或秒计的时间间隔内频率的相对变化。产生这种频率不稳定的因素有温度、电源电压等。

瞬时稳定度:一般指秒或毫秒时间间隔内的频率相对变化。这种频率变化一般都具有随机性质。这种频率不稳定有时也被看作振荡信号附有相位噪声。引起这类频率不稳定的主要因素是振荡器内部的噪声。衡量时常用统计规律表示。

一般所说的频率稳定度主要是指短期稳定度,而且由于引起频率不稳的因素很多,一般笼统说振荡器的频率稳定度多大,是指在各种外界条件下频率变化的最大值。一般短波、超短波发射机的频率稳定度要求是 $10^{-4} \sim 10^{-5}$ 量级,电视发射台要求 5×10^{-7} 量级,一些军用、大型发射机及精密仪器则要求 10^{-6} 量级甚至更高。

二、振荡器的稳频原理

由振荡器的工作原理可知,振荡器的振荡频率 ω_1 是由振荡器的相位平衡条件决定的,因此可以从相位平衡条件出发来讨论振荡器的频率稳定性。

由式(4-9b)和式(4-15b)有

$$\varphi_L = -(\varphi_f + \varphi_{F'})$$

设回路 Q 值较高,根据第二章的讨论可知,谐振回路在 ω_0 附近的幅角 φ_L 可以近似表示为

$$\tan\varphi_L = -\frac{2Q_L(\omega - \omega_0)}{\omega_0}$$

因此相位平衡条件可以表示为

$$-\frac{2Q_L(\omega_1 - \omega_0)}{\omega_0} = \tan[-(\varphi_f + \varphi_{F'})] \tag{4-44}$$

即

$$\omega_1=\omega_0+\frac{\omega_0}{2Q_L}\tan(\varphi_f+\varphi_{F'})\tag{4-45}$$

因而有

$$\Delta\omega_1=\frac{\partial\omega_1}{\partial\omega_0}\Delta\omega_0+\frac{\partial\omega_1}{\partial Q_L}\Delta Q_L+\frac{\partial\omega_1}{\partial(\varphi_f+\varphi_{F'})}\Delta(\varphi_f+\varphi_{F'})\tag{4-46}$$

考虑到 Q_L 值较高，即 $\partial\omega_1/\partial\omega_0\approx1$，有

$$\Delta\omega_1\approx\Delta\omega_0+\frac{\omega_0}{2Q_L\cos^2(\varphi_f+\varphi_{F'})}\Delta(\varphi_f+\varphi_{F'})-\frac{\omega_0}{2Q_L^2}\tan(\varphi_f+\varphi_{F'})\Delta Q_L\tag{4-47}$$

式(4-47)反映了振荡器的不稳定因素，可用图 4-17 表示。现在对各因素加以说明。

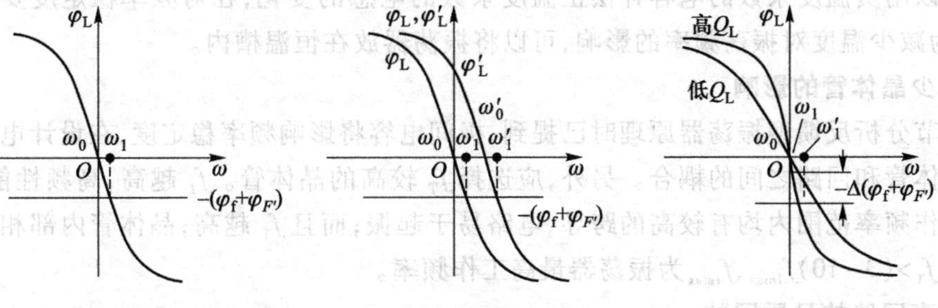
φ_L
ω_0 ω_1
O
ω
$-(\varphi_f+\varphi_{F'})$
φ_L,φ_L'
φ_L
φ_L'
ω_0'
ω_0 ω_1 ω_1'
O
ω
$-(\varphi_f+\varphi_{F'})$
高Q_L
φ_L
低Q_L
ω_1
ω_1'
ω_0
O
ω
$-\Delta(\varphi_f+\varphi_{F'})$

(a) 相位平衡条件　(b) ω_0的变化　(c) $\varphi_f+\varphi_{F'}$、Q_L的变化

图 4-17　从相位平衡条件看振荡频率的变化

1. 回路谐振频率 ω_0 的影响

ω_0 由构成回路的电感 L 和电容 C 决定，它不但要考虑回路的线圈电感、调谐电容和反馈电路元件，还应考虑并在回路上的其他电抗，如晶体管的极间电容、后级负载电容（或电感）等。设回路电感和电容的总变化量分别为 ΔL、ΔC，则由 $\omega_0=1/\sqrt{LC}$ 可得

$$\frac{\Delta\omega_0}{\omega_0}=-\frac{1}{2}\left(\frac{\Delta L}{L}+\frac{\Delta C}{C}\right)\tag{4-48}$$

由此可见，回路元件 L 和 C 的稳定度将影响振荡器的频率稳定度。

2. $\varphi_f+\varphi_{F'}$、Q_L 对频率的影响

由式(4-47)的第二、第三项可以看出：频率稳定度取决于 $\Delta(\varphi_f+\varphi_{F'})$ 和 ΔQ_L，其中 $\Delta(\varphi_f+\varphi_{F'})$ 主要取决于晶体管内部的状态，受晶体管电流 i_c、i_b 变化的影响，ΔQ_L 通常因负载变化而引起；若 $\varphi_f+\varphi_{F'}$ 的绝对值越小，频率稳定度就越高，通常振荡器工作频率越高，由于晶体管的高频效应，φ_f 的绝对值越大。$\varphi_{F'}$ 主要是由基极输入电阻引起的，输入电阻对回路的加载越重，反馈系数 F' 越大，$\varphi_{F'}$ 的值也越大。另外，回路的 Q_L 越大，频率稳定度越高，这是提高振荡器频率稳定度的一项重要措施。但是，当回路线圈的无载 Q 值一定时，提高 Q_L，就意味着负载对回路的加载要轻，回路的效率要降低。在稳定性要求高的振荡器中，只是很小一部分功率送给了负载，振荡器的总效率是很低的。

三、提高频率稳定度的措施

由前面的分析可知，振荡器的频率主要取决于谐振回路的参数，同时与晶体管的参数也有关，这些参数不可能固定不变，因此造成了振荡频率的不稳定。稳频的主要措施有以下几方面。

1. 提高振荡回路的标准性

振荡回路的标准性是指回路元件电感和电容的标准性，就是其参数在外界因素变化时保持稳定的能力。温度是影响的主要因素：温度的改变将使电感线圈和电容器极板的几何尺寸发生变化，而且电容器介质材料的介电系数及磁性材料的磁导率也将变化，从而使电感、电容值改变。为减少温度的影响，应该采用温度系数较小的电感、电容，如电感线圈可采用高频瓷骨架，固定电容可采用陶瓷介质电容，可变电容宜采用其极片和转轴为线胀系数小的金属材料（如铁镍合金）的。还可以用负温度系数的电容补偿正温度系数的电感的变化，在对频率稳定度要求较高的振荡器中，为减少温度对振荡频率的影响，可以将振荡器放在恒温槽内。

2. 减少晶体管的影响

在上节分析反馈型振荡器原理时已提到，极间电容将影响频率稳定度，在设计电路时应尽可能减少晶体管和回路之间的耦合。另外，应选择 f_T 较高的晶体管。f_T 越高，高频性能越好，可以保证在工作频率范围内均有较高的跨导，电路易于起振；而且 f_T 越高，晶体管内部相移越小。一般可选择 $f_T>(3\sim10)f_{1\max}$，$f_{1\max}$ 为振荡器最高工作频率。

3. 提高回路的品质因数

由相位稳定条件可知，要使相位稳定，回路的相频特性应具有负的斜率，而且斜率越大，相位越稳定。根据 LC 回路的特性，回路的 Q 值越大，回路的相频特性斜率就越大，即回路的 Q 值越大，相位越稳定。从相位与频率的关系可得，此时的频率也越稳定。

前面介绍的电容、电感反馈振荡器，其频率稳定度一般为 10^{-3} 量级，两种改进型的电容反馈振荡器克拉泼振荡器和西勒振荡器，由于降低了晶体管和回路之间的耦合，频率稳定度可以达到 10^{-4} 量级。对于 LC 振荡器，即使采用一定的稳频措施，其频率稳定度也不会太高，这是由于受到回路标准性的限制，要进一步提高振荡器的频率稳定度就要采用其他的电路和方法。

4. 减少电源、负载等的影响

电源电压的波动会使晶体管的工作点电压、电流发生变化，从而改变晶体管的参数，降低频率稳定度。为了减小其影响，振荡器电源应采取必要的稳压和滤波措施。

负载电阻并联在回路的两端，这会降低回路的品质因数，从而使振荡器的频率稳定度下降。为了减小其影响，应减小负载对回路的耦合，可以采取在负载与回路之间加射极跟随器等措施。

另外，为提高振荡器的频率稳定度，在制作电路时应将振荡电路安置在远离热源的位置，以减小温度对振荡器的影响；为防止回路参数受寄生电容及周围电磁场的影响，可以将振荡器屏蔽起来，以提高稳定度。

第四节 *LC* 振荡器的设计方法

由振荡器的原理可以看出，振荡器实际上是一个具有反馈的非线性系统，精确计算很困难，而且也是不必要的。因此，振荡器的设计通常是进行一些设计考虑和近似估算，选择合理的线路和工作点，确定元件的数值，而工作状态和元件的准确数值需要在调整、调试后确定。设计时一般应考虑以下一些主要问题。

一、振荡器电路选择

LC 振荡器一般工作在几百千赫兹至几百兆赫兹范围。振荡器线路主要根据工作的频率范围及波段宽度来选择。在短波范围，电感反馈振荡器、电容反馈振荡器都可以采用。在中、短波收音机中，为简化电路常用变压器反馈振荡器作为本地振荡器。在要求波段范围较宽的信号产生器中常用电感反馈振荡器。在短波、超短波波段的通信设备中常用电容反馈振荡器。当频率稳定度要求较高，波段范围又不很宽的场合，常用克拉泼振荡器、西勒振荡器。西勒振荡器电路调节频率方便，有一定的波段工作范围，用得较多。

二、晶体管选择

从稳频的角度出发，应选择 f_T 较高的晶体管，这样晶体管内部相移较小。通常选择 $f_T>(3\sim10)f_{1\max}$。同时希望电流放大系数 β 大些，这既容易振荡，也便于减小晶体管和回路之间的耦合。虽然不要求振荡器中的晶体管输出多大功率，但考虑到稳频等因素，晶体管的额定功率也应有足够的余量。

三、直流馈电线路选择

为保证振荡器的振幅起振条件，起始工作点应设置在线性放大区；从稳频出发，稳定状态应在截止区，而不应在饱和区，否则回路的有载品质因数 Q_L 将降低。所以，通常应将晶体管的静态偏置点设置在小电流区，电路应采用自偏压。对于小功率晶体管，集电极静态电流为1~4 mA。

四、振荡回路元件选择

从稳频出发，振荡回路中电容 C 应尽可能大，但 C 过大，不利于波段工作；电感 L 也应尽可能大，但 L 大后，体积大，分布电容大，若 L 过小，回路的品质因数过小，因此应合理地选择回路的 C、L。在短波范围，C 一般取10~1 000 pF，L 一般取 0.1~100 μH。

五、反馈回路元件选择

由前述可知，为了保证振荡器有一定的稳定振幅以及容易起振，静态工作点通常应选择

$$Y_f R_L F' = 3\sim5 \tag{4-49}$$

当静态工作点确定后，Y_f 的值就可确定，对于小功率晶体管可以近似为

$$Y_f = g_m = \frac{I_{CQ}}{26\ \text{mV}}$$

反馈系数的大小应在下列范围选择

$$F = 0.1\sim0.5 \tag{4-50}$$

在按上述方法选择参数 R_L、F 时，显然不能够预期稳定状态时的电压、电流，只能保证在合理的状态下产生振荡。

第五节　石英晶体振荡器

石英晶体振荡器是利用石英晶体谐振器作滤波元件构成的振荡器,其振荡频率由石英晶体谐振器决定。与 LC 谐振回路相比,石英晶体谐振器具有很高的标准性和极高的品质因数,因此石英晶体振荡器具有较高的频率稳定度,采用高精度和稳频措施后,石英晶体振荡器可以达到 $10^{-4}\sim10^{-9}$的频率稳定度。

一、石英晶体振荡器频率稳定度

石英晶体振荡器之所以能获得很高的频率稳定度,由第二章可知,是由于石英晶体谐振器与一般的谐振回路相比具有优良的特性,具体表现为:

① 石英晶体谐振器具有很高的标准性。石英晶体振荡器的振荡频率主要由石英晶体谐振器的谐振频率决定。石英晶体的串联谐振频率 f_q 主要取决于晶片的尺寸,石英晶体的物理性能和化学性能都十分稳定,它的尺寸受外界条件如温度、湿度等影响很小,因而其等效电路的 L_q、C_q 值很稳定,使得 f_q 很稳定。

② 石英晶体谐振器与有源器件的接入系数 p 很小,一般为 $10^{-3}\sim10^{-4}$。这大大减弱了有源器件的极间电容等参数和外电路中不稳定因素对石英晶体振荡器决定振荡频率系统的影响。

③ 石英晶体谐振器具有非常高的 Q 值。Q 值一般为 $10^4\sim10^6$,与 Q 值仅为几百数量级的普通 LC 回路相比,其 Q 值极高,维持振荡频率稳定不变的能力极强。

二、晶体振荡器电路

晶体振荡器的电路类型很多,但根据晶体在电路中的作用,可以将晶体振荡器归为两大类:并联型晶体振荡器和串联型晶体振荡器。在并联型晶体振荡器中,晶体起等效电感的作用,它和其他电抗元件组成决定频率的并联谐振回路与晶体管相连。由晶体的阻抗频率特性可知,并联型晶体振荡器的振荡频率在石英晶体谐振器的 f_q 与 f_p 之间;在串联型晶体振荡器中,振荡器工作在邻近 f_q 处,晶体以低阻抗接入电路,即晶体起选频短路线的作用。两类电路都可以利用基频晶体或泛音晶体。

1. 并联型晶体振荡器

图 4-18 所示为一种典型的晶体振荡器电路,当振荡器的振荡频率在晶体的串联谐振频率和并联谐振频率之间时晶体呈感性,该电路满足三端式振荡器的组成原则,而且该电路与电容反馈振荡器对应,通常称为皮尔斯(Pierce)振荡器。C_3 起到微调振荡器频率的作用,同时也起到减小晶体管和晶体之间的耦合作用。C_1、C_2既是回路的一部分,也是反馈电路。

皮尔斯振荡器的工作频率应由 C_1、C_2、C_3及晶体构成的回路决定,即由晶体电抗 X_e与外部电容相等的条件决定,设外部电容为 C_L,则

$$X_e-\frac{1}{\omega_1 C_L}=0 \tag{4-51}$$

由图 4-18 得

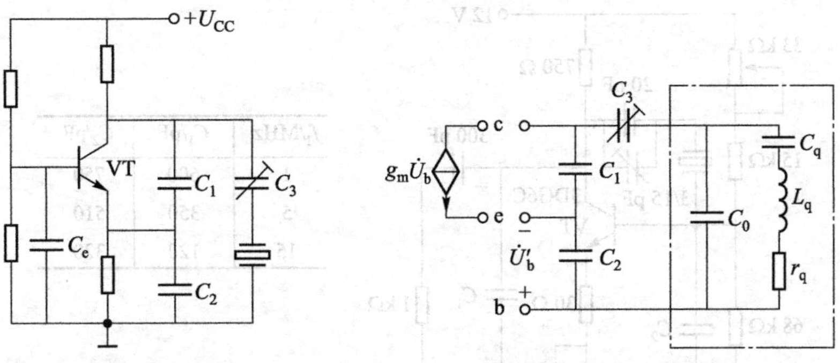

+U_{CC}
VT
C_1
C_3
C_e
C_2
(a) 实际电路
c
e
b
$g_m\dot{U}_b$
$\dot{U}'_b$
C_3
C_1
C_2
C_0
C_q
L_q
r_q
(b) 高频小信号等效电路

图 4-18　皮尔斯振荡器

$$\frac{1}{C_L}=\frac{1}{C_1}+\frac{1}{C_2}+\frac{1}{C_3} \tag{4-52}$$

可将式(4-51)用图形表示为如图 4-19 所示的情形。图中有两个交点，靠近晶体串联频率 ω_q 附近的 ω_1 是稳定工作点。当 ω_1 靠近 ω_q 时，由图 4-19，电抗 X_e 与忽略晶体损耗时的晶体电抗很接近，因此振荡频率 f_1 等于包括并联电容 C_L 在内的并联谐振频率。因 C_L 实际与晶体静电容并联，因此只要引入一等效接入系数 p'

$$p'=\frac{C_q}{C_L+C_0+C_q}\approx\frac{C_q}{C_L+C_0} \tag{4-53}$$

则由前面并联谐振频率公式可得

$$f_1=f_q(1+p'/2) \tag{4-54}$$

由式(4-54)可见，改变 C_L 可以微调振荡频率。通常电路中 $C_3 \ll C_1$、C_2，C_L 主要由 C_3 决定，实际电路中用晶体串联一小电容 C_3 来微调振荡频率。通常，晶体制造厂家为便利用户，对用于并联型电路的晶体，规定一标准的负载电容 C_L，可以将振荡频率调整到晶体标称频率上。在 1~100 MHz 范围，一般 C_L 规定为 30 pF。

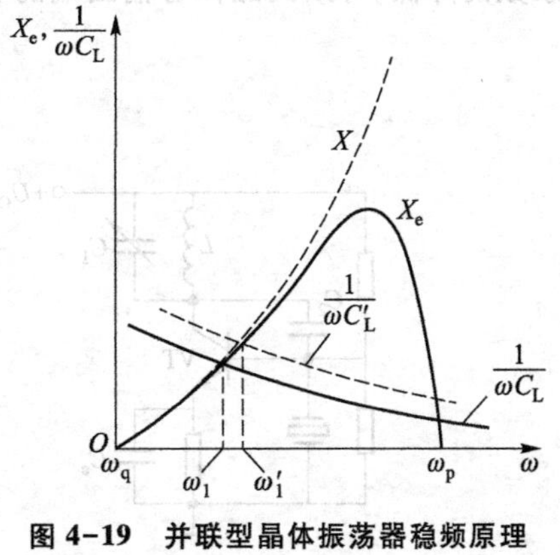

$X_e, \frac{1}{\omega C_L}$
X
X_e
$\frac{1}{\omega C'_L}$
$\frac{1}{\omega C_L}$
O
ω_q
ω_1
ω'_1
ω_p
ω

图 4-19　并联型晶体振荡器稳频原理

反馈系数 F 的大小为

$$|F|=\frac{C_1}{C_2} \tag{4-55}$$

由于晶体的品质因数 Q_q 很高，故其并联谐振电阻 R_0 也很高，虽然接入系数 p 较小，但等效到晶体管 ce 两端的阻抗 R_L 仍较高，所以放大器的增益较高，电路很容易满足振幅起振条件。图 4-20 所示是并联型晶体振荡器的实际电路，其适宜的工作频率范围为 0.85~15 MHz。

图 4-21 所示为另一种并联型晶体振荡器电路，该电路晶体接在基极和发射极之间，只要晶体呈现感性，该电路即满足三端式振荡器的组成原则，且电路类似于电感反馈振荡器，又称为密勒(Miller)振荡器。由于晶体与晶体管的低输入阻抗并联，降低了有载品质因数 Q_L，故密勒振荡器的频率稳定度较低。

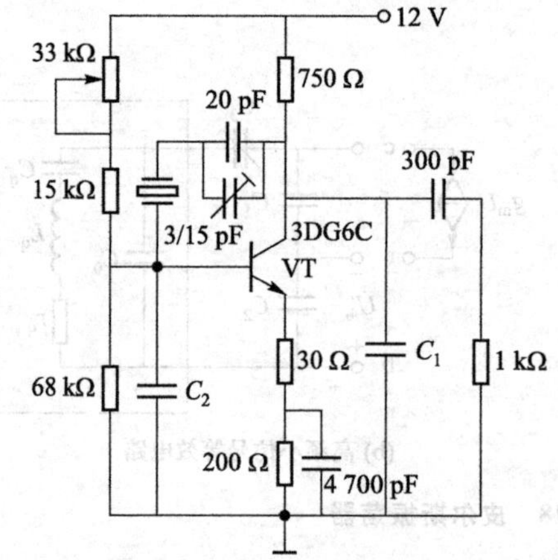
12 V
33 kΩ
750 Ω
20 pF
300 pF
15 kΩ
3/15 pF
3DG6C
VT
30 Ω
C_1
1 kΩ
68 kΩ
C_2
200 Ω
4 700 pF

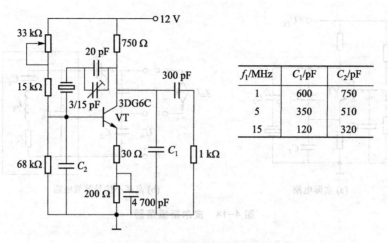

f_1/MHz	C_1/pF	C_2/pF
1	600	750
5	350	510
15	120	320

图 4-20　并联型晶体振荡器的实际电路

由于皮尔斯振荡器的频率稳定度比密勒振荡器高，故实际应用的晶体振荡器大多为皮尔斯振荡器，在频率较高时可以采用泛音晶体构成。图 4-22 给出了一种应用泛音晶体构成的皮尔斯振荡器电路。图中 L、C_1 构成的并联谐振回路用以提供破坏基频和低次泛音的相位条件，使振荡器工作在设定的泛音频率上。如电路需要工作在 5 次泛音频率上，应使 L、C_1 构成的并联回路的谐振频率低于 5 次泛音频率，但高于所要抑制的 3 次泛音频率，这样对低于工作频率的低泛音频率来说，L、C_1 并联回路呈现感性，不能满足三端式振荡器的组成原则，电路不能振荡，但工作在所需的 5 次泛音上时，L、C_1 并联回路就呈现容性，满足三端式的组成原则，电路能振荡。需要注意的是，并联型晶体振荡器电路工作的泛音不能太高，一般为 3、5、7 次，高次泛音振荡时，由于接入系数的降低，等效到晶体管输出端的负载电阻将下降，使放大器增益减小，振荡器停振。

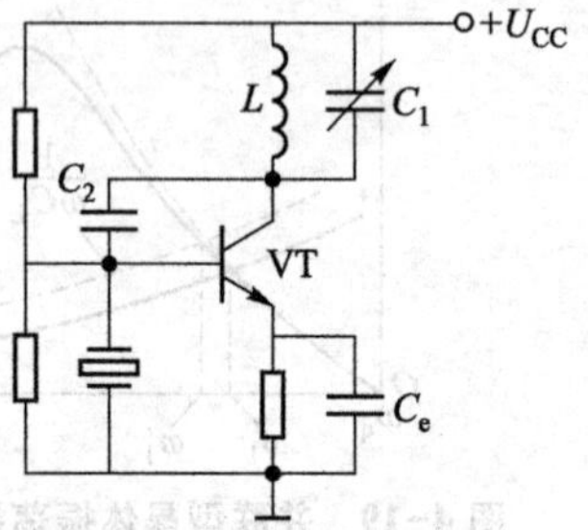
+U_{CC}
L
C_1
C_2
VT
C_e

图 4-21　密勒振荡器

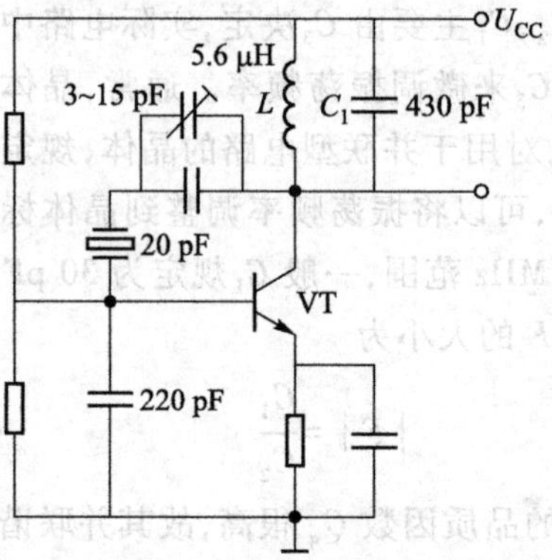
U_{CC}
5.6 μH
3~15 pF
L
C_1
430 pF
20 pF
VT
220 pF

图 4-22　泛音晶体构成的皮尔斯振荡器

图 4-23 所示是一场效应管晶体并联型振荡器电路，晶体等效成一电感，构成一等效的电容反馈振荡器。

2. 串联型晶体振荡器

在串联型晶体振荡器中，晶体接在振荡器要求低阻抗的两点间，通常在反馈电路中。图 4-24 所示为一种串联型晶体振荡器的实际电路和等效电路。由图可见，如果将晶体短路，该电路即为一电容反馈振荡器。电路的工作原理为：当回路的谐振频率等于晶体的串联谐振频率时，晶体的阻抗最小，近似为一短路线，电路满足相位条件和振幅条件，故能正常工作；当回路的谐振频率距串联谐振频率较远时，晶体的阻抗增大，使反馈减弱，从而使电路不能满足振幅条件，电路不能工作。串联型晶体振荡器的工作频率等于晶体的串联谐振频率，不需要外加负载电容 C_L，通常这种晶体标明其负载电容为无穷大，在实际制作中，若 f_q 有小的误差，则可以通过回路调谐来微调。

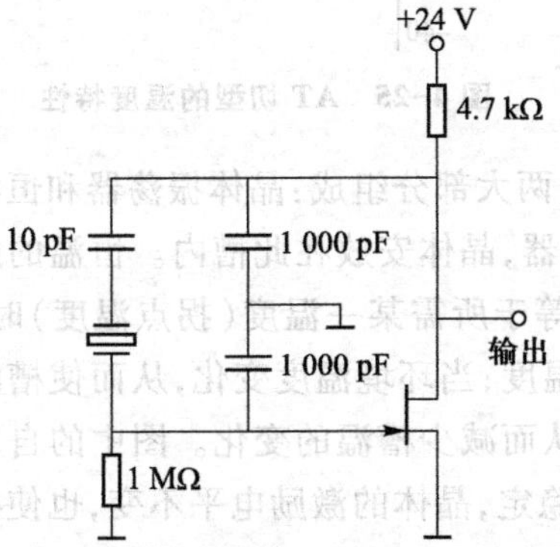
+24 V
4.7 kΩ
10 pF
1 000 pF
1 000 pF
输出
1 MΩ

图 4-23　场效应管晶体并联型振荡器电路

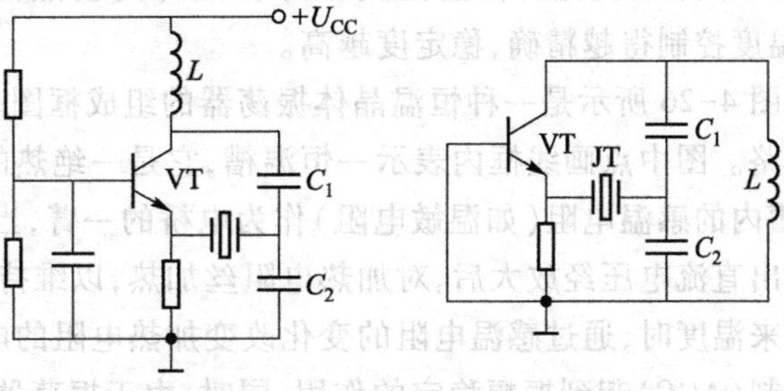
+U_{CC}
L
VT
C_1
C_2
VT
JT
C_1
L
C_2

(a) 实际电路　(b) 等效电路

图 4-24　一种串联型晶体振荡器

串联型晶体振荡器能适应高次泛音工作，这是由于晶体只起到控制频率的作用，对回路没有影响，只要电路能正常工作，输出幅度就不受晶体控制。

3. 使用注意事项

使用石英晶体谐振器时应注意以下几点：

① 石英晶体谐振器的标称频率都是在出厂前，在与石英晶体谐振器并接一定负载电容的条件下测定的，实际使用时也必须外加负载电容，并经微调后才能获得标称频率。为了保持晶振的高稳定性，负载电容应采用精度较高的微调电容。

② 石英晶体谐振器的激励电平应在规定范围内。过高的激励功率会使石英晶体谐振器内部温度升高，使石英晶片的老化效应和频率漂移增大，严重时还会使晶片因机械振动过大而损坏。

③ 在并联型晶体振荡器中，石英晶体起等效电感的作用，若作为容抗，则在石英晶片失效时，石英谐振器的支架电容还存在，线路仍可能满足振荡条件而振荡，石英晶体谐振器失去了稳频作用。

④ 石英晶体振荡器中一块晶体只能稳定一个频率，当要求在波段中得到可选择的许多频率时，就要采取别的电路措施，如频率合成器，它可用一块晶体得到许多稳定频率，频率合成器的有关内容将在第八章介绍。

三、高稳定度晶体振荡器

前面介绍的并联型、串联型晶体振荡器的频率稳定度一般可达 10^{-5} 量级，若要得到更高频率稳定度的信号，需要在一般晶体振荡器基础上采取专门措施来制作。

影响晶体振荡器频率稳定度的主要因素仍然是温度、电源电压和负载变化，其中最主要的还是温度的影响。

为减小温度变化对晶体频率及振荡频率的影响，一个办法就是采用温度系数低的晶体晶片，目前在 1~100 MHz 广泛采用 AT 切型，其温度特性如图 4-25所示。由图可见，在-20~70 ℃的正常工作温度范围内，相对频率变化小于 5×10^{-6}；并且在 50~55 ℃温度范围内有接近于零的温度系数（在此处有一拐点，约在 52 ℃处）。另一个有效的办法就是保持晶体及有关电路在恒定温度环境中工作，即采用恒温装置，恒温温度最好在晶片的拐点温度处，温度控制得越精确，稳定度越高。

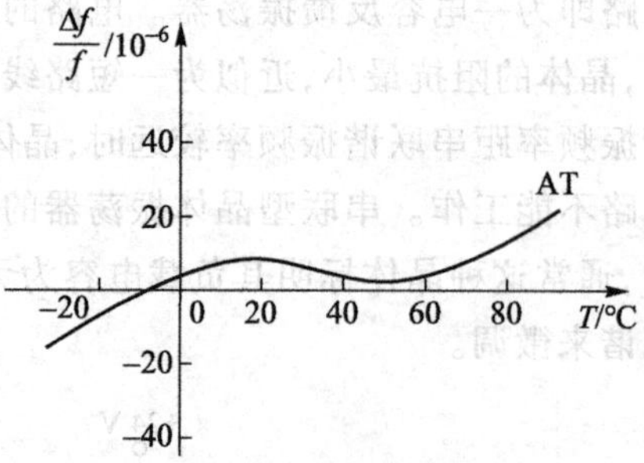
Δf/f /10⁻⁶
40
20
AT
-20
0
20
40
60
80
T/℃
-20
-40

图 4-25　AT 切型的温度特性

图 4-26 所示是一种恒温晶体振荡器的组成框图。它由两大部分组成：晶体振荡器和恒温控制电路。图中点画线框内表示一恒温槽，它是一绝热的小容器，晶体安放在此槽内。恒温的原理为：槽内的感温电阻（如温敏电阻）作为电桥的一臂，当温度等于所需某一温度（拐点温度）时，电桥输出直流电压经放大后，对加热电阻丝加热，以维持平衡温度；当环境温度变化，从而使槽温偏离原来温度时，通过感温电阻的变化改变加热电阻的电流，从而减少槽温的变化。图中的自动增益控制（AGC）起到振幅稳定的作用，同时，由于振荡器振幅稳定，晶体的激励电平不变，也使得晶体的频率稳定。目前，恒温晶体振荡器已制成标准部件供用户使用。恒温晶体振荡器的频率稳定度可达 $10^{-7}\sim10^{-9}$。

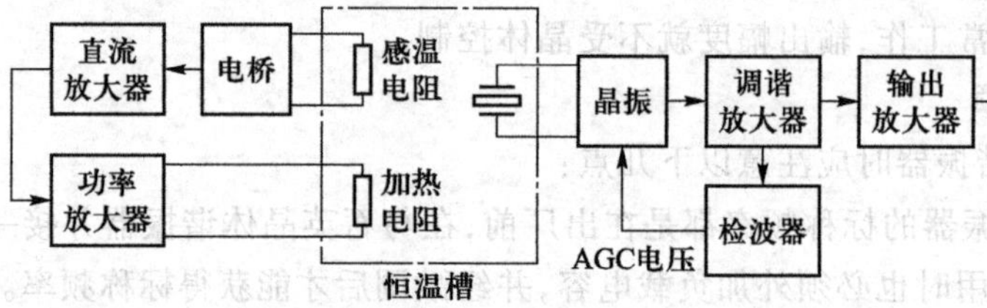
直流放大器
电桥
感温电阻
晶振
调谐放大器
输出放大器
功率放大器
加热电阻
检波器
AGC电压
恒温槽

图 4-26　恒温晶体振荡器的组成框图

恒温晶体振荡器频率稳定度虽高，但存在着电路复杂、体积大、重量重等缺点，应用上受到一定限制。在频率稳定度要求不十分高而又希望电路简单、体积小、耗电省的场合，常采用温度补偿晶体振荡器，如图 4-27 所示。图中 R_T为温敏电阻，当环境温度改变时，由于晶体的频率随温度变化，振荡器频率也随温度变化，但温度改变时，温敏电阻改变，加在变容管上的偏置电压改变，从而使变容管电容变化，以补偿晶体频率的变化，因此整个振荡器频率随温度变化很小，从而得到较高的频率稳定度。需要说明的是，要在整个工作温度范围内实现温度补偿，其补偿电路是很复杂的。温度补偿晶体振荡器的频率稳定度可达 $10^{-5}\sim10^{-6}$。

四、MEMS 硅晶振简介

多年来石英晶体振荡器在精确频率源器件中一直占据主导地位，但由于不能集成到硅圆晶上，难以进一步缩小体积，而且石英晶体在温漂、老化、抗震性、稳定性等方面受到制约，已不能适应现代电子高精度、高性能、小体积、超薄的发展。

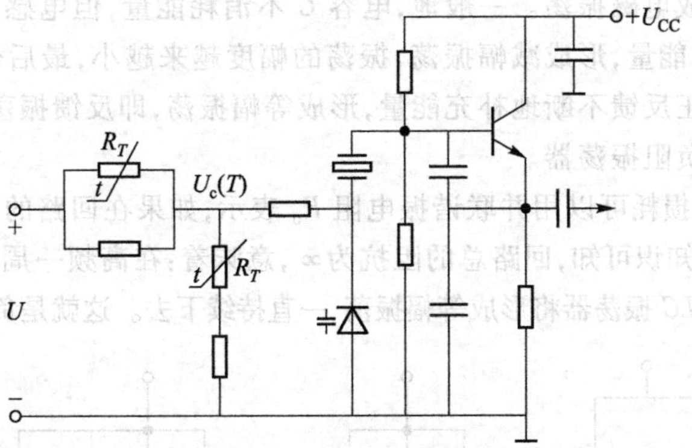
+U_CC
R_T
t
U_c(T)
+
t
R_T
U
−

各种振荡器的
频率稳定度

图 4-27　温度补偿晶体振荡器

随着半导体技术的发展,近年来出现了 MEMS 振荡器,俗称硅晶振,其采用自然界最普通的硅作为原材料和全自动化的半导体集成技术制作工艺,将先进的微机电系统(micro-electro-mechanical system,MEMS)与 CMOS 电路技术相结合制造的高性能全硅时钟频率元件,具有无温漂、稳定性高、成本低等优势。目前,制造 MEMS 振荡器的主要厂商有 SiTime、Discera 及 Epson Toyocom 等。中国科学院半导体研究所也研制成功了 RF MEMS 振荡器。

SiT8008 是美国 SiTime 公司推出的一款 1~110 MHz 低功耗型单端 LVCMOS/LVTTL 输出的半导体型全硅 MEMS 振荡器(有源晶振),最低工作电流可达到 3.6 mA,广泛应用在消费电子、网络、工业、通信、安防、电力等场合。封装尺寸以及焊接管脚与传统标准石英晶体振荡器的脚位完全兼容,可直接替代原来的石英产品,无须更改任何设计。主要特点如下。

(1) 输出电平:单端 LVCMOS/LVTTL 输出;

(2) 频率范围:1~110 MHz 任意频率,可精确到小数点后 6 位(如 25.000 625 MHz);

(3) 支持电压:3.3 V、2.8 V、2.5 V、1.8 V;

(4) RMS 相位抖动:<1.3 ps(12 kHz~20 MHz 典型值);

(5) 功耗:最低工作电流 3.6 mA;

(6) 两种工作模式:使能/静态模式;

(7) 精度/误差:±20 ppm、±25 ppm、±50 ppm;

(8) 温度范围:工业级-40 ℃~+85 ℃;无温漂。

第六节　负阻振荡器

负阻振荡器是利用负阻器件抵消回路中的损耗,产生自激振荡的振荡器,它具有结构紧凑、可靠性高的优点,常用于频率比较高的场合。随着半导体器件的迅速发展,负阻振荡器已广泛应用于微波接力通信、卫星通信、雷达、遥控、遥测和微波测试仪表等许多领域。

一、负阻振荡器原理

我们知道:*LC* 振荡器的基本原理,就是利用电容器可以储存电能,电感器可以储存磁能的特性进行电磁能转换,形成电磁振荡。一般地,电容 C 不消耗能量,但电感 L 有损耗,LC 在电磁转换过程中将消耗一定的能量,形成减幅振荡,振荡的幅度越来越小,最后停振。为了保持不停的振荡,前面讨论了利用正反馈不断地补充能量,形成等幅振荡,即反馈振荡器。另外,也可以采用负阻来补充能量,形成负阻振荡器。

对于 LC 回路而言,损耗可以用并联谐振电阻 R_0 表示,如果在回路的两端并联一电阻 $-R_0$,如图 4-28 所示,根据电路知识可知,回路总的阻抗为∞,意味着:在高频一周内,电阻 R_0 消耗的能量完全由负电阻 $-R_0$ 提供,LC 振荡器将形成等幅振荡,一直持续下去。这就是负阻振荡器的工作原理。

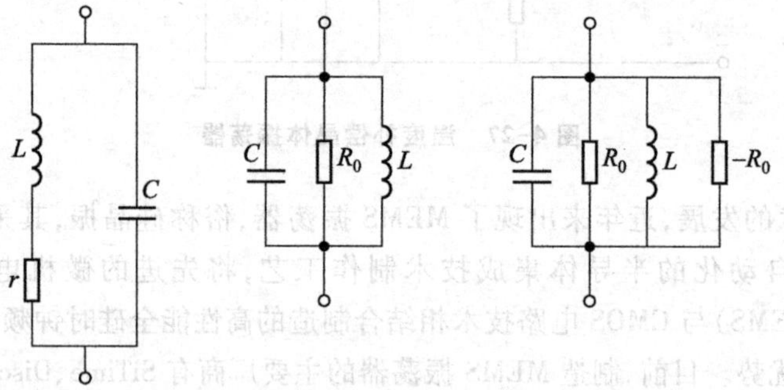
L
C
r
C
R0
L
C
R0
L
-R0

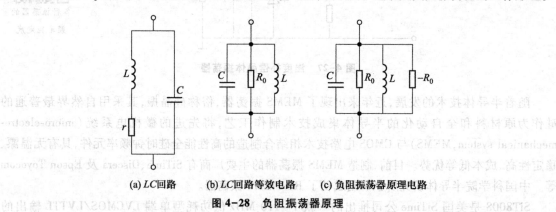

(a) LC回路　(b) LC回路等效电路　(c) 负阻振荡器原理电路

图 4-28　负阻振荡器原理

我们以前接触的电阻都是正电阻,是消耗能量的,那么有没有器件呈现负电阻,不消耗能量,反而提供能量呢? 下面先来讨论负阻器件。

二、负阻器件

在 20 世纪初期,赫耳(A.W.Hull)提出“负阻”概念的时候,曾遭到许多学者的怀疑。他们认为“负阻”的概念“不符合能量守恒定律”。但是,从负阻管的伏安特性曲线上人们可以清楚地看到:负阻器件确实存在,但只是表现在器件的某段动态工作范围内;对于静态,它还是一个耗能元件,还是一个“正阻”。

具有负阻特性的电子器件可以分为两类,它们的伏安特性分别如图 4-29(a)和图 4-29(b)所示。图 4-29(a)中所示曲线形状呈 N 形,图 4-29(b)中所示曲线形状呈 S 形,但都有一个共同的特点:图中的 AB 段间的斜率是负的,即器件在该区间工作时,呈现负阻(交流电阻)特性。不同点在于:图 4-29(a)所示曲线呈现的负阻区间需要电压进行控制,因此称为电压控制型负阻器件;图 4-29(b)所示曲线的负阻区间是由电流控制的,因此称为电流控制型负阻器件。

电压控制型负阻器件常见的是隧道二极管,其图形符号和等效电路如图 4-30(a)和(b)所示。隧道二极管和普通二极管一样,由一个 PN 结组成。PN 结有两大特点:结的厚度小;P 区和 N 区的杂质浓度都很大。隧道二极管具有频率高、对输入响应快、能在高温条件下工作、可靠性高、耗散功率小、噪声低等特点,因此获得了广泛的应用。

电流控制型负阻器件常见器件是单结晶体管,图 4-31(a)和(b)所示为其图形符号和等效电路。单结晶体管是一个三端器件,但其工作原理和双极晶体管完全不同。器件的输入端也叫发射极,在输入电压到达某一值时输入端的阻值迅速下降,呈现负阻特性。单结晶体管(也叫双

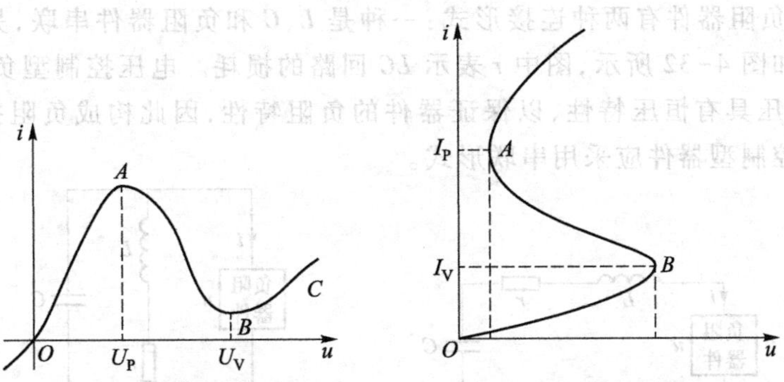
i
A
C
B
O
U_P
U_V
u
i
I_P
A
I_V
B
O
u

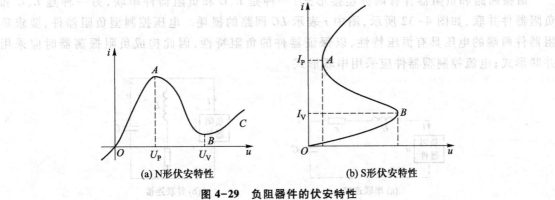

(a) N形伏安特性　　(b) S形伏安特性

图 4-29　负阻器件的伏安特性

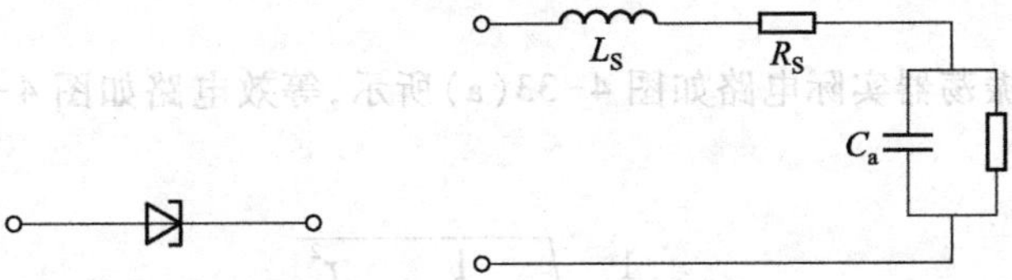
L_S
R_S
C_a
r_a

(a) 隧道二极管的图形符号　　(b) 隧道二极管的等效电路

图 4-30　隧道二极管图形符号和等效电路

基极二极管)由一块轻掺杂的 N 型硅棒的一边和一小片重掺杂的 P 型材料相连而成。P 型发射极和 N 型硅棒间形成一个 PN 结,在等效电路中用一个二极管表示。

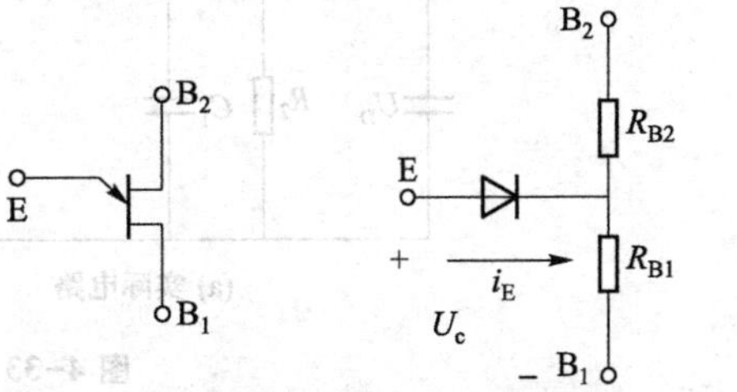
B_2
E
B_1
B_2
R_{B2}
E
+
i_E
R_{B1}
U_c
_ B_1

(a) 单结晶体管的图形符号　(b) 单结晶体管的等效电路

图 4-31　单结晶体管图形符号和等效电路

三、负阻振荡器电路

在负阻振荡器中,只要负阻所提供的功率大于外电路(谐振回路及负载)正阻所消耗的功率,电路即能起振并持续振荡。由于负阻器件本身的非线性特性,负阻的数值随着振荡幅度的增大而变化:对于电流控制型负阻器件,它将变小;而对于电压控制型负阻器件,它将变大。两者都会使负阻供给的功率逐渐减小,直到与正阻所消耗的功率相等,使振荡幅度趋于稳定。

要使负阻振荡能够建立并达到平衡,必须具备以下几个必要的条件:

① 建立适当的静态工作点,使负阻器件工作于负阻特性的区段,这是靠正确地设置偏置电路和负载特性来实现的。

② 必须在负阻器件上作用有交流信号。这样,才有可能把从直流电源中吸取的直流能量,借助于动态负阻的作用,变换成交流能量,以补充振荡回路中能量的消耗。

③ 为了使振幅保持稳定的平衡,必须使负阻器件与振荡电路正确连接,以便当振幅增大时(负阻器件提供的能量超过了回路的消耗),可使与振荡回路相串联的负阻自动地减小,或与振荡回路相并联的负阻自动地增大。

谐振回路和负阻器件有两种连接形式：一种是 L、C 和负阻器件串联，另一种是 L、C 和负阻器件并联，如图 4-32 所示，图中 r 表示 LC 回路的损耗。电压控制型负阻器件，要求负阻器件两端的电压具有恒压特性，以保证器件的负阻特性，因此构成负阻振荡器时应采用并联形式；电流控制型器件应采用串联形式。

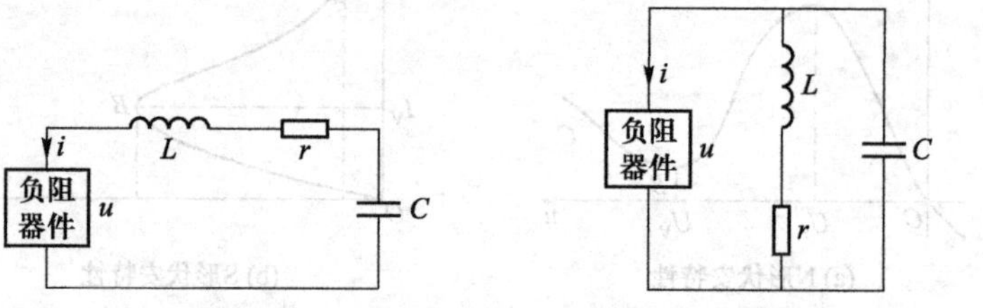
i
L
r
负阻
器件
u
C
(a) 串联连接
i
L
负阻
器件
u
C
r
(b) 并联连接

图 4-32　负阻器件与谐振回路的连接方式

隧道二极管负阻振荡器实际电路如图 4-33(a) 所示，等效电路如图 4-33(b) 所示。该电路的振荡频率为

$$f_1=\frac{1}{2\pi}\sqrt{\frac{1}{L(C+C_d)}-\frac{r^2}{L}} \tag{4-56}$$

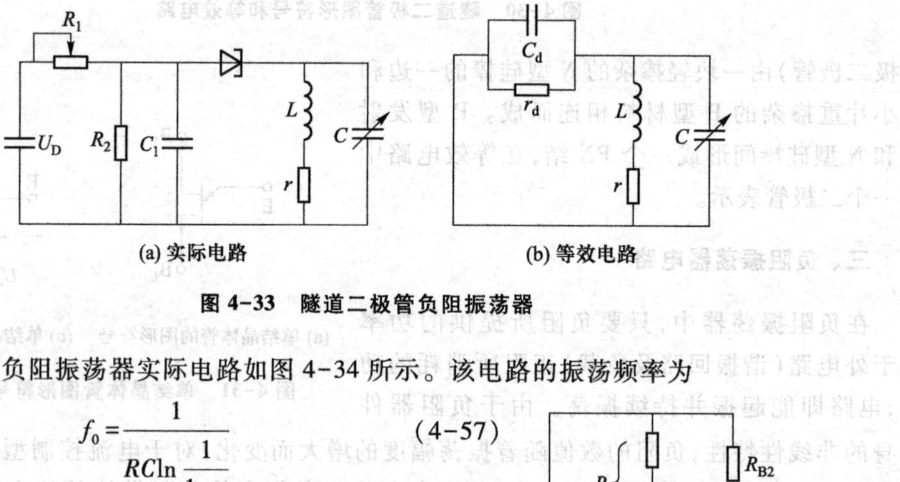
R1
UD
R2
C1
L
C
r
(a) 实际电路
Cd
rd
L
C
r
(b) 等效电路

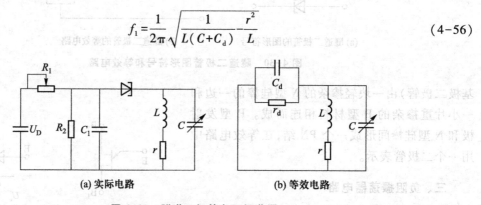

图 4-33　隧道二极管负阻振荡器

单结晶体管负阻振荡器实际电路如图 4-34 所示。该电路的振荡频率为

$$f_0=\frac{1}{RC\ln\frac{1}{1-\eta}} \tag{4-57}$$

其中，$\eta=\frac{R_{B1}}{R_{B1}+R_{B2}}$；$R_{B1}$ 和 R_{B2} 为单结晶体管的基极电阻。需要说明的是，为了保证单结晶体管的有效关断和电路正常工作，R 不能太小。

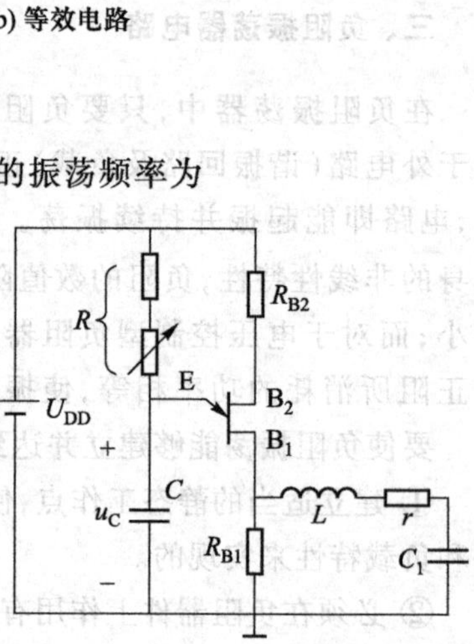
RB2
R
E
B2
B1
UDD
+
C
uC
L
r
RB1
C1
−

图 4-34　单结晶体管负阻振荡器实际电路

有时用谐振腔或带状线作为谐振回路，工作频率可高达几千兆赫兹。负阻型振荡器电路突出的优点是电路非常简单、体积小、耗电省、成本低，噪声小，对温度变化、核辐射均不敏感，它适用于较高频率的场合。缺点是输出功率小，负载和器件参量对振荡频率和幅度的影响都较大，所以这种振荡器的稳定性不如反馈型振荡器。

第七节　压控振荡器

在 LC 振荡器决定振荡频率的 LC 回路中，使用电压控制电容器（变容管），可以在一定的频率范围内构成电调谐振荡器。这种包含有压控元件作为频率控制器件的振荡器就称为压控振荡器（voltage-controlled oscillator，VCO）。它广泛应用于频率调制器、锁相环路以及无线电发射机和接收机中。

对于一个理想的压控振荡器，其输出频率是控制电压的线性函数。一个理想压控振荡器的输出频率可表示为

$$\omega_{out}=\omega_0+S(U_{ctrl}-U_0) \tag{4-58}$$

其中，U_{ctrl} 为压控振荡器的控制电压；ω_0 为自由振荡频率，它表示 $U_{ctrl}=U_0$ 时 VCO 的输出频率；S 表示压控振荡器的压控灵敏度，也称为调谐增益，单位为MHz/V。

压控振荡器的主要性能指标有：

① 调谐范围，即 VCO 输出信号频率范围。在此范围内，输出幅度的变化和抖动必须尽量小。另外，调谐范围必须足以补偿因工艺波动和温度影响导致的 VCO 频率变化，典型的调谐范围至少为中心频率的±20%。

② 线性度。图 4-35 所示为一压控振荡器的频率-控制电压特性，通常希望输出频率与控制电压在工作范围内呈线性关系。特别是 VCO 用作 FM 信号的解调时，特性曲线的非线性会引起检出信号的谐波失真，变化范围一般小于 1%。其他应用中，非线性也会降低锁相环路的稳定性，不过变化范围可以高达百分之几十。特性的非线性程度与变容管变容指数及电路形式有关。

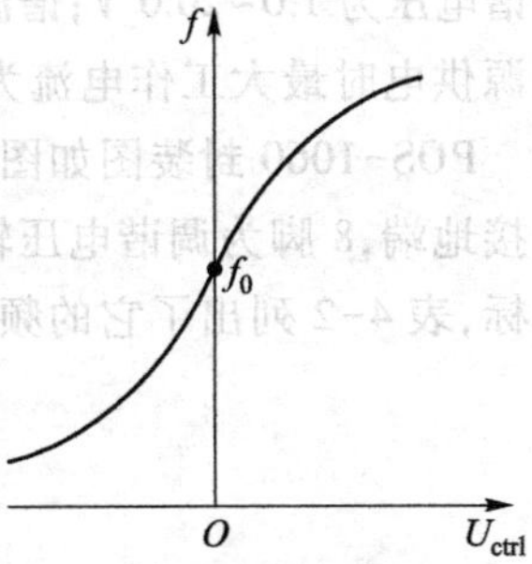
f
f_0
O
U_{ctrl}

图 4-35　压控振荡器的频率-控制电压特性

③ 压控灵敏度。压控灵敏度定义为单位控制电压引起的振荡频率的变化量，用 S 表示，即图 4-35 所示曲线的斜率。用数学式表示即为

$$S=\frac{\Delta f}{\Delta u} \tag{4-59}$$

④ 相位噪声。如图 4-36 所示，相位噪声定义为载波频率频偏 $\Delta\omega$ 处，1 Hz 范围内单边带噪声谱密度与载波功率比值，其单位为 dBc/Hz。理想的正弦波的频谱是一个脉冲函数，但是由于实际电路存在各种噪声源，振荡器输出的信号频谱特性为图 4-36 所示的波峰曲线。电路中的噪声源可以归为两大类：器件噪声和外界干扰噪声。前者主要包括热噪声、闪烁噪声等；后者主要包括衬底噪声和电源噪声等。相位噪声在很大程度上影响收发信机的性能，例如一个收发信机的本振信号存在很强的相位噪声，那么其相邻频道的信号和所需的信号将一起被下变频到中频上，降低了收发信机的动态范围，影响通信质量。

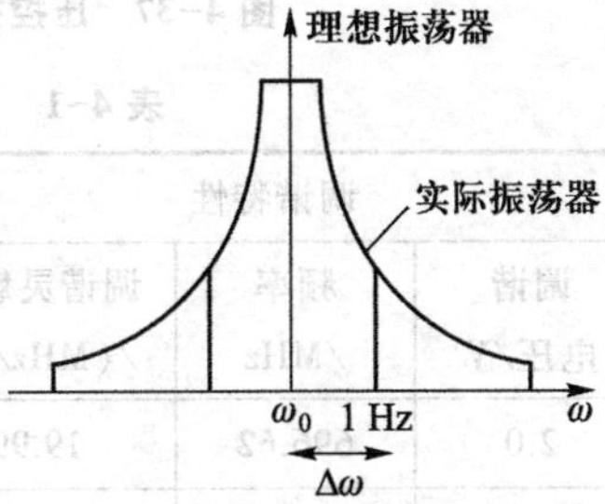
理想振荡器
实际振荡器
ω_0　1 Hz
ω
$\Delta\omega$

图 4-36　相位噪声示意图

⑤ 输出信号频谱纯度。随着压控电压的改变，振荡波形不是一个理想的正弦波。为了使得能量都集中在振荡器的基频上，设计的电路要尽量抑制高次谐波。

⑥ 输出电压幅值。从降低相位噪声方面来看，应该尽量使得输出的电压幅度大些，这样可以降低压控增益的需求。

⑦ 功耗。振荡器的功耗与相位噪声以及输出电压幅度等密切相关，它们之间存在一定的权衡和优化过程。CMOS 工艺上实现振荡器的典型功耗为几到几十毫瓦。

图 4-37 所示为一压控振荡器实际电路。它的基本电路是一个栅极调谐的互感耦合振荡器。决定频率的回路元件为 L_1、C_1、C_2 和压控变容管 VD 呈现的电容 C_j。在压控振荡器中，振荡频率应只随加在变容管上的控制电压变化，但实际电路中，振荡电压也加在变容管两端，这使得振荡频率在一定程度上也随振荡幅度而变化，这是不希望的。为了减小振荡频率随振荡幅度的变化，应尽量减小振荡器的输出振荡电压幅度，并使变容管工作在较大的固定直流偏压（如大于 1 V）上。

随着半导体技术和集成电路技术的发展，也出现了集成的压控振荡器。如美国 Mini-Circuits 公司生产的压控振荡器 POS-1060，其线性可调谐带宽较宽，而且相位噪声低、功耗低，应用比较广泛。

POS-1060 有以下主要特点：最大可调电压（V_{tune}）为+20 V；频率调谐范围为 750~1 060 MHz；调谐电压为 1.0~20.0 V；谐波抑制典型值为-11.0 dBc；3 dB 调制带宽典型值为 1 000.00 kHz；8 V 电源供电时最大工作电流为 30 mA。

POS-1060 封装图如图 4-38 所示，采用 A06 封装，1 脚接电源，2 脚为输出，3、4、5、6、7 脚均为接地端，8 脚为调谐电压输入端。表 4-1 列出了 POS-1060 的调谐特性、输出功率及谐波抑制指标，表 4-2 列出了它的频率温度特性及相位噪声。

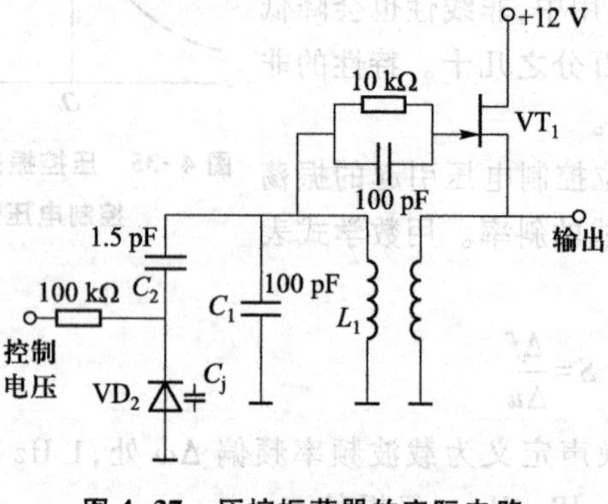
+12 V
10 kΩ
VT₁
100 pF
输出
1.5 pF
100 kΩ
C₂
C₁
100 pF
L₁
控制
电压
VD₂
Cj

图 4-37 压控振荡器的实际电路

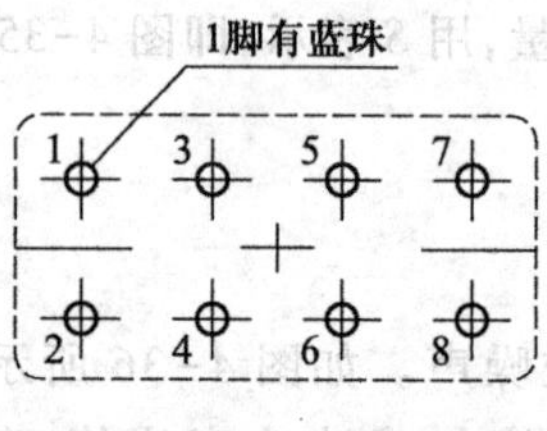
1脚有蓝珠
1
3
5
7
2
4
6
8

图 4-38 POS-1060 封装图

表 4-1 POS-1060 的调谐特性、输出功率及谐波抑制指标

调谐特性			输出功率/dBm			谐波抑制/dBc		
调谐电压/V	频率/MHz	调谐灵敏度/(MHz/V)	-55 ℃	25 ℃	85 ℃	二次谐波	三次谐波	四次谐波
2.0	696.62	19.99	10.98	10.98	10.90	-21.14	-34.52	-28.82
4.0	736.98	20.73	12.00	11.56	11.00	-17.10	-35.34	-27.13

续表

调谐特性			输出功率/dBm			谐波抑制/dBc		
调谐电压/V	频率/MHz	调谐灵敏度/(MHz/V)	-55 ℃	25 ℃	85 ℃	二次谐波	三次谐波	四次谐波
6.0	783.77	24.32	11.90	12.04	12.05	-13.96	-27.35	-26.30
8.0	834.40	25.69	12.52	12.45	12.15	-12.30	-23.93	-26.93
10.0	887.32	26.61	12.85	12.52	12.11	-10.84	-24.58	-22.23
12.0	941.67	27.64	12.63	12.33	12.14	-9.60	-19.71	-20.91
14.0	997.06	27.49	12.48	12.54	12.51	-10.84	-17.99	-19.54
16.0	1 045.32	23.00	12.20	12.00	11.60	-10.78	-14.74	-19.27
18.0	1 094.34	25.88	11.49	11.64	11.86	-14.89	-15.81	-22.11
20.0	1 129.95	14.94	12.03	11.92	11.49	-20.96	-14.73	-18.43

表 4-2　POS-1060 的频率温度特性及相位噪声

不同温度下的频率/MHz				相位噪声	
调谐电压	-55 ℃	+25 ℃	+85 ℃	频率偏移/Hz	单边带相噪/(dBc/Hz)
2.0	705.71	697.66	690.63	1 000	-65
4.0	749.19	741.35	732.14		
6.0	786.40	777.56	770.01	10 000	-90
8.0	841.58	833.68	826.97		
10.0	901.15	893.70	884.16		
12.0	959.47	949.31	938.49	100 000	-112
14.0	1 002.41	994.54	986.85		
16.0	1 052.01	1 046.38	1 037.38		
18.0	1 092.75	1 083.05	1 067.83	1 000 000	-132
20.0	1 138.66	1 124.15	1 108.01		

美国 Motorola 公司生产的需要外加 *LC* 回路的低功耗 MC12148 压控振荡器，频率可以高达 1.1 GHz。MC12148 内部结构如图 4-39 所示，典型应用电路如图 4-40 所示。对比图 4-14 可知，两电路内部结构非常相似。

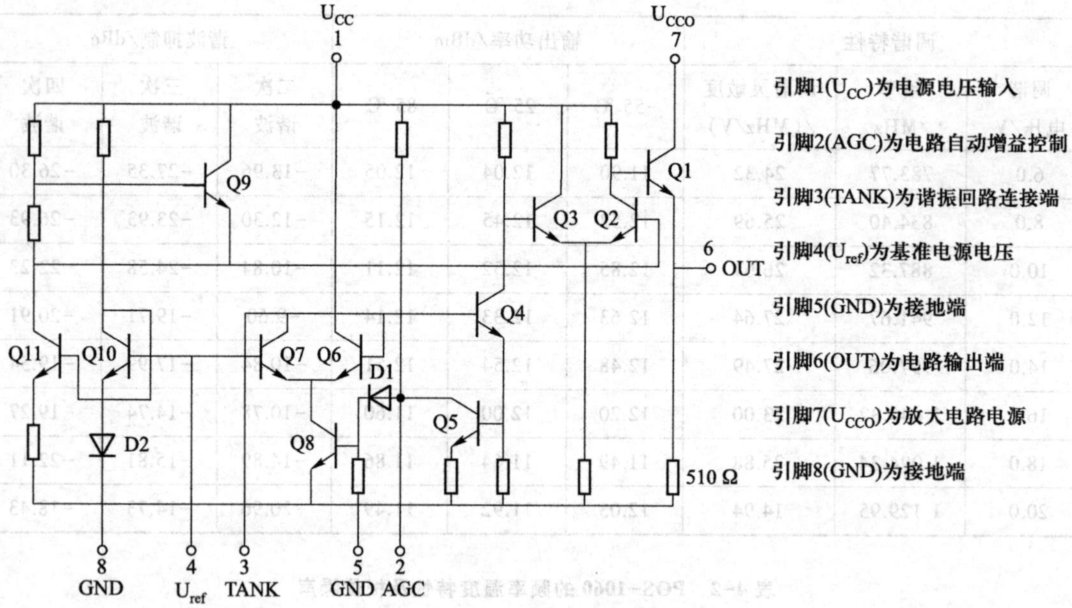

U_CC
1
U_CCO
7
引脚1(U_CC)为电源电压输入
引脚2(AGC)为电路自动增益控制
引脚3(TANK)为谐振回路连接端
引脚4(U_ref)为基准电源电压
引脚5(GND)为接地端
引脚6(OUT)为电路输出端
引脚7(U_CCO)为放大电路电源
引脚8(GND)为接地端
Q1
Q2
Q3
Q4
Q5
Q6
Q7
Q8
Q9
Q10
Q11
D1
D2
6
OUT
510 Ω
8
GND
4
U_ref
3
TANK
5
GND
2
AGC

图 4-39　MC12148 内部电路

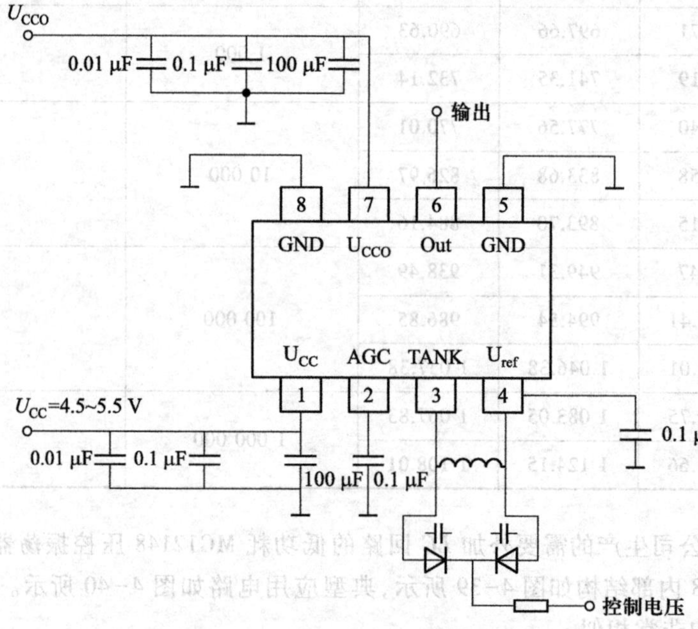

U_CCO
0.01 μF
0.1 μF
100 μF
输出
8
7
6
5
GND
U_CCO
Out
GND
U_CC
AGC
TANK
U_ref
1
2
3
4
U_CC=4.5~5.5 V
0.01 μF
0.1 μF
100 μF
0.1 μF
0.1 μF
控制电压

图 4-40　MC12148 典型应用电路

第八节 振荡器中的几种现象

在 LC 振荡器中，有时候会出现一些特殊现象，如间歇振荡、频率拖曳现象、频率占据现象以及寄生振荡。在许多情况下，这些现象是应该避免的。但在某些情况下，也可以利用它来完成特殊的电路功能。

一、间歇振荡

LC 振荡器在建立振荡的过程中，有两个互有联系的暂态过程，一个是回路上高频振荡的建立过程；另一个是偏压的建立过程。回路有储能作用，要建立稳定的振荡器需要有一定的时间。回路的有载 Q 值越低，K_0F 值越大于1，则振荡建立得越快。由于偏压电路的稳幅作用，上述过程也受偏压变化的影响。偏压的建立，主要由偏压电路的电阻、电容决定（偏压由 i_b、i_c 对电容充、放电而产生），同时也取决于基极激励的强弱。当这两个暂态过程能协调一致进行时，高频振荡和偏压就能一致趋于稳定，从而得到振幅稳定的振荡。当高频振荡建立较快，而偏压电路由于时间常数过大而变化过慢时，就会产生间歇振荡。现以图 4-4 所示的电路为例来说明。图 4-41 所示是产生间歇振荡时 u_b 和偏压 u_{BB} 的波形。在 $t=0$ 时，由于 K_0F 值很大，振荡电压 u_b 迅速增加，此时因 R_bC_b 或 R_eC_e 值过大，偏压 u_{BB} 开始变化不大。u_b 增加的结果是，晶体管很快工作到截止状态（$\theta<180°$），或工作到饱和状态，于是由于非线性作用，K_0 下降使 $K_0F=1$，振荡电压 u_b 开始趋于稳定。随后偏压 u_{BB} 继续变负（它的变化比 u_b 变化要晚一些）。在 $t=t_1$ 至 $t=t_2$ 时间内，振荡器处于平衡状态。由于 u_{BB} 是变化的，故平衡时的 u_b 仍稍有下降。至 $t=t_2$ 时，由于 u_b 的减小导致 K_0 的下降（在 C 类欠压状态，u_b 的下降会使 K_0 下降），使 $K_0F<1$，即不满足振幅平衡条件，于是振荡振幅迅速衰减到零。在此过程中，由于 u_{BB} 的变化跟不上 u_b 的变化，不会出现 $K_0F=1$。再经过一段时间，偏压 u_{BB} 又恢复到起振时电压，又重复上述过程，形成了间歇振荡。

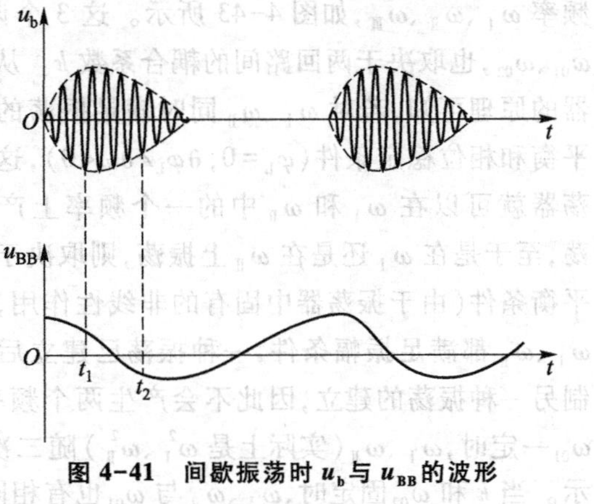

u_b
O
t
u_{BB}
O
t_1
t_2
t

图 4-41 间歇振荡时 u_b 与 u_{BB} 的波形

若偏压电路时间常数（R_bC_b、R_eC_e）不是很大，在 u_b 衰减的过程中若仍能维持 $K_0F=1$ 时，就会产生持续的振幅起伏振荡，这也是间歇振荡的一种表现形式。

当出现间歇振荡时，通常集电极直流电流很小，回路上的高频电压很大，可以用示波器观察间歇振荡的波形。为保证振荡器的正常工作，应防止间歇振荡，除了起振时 K_0F 不要太大外，主要的方法是适当地选取偏压电路中 C_b、C_e 的值。C_b、C_e 适当选小些，使偏压 u_{BB} 的变化能跟上 u_b 的变化，其具体数值通常由实验决定。附带说明一点，高 Q 值的晶体振荡器，通常不会产生间歇振荡现象。

二、频率拖曳现象

前面讨论的 LC 振荡器，都是以单谐振回路作为晶体管的负载，其振荡频率基本上等于回路谐振频率。但在以耦合振荡回路作为负载的情况下，在一定的条件下会产生所谓的频率拖曳现象。图 4-42(a)所示是一个互感耦合的变压器反馈振荡器实际电路。其中 L_1C_1是与晶体管直接连接的一次回路，L_2C_2是与它耦合的二次回路。图 4-42(b)所示是耦合回路的等效电路。

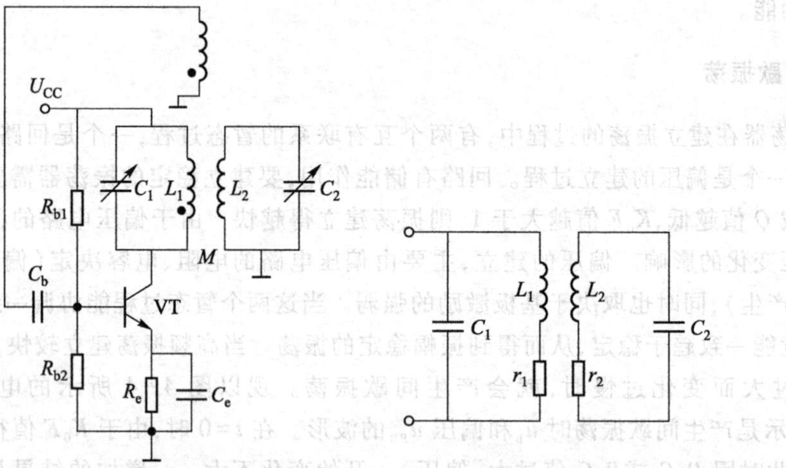

U_{CC}
R_{b1}
C_1
L_1
L_2
C_2
M
C_b
VT
R_{b2}
R_e
C_e
C_1
L_1
L_2
C_2
r_1
r_2

(a) 实际电路　　(b) 耦合回路的等效电路

图 4-42　变压器反馈振荡器

由第二章耦合回路的分析可知，当二次回路为高 Q 电路且两回路为紧耦合时($k>k_0$)，一次侧两端的并联阻抗 Z_L具有双峰，而其幅角 φ_L 的频率特性上有 3 个零值点，也可以说有 3 个谐振频率 ω_{I}、ω_{II}、ω_{III}，如图 4-43 所示。这 3 个谐振频率既取决于一次侧、二次侧本身的谐振频率 ω_{01}、ω_{02}，也取决于两回路间的耦合系数 k。从振荡器的原理可知，若对 ω_{I}、ω_{II} 同时满足振荡的相位平衡和相位稳定条件($\varphi_L=0, \partial\varphi_L/\partial\omega<0$)，这种振荡器就可以在 ω_{I} 和 ω_{II} 中的一个频率上产生振荡，至于是在 ω_{I} 还是在 ω_{II} 上振荡，则取决于振幅平衡条件(由于振荡器中固有的非线性作用，即使 ω_{I}、ω_{II} 都满足振幅条件，一种振荡已建立后将抑制另一种振荡的建立，因此不会产生两个频率的同时振荡)。当耦合系数 k 和一次侧谐振频率 ω_{01}一定时，ω_{I}、ω_{II}(实际上是 ω_{I}^2、ω_{II}^2)随二次侧谐振频率 ω_{02}变化的关系曲线如图 4-44(a)所示。当 k 和 ω_{02}固定时，ω_{I}、ω_{II} 与 ω_{01}也有相同的曲线。由图可以看出以下几点：

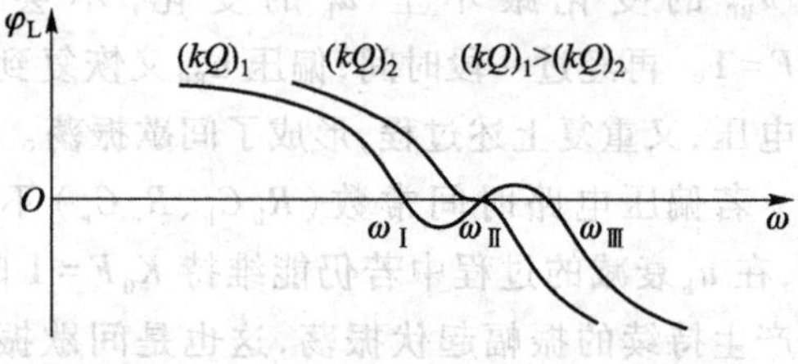

φ_L
$(kQ)_1$
$(kQ)_2$
$(kQ)_1>(kQ)_2$
O
ω_{I}
ω_{II}
ω_{III}
ω

图 4-43　阻抗 Z_L的幅角 φ_L 的频率特性

① ω_{II} 始终大于 ω_{I}，且有 $\omega_{\text{II}}>\omega_{01}$，$\omega_{\text{I}}<\omega_{01}$。

② 当 ω_{02}远低于 ω_{01}时，ω_{02}对 ω_{I} 影响较大；当 ω_{02}远大于 ω_{01}时，ω_{02}对 ω_{II} 影响较大。此外，两回路耦合越紧，k 越大，ω_{I} 与 ω_{II} 相差越大(当 ω_{01}、ω_{02}一定时)。

频率拖曳现象是指在上述紧耦合回路的振荡器中，当变化一个回路(如二次回路)的谐振频率时，振荡器频率具有非单值的变化。图 4-44(b)所示就是振荡频率随二次谐振频率 ω_{02}变化的

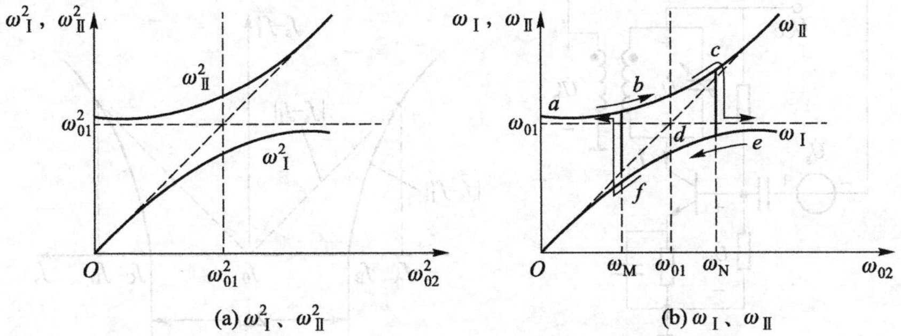

$\omega_{\rm I}^2$，$\omega_{\rm II}^2$
$\omega_{\rm II}^2$
ω_{01}^2
$\omega_{\rm I}^2$
O
ω_{01}^2
ω_{02}^2
(a) $\omega_{\rm I}^2$、$\omega_{\rm II}^2$
$\omega_{\rm I}$，$\omega_{\rm II}$
$\omega_{\rm II}$
c
b
a
ω_{01}
d
$\omega_{\rm I}$
e
f
O
$\omega_{\rm M}$
ω_{01}
$\omega_{\rm N}$
ω_{02}
(b) $\omega_{\rm I}$、$\omega_{\rm II}$

图 4-44　$\omega_{\rm I}$、$\omega_{\rm II}$与 ω_{02}的关系曲线及拖曳环的形成

曲线。振荡频率与一次回路的谐振频率 ω_{01}之间也有相似的关系曲线。当 ω_{02}从很低频率增加时，由于 $\omega_{\rm II}$在频率上满足振幅平衡条件，振荡频率为 $\omega_{\rm II}$。在 $\omega_{\rm M}<\omega_{02}<\omega_{\rm N}$范围时，虽然在 $\omega_{\rm I}$上也能满足振幅平衡条件，但因为原来已在 $\omega_{\rm II}$上振荡，故将抑制 $\omega_{\rm I}$的振荡。当 ω_{02}增加到 $\omega_{02}>\omega_{\rm N}$时，因 $\omega_{\rm II}$不再满足振幅平衡条件，而 $\omega_{\rm I}$仍满足振荡条件，所以振荡频率突跳至较低的 $\omega_{\rm I}$上，并按 $\omega_{\rm I}$的规律变化。以上过程，按图 4-44(b)中的 a、b、c、d、e 顺序变化。若 ω_{02}再从大至小变化，则根据同样的道理，曲线将按图中 e、d、f、b、a 的顺序变化，在 $\omega_{02}=\omega_{\rm M}$时产生向上突跳。这样的频率变化称为频率拖曳现象，并构成一拖曳环。当 ω_{02}位于 $\omega_{\rm M}$与 $\omega_{\rm N}$之间，而振荡器开始工作时，振荡器可能在 $\omega_{\rm II}$，也可能在 $\omega_{\rm I}$工作，这时的振荡器频率不是唯一确定的，它可能受外部条件的影响而产生频率跳变现象。

频率拖曳现象一般应该避免，因为它使振荡器的频率不是单调变化和受回路谐振频率唯一确定的。为避免产生频率拖曳现象，应该减小两回路的耦合或减小二次回路 Q 值。另外，若二次回路频率远离所需的振荡频率范围，也不会产生拖曳现象（振荡频率由 ω_{01}调节）。但在要求有高效率输出的耦合回路振荡器中，拖曳现象通常不能避免，此时应利用以上知识进行调整。在某些微波振荡器中（包括一些利用负阻器件的振荡器）也可以利用拖曳现象用高 Q 值和高稳定参数的二次回路进行稳频，即让振荡器工作在受 ω_{02}控制较大的部分［如图 4-44(b)上的 $\omega_{\rm M}$附近的 $\omega_{\rm I}$或 $\omega_{\rm N}$附近的 $\omega_{\rm II}$上］，这种稳频方法称为牵引稳频，二次回路由稳频腔担任。

三、频率占据现象

在一般 LC 振荡器中，若从外部引入一频率为 $f_{\rm s}$的信号，当 $f_{\rm s}$接近振荡器原来的振荡频率 f_1时，会发生占据现象，表现为当 $f_{\rm s}$接近 f_1时，振荡器受外加信号影响，振荡频率向接近 $f_{\rm s}$的频率变化，而当 $f_{\rm s}$进一步接近 f_1时，振荡频率甚至等于外加信号频率 $f_{\rm s}$，产生强迫同步。当 $f_{\rm s}$离开 f_1时，则发生相反的变化。这是因为，当外加信号 $\dot{U}_{\rm s}$ 频率 $f_{\rm s}$在振荡回路的带宽以内时，外信号的加入会改变振荡器的相位平衡状态，使相位平衡条件在 $f_1'=f_{\rm s}$ 频率上得到满足，从而发生频率占据现象。图 4-45(a)所示为解释占据现象的振荡器电路，其中 $\dot{U}_{\rm s}$ 为外加信号，现等效到晶体管的基极电路。图 4-45(b)所示为有占据现象时振荡频率 f_1' 和信号频率 $f_{\rm s}$之间频率差与信号频率 $f_{\rm s}$的变化关系，图 4-45(b)中 $f_{\rm A}$至 $f_{\rm B}$及 $f_{\rm C}$至 $f_{\rm D}$范围为开始产生频率牵引的范围，$f_{\rm B}$至 $f_{\rm C}$为占据频率范围，$2\Delta f$ 称为占据带宽。

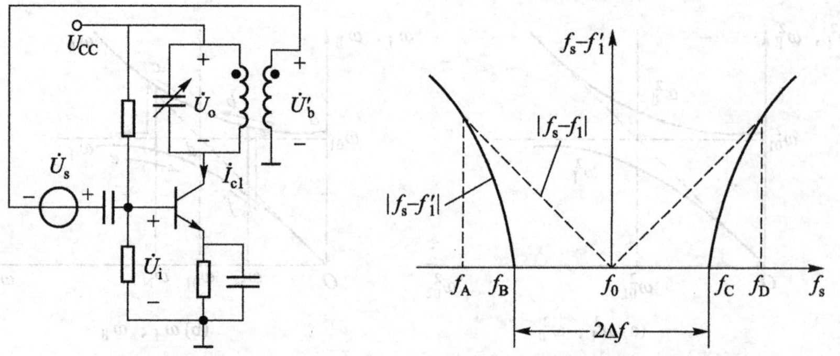

U_{CC}
$\dot{U}_o$
$\dot{U}'_b$
$\dot{U}_s$
$\dot{I}_{c1}$
$\dot{U}_i$
$f_s-f'_1$
$|f_s-f_1|$
$|f_s-f'_1|$
f_A f_B f_0 f_C f_D f_s
$2\Delta f$

(a) 振荡器电路　　(b) 频率差与信号频率的变化关系

图 4-45　占据现象

下面用矢量图来分析占据过程。为了简单起见，设无外加信号时的振荡频率 f_1 等于回路谐振频率 f_0，这表示在图 4-45(a)上的电压、电流 $\dot{U}_b$、$\dot{I}_{c1}$、$\dot{U}_o$ 及反馈电压 $\dot{U}'_o$ 都同相。现加入 $\dot{U}_s$ 信号，其频率 f_s 处于占据带，并以 $\dot{U}_s$ 为参考可以作出振荡器的电压、电流矢量图，如图 4-46 所示。

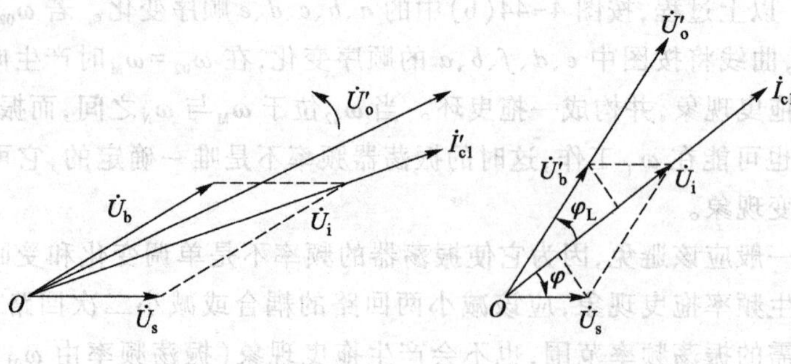

$\dot{U}'_o$
$\dot{I}'_{c1}$
$\dot{U}_b$
$\dot{U}_i$
O
$\dot{U}_s$
$\dot{I}_{c1}$
$\dot{U}'_b$
φ_L
φ

(a) f_s 小于 f_1　　(b) 占据时的矢量

图 4-46　说明占据过程的瞬时电压、电流矢量图

设信号频率 f_s 小于 f_1，若以图 4-46(a)中 $\dot{U}_s$ 作为基准，则其他电压、电流(频率为 f_1)为逆时针旋转。现在看一个反馈周期中矢量的变化。设有 $\dot{U}_s$ 后，基极输入电压为 $\dot{U}_i$，由图可见，$\dot{U}_i$ 虽然仍为逆时针旋转，但因 $\dot{U}_i=\dot{U}_b+\dot{U}_s$，显然它的转速要慢些，这表示其瞬时频率比 f_1 要低一些。$\dot{I}'_{c1}$ 为新的电压产生的集电极电流，它与 $\dot{U}_i$ 瞬时同相。由于振荡回路有储能作用，回路上新的 $\dot{U}'_o$ 并不立即取决于 $\dot{I}'_{c1}$，但是可以想象它的瞬时相位要逐渐滞后。如果上述 $\dot{U}_s$ 使振荡电压、电流瞬时频率逐渐降低的过程能一直进行到稳定状态，即最后保持与 $\dot{U}_s$ 有固定的相位关系，则表示频率 $f'_1=f_s$，产生占据。若振荡频率有所降低，但始终达不到稳定状态[振荡电压仍以 $2\pi(f'_1-f_s)$ 逆时针旋转]，这就相当于 f_A 至 f_B 的牵引状态。

出现占据时的电流、电压矢量图如图 4-46(b)所示。图上 φ_L 为回路阻抗的幅角。因为此时 $f'_1=f_s$，$f'_1<f_1=f_0$，故 φ_L 为正值。φ 为 $\dot{U}_i$ 超前 $\dot{U}_s$ 的相角。由图 4-46(b)可知，因

$$\dot{U}_i=\dot{U}'_b+\dot{U}_s$$

由上式 3 个矢量构成的平行四边形关系，可得

$$U_b' \sin|\varphi_L| = U_s \sin|\varphi| \tag{4-60}$$

这表明，在占据时 $\dot{U}_s$ 和 $\dot{U}_i$ 保持相对固定的相移是靠回路失谐产生的 φ_L 来补偿的。因 φ_L 与回路失谐大小有关，可以由式(4-60)求出占据频带。通常回路失谐不大（失谐很大时振幅条件也将不能满足）时，φ_L 不大，因此有以下近似关系

$$\sin|\varphi_L| \approx \tan|\varphi_L| \tag{4-61}$$

再考虑并联回路

$$\tan|\varphi_L| = 2Q\frac{|\omega-\omega_0|}{\omega_0}$$

当 U_s 不大时，可以用 U_b 代替 U_b'，式(4-60)可写为

$$\frac{2|\omega-\omega_0|}{\omega_0} \approx \frac{U_s}{U_b Q}|\sin\varphi| \tag{4-62}$$

可能得到的最大占据频带 $2\Delta f$ 出现在 $\sin\varphi$ 的最大值 1 处，因此可得相对占据频带

$$\frac{2\Delta f}{f_0} \approx \frac{U_s}{U_b Q} \tag{4-63}$$

式(4-63)表明，振荡器的占据带宽与 U_s/U_b 成正比而与有载值 Q 成反比。这从概念上也容易理解，Q 值代表回路保持固有谐振的能力，而 U_s 大小代表外部强制作用的大小。

四、寄生振荡

在高频放大器或振荡器中，由于某种原因，会产生不需要的谐振信号，这种振荡称为寄生振荡。如第三章介绍小信号放大器稳定性时所说的自激，即属于寄生振荡。

产生寄生振荡的形式和原因是各种各样的。有单级和多级振荡，有工作频率附近的振荡或者是远离工作频率的低频或超高频振荡。

在高增益的高频放大器中，由于晶体管输入、输出电路通常有振荡回路，通过输出、输入电路间的反馈（大多通过晶体管内部的反馈电容），容易产生工作频率附近的寄生振荡。

在高频功率放大器及高频振荡器中，由于通常要用到扼流圈、旁路电容等元件，在某些情况下会产生低频寄生振荡。图 4-47(a)所示就是一高频功率放大器的实际电路，图中 L_c 为高频扼流圈。在远低于工作频率时，由于 C_1 的阻抗很大，可得到如图 4-47(b)所示的等效电路。当 L_c 和 C_{bc} 较大时，可能既满足相位平衡条件又满足振幅平衡条件，就会产生低频寄生振荡。所以能满足振幅平衡，还应考虑两个因素，一个是在低频时晶体管有较大的电流放大系数，另一个是原来的负载电阻对此低频回路并不加载。由于高频功率放大器通常工作在 B 类或 C 类的强非线性状态，低频寄生振荡通常还会产生对高频信号的调制，因此可以观察到如图 4-47(c)所示的调幅波。

远离工作频率的寄生振荡（可能到超高频范围）通常是由晶体管的极间电容以及外部的引线电感构成的振荡回路产生的。

单级高频功率放大器中，还可能因大的非线性电容 C_{bc} 而产生参量寄生振荡，以及由于晶体管工作到雪崩击穿区而产生的负阻寄生振荡。实践还发现，当放大器工作于过压状态时，也会出现某种负阻现象，由此产生的寄生振荡（高于工作频率）只有在放大器激励电压的正半周出现。

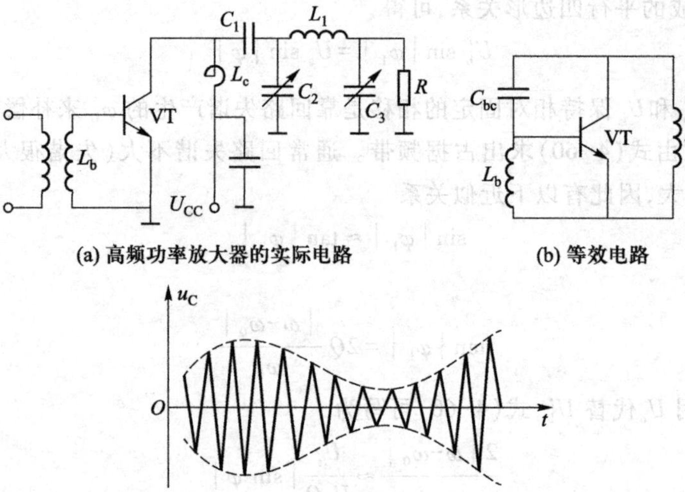

C1
L1
Lc
C2
C3
R
VT
Lb
UCC
Cbc
VT
Lc
Lb
uC
O
t

(a) 高频功率放大器的实际电路　　(b) 等效电路

(c) 调幅波

图 4-47　高频功率放大器产生低频寄生振荡的实际电路、等效电路及调幅波

产生多级寄生振荡的原因也有多种：一种是由于采用公共电源对各级馈电而产生的寄生反馈；一种是由于每级内部反馈加上各级之间的互相影响，例如两个虽有内部反馈而不自激的放大器，级联后便有可能会产生自激振荡；还有一种引起多级寄生振荡的原因是各级间的空间电磁耦合。

寄生振荡的防止和消除既涉及正确的电路设计，同时又涉及线路的实际安装，如导线尽可能短，减少输出电路对输入电路的寄生耦合，接地点尽量靠近等，因此既需要有关的理论知识，也需要从实际中积累经验。

消除寄生振荡的一般方法为：在观察到寄生振荡后，要判断出哪个频率范围的振荡，是单级振荡还是多级振荡。为此可能要断开级间连接，或者去掉某级的电源。在判断确定是某种寄生振荡后，可以根据有关振荡的原理分析产生寄生振荡的可能原因和参与寄生振荡的元件，并通过试验（更换元件，改变元件数值）等方法来进行验证。对于放大器在工作频率附近的寄生振荡，主要消除方法是降低放大器的增益，如降低回路阻抗或者射极加小负反馈电阻等。要消除由于扼流圈等引起的低频寄生振荡，可以适当降低扼流圈电感数值和减小它的 Q 值。后者可用一电阻和扼流圈串联实现。要消除由公共电源耦合产生的多级寄生振荡，可采用由 LC 或 RC 低通滤波器构成的去耦电路，使后级的高频电流不流入前级。图 4-48 所示为一电源去耦的例子。

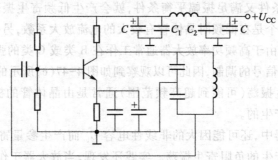

LC 振荡器的调整

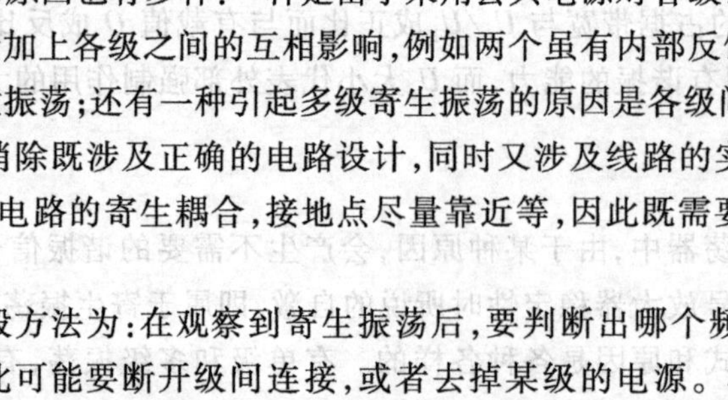

+UCC
C
C1
C2
C

图 4-48　电源去耦举例

思考题与练习题

4-1 什么是振荡器的起振条件、平衡条件和稳定条件？振荡器输出信号的振幅和频率分别是由什么条件决定的？

4-2 试从相位条件出发，判断图 P4-1 所示的高频等效电路中，哪些可能振荡，哪些不可能振荡。能振荡的属于哪种类型振荡器？

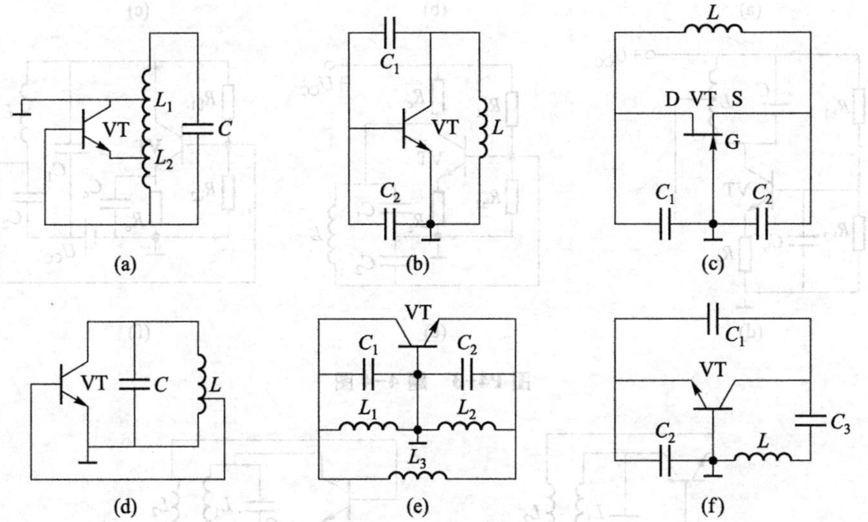

VT
L_1
L_2
C
(a)
C_1
VT
L
C_2
(b)
L
D VT S
G
C_1
C_2
(c)
VT
C
L
(d)
VT
C_1
C_2
L_1
L_2
L_3
(e)
C_1
VT
C_3
C_2
L
(f)

图 P4-1 题 4-2 图

4-3 图 P4-2 所示是一个三回路振荡器的等效电路，设有下列四种情况：

(1) $L_1C_1>L_2C_2>L_3C_3$；

(2) $L_1C_1<L_2C_2<L_3C_3$；

(3) $L_1C_1=L_2C_2>L_3C_3$；

(4) $L_1C_1<L_2C_2=L_3C_3$。

试分析上述四种情况是否都能振荡，振荡频率 f_1 与回路谐振频率有何关系。

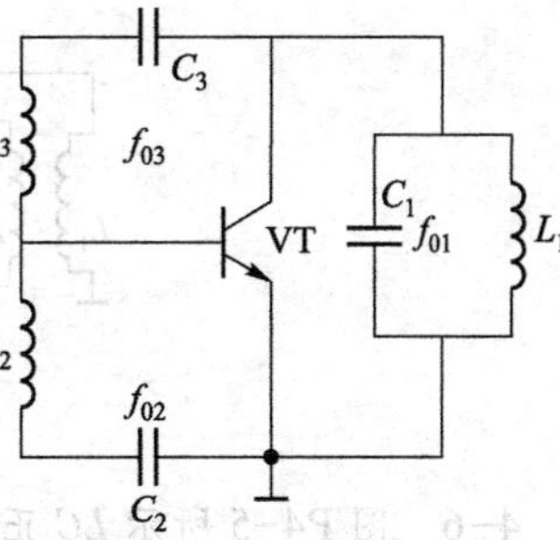

C_3
L_3
f_{03}
C_1
VT
f_{01}
L_1
L_2
f_{02}
C_2

图 P4-2 题 4-3 图

4-4 试检查图 P4-3 所示的振荡器电路，有哪些错误并加以改正。

4-5 试将图 P4-4 所示变压器反馈振荡器交流通路画成实际振荡电路，并注明变压器的同名端。

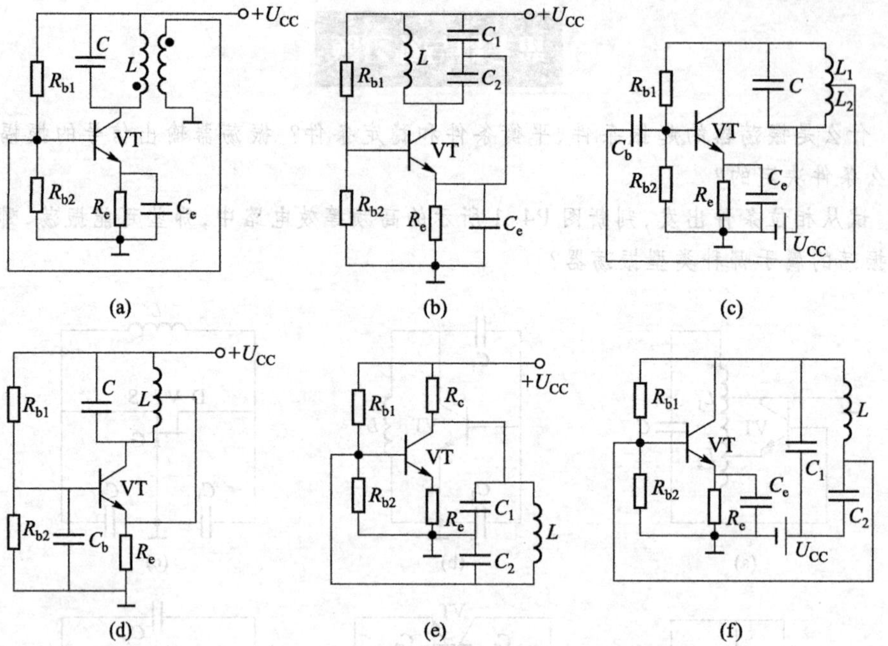

$+U_{CC}$
C
L
R_{b1}
R_{b2}
R_e
C_e
VT
(a)
$+U_{CC}$
C_1
C_2
L
R_{b1}
R_{b2}
R_e
C_e
VT
(b)
R_{b1}
R_{b2}
C_b
C
L_1
L_2
R_e
C_e
U_{CC}
VT
(c)
$+U_{CC}$
R_{b1}
R_{b2}
C
L
C_b
R_e
VT
(d)
$+U_{CC}$
R_{b1}
R_{b2}
R_c
R_e
C_1
C_2
L
VT
(e)
R_{b1}
R_{b2}
R_e
C_e
L
C_1
C_2
U_{CC}
VT
(f)

图 P4-3　题 4-4 图

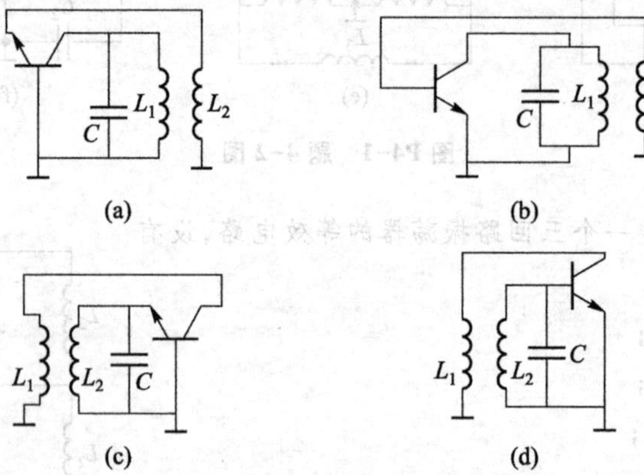

C
L_1
L_2
(a)
C
L_1
L_2
(b)
L_1
L_2
C
(c)
L_1
L_2
C
(d)

图 P4-4　题 4-5 图

4-6　图 P4-5 所示 LC 正弦波振荡电路中，L_c 为高频扼流圈，C_e 和 C_b 可视为交流短路。要求：

(1) 画出交流等效电路；

(2) 判断是否满足自激振荡所需相位条件；

(3) 若(2)满足，判断电路属于何种类型的振荡器；

(4) 写出估算振荡频率 f_0 的表达式。

4-7　振荡器交流等效电路如图 P4-6 所示，工作频率为 10 MHz，要求：

(1) 计算 C_1、C_2 的取值范围；

(2) 画出实际电路。

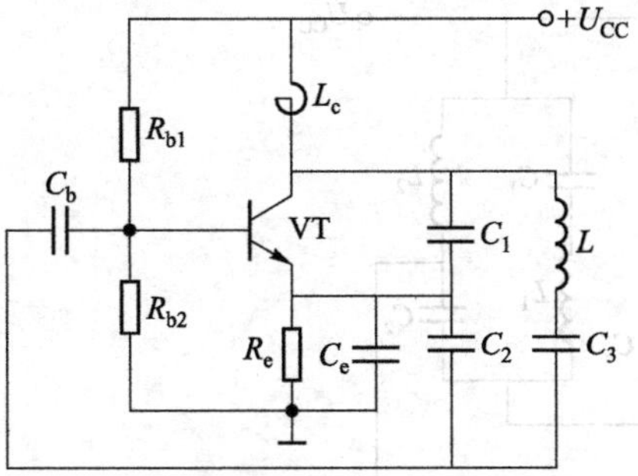
+U_{CC}
L_c
R_{b1}
C_b
VT
C_1
L
R_{b2}
R_e
C_e
C_2
C_3

图 P4-5　题 4-6 图

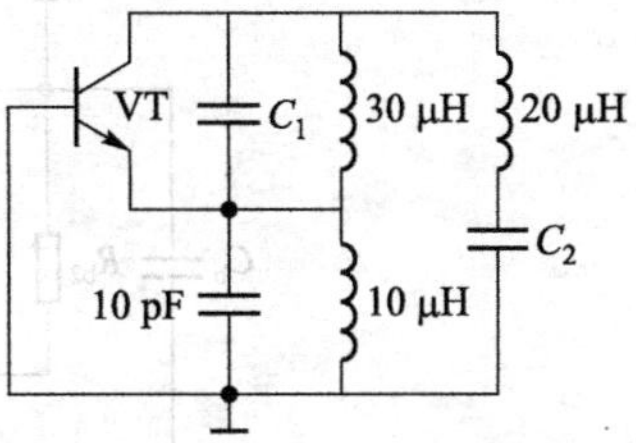
VT
C_1
30 μH
20 μH
C_2
10 pF
10 μH

图 P4-6　题 4-7 图

4-8　在图 P4-7 所示的三端式振荡电路中，已知 $L=1.3\ \mu H$，$C_1=51\ pF$，$C_2=2\ 000\ pF$，$Q_0=100$，$R_L=1\ k\Omega$，$R_e=500\ \Omega$。试问 I_{EQ} 应满足什么要求时振荡器才能振荡？

4-9　在图 P4-8 所示的电容三端式电路中，试求电路振荡频率和维持振荡所必需的最小电压增益。

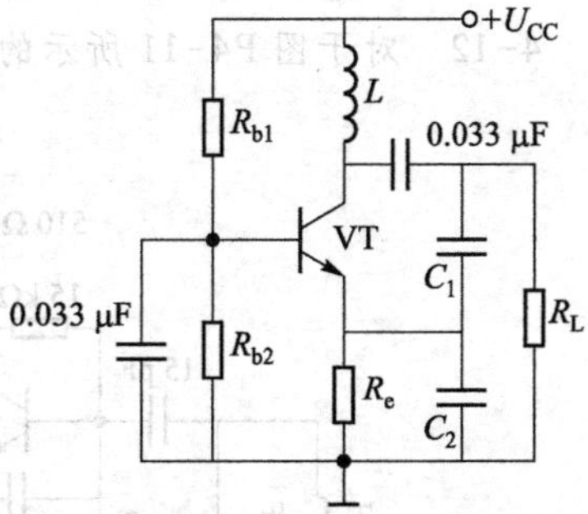
+U_{CC}
L
R_{b1}
0.033 μF
VT
C_1
0.033 μF
R_L
R_{b2}
R_e
C_2

图 P4-7　题 4-8 图

4-10　图 P4-9 是一电容反馈振荡器的实际电路，已知 $C_1=50\ pF$，$C_2=100\ pF$，$C_3=10\sim260\ pF$，要求工作的频段范围为 10~20 MHz，试计算回路电感 L 和电容 C_0。设回路无载 $Q_0=100$，负载电阻 $R=1\ k\Omega$，晶体管输入电阻 $R_i=500\ \Omega$，若要求起振时环路增益 $K_0F=3$，问要求的跨导 g_m 和静态工作电流 I_{CQ} 必须多大？

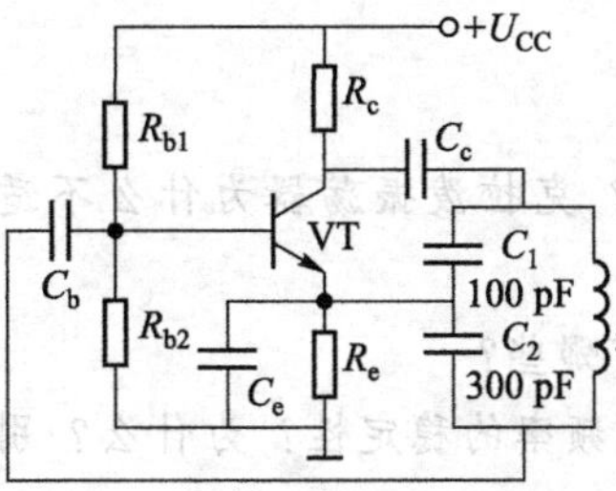
+U_{CC}
R_c
R_{b1}
C_c
C_1
VT
C_b
100 pF
L
C_2
50 μH
R_{b2}
R_e
300 pF
C_e

图 P4-8　题 4-9 图

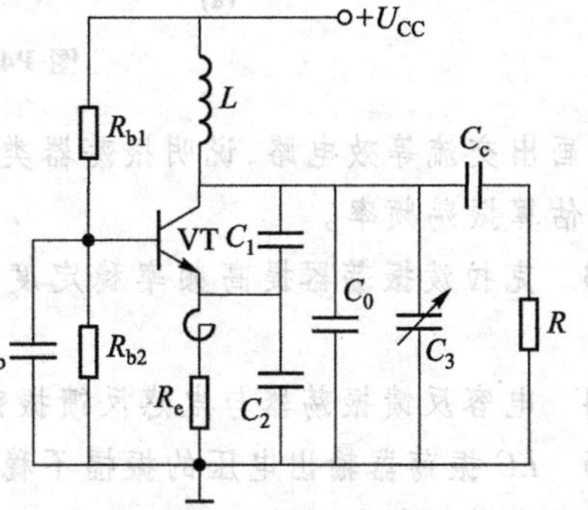
+U_{CC}
L
R_{b1}
C_c
VT
C_1
C_0
C_b
R_{b2}
C_3
R
R_e
C_2

图 P4-9　题 4-10 图

4-11　振荡器电路如图 P4-10 所示，其回路元件参量为 $C_1=100\ pF$，$C_2=13\ 200\ pF$，$L_1=100\ \mu H$。

(1) 画出交流等效电路；

(2) 求振荡频率 f_0；

(3) 判断是否满足三端式振荡电路的组成原则；

(4) 求电压反馈系数 F。

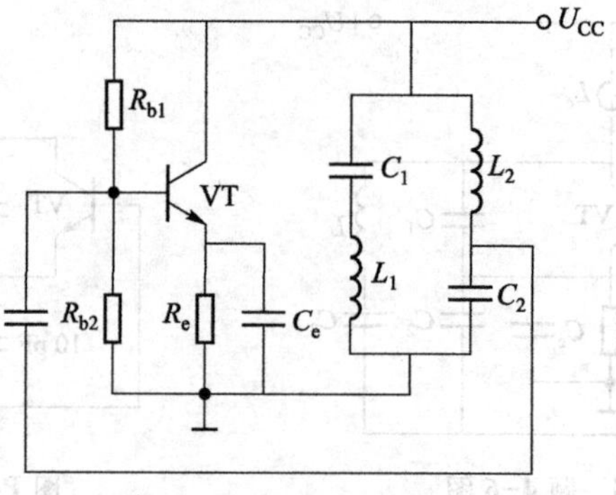

U_{CC}
R_{b1}
VT
C_1
L_2
L_1
C_b
R_{b2}
R_e
C_e
C_2

图 P4-10　题 4-11 图

4-12　对于图 P4-11 所示的各振荡电路，要求：

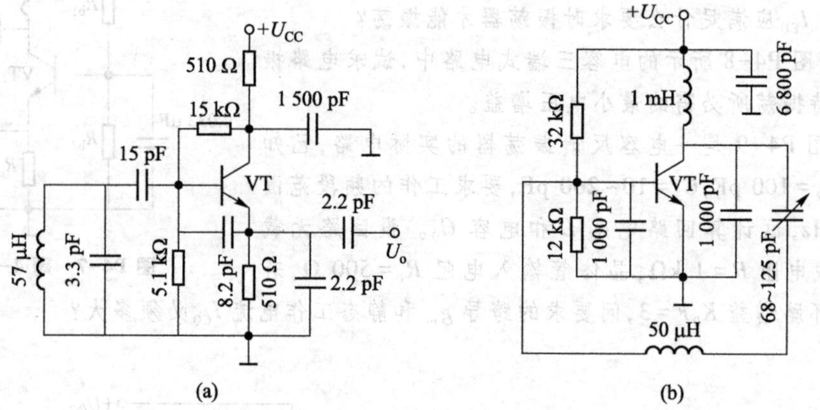

+U_{CC}
510 Ω
15 kΩ
1 500 pF
15 pF
VT
2.2 pF
U_o
57 μH
3.3 pF
5.1 kΩ
8.2 pF
510 Ω
2.2 pF
(a)
+U_{CC}
1 mH
6 800 pF
32 kΩ
VT
1 000 pF
12 kΩ
1 000 pF
68~125 pF
50 μH
(b)

图 P4-11　题 4-12 图

(1) 画出交流等效电路，说明振荡器类型；

(2) 估算振荡频率。

4-13　克拉波振荡器提高频率稳定度的原理是什么？克拉波振荡器为什么不适合做频段振荡器？

4-14　电容反馈振荡器与电感反馈振荡器的异同点有哪些？

4-15　*LC* 振荡器输出电压的振幅不稳定，是否会影响频率的稳定性？为什么？引起振荡器频率变化的外界因素有哪些？

4-16　振荡器的频率稳定度用什么来衡量？什么是长期、短期和瞬时稳定度？引起振荡器振幅变化的外界因素有哪些？

4-17　泛音晶体振荡器和基频晶体振荡器有什么区别？在什么场合下应选用泛音晶体振荡器？为什么？

4-18　石英晶体振荡电路如图 P4-12 所示，试问：

(1) 石英晶体在电路中的作用是什么？

(2) R_{b1}、R_{b2}、C_b 的作用是什么？

(3) 电路的振荡频率 f_1 如何确定？

4-19　在图 P4-13 所示的振荡电路中，$C_1=C_2=500$ pF，$C=50$ pF，$L=1$ mH。

(1) 该电路属于何种类型的振荡电路？

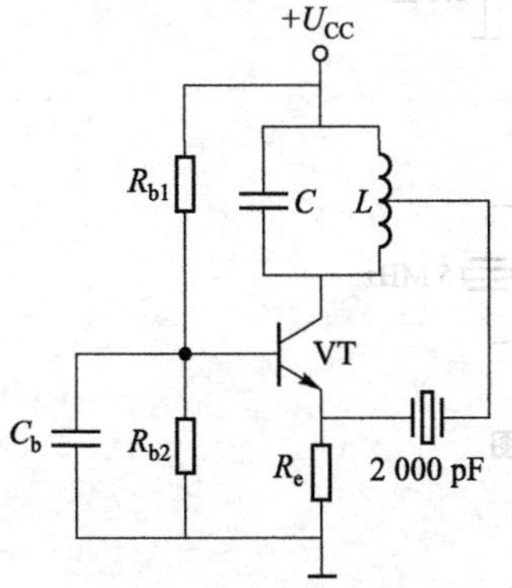

+U_{CC}
R_{b1}
C
L
VT
C_b
R_{b2}
R_e
2 000 pF

图 P4-12　题 4-18 图

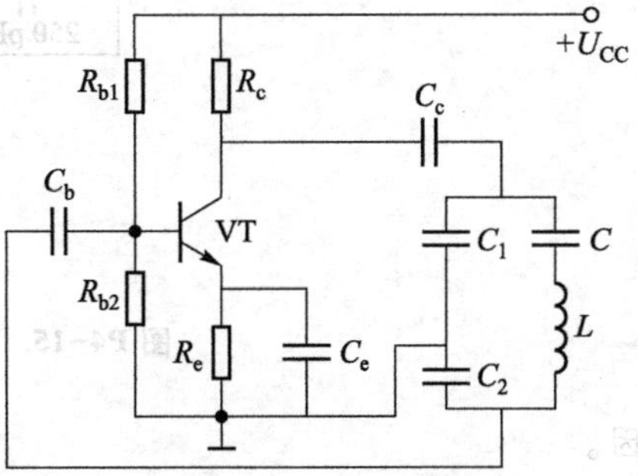

+U_{CC}
R_{b1}
R_c
C_c
C_b
VT
C_1
C
R_{b2}
L
R_e
C_e
C_2

图 P4-13　题 4-19 图

(2) 计算振荡频率 f_0；

(3) 若 $C_1=C_2=600$ pF，此时振荡频率 f_1 又为多少？从两次计算的频率中能得出什么结论？

4-20　图 P4-14 所示是两个实用的晶体振荡器电路，试画出它们的交流等效电路，并指出它们是哪一种振荡器，问晶体在电路中的作用分别是什么？

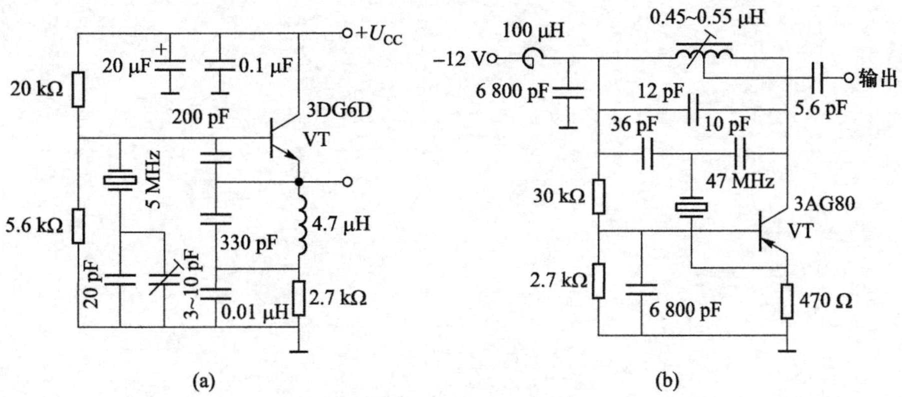

+U_{CC}
20 kΩ
20 μF
0.1 μF
200 pF
3DG6D
VT
5 MHz
5.6 kΩ
4.7 μH
330 pF
20 pF
3~10 pF
0.01 μH
2.7 kΩ
(a)
0.45~0.55 μH
100 μH
−12 V
6 800 pF
12 pF
输出
5.6 pF
36 pF
10 pF
47 MHz
30 kΩ
3AG80
VT
2.7 kΩ
6 800 pF
470 Ω
(b)

图 P4-14　题 4-20 图

4-21　图 P4-15 为一晶体振荡器电路。

(1) 画出交流等效电路，指出是何种类型的晶体振荡器。

(2) 该电路的振荡频率是多少？

(3) 晶体在电路中的作用是什么？

4-22　试画出一符合下列各项要求的晶体振荡器实际电路：

(1) 采用 NPN 高频晶体管；

(2) 采用泛音晶体的皮尔斯振荡电路；

(3) 发射极接地，集电极接振荡回路避免基频振荡。

4-23　将振荡器的输出送到一倍频电路中，则倍频输出信号的频率稳定度会发生怎样的变

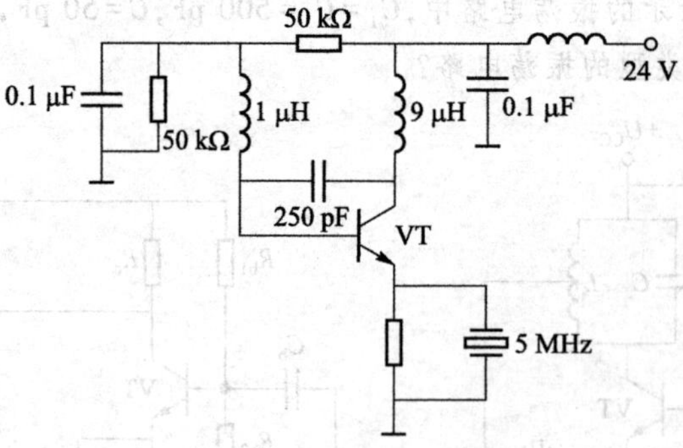
50 kΩ
24 V
0.1 μF
50 kΩ
1 μH
9 μH
0.1 μF
250 pF
VT
5 MHz

图 P4-15　题 4-21 图

化？说明原因。

4-24　在高稳定晶体振荡器中，采用了哪些措施来提高频率稳定度？

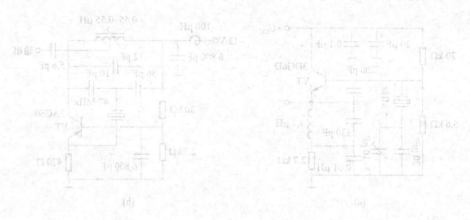

第五章

频谱的线性搬移电路

在通信系统中，频谱搬移电路也是一类基本的单元电路。振幅调制与解调、频率调制与解调、相位调制与解调、混频等电路，都属于频谱搬移电路。它们的共同特点是将输入信号进行频谱变换，以获得具有所需频谱的输出信号。

第五章
导学图与要求

在频谱的搬移电路中，根据搬移的特点，可以分为频谱的线性搬移电路和非线性搬移电路。从频域上看，在搬移的过程中，输入信号的频谱结构不发生变化，即搬移前后各频率分量的相对位置和比例关系不变，只是在频域上简单的搬移（允许只取其中的一部分），如图 5-1(a) 所示，这类搬移电路称为频谱的线性搬移电路，振幅调制与解调、混频等电路就属于这一类电路。频谱的非线性搬移电路，是在频谱的搬移过程中，输入信号的频谱不仅在频域上搬移，而且频谱结构也发生了变化，如图5-1(b) 所示。频率调制与解调、相位调制与解调等电路就属于这一类电路。本章和第六章讨论频谱的线性搬移电路及其应用——振幅调制与解调和混频电路；在第七章讨论频谱的非线性搬移电路及其应用——角度调制与解调等电路。

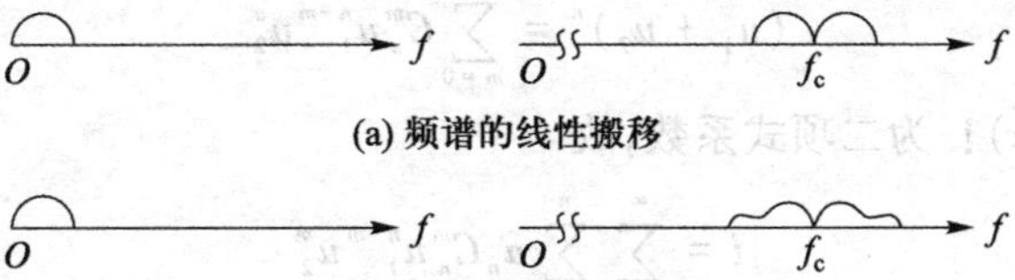
O
f
O
f_c
f
O
f
O
f_c
f

(a) 频谱的线性搬移

(b) 频谱的非线性搬移

图 5-1　频谱搬移电路

本章在讨论频谱线性搬移数学模型的基础上，着重介绍频谱线性搬移的实现电路，以便为第六章介绍振幅调制与解调、混频电路打下基础。

第一节　非线性电路的分析方法

在频谱的搬移电路中，输出信号的频率分量与输入信号的频率分量不尽相同，会产生新的频率分量。由先修课程（如“电路原理”“信号与系统”“模拟电子线路分析基础”等）已知，线性电路并不产生新的频率分量，只有非线性电路才会产生新的频率分量。要产生新的频率分量，必须用非线性电路。而在频谱的搬移电路中，输出的频率分量在大多数情况下是输入信号中没有的，因此频谱的搬移必须用非线性电路来完成，其核心就是非线性器件。与线性电路比较，非线性电路涉及的概念多，分析方法也不同。非线性器件的主要特点是它的参数（如电阻、电容、有源器件中的跨导、电流放大倍数等）随电路中的电流或电压变化，也可以说，器件的电流、电压间不是线性关系。因此，大家熟知的线性电路的分析方法已不适合非线性电路，必须另辟非线性电路的分析方法。

大多数非线性器件的伏安特性,均可用幂级数、超越函数和多段折线三类函数逼近。在分析方法上,主要采用幂级数展开分析法,以及在此基础上,在一定的条件下,将非线性电路等效为线性时变电路的分析法。下面分别介绍这两种分析方法。

一、非线性函数的幂级数展开分析法

非线性器件的伏安特性,可用下面的非线性函数来表示

$$i=f(u) \tag{5-1}$$

式(5-1)中,u 为加在非线性器件上的电压。一般情况下,$u=U_Q+u_1+u_2$,其中,U_Q 为静态工作点电压,u_1 和 u_2 为两个输入信号电压。用幂级数或泰勒级数将式(5-1)在 U_Q 处展开,可得

$$\begin{aligned} i &= a_0+a_1(u_1+u_2)+a_2(u_1+u_2)^2+\cdots+a_n(u_1+u_2)^n+\cdots \\ &= \sum_{n=0}^{\infty} a_n(u_1+u_2)^n \end{aligned} \tag{5-2}$$

式中,$a_n(n=0,1,2,\cdots)$为各次方项的系数,由下式确定

$$a_n=\frac{1}{n!}\left.\frac{\mathrm{d}^n f(u)}{\mathrm{d}u^n}\right|_{u=U_Q}=\frac{1}{n!}f^{(n)}(U_Q) \tag{5-3}$$

由于

$$(u_1+u_2)^n=\sum_{m=0}^{n} C_n^m u_1^{n-m} u_2^m \tag{5-4}$$

式中,$C_n^m=n!/m!\,(n-m)!$ 为二项式系数,故

$$i=\sum_{n=0}^{\infty}\sum_{m=0}^{n} a_n C_n^m u_1^{n-m} u_2^m \tag{5-5}$$

先来分析一种最简单的情况。令 $u_2=0$,即只有一个输入信号,且令 $u_1=U_1\cos\omega_1 t$,代入式(5-2),有

$$i=\sum_{n=0}^{\infty} a_n u_1^n=\sum_{n=0}^{\infty} a_n U_1^n \cos^n\omega_1 t \tag{5-6}$$

利用三角公式

$$\cos^n x=\begin{cases} \dfrac{1}{2^n}\left[C_n^{\frac{n}{2}}+\displaystyle\sum_{k=0}^{\frac{n}{2}-1} C_n^k\cos(n-2k)x\right] & n\text{ 为偶数} \\ \dfrac{1}{2^{n-1}}\displaystyle\sum_{k=0}^{\frac{1}{2}(n-1)} C_n^k\cos(n-2k)x & n\text{ 为奇数} \end{cases} \tag{5-7}$$

式(5-6)变为

$$i=\sum_{n=0}^{\infty} b_n U_1^n \cos n\omega_1 t \tag{5-8}$$

式中,b_n 为 a_n 和 $\cos^n\omega_1 t$ 的分解系数的乘积。用傅里叶级数将式(5-6)展开,也可得到和式(5-8)相同的结果。由式(5-8)可以看出,当单一频率信号作用于非线性器件时,在输出电流中不仅包含了输入信号的频率分量 ω_1,而且还包含了该频率分量的各次谐波分量 $n\omega_1(n=2,3,\cdots)$,这些

谐波分量就是非线性器件产生的新的频率分量。在放大器中,由于工作点选择不当,工作到了非线性区,或输入信号的幅度超过了放大器的动态范围,就会产生这种非线性失真——输出中有输入信号频率的谐波分量,使输出波形失真。当然,这种电路可以用作倍频电路,在输出端加一窄带滤波器,就可根据需要获得输入信号频率的倍频信号。

由上面可以看出,当只加一个信号时,只能得到输入信号频率的基波分量和各次谐波分量,要完成频谱在频域上的任意搬移,还需要另外一个频率的信号。为分析方便,把 u_1 称为输入信号,把 u_2 称为参考信号或控制信号。一般情况下,u_1 为要处理的信号,它占据一定的频带;而 u_2 为一单频信号。从电路的形式看,线性电路(如放大器、滤波器等)、倍频器等都是四端(或双口)网络,一个输入端口,一个输出端口;而频谱搬移电路一般情况下有两个输入,一个输出,因而是六端(三口)网络。

当两个信号 u_1 和 u_2 作用于非线性器件时,通过非线性器件的作用,从式(5-5)可以看出,输出电流中不仅有两个输入信号的分量($n=1$ 时),而且存在着大量的乘积项 $u_1^{n-m}u_2^m$。在第六章的振幅调制、解调及混频中将指出要完成这些功能,关键在于这两个信号的乘积项(u_1u_2)。它是由特性的二次方项产生的。除了完成这些功能所需的二次方项以外,还有大量不需要的项,必须去掉,因此,频谱搬移电路必须具有频率选择功能。在实际的电路中,这个选择功能是由滤波器来实现的,如图 5-2 所示。

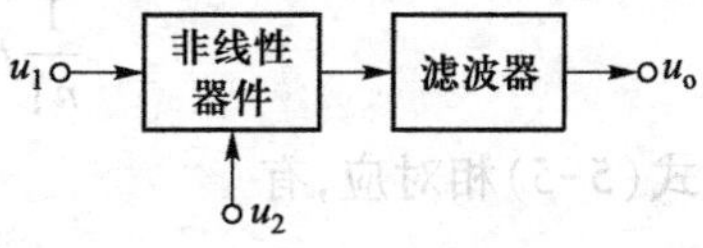

u_1
非线性器件
滤波器
u_o
u_2

图 5-2　非线性电路完成频谱的搬移

若作用在非线性器件上的两个信号均为余弦信号,即 $u_1=U_1\cos\omega_1 t$,$u_2=U_2\cos\omega_2 t$,利用式(5-7)和三角函数的积化和差公式

$$\cos x\cos y=\frac{1}{2}\cos(x-y)+\frac{1}{2}\cos(x+y) \tag{5-9}$$

可得

$$i=\sum_{p=-\infty}^{\infty}\sum_{q=-\infty}^{\infty}C_{p,q}\cos(p\omega_1\pm q\omega_2)t \tag{5-10}$$

由式(5-10)不难看出,i 中将包含由下列通式表示的无限多个频率组合分量

$$\omega_{p,q}=|\pm p\omega_1\pm q\omega_2|$$

式中,p 和 q 是包括零在内的正整数,即 p、$q=0,1,2,\cdots$,把 $p+q$ 称为组合分量的阶数。其中,$p=1$,$q=1$ 的频率分量($\omega_{1,1}=|\pm\omega_1\pm\omega_2|$)是由二次项产生的。在大多数情况下,其他分量是不需要的。这些频率分量产生的规律是:凡是 $p+q$ 为偶数的组合分量,均由幂级数中 n 为偶数且大于等于 $p+q$ 的各次方项产生;凡是 $p+q$ 为奇数的组合分量均由幂级数中 n 为奇数且大于等于 $p+q$ 的各次方项产生。当 u_1 和 u_2 的幅度较小时,它们的强度都将随着 $p+q$ 的增大而趋向减小。

综上所述,当多个信号作用于非线性器件时,由于器件的非线性特性,其输出端不仅包含了输入信号的频率分量,还有输入信号频率的各次谐波分量($p\omega_1$、$q\omega_2$、$r\omega_3$、$\cdots$)以及输入信号频率的组合分量($\pm p\omega_1\pm q\omega_2\pm r\omega_3\pm\cdots$)。在这些频率分量中,只有很少的项是完成某一频谱搬移功能所需要的,其他绝大多数分量是不需要的。大多数频谱搬移电路所需的是非线性函数展开式中的平方项,或者说,是两个输入信号的乘积项。因此,在实际中如何实现(接近)理想的乘法运算,减少无用的组合频率分量的数目和强度,就成为人们追求的目标。一般可从以下三个方面考虑:① 从非线性器件的特性考虑。例如,选用具有平方律特性的场效应管作为非线性器件;选择合适的静态工作点电压 U_Q,使非线性器件工作在特性接近平方律的区域。② 从电路结构考虑。例如,采用由多个非线性器件组成的平衡电路,抵消一部分无用组合频率分量。③ 从输入信号的大小考虑。例如减小 u_1 和 u_2 的振幅,以便有效地减小高阶相乘项及其产生的组合频率分量的强度。

上面的分析是通过对非线性函数用泰勒级数展开后完成的,用其他函数展开,也可以得到上述类似的结果。

二、线性时变电路分析法

对式(5-1)在 U_Q+u_2 上对 u_1 用泰勒级数展开,有

$$\begin{aligned} i &= f(U_Q+u_1+u_2) \\ &= f(U_Q+u_2)+f'(U_Q+u_2)u_1+\frac{1}{2!}f''(U_Q+u_2)u_1^2+\cdots+ \\ &\quad \frac{1}{n!}f^{(n)}(U_Q+u_2)u_1^n+\cdots \end{aligned} \tag{5-11}$$

与式(5-5)相对应,有

$$f(U_Q+u_2)=\sum_{n=0}^{\infty}a_n u_2^n$$

$$f'(U_Q+u_2)=\sum_{n=1}^{\infty}na_n u_2^{n-1}$$

$$f''(U_Q+u_2)=2!\sum_{n=2}^{\infty}C_n^{n-2}a_n u_2^{n-2} \tag{5-12}$$

$$\vdots$$

若 u_1 足够小,可以忽略式(5-11)中 u_1 的二次方及其以上各次方项,则该式化简为

$$i\approx f(U_Q+u_2)+f'(U_Q+u_2)u_1 \tag{5-13}$$

式中,$f(U_Q+u_2)$ 和 $f'(U_Q+u_2)$ 是在 u_1 的展开式中与 u_1 无关的系数,但是它们都随 u_2 变化,即随时间变化,因此,称为时变系数,或称为时变参量。其中,$f(U_Q+u_2)$ 是当输入信号 $u_1=0$ 时的电流,称为时变静态电流或时变工作点电流(与静态工作点电流相对应),用 $I_0(t)$ 表示;$f'(U_Q+u_2)$ 是增量电导在 $u_1=0$ 时的数值,称为时变增益或时变电导、时变跨导,用 $g(t)$ 表示。与之对应,可得时变偏置电压 U_Q+u_2,用 $U_Q(t)$ 表示。式(5-13)可表示为

$$i=I_0(t)+g(t)u_1 \tag{5-14}$$

由式(5-14)可见,就非线性器件的输出电流 i 与输入电压 u_1 的关系而言,是线性的,类似于线性器件;但是它们的系数却是时变的。因此,将式(5-14)描述的工作状态称为线性时变工作状态,具有这种关系的电路称为线性时变电路。

考虑 u_1 和 u_2 都是余弦信号,$u_1=U_1\cos\omega_1 t$,$u_2=U_2\cos\omega_2 t$,时变偏置电压 $U_Q(t)=U_Q+U_2\cos\omega_2 t$,为一周期性函数,故 $I_0(t)$、$g(t)$ 也必为周期性函数,可用傅里叶级数展开,得

$$I_0(t)=f(U_Q+U_2\cos\omega_2 t)=I_{00}+I_{01}\cos\omega_2 t+I_{02}\cos 2\omega_2 t+\cdots \tag{5-15}$$

$$g(t)=f'(U_Q+U_2\cos\omega_2 t)=g_0+g_1\cos\omega_2 t+g_2\cos 2\omega_2 t+\cdots \tag{5-16}$$

两个展开式的系数可直接由傅里叶系数公式求得

$$I_{00}=\frac{1}{2\pi}\int_{-\pi}^{\pi}f(U_{\mathrm{Q}}+U_2\cos\omega_2 t)\mathrm{d}\omega_2 t$$

$$I_{0k}=\frac{1}{\pi}\int_{-\pi}^{\pi}f(U_{\mathrm{Q}}+U_2\cos\omega_2 t)\cos k\omega_2 t\mathrm{d}\omega_2 t\qquad k=1,2,3,\cdots \tag{5-17}$$

$$g_0=\frac{1}{2\pi}\int_{-\pi}^{\pi}f'(U_{\mathrm{Q}}+U_2\cos\omega_2 t)\mathrm{d}\omega_2 t$$

$$g_k=\frac{1}{\pi}\int_{-\pi}^{\pi}f'(U_{\mathrm{Q}}+U_2\cos\omega_2 t)\cos k\omega_2 t\mathrm{d}\omega_2 t\qquad k=1,2,3,\cdots \tag{5-18}$$

也可从式(5-11)中获得

$$I_{0k}=\sum_{n=0}^{\infty}\frac{1}{2^{2n+k-1}}C_{2n+k}^{n}a_{2n+k}U_2^{2n+k-1}\qquad k=0,1,2,\cdots$$

$$g_k=\sum_{n=0}^{\infty}(2n+k)\frac{n+k}{2^{2n+k-2}}C_{2n+k}^{n}a_{2n+k}U_2^{2n+k-1}\qquad k=0,1,2,\cdots \tag{5-19}$$

因此，线性时变电路的输出信号的频率分量仅有非线性器件产生的频率分量式(5-10)中 p 为 0 和 1，q 为任意数的组合分量，去除了 q 为任意数，p 大于 1 的众多组合频率分量。其频率分量为

$$\omega=q\omega_2$$

$$\omega=\left|q\omega_2\pm\omega_1\right| \tag{5-20}$$

即 ω_2 的各次谐波分量及其与 ω_1 的组合分量。

例 5-1　一个二极管，用指数函数逼近它的伏安特性，即

$$i=I_{\mathrm{S}}(\mathrm{e}^{\frac{u}{U_{\mathrm{T}}}}-1)\approx I_{\mathrm{S}}\mathrm{e}^{\frac{u}{U_{\mathrm{T}}}} \tag{5-21}$$

二极管两端输入电压 $u=u_1+u_2+U_{\mathrm{S}}$，$U_1\ll U_2$ 试问二极管中流过的电流频率分量有哪些？

解：在线性时变工作状态下，式(5-21)可表示为

$$i=I_0(t)+g(t)u_1 \tag{5-22}$$

式中

$$I_0(t)=I_{\mathrm{S}}\mathrm{e}^{\frac{U_{\mathrm{Q}}+u_2}{U_{\mathrm{T}}}}=I_{\mathrm{Q}}\mathrm{e}^{x_2\cos\omega_2 t} \tag{5-23}$$

$$g(t)=\left.\frac{\mathrm{d}i}{\mathrm{d}u}\right|_{u=U_{\mathrm{Q}}+u_2}=\frac{I_{\mathrm{S}}}{U_{\mathrm{T}}}\mathrm{e}^{\frac{U_{\mathrm{Q}}+u_2}{U_{\mathrm{T}}}}=g_{\mathrm{Q}}\mathrm{e}^{x_2\cos\omega_2 t} \tag{5-24}$$

式中，$I_{\mathrm{Q}}=I_{\mathrm{S}}\mathrm{e}^{\frac{U_{\mathrm{Q}}}{U_{\mathrm{T}}}}$，$x_2=U_2/U_{\mathrm{T}}$，$g_{\mathrm{Q}}=I_{\mathrm{Q}}/U_{\mathrm{T}}$分别是二极管的静态工作点电流、归一化的参考信号振幅和静态工作点上的电导。由于 $\mathrm{e}^{x_2\cos\omega_2 t}$ 的傅里叶级数展开式为

$$\mathrm{e}^{x_2\cos\omega_2 t}=\varphi_0(x_2)+2\sum_{n=1}^{\infty}\varphi_n(x_2)\cos n\omega_2 t \tag{5-25}$$

式中

$$\varphi_n(x_2)=\frac{1}{2\pi}\int_{-\pi}^{\pi}\mathrm{e}^{x_2\cos\omega_2 t}\cos n\omega_2 t\mathrm{d}\omega_2 t \tag{5-26}$$

是第一类修正贝塞尔函数。因而

$$I_0(t)=I_{\mathrm{Q}}\left[\varphi_0(x_2)+2\sum_{n=1}^{\infty}\varphi_n(x_2)\cos n\omega_2 t\right]$$

$$g(t)=g_Q[\varphi_0(x_2)+2\sum_{n=1}^{\infty}\varphi_n(x_2)\cos n\omega_2 t] \tag{5-27}$$

虽然线性时变电路相对于非线性电路的输出中的组合频率分量大大减少,但二者的实质是一致的。线性时变电路是在一定条件下由非线性电路演变来的,其产生的频率分量与非线性器件产生的频率分量是完全相同的(在同一非线性器件条件下),只不过在选择线性时变工作状态后,由于那些分量($\omega_{p,q}=|\pm p\omega_1\pm q\omega_2|,p\neq 0,1$)的幅度相对于低阶分量($\omega_{p,q}=|\pm p\omega_1\pm q\omega_2|,p=0,1$)的幅度要小得多,因而被忽略,这在工程中是完全合理的。线性时变电路虽然大大减少了组合频率分量的数目,但仍然有大量的不需要的频率分量,用于频谱的搬移电路时,仍然需要用滤波器选出所需的频率分量,滤除不必要的频率分量,如图 5-3 所示。

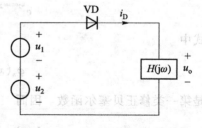

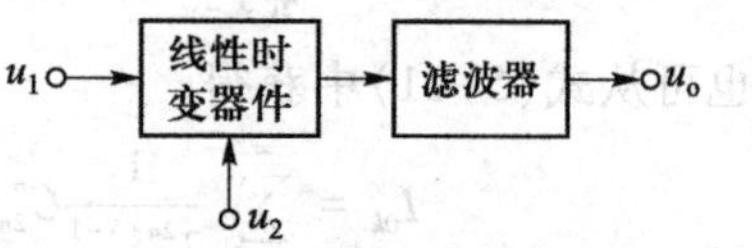
u_1
线性时变器件
滤波器
u_o
u_2
图 5-3　线性时变电路完成频谱的搬移

应强调的是,线性时变电路并非线性电路,前已指出,线性电路不会产生新的频率分量,不能完成频谱的搬移功能。线性时变电路其本质还是非线性电路,是非线性电路在一定的条件下近似的结果;线性时变分析方法也是在非线性电路的级数展开分析法的基础上,在一定的条件下的近似。线性时变电路分析方法可大大简化非线性电路的分析,线性时变电路也可大大减少非线性器件的组合频率分量。因此,大多数频谱搬移电路都工作于线性时变工作状态,这样便于电路实现,也有利于系统性能指标的提高。

介绍了非线性电路的分析方法后,下面分别介绍用不同的非线性器件实现的频谱线性搬移电路,重点是二极管电路和差分对电路。

第二节　二极管电路

二极管频谱搬移电路广泛用于通信设备中,特别是平衡电路和环形电路。它们具有电路简单、噪声低、组合频率分量少、工作频带宽等优点。如果采用肖特基表面势垒二极管(或称热载流子二极管),它的工作频率可扩展到微波波段。目前已有极宽工作频段(从几十千赫到几千兆赫)的环形混频器组件供应市场,而且它的应用已远远超出了混频的范围,作为通用组件,它可广泛应用于振幅调制、振幅解调、混频及其他功能。二极管电路的主要缺点是有损耗。

一、单二极管电路

单二极管电路的原理电路如图 5-4 所示,输入信号 u_1 和控制信号(参考信号)u_2 相加作用在非线性器件二极管上。如前所述,由于二极管伏安特性非线性的频率变换作用,在流过二极管的电流中产生各种组合分量,用传输函数为 $H(\mathrm{j}\omega)$ 的滤波器取出所需的频率分量,就可完成某一频谱的线性搬移功能。下面分析单二极管电路

单二极管电路单输入时的仿真和分析

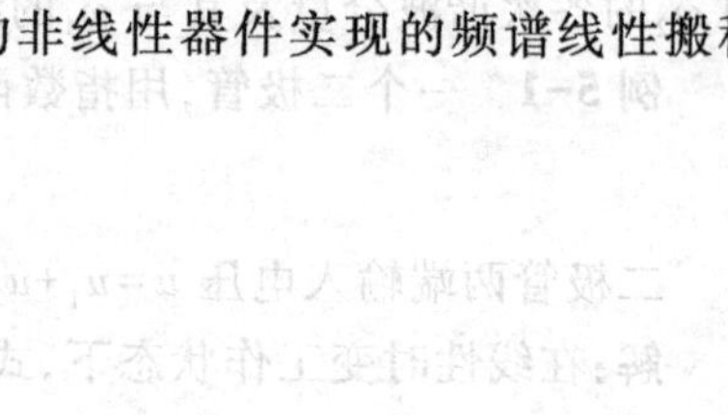
VD
i_D
u_1
u_2
$H(j\omega)$
u_o
图 5-4　单二极管电路的原理电路

的频谱线性搬移功能。

设二极管电路工作在大信号状态。所谓大信号，通常是指输入的信号电压振幅远大于 0.5 V。u_1为输入信号或要处理的信号；u_2是参考信号，为一余弦波，$u_2=U_2\cos\omega_2 t$，其振幅 U_2远比 U_1的振幅大，即 $U_2\gg U_1$，且有 $U_2>0.5$ V。忽略输出电压 u_o 的反作用，这样，加在二极管两端的电压 u_D为

$$u_D=u_1+u_2 \tag{5-28}$$

由于二极管工作在大信号状态，主要工作于截止区和导通区，因此可将二极管的伏安特性用折线近似，如图 5-5 所示。由此可见，当二极管两端的电压 u_D大于等于二极管的导通电压 U_P时，二极管导通，流过二极管的电流 i_D与加在二极管两端的电压 u_D成正比；当二极管两端电压 u_D小于导通电压 U_P时，二极管截止，$i_D=0$。这样，二极管可等效为一个受控开关，控制电压就是 u_D。有

单二极管电路两输入时的仿真和分析

$$i_D=\begin{cases} g_D u_D & u_D\geqslant U_P \\ 0 & u_D<U_P \end{cases} \tag{5-29}$$

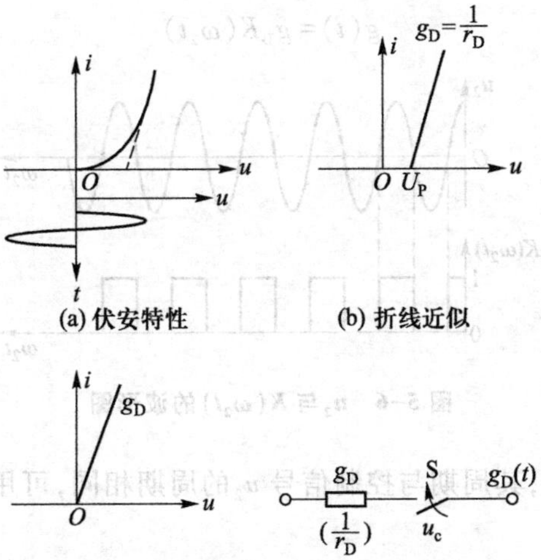
i
O
u
t
$g_D=\frac{1}{r_D}$
O U_P
g_D
S
$g_D(t)$
$(\frac{1}{r_D})$
u_c
(a) 伏安特性　(b) 折线近似
(c) 理想近似　(d) 开关等效

图 5-5　二极管伏安特性的折线近似

由前已知，$U_2\gg U_1$，而 $u_D=u_1+u_2$，可进一步认为二极管的通、断主要由 u_2控制，可得

$$i_D=\begin{cases} g_D u_D & u_2\geqslant U_P \\ 0 & u_2<U_P \end{cases} \tag{5-30}$$

一般情况下，U_P较小，有 $U_2\gg U_P$（忽略 U_P）；也可加一固定偏置电压 U_Q，用以抵消 U_P，这样式(5-30)可进一步写为

$$i_D=\begin{cases} g_D u_D & u_2\geqslant 0 \\ 0 & u_2<0 \end{cases} \tag{5-31}$$

由于 $u_2=U_2\cos\omega_2 t$，则 $u_2\geqslant 0$ 对应于 $2n\pi-\pi/2\leqslant\omega_2 t\leqslant 2n\pi+\pi/2$，$n=0,1,2,\cdots$，故有

$$i_D=\begin{cases} g_D u_D & 2n\pi-\dfrac{\pi}{2}\leqslant \omega_2 t<2n\pi+\dfrac{\pi}{2} \\ 0 & 2n\pi+\dfrac{\pi}{2}\leqslant \omega_2 t<2n\pi+\dfrac{3\pi}{2} \end{cases} \tag{5-32}$$

式(5-32)也可以合并写成

$$i_D=g(t)u_D=g_D K(\omega_2 t)u_D \tag{5-33}$$

式中，$g(t)$为时变电导，受u_2的控制；$K(\omega_2 t)$为开关函数，它在u_2的正半周时等于1，在负半周时为零，即

$$K(\omega_2 t)=\begin{cases} 1 & 2n\pi-\dfrac{\pi}{2}\leqslant \omega_2 t<2n\pi+\dfrac{\pi}{2} \\ 0 & 2n\pi+\dfrac{\pi}{2}\leqslant \omega_2 t<2n\pi+\dfrac{3\pi}{2} \end{cases} \tag{5-34}$$

如图5-6所示，这是一个单向开关函数。由此可见，在前面的假设条件下，二极管电路可等效为一线性时变电路，其时变电导$g(t)$为

$$g(t)=g_D K(\omega_2 t) \tag{5-35}$$

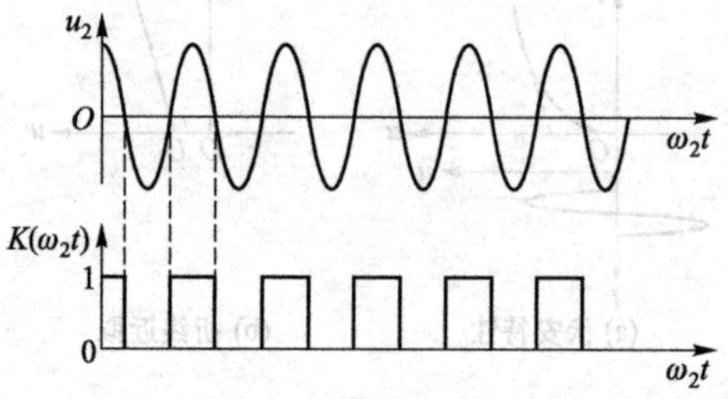

u2
O
ω2t
K(ω2t)
1
0
ω2t

图5-6　u_2与$K(\omega_2 t)$的波形图

$K(\omega_2 t)$是一周期性函数，其周期与控制信号u_2的周期相同，可用一傅里叶级数展开，其展开式为

$$K(\omega_2 t)=\frac{1}{2}+\frac{2}{\pi}\cos\omega_2 t-\frac{2}{3\pi}\cos 3\omega_2 t+\frac{2}{5\pi}\cos 5\omega_2 t-\cdots+ (-1)^{n+1}\frac{2}{(2n-1)\pi}\cos(2n-1)\omega_2 t+\cdots \tag{5-36}$$

代入式(5-33)有

$$i_D=g_D\left[\frac{1}{2}+\frac{2}{\pi}\cos\omega_2 t-\frac{2}{3\pi}\cos 3\omega_2 t+\frac{2}{5\pi}\cos 5\omega_2 t-\cdots\right]u_D \tag{5-37}$$

若$u_1=U_1\cos\omega_1 t$，为单一频率信号，代入式(5-37)有

$$i_D=\frac{g_D}{\pi}U_2+\frac{g_D}{2}U_1\cos\omega_1 t+\frac{g_D}{2}U_2\cos\omega_2 t+\frac{2}{3\pi}g_D U_2\cos 2\omega_2 t- \frac{2}{5\pi}g_D U_2\cos 4\omega_2 t+\cdots+\frac{2}{\pi}g_D U_1\cos(\omega_2-\omega_1)t+ \frac{2}{\pi}g_D U_1\cos(\omega_2+\omega_1)t-\frac{2}{3\pi}g_D U_1\cos(3\omega_2-\omega_1)t-\frac{2}{3\pi}g_D U_1\cos(3\omega_2+\omega_1)t+$$

$$\frac{2}{5\pi}g_D U_1\cos(5\omega_2-\omega_1)t+\frac{2}{5\pi}g_D U_1\cos(5\omega_2-\omega_1)t+\cdots \tag{5-38}$$

由式(5-38)可以看出，流过二极管的电流 i_D 中的频率分量有：① 输入信号 u_1 和控制信号 u_2 的频率分量 ω_1 和 ω_2；② 控制信号 u_2 的频率 ω_2 的偶次谐波分量；③ 输入信号 u_1 的频率 ω_1 与控制信号 u_2 的奇次谐波频率的组合频率分量 $(2n+1)\omega_2\pm\omega_1$，$n=0,1,2,\cdots$。

在前面的分析中，在一定的条件下，将二极管等效为一个受控开关，从而可将二极管电路等效为一线性时变电路。应指出的是：如果假定条件不满足，比如 U_2 较小，不足以使二极管工作在大信号状态，图 5-5 所示的二极管特性的折线近似就是不正确的了，因而后面的线性时变电路的等效也存在较大的问题；若 $U_2\gg U_1$ 不满足，等效的开关控制信号不仅仅是 U_2，还应考虑 U_1 的影响，这时等效的开关函数的通角不是固定的 $\pi/2$，而是随 u_1 变化的；分析中还忽略了输出电压 u_o 的反作用，这是由于在 $U_2\gg U_1$ 的条件下，输出电压 u_o 的幅度相对于 u_2 而言，有 $U_2\gg U_o$，若考虑 u_o 的反作用，对二极管两端电压 u_D 的影响不大，频率分量不会变化，u_o 的影响可能使输出信号幅度降低。还需进一步指出：即便前述条件不满足，该电路仍然可以完成频谱的线性搬移功能，只是在这种情况下电路不能等效为线性时变电路，因而不能用线性时变电路分析法来分析，但仍然是一非线性电路，仍可以用级数展开的非线性电路分析方法来分析。

二、二极管平衡电路

在单二极管电路中，由于工作在线性时变工作状态，因而二极管产生的频率分量大大减少，但在产生的频率分量中，仍然有不少不必要的频率分量，因此有必要进一步消除一些频率分量，二极管平衡电路就可以满足这一要求。

1. 电路

图 5-7(a)所示是二极管平衡电路的原理电路。它由两个性能一致的二极管及中心抽头变压器 T_1、T_2 接成平衡电路。图中，A、A′的上半部与下半部完全一样。控制电压 u_2 加于变压器的 A、A′两端。输出变压器 T_2 接滤波器，用以滤除无用的频率分量。从 T_2 二次侧向右看的负载电阻为 R_L。

二极管平衡电路仿真和分析

为了分析方便，设变压器线圈匝数比 $N_1:N_2=1:1$，因此加给 VD_1、VD_2 两管的输入电压均为 u_1，其大小相等，但方向相反；而 u_2 是同相加到两管上的。该电路可等效成如图 5-7(b)所示的电路。

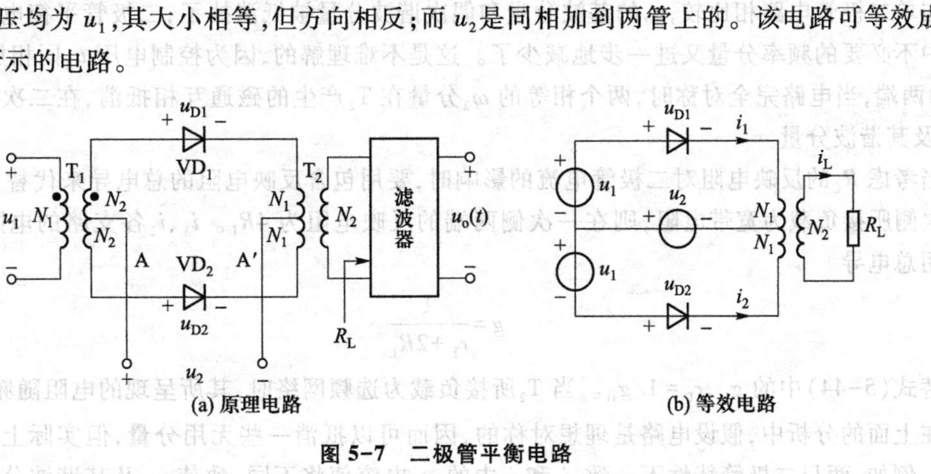

u_D1
VD_1
T_1
T_2
u_1
N_1
N_2
A
A′
VD_2
u_D2
滤波器
u_o(t)
R_L
u_2
i_1
i_L
i_2

(a) 原理电路　　(b) 等效电路

图 5-7　二极管平衡电路

2. 工作原理

与单二极管电路的条件相同,二极管处于大信号工作状态,即 $U_2>0.5$ V。这样,二极管主要工作在截止区和线性区,二极管的伏安特性可用折线近似。$U_2 \gg U_1$,二极管开关主要受 u_2控制。若忽略输出电压的反作用,则加到两个二极管的电压 u_{D1}、u_{D2}为

$$\begin{aligned} u_{D1} &= u_2+u_1 \\ u_{D2} &= u_2-u_1 \end{aligned} \tag{5-39}$$

由于加到两个二极管上的控制电压 u_2是同相的,因此两个二极管的导通、截止时间是相同的,其时变电导也是相同的。由此可得流过两管的电流 i_1、i_2分别为

$$\begin{aligned} i_1 &= g_1(t)u_{D1} = g_D K(\omega_2 t)(u_2+u_1) \\ i_2 &= g_1(t)u_{D2} = g_D K(\omega_2 t)(u_2-u_1) \end{aligned} \tag{5-40}$$

i_1、i_2在 T_2二次侧产生的电流分别为

$$\begin{aligned} i_{L1} &= \frac{N_1}{N_2}i_1 = i_1 \\ i_{L2} &= \frac{N_1}{N_2}i_2 = i_2 \end{aligned} \tag{5-41}$$

但两电流流过 T_2的方向相反,在 T_2中产生的磁通相消,故二次侧总电流 i_L应为

$$i_L = i_{L1}-i_{L2} = i_1-i_2 \tag{5-42}$$

将式(5-40)代入式(5-42),有

$$i_L = 2g_D K(\omega_2 t)u_1 \tag{5-43}$$

考虑 $u_1 = U_1\cos\omega_1 t$,代入式(5-43)可得

$$\begin{aligned} i_L = {} & g_D U_1\cos\omega_1 t+\frac{2}{\pi}g_D U_1\cos(\omega_2+\omega_1)t+\frac{2}{\pi}g_D U_1\cos(\omega_2-\omega_1)t- \\ & \frac{2}{3\pi}g_D U_1\cos(3\omega_2+\omega_1)t-\frac{2}{3\pi}g_D U_1\cos(3\omega_2-\omega_1)t+\cdots \end{aligned} \tag{5-44}$$

由式(5-44)可以看出,输出电流 i_L中的频率分量有:① 输入信号的频率分量 ω_1;② 控制信号 u_2的奇次谐波频率与输入信号 u_1的频率 ω_1的组合分量$(2n+1)\omega_2+\omega_1$, $n=0,1,2,\cdots$。

与单二极管电路相比较,u_2的基波分量和偶次谐波分量被抵消掉了,二极管平衡电路的输出电路中不必要的频率分量又进一步地减少了。这是不难理解的,因为控制电压 u_2同相加于 VD_1、VD_2的两端,当电路完全对称时,两个相等的 ω_2分量在 T_2产生的磁通互相抵消,在二次侧上不再有 ω_2及其谐波分量。

当考虑 R_L的反映电阻对二极管电流的影响时,要用包含反映电阻的总电导来代替 g_D。如果 T_2二次侧所接负载为宽带电阻,则在一次侧两端的反映电阻为 $4R_L$。i_1、i_2各支路的电阻为 $2R_L$。此时用总电导

$$g = \frac{1}{r_D+2R_L} \tag{5-45}$$

来代替式(5-44)中的 g_D, $r_D = 1/g_D$。当 T_2所接负载为选频网络时,其所呈现的电阻随频率变化。

在上面的分析中,假设电路是理想对称的,因而可以抵消一些无用分量,但实际上难以做到这点。例如,两只二极管特性不一致,i_1和 i_2中的 ω_2电流值将不同,致使 ω_2及其谐波分量不能完

全抵消。变压器不对称也会造成这个结果。很多情况下,不需要有控制信号输出,但由于电路不可能完全平衡,从而形成控制信号的泄漏。一般要求泄漏的控制信号频率分量的电平要比有用的输出信号电平至少低 20 dB 以上。为减少这种泄漏,以满足实际运用的需要,首先要保证电路的对称性。一般采用如下办法:选用特性相同的二极管;用小电阻与二极管串接,使二极管等效正、反向电阻彼此接近,但串接电阻后会使电流减小,所以阻值不能太大。

变压器中心抽头要准确对称,分布电容及漏感要对称,这可以采用双线并绕法绕制变压器,并在中心抽头处加平衡电阻。同时,还要注意两线圈对地分布电容的对称性。为了防止杂散电磁耦合影响对称性,可采取屏蔽措施。

为改善电路性能,应使其工作在理想开关状态,且二极管的通、断只取决于控制电压 u_2,而与输入电压 u_1 无关。为此,要选择开关特性好的二极管,如热载流子二极管。控制电压要远大于输入电压,一般要大 10 倍以上。

图 5-8(a)所示为平衡电路的另一种形式,称为二极管桥式电路。这种电路应用较多,因为它不需要具有中心抽头的变压器,4 只二极管接成桥路,控制电压直接加到二极管上。当 $u_2>0$ 时,4 只二极管同时截止,u_1 直接加到 T_2 上;当 $u_2<0$ 时,4 只二极管导通,A、B 两点短路,无输出。所以

$$u_{AB}=K(\omega_2 t)u_1 \tag{5-46}$$

由于 4 只二极管接成桥型,若二极管特性完全一致,A、B 端无 u_2 的泄漏。

图 5-8(b)所示是一实际桥式电路,其工作原理同上,只不过桥路输出加至晶体管的基极,经放大及回路滤波后输出所需频率分量,从而完成特定的频谱搬移功能。

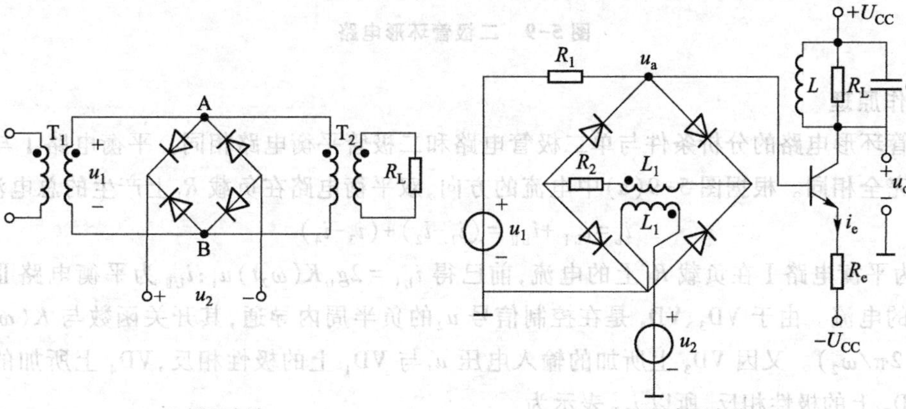
T1
T2
A
B
+
u1
−
RL
+
u2
−
R1
ua
R2
L1
L1
u1
u2
L
RL
C
+UCC
uo
ie
Re
−UCC

(a) 原理电路　　(b) 实际电路

图 5-8　二极管桥式电路

三、二极管环形电路

1. 基本电路

图 5-9(a)所示为二极管环形电路的基本电路。与二极管平衡电路相比,只是多接了两只二极管 VD_3 和 VD_4,4 只二极管方向一致,组成一个环路,因此称为二极管环形电路。控制电压 u_2 正向地加到 VD_1、VD_2 两端,反向地加到 VD_3、VD_4 两端,随控制电压 u_2 的正负变化,两组二极管交替导通和截止。当

二极管环形电路仿真和分析

$u_2 \geqslant 0$ 时，VD_1、VD_2 导通，VD_3、VD_4 截止；当 $u_2<0$ 时，VD_1、VD_2 截止，VD_3、VD_4 导通。在理想情况下，它们互不影响，因此，二极管环形电路由两个平衡电路组成：VD_1 与 VD_2 组成平衡电路Ⅰ，VD_3 与 VD_4 组成平衡电路Ⅱ，分别如图 5-9(b)和(c)所示。因此，二极管环形电路又称为二极管双平衡电路。

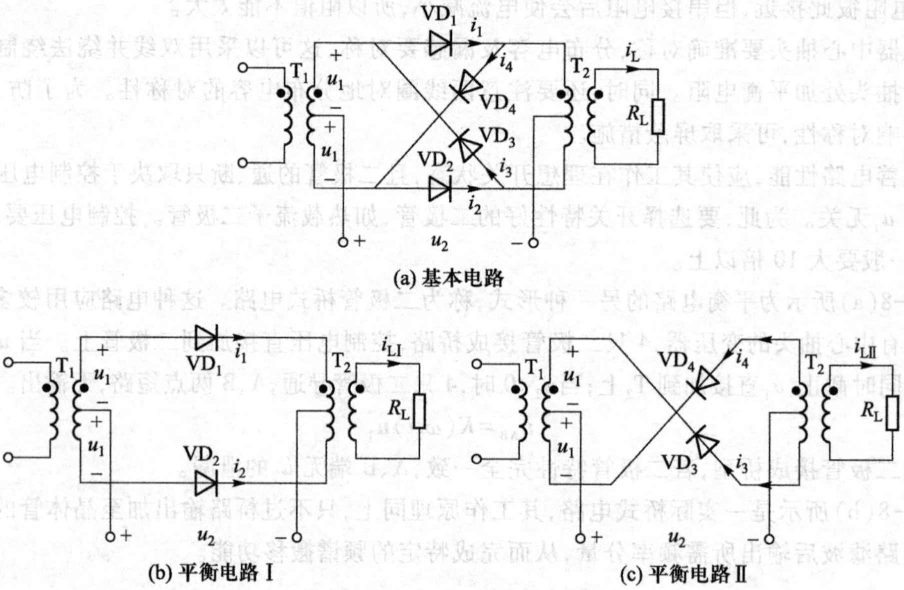

VD1
i1
i4
iL
T1
T2
u1
VD4
RL
VD3
VD2
i3
i2
u2
iLI
iLⅡ

(a) 基本电路

(b) 平衡电路Ⅰ　　(c) 平衡电路Ⅱ

图 5-9　二极管环形电路

2. 工作原理

二极管环形电路的分析条件与单二极管电路和二极管平衡电路相同。平衡电路Ⅰ与前面分析的电路完全相同。根据图 5-9(a)中电流的方向，双平衡电路在负载 R_L 上产生的总电流为

$$i_L = i_{LⅠ} + i_{LⅡ} = (i_1 - i_2) + (i_3 - i_4) \tag{5-47}$$

式中，$i_{LⅠ}$ 为平衡电路Ⅰ在负载 R_L 上的电流，前已得 $i_{LⅠ} = 2g_D K(\omega_2 t) u_1$；$i_{LⅡ}$ 为平衡电路Ⅱ在负载 R_L 上产生的电流。由于 VD_3、VD_4 是在控制信号 u_2 的负半周内导通，其开关函数与 $K(\omega_2 t)$ 相差 $T_2/2(T_2 = 2\pi/\omega_2)$。又因 VD_3 上所加的输入电压 u_1 与 VD_1 上的极性相反，VD_4 上所加的输入电压 u_1 与 VD_2 上的极性相反，所以 $i_{LⅡ}$ 表示为

$$i_{LⅡ} = -2g_D K[\omega_2(t - T_2/2)] u_1 = -2g_D K(\omega_2 t - \pi) u_1 \tag{5-48}$$

代入式(5-47)，输出总电流 i_L 为

$$i_L = 2g_D[K(\omega_2 t) - K(\omega_2 t - \pi)] u_1 = 2g_D K'(\omega_2 t) u_1 \tag{5-49}$$

图 5-10 给出了 $K(\omega_2 t)$、$K(\omega_2 t - \pi)$ 及 $K'(\omega_2 t)$ 的波形。由此可见，$K(\omega_2 t)$、$K(\omega_2 t - \pi)$ 为单向开关函数，$K'(\omega_2 t)$ 为双向开关函数，且有

$$K'(\omega_2 t) = K(\omega_2 t) - K(\omega_2 t - \pi) = \begin{cases} 1 & u_2 \geqslant 0 \\ -1 & u_2 < 0 \end{cases} \tag{5-50}$$

和

$$K(\omega_2 t) + K(\omega_2 t - \pi) = 1 \tag{5-51}$$

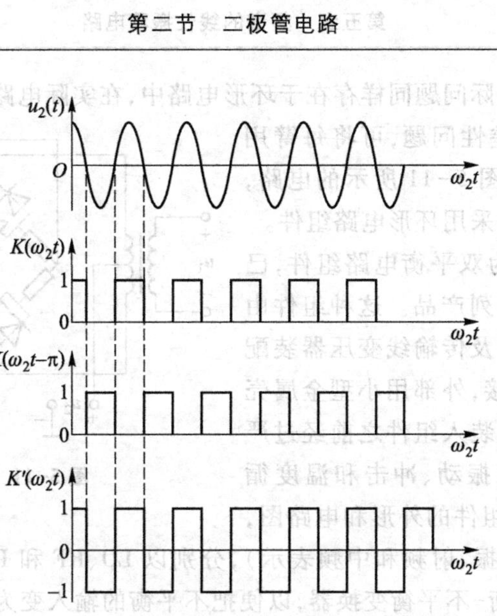
$u_2(t)$
O
$\omega_2 t$
$K(\omega_2 t)$
1
0
$\omega_2 t$
$K(\omega_2 t-\pi)$
1
0
$\omega_2 t$
$K'(\omega_2 t)$
1
0
−1
$\omega_2 t$

图 5-10 环形电路的开关函数波形图

由此可得 $K(\omega_2 t-\pi)$、$K'(\omega_2 t)$ 的傅里叶级数

$$K(\omega_2 t-\pi)=1-K(\omega_2 t)$$

$$=\frac{1}{2}-\frac{2}{\pi}\cos\omega_2 t+\frac{2}{3\pi}\cos 3\omega_2 t-\frac{2}{5\pi}\cos 5\omega_2 t+\cdots+(-1)^n\frac{2}{(2n-1)\pi}\cos(2n-1)\omega_2 t+\cdots \tag{5-52}$$

$$K'(\omega_2 t)=\frac{4}{\pi}\cos\omega_2 t-\frac{4}{3\pi}\cos 3\omega_2 t+\frac{4}{5\pi}\cos 5\omega_2 t+\cdots+(-1)^{n+1}\frac{4}{(2n-1)\pi}\cos(2n-1)\omega_2 t+\cdots \tag{5-53}$$

当 $u_1=U_1\cos\omega_1 t$ 时

$$i_L=\frac{4}{\pi}g_D U_1\cos(\omega_2+\omega_1)t+\frac{4}{\pi}g_D U_1\cos(\omega_2-\omega_1)t-\frac{4}{3\pi}g_D U_1\cos(3\omega_2+\omega_1)t-\frac{4}{3\pi}g_D U_1\cos(3\omega_2-\omega_1)t+\frac{4}{5\pi}g_D U_1\cos(5\omega_2+\omega_1)t-\frac{4}{5\pi}g_D U_1\cos(5\omega_2-\omega_1)t+\cdots \tag{5-54}$$

由式(5-54)可以看出,环形电路中,输出电流 i_L 只有控制信号 u_2 的基波分量和其奇次谐波频率与输入信号 u_1 的频率 ω_1 的组合频率分量 $(2n+1)\omega_2\pm\omega_1(n=0,1,2,\cdots)$。在平衡电路的基础上,又消除了输入信号 u_1 的频率分量 ω_1,且输出的 $(2n+1)\omega_2\pm\omega_1(n=0,1,2,\cdots)$ 频率分量的幅度等于平衡电路的两倍。

环形电路 i_L 中无 ω_1 频率分量,这是两次平衡抵消的结果。每个平衡电路自身抵消 ω_2 及其谐波分量,两个平衡电路抵消 ω_1 分量。若 ω_2 较高,则 $3\omega_2\pm\omega_1$,$5\omega_2\pm\omega_1$,……组合频率分量很容易滤除,故环形电路的性能更接近理想相乘器,这是频谱线性搬移电路要解决的核心问题。

前述平衡电路中的实际问题同样存在于环形电路中，在实际电路中仍需采取措施加以解决。为了解决二极管特性参差性问题，可将每臂用两只二极管并联，如采用图 5-11 所示的电路，另一种更为有效的办法是采用环形电路组件。

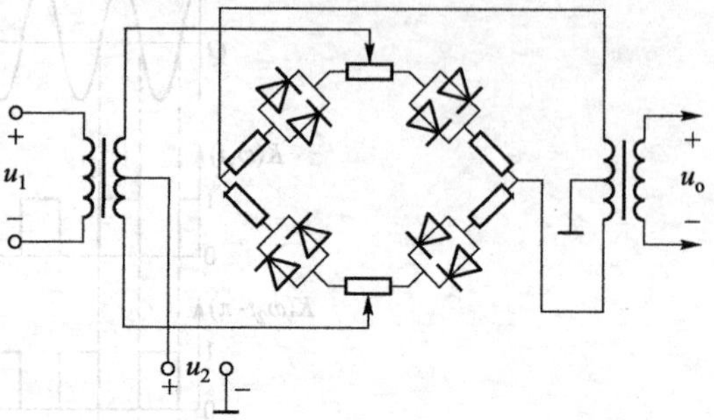

+
u_1
−
u_2
+
−
+
u_o
−

图 5-11　实际的环形电路

环形电路组件也称为双平衡电路组件，已有从短波到微波波段的系列产品。这种组件由精密配对的肖特基二极管及传输线变压器装配而成，内部元件用硅胶粘接，外部用小型金属壳屏蔽。二极管和变压器在装入组件之前经过严格的筛选，能承受强烈的振动、冲击和温度循环。图 5-12 所示是这种组件的外形和电路图，其中有 3 个端口（常用本振、射频和中频表示），分别以 LO、RF 和 IF 来表示，VD_1、VD_2、VD_3 和 VD_4 为管堆。T_1、T_2为平衡-不平衡变换器，以便把不平衡的输入变为平衡的输出（T_1），或将平衡的输入变为不平衡输出（T_2）。双平衡电路组件的 3 个端口均具有极宽的频带，它的动态范围大、损耗小、频谱纯、隔离度高，而且还有一个非常突出的特点，即在其工作频率范围内，从任意两端口输入 u_1 和 u_2，就可在第三端口得到所需的输出。但应注意所用器件对每一输入信号的输入电平的要求，以保证器件的安全。

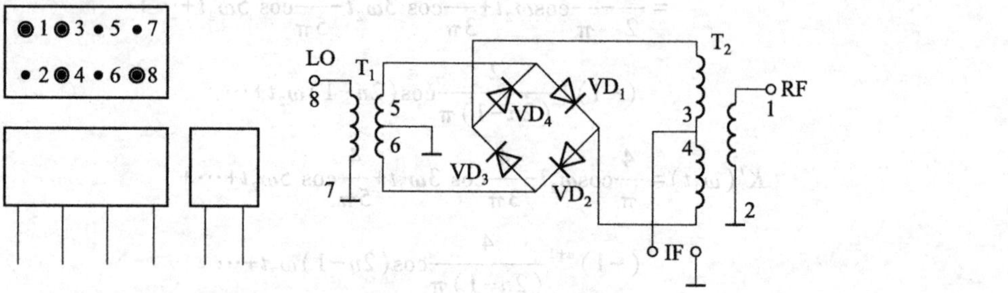

1
3
5
7
2
4
6
8
LO
8
T_1
5
6
7
VD_1
VD_4
VD_3
VD_2
T_2
3
4
RF
1
2
IF

(a) 外形　　(b) 电路图

图 5-12　双平衡电路组件的外形和电路图

例 5-2　在双平衡电路组件的本振口加输入信号 u_1，在中频口加控制信号 u_2，输出信号从射频口输出，如图 5-13 所示。忽略输出电压的反作用，可得加到 4 只二极管上的电压分别为

$$u_{D1}=u_1-u_2 \quad u_{D2}=u_1+u_2$$

$$u_{D3}=-u_1-u_2 \quad u_{D4}=-u_1+u_2$$

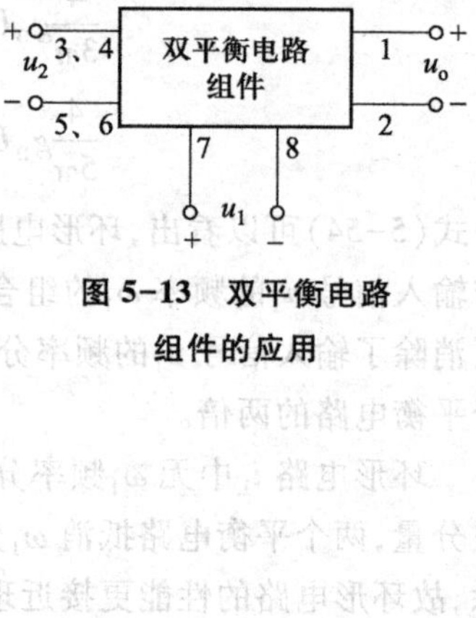

+
u_2
−
3、4
5、6
双平衡电路
组件
1
2
+
u_o
−
7
8
u_1
+
−

图 5-13　双平衡电路组件的应用

由此可见，控制电压 u_2 正向加到 VD_2、VD_4 的两端，反向加到 VD_1、VD_3 两端。由于有 $U_2 \gg U_1$，4 只二极管的通、断受 u_2 的控制，由此可得流过 4 只二极管的电流与加到二极管两端的电压的关系为线性时变关系，这些电流为

$$i_1=g_D K(\omega_2 t-\pi)\, u_{D1}$$

$$i_2=g_D K(\omega_2 t)\, u_{D2}$$

$$i_3=g_D K(\omega_2 t-\pi)u_{D3}$$
$$i_4=g_D K(\omega_2 t)u_{D4}$$

这 4 个电流与输出电流 i 之间的关系为

$$\begin{aligned} i &= -i_1+i_2+i_3-i_4=(i_2-i_4)-(i_1-i_3) \\ &= 2g_D K(\omega_2 t)u_1-2g_D K(\omega_2 t-\pi)u_1 \\ &= 2g_D K'(\omega_2 t)u_1 \end{aligned}$$

此结果与式(5-49)完全相同。改变 u_1、u_2的输入端口,同样可以得到以上结论。表 5-1 给出了部分国产双平衡电路组件的特性参数。

表 5-1 部分国产双平衡电路组件的特性参数

型号	频率范围 /MHz	本振电平 /dBm	变频损耗/dB	隔离度 /dB	1 dB 压缩电平/dBm	尺寸 (长×宽×高)/mm^3
VJH6	1~500	+7	6.5	40	+2	20.2×10.2×10.5
VJH7	200~1 000	+7	7.0	35	+1	20.2×10.2×6.6
HSP2	0.003~100	+7	6.5	40	+1	20.2×10.2×10.5
HSP6	0.5~500	+7			+1	20.2×10.2×6.6
HSP9	0.5~800	+7			+1	ϕ9.4×6.5
HSP12	1~700	+7	6.5	40	+1	12.5×5.6×6.5
HSP22	0.05~2 000	+10	7.5	40	+5	20.2×10.2×10.5
HSP32	2~2 500	+7			+1	ϕ15.3×6.4
HSP132	10~3 000	+10			+5	12.9×9.8×3.7

注:各端口匹配阻抗为 50 Ω。

图 5-14 为一种用于 WLAN(5 GHz 频段)的低功耗无源混频器集成电路核心结构,它由 4 个 CMOS 管组成桥式结构,由 LO 信号驱动开关,实现混频。由于采用 CMOS 工艺制作,其开关性能极好,因此,转换效率很高。

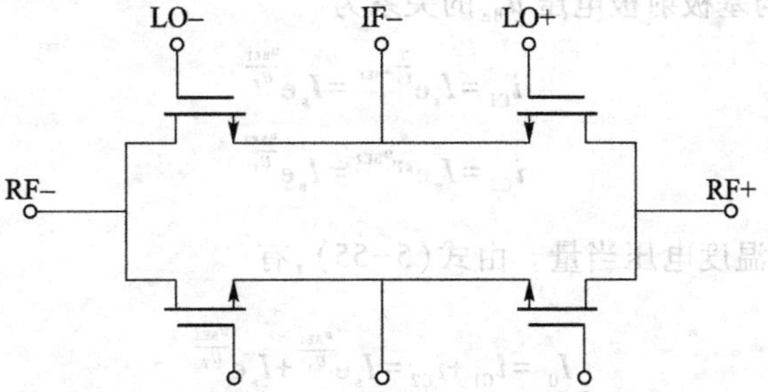

LO−
IF−
LO+
RF−
RF+
LO+
IF+
LO−

图 5-14 低功耗无源混频器集成电路核心结构

双平衡电路组件有很广阔的应用领域,除用作混频器外,还可用作相位检波器、脉冲或振幅调制器、2PSK 调制器、电流控制衰减器和二倍频器;与其他电路配合使用,还可以组成更复杂的高性能电路组件。应用双平衡电路组件,可减少整机的体积和重量,提高整机的性能和可靠性,简化整机的维修,提高整机的标准化、通用化和系列化程度。

第三节　差分对电路

频谱搬移电路的核心部分是相乘器。实现相乘的方法很多,有霍尔效应相乘法、对数-反对数相乘法、可变跨导相乘法等。由于可变跨导相乘法具有电路简单、易于集成、工作频率高等特点而得到广泛应用。它可以用于实现调制、解调、混频、鉴相及鉴频等功能。这种方法是利用一个电压控制晶体管射极电流或场效应管源极电流,使其跨导随之变化从而达到与另一个输入电压相乘的目的。这种电路的核心单元是一个带理想电流源的差分对电路。

一、单差分对电路

1. 电路

基本的差分对电路如图 5-15 所示。图中两只晶体管(晶体管对)和两个电阻精密配对(这在集成电路上很容易实现)。理想电流源 I_0为晶体管对提供射极电流。两管静态工作电流相等,$I_{E1}=I_{E2}=I_0/2$。输入端加有电压(差模电压)u,若 $u>0$,则 VT_1管射极电流增加 ΔI,VT_2管电流减少 ΔI,但仍保持如下关系

$$i_{E1}+i_{E2}=\left(\frac{I_0}{2}+\Delta I\right)+\left(\frac{I_0}{2}-\Delta I\right)=I_0 \qquad (5-55)$$

这时两管不平衡。输出方式可采用单端输出,也可采用双端输出。

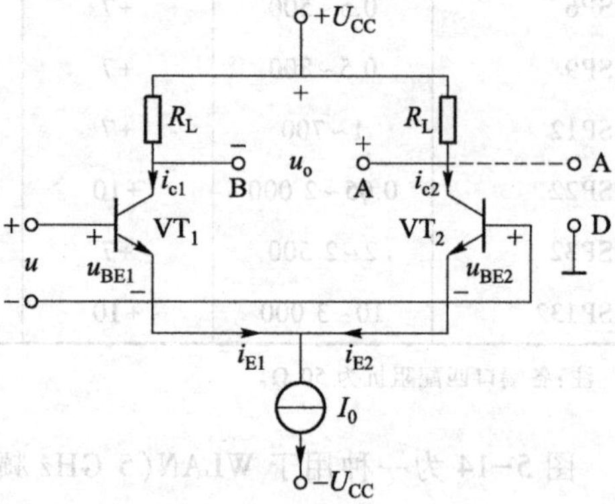

$+U_{CC}$
R_L
R_L
+
u_o
+
i_{c1}
B
A
i_{c2}
A
+
VT_1
VT_2
D
+
+
u
u_{BE1}
u_{BE2}
−
−
−
i_{E1}
i_{E2}
I_0
$-U_{CC}$

图 5-15　差分对电路

2. 传输特性

设 VT_1、VT_2管的 $\alpha\approx1$,则有 $i_{C1}\approx i_{E1}$,$i_{C2}\approx i_{E2}$,可得晶体管的集电极电流与基极射极电压 u_{BE}的关系为

$$\begin{aligned} i_{C1}&=I_s e^{\frac{q}{kT}u_{BE1}}=I_s e^{\frac{u_{BE1}}{U_T}} \\ i_{C2}&=I_s e^{\frac{q}{kT}u_{BE2}}=I_s e^{\frac{u_{BE2}}{U_T}} \end{aligned} \qquad (5-56)$$

式中,$U_T=\frac{kT}{q}$为 PN 结的温度电压当量。由式(5-55),有

$$\begin{aligned} I_0&=i_{C1}+i_{C2}=I_s e^{\frac{u_{BE1}}{U_T}}+I_s e^{\frac{u_{BE2}}{U_T}} \\ &=i_{C2}\left[1+e^{\frac{1}{U_T}(u_{BE1}-u_{BE2})}\right] \\ &=i_{C2}(1+e^{\frac{u}{U_T}}) \end{aligned} \qquad (5-57)$$

故可得

$$i_{C2}=\frac{I_0}{1+e^{\frac{u}{U_T}}} \tag{5-58}$$

式中，$u=u_{BE1}-u_{BE2}$，类似可得

$$i_{C1}=\frac{I_0}{1+e^{-\frac{u}{U_T}}} \tag{5-59}$$

为了易于观察 i_{C1}、i_{C2}随输入电压 u 变化的规律，将式(5-59)减去静态工作电流 $I_0/2$，可得

$$i_{C1}-\frac{I_0}{2}=\frac{I_0}{2}\cdot\frac{2}{1+e^{-\frac{u}{U_T}}}-\frac{I_0}{2}=\frac{I_0}{2}\tanh\left(\frac{u}{2U_T}\right) \tag{5-60}$$

这里

$$\tanh(x)=\frac{e^x-e^{-x}}{e^x+e^{-x}}$$

为双曲正切函数。因此

$$i_{C1}=\frac{I_0}{2}+\frac{I_0}{2}\tanh\left(\frac{u}{2U_T}\right) \tag{5-61}$$

$$i_{C2}=\frac{I_0}{2}-\frac{I_0}{2}\tanh\left(\frac{u}{2U_T}\right) \tag{5-62}$$

双端输出的情况下有

$$\begin{aligned}u_o&=u_{C2}-u_{C1}=(U_{CC}-i_{C2}R_L)-(U_{CC}-i_{C1}R_L)\\&=R_L(i_{C1}-i_{C2})=R_LI_0\tanh\left(\frac{u}{2U_T}\right)\end{aligned} \tag{5-63}$$

可得等效的差分输出电流 i_o 与输入电压 u 的关系式

$$i_o=I_0\tanh\left(\frac{u}{2U_T}\right) \tag{5-64}$$

式(5-61)、式(5-62)及式(5-64)分别描述了集电极电流 i_{C1}、i_{C2}和差分输出电流 i_o 与输入电压 u 的关系，这些关系就称为传输特性。图 5-16 给出了这些传输特性曲线。

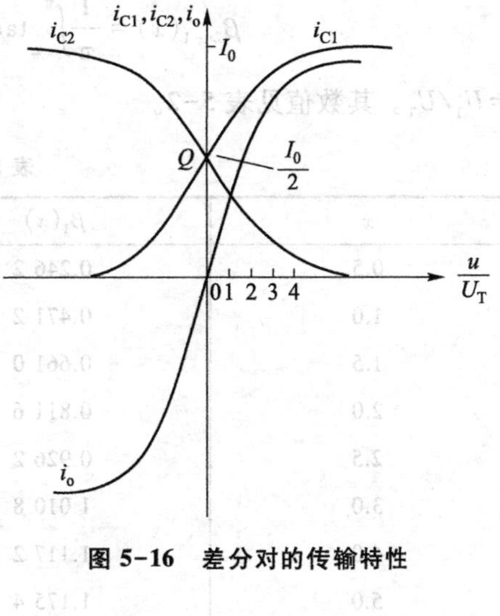

i_{C1},i_{C2},i_o
i_{C2}
i_{C1}
I_0
Q
$\frac{I_0}{2}$
0 1 2 3 4
$\frac{u}{U_T}$
i_o

图 5-16 差分对的传输特性

由上面的分析可知：

① i_{C1}、i_{C2}和 i_o 与差模输入电压 u 是非线性关系——双曲正切函数关系，与理想电流源 I_0呈线性关系。双端输出时，直流抵消，交流输出加倍。

② 输入电压很小时，传输特性近似为线性关系，即工作在线性放大区。这是因为当 $|x|<1$ 时，$\tanh(x/2)\approx x/2$，即当 $|u|<U_T=26$ mV 时，$i_o=I_0\tanh(u/2U_T)\approx I_0u/2U_T$。

③ 若输入电压很大，一般在 $|u|>100$ mV 时，电路呈现限幅状态，两管接近于开关状态，因此，该电路可作为高速开关、限幅放大器等。

④ 小信号运用时的跨导即为传输特性线性区的斜率，它表示电路在放大区输出时的放大能力，即

$$g_m=\frac{\partial i_o}{\partial u}\bigg|_{u=0}=\frac{I_0}{2U_T}\approx 20I_0 \tag{5-65}$$

式(5-65)表明，g_m与I_0成正比，I_0增加，则 g_m加大，增益提高。若 I_0随时间变化[即 $I_0(t)$]，g_m也随时间变化，成为时变跨导 $g_m(t)$。因此，可用控制 I_0的办法实现线性时变电路。

⑤ 当输入差模电压 $u=U_1\cos\omega_1 t$ 时，由传输特性可得 i_o 波形，如图 5-17 所示。其所含频率分量可由 $\tanh(u/2U_T)$的傅里叶级数展开式求得，即

$$\begin{aligned}i_o(t)&=I_0[\beta_1(x)\cos\omega_1 t+\beta_3(x)\cos 3\omega_1 t+\beta_5(x)\cos 5\omega_1 t+\cdots]\\&=I_0\sum_{n=1}^{\infty}\beta_{2n-1}(x)\cos(2n-1)\omega_1 t\end{aligned} \tag{5-66}$$

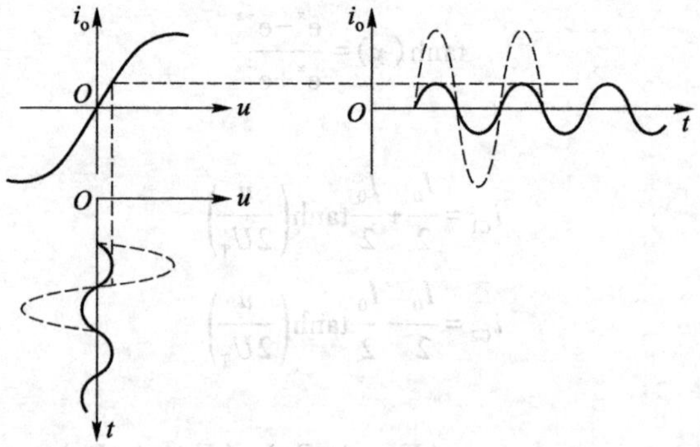

i_o
i_o
O
u
O
t
O
u
t

图 5-17 差分对作放大时 i_o的输出波形

式中，傅里叶系数

$$\beta_{2n-1}(x)=\frac{1}{\pi}\int_{-\pi}^{\pi}\tanh\left(\frac{x}{2}\cos\omega_1 t\right)\cos(2n-1)\omega_1 t\mathrm{d}\omega_1 t \tag{5-67}$$

$x=U_1/U_T$。其数值见表 5-2。

表 5-2 $\beta_{2n-1}(x)$数值表

x	$\beta_1(x)$	$\beta_3(x)$	$\beta_5(x)$
0.5	0.246 2	—	—
1.0	0.471 2	-0.009 6	—
1.5	0.661 0	-0.027 2	—
2.0	0.811 6	-0.054 2	—
2.5	0.926 2	-0.087 0	0.004 52
3.0	1.010 8	-0.122 2	0.019 4
4.0	1.117 2	—	—
5.0	1.175 4	-0.242 8	0.071 0
7.0	1.222 4	-0.314 2	0.115 0
10.0	1.251 4	-0.365 4	0.166 2
∞	1.273 2	-0.424 4	0.254 6

3. 差分对频谱搬移电路

差分对电路的可控通道有两个:一个为输入差模电压,另一个为电流源 $I_0(t)$;故可用输入信号和控制信号分别控制这两个通道。由于输出电流 $i_o(t)$ 与 $I_0(t)$ 呈线性关系,所以将控制电流源的这个通道称为线性通道;输出电流 i_o 与差模输入电压 u 成非线性关系,所以将差模输入通道称为非线性通道。图 5-18所示为差分对频谱搬移电路。

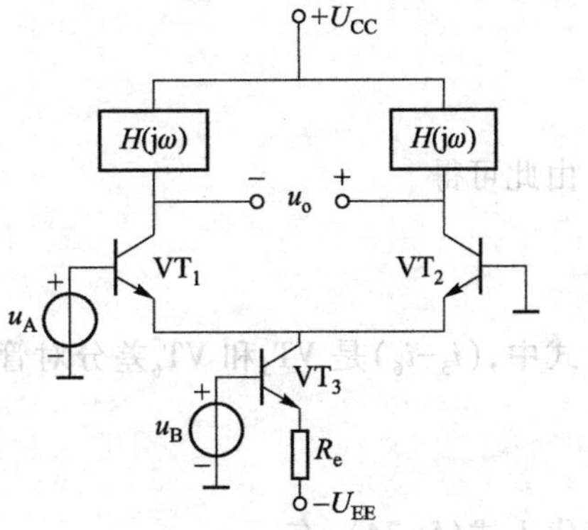

+U_{CC}
$H(j\omega)$
$H(j\omega)$
−
u_o
+
VT_1
VT_2
u_A
VT_3
u_B
R_e
$-U_{EE}$

图 5-18 差分对频谱搬移电路

集电极负载为一滤波回路(或滤波器),滤波回路的种类和参数可依据欲实现的功能来进行设计,对输出频率分量呈现的阻抗为 R_L。理想电流源 I_0由尾管 VT_3提供,VT_3射极接有大电阻 R_e,所以又将此电路称为"长尾偶电路"。R_e的大取值是为了削弱 VT_3发射结电压的影响。由图中可看到

$$u_B = u_{BE3} + i_{E3}R_e - U_{EE} \tag{5-68}$$

当忽略 u_{BE3}后,得出

$$I_0(t) = i_{E3} = \frac{U_{EE}}{R_e} + \frac{u_B}{R_e} = I_0\left(1+\frac{u_B}{U_{EE}}\right)$$

式中

$$I_0 = \frac{U_{EE}}{R_e} \tag{5-69}$$

由此可得输出电流

$$i_o(t) = I_0(t)\tanh\left(\frac{u_A}{2U_T}\right) = I_0\left(1+\frac{u_B}{U_{EE}}\right)\tanh\left(\frac{u_A}{2U_T}\right) \tag{5-70}$$

考虑 $|u_A|<26$ mV 时,有

$$i_o(t) \approx I_0\left(1+\frac{u_B}{U_{EE}}\right)\frac{u_A}{2U_T} \tag{5-71}$$

式中有两个输入信号的乘积项,因此,可以构成频谱线性搬移电路。以上讨论的是双端输出的情况,单端输出时的结果可自行推导。

二、双差分对电路

双差分对电路如图 5-19 所示。它由三个基本的差分电路组成,也可看成由两个单差分对电路组成。VT_1、VT_2、VT_5组成差分对电路Ⅰ,VT_3、VT_4、VT_6组成差分对电路Ⅱ,两个差分对电路的输出端交叉耦合。输入电压 u_A交叉地加到两个差分对管的输入端,输入电压 u_B则加到 VT_5 和 VT_6 组成的差分对管输入端,三个差分对都是差模输入。双差分对每边的输出电流为两差分对管相应边的输出电流之和,因此,双端输出时,它的差分输出电流为

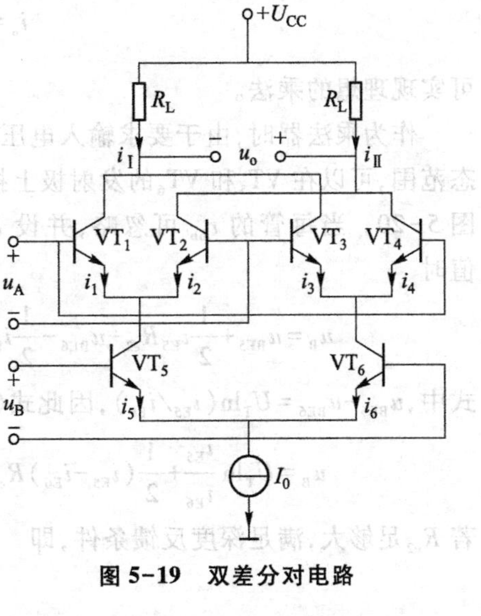

+U_{CC}
R_L
R_L
i_{I}
−
u_o
+
i_{II}
VT_1
VT_2
VT_3
VT_4
+
u_A
−
i_1
i_2
i_3
i_4
+
VT_5
VT_6
u_B
−
i_5
i_6
I_0

图 5-19 双差分对电路

$$i_o=i_{\rm I}-i_{\rm II}=(i_1+i_3)-(i_2+i_4)=(i_1-i_2)-(i_4-i_3) \tag{5-72}$$

式中，(i_1-i_2)是左边差分对管的差分输出电流，(i_4-i_3)是右边差分对管的差分输出电流，分别为

$$i_1-i_2=i_5\tanh\left(\frac{u_A}{2U_T}\right)$$

$$i_4-i_3=i_6\tanh\left(\frac{u_A}{2U_T}\right) \tag{5-73}$$

由此可得

$$i_o=(i_5-i_6)\tanh\left(\frac{u_A}{2U_T}\right) \tag{5-74}$$

式中，(i_5-i_6)是 VT_5和 VT_6差分对管的差分输出电流，为

$$i_5-i_6=I_0\tanh\left(\frac{u_B}{2U_T}\right) \tag{5-75}$$

代入式(5-74)，有

$$i_o=I_0\tanh\left(\frac{u_A}{2U_T}\right)\tanh\left(\frac{u_B}{2U_T}\right) \tag{5-76}$$

由此可见，双差分对的差分输出电流 i_o与两个输入电压 u_A、u_B之间均为非线性关系。用作频谱搬移电路时，输入信号 u_1和控制信号 u_2可以任意加在两个非线性通道中，而单差分对电路的输出频率分量与这两个信号所加的位置是有关的。当 $u_1=U_1\cos\omega_1 t$，$u_2=U_2\cos\omega_2 t$ 时，代入式(5-76)有

$$i_o=I_0\sum_{m=1}^{\infty}\sum_{n=1}^{\infty}\beta_{2m-1}(x_1)\beta_{2n-1}(x_2)\cos(2m-1)\omega_1 t\cos(2n-1)\omega_2 t \tag{5-77}$$

式中，$x_1=U_1/U_T$，$x_2=U_2/U_T$。即输出电流中有 ω_1与 ω_2的各阶奇次谐波分量的组合分量，其中包括两个信号乘积项，但不能等效为理想乘法。若 U_1、U_2<26 mV，非线性关系可近似为线性关系，式(5-76)为

$$i_o=I_0\frac{u_1}{2U_T}\frac{u_2}{2U_T}=\frac{I_0}{4U_T^2}u_1u_2 \tag{5-78}$$

可实现理想的乘法。

作为乘法器时，由于要求输入电压幅度要小，因而 u_A、u_B的动态范围较小。为了扩大 u_B的动态范围，可以在 VT_5和 VT_6的发射极上接入负反馈电阻 R_{e2}，如图 5-20。当每管的 $r_{bb'}$可忽略，并设 R_{e2}的滑动点处于中间值时

$$u_B=u_{BE5}+\frac{1}{2}i_{E5}R_{e2}-u_{BE6}-\frac{1}{2}i_{E6}R_{e2} \tag{5-79}$$

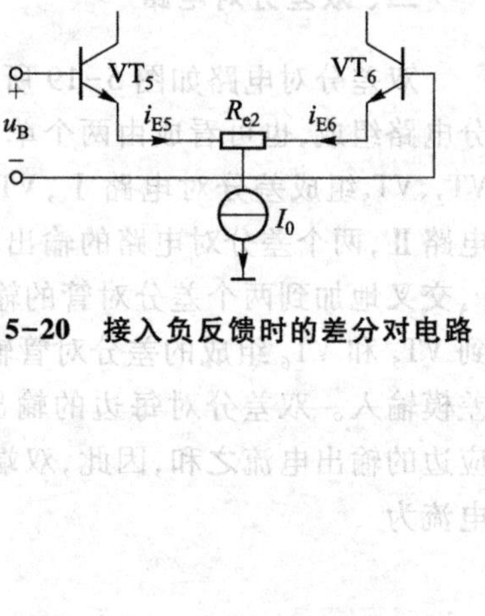

VT5
VT6
+
−
uB
iE5
Re2
iE6
I0

图 5-20　接入负反馈时的差分对电路

式中，$u_{BE5}-u_{BE6}=U_T\ln(i_{E5}/i_{E6})$，因此式(5-79)可表示为

$$u_B=U_T\ln\frac{i_{E5}}{i_{E6}}+\frac{1}{2}(i_{E5}-i_{E6})R_{e2} \tag{5-80}$$

若 R_{e2}足够大，满足深度反馈条件，即

$$\frac{1}{2}(i_{E5}-i_{E6})R_{e2}\gg U_T\ln\frac{i_{E5}}{i_{E6}} \tag{5-81}$$

式(5-80)可简化为

$$u_B\approx\frac{1}{2}(i_{E5}-i_{E6})R_{e2} \tag{5-82}$$

式(5-82)表明,接入负反馈电阻,且满足式(5-81)时,差分对管 VT_5和 VT_6的差分输出电流近似与 u_B成正比,而与 I_0的大小无关。应该指出,这个结论必须在两管均工作在放大区条件下才成立。工作在放大区内,可近似认为 i_{E5}和 i_{E6}均大于零。考虑到 $i_{E5}+i_{E6}=I_0$,则由式(5-82)可知,为了保证 i_{E5}和 i_{E6}大于零,u_B的最大动态范围为

$$-\frac{I_0}{2}\leqslant\frac{u_B}{R_{e2}}\leqslant\frac{I_0}{2} \tag{5-83}$$

将式(5-82)代入式(5-74),双差分对的差分输出电流可近似为

$$i_o\approx\frac{2u_B}{R_{e2}}\tanh\left(\frac{u_A}{2U_T}\right) \tag{5-84}$$

式(5-84)表明双差分对工作在线性时变状态。若 u_A足够小时,结论与式(5-78)类似。如果 u_A足够大,工作到传输特性的平坦区,则式(5-84)可进一步表示为开关工作状态,即

$$i_o\approx\frac{2}{R_{e2}}K'(\omega_A t)u_B \tag{5-85}$$

式中,ω_A 为 u_A 电压的角频率。

综上所述,施加反馈电阻后,双差分对电路工作在线性时变状态或开关工作状态,因而特别适合用来作频谱搬移电路。例如,作为双边带振幅调制电路或相移键控调制电路时,u_A加载波电压,u_B加调制信号,输出端接中心频率为载波频率的带通滤波器;作为同步检波电路时,u_A为恢复载波,u_B加输入信号,输出端接低通滤波器;作为混频电路时,u_A加本振电压,u_B加输入信号,输出端接中频滤波器。

双差分电路具有结构简单,有增益,不用变压器,易于集成化,对称性精确,体积小等优点,因而得到广泛的应用。双差分电路是集成模拟乘法器的核心。模拟乘法器种类很多,由于内部电路结构不同,各项参数指标也不同,其主要指标有:工作频率、电源电压、输入电压动态范围、线性度、带宽等。图 5-21 所示为 Mortorola MC1596 内部电路图,它以双差分电路为基础,在 y 通道加入了反馈电阻,故 y 通道输入电压动态范围较大,x 通道输入电压动态范围很小。MC1596 工作频率高,常用作调制、解调和混频。

图 5-22 给出了 AD 公司生产的正交调制器 AD8345 总体框图,其工作频率为 250~1 000 MHz,它不仅具有成本低、功耗低和外围电路简单的优点,而且具有优良的相位准确度和幅度平衡度。

图 5-23 为用于 DVB-T/H 和 WLAN(5 GHz 频段)的有源混频器集成电路内部核心简化电路,采用双平衡核心结构,并用平衡拓扑以阻止本振噪声信号干扰混频器输出。

通过上面的分析可知,差分对作为放大器时是双端口网络,其工作点不变,不产生新的频率分量。差分对作为频谱线性搬移电路时,为三端口网络。两个输入电压中,一个用来改变工作点,使跨导变为时变跨导;另一个则作为输入信号,以时变跨导进行放大,因此称为时变跨导放大

器。这种线性时变电路，即使工作于线性区，也能产生新的频率成分，完成相乘功能。

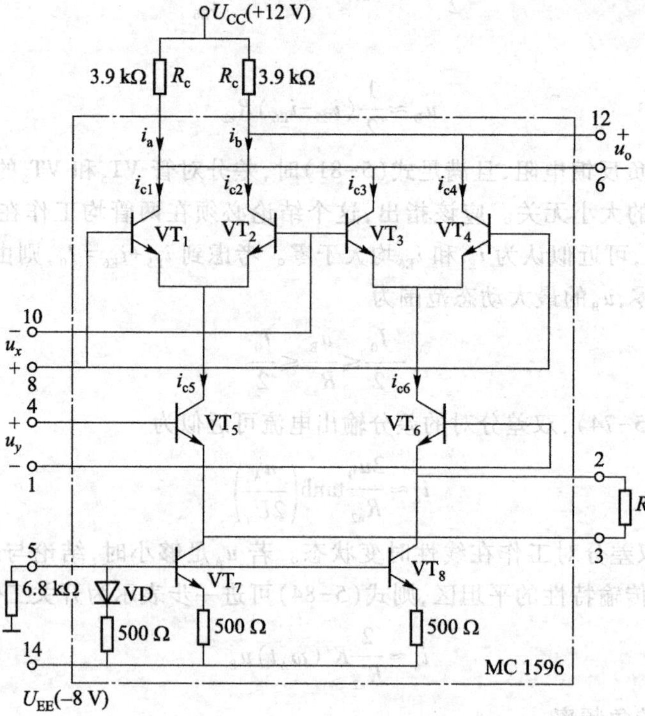
U_{CC}(+12 V)
3.9 kΩ
R_c
R_c
3.9 kΩ
i_a
i_b
12
+
u_o
−
6
i_{c1}
i_{c2}
i_{c3}
i_{c4}
VT_1
VT_2
VT_3
VT_4
10
−
u_x
+
8
i_{c5}
i_{c6}
4
+
u_y
−
1
VT_5
VT_6
2
R_y
3
5
6.8 kΩ
VD
VT_7
VT_8
500 Ω
500 Ω
500 Ω
14
U_{EE}(−8 V)
MC 1596

图 5-21　MC1596 的内部电路

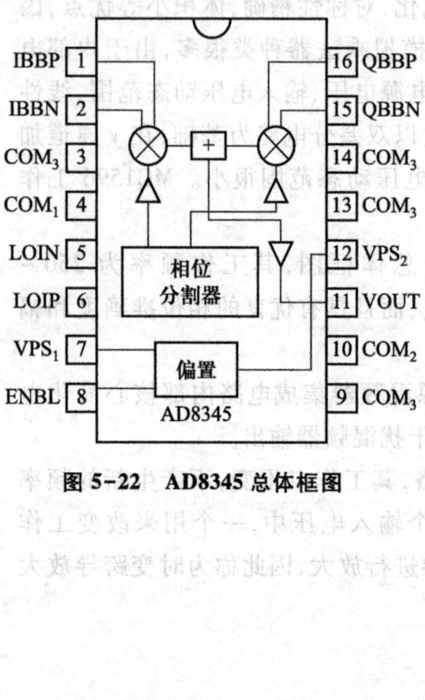
IBBP 1
IBBN 2
COM3 3
COM1 4
LOIN 5
LOIP 6
VPS1 7
ENBL 8
16 QBBP
15 QBBN
14 COM3
13 COM3
12 VPS2
11 VOUT
10 COM2
9 COM3
相位
分割器
偏置
AD8345

图 5-22　AD8345 总体框图

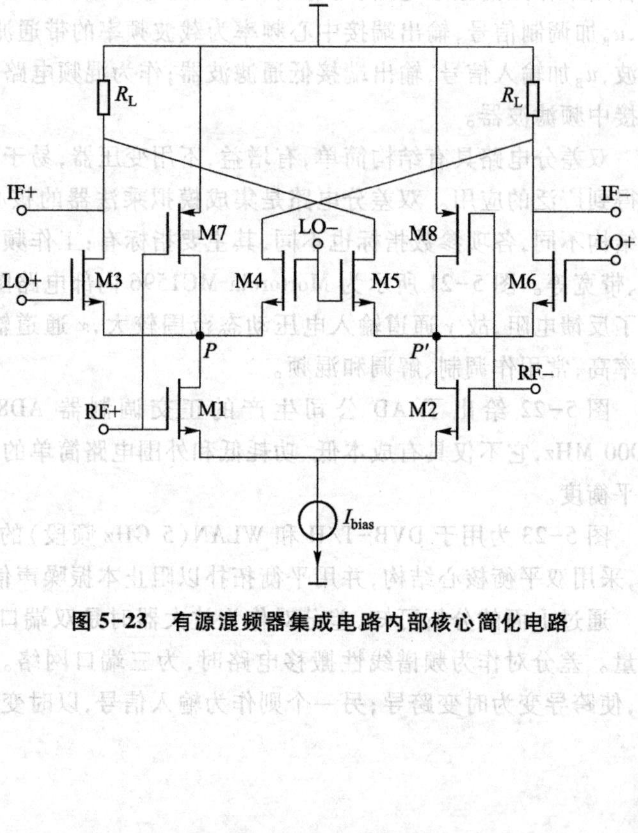
R_L
R_L
IF+
IF−
LO−
LO+
LO+
M7
M8
M3
M4
M5
M6
P
P′
RF+
RF−
M1
M2
I_{bias}

图 5-23　有源混频器集成电路内部核心简化电路

第四节　其他频谱线性搬移电路

一、晶体管频谱线性搬移电路

晶体管频谱线性搬移电路如图 5-24 所示，图中，u_1是输入信号，u_2是参考信号，且 u_1的振幅 U_1远远小于 u_2的振幅 U_2，即 $U_2 \gg U_1$。由图看出，u_1与 u_2都加到晶体管的 be 结，利用其非线性特性，可以产生 u_1和 u_2频率的组合分量，再经集电极的输出回路选出完成某一频谱线性搬移功能所需的频率分量，从而达到频谱线性搬移的目的。

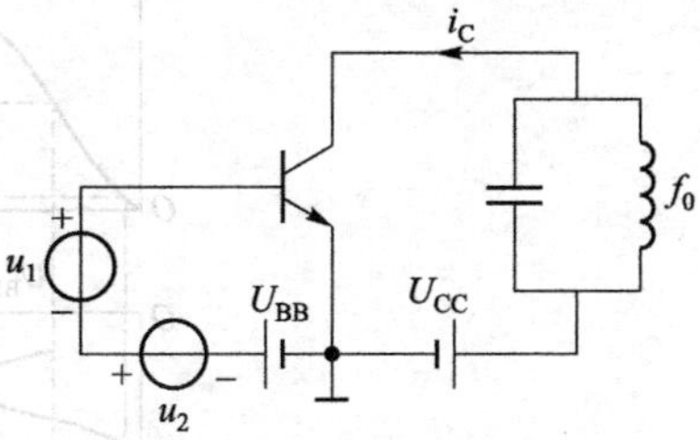

i_C
f_0
u_1
U_{BB}
U_{CC}
u_2

图 5-24　晶体管频谱搬移原理电路

当频率不太高时，晶体管集电极电流 i_C是 u_{BE}及 u_{CE}的函数。若忽略输出电压的反作用，则 i_C可以近似表示为 u_{BE}的函数，即 $i_C = f(u_{BE}, u_{CE}) \approx f(u_{BE})$。

从图 5-24 可以看出，$u_{BE} = u_1 + u_2 + U_{BB}$，其中，$U_{BB}$为直流工作点电压。现将 $U_{BB} + u_2 = U_{BB}(t)$看作晶体管频谱线性搬移电路的静态工作点电压（即无信号时的偏压），由于工作点随时间变化，所以称为时变工作点，即 $U_{BB}(t)$（实质上是 u_2），使晶体管的工作点沿转移特性来回移动。因此，可将 i_C表示为

$$i_C = f(u_{BE}) = f(u_1 + u_2 + U_{BB}) = f[U_{BB}(t) + u_1] \tag{5-86}$$

在时变工作点处，将式(5-86)对 u_1展开成泰勒级数，有

$$i_C = f[U_{BB}(t)] + f'[U_{BB}(t)]u_1 + \frac{1}{2}f''[U_{BB}(t)]u_1^2 + \frac{1}{3!}f'''[U_{BB}(t)]u_1^3 + \cdots + \frac{1}{n!}f^{(n)}[U_{BB}(t)]u_1^n + \cdots \tag{5-87}$$

式中各项系数的意义说明如下。

$f[U_{BB}(t)] = f(u_{BE})\big|_{u=U_{BB}(t)} = I_{c0}(t)$，表示时变工作点处的电流，或称为静态工作点电流，它随参考信号 u_2周期性地变化。当 u_2瞬时值最大时，晶体管工作点为 Q_1，$I_{c0}(t)$为最大值，当 u_2瞬时值最小时，晶体管工作点为 Q_2，$I_{c0}(t)$为最小值。图 5-25(a)所示给出了 i_C-u_{BE}曲线，同时画出了 $I_{c0}(t)$波形，其表示式为

$$I_{c0}(t) = I_{c00} + I_{c01}\cos\omega_2 t + I_{c02}\cos 2\omega_2 t + \cdots \tag{5-88}$$

$$f'[U_{BB}(t)] = \frac{di_C}{du_{BE}}\bigg|_{u_{BE}=U_{BB}(t)} = \frac{df(u_{BE})}{du_{BE}}\bigg|_{u_{BE}=U_{BB}(t)} \tag{5-89}$$

这里 di_C/du_{BE}是晶体管的跨导，而 $f'[U_{BB}(t)]$就是在 $U_{BB}(t)$作用下晶体管的跨导$g_m(t)$，$g_m(t)$也随 u_2周期性变化，称之为时变跨导。由于 $g_m(t)$是 u_2的函数，而 u_2是周期性变化的，其角频率为 ω_2，因此 $g_m(t)$也是以角频率 ω_2周期性变化的函数，用傅里叶级数展开，可得

$$g_m(t) = g_{m0} + g_{m1}\cos\omega_2 t + g_{m2}\cos 2\omega_2 t + \cdots \tag{5-90}$$

式中，g_{m0}是 $g_m(t)$的平均分量（直流分量），它不一定是（通常也不是）直流工作点 U_{BB}处的跨导。g_{m1}是 $g_m(t)$中角频率为 ω_2分量的振幅——时变跨导的基波分量振幅。而

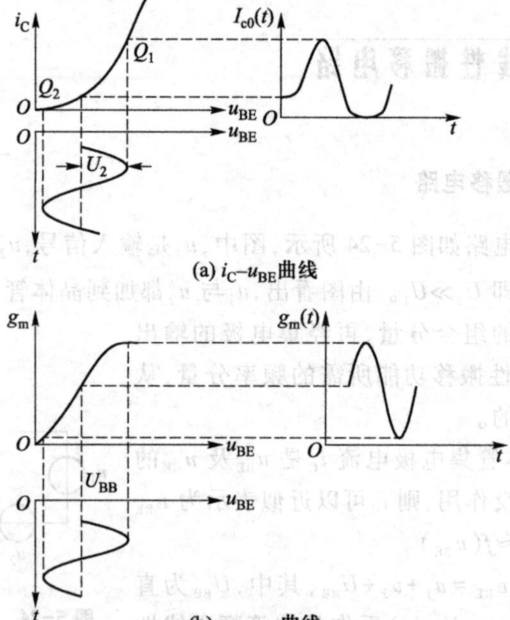

i_C
Q_1
Q_2
O
u_{BE}
U_2
$I_{c0}(t)$
t
g_m
$g_m(t)$
U_{BB}

(a) i_C–u_{BE}曲线

(b) g_m–u_{BE}曲线

图 5-25　晶体管电路中的时变电流和时变跨导

$$\frac{1}{n!}f^{(n)}[U_{BB}(t)]=\frac{d^n i_C}{du_{BE}^n}\bigg|_{u_{BE}=U_{BB}(t)}\quad n=1,2,3,\cdots \tag{5-91}$$

也是 u_2 的函数，同样是频率为 ω_2 的周期性函数，也可以用傅里叶级数展开，有

$$f^{(n)}[U_{BB}(t)]=C_{n0}+C_{n1}\cos\omega_2 t+C_{n2}\cos 2\omega_2 t+\cdots\quad n=1,2,3,\cdots \tag{5-92}$$

它同样包含平均分量、基波分量和各次谐波分量。

将式(5-88)、式(5-90)和式(5-92)代入式(5-87)，可得

$$\begin{aligned} i_C &= I_{c0}(t)+g_m(t)u_1+\frac{1}{2}f''[U_{BB}(t)]u_1^2+\cdots+\frac{1}{n!}f^{(n)}[U_{BB}(t)]u_1^n+\cdots \\ &= I_{c00}+I_{c01}\cos\omega_2 t+I_{c02}\cos 2\omega_2 t+\cdots+ \\ &\quad (g_{m0}+g_{m1}\cos\omega_2 t+g_{m2}\cos 2\omega_2 t+\cdots)U_1\cos\omega_1 t+\cdots+ \\ &\quad \frac{1}{n!}(C_{n0}+C_{n1}\cos\omega_2 t+C_{n2}\cos 2\omega_2 t+\cdots)U_1^n\cos^n\omega_1 t+\cdots \end{aligned} \tag{5-93}$$

将 $\cos^n\omega_1 t$ 用式(5-7)展开代入式(5-93)，可以看出，i_C 中的频率分量包含了 ω_1 和 ω_2 的各次谐波分量以及 ω_1 和 ω_2 的各次组合频率分量

$$\omega_{p,q}=|\pm p\omega_2\pm q\omega_1|\quad p,q=0,1,2,\cdots \tag{5-94}$$

用晶体管组成的频谱线性搬移电路，其集电极电流中包含了各种频率成分，用滤波器选出所需频率分量，就可完成所要求的频谱线性搬移功能。

一般情况下，由于 $U_1\ll U_2$，通常可以不考虑高次项，式(5-93)化简为

$$i_C\approx I_{c0}(t)+g_m(t)u_1 \tag{5-95}$$

等效为一线性时变电路，其组合频率也大大减少，只有 ω_2 的各次谐波分量及其与 ω_1 的组合频率

分量 $n\omega_2\pm\omega_1, n=0,1,2,\cdots$。

二、场效应管频谱线性搬移电路

晶体管频谱线性搬移电路具有高增益、低噪声等特点，但它的动态范围小，非线性失真大。在高频工作时，场效应管（FET）比双极晶体管（BJT）的性能好，因为其特性近似于平方律，动态范围大，非线性失真小。下面讨论结型场效应管（JFET）频谱线性搬移电路。

结型场效应管是利用栅漏极间的非线性转移特性实现频谱线性搬移功能的。结型场效应管转移特性 i_D-u_{GS} 近似为平方律关系，其表示式为

$$i_D=I_{DSS}\left(1-\frac{u_{GS}}{U_P}\right)^2 \tag{5-96}$$

它的正向传输跨导 g_m 为

$$g_m=\frac{di_D}{du_{GS}}=g_{m0}\left(1-\frac{u_{GS}}{U_P}\right) \tag{5-97}$$

式中，$g_{m0}=2I_{DSS}/|U_P|$ 为 $u_{GS}=0$ 时的跨导。i_D-u_{GS} 及 g_m-u_{GS} 曲线如图 5-26 所示。图中 $U_P=-2$ V，工作点 Q 的电压 $U_{GS}=-1$ V。

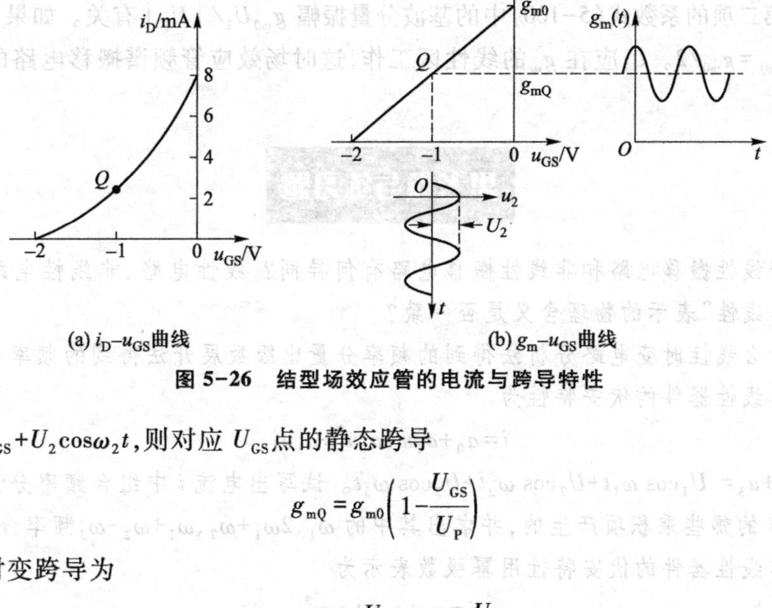

iD/mA
8
6
4
2
Q
−2
−1
0
uGS/V
(a) iD–uGS曲线
gm
gm0
Q
gmQ
−2
−1
0
uGS/V
O
u2
U2
t
gm(t)
O
t
(b) gm–uGS曲线

图 5-26　结型场效应管的电流与跨导特性

令 $u_{GS}=U_{GS}+U_2\cos\omega_2 t$，则对应 U_{GS} 点的静态跨导

$$g_{mQ}=g_{m0}\left(1-\frac{U_{GS}}{U_P}\right) \tag{5-98}$$

对应于 u_{GS} 的时变跨导为

$$g_m(t)=g_{m0}\left(1-\frac{U_{GS}}{U_P}\right)-g_{m0}\frac{U_2}{U_P}\cos\omega_2 t$$

$$=g_{mQ}-g_{m0}\frac{U_2}{U_P}\cos\omega_2 t \tag{5-99}$$

其曲线如图 5-26(b)所示。式(5-99)只适用于 g_m 的线性区。由于 U_P 为负值，故式(5-99)可改写成

$$g_m(t)=g_{mQ}+g_{m0}\frac{U_2}{|U_P|}\cos\omega_2 t \tag{5-100}$$

当 $u_{GS}=u_1+u_2+U_{GS}$，其中输入信号为 $u_1=U_1\cos\omega_1 t$，$u_2=U_2\cos\omega_2 t$，且 $U_1 \ll U_2$ 时，场效应管漏极电流

$$i_D=I_{D0}+i_d(t) \tag{5-101}$$

其中 I_{D0} 为漏极静态工作点电流

$$I_{D0}=I_{DSS}\left(1-\frac{u_2+U_{GS}}{U_P}\right)^2=I_{DSS}\left(1-\frac{U_2\cos\omega_2 t+U_{GS}}{U_P}\right)^2 \tag{5-102}$$

$$\begin{aligned} i_d(t)&=g_m(t)U_1\cos\omega_1 t \\ &=g_{mQ}U_1\cos\omega_1 t+U_1 g_{m0}\frac{U_2}{U_P}\cos\omega_1 t\cos\omega_2 t \end{aligned} \tag{5-103}$$

则漏极电流 i_D 为

$$i_D=I_{DSS}\left(1-\frac{U_2\cos\omega_2 t+U_{GS}}{U_P}\right)^2+g_{mQ}U_1\cos\omega_1 t+U_1 g_{m0}\frac{U_2}{U_P}\cos\omega_1 t\cos\omega_2 t \tag{5-104}$$

由式(5-104)可以看出，由于结型场效应管转移特性近似为平方律，其组合分量相对于晶体管电路的组合分量要少得多，在 $U_1 \ll U_2$ 的情况下，只有 ω_1、ω_2、$2\omega_2$ 和 $\omega_2\pm\omega_1$ 五个频率分量。即使 $U_1 \ll U_2$ 条件不成立，其频率分量也只有 ω_1、ω_2、$2\omega_1$、$2\omega_2$ 及 $\omega_2\pm\omega_1$ 六个频率分量。

由式(5-104)可以看出，要完成频谱的线性搬移功能，必须用最后一项才能完成，则其搬移效率或灵敏度与第二项的系数式(5-100)中的基波分量振幅 $g_{m0}U_2/|U_P|$ 有关。如果 Q 点选在 g_m 曲线的中点，则 $g_{mQ}=g_{m0}/2$。U_2 应在 g_m 的线性区工作，这时场效应管频谱搬移电路的效率较高，失真小。

思考题与练习题

5-1　频谱线性搬移电路和非线性搬移电路有何异同？线性电路、非线性电路又有何不同？这里的两个“非线性”表示的物理含义是否一致？

5-2　为什么线性时变电路分析法得到的频率分量比级数展开法得到的频率分量少了很多？

5-3　一非线性器件的伏安特性为

$$i=a_0+a_1u+a_2u^2+a_3u^3$$

式中，$u=u_1+u_2+u_3=U_1\cos\omega_1 t+U_2\cos\omega_2 t+U_3\cos\omega_3 t$。试写出电流 i 中组合频率分量的频率通式，说明它们是由 i 的哪些乘积项产生的，并求出其中的 ω_1、$2\omega_1+\omega_2$、$\omega_1+\omega_2-\omega_3$ 频率分量的振幅。

5-4　若非线性器件的伏安特性用幂级数表示为

$$i=a_0+a_1u+a_3u^3$$

式中，a_0、a_1、a_3 是不为零的常数，信号 u 是频率为 150 kHz 和 200 kHz 的两个正弦波，问电流中能否出现 50 kHz 和 350 kHz 的频率成分？为什么？

5-5　一非线性器件的伏安特性为

$$i=\begin{cases} g_D u & u>0 \\ 0 & u\leqslant 0 \end{cases}$$

式中，$u=U_Q+u_1+u_2=U_Q+U_1\cos\omega_1 t+U_2\cos\omega_2 t$。若 U_1 很小，满足线性时变条件，则在 $U_Q=-U_2/2$

时求出时变电导 $g_m(t)$ 的表示式。

5-6　二极管平衡电路如图 P5-1 所示，u_1 及 u_2 的注入位置如图所示，图中，$u_1=U_1\cos\omega_1 t$，$u_2=U_2\cos\omega_2 t$，且 $U_2\gg U_1$。求 $u_o(t)$ 的表示式，并与图 5-7 所示电路的输出相比较。

5-7　图 P5-2 为二极管平衡电路，$u_1=U_1\cos\omega_1 t$，$u_2=U_2\cos\omega_2 t$，且 $U_2\gg U_1$。试分析 R_L 上的电压或流过 R_L 的电流频谱分量，并与图 5-7 所示电路的输出相比较。

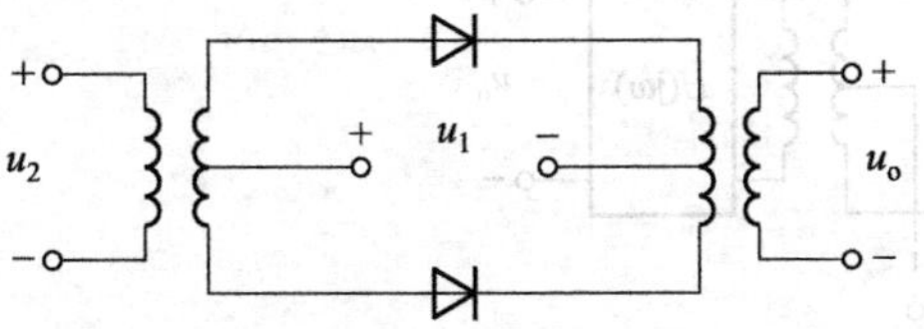

+
u_2
−
+
u_1
−
+
u_o
−

图 P5-1　题 5-6 图

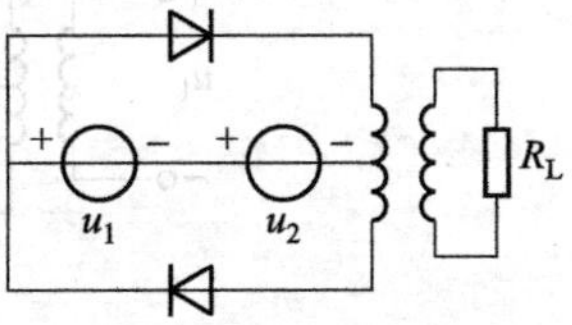

+
−
+
−
u_1
u_2
R_L

图 P5-2　题 5-7 图

5-8　试推导出图 5-18 所示单差分对频谱搬移电路单端输出时的输出电压表示式（从 VT_2 集电极输出）。

5-9　试推导出图 5-19 所示双差分对电路单端输出时的输出电压表示式。

5-10　在图 P5-3 所示电路中，晶体管的转移特性为

$$i_C=a_0 I_s e^{\frac{u_{BE}}{U_T}}$$

若回路的谐振阻抗为 R_0，试写出下列三种情况下输出电压 u_o 的表示式。

（1）$u=U_1\cos\omega_1 t$，输出回路谐振在 $2\omega_1$ 上；

（2）$u=U_c\cos\omega_c t+U_\Omega\cos\Omega t$，且 $\omega_c\gg\Omega$，U_Ω 很小，满足线性时变条件，输出回路谐振在 ω_c 上；

（3）$u=U_1\cos\omega_1 t+U_2\cos\omega_2 t$，且 $\omega_2>\omega_1$，U_1 很小，满足线性时变条件，输出回路谐振在 $\omega_2-\omega_1$ 上。

5-11　场效应管的静态转移特性如图 P5-4 所示。

$$i_D=I_{DSS}\left(1-\frac{u_{GS}}{U_P}\right)^2$$

式中，$u_{GS}=U_{GS}+U_1\cos\omega_1 t+U_2\cos\omega_2 t$；若 U_1 很小，满足线性时变条件。

（1）当 $U_2\leqslant|U_P-U_{GS}|$，$U_{GS}=U_P/2$ 时，求时变跨导 $g_m(t)$ 以及 g_{m1}；

（2）当 $U_2=|U_P-U_{GS}|$，$U_{GS}=U_P/2$ 时，证明 g_{m1} 为静态工作点跨导。

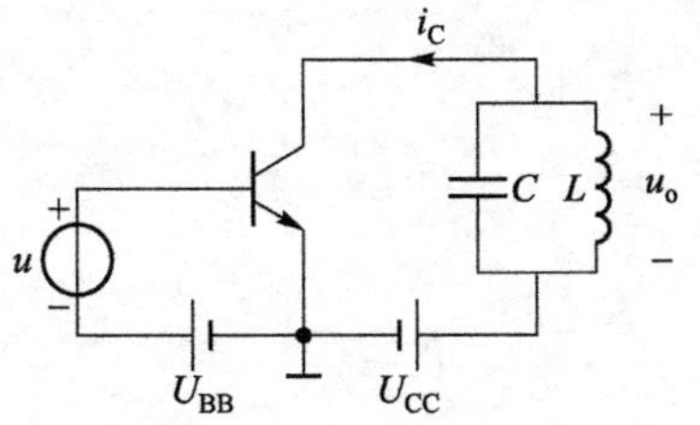

i_C
+
u
−
C
L
+
u_o
−
U_{BB}
U_{CC}

图 P5-3　题 5-10 图

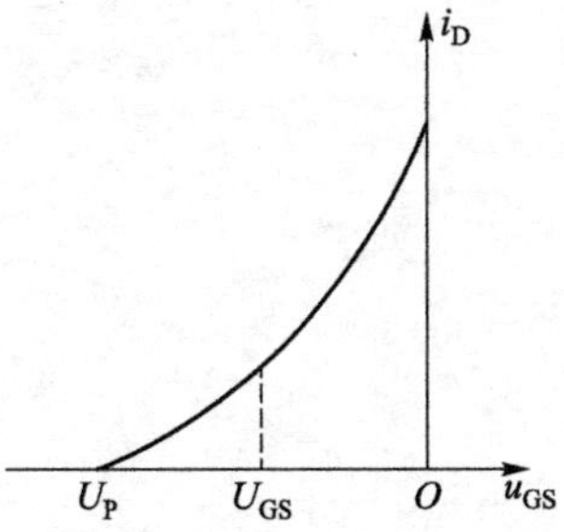

i_D
U_P
U_{GS}
O
u_{GS}

图 P5-4　题 5-11 图

5-12　图 P5-5 所示为二极管平衡电路，输入信号 $u_1=U_1\cos\omega_1 t$，$u_2=U_2\cos\omega_2 t$，且 $\omega_2\gg\omega_1$，$U_2\gg U_1$。输出回路对 ω_2 谐振，谐振阻抗为 R_0，带宽 $B=2F_1(F_1=\omega_1/2\pi)$。

(1) 不考虑输出电压的反作用，求输出电压 u_o 的表示式；

(2) 考虑输出电压的反作用，求输出电压的表示式，并与(1)的结果相比较。

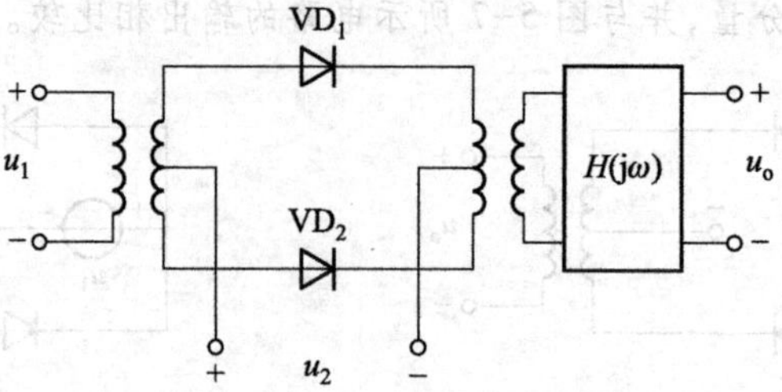
VD1
+
u1
−
VD2
H(jω)
+
uo
−
+
u2
−

图 P5-5　题 5-12 图

第六章

振幅调制、解调及混频

振幅调制、解调及混频电路都属于频谱的线性搬移电路,是通信系统及其他电子系统的重要部件。第五章介绍了频谱线性搬移电路的原理电路、分析方法、工作原理及特点,旨在为本章频谱线性搬移的具体应用打下基础。本章的重点是各种频谱线性搬移应用的概念、原理、特点及实现方法,并在第五章的基础上,介绍一些实用的频谱线性搬移应用电路。

第六章

导学图与要求

在软件无线电结构中,各种调制与解调算法(包括角度调制及其解调)都在基带用数字电路或软件实现,但其原理是相同的。至于数字混频器,由于其特殊性,需要略作介绍。

第一节　振幅调制

调制器与解调器是通信设备中的重要部件。所谓调制,就是用调制信号去控制载波某个参数的过程。调制信号是由原始消息(如声音、数据、图像等)转变成的低频或视频基带信号,这些信号可以是模拟的,也可以是数字的,通常用 u_Ω 或 $f(t)$ 表示。未受调制的高频振荡信号称为载波,它可以是正弦波,也可以是非正弦波,如方波、三角波、锯齿波等;但它们都是周期性信号,用符号 u_c 或 i_c 表示。受调制后的高频信号称为已调信号(波),它具有调制信号的特征。也就是说,已经把要传送的信息寄载到高频振荡上去了。解调则是调制的逆过程,是将寄载于高频载波信号上的调制信号恢复出来的过程。

振幅调制是由调制信号去控制载波的振幅,使之按调制信号的规律变化,严格地讲,是使高频振荡的振幅与调制信号呈线性关系,其他参数(频率和相位)不变。这是使高频振荡的振幅载有消息的调制方式。振幅调制分为三种方式:普通的调幅方式(AM)、抑制载波的双边带调制(DSB-SC)及抑制载波的单边带调制(SSB-SC)方式。所得的已调信号分别称为调幅波、双边带信号及单边带信号。为了理解调制及解调电路的构成,必须对已调信号有个正确的认识。本节对振幅调制信号进行分析,然后给出各种实现的方法及一些实际调制电路。

一、振幅调制信号分析

1. 调幅波的分析

(1) 表达式及波形

设载波电压为

$$u_c = U_c \cos\omega_c t \tag{6-1}$$

调制电压为

$$u_\Omega = U_\Omega \cos\Omega t \tag{6-2}$$

通常满足 $\omega_c \gg \Omega$。根据振幅调制信号的定义，已调信号的振幅随调制信号 u_Ω 线性变化，由此可得振幅调制信号振幅 $U_m(t)$ 为

$$\begin{aligned}U_m(t) &= U_c+\Delta U_c(t)\\ &= U_c+k_a U_\Omega \cos\Omega t\\ &= U_c(1+m\cos\Omega t)\end{aligned} \tag{6-3}$$

式中，$\Delta U_c(t)$ 与调制电压 u_Ω 成正比，其振幅 $\Delta U_c = k_a U_\Omega$ 与载波振幅之比称为调幅度（调制度）

$$m=\frac{\Delta U_c}{U_c}=\frac{k_a U_\Omega}{U_c} \tag{6-4}$$

式中，k_a 为比例系数，一般由调制电路确定，故又称为调制灵敏度。由此可得调幅波的表达式

$$u_{AM}(t) = U_m(t)\cos\omega_c t = U_c(1+m\cos\Omega t)\cos\omega_c t \tag{6-5}$$

为了使已调波不失真，即高频振荡波的振幅能真实地反映出调制信号的变化规律，调制度 m 应小于或等于 1。图 6-1(a) 和 (b) 分别为调制信号、载波信号的波形；图 6-1(c) 和 (d) 分别为 $m<1$、$m=1$ 时的已调波波形；当 $m>1$ 时，出现过调制，如图 6-1(e) 所示，包络产生严重失真，这是应该避免的。

上面的分析是在单一正弦信号作为调制信号的情况下进行的，而一般传送的信号并非为单一频率的信号，例如一连续频谱信号 $f(t)$，这时，可用下式来描述调幅波

$$u_{AM}(t) = U_c[1+mf(t)]\cos\omega_c t \tag{6-6}$$

式中，$f(t)$ 是均值为零的归一化调制信号，$|f(t)|_{max} \leq 1$。若将调制信号分解为

$$f(t) = \sum_{n=1}^{\infty} U_{\Omega n}\cos(\Omega_n t + \varphi_n)$$

则调幅波表示式为

$$u_{AM}(t) = U_c\left[1 + \sum_{n=1}^{\infty} m_n\cos(\Omega_n t+\varphi_n)\right]\cos\omega_c t \tag{6-7}$$

式中，$m_n = k_a U_{\Omega n}/U_c$。如果调制信号如图 6-2(a) 所示，已调波波形则如图 6-2(b) 所示。

由式(6-5)可以看出，要完成 AM 调制，可用图 6-3 所示的原理框图来完成，其关键在于实现调制信号和载波的相乘。

（2）调幅波的频谱

由图 6-1(c) 可知，调幅波不是一个简单的正弦波形。在单一频率的正弦信号的调制情况下，调幅波如式(6-5)所描述。将式(6-5)用三角公式展

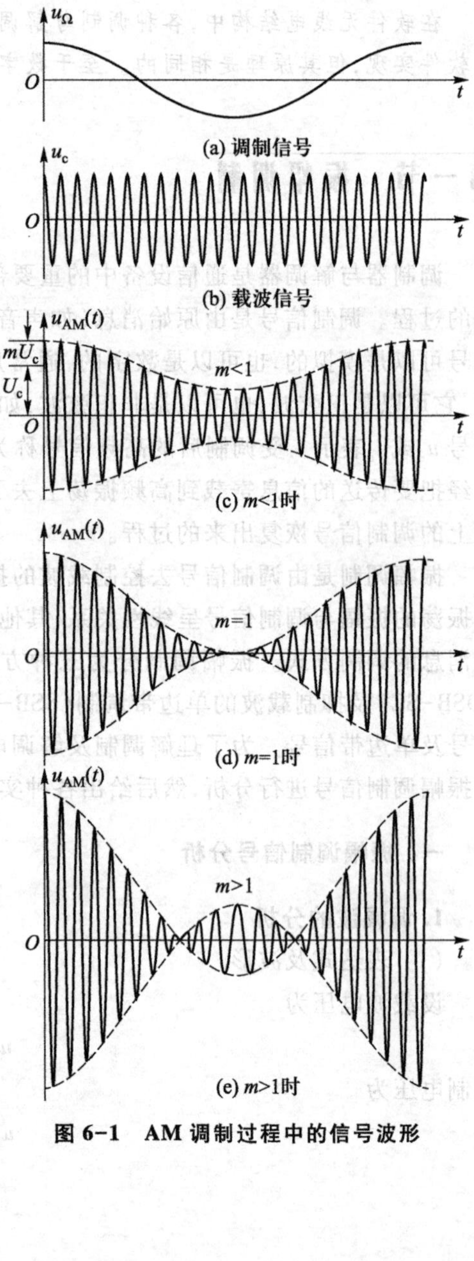

u_Ω
O
t
(a) 调制信号
u_c
O
t
(b) 载波信号
$u_{AM}(t)$
mU_c
U_c
m<1
O
t
(c) m<1时
$u_{AM}(t)$
m=1
O
t
(d) m=1时
$u_{AM}(t)$
m>1
O
t
(e) m>1时

图 6-1　AM 调制过程中的信号波形

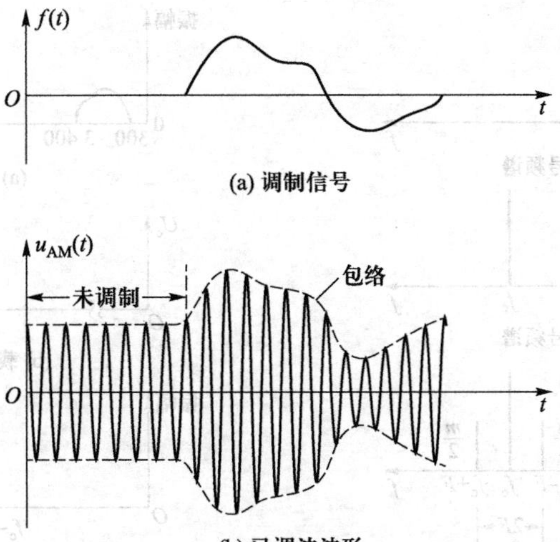
f(t)
O
t
(a) 调制信号
u_AM(t)
未调制
包络
O
t
(b) 已调波波形

图 6-2 实际调制信号的调幅波形

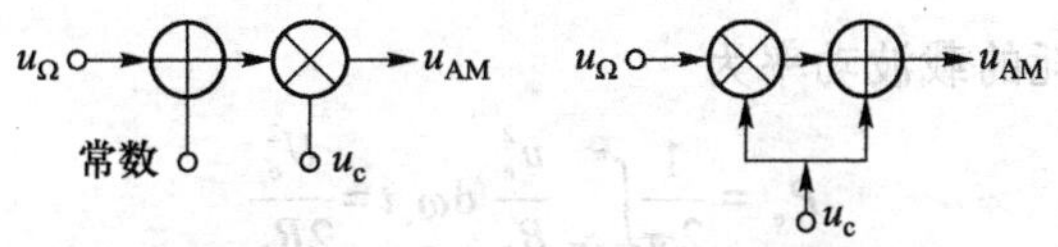
u_Ω
u_AM
常数
u_c
(a) 方法一
u_Ω
u_AM
u_c
(b) 方法二

图 6-3 AM 信号的产生原理图

开,可得

$$u_{AM}(t)=U_c\cos\omega_c t+\frac{m}{2}U_c\cos(\omega_c-\Omega)t+\frac{m}{2}U_c\cos(\omega_c+\Omega)t \tag{6-8}$$

式(6-8)表明,单频调制的调幅波包含三个频率分量,它由三个高频正弦波叠加而成,其频谱图如图 6-4 所示。由图 6-4 及式(6-8)可看到:频谱的中心分量就是载波分量,它与调制信号无关,不含消息;而两个边频分量 $\omega_c+\Omega$ 及 $\omega_c-\Omega$ 则以载频为中心对称分布,两个边频分量幅度相等并与调制信号幅度成正比。边频相对于载频的位置仅取决于调制信号的频率,这说明调制信号的幅度及频率信息只包含于边频分量中。

在多频调制情况下,各个低频频率分量所引起的边频对组成了上、下两个边带。例如语音信号,其频率范围为 300~3 400 Hz,如图 6-5(a)所示,这时调幅波的频谱如图 6-5(c)所示。由图可见,上边带的频谱结构与原调制信号的频谱结构相同,下边带是上边带的镜像。所谓频谱结构相同,是指各频率分量的相对振幅及相对位置没有变化。这就是说,AM 调制是把调制信号的频谱搬移到载频两侧,在搬移过程中频谱结构不变。这类调制方式属于频谱线性搬移的调制方式。

单频调制时,调幅波占用的带宽 $B_{AM}=2F$,$F=\Omega/2\pi$。如调制信号为一连续谱信号或多频信号,其最高频率为 F_{max},则 AM 信号占用的带宽 $B_{AM}=2F_{max}$。信号带宽是决定无线电台频率间隔的主要因素,如通常广播电台规定的带宽为9 kHz,VHF 电台的带宽为 25 kHz。

(3) 调幅波的功率

平均功率(简称功率)是对恒定幅度、恒定频率的正弦波而言的。调幅波的幅度是变化的,所以它存在几种状态下的功率,如载波功率、最大功率及最小功率、调幅波的平均功率等。

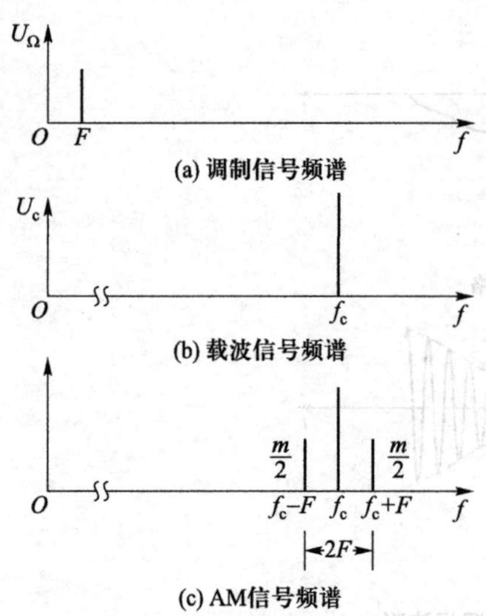

UΩ
O
F
f
(a) 调制信号频谱
Uc
O
fc
f
(b) 载波信号频谱
m/2
m/2
O
fc-F
fc
fc+F
f
2F
(c) AM信号频谱

图 6-4　单频调制时已调波的频谱

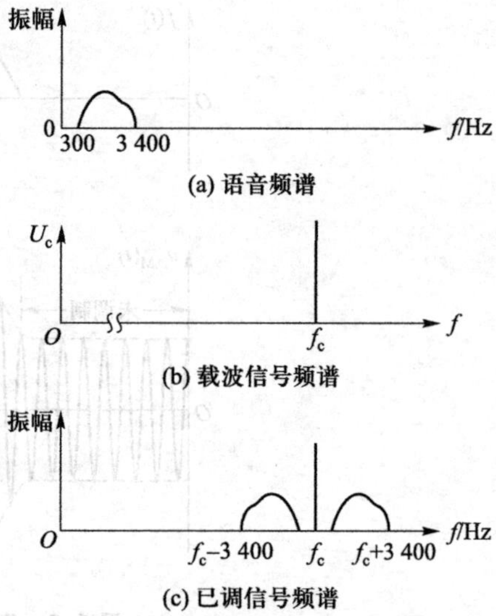

振幅
0
300
3 400
f/Hz
(a) 语音频谱
Uc
O
fc
f
(b) 载波信号频谱
振幅
O
fc-3 400
fc
fc+3 400
f/Hz
(c) 已调信号频谱

图 6-5　语音信号及已调信号频谱

在负载电阻 R_L 上消耗的载波功率为

$$P_c=\frac{1}{2\pi}\int_{-\pi}^{\pi}\frac{u_c^2}{R_L}\mathrm{d}\omega_c t=\frac{U_c^2}{2R_L} \tag{6-9}$$

在负载电阻 R_L 上，一个载波周期内调幅波消耗的功率为

$$P=\frac{1}{2\pi}\int_{-\pi}^{\pi}\frac{u_{AM}^2(t)}{R_L}\mathrm{d}\omega_c t=\frac{1}{2R_L}U_c^2(1+m\cos\Omega t)^2=P_c(1+m\cos\Omega t)^2 \tag{6-10}$$

由此可见，P 是调制信号的函数，是随时间变化的。上、下边频分量的平均功率均为

$$P_{边频}=\frac{1}{2R_L}\left(\frac{mU_c}{2}\right)^2=\frac{m^2}{4}P_c \tag{6-11}$$

AM 信号的平均功率

$$P_{av}=\frac{1}{2\pi}\int_{-\pi}^{\pi}P\mathrm{d}(\Omega t)=P_c\left(1+\frac{m^2}{2}\right) \tag{6-12}$$

由式(6-12)可以看出，AM 波的平均功率为载波功率与两个边频功率之和。而两个边频功率与载波功率的比值为

$$\frac{边频功率}{载波功率}=\frac{m^2}{2} \tag{6-13}$$

当 100%调制时($m=1$)，边频功率为载波功率的 1/2，即只占整个调幅波功率的 1/3。当 m 值减小时，两者的比值将显著减小，边频功率所占比重更小。

同时可以得到调幅波的最大功率和最小功率，它们分别对应调制信号的最大值和最小值为

$$P_{max}=P_c(1+m)^2$$

$$P_{min}=P_c(1-m)^2 \tag{6-14}$$

P_{max}限定了用于调制的功放管的额定输出功率 P_H，要求 $P_H\geqslant P_{max}$。

在普通的 AM 调制方式中，载频与边带一起发送，不携带调制信号分量的载频占去了 2/3 以上的功率，而带有信息的边频功率不到总功率的 1/3，功率浪费大，效率低。但它仍被广泛地应

用于传统的无线电通信及无线电广播中，其主要的原因是接收设备简单，特别是AM波解调很简单，便于接收，而且与其他调制方式（如调频）相比，AM占用的频带窄。

例 6-1
AM 信号分析

2. 双边带信号

在调制过程中，将载波抑制就形成了抑制载波的双边带信号，简称双边带（DSB）信号。它可用载波与调制信号直接相乘得到，其表达式为

$$u_{DSB}(t)=kf(t)u_c \tag{6-15}$$

在单一正弦信号 $u_\Omega=U_\Omega\cos\Omega t$ 调制时

$$u_{DSB}(t)=kU_cU_\Omega\cos\Omega t\cos\omega_c t=g(t)\cos\omega_c t \tag{6-16}$$

式中，$g(t)$ 是双边带信号的振幅，与调制信号成正比。与式（6-3）中的 $U_m(t)$ 不同，这里 $g(t)$ 可正可负。因此单频调制时的DSB信号波形如图6-6(c)所示。与AM波相比，它有如下特点：

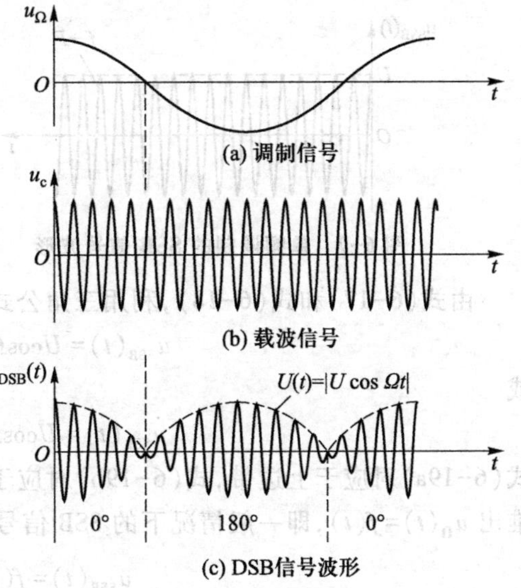
u_Ω
O
t
(a) 调制信号
u_c
O
t
(b) 载波信号
$u_{DSB}(t)$
$U(t)=|U\cos\Omega t|$
O
t
0°
180°
0°
(c) DSB信号波形

图 6-6 DSB 信号

① 包络不同。AM波的包络正比于调制信号 $f(t)$ 的波形，而DSB波的包络则正比于 $|f(t)|$。例如 $g(t)=k\cos\Omega t$，它具有正、负两个半周，所形成的DSB信号的包络为 $|\cos\Omega t|$。当调制信号为零时，即 $\cos\Omega t=0$，DSB波的幅度也为零。

② DSB信号的高频载波相位在调制电压零交点处（调制电压正负交替时）要突变180°。由图6-6可见，在调制信号正半周内，已调波的高频信号与原载频信号同相，相差为0°；在调制信号负半周内，已调波的高频信号与原载频信号反相，相差180°。这就表明，DSB信号的相位反映了调制信号的极性。因此，严格地讲，DSB信号已非单纯的振幅调制信号，而是既调幅又调相的信号。

从式（6-16）看出，单频调制的DSB信号只有 $\omega_c+\Omega$ 及 $\omega_c-\Omega$ 两个频率分量，它的频谱相当于从AM波频谱图中将载频分量去掉后的频谱。

由于DSB信号不含载波，它的全部功率为边带占有，所以发送的全部功率都载有消息，功率利用率高于AM信号。由于两个边带所含消息完全相同，频谱资源利用率低。

3. 单边带信号

从消息传输角度看，发送一个边带的信号即可，这种方式称为单边带调制信号。单边带（SSB）信号是由DSB信号经边带滤波器滤除一个边带，或在调制过程中直接将一个边带抵消而成。单频调制时，$u_{DSB}(t)=ku_\Omega u_c$。当取上边带时

$$u_{SSB}(t)=U\cos(\omega_c+\Omega)t \tag{6-17}$$

取下边带时

$$u_{SSB}(t)=U\cos(\omega_c-\Omega)t \tag{6-18}$$

从式（6-17）、式（6-18）看，单频调制时的SSB信号仍是等幅波，但它与原载波电压是不同的。SSB

信号的振幅与调制信号的幅度成正比，它的频率随调制信号频率的不同而不同，因此它含有消息特征。图 6-7 所示为单频调制的 SSB 信号波形，图 6-8 所示为单边带调制过程中的 SSB 信号频谱。

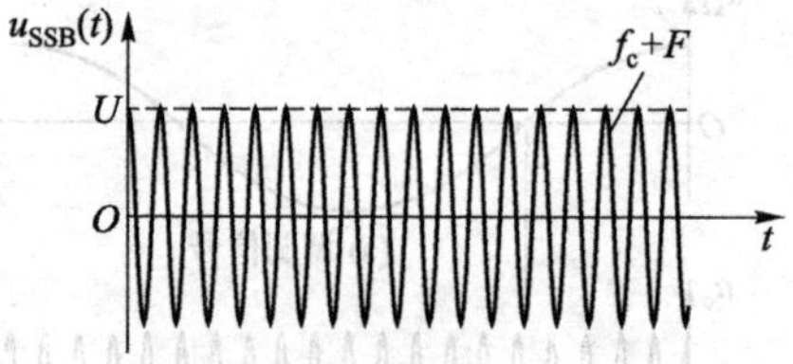

$u_{SSB}(t)$
f_c+F
U
O
t

图 6-7　单频调制的 SSB 信号波形

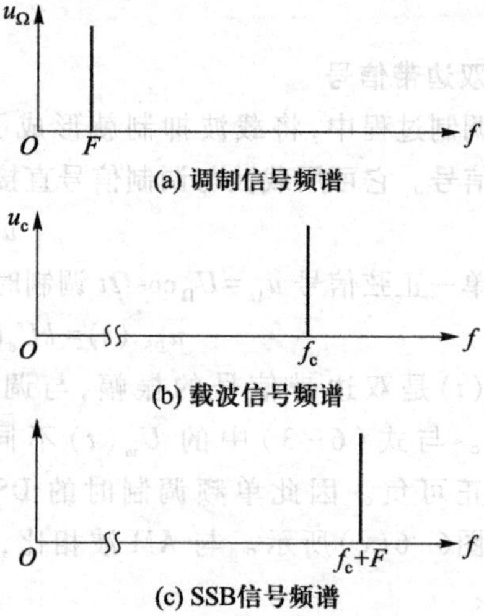

u_Ω
O
F
f
(a) 调制信号频谱
u_c
O
f_c
f
(b) 载波信号频谱
O
f_c+F
f
(c) SSB信号频谱

图 6-8　单边带调制过程中的 SSB 信号频谱

由式(6-17)和式(6-18)，利用三角公式，可得

$$u_{SSB}(t)=U\cos\Omega t\cos\omega_c t-U\sin\Omega t\sin\omega_c t \tag{6-19a}$$

或

$$u_{SSB}(t)=U\cos\Omega t\cos\omega_c t+U\sin\Omega t\sin\omega_c t \tag{6-19b}$$

式(6-19a)对应于上边带，式(6-19b)对应于下边带。这是 SSB 信号的另一种表达式，由此可以推出 $u_\Omega(t)=f(t)$，即一般情况下的 SSB 信号的表达式

$$u_{SSB}(t)=f(t)\cos\omega_c t\pm\hat{f}(t)\sin\omega_c t \tag{6-20}$$

式中，"+"号对应于下边带，"-"号对应于上边带，$\hat{f}(t)$是$f(t)$的希尔伯特(Hilbert)变换，即

$$\hat{f}(t)=\frac{1}{\pi t}*f(t)=\frac{1}{\pi}\int\frac{f(\tau)}{t-\tau}\mathrm{d}\tau \tag{6-21}$$

由于

$$\frac{1}{\pi t}\longleftrightarrow -\mathrm{j}\,\mathrm{sgn}(\omega) \tag{6-22}$$

sgn(ω)是符号函数，可得$f(t)$的傅里叶变换

$$\hat{F}(\omega)=-\mathrm{j}\,\mathrm{sgn}(\omega)F(\omega)=F(\omega)\mathrm{e}^{-\mathrm{j}\frac{\pi}{2}\mathrm{sgn}(\omega)} \tag{6-23}$$

式(6-23)意味着对 $F(\omega)$的各频率分量均移相$-\frac{\pi}{2}$就可得到$\hat{F}(\omega)$，其传输特性如图 6-9 所示。

单边带调制从本质上说是幅度和频率都随调制信号改变的调制方式。但是由于它产生的已调信号频率与调制信号频率间只是一个线性变换关系(由 Ω 变至 $\omega_c+\Omega$ 或 $\omega_c-\Omega$ 的线性搬移)，这一点与 AM 及 DSB 相似，因此通常把它归于振幅调制。由上所述，对于语音调制而言，其单边带信号的频谱如图 6-10(b)和(c)所示。图上也表示了产生单边带信号过程中的 DSB 信号频谱。

SSB 调制方式在传送信息时，不但功率利用率高，而且它所占用频带为$B_{SSB}\approx F_m$，比 AM、DSB

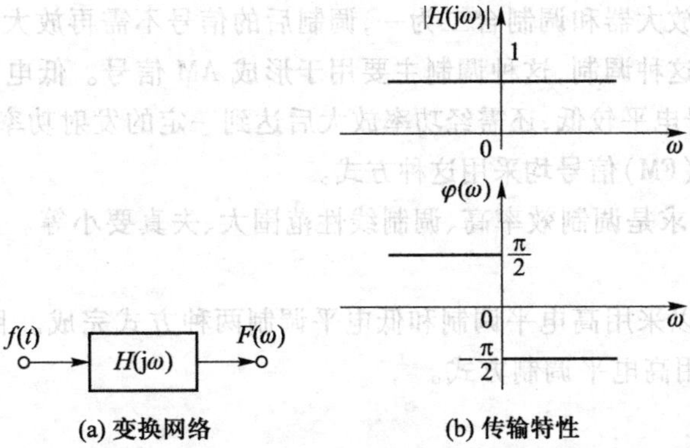
|H(jω)|
1
0
ω
φ(ω)
π/2
0
ω
-π/2
f(t)
H(jω)
F(ω)
(a) 变换网络
(b) 传输特性

图 6-9 希尔伯特变换网络及其传输特性

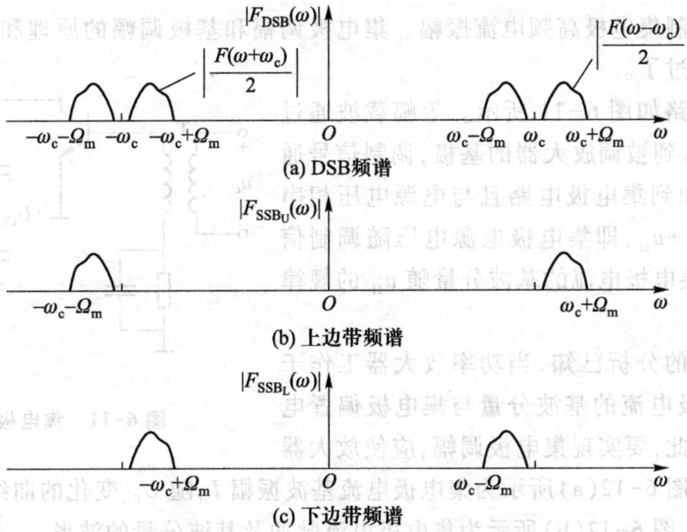
|F_DSB(ω)|
|F(ω+ω_c)/2|
|F(ω-ω_c)/2|
-ω_c-Ω_m -ω_c -ω_c+Ω_m
O
ω_c-Ω_m ω_c ω_c+Ω_m
ω
(a) DSB频谱
|F_SSBU(ω)|
-ω_c-Ω_m
O
ω_c+Ω_m
ω
(b) 上边带频谱
|F_SSBL(ω)|
-ω_c+Ω_m
O
ω_c-Ω_m
ω
(c) 下边带频谱

图 6-10 语音调制的 SSB 信号频谱

减少了一半，频带利用充分，目前已成为短波通信中一种重要的调制方式。

二、振幅调制电路

由上面的分析可以看出，AM、DSB 及 SSB 信号都是将调制信号的频谱搬移到载频上去（允许取一部分），搬移的过程中，频谱的结构不发生变化，不产生$f_c \pm nF$分量，均属于频谱的线性搬移，且同属线性调制。因此，产生这些信号的方法必有相同之处。比较上面对 AM、DSB 和 SSB 信号的分析不难看出，这三种信号都有一个共项（或以此项为基础），即调制信号 u_Ω 与载波信号 u_c 的乘积项，或者说这些调制的实现必须以乘法器为基础。由式(6-5)、式(6-16)及式(6-17)或式(6-18)可以看出，AM 信号是在此乘积项的基础上加载波或在 u_Ω 的基础上加一直流后与 u_c 相乘得到的；DSB 信号是将调制信号 u_Ω 与载波信号 u_c 直接相乘得到的；而 SSB 信号可以在 DSB 信号的基础上通过滤波来获得。因此，这些调制的实现电路应包含有乘积项。第五章介绍了频谱的线性搬移电路，在那些电路中，只要包含平方项（包含有乘积项），就可以用来完成上述调制功能。

调制可分为高电平调制和低电平调制。高电平调制是指调制信号在高电平状态实现的调制，如用功放实现。将功率放大器和调制合二为一,调制后的信号不需再放大就可直接发送出去。如许多广播发射机都采用这种调制,这种调制主要用于形成 AM 信号。低电平调制是将调制和功率放大分开,调制后的信号电平较低,还需经功率放大后达到一定的发射功率再发送出去。DSB、SSB 以及第七章介绍的调频(FM)信号均采用这种方式。

对调制器的主要要求是调制效率高、调制线性范围大、失真要小等。

1. AM 调制电路

AM 信号的产生可以采用高电平调制和低电平调制两种方式完成。目前,AM 信号大都用于无线电广播,因此多采用高电平调制方式。

(1) 高电平调制

高电平调制主要用于 AM 调制,这种调制是在高频功率放大器中进行的。通常分为基极调幅、集电极调幅以及集电极-基极(或发射极)组合调幅。其基本工作原理就是利用改变某一电极的直流电压以控制集电极高频电流振幅。集电极调幅和基极调幅的原理和调制特性,已在高频放大器一章讨论过了。

集电极调幅电路如图 6-11 所示。等幅载波通过高频变压器 T_1 输入到被调放大器的基极,调制信号通过低频变压器 T_2 加到集电极电路且与电源电压相串联,此时,$U_{CC}=U_{CC0}+u_{\Omega}$,即集电极电源电压随调制信号变化,从而使得集电极电流的基波分量随 u_{Ω} 的规律变化。

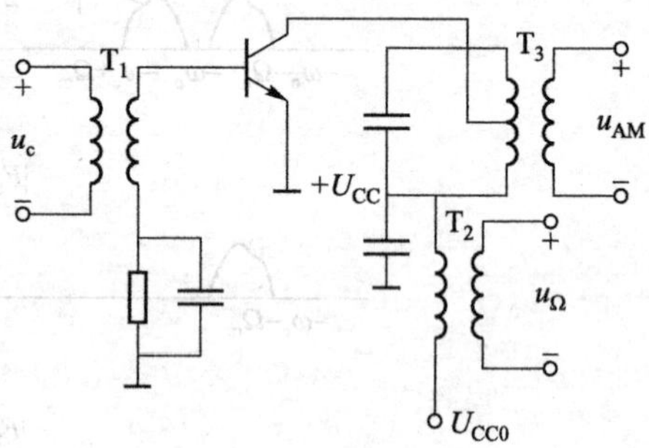

T1
T3
+
u_c
u_{AM}
$+U_{CC}$
T2
u_{Ω}
U_{CC0}

图 6-11　集电极调幅电路

由功率放大器的分析已知,当功率放大器工作于过压状态时,集电极电流的基波分量与集电极偏置电压呈线性关系。因此,要实现集电极调幅,应使放大器工作在过压状态。图 6-12(a)所示为集电极电流基波振幅 I_{c1} 随 U_{CC} 变化的曲线——集电极调幅时的静态调制特性,图 6-12(b)所示为集电极电流脉冲及基波分量的波形。

高电平集电极调制电路仿真和分析

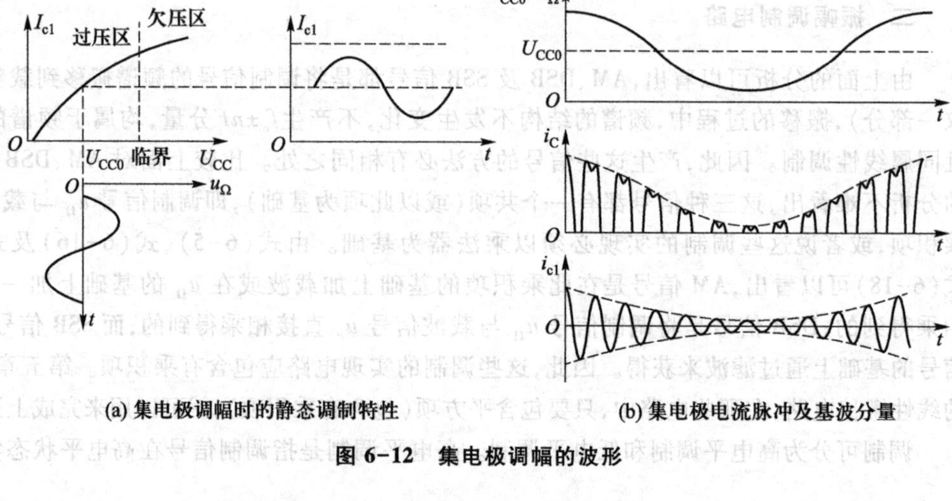

I_{c1}
过压区
欠压区
O
U_{CC0}
临界
U_{CC}
u_{Ω}
t
u_c
$U_{CC0}+u_{\Omega}$
i_C
i_{c1}

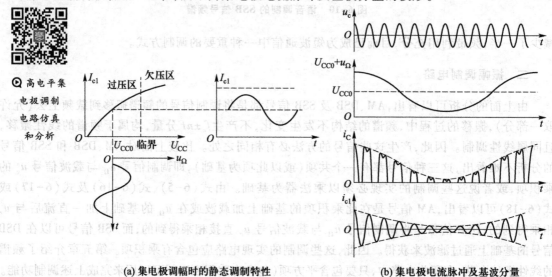

(a) 集电极调幅时的静态调制特性　　(b) 集电极电流脉冲及基波分量

图 6-12　集电极调幅的波形

图 6-13 所示是基极调幅电路，图中 L_B 是低频扼流圈，L_C 为高频扼流圈，C_1、C_3、C_5 为低频旁路电容，C_2、C_4、C_6 为高频旁路电容。基极调幅与谐振功率放大器的区别是基极偏压随调制电压变化。在分析高频功率放大器的基极调制特性时已得出集电极电流基波分量振幅 I_{c1} 随 U_{BB} 变化的曲线，这条曲线就是基极调幅的静态调制特性，如图 6-14 所示。如果 U_{BB} 随 u_Ω 变化，I_{c1} 将随之变化，从而得到已调幅信号。从调制特性看，为了使 I_{c1} 受 U_{BB} 的控制明显，放大器应工作在欠压状态。

高电平基极调制电路仿真和分析

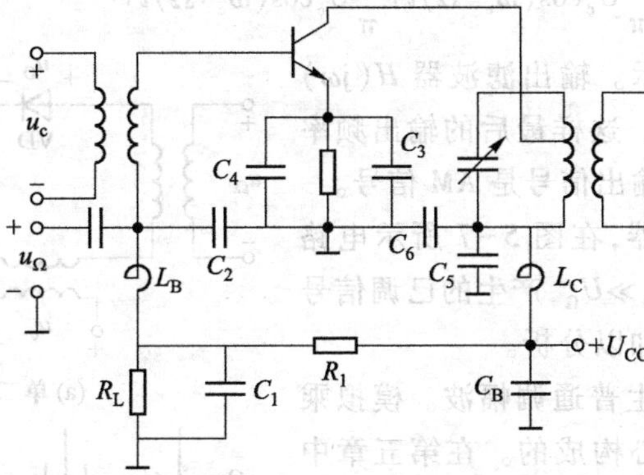

+
u_c
−
+
u_Ω
−
L_B
C_2
C_4
C_3
C_6
C_5
L_C
R_1
$+U_{CC}$
R_L
C_1
C_B

图 6-13 基极调幅电路

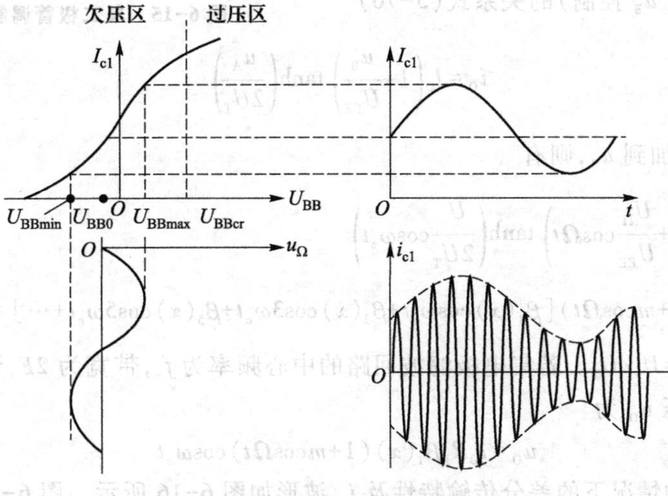

欠压区
过压区
I_{c1}
U_{BB}
U_{BBmin}
U_{BB0}
O
U_{BBmax}
U_{BBcr}
O
u_Ω
I_{c1}
O
t
i_{c1}
O
t

图 6-14 基极调幅的静态调制特性

由于基极电路电流小，消耗功率小，故所需调制信号功率很小，调制信号的放大电路比较简单，这是基极调幅的优点。但因其工作在欠压状态，集电极效率低是其一大缺点。一般只用于功率不大，对失真要求较低的发射机中。而集电极调幅效率较高，适用于较大功率的调幅发射机中。

(2) 低电平调制

要完成 AM 信号的低电平调制，可采用第五章介绍的频谱线性搬移电路来实现。下面介绍几种实现方法。

① 二极管电路。用单二极管电路和平衡二极管电路作为调制电路,都可以完成 AM 信号的产生,图 6-15(a)所示为单二极管调制电路。当 $U_c \gg U_\Omega$ 时,由式(5-38)可知,流过二极管的电流 i_D 为

$$i_D=\frac{g_D}{\pi}U_c+\frac{g_D}{2}U_\Omega\cos\Omega t+\frac{g_D}{2}U_c\cos\omega_c t+\frac{g_D}{\pi}U_c\cos(\omega_c-\Omega)t+\frac{g_D}{\pi}U_c\cos(\omega_c+\Omega)t+\cdots \tag{6-24}$$

其频谱图如图 6-15(b)所示。输出滤波器 $H(j\omega)$ 对载波 ω_c 调谐,带宽为 $2F$。这样最后的输出频率分量为 ω_c、$\omega_c+\Omega$ 和 $\omega_c-\Omega$,输出信号是 AM 信号。

对于二极管平衡调制器,在图 5-7 所示电路中,令 $u_1=u_c$,$u_2=u_\Omega$,且有 $U_c \gg U_\Omega$,产生的已调信号也为 AM 信号,读者可自己加以分析。

② 利用模拟乘法器产生普通调幅波。模拟乘法器是以差分对电路为核心构成的。在第五章中分析了差分电路的频谱线性搬移功能,对单差分电路,已得到双端差分输出的电流 i_0 与差分输入电压 u_A 和理想电流源(受 u_B 控制)的关系式(5-70)

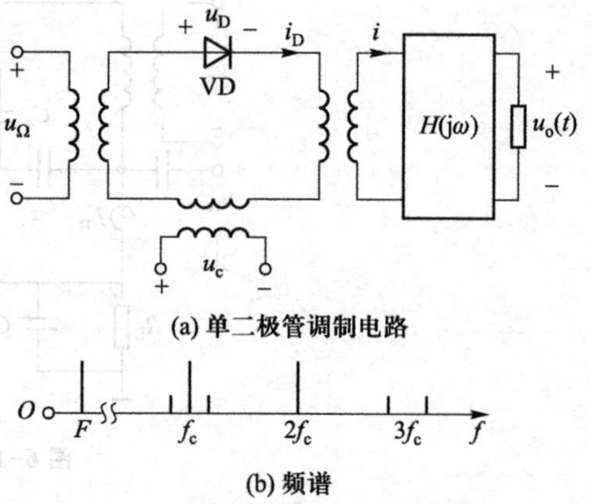

+
u_Ω
−
u_D
+ −
VD
i_D
i
$H(j\omega)$
$u_o(t)$
+
−
u_c
+ −
(a) 单二极管调制电路
O
F
f_c
$2f_c$
$3f_c$
f
(b) 频谱

图 6-15　单二极管调制电路及频谱

$$i_0=I_0\left(1+\frac{u_B}{U_{EE}}\right)\tanh\left(\frac{u_A}{2U_T}\right) \tag{6-25}$$

若将 u_c 加至 u_A,u_Ω 加到 u_B,则有

$$\begin{aligned}i_0&=I_0\left(1+\frac{U_\Omega}{U_{EE}}\cos\Omega t\right)\tanh\left(\frac{U_c}{2U_T}\cos\omega_c t\right)\\&=I_0(1+m\cos\Omega t)[\beta_1(x)\cos\omega_c t+\beta_3(x)\cos3\omega_c t+\beta_5(x)\cos5\omega_c t+\cdots]\end{aligned} \tag{6-26}$$

式中,$m=U_\Omega/U_{EE}$,$x=U_c/U_T$。若集电极滤波回路的中心频率为 f_c,带宽为 $2F$,谐振阻抗为 R_L,则经滤波后的输出电压 u_0 为

$$u_0=I_0R_L\beta_1(x)(1+m\cos\Omega t)\cos\omega_c t \tag{6-27}$$

为一 AM 信号。这种情况下的差分传输特性及 i_0 波形如图 6-16 所示。图 6-16(a)中实线为调制电压 $u_\Omega=0$ 时的曲线,虚线表示 u_Ω 达正、负峰值时的特性,输出为 AM 信号。如果载波幅度增大,包络内高频正弦波将趋向方波,i_0 中含高次谐波。

用双差分对电路或模拟乘法器也可得到 AM 信号。图 6-17(a)所示给出了用 BG314 模拟乘法器产生 AM 信号的电路,将调制信号叠加上直流成分,即可得到 AM 信号输出,调节直流分量大小,即可调节调制度 m 值。电路要求 U_c、U_Ω 分别小于 2.5 V。用 MC1596G 产生 AM 信号的电路如图 6-17(b)所示,MC1596G 与国产 XCC 类似,将调制信号叠加上直流分量也可产生普通调幅波。

此外,还可以利用集成高频放大器、可变跨导乘法器等电路产生 AM 信号。

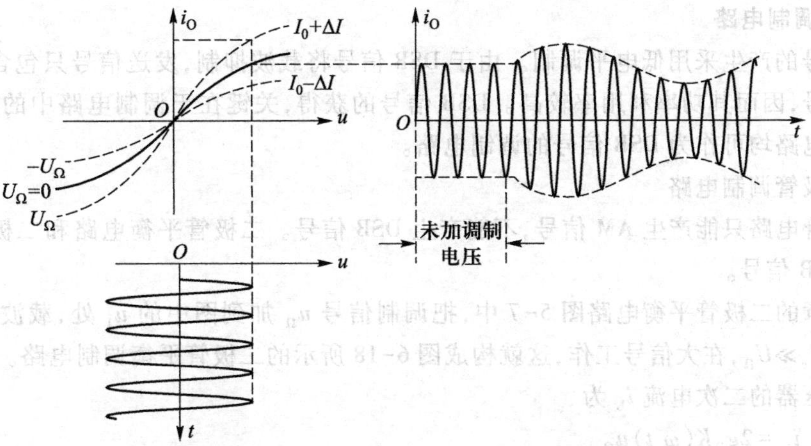

i_O
$I_0+\Delta I$
$I_0-\Delta I$
O
u
$-U_\Omega$
$U_\Omega=0$
U_Ω
t
未加调制
电压

(a) 调制特性　　(b) 输出波形

图 6-16　差分对 AM 调制器的输出波形

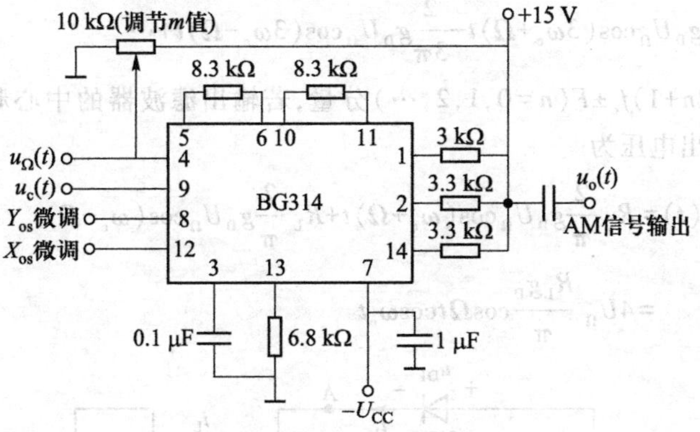

10 kΩ(调节m值)
+15 V
8.3 kΩ
8.3 kΩ
BG314
3 kΩ
3.3 kΩ
3.3 kΩ
$u_\Omega(t)$
$u_c(t)$
Y_{os}微调
X_{os}微调
$u_o(t)$
AM信号输出
0.1 μF
6.8 kΩ
1 μF
$-U_{CC}$

(a) 用BG314模拟乘法器产生AM信号

利用模拟乘法器产生AM信号

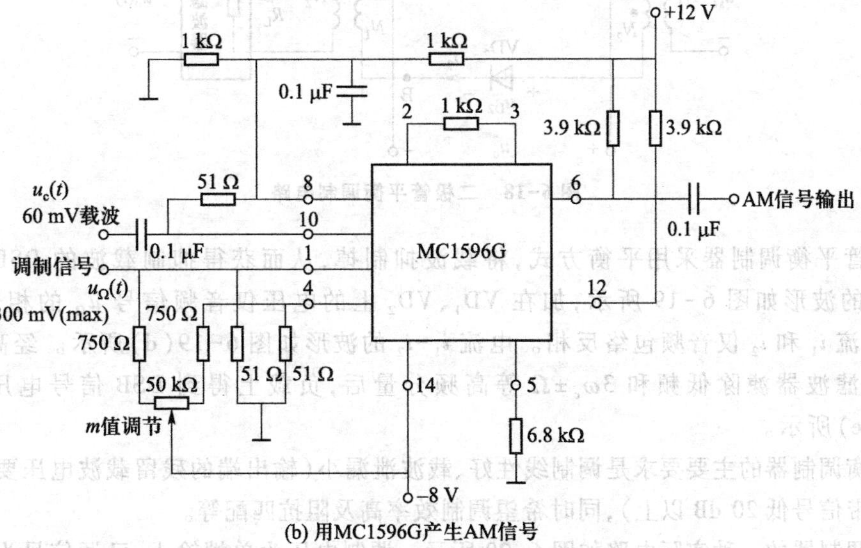

+12 V
1 kΩ
1 kΩ
0.1 μF
1 kΩ
3.9 kΩ
3.9 kΩ
$u_c(t)$
60 mV载波
51 Ω
0.1 μF
MC1596G
AM信号输出
0.1 μF
调制信号
$u_\Omega(t)$
300 mV(max)
750 Ω
750 Ω
51 Ω
51 Ω
50 kΩ
m值调节
6.8 kΩ
−8 V

(b) 用MC1596G产生AM信号

图 6-17　利用模拟乘法器产生 AM 信号

2. DSB 调制电路

DSB 信号的产生采用低电平调制。由于 DSB 信号将载波抑制，发送信号只包含两个带有信息的边带信号，因而其功率利用率较高。DSB 信号的获得，关键在于调制电路中的乘积项，故具有乘积项的电路均可作为 DSB 信号的调制电路。

(1) 二极管调制电路

单二极管电路只能产生 AM 信号，不能产生 DSB 信号。二极管平衡电路和二极管环形电路可以产生 DSB 信号。

在第五章的二极管平衡电路图 5-7 中，把调制信号 u_Ω 加到图中的 u_1 处，载波 u_c 加到图中的 u_2 处，且 $U_c \gg U_\Omega$，在大信号工作，这就构成图 6-18 所示的二极管平衡调制电路。由式(5-43)可得输出变压器的二次电流 i_L 为

$$\begin{aligned} i_L &= 2g_D K(\omega_c t)u_\Omega \\ &= g_D U_\Omega \cos\Omega t + \frac{2}{\pi}g_D U_\Omega \cos(\omega_c+\Omega)t + \frac{2}{\pi}g_D U_\Omega \cos(\omega_c-\Omega)t - \\ &\quad \frac{2}{3\pi}g_D U_\Omega \cos(3\omega_c+\Omega)t - \frac{2}{3\pi}g_D U_\Omega \cos(3\omega_c-\Omega)t + \cdots \end{aligned} \tag{6-28}$$

i_L 中包含 F 分量和 $(2n+1)f_c \pm F(n=0,1,2,\cdots)$ 分量，若输出滤波器的中心频率为 f_c，带宽为 $2F$，谐振阻抗为 R_L，则输出电压为

$$\begin{aligned} u_O(t) &= R_L \frac{2}{\pi}g_D U_\Omega \cos(\omega_c+\Omega)t + R_L \frac{2}{\pi}g_D U_\Omega \cos(\omega_c-\Omega)t \\ &= 4U_\Omega \frac{R_L g_D}{\pi}\cos\Omega t\cos\omega_c t \end{aligned} \tag{6-29}$$

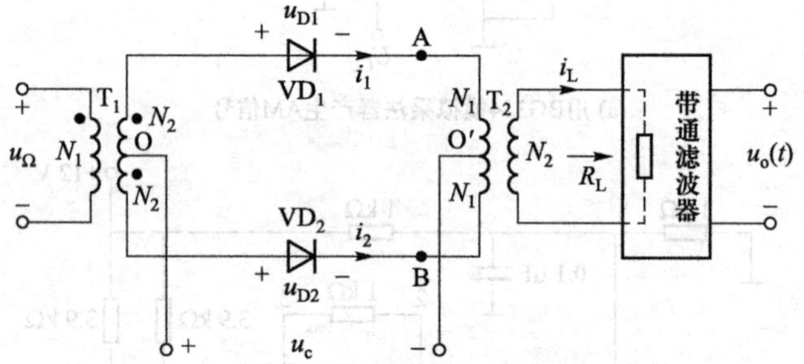

u_{D1}
+
−
A
i_1
VD_1
T_1
N_2
O
u_Ω
N_1
N_2
VD_2
i_2
B
u_{D2}
u_c
i_L
N_1
T_2
O′
N_2
R_L
N_1
带通滤波器
$u_o(t)$

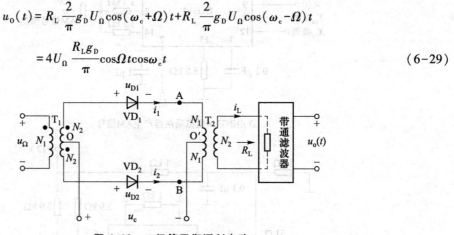

图 6-18　二极管平衡调制电路

二极管平衡调制器采用平衡方式，将载波抑制掉，从而获得抑制载波的 DSB 信号。平衡调制器的波形如图 6-19 所示，加在 VD_1、VD_2 上的电压仅音频信号 u_Ω 的相位不同（反相），故电流 i_1 和 i_2 仅音频包络反相。电流 i_1-i_2 的波形如图 6-19(d)所示。经高频变压器 T_2 及带通滤波器滤除低频和 $3\omega_c \pm \Omega$ 等高频分量后，负载上得到 DSB 信号电压 $u_O(t)$，如图 6-19(e)所示。

对平衡调制器的主要要求是调制线性好、载波泄漏小（输出端的残留载波电压要小，一般应比有用边带信号低 20 dB 以上），同时希望调制效率高及阻抗匹配等。

平衡调制器的一种实际电路如图 6-20 所示。调制电压为单端输入，已调信号为单端输出，

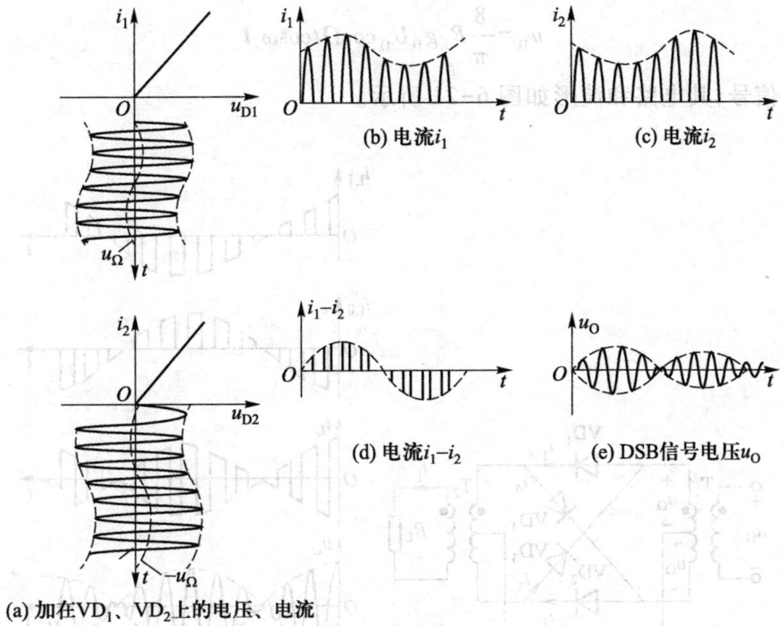

i_1
O
u_{D1}
u_Ω
t
i_1
O
t
(b) 电流i_1
i_2
O
t
(c) 电流i_2
i_2
O
u_{D2}
t
$-u_\Omega$
i_1-i_2
O
t
(d) 电流i_1-i_2
u_O
O
t
(e) DSB信号电压u_O
(a) 加在VD_1、VD_2上的电压、电流

图 6-19　二极管平衡调制器波形

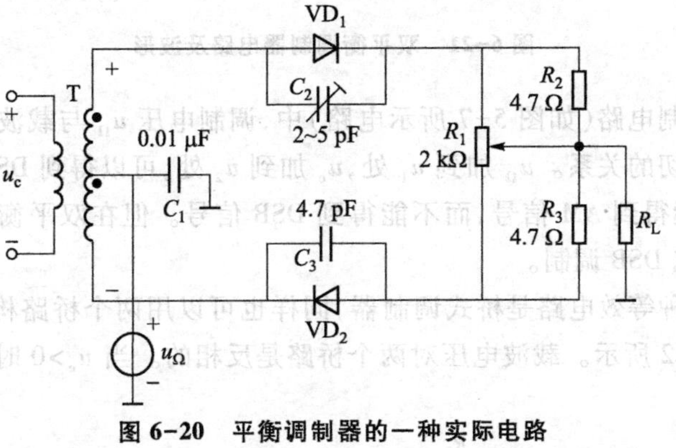

VD_1
T
+
u_c
0.01 μF
C_1
C_2
2~5 pF
4.7 pF
C_3
VD_2
u_Ω
R_2
4.7 Ω
R_1
2 kΩ
R_3
4.7 Ω
R_L

图 6-20　平衡调制器的一种实际电路

省去了中心抽头音频变压器和输出变压器。从图可见，由于两个二极管方向相反，故载波电压仍同相加于两管上，而调制电压反相加到两管上。流经负载电阻 R_L 的电流仍为两管电流之差，所以它的原理与基本的平衡电路相同。图中，C_1 对高频短路、对音频开路，因此 T 的二次侧中心抽头为高频地电位。R_2、R_3 与二极管串联，同时用并联的可调电阻 R_1 来使两管等效正向电阻相同。C_2、C_3 是用于平衡反向工作时两管的结电容。

为进一步减少组合分量，可采用双平衡调制器（环形调制器）实现 DSB 调制。在第五章已得到双平衡调制器输出电流的表达式（5-49），在 $u_1=u_\Omega$，$u_2=u_c$ 的情况下，该式可表示为

$$\begin{aligned} i_L &= 2g_D K'(\omega_c t)u_\Omega \\ &= 2g_D\left(\frac{4}{\pi}\cos\omega_c t-\frac{4}{3\pi}\cos 3\omega_c t+\cdots\right)U_\Omega\cos\Omega t \end{aligned} \tag{6-30}$$

经滤波后，有

$$u_O = \frac{8}{\pi} R_L g_D U_\Omega \cos\Omega t \cos\omega_c t \tag{6-31}$$

从而可得 DSB 信号，其电路和波形如图 6-21 所示。

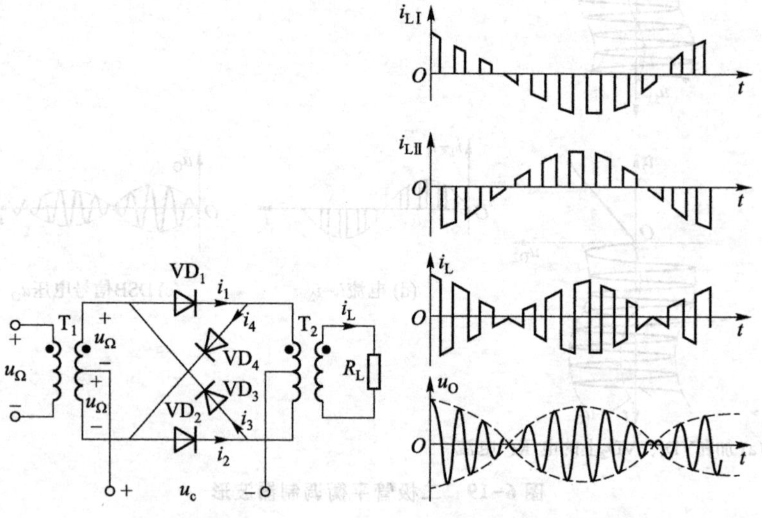

VD1
i1
i4
T1
T2
iL
+
uΩ
uΩ
+
uΩ
VD4
RL
VD3
VD2
i3
i2
uc
iLI
O
t
iLII
iL
uO

(a) 电路　　(b) 波形

图 6-21　双平衡调制器电路及波形

在二极管平衡调制电路（如图 5-7 所示电路）中，调制电压 u_Ω 与载波 u_c 的注入位置与所要完成的调制功能有密切的关系。u_Ω 加到 u_1 处，u_c 加到 u_2 处，可以得到 DSB 信号，但两个信号的位置相互交换后，只能得到 AM 信号，而不能得到 DSB 信号。但在双平衡电路中，u_c、u_Ω 可任意加到两个输入端，完成 DSB 调制。

平衡调制器的一种等效电路是桥式调制器，同样也可以用两个桥路构成的电路等效成一个环形调制器，如图 6-22 所示。载波电压对两个桥路是反相的。当 $u_c>0$ 时，上桥路导通，下桥路

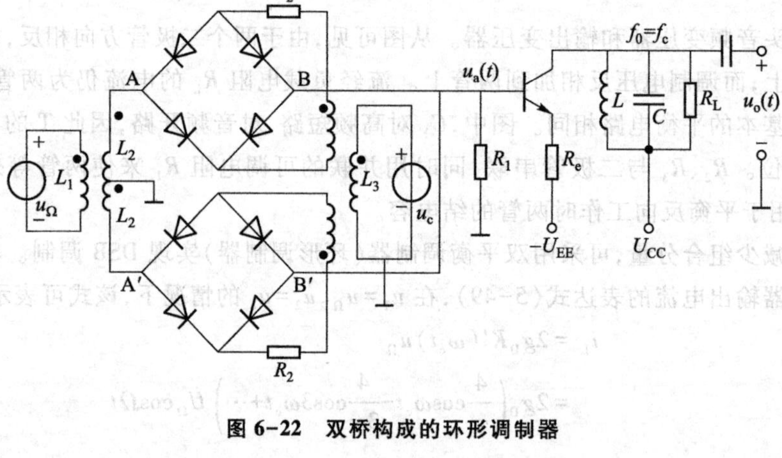

R2
A
B
L2
L1
uΩ
L2
L3
uc
A′
B′
R2
ua(t)
f0=fc
L
C
RL
uo(t)
R1
Re
−UEE
UCC

图 6-22　双桥构成的环形调制器

截止；反之，当 $u_c<0$ 时，上桥路截止，下桥路导通。调制电压反向加于两桥的另一对角线上。如果忽略晶体管输入阻抗的影响，则图中 $u_a(t)$ 为

$$u_a(t)=\frac{R_1}{R_1+r_d}u_\Omega K'(\omega_c t) \tag{6-32}$$

式中，r_d 为二极管导通电阻。因晶体管交流电流 $i_c=\alpha i_e\approx i_e=u_e(t)/R_e$，所以输出电压为

$$u_O(t)=-\frac{4}{\pi}\frac{R_L}{R_e}\frac{R_1}{R_1+r_d}U_\Omega\cos\Omega t\cos\omega_c t \tag{6-33}$$

（2）差分对调制器

在差分对频谱搬移电路（图 5-18）中，将载波电压 u_c 加到线性通道，即 $u_B=u_c$，调制信号 u_Ω 加到非线性通道，即 $u_A=u_\Omega$，则双端输出电流 $i_O(t)$ 为

$$\begin{aligned}i_O(t)&=I_0(1+m\cos\omega_c t)\tanh\left(\frac{U_\Omega}{2U_T}\cos\Omega t\right)\\&=I_0(1+m\cos\omega_c t)\left[\beta_1(x)\cos\Omega t+\beta_3(x)\cos3\Omega t+\cdots\right]\end{aligned} \tag{6-34}$$

式中，$I_0=U_{EE}/R_e$，$m=U_c/U_{EE}$，$x=U_\Omega/U_T$。经滤波后的输出电压 $u_O(t)$ 为

$$u_O(t)\approx I_0R_Lm\beta_1(x)\cos\Omega t\cos\omega_c t=U_o\cos\Omega t\cos\omega_c t \tag{6-35}$$

式（6-35）表明，u_Ω、u_c 采用与产生 AM 信号相反的方式加入电路，可以得到 DSB 信号。但由于 u_Ω 加在非线性通道，故出现了 $f_c\pm nF(n=3,5,\cdots)$ 分量，它们是不易滤除的，这就是说，这种注入方式会产生包络失真。只有当 u_Ω 较小时，使 $\beta_3(x)\ll\beta_1(x)$，才能得到接近理想的 DSB 信号。图 6-23所示为差分对 DSB 调制器的波形图。图中所示为 U_Ω 值较小的情况，图 6-23（c）所示为滤除 F 后的 DSB 信号波形。

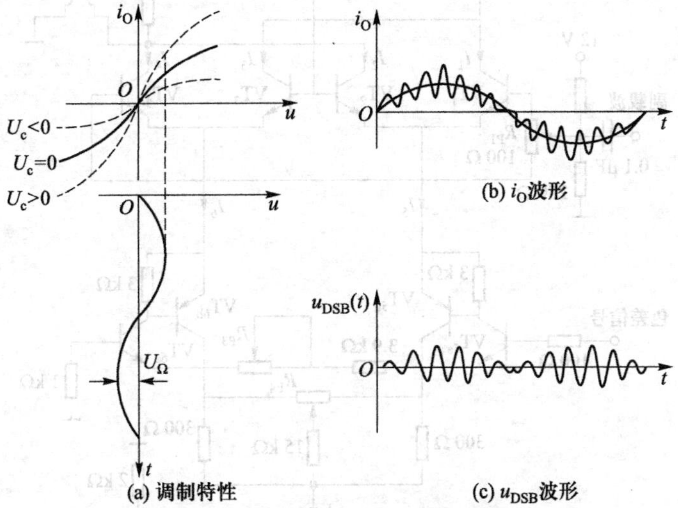
i_O
O
u
$U_c<0$
$U_c=0$
$U_c>0$
O
u
U_Ω
t
(a) 调制特性
i_O
O
t
(b) i_O波形
$u_{DSB}(t)$
O
t
(c) u_{DSB}波形

图 6-23 差分对 DSB 调制器的波形

由信号分析已知，DSB 信号的产生由 u_Ω 和 u_c 直接相乘即可得。单差分调制器虽然可以得到 DSB 信号，具有相乘器功能，但它并不是一个理想乘法器。首先，信号的注入必须是 $u_A=u_\Omega$，$u_B=u_c$，且对 u_Ω 的幅度提出了要求，U_Ω 值应较小（例如，$U_\Omega<26$ mV），这限制了输入信号的动态范围；其次，要得到 DSB 信号，必须加接滤波器以滤除不必要的分量；第三必须双端差分输出，单端输出只能得

到 AM 信号；最后，当输入信号为零时，输出并不为零，如 $u_B=0$，则电路为一直流放大器，仍然有输出。采用双差分调制器，可以近似为一理想乘法器。前已得到双差分对电路的差分输出电流为

$$i_0(t)=I_0\tanh\left(\frac{u_A}{2U_T}\right)\tanh\left(\frac{u_B}{2U_T}\right) \tag{6-36}$$

若 U_Ω、U_c 均很小，式(6-36)可近似为

利用模拟乘法器实现 DSB 调制电路

$$i_0(t)\approx\frac{I_0}{4}\frac{1}{U_T^2}u_\Omega u_c \tag{6-37}$$

等效为一模拟乘法器，不加滤波器就可得到 DSB 信号。由上面的分析可以看出，双差分对调制器克服了单差分对调制器上述大部分的缺点。例如，与信号加入方式无关，无须加滤波器，单端输出仍然可以获得 DSB 信号。唯一的要求是输入信号的幅度应受限制。

图 6-24 所示是用于彩色电视发射机中的双差分对调制器的实际电路。图中，VT_7、VT_8 组成恒流源电路。VT_5、VT_6 由复合管组成。R_{P4}用来调整差分电路的平衡性，使静态电流 $I_5=I_6$，否则即使色差信号(调制信号)为零，还有副载频输出，会造成副载频泄漏。同理，R_{P2}用来调整 VT_1～VT_4 管的对称性，如不对称，即使副载频为零，仍有色差信号输出，称为视频泄漏。

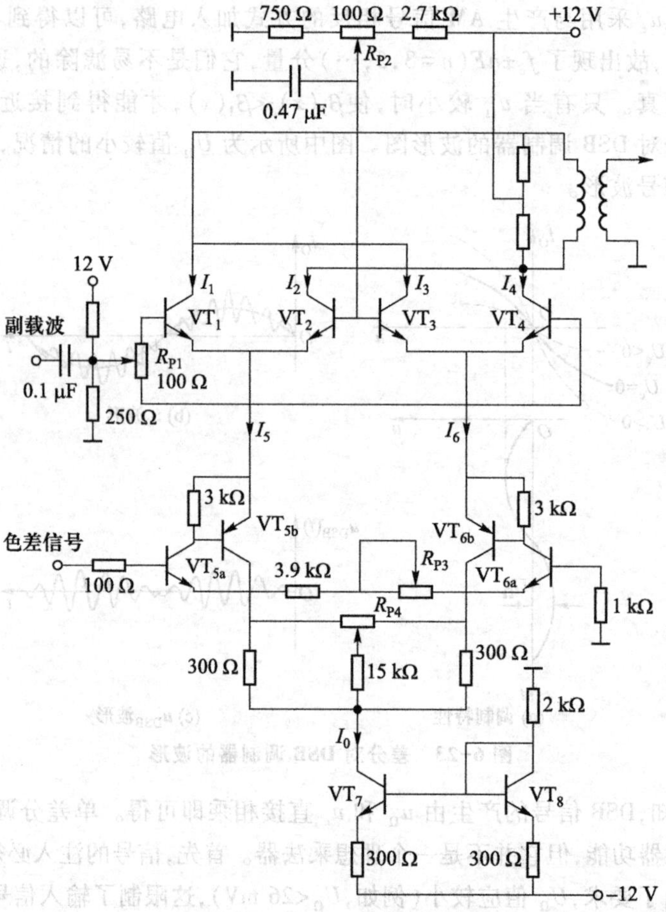
750 Ω
100 Ω
2.7 kΩ
+12 V
R_P2
0.47 μF
12 V
副载波
R_P1
100 Ω
0.1 μF
250 Ω
I1
I2
I3
I4
VT1
VT2
VT3
VT4
I5
I6
3 kΩ
VT5b
VT6b
色差信号
VT5a
VT6a
100 Ω
3.9 kΩ
R_P3
R_P4
1 kΩ
300 Ω
15 kΩ
300 Ω
2 kΩ
I0
VT7
VT8
300 Ω
300 Ω
-12 V

图 6-24　双差分对调制器实际电路

图 6-17 为利用 BG314 和 MC1596G 产生 AM 信号的实际电路，若将调制信号上叠加的直流分量去掉，就可产生 DSB 信号。这种电路的特点是工作频带较宽，输出信号的频谱较纯，而且省去了变压器。

3. SSB 调制电路

SSB 信号是将双边带信号滤除或抵消一个边带形成的，主要有滤波法和移相法两种。

(1) 滤波法

图 6-25 所示是采用滤波法产生 SSB 信号的框图。调制器（平衡或环形调制器）产生的 DSB 信号，通过后面的边带滤波器，就可得到所需的 SSB（上边带或下边带）信号。滤波法单边带信号产生器是目前广泛采用的 SSB 信号的产生方法之一。滤波法的关键是边带滤波器的制作。因为要产生满足要求的 SSB 信号，对边带滤波器的要求很高。这里主要是要求边带滤波器的通带与阻带间有陡峭的过渡衰减特性。设语音信号的最低频率为 300 Hz，调制器产生的上边带和下边带之差为 600 Hz，若要求对无用边带的抑制度为 40 dB，则要求滤波器在 600 Hz 过渡带内衰减变化40 dB以上。图 6-26 所示就是要求的理想边带滤波器的衰减频率特性。除了过渡特性外，还要求通带内衰减要小，衰减变化要小。

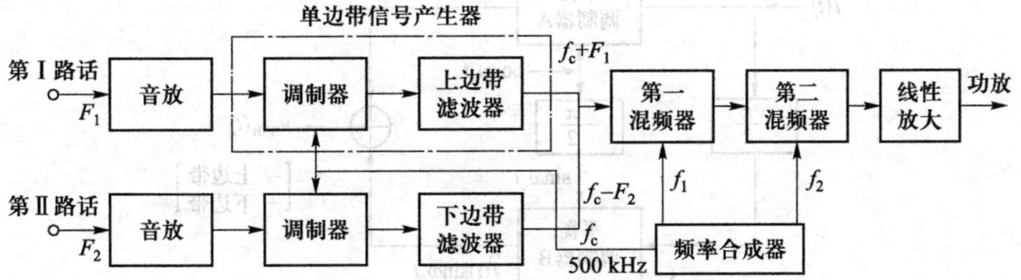
单边带信号产生器
第Ⅰ路话
F_1
音放
调制器
上边带
滤波器
f_c+F_1
第一
混频器
第二
混频器
线性
放大
功放
f_1
f_2
第Ⅱ路话
F_2
音放
调制器
下边带
滤波器
f_c-F_2
f_c
500 kHz
频率合成器
图 6-25 滤波法产生 SSB 信号的框图

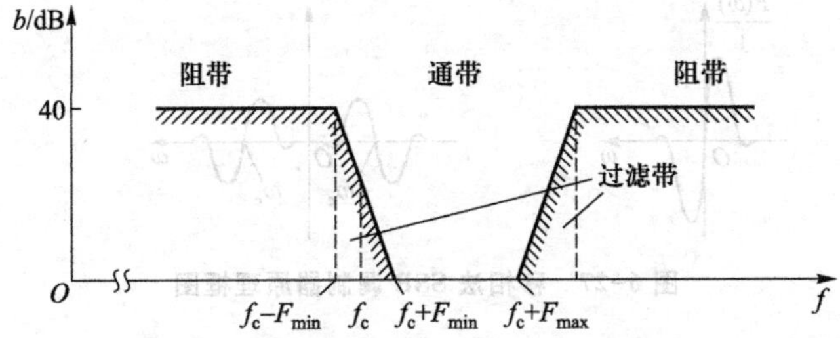
b/dB
阻带
通带
阻带
40
过滤带
O
f_c-F_{min}
f_c
f_c+F_{min}
f_c+F_{max}
f
图 6-26 理想边带滤波器的衰减频率特性

通常的带通滤波器是由 L、C 元件或等效 L、C 元件（如石英晶体）构成。从谐振回路的基本概念可知，带通滤波器的相对带宽 $\Delta f/f_0$ 随元件品质因数 Q 的增加而减小。因为实际的品质因数不能任意大，当带宽一定时（如3 000 Hz），滤波器的中心频率 f_0 就不能很高。因此，用滤波法产生 SSB 信号，通常不是直接在工作频率上调制和滤波，而是先在低于工作频率的某一固定频率上进行，然后如图 6-25 那样，通过几次混频及放大，将 SSB 信号搬移到工作频率上去。

目前常用的边带滤波器有机械滤波器、晶体滤波器和陶瓷滤波器等。它们的特点是 Q 值高，频率特性好，性能稳定。机械滤波器的工作频率一般为100~500 kHz，晶体滤波器的工作频率为 100 kHz~2 MHz，甚至更高。

(2) 移相法

移相法是利用移相网络,对载波和调制信号进行适当的相移,以便在相加过程中将其中的一个边带抵消而获得 SSB 信号。在 SSB 信号分析中已经得到了式(6-20),重写如下

$$u_{SSB}(t)=f(t)\cos\omega_c t\pm\hat{f}(t)\sin\omega_c t$$

它由两个分量组成。同相分量 $f(t)\cos\omega_c t$ 和正交分量 $\hat{f}(t)\sin\omega_c t$ 可以看成是两个 DSB 信号,将这两个信号相加,就可抵消掉一个边带。图 6-27 所示为移相法 SSB 调制器的原理框图。图中,两个调制器相同,但输入信号不同。调制器 B 的输入信号是移相 π/2 的载频及调制信号;调制器 A 的输入没有相移。两个分量相加时为下边带信号;两个分量相减时,为上边带信号。

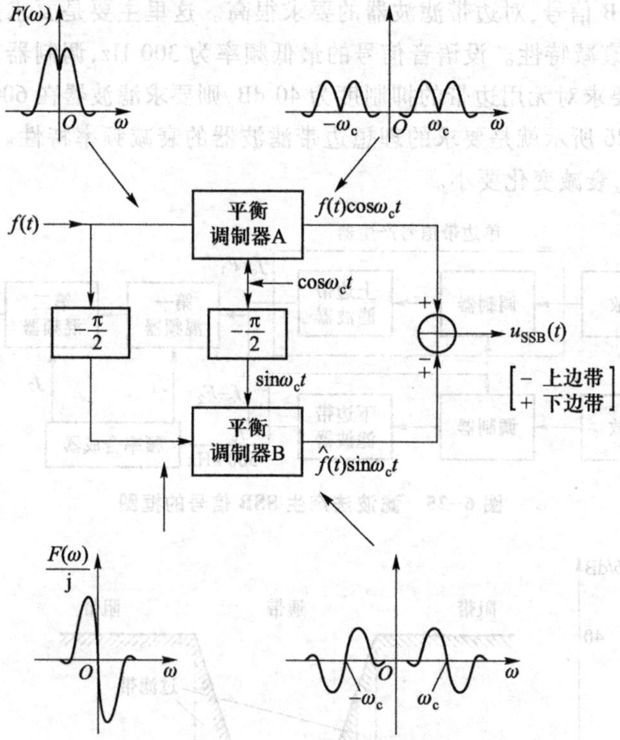
F(ω)
O
ω
-ω_c
O
ω_c
ω
f(t)
平衡
调制器A
f(t)cosω_c t
cosω_c t
-π/2
-π/2
sinω_c t
+
-
+
u_SSB(t)
- 上边带
+ 下边带
平衡
调制器B
f̂(t)sinω_c t
F(ω)/j
O
ω
-ω_c
O
ω_c
ω

图 6-27　移相法 SSB 调制器原理框图

移相法的优点是省去了边带滤波器,但要把无用边带完全抑制掉,必须满足下列两个条件:① 两个调制器输出的振幅应完全相同;② 移相网络必须对载频及调制信号均保证精确的 π/2 相移。根据分析,若要求对无用边带抑制 40 dB,则要求网络的相移误差在 1°左右。这对单频的载频信号是不难做到的,但对于调制信号,如话音信号 300~3 400 Hz 的范围内(波段系数大于 11),要在每个频率上都达到这个要求是很困难的。因此,π/2 相移网络是移相法的关键部件。

为了提高相移网络的精度,可以采用两个 π/4 相移网络供给两个调制器:一个为+π/4 相移,一个为-π/4 相移。图 6-28(a)所示为这种移相法 SSB 调制器的框图。经过±π/4 相移后,两路音频信号相差为 π/2。载波由频率为 $4f_0$ 的振荡器经两次分频得到。载波的 π/2 相差也由分

频器来保证。各点波形如图 6-28(b)所示。

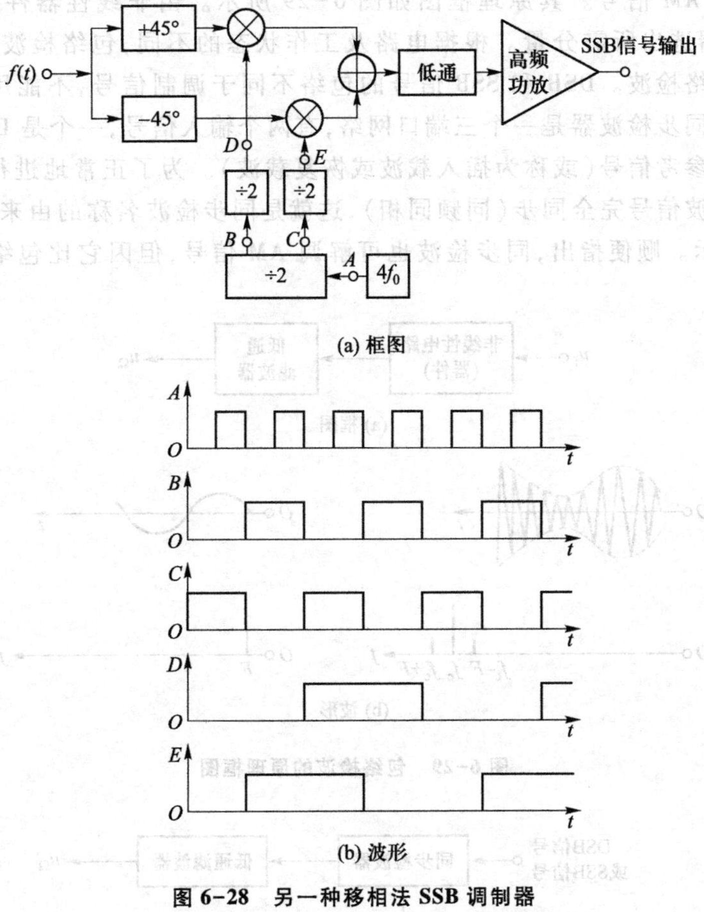
+45°
−45°
f(t)
低通
高频
功放
SSB信号输出
D
E
÷2
÷2
B
C
÷2
A
4f0
(a) 框图
A
O
t
B
O
t
C
O
t
D
O
t
E
O
t
(b) 波形

图 6-28　另一种移相法 SSB 调制器

移相法对调制器的载波泄漏抑制要求较高。由于不采用边带滤波器,载波的抑制就只靠调制器来完成。不过由于不采用边带滤波器,所以载频的选择受到的限制较小,因此可以在较高的频率上形成 SSB 信号。

第二节　调幅信号的解调

一、调幅信号解调的方法

从高频已调信号中恢复出调制信号的过程称为解调,又称为检波。对于振幅调制信号,解调就是从它的幅度变化上提取调制信号的过程。解调是调制的逆过程,实质上是将高频信号搬移到低频端,这种搬移正好与调制的搬移过程相反。搬移是线性搬移,故所有的线性搬移电路均可用于解调。

振幅解调方法可分为包络检波和同步检波两大类。包络检波是指解调器输出电压与输入已调波的包络成正比的检波方法。由于 AM 信号的包络与调制信号呈线性关系,因此包络检波只适用于 AM 信号。其原理框图如图 6-29 所示。由非线性器件产生新的频率分量,用低通滤波器选出所需分量。根据电路及工作状态的不同,包络检波又分为峰值包络检波和平均值包络检波。DSB 和 SSB 信号的包络不同于调制信号,不能用包络检波,必须使用同步检波。同步检波器是一个三端口网络,有两个输入信号,一个是 DSB 或 SSB 信号,另一个是外加的参考信号(或称为插入载波或恢复载波)。为了正常地进行解调,恢复载波应与调制端的载波信号完全同步(同频同相),这就是同步检波名称的由来。同步检波的框图如图 6-30 所示。顺便指出,同步检波也可解调 AM 信号,但因它比包络检波器复杂,所以很少采用。

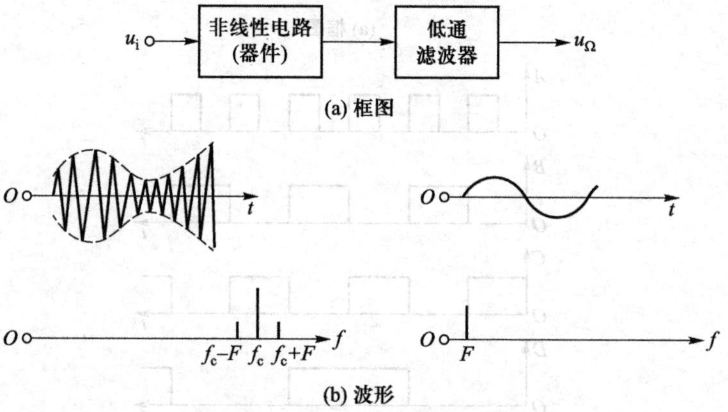

u_i
非线性电路
(器件)
低通
滤波器
u_Ω
(a) 框图
O
t
O
t
O
f_c-F f_c f_c+F
f
O
F
f
(b) 波形

图 6-29　包络检波的原理框图

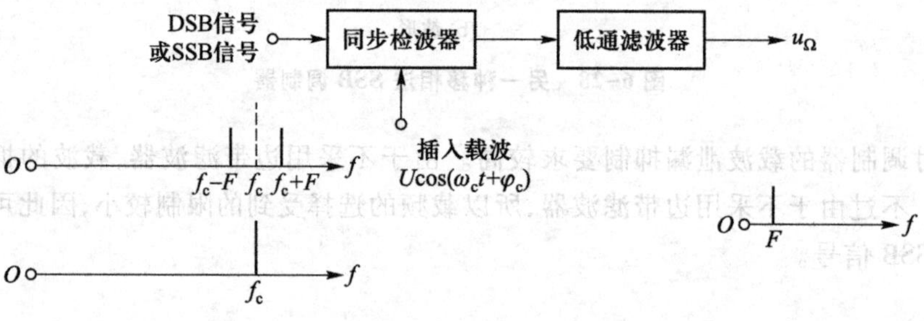

DSB信号
或SSB信号
同步检波器
低通滤波器
u_Ω
插入载波
$U\cos(\omega_c t+\varphi_c)$
O
f_c-F f_c f_c+F
f
O
f_c
f
O
F
f

图 6-30　同步检波的框图

同步检波又可以分为乘积型和叠加型两类,如图 6-31 所示。它们都需要用恢复的载波信号 u_r 进行解调。

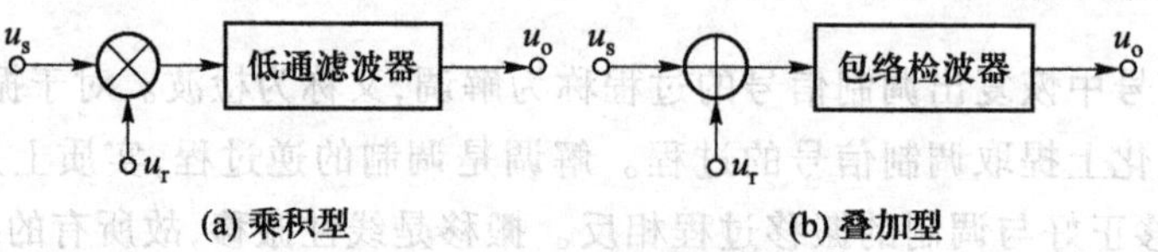

u_s
u_r
低通滤波器
u_o
(a) 乘积型
u_s
u_r
包络检波器
u_o
(b) 叠加型

图 6-31　同步检波方法

二、二极管峰值包络检波器

1. 原理电路及工作原理

图 6-32(a)所示是二极管峰值包络检波器的原理电路,它由输入回路、二极管 VD 和 RC 低通滤波器组成。输入回路提供信号源,在超外差接收机中,检波器的输入回路通常就是末级中放的输出回路。二极管通常选用导通电压小、r_D 小的锗管。RC 电路有两个作用:一是作为检波器的负载,在其两端产生调制频率电压;二是起到对高频电流的旁路作用。为此目的,RC 网络须满足

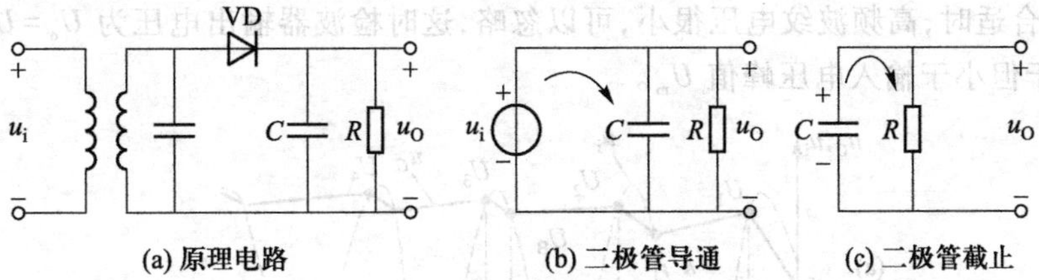

VD
+
−
u_i
C
R
u_O
(a) 原理电路
(b) 二极管导通
(c) 二极管截止

图 6-32 二极管峰值包络检波器

$$\frac{1}{\omega_c C} \ll R \quad \frac{1}{\Omega C} \gg R$$

式中,ω_c 为输入信号的载频,在超外差接收机中则为中频 ω_I;Ω 为调制信号频率。在理想情况下,RC 网络的阻抗 Z 应为

$$Z(\omega_c)=0 \qquad Z(\Omega)=R$$

即电容 C 对高频短路,对直流及低频开路,此时负载为 R。

在这种检波器中,信号源、非线性器件二极管及 RC 网络三者为串联。该检波器工作于大信号状态,输入信号电压要大于 0.5 V,通常在 1 V 左右。故这种检波器的全称为二极管串联型大信号峰值包络检波器。这种电路也可以工作在输入电压小的情况,由于工作状态不同,不再属于峰值包络检波器范围,而称为小信号检波器。

下面讨论检波过程。检波过程可用如图 6-33 所示工作过程说明。设输入信号 u_i 为等幅高频电压(载波状态),且加电压前图 6-32 中 C 上电荷为零,当 u_i 从零开始增大时,由于电容 C 的高频阻抗很小,u_i 几乎全部加到二极管 VD 两端,VD 导通,C 被充电,因 r_D 小,充电电流很大,又因充电时常数 $r_D C$ 很小,电容上的电压建立得很快,这个电压又反向加于二极管上,此时 VD 上的电压为信号源 u_i 与电容电压 u_C 之差,即 $u_D=u_i-u_C$。当 u_C 达到 U_1 值时(见图所示),$u_D=u_i-u_C=0$,VD 开始截止,随着 u_i 的继续下降,VD 存在一段截止时间,在此期间内电容器 C 把二极管导通期间储存的电荷通过 R 放电。因放电时常数 RC 较大,放电较慢,在 u_C 值下降不多时,u_i 的下一个正半周已到来。当 $u_i>u_C$(如图中 U_2 值)时,VD 再次导通,电容 C 在原有积累电荷量的基础上又得到补充,u_C 进一步提高。然后,继续上述放电、充电过程,直至 VD 导通时 C 的充电电荷量等于 VD 截止时 C 的放电电荷量,便达到动态平衡状态——稳定工作状态。如图中 U_4 以后所示情况,此时,U_4 已接近输入电压峰值。在下面的研究中,将只考虑稳态过程,因为暂态过程是很短暂的瞬间过程。

从这个过程可以得出下列几点:

① 检波过程就是信号源通过二极管给电容充电与电容对电阻 R 放电的交替重复过程。若忽略 r_D,二极管 VD 导通与截止期间的检波器等效电路如图6-32(b)和(c)所示。

② 由于 RC 时间常数远大于输入电压载波周期，放电慢，使得二极管负极永远处于正的较高电位（因为输出电压接近于高频正弦波的峰值，即 $U_o \approx U_m$）。该电压对 VD 形成一个大的负电压，从而使二极管只在输入电压的峰值附近才导通。导通时间很短，电流通角 θ 很小，二极管电流是一窄脉冲序列，如图 6-33(b) 所示，这也是峰值包络检波名称的由来。

③ 二极管电流 i_D 包含平均分量 I_{av} 及高频分量。I_{av} 流经电阻 R 形成平均电压 U_{av}（载波输入时，$U_{av}=U_{dc}$），它是检波器的有用输出电压；高频电流主要被旁路电容 C 旁路，在其上产生很小的残余高频电压 Δu，所以检波器输出电压 $u_O=u_C=U_{av}+\Delta u$，其波形如图 6-33(c) 所示。实际上，当电路元件选择合适时，高频波纹电压很小，可以忽略，这时检波器输出电压为 $U_o=U_{av}$。直流输出电压 U_{dc} 接近于但小于输入电压峰值 U_m。

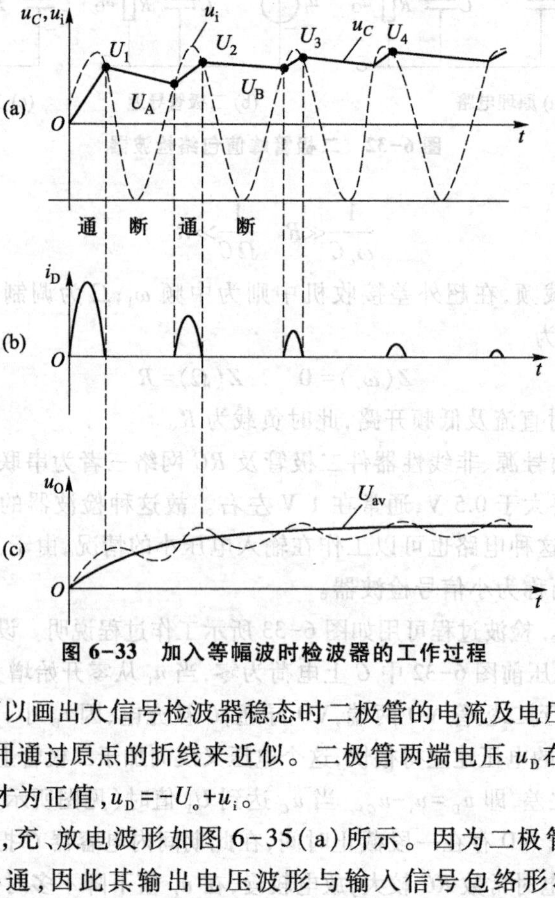

u_C, u_i
u_i
U_1
U_2
U_3
u_C
U_4
U_A
U_B
(a)
O
t
通
断
通
断
i_D
(b)
O
t
u_O
U_{av}
(c)
O
t

图 6-33　加入等幅波时检波器的工作过程

根据上面的讨论，可以画出大信号检波器稳态时二极管的电流及电压波形，如图 6-34 所示，其中二极管的伏安特性用通过原点的折线来近似。二极管两端电压 u_D 在大部分时间里为负值，只在输入电压峰值附近才为正值，$u_D=-U_o+u_i$。

当输入 AM 信号时，充、放电波形如图 6-35(a) 所示。因为二极管是在输入电压的每个高频周期的峰值附近导通，因此其输出电压波形与输入信号包络形状相同。此时，平均电压 U_{av} 包含直流及低频调制分量，即 $u_O(t)=U_{av}=U_{dc}+u_\Omega$，其波形如图 6-35(b) 所示。此时二极管两端电压为 $u_D=u_{AM}-u_O(t)$，其波形如图 6-36 所示，它是在自生负偏压 $-u_O(t)$ 之上叠加输入 AM 信号后的波形。二极管电流 i_D 中的高频分量被 C 旁通，I_{dc} 及调制分量 i_Ω 流经 R 形成输出电压。如果只需输出调制频率电压，则可在原电路上增加隔直电容 C_g 和负载电阻 R_g，如图6-37(a) 所示。若需要检波器提供与载波电压大小成比例的直流电压，例如作自动增益控制放大器的偏压时，则可用低通滤波器 $R_\varphi C_\varphi$ 取出直流分量，如图6-37(b) 所示。其中，C_φ 对调制分量短路。

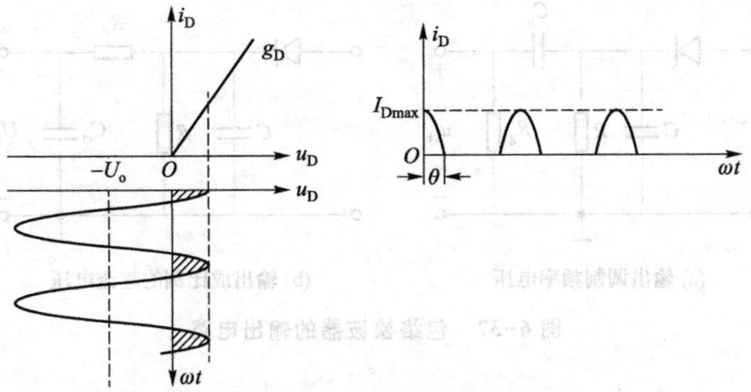

i_D
g_D
u_D
$-U_o$
O
u_D
ωt
i_D
I_{Dmax}
O
θ
ωt

图 6-34　检波器稳态时二极管的电流及电压波形

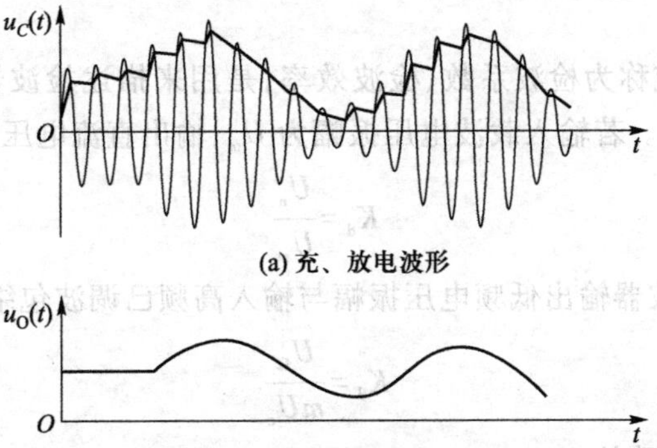

$u_C(t)$
O
t
$u_O(t)$
O
t

(a) 充、放电波形

(b) $u_O(t)$波形

图 6-35　输入为 AM 信号时检波器的输出波形图

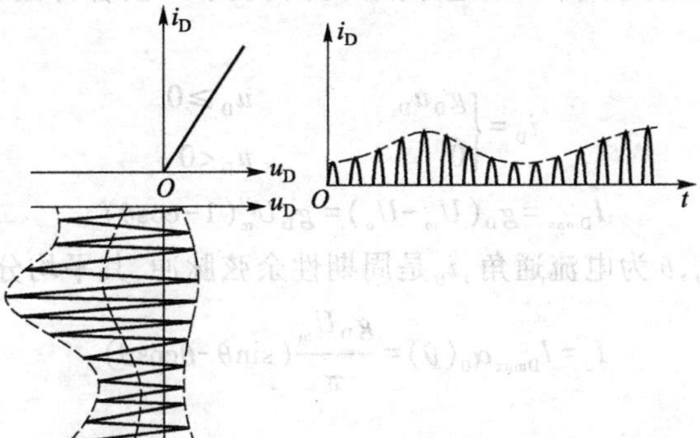

i_D
u_D
O
u_D
$-u_O(t)$
i_D
O
t

图 6-36　输入为 AM 信号时检波器二极管的电压及电流波形

从检波过程还可以看出，RC 的数值对检波器输出的性能有很大影响。如果 R 值小（或 C 值小），则放电快，高频波纹加大，平均电压下降；RC 数值大则作用相反。当检波器电路一定时，它跟随输入电压的能力取决于输入电压幅度变化的速度。当幅度变化快，例如调制频率高或调幅度 m 大时，电容器必须较快地放电，以使电容器电压能跟上峰值包络而下降，否则，如果 RC 太大，就会造成失真。

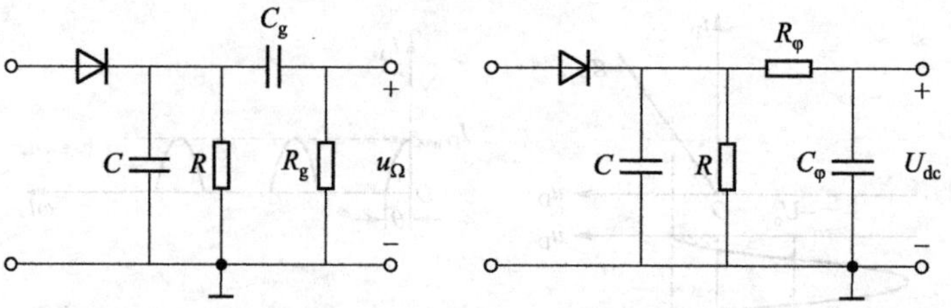
C_g
C
R
R_g
u_Ω
+
−
R_φ
C
R
C_φ
U_{dc}
+
−

(a) 输出调制频率电压　　(b) 输出成比例的直流电压

图 6-37　包络检波器的输出电路

2. 性能分析

检波器的性能指标主要有失真、传输系数及输入阻抗。

(1) 传输系数 K_d

检波器传输系数 K_d 或称为检波系数、检波效率，是用来描述检波器对输入已调信号的解调能力或效率的一个物理量。若输入载波电压振幅为 U_m，输出直流电压为 U_o，则 K_d 定义为

$$K_d=\frac{U_o}{U_m} \tag{6-38a}$$

对 AM 信号，其定义为检波器输出低频电压振幅与输入高频已调波包络振幅之比

$$K_d=\frac{U_\Omega}{mU_c} \tag{6-38b}$$

这两个定义在本质上是一致的。

由于输入大信号，检波器工作在大信号状态，二极管的伏安特性可用折线近似。在考虑输入为等幅波，采用理想的高频滤波，并以通过原点的折线表示二极管特性（忽略二极管的导通电压 U_P）后，则由图 6-34 有

$$i_D=\begin{cases}g_D u_D & u_D\geqslant 0\\ 0 & u_D<0\end{cases} \tag{6-39}$$

$$I_{Dmax}=g_D(U_m-U_o)=g_D U_m(1-\cos\theta) \tag{6-40}$$

式中，$u_D=u_i-u_O$，$g_D=1/r_D$，θ 为电流通角，i_D 是周期性余弦脉冲，其平均分量（直流分量）I_0 为

$$I_0=I_{Dmax}\alpha_0(\theta)=\frac{g_D U_m}{\pi}(\sin\theta-\theta\cos\theta) \tag{6-41}$$

基频分量振幅为

$$I_1=I_{Dmax}\alpha_1(\theta)=\frac{g_D U_m}{\pi}(\theta-\sin\theta\cos\theta) \tag{6-42}$$

式中，$\alpha_0(\theta)$、$\alpha_1(\theta)$ 为电流分解系数。

由式(6-38a)和图 6-34 可得

$$K_d=\frac{U_o}{U_m}=\cos\theta \tag{6-43}$$

由此可见，检波系数 K_d 是检波器电流 i_D 的通角 θ 的函数，求出 θ 后，就可得 K_d。

由式(6-41)和 $U_o=I_0R$，有

$$\frac{U_o}{U_m}=\frac{I_0R}{U_m}=\frac{g_DR}{\pi}(\sin\theta-\theta\cos\theta)=\cos\theta \tag{6-44}$$

等式两边各除以 $\cos\theta$，可得

$$\tan\theta-\theta=\frac{\pi}{g_DR} \tag{6-45}$$

当 g_DR 很大时，如 $g_DR\geqslant 50$ 时，$\tan\theta\approx\theta-\theta^3/3$，代入式(6-45)，有

$$\theta=\sqrt[3]{\frac{3\pi}{g_DR}} \tag{6-46}$$

由以上的分析可以看出：

① 当电路一定（管子与 R 一定）时，在大信号检波器中 θ 是恒定的，它与输入信号大小无关。其原因是负载电阻 R 的反作用，使电路具有自动调节作用而维持 θ 不变。例如，当输入电压增加，引起 θ 增大，导致 I_0、U_o 增大，负载电压加大，加到二极管上的反偏电压增大，致使 θ 下降。

因 θ 一定，$K_d=\cos\theta$，检波效率与输入信号大小无关。所以，检波器输出、输入间是线性关系——线性检波。当输入 AM 信号时，输出电压 $u_O=K_dU_m(1+m\cos\Omega t)$。

② θ越小，K_d越大，并趋近于 1。而 θ 随 g_DR 增大而减小，因此，K_d 随 g_DR 增大而增大，图 6-38所示就是这一关系曲线。由图可知，当 $g_DR>50$ 时，K_d变化不大，且$K_d>0.9$。

实际上，理想滤波条件是做不到的，因此输出平均电压还是要小些。实际传输系数与电容 C 的容量有关，如图 6-39 所示。图中，$\omega RC=\infty$ 为理想滤波条件，$\omega RC=0$ 是无电容 C 时的情况。

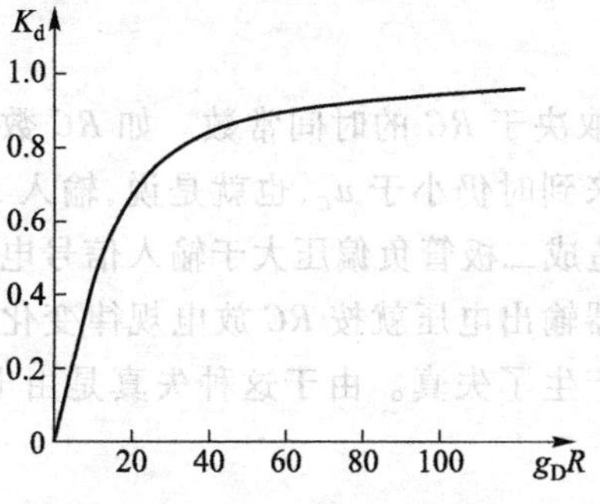

K_d
1.0
0.8
0.6
0.4
0.2
0
20
40
60
80
100
g_DR

图 6-38　K_d-g_DR 关系曲线图

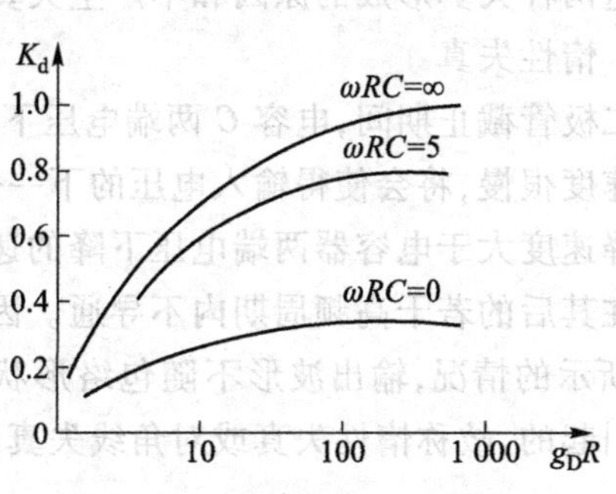

K_d
1.0
0.8
0.6
0.4
0.2
0
ωRC=∞
ωRC=5
ωRC=0
10
100
1 000
g_DR

图 6-39　滤波电路对 K_d的影响

（2）输入阻抗

检波器的输入阻抗包括输入电阻 R_i及输入电容 C_i，如图 6-40 所示。输入电阻是输入载波电压的振幅 U_m与检波器电流的基频分量振幅 I_1之比值，即

$$R_i\approx\frac{U_m}{I_1} \tag{6-47}$$

检波器输入电容包括检波二极管结电容 C_j和二极管引线对地分布电容 C_f，$C_i\approx C_j+C_f$。C_i可以被看作输入回路的一部分。

输入电阻是检波器前级的负载，它直接并入输

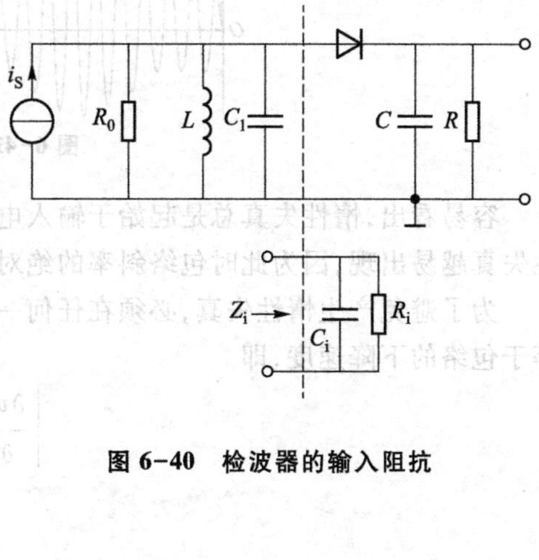

i_S
R_0
L
C_1
C
R
Z_i
C_i
R_i

图 6-40　检波器的输入阻抗

入回路，影响着回路的有效 Q 值及回路阻抗。由式(6-42)，有

$$R_i=\frac{\pi}{g_D(\theta-\sin\theta\cos\theta)} \tag{6-48}$$

当 $g_DR\geqslant 50$ 时，θ 很小，$\sin\theta\approx\theta-\theta^3/6$，$\cos\theta\approx 1-\theta^2/2$，代入式(6-48)，可得

$$R_i=\frac{R}{2} \tag{6-49}$$

由此可见，串联二极管峰值包络检波器的输入电阻与二极管检波器负载电阻 R 有关。当 θ 较小时，近似为 R 的一半。R 越大，R_i越大，对前级的影响就越小。

式(6-49)这个结论还可以用能量守恒原理来解释。由于 θ 很小，消耗在 r_D上的功率很小，可以忽略，所以检波器输入的高频功率 $U_m^2/2R_i$ 全部转换为输出的平均功率 U_o^2/R，即

$$\frac{U_m^2}{2R_i}\approx\frac{U_o^2}{R}$$

则

$$R_i\approx\frac{R}{2}$$

这里 $K_d\approx 1$。

3. 检波器的失真

在二极管峰值包络检波器中，存在着两种特有的失真——惰性失真和底部切削失真。下面来分析这两种失真形成的原因和不产生失真的条件。

(1) 惰性失真

在二极管截止期间，电容 C 两端电压下降的速度取决于 RC 的时间常数。如 RC 数值很大，则下降速度很慢，将会使得输入电压的下一个正峰值来到时仍小于 u_C，也就是说，输入 AM 信号包络下降速度大于电容器两端电压下降的速度，因而造成二极管负偏压大于输入信号电压，致使二极管在其后的若干高频周期内不导通。因此，检波器输出电压就按 RC 放电规律变化，形成如图6-41所示的情况，输出波形不随包络形状而变化，产生了失真。由于这种失真是由电容放电的惰性引起的，故称惰性失真或对角线失真。

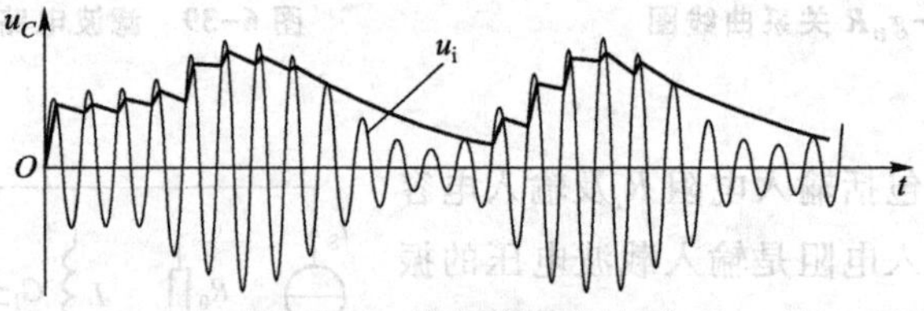
u_C
u_i
O
t

图 6-41　惰性失真的波形

容易看出，惰性失真总是起始于输入电压的负斜率的包络上，调幅度越大，调制频率越高，惰性失真越易出现，因为此时包络斜率的绝对值增大。

为了避免产生惰性失真，必须在任何一个高频周期内，使电容 C 通过 R 放电的速度大于或等于包络的下降速度，即

$$\left|\frac{\partial u_o}{\partial t}\right|\geqslant\left|\frac{\partial U(t)}{\partial t}\right| \tag{6-50}$$

如果输入信号为单音调制的 AM 波，在 t_1 时刻其包络的变化速度为

$$\left.\frac{\partial U(t)}{\partial t}\right|_{t=t_1}=-mU_{\mathrm{m}}\Omega\sin\Omega t_1 \tag{6-51}$$

二极管停止导通的瞬间，电容两端电压 u_C 近似为输入电压包络值，即 $u_C=U_{\mathrm{m}}(1+m\cos\Omega t)$。从 t_1 时刻开始通过 R 放电的速度为

$$\left.\frac{\partial}{\partial t}\left[u_C \mathrm{e}^{-\frac{t-t_1}{RC}}\right]\right|_{t=t_1}=-\frac{1}{RC}U_{\mathrm{m}}(1+m\cos\Omega t_1) \tag{6-52}$$

将式(6-51)和式(6-52)代入式(6-50)，可得

$$A=\left|\frac{RC\Omega m\sin\Omega t_1}{1+m\cos\Omega t_1}\right|\leqslant 1 \tag{6-53}$$

实际上，不同的 t_1，$U(t)$ 和 u_C 的下降速度不同，为避免产生惰性失真，必须保证 A 值最大时，仍有 $A_{\max}\leqslant 1$。故令 $\mathrm{d}A/\mathrm{d}t_1=0$，得

$$\cos\Omega t_1=-m \tag{6-54}$$

代入式(6-53)，得出不失真条件如下

$$RC\leqslant\frac{\sqrt{1-m^2}}{\Omega m} \tag{6-55}$$

由此可见，m、Ω 越大，包络下降速度就越快，要求的 RC 就越小。在设计中，应用最大调制度及最高调制频率检验有无惰性失真，其检验公式为

$$RC\leqslant\frac{\sqrt{1-m_{\max}^2}}{\Omega_{\max}m_{\max}} \tag{6-56}$$

(2) 底部切削失真

底部切削失真又称为负峰切削失真。产生这种失真后，输出电压的波形如图 6-42(c)所示。这种失真是因检波器的交、直流负载不同引起的。

为了取出低频调制信号，检波器电路如图 6-42(a)所示。电容 C_g 应对低频呈现短路，其电容值一般为 5~10 μF；R_g 是所接负载。当检波器接有 C_g、R_g 后，检波器的直流负载 $R_=$ 仍等于 R，而低频交流负载 $R_\approx$ 等于 R 与 R_g 的并联，即 $R_\approx=RR_g/(R+R_g)$。因 $R_=\neq R_\approx$，将引起底部切削失真。

因为 C_g 较大，在音频一周内，其两端的直流电压基本不变，其大小约为载波振幅值 U_c，可以把它看作一直流电源。它在电阻 R 和 R_g 上产生分压。在电阻 R 上的电压降为

$$U_R=\frac{R}{R+R_g}U_c \tag{6-57}$$

调幅波的最小幅度为 $U_c(1-m)$，由图6-42可以看出，要避免底部切削失真，应满足

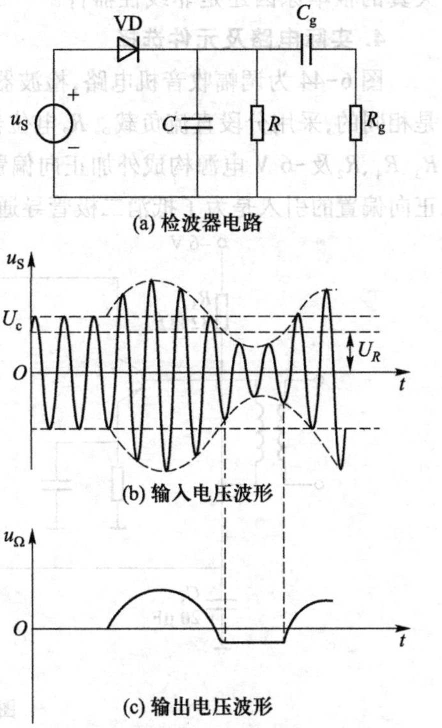
VD
C_g
u_S
+
−
C
R
R_g
u_S
U_c
U_R
O
t
u_Ω
O
t
(a) 检波器电路
(b) 输入电压波形
(c) 输出电压波形
图 6-42 底部切削失真

$$U_c(1-m)\geqslant\frac{R}{R+R_g}U_c \tag{6-58}$$

即

$$m \leqslant \frac{R_g}{R+R_g} = \frac{R_{\approx}}{R_{=}} \tag{6-59}$$

这一结果表明，为防止底部切削失真，检波器交流负载与直流负载之比应大于调幅波的调制度 m。因此必须限制交、直流负载的差别。

在工程上，减小检波器交、直流负载的差别有两种常用的措施，一是在检波器与低放级之间插入高输入阻抗的射极跟随器；第二种方法是将 R 分成 R_1 和 R_2，$R=R_1+R_2$。此时，$R_{=}=R_1+R_2$，$R_{\approx}=R_1+R_2 /\!/ R_g$，如图 6-43 所示。

例 6-2
检波电路分析

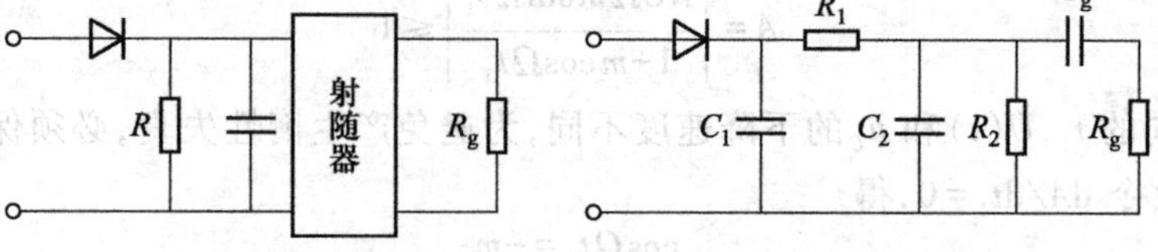
R
射随器
R_g
R_1
C_g
C_1
C_2
R_2
R_g

(a) 方法一　　(b) 方法二

图 6-43　减小底部切削失真的电路

需要指出的是：由上面的分析可以看出，包络检波器的惰性失真和底部切削失真是由元器件（电阻和电容）选择不当引起的，但电阻和电容是线性器件，不会产生非线性失真。产生非线性失真的根本原因还是非线性器件——二极管。

4. 实际电路及元件选择

图 6-44 为调幅收音机电路，检波器部分是峰值包络检波器常用的典型电路。它与图6-43(b)是相同的，采用分段直流负载。R_2电位器用以改变输出电压大小，称为音量控制。通常使 $C_1=C_2$，R_3、R_4、R_2及-6 V 电源构成外加正向偏置电路，给二极管提供正向偏置电压，其大小可通过 R_4 调整。正向偏置的引入是为了抵消二极管导通电压 U_P，使得在输入信号电压较小时，检波器也可以工作。

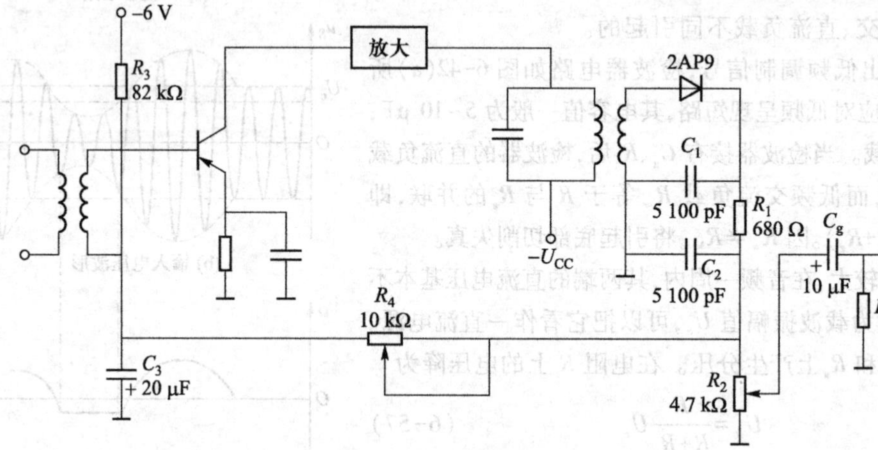
-6 V
R_3
82 kΩ
放大
2AP9
C_1
5 100 pF
R_1
680 Ω
C_g
$-U_{CC}$
C_2
5 100 pF
10 μF
R_g
R_4
10 kΩ
C_3
20 μF
R_2
4.7 kΩ

图 6-44　调幅收音机电路

R_4、C_3组成低通滤波器。C_3为 20 μF 的大电容，其上只有直流电压，这个直流电压的大小与输入信号载波振幅成正比，并加到前面放大级的基极作为偏压，以便自动控制该级增益。如输入信号强，C_3上直流电压大，加到放大管偏压大，增益下降，使检波器输出电压下降。

根据上面问题的分析，检波器设计及元件参数选择的原则如下：

① 回路有载Q_L值要大，$Q_L=\omega_0 C_0[R_0/\!/(R/2)]\gg 1$。

② $\tau/T_c=RC/T_c\gg 1$，$T_c=1/f_c$为载波周期。

③ $\Omega_m<1/2R_0C_0$，$\Omega_m<1/RC$。

④ $RC<(1-m_{max}^2)^{1/2}/\Omega_{max}m_{max}$。

⑤ $m\leqslant R_g/(R+R_g)$或$R\leqslant(1-m)R_g/m$。

其中，① 是从选择性、通频带的要求出发考虑的；② 是为了保证输出的高频波纹小；③ 是为了减小频率失真；④、⑤ 是为了避免惰性失真及底部切削失真。

检波管要选用正向电阻小、反向电阻大、结电容小、最高工作频率f_{max}高的二极管。一般多用点触型锗二极管 2AP 系列或肖特基管等。例如，可选用金键锗管 2AP9、2AP10，其正向电阻小，正向电流上升快，在信号较小时就可以进入大信号线性检波区。2AP1～2AP8、2AP11～2AP27 为钨键管，它们的f_{max}比金键管高一些。2AP 系列管的结电容大约在 1 pF 以下。

电阻 R 的选择，主要考虑输入电阻及失真问题，同时要考虑对K_d的影响。应使$R\gg r_D$，$R_1+R_2\geqslant 2R_i$，R_1/R_2的比值一般选在 0.1～0.2 范围，R_1值太大将导致R_1上压降大，使K_d下降。广播收音机及通信接收机检波器中，R 的数值通常选在几千欧姆（如 5 kΩ）。

电容 C 不能太大，以防止惰性失真；C 太小又会使高频波纹大，应使$RC\gg T_C$。由于实际电路中R_1值较小，所以可近似认为$C=C_1+C_2$，通常取$C_1=C_2$。广播收音机中，C 一般取 0.01 μF。

5. 二极管并联检波器

除上面讨论的串联检波器外，峰值包络检波器还有并联检波器、推挽检波器、倍压检波器、视频检波器等。这里讨论并联检波器。

并联检波器的二极管、负载电阻和信号源是并联的，如图 6-45（a）所示。其工作原理与串联检波器相似。当 VD 导通时u_i向 C 充电，充电时常数为r_DC；当 VD 截止时，C 通过 R 放电，放电时常数为RC。达到动态平衡后，C 上产生与串联检波器类似的锯齿状波动电平，平均值为U_{av}。这样，实际加到二极管上的电压为$u_D=u_i-u_C$，其波形如图 6-45（b）所示。电容 C 起检波兼隔离作用，但不能起到高频滤波作用，所以输出电压就是二极管两端的电压。不仅含有平均分量，还含有高频分量。因此输出端除需加隔直电容外，还需加高频滤波电路，以滤除高频分量，得到所需的低频分量，如图 6-45（c）所示。

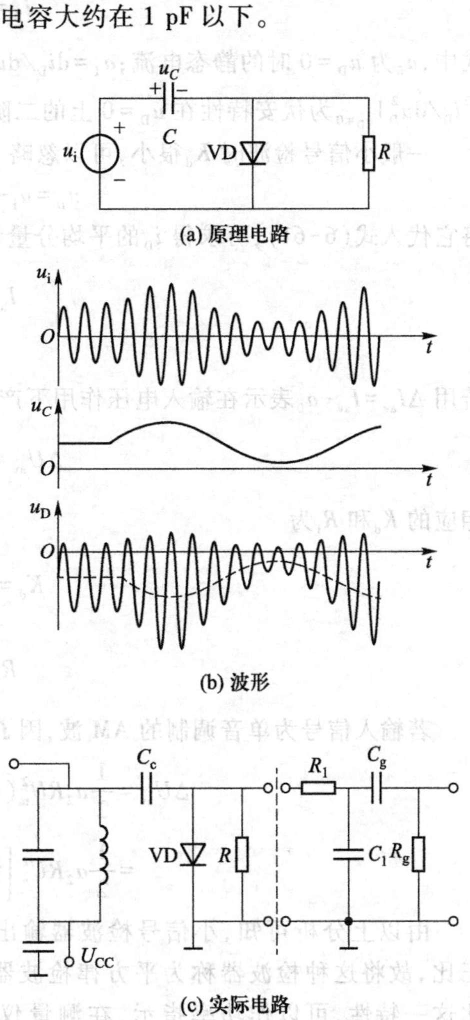

u_C
C
u_i
VD
R
(a) 原理电路
u_i
O
t
u_C
O
t
u_D
O
t
(b) 波形
C_c
R_1
C_g
VD
R
C_1
R_g
U_{CC}
(c) 实际电路

图 6-45 并联检波器及波形

当电路参数相同时，并联检波器和串联检波器具有相同的电压传输系数 K_d，但因高频电流通过负载电阻 R 时，损耗了一部分高频功率，因而并联检波器的输入电阻比串联检波器小。根据能量守恒原理，实际加到并联检波器中的高频功率，一部分消耗在 R 上，一部分转换为输出平均功率，即

$$\frac{U_c^2}{2R_i} \approx \frac{U_c^2}{2R} + \frac{U_{av}^2}{R}$$

当 $U_{av} \approx U_c$ 时（U_c 为载波振幅）有

$$R_i \approx R/3 \tag{6-60}$$

6. 小信号检波器

小信号检波是指输入信号振幅在 1～100 mV 范围内的检波。这时，二极管的伏安特性可用二次幂级数近似，即

$$i_D = a_0 + a_1 u_D + a_2 u_D^2 \tag{6-61}$$

式中，a_0 为 $u_D = 0$ 时的静态电流；$a_1 = di_D/du_D \mid_{u_D=0} = g_D = 1/r_D$ 为伏安特性在 $u_D = 0$ 时的斜率；$a_2 = d^2 i_D/du_D^2 \mid_{u_D=0}$ 为伏安特性在 $u_D = 0$ 上的二阶导数。

一般小信号检波时 K_d 很小，可以忽略平均电压负反馈效应，认为

$$u_D = u_i - U_{av} \approx u_i \approx U_m \cos\omega_c t \tag{6-62}$$

将它代入式（6-61），可求得 i_D 的平均分量和高频基波分量振幅为

$$I_{av} = a_0 + \frac{1}{2} a_2 U_m^2$$

$$I_1 \approx a_1 U_m$$

若用 $\Delta I_{av} = I_{av} - a_0$ 表示在输入电压作用下产生的平均电流增量，则

$$\Delta U_{av} = \Delta I_{av} R \approx \frac{1}{2} a_2 R U_m^2 \tag{6-63}$$

相应的 K_d 和 R_i 为

$$K_d = \frac{\Delta U_{av}}{U_m} = \frac{1}{2} a_2 R U_m \tag{6-64}$$

$$R_i = \frac{U_m}{I_1} = \frac{1}{a_1} = r_D \tag{6-65}$$

若输入信号为单音调制的 AM 波，因 $\Omega \ll \omega_c$，可用包络函数 $U(t)$ 代替以上各式中的 U_m，即

$$\begin{aligned}\Delta U_{av} &= \frac{1}{2} a_2 R U_m^2 (1 + m\cos\Omega t)^2 \\ &= \frac{1}{2} a_2 R U_m^2 \left[\left(1 + \frac{1}{2} m^2\right) + 2m\cos\Omega t + \frac{1}{2} m^2 \cos 2\Omega t\right]\end{aligned} \tag{6-66}$$

由以上分析可知，小信号检波器输出的平均电压 ΔU_{av} 与输入信号电压振幅 U_m 的平方成正比，故将这种检波器称为平方律检波器。利用其检波电流与输入高频电压振幅平方成正比这一特性，可以作功率指示，在测量仪表及微波检测中广泛应用。这种检波器的电压传输系数 K_d 和输入电阻 R_i 都小，而且还有非线性失真，这是它的缺点。图 6-46 所示是这种

检波器的原理电路和波形。

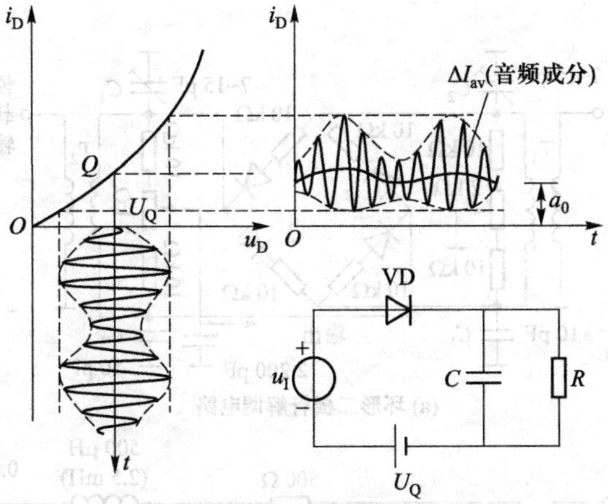
i_D
i_D
ΔI_{av}(音频成分)
Q
U_Q
O
u_D
O
a_0
t
t
VD
u_1
C
R
U_Q

图 6-46　小信号检波器的原理电路和波形

三、同步检波

前已指出,同步检波分为乘积型和叠加型两种方式,这两种检波方式都需要接收端恢复载波支持,恢复载波性能的好坏,直接关系到接收机解调性能的优劣。下面分别介绍这两种检波方法。

1. 乘积型

乘积型同步检波是直接把本地恢复载波与接收信号相乘,再用低通滤波器将低频调制信号提取出来。在这种检波器中,要求恢复载波与发射载波同频同相。如果其频率或相位有一定的偏差,可能会使恢复出来的调制信号产生失真。

设输入信号为 DSB 信号,即 $u_s=U_s\cos\Omega t\cos\omega_c t$,本地恢复载波为$u_r=U_r\cos(\omega_r t+\varphi)$,这两个信号相乘

$$u_s u_r=U_s U_r\cos\Omega t\cos\omega_c t\cos(\omega_r t+\varphi)t$$

$$=\frac{1}{2}U_s U_r\cos\Omega t\{\cos[(\omega_r-\omega_c)t+\varphi]+\cos[(\omega_r+\omega_c)t+\varphi]\} \tag{6-67}$$

经低通滤波器输出,且考虑 $\omega_r-\omega_c=\Delta\omega_c$ 在低通滤波器频带内,有

$$u_o=U_o\cos(\Delta\omega_c t+\varphi)\cos\Omega t \tag{6-68}$$

由式(6-68)可以看出,当恢复载波与发射载波同频同相时,即 $\omega_r=\omega_c,\varphi=0$,则

$$u_o=U_o\cos\Omega t \tag{6-69}$$

无失真地将调制信号恢复出来。若恢复载波与发射载波有一定的频差,即$\omega_r=\omega_c+\Delta\omega_c$,则

$$u_o=U_o\cos\Delta\omega_c t\cos\Omega t \tag{6-70}$$

引起振幅失真。若有一定的相差,则

$$u_o=U_o\cos\varphi\cos\Omega t \tag{6-71}$$

相当于引入一个振幅的衰减因子 $\cos\varphi$,当 $\varphi=\pi/2$ 时,$u_o=0$。当 φ 是一个随时间变化的变量时,即 $\varphi=\varphi(t)$时,恢复出的解调信号将产生振幅失真。

类似的分析也可以用于 AM 波和 SSB 波。这种解调方式关键在于获得两个信号的乘积,因

此,第五章介绍的频谱线性搬移电路均可用于乘积型同步检波。图 6-47 所示为几种乘积型解调器的实际电路。

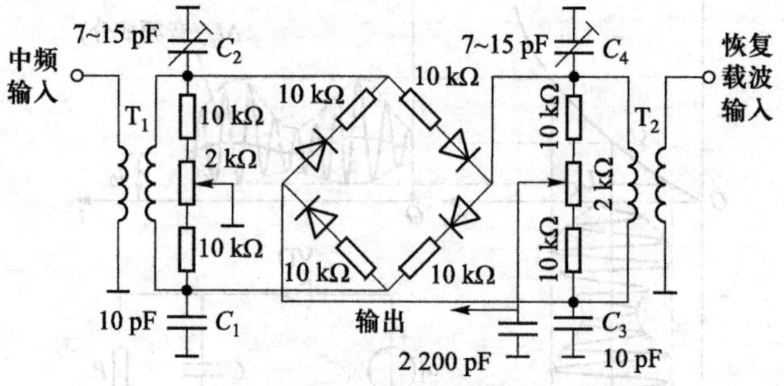
7~15 pF
C_2
中频
输入
T_1
10 kΩ
2 kΩ
10 kΩ
10 pF
C_1
10 kΩ
10 kΩ
10 kΩ
10 kΩ
输出
7~15 pF
C_4
恢复
载波
输入
T_2
10 kΩ
2 kΩ
10 kΩ
2 200 pF
C_3
10 pF

(a) 环形二极管解调电路

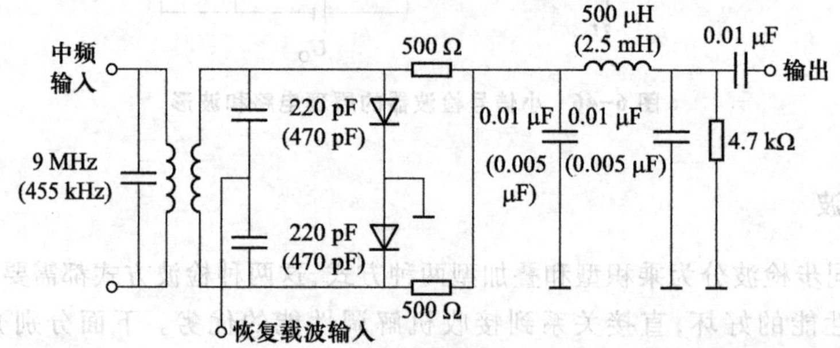
中频
输入
9 MHz
(455 kHz)
220 pF
(470 pF)
220 pF
(470 pF)
500 Ω
500 Ω
恢复载波输入
0.01 μF
(0.005
μF)
0.01 μF
(0.005 μF)
500 μH
(2.5 mH)
0.01 μF
输出
4.7 kΩ

(b) 双二极管解调电路

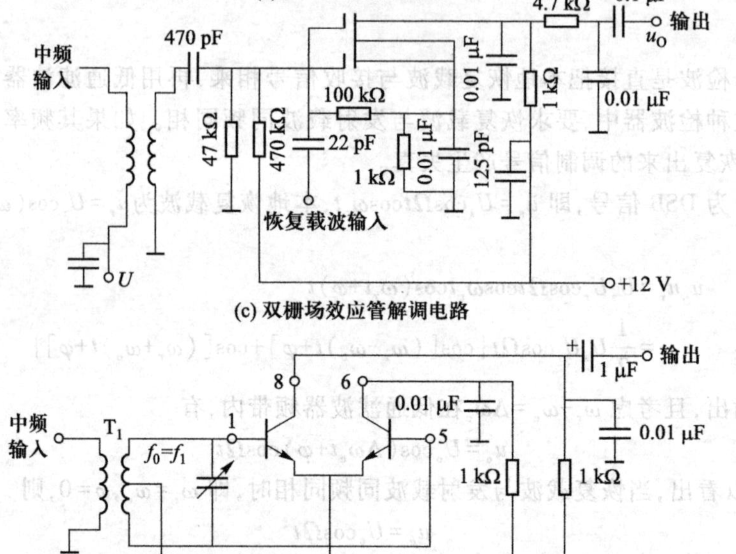
中频
输入
470 pF
47 kΩ
470 kΩ
100 kΩ
22 pF
恢复载波输入
1 kΩ
0.01 μF
0.01 μF
125 pF
1 kΩ
4.7 kΩ
0.1 μF
输出
u_O
0.01 μF
U
+12 V

(c) 双栅场效应管解调电路

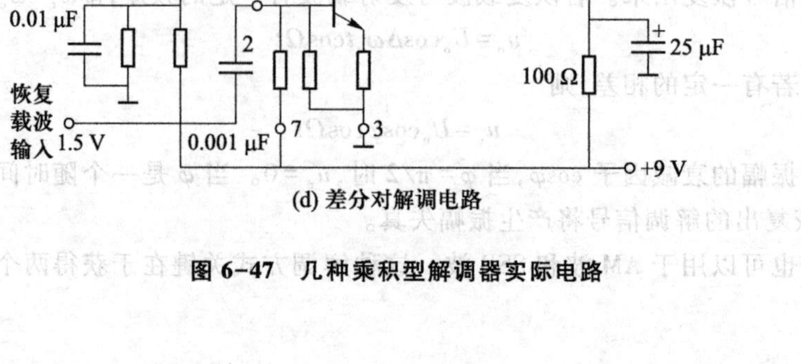
中频
输入
T_1
$f_0=f_1$
1
8
6
5
0.01 μF
1 μF
输出
0.01 μF
1 kΩ
1 kΩ
2 200 Ω
1 200 Ω
0.01 μF
2
恢复
载波
输入
1.5 V
0.001 μF
7
3
25 μF
100 Ω
+9 V

(d) 差分对解调电路

图 6-47 几种乘积型解调器实际电路

2. 叠加型

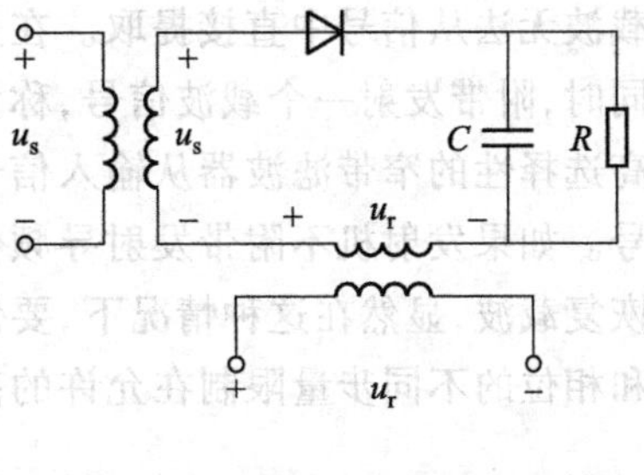

+
u_s
−
+
u_s
−
C
R
+
u_r
−
+
u_r
−

图 6-48 叠加型同步检波器原理电路

叠加型同步检波是将 DSB 或 SSB 信号插入恢复载波，使之成为或近似为 AM 信号，再利用包络检波器将调制信号恢复出来。对 DSB 信号而言，只要加入的恢复载波电压在数值上满足一定的关系，就可得到一个不失真的 AM 波。图 6-48 所示就是一个叠加型同步检波器原理电路。下面分析 SSB 信号的叠加型同步检波。

设单频调制的单边带信号（上边带）为

$$u_s=U_s\cos(\omega_c+\Omega)t=U_s\cos\Omega t\cos\omega_c t-U_s\sin\Omega t\sin\omega_c t$$

恢复载波

$$u_r=U_r\cos\omega_r t=U_r\cos\omega_c t$$

$$u_s+u_r=(U_s\cos\Omega t+U_r)\cos\omega_c t-U_s\sin\Omega t\sin\omega_c t$$

$$=U_m(t)\cos[\omega_c t+\varphi(t)] \tag{6-72}$$

式中

$$U_m(t)=\sqrt{(U_r+U_s\cos\Omega t)^2+U_s^2\sin^2\Omega t} \tag{6-73}$$

$$\varphi(t)=-\arctan\frac{U_s\sin\Omega t}{U_r+U_s\cos\Omega t} \tag{6-74}$$

由于后面接包络检波器，包络检波器对相位不敏感，只关心包络的变化，有

$$U_m(t)=\sqrt{U_r^2+U_s^2+2U_rU_s\cos\Omega t}=U_r\sqrt{1+\left(\frac{U_s}{U_r}\right)^2+2\frac{U_s}{U_r}\cos\Omega t}$$

$$=U_r\sqrt{1+m^2+2m\cos\Omega t} \tag{6-75}$$

式中，$m=U_s/U_r$。当 $m\ll1$，即 $U_r\gg U_s$ 时，式(6-75)可近似为

$$U_m(t)\approx U_r\sqrt{1+2m\cos\Omega t}\approx U_r(1+m\cos\Omega t) \tag{6-76}$$

式(6-76)用到 $(1+x)^{1/2}\approx1+x/2$，$|x|<1$。经包络检波器后，输出电压

$$u_o=K_dU_m(t)=K_dU_r(1+m\cos\Omega t) \tag{6-77}$$

经隔直后，就可将调制信号恢复出来。

采用如图 6-49 所示的平衡同步检波电路，可以减小解调器输出电压的非线性失真。它由两个检波器构成平衡电路，上检波器输出如式(6-77)，下检波器的输出为

$$u_{o2}=K_dU_r(1-m\cos\Omega t) \tag{6-78}$$

则总的输出为

$$u_o=u_{o1}-u_{o2}=2K_dU_rm\cos\Omega t \tag{6-79}$$

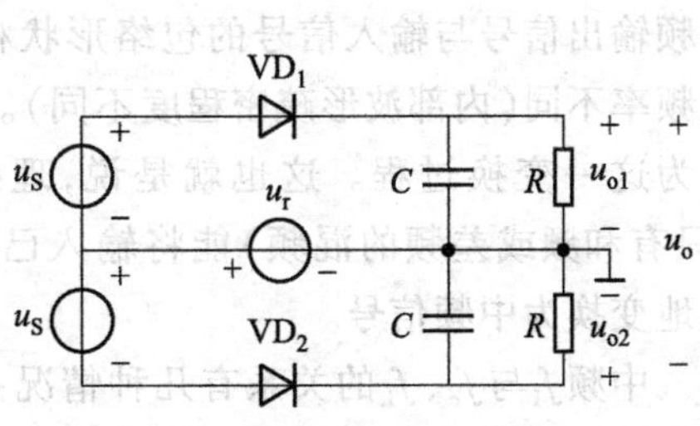

VD₁
+
u_S
−
+
u_S
−
u_r
+
−
C
R
u_{o1}
+
−
u_o
C
R
u_{o2}
+
−
VD₂

图 6-49 平衡同步检波电路

由以上分析可知，实现同步检波的关键是要产生出一个与载波信号同频同相的恢复载波。

对于 AM 信号来说，同步信号可直接从信号中提取。AM 信号通过限幅器就能去除其包络变化，得到等幅载波信号，这就是所需同频同相的恢复载波。而对于 DSB 信号，将其取平方，从中取出角频率为 $2\omega_c$ 的分量，再经二分频器，就可得到角频率为 ω_c 的恢复载波。对于 SSB 信号，恢

复载波无法从信号中直接提取。在这种情况下，为了产生恢复载波，往往在发射机发射 SSB 信号的同时，附带发射一个载波信号，称为导频信号，它的功率远低于 SSB 信号的功率。接收端就可用高选择性的窄带滤波器从输入信号中取出该导频信号，导频信号经放大后就可作为恢复载波信号。如果发射机不附带发射导频信号，接收机就只能采用高稳定度晶体振荡器产生指定频率的恢复载波，显然在这种情况下，要使恢复载波与载波信号严格同步是不可能的，而只能要求频率和相位的不同步量限制在允许的范围内。

第三节　混频

一、混频概述

混频又称变频，也是一种频谱的线性搬移过程，它使信号自某一个频率变换成另一个频率。完成这种功能的电路称为混频器(或变频器)。

1. 混频器的功能

混频器是频谱线性搬移电路，是一个三端口网络。它有两个输入信号，输入信号 u_S 和本地振荡(简称本振)信号 u_L，其工作频率分别为 f_c 和 f_L；输出信号为 u_I，称为中频信号，其频率是 f_c 和 f_L 的差频或和频，称为中频 f_I，$f_I=f_L\pm f_c$(同时也可采用谐波的差频或和频)。由此可见，混频器在频域上起着减(加)法器的作用。

在超外差接收机中，混频器将已调信号(其载频可在波段中变化，如 HF 波段 2~30 MHz，VHF 波段 30~90 MHz 等)变为频率固定的中频信号。混频器的输入信号 u_S、本地振荡信号 u_L 都是高频信号，中频信号也是已调波，除了中心频率与输入信号不同外，由于是频谱的线性搬移，其频谱结构与输入信号 u_S 的频谱结构完全相同。表现在波形上，中频输出信号与输入信号的包络形状相同，只是填充频率不同(内部波形疏密程度不同)。图 6-50 所示为这一变换过程。这也就是说，理想的混频器(只有和频或差频的混频)能将输入已调信号不失真地变换为中频信号。

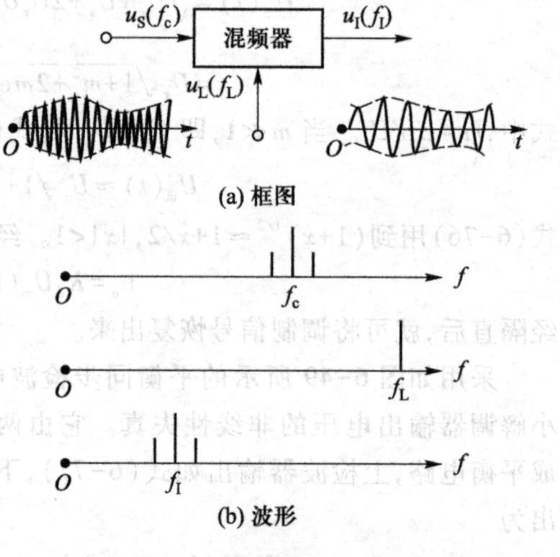

$u_S(f_c)$
混频器
$u_I(f_I)$
$u_L(f_L)$
O
t
O
t
(a) 框图
O
f_c
f
O
f_L
f
O
f_I
f
(b) 波形

图 6-50　混频器的功能示意图

中频 f_I 与 f_c、f_L 的关系有几种情况：当混频器输出取差频时，有 $f_I=f_L-f_c$ 或 $f_I=f_c-f_L$；取和频时有 $f_I=f_L+f_c$。当 $f_I<f_c$ 时，称为向下变频，输出低中频；当 $f_I>f_c$ 时，称为向上变频，输出高中频。虽然高中频比此时输入的高频信号的频率还要高，仍将其称为中频。根据信号频率范围的不同，常用的中频数值为 465(455) kHz、500 kHz、1 MHz、1.5 MHz、4.3 MHz、5 MHz、10.7 MHz、21.4 MHz、30 MHz、70 MHz、140 MHz 等。如调幅收音机的中频为 465 kHz；调频收音机的中频为 10.7 MHz，微波接收机、卫星接收机的中频为 70 MHz 或 140 MHz 等。

混频器是频率变换电路，在频域中起加法器和减法器的作用。振幅调制与解调也是频率变换电路，也是在频域上起加法器和减法器的作用，同属频谱的线性搬移。由于频谱搬移位置的不同，其功能就完全不同。这三种电路都是三端口网络，两个输入、一个输出，可用同样形式的电路完成不同的搬移功能。从实现电路看，输入、输出信号不同，因而输入、输出回路各异。调制电路的输入信号是调制信号 u_Ω、载波 u_C，输出为载波参数受调的已调波；解调电路的输入信号是已调信号 u_S、本地恢复载波 u_r（同步检测），输出为恢复的调制信号 u_Ω；而混频器的输入信号是已调信号 u_S、本地振荡信号 u_L，输出是中频信号 u_I，这三个信号都是高频信号。从频谱搬移看，调制是将低频信号 u_Ω 线性地搬移到载频的位置（搬移过程中允许只取一部分）；解调是将已调信号的频谱从载频（或中频）线性搬移到低频；而混频是将位于载频的已调信号频谱线性搬移到中频 f_I 处。这三种频谱的线性搬移过程如图 6-51 所示。

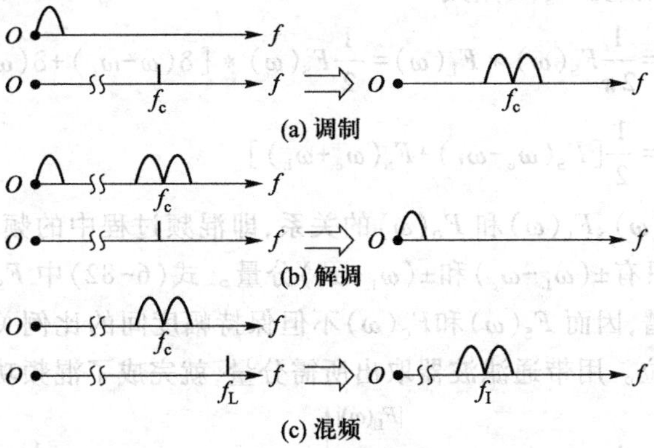
O
f
f_c
(a) 调制
(b) 解调
f_L
f_I
(c) 混频

图 6-51　三种频谱线性搬移过程

2. 混频器的工作原理

混频是频谱的线性搬移过程。由前面的分析已知，完成频谱的线性搬移的关键是要获得两个输入信号的乘积，能找到这个乘积项，就可实现所需的线性搬移功能。设输入到混频器中的输入已调信号 u_S 和本地振荡信号电压 u_L 分别为

$$u_S = U_S\cos\Omega t\cos\omega_c t$$

$$u_L = U_L\cos\omega_L t$$

这两个信号的乘积为

$$u_S u_L = U_S U_L\cos\Omega t\cos\omega_c t\cos\omega_L t = \frac{1}{2}U_S U_L\cos\Omega t[\cos(\omega_L+\omega_c)t+\cos(\omega_L-\omega_c)t] \tag{6-80}$$

若中频 $f_I=f_L-f_c$，式(6-80)经带通滤波器取出所需边带，可得中频电压为

$$u_I = U_I\cos\Omega t\cos\omega_I t \tag{6-81}$$

由此可得完成混频功能的原理框图，如图 6-52(a)所示。也可用非线性器件来完成，如图 6-52(b)所示。

下面从频域看混频过程。设 u_S、u_L 对应的频谱为 $F_S(\omega)$、$F_L(\omega)$，它们是 u_S、u_L 的傅里叶变换。由信号分析可知，时域的乘积对应于频域的卷积，输出频谱 $F_O(\omega)$ 可用 $F_S(\omega)$ 与 $F_L(\omega)$ 的卷积得到。本地振荡信号为单一频率信号，其频谱为

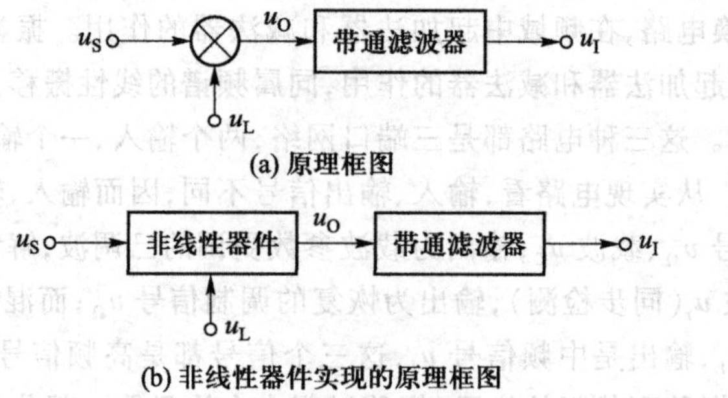

u_S
u_O
带通滤波器
u_I
u_L
(a) 原理框图
u_S
非线性器件
u_O
带通滤波器
u_I
u_L
(b) 非线性器件实现的原理框图

图 6-52　混频功能的原理框图

$$F_L(\omega)=\pi[\delta(\omega-\omega_L)+\delta(\omega+\omega_L)]$$

输入信号为已调波，其频谱为 $F_S(\omega)$，则

$$F_O(\omega)=\frac{1}{2\pi}F_S(\omega)*F_L(\omega)=\frac{1}{2}F_S(\omega)*[\delta(\omega-\omega_L)+\delta(\omega+\omega_L)]$$

$$=\frac{1}{2}[F_S(\omega_c-\omega_L)+F_S(\omega_c+\omega_L)] \tag{6-82}$$

图 6-53 所示为 $F_S(\omega)$、$F_L(\omega)$ 和 $F_O(\omega)$ 的关系，即混频过程中的频谱变换。若输入信号也是等幅波，则 $F_O(\omega)$ 将只有 $\pm(\omega_L-\omega_c)$ 和 $\pm(\omega_L+\omega_c)$ 分量。式(6-82)中 $F_S(\omega)$ 和 $F_O(\omega)$ 都是双边(正、负频率)的复数频谱，因而 $F_S(\omega)$ 和 $F_O(\omega)$ 不但保持幅度间的比例关系，而且 $F_O(\omega)$ 的相位中也包括有 $F_S(\omega)$ 的相位。用带通滤波器取出所需分量，就完成了混频功能。

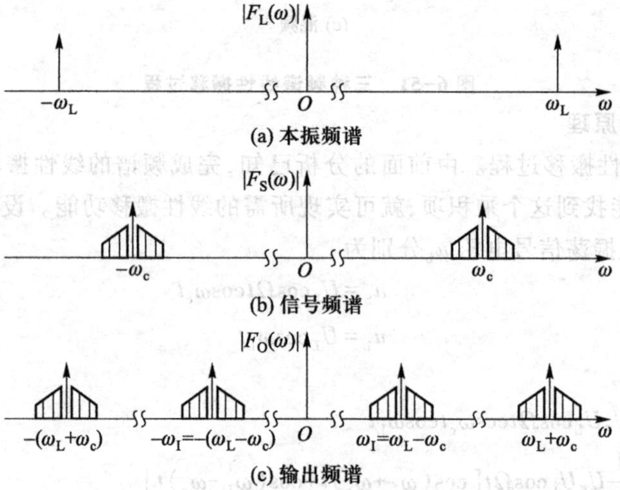

$|F_L(\omega)|$
$-\omega_L$
O
ω_L
ω
(a) 本振频谱
$|F_S(\omega)|$
$-\omega_c$
O
ω_c
ω
(b) 信号频谱
$|F_O(\omega)|$
$-(\omega_L+\omega_c)$
$-\omega_I=-(\omega_L-\omega_c)$
O
$\omega_I=\omega_L-\omega_c$
$\omega_L+\omega_c$
ω
(c) 输出频谱

图 6-53　混频过程中的频谱变换

混频器有两大类，即混频与变频。由单独的振荡器提供本振电压的混频电路称为混频器。为了简化电路，振荡和混频功能由一个非线性器件(用同一晶体管)完成的混频电路称为变频器。有时也将振荡器和混频器两部分合起来称为变频器。变频器是双端口网络，混频器是三端口网络。在实际应用中，通常将“混频”与“变频”两词混用，不再加以区分。

混频技术的应用十分广泛，混频器是超外差接收机中的关键部件。直放式接收机采用高频小信号检波(平方律检波)，工作频率变化范围大时，工作频率对高频通道的影响比较大(频率越高，放大量越低，反之频率低，增益高），而且对检波性能的影响也较大，灵敏度较低。采用超外差技术后，将接收信号混频到一固定中频，放大量基本不受接收频率的影响，这样，频段内信号的放大一致性较好，灵敏度可以做得很高，选择性也较好。因为放大功能主要工作在中频，可以使用性能良好的滤波电路。采用超外差接收后，调整方便，放大量、选择性主要由中频部分决定，且中频较高频信号的频率低，性能指标容易得到满足。混频器在一些发射设备（如单边带通信机）中也是必不可少的。在频分多址（FDMA）信号的合成、微波接力通信、卫星通信等系统中也有其重要地位。此外，混频器也是许多电子设备、测量仪器（如频率合成器、频谱分析仪等）的重要组成部分。

3. 混频器的主要性能指标

① 变（混）频增益。变频增益为混频器的输出信号强度与输入信号强度的比值。变频增益可用变频电压增益和变频功率增益来表示。变频电压增益定义为变频器中频输出电压振幅 U_I 与高频输入信号电压振幅 U_S 之比，即

$$K_{vc}=\frac{U_I}{U_S} \tag{6-83}$$

同样可定义变频功率增益为中频输出信号功率 P_I 与高频输入信号功率 P_S 之比，即

$$K_{pc}=\frac{P_I}{P_S} \tag{6-84}$$

通常用分贝数表示变频增益，有

$$K_{vc}(\mathrm{dB})=20\lg\frac{U_I}{U_S}(\mathrm{dB}) \tag{6-85}$$

$$K_{pc}(\mathrm{dB})=10\lg\frac{P_I}{P_S}(\mathrm{dB}) \tag{6-86}$$

变频增益表征了变频器把输入高频信号变换为输出中频信号的能力。增益越大，变换的能力越强，故希望变频增益大。而且变频增益大后，对接收机而言，有利于提高接收灵敏度。

② 噪声系数。混频器的噪声系数 N_F 定义为

$$N_F=\frac{\text{输入信噪比（信号频率）}}{\text{输出信噪比（中频频率）}} \tag{6-87}$$

它描述混频器对所传输信号信噪比的影响程度。因为混频器对接收机整机噪声系数影响大，特别是在接收机中没有高放级时，其影响更大，所以希望混频器的 N_F 越小越好。

③ 失真与干扰。变频器的失真有频率失真和非线性失真。除此之外，还会产生各种非线性干扰，如组合频率、交叉调制和互相调制、阻塞和倒易混频等干扰。所以，对混频器不仅要求频率特性好，而且还要求变频器工作在非线性不过于严重的区域，使之既能完成频率变换，又能抑制各种干扰。

④ 变频压缩（抑制）。在变频器中，输出与输入信号幅度应呈线性关系。实际上，由于非线性器件的限制，当输入信号增加到一定程度时，中频输出信号的幅度与输入不再呈线性关系，如图6-54所示。图中，虚线为理想混频时的线性关系曲线，实线为实际曲线。这一现象称为变频压缩。通常可以使实际输出电平低于其理想电平一定值（如 3 dB 或 1 dB）的输入电平的大小来表示它的压缩性能的好坏。此电平称为混频器的 3 dB（或 1 dB）压缩电平。此电平越高，性能越好。

⑤ 选择性。混频器的中频输出应该只有所要接收的有用信号（反映为中频，如 $f_I=f_L-f_c$），而

不应该有其他不需要的干扰信号。但在混频器的输出中，由于各种原因，总会混杂很多与中频频率接近的干扰信号。为了抑制不需要的干扰，就要求中频输出回路有良好的选择性，即回路应有较理想的谐振曲线（矩形系数接近于1）。

此外，一个性能良好的混频器，还应要求动态范围较大，可以在输入信号的较大电平范围内正常工作；隔离度要好，以减小混频器各端口（信号端口、本振端口和中频输出端口）之间的相互泄漏；稳定度要高，主要是本振的频率稳定度要高，以防止中频输出超出中频总通频带范围。

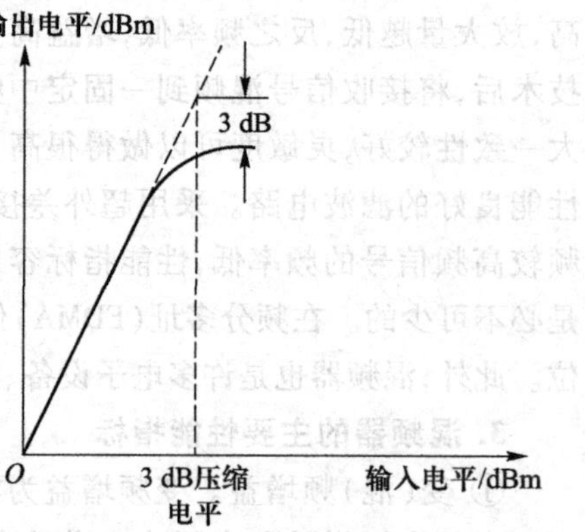
中频输出电平/dBm
3 dB
O
3 dB压缩
电平
输入电平/dBm
图 6-54　混频器输入、输出电平的关系曲线

二、混频电路

1. 晶体管混频器

晶体管混频器原理电路如图 6-55 所示。由第五章晶体管频谱线性搬移电路的分析可知，此时的输入信号 $u_i=u_s$，为一高频已调信号，时变偏置电压 $U_{BB}(t)=U_{BB}+u_2=U_{BB}+u_L$，且有 $U_s \ll U_L$，输出回路对中频 $f_I=f_L-f_c$ 谐振，由此可得集电极电流 i_C 为

$$\begin{aligned} i_C &\approx I_{c0}(t)+g_m(t)u_s \\ &=I_{c0}(t)+(g_{m0}+g_{m1}\cos\omega_L t+g_{m2}\cos2\omega_L t+\cdots)u_s \end{aligned} \tag{6-88}$$

经集电极谐振回路滤波后，得到中频电流 i_I 为

$$i_I=\frac{1}{2}g_{m1}U_s\cos(\omega_L-\omega_c)t=\frac{1}{2}g_{m1}U_s\cos\omega_I t=g_c U_s\cos\omega_I t=I_I\cos\omega_I t \tag{6-89}$$

式中，$g_c=g_{m1}/2$ 称为变频跨导。

从以上的分析结果可以看出：只有时变跨导的基波分量才能产生中频（和频或差频）分量，而其他分量会产生本振谐波与信号的组合频率。变频跨导 g_c 是变频器的重要参数，它不仅直接决定着变频增益，还影响到变频器的噪声系数。变频跨导 $g_c=g_{m1}/2$，g_{m1} 只与晶体管特性、直流工作点及本振电压 U_L 有关，与 U_s 无关，故变频跨导 g_c 亦有上述性质。由式(6-89)，有

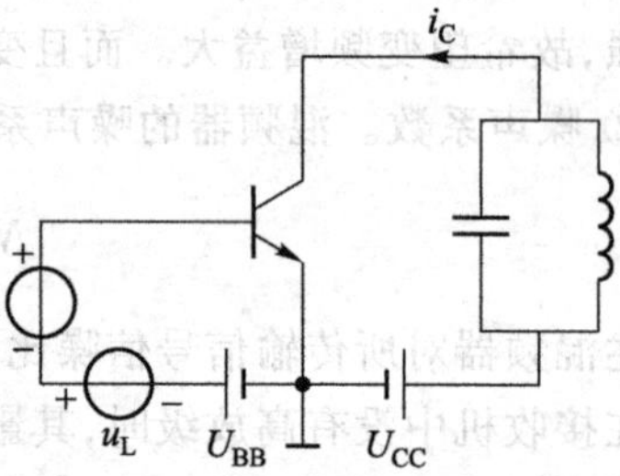
i_C
$f_0=f_I$
u_s
u_L
U_{BB}
U_{CC}
图 6-55　晶体管混频器原理电路

$$g_c=\frac{\text{输出中频电流振幅}}{\text{输入高频电压振幅}}=\frac{I_I}{U_s}=\frac{1}{2}g_{m1} \tag{6-90}$$

它与普通放大器的跨导有相似的含义，表示输入高频信号电压到输出中频电流的转换能力。在数值上，变频跨导是时变跨导基波分量的一半，可以通过求 $g_m(t)$ 的基波分量 g_{m1} 来求得

$$g_{m1}=\frac{1}{\pi}\int_{-\pi}^{\pi}g_m(t)\cos\omega_L t\mathrm{d}\omega_L t \tag{6-91}$$

$$g_c=\frac{1}{2}g_{m1}=\frac{1}{2\pi}\int_{-\pi}^{\pi}g_m(t)\cos\omega_L t\mathrm{d}\omega_L t \tag{6-92}$$

上面已经提到，变频跨导与晶体管特性、直流工作点及本振电压大小等因素有关。了解 g_c 随 U_{BB} 及 U_L 的变化规律，对选择变频器的工作状态是很重要的。图 6-56 和图 6-57 所示分别给出了变频跨导与本振电压和偏置电压的关系曲线。

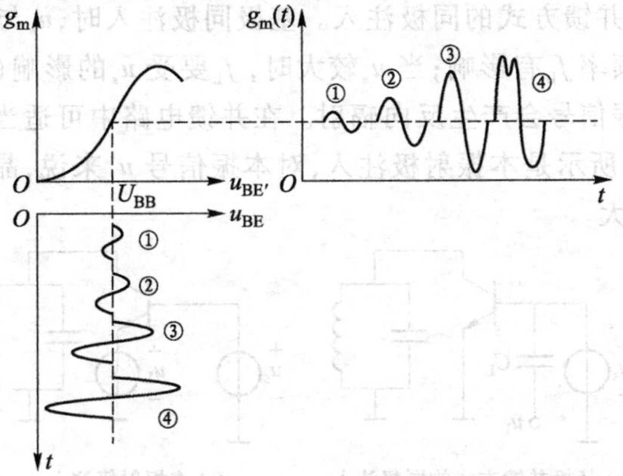
g_m
$g_m(t)$
g_c
①
②
③
④
O
$u_{BE'}$
U_{BB}
u_{BE}
t
U_L

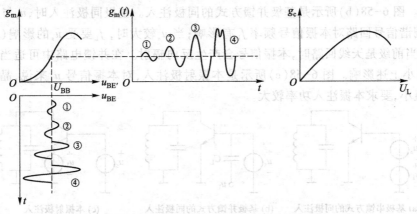

图 6-56　变频跨导与本振电压的关系曲线

由图 6-56 可以看出，U_{BB} 不变时，当 U_L 从零起在较小范围内增加时，由于未超出 g_m 曲线的线性部分，所以 g_c 与 U_L 成正比，但 g_c 的数值比较小。当 U_L 较大时，随 U_L 的增加 g_c 加大，但由于开始进入 g_m 曲线的弯曲部分，所以 g_c 增大速度逐渐缓慢。当 U_L 很大时，由于 g_m 曲线开始下降，g_m 曲线上部发生凹陷，基波分量下降，因此，造成 g_c 下降，同时 $g_m(t)$ 中的谐波分量上升。这条曲线说明，当改变本振电压值时，变频跨导存在着最大值，在 U_L 值的一段范围内，g_c 具有较大的数值。对于锗管，U_L 一般选为 50~200 mV；对于硅管，U_L 还要选得大一些。

由图 6-57 可以看出，U_L 固定不变，当 U_{BB} 值较小时，g_m 的基波分量也小，所以 g_c 值小。随 U_{BB} 增加，g_c 基本上线性地增加。当 U_{BB} 较大时，进入晶体管的非线性段，基波分量仍有增加，但变化缓慢。而当 U_{BB} 过大时，由于 g_m 曲线的下降，使 g_c 也有所下降。一般选择 $I_e = 0.3$~1 mA。实际应用中都是用发射极电流 I_{e0} 或 I_{c0} 来表示工作点的，但这时的 I_{e0} 已不是纯直流工作点电流，而是 $I_{e0}(t)$ 中的平均分量。

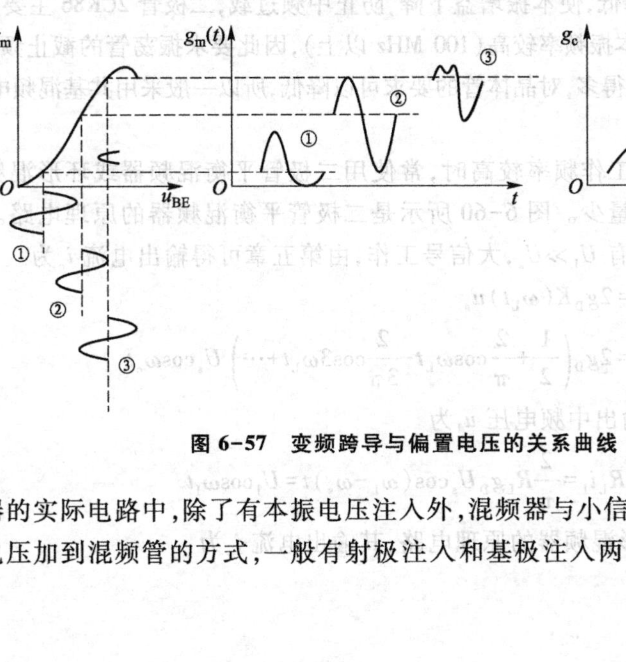
g_m
$g_m(t)$
g_c
①
②
③
O
u_{BE}
t
U_{BB}

例 6-3
变频跨导分析

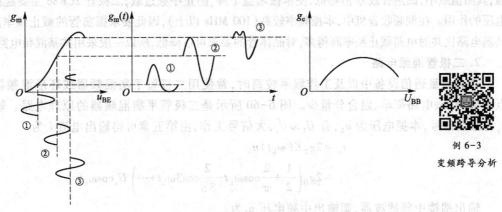

图 6-57　变频跨导与偏置电压的关系曲线

混频器的实际电路中，除了有本振电压注入外，混频器与小信号调谐放大器的电路形式很相似。本振电压加到混频管的方式，一般有射极注入和基极注入两种。选择本振注入电路要注意两点：第一，要尽量避免 u_s 与 u_L 的相互影响及两个频率回路的影响（比如 u_s 对 u_L 的牵引效应及 f_s 回路对 f_L 的影响）；第二，不要妨碍中频电流的流通。

图 6-58(a)所示是基极串馈方式电路，信号电压 u_s 与本振电压 u_L 直接串联加在基极，是同极注入方式。图 6-58(b)所示是基极并馈方式的同极注入。基极同极注入时，u_s 与 u_L 及两回路耦合较紧，调谐信号回路对本振信号频率 f_L 有影响；当 u_s 较大时，f_L 要受 u_s 的影响（频率牵引效应）。此外，当前级是天线回路时，本振信号会产生反向辐射。在并馈电路中可适当选择耦合电容 C_L 值以减小上述影响。图 6-58(c)所示是本振射极注入，对本振信号 u_L 来说，晶体管共基组态，输入电阻小，要求本振注入功率较大。

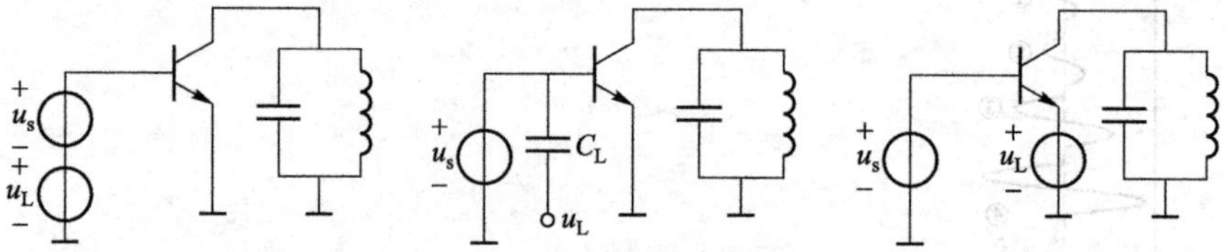

u_s
u_L
C_L
u_L
u_s
u_s
u_L

(a) 基极串馈方式的同极注入　(b) 基极并馈方式的同极注入　(c) 本振射极注入

图 6-58　混频器本振注入方式

图 6-59(a)所示是典型的中波 AM 收音机的变频电路。输入信号与本振信号分别加到基极与射极。L_3 与 L_4 组成变压器反馈以实现振荡。L_3 对中频阻抗很小，不影响中频输出电压。输出中频回路对本振频率来说阻抗也很小，不致影响振荡器的工作。图中，虚线相连的箭头表示电容同轴调谐。

图 6-59(b)所示是 FM 收音机变频电路。图中，R_1、R_2 是偏置电阻，C_4 是保持基极为高频地电位的电容。信号通过 C_1 注入射极，所以对信号而言是共基组态。集电极有两个串联的回路，其中 L_2、C_6、C_7、C_8、C_2 和 C_5 组成本振回路。T_1 的一次侧的电感和 C_9 调谐于 10.7 MHz，该回路对于本振频率近似为短路。这样 L_2 上端相当于接集电极，下端接于基极。C_2 一端接射极，另一端通过大电容 C_3 接基极。射极与集电极间接 C_5，本振为共基电容反馈振荡器。电阻 R_5 起稳定幅度及改善波形的作用。L_1、C_3 为中频陷波电路。输出回路中的二极管 VD 起过载阻尼作用，当信号特别大时，它趋于导通，其阻值减小，回路有效 Q 值降低，使本振增益下降，防止中频过载，二极管 2CK86 主要起稳定基极电压的作用。在调频收音机中，本振频率较高（100 MHz 以上），因此要求振荡管的截止频率高。由于共基电路比共射电路截止频率高得多，对晶体管的要求可以降低，所以一般采用共基混频电路。

2. 二极管混频电路

在高质量通信设备中以及工作频率较高时，常使用二极管平衡混频器或环形混频器。其优点是噪声低、电路简单、组合分量少。图 6-60 所示是二极管平衡混频器的原理电路。输入信号 u_s 为已调信号，本振电压为 u_L，有 $U_L \gg U_s$，大信号工作，由第五章可得输出电流 i_o 为

$$\begin{aligned} i_o &= 2g_D K(\omega_L t) u_s \\ &= 2g_D\left(\frac{1}{2}+\frac{2}{\pi}\cos\omega_L t-\frac{2}{3\pi}\cos 3\omega_L t+\cdots\right) U_s\cos\omega_c t \end{aligned} \tag{6-93}$$

输出端接中频滤波器，则输出中频电压 u_I 为

$$u_I = R_L i_I = \frac{2}{\pi} R_L g_D U_s\cos(\omega_L-\omega_s)t = U_I\cos\omega_I t \tag{6-94}$$

图 6-61 所示为二极管环形混频器的原理电路，其输出电流 i_o 为

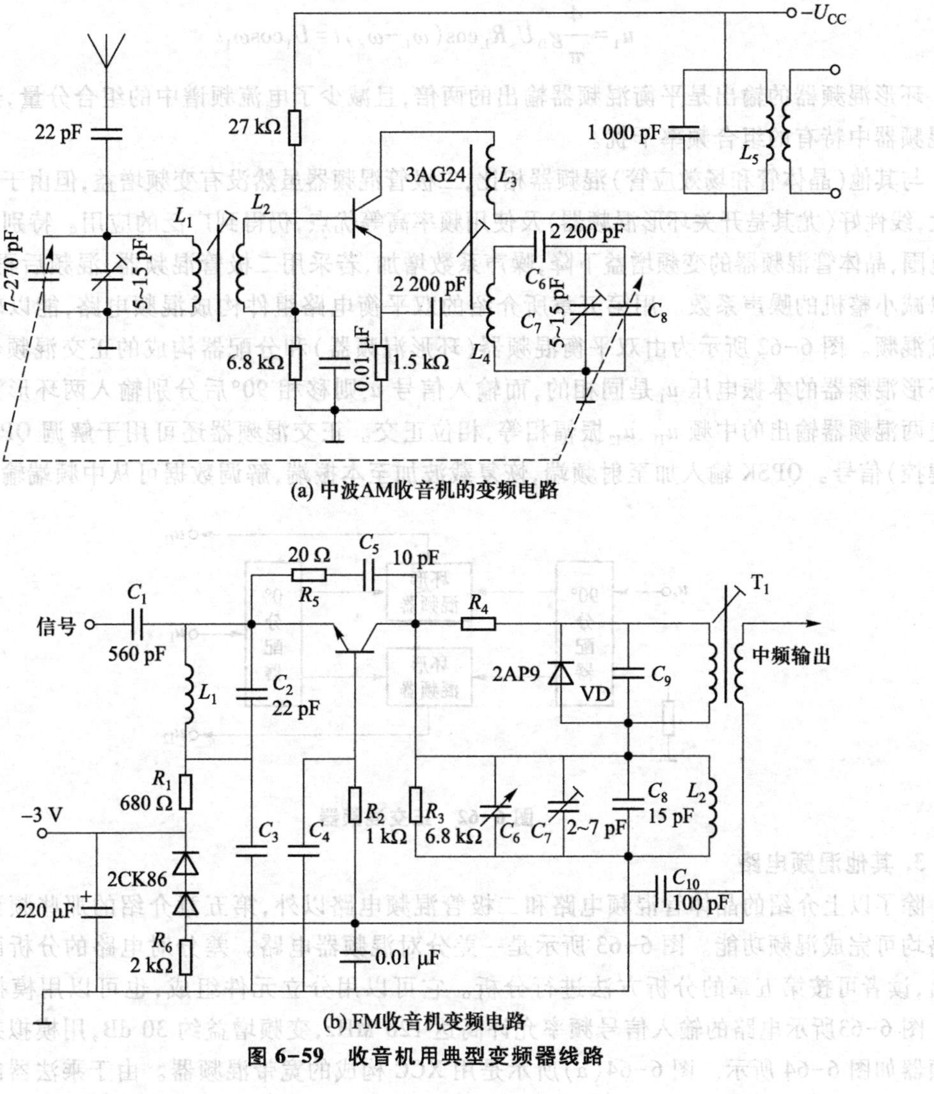

$-U_{CC}$
22 pF
27 kΩ
1 000 pF
L_5
3AG24
L_3
L_1
L_2
2 200 pF
7~270 pF
5~15 pF
C_6
2 200 pF
C_7
5~15 pF
C_8
6.8 kΩ
0.01 μF
1.5 kΩ
L_4
信号
C_1
560 pF
20 Ω
R_5
C_5
10 pF
R_4
T_1
中频输出
L_1
C_2
22 pF
2AP9
VD
C_9
R_1
680 Ω
-3 V
C_3
C_4
R_2
1 kΩ
R_3
6.8 kΩ
C_6
C_7
2~7 pF
C_8
15 pF
L_2
2CK86
220 μF
C_{10}
100 pF
R_6
2 kΩ
0.01 μF

(a) 中波AM收音机的变频电路

(b) FM收音机变频电路

图 6-59 收音机用典型变频器线路

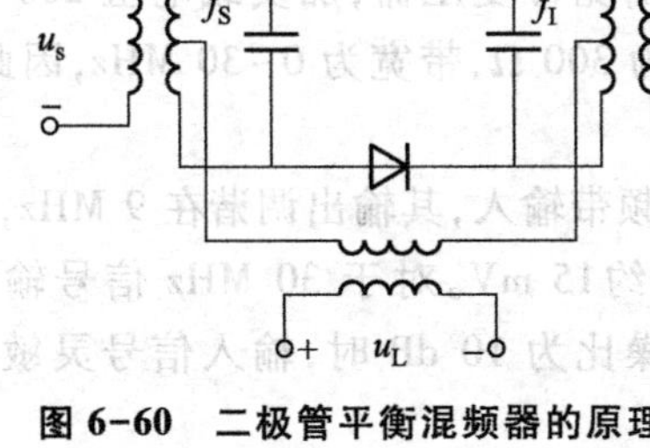

u_s
f_S
f_I
u_I
u_L

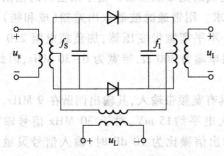

图 6-60 二极管平衡混频器的原理电路

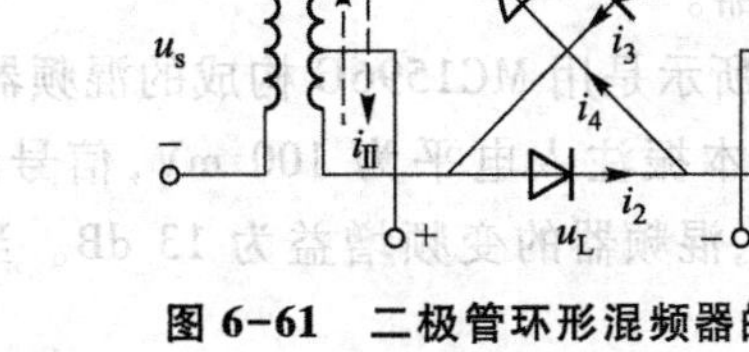

i_1
i_I
i_{II}
u_s
i_3
i_4
u_I
i_{II}
i_I
i_2
u_L

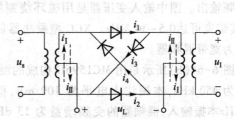

图 6-61 二极管环形混频器的原理电路

$$
\begin{aligned}
i_o &= 2g_D K'(\omega_L t)u_s \\
&= 2g_D\left(\frac{4}{\pi}\cos\omega_L t-\frac{4}{3\pi}\cos3\omega_L t+\cdots\right)U_s\cos\omega_c t
\end{aligned}
\tag{6-95}
$$

经中频滤波后，得输出中频电压

$$u_I=\frac{4}{\pi}g_DU_sR_L\cos(\omega_L-\omega_c)t=U_I\cos\omega_It \tag{6-96}$$

环形混频器的输出是平衡混频器输出的两倍，且减少了电流频谱中的组合分量，这样就会减少混频器中特有的组合频率干扰。

与其他(晶体管和场效应管)混频器相比，二极管混频器虽然没有变频增益，但由于具有动态范围大，线性好(尤其是开关环形混频器)及使用频率高等优点，仍得到广泛的应用。特别是在微波频率范围，晶体管混频器的变频增益下降，噪声系数增加，若采用二极管混频器，混频后再进行放大，可以减小整机的噪声系数。用第五章所介绍的双平衡电路组件构成混频电路，能以较高的性能完成混频。图 6-62 所示为由双平衡混频器(环形混频器)和分配器构成的正交混频器。加到两个环形混频器的本振电压 u_L是同相的，而输入信号 u_s则移相 90°后分别输入两环形混频器。结果使两混频器输出的中频 u_{I1}、u_{I2}振幅相等，相位正交。正交混频器还可用于解调 QPSK(正交相移键控)信号。QPSK 输入加至射频端，恢复载波加至本振端，解调数据可从中频端输出。

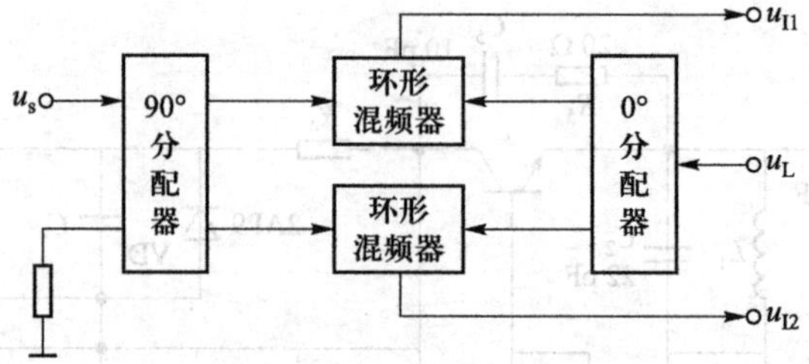
u_{I1}
u_s
90°
分
配
器
环形
混频器
环形
混频器
0°
分
配
器
u_L
u_{I2}

图 6-62　正交混频器

3. 其他混频电路

除了以上介绍的晶体管混频电路和二极管混频电路以外，第五章介绍的那些频谱线性搬移电路均可完成混频功能。图 6-63 所示是一差分对混频器电路。差分对电路的分析已在第五章给出，读者可按第五章的分析方法进行分析。它可以用分立元件组成，也可以用模拟乘法器组成。图 6-63所示电路的输入信号频率允许高达 120 MHz，变频增益约 30 dB，用模拟乘法器构成混频器如图 6-64 所示。图 6-64(a)所示是用 XCC 构成的宽带混频器。由于乘法器的输出电压不含有信号频率分量，从而降低了对带通滤波器的要求。用带通滤波器取出差频(或和频)即可得混频输出。图中输入变压器是用磁环绕制的平衡-不平衡宽带变压器，加负载电阻 200 Ω 以后，其带宽可达0.5～30 MHz。XCC 型乘法器负载电阻单端为 300 Ω，带宽为 0～30 MHz，因此，该电路为宽带混频器。

图 6-64(b)所示是用 MC1596G 构成的混频器，具有宽频带输入，其输出调谐在 9 MHz，回路带宽为 450 kHz，本振注入电平为 100 mV，信号最大电平约15 mV。对于 30 MHz 信号输入和 39 MHz本振输入，混频器的变频增益为 13 dB。当输出信噪比为 10 dB 时，输入信号灵敏度约为7.5 μV。

场效应管工作频率高，其特性近似于平方律，动态范围大，非线性失真小，噪声系数低，单向传输性能好。因此，用场效应管构成混频器，其性能好于晶体管混频器。图 6-65 所示是场效应管混频器的实际电路，其工作频率为 200 MHz。图 6-65(a)中输入信号与本振信号是同栅注入；图 6-65(b)中本振信号从源极注入。漏极电路中的 L_3、C_5并联回路对本振信号频率谐振，抑制

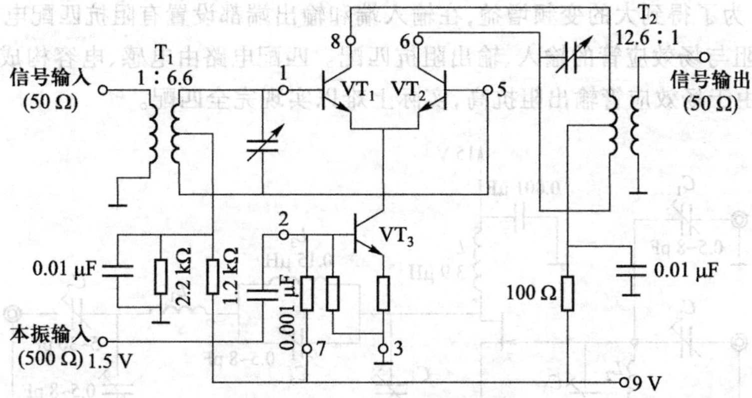
T$_1$
1∶6.6
信号输入
(50 Ω)
1
8
6
VT$_1$
VT$_2$
5
T$_2$
12.6∶1
信号输出
(50 Ω)
2
VT$_3$
0.01 μF
2.2 kΩ
1.2 kΩ
0.001 μF
7
3
100 Ω
0.01 μF
本振输入
(500 Ω) 1.5 V
9 V

图 6-63 差分对混频器电路

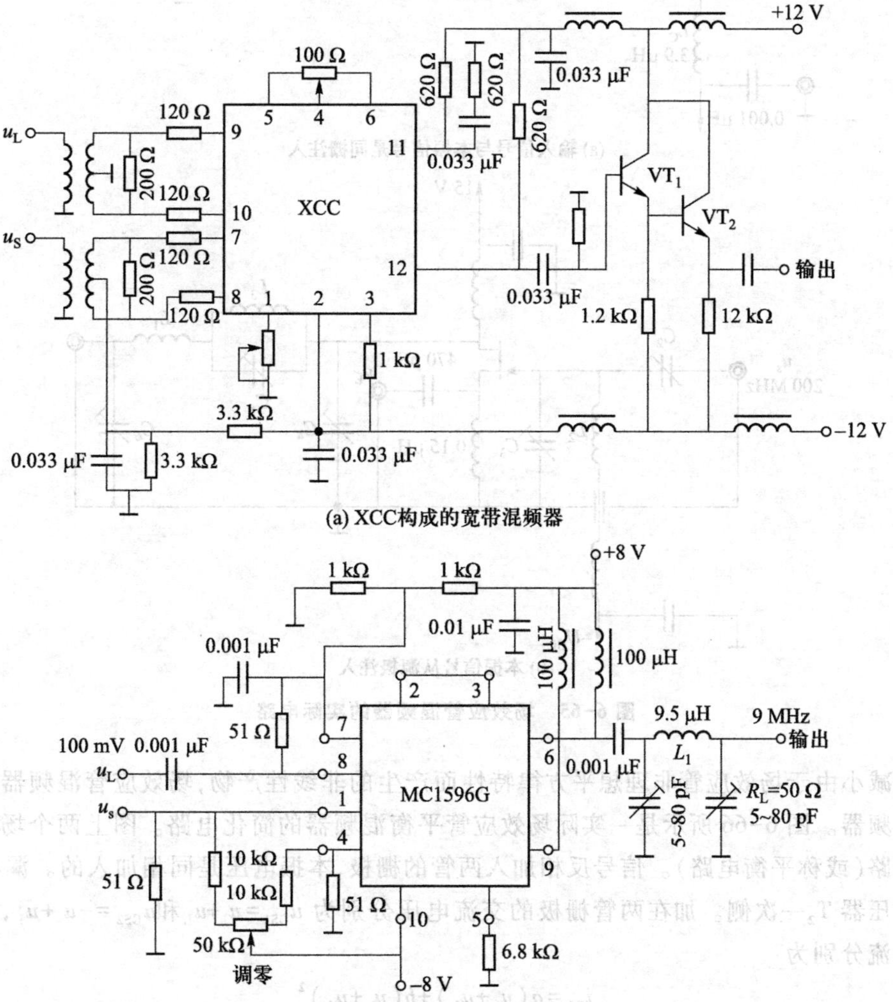
100 Ω
620 Ω
620 Ω
620 Ω
0.033 μF
0.033 μF
+12 V
120 Ω
9
5
4
6
11
u_L
200 Ω
120 Ω
10
XCC
VT$_1$
VT$_2$
u_S
7
120 Ω
200 Ω
12
0.033 μF
输出
8
1
2
3
120 Ω
1.2 kΩ
12 kΩ
1 kΩ
3.3 kΩ
−12 V
0.033 μF
3.3 kΩ
0.033 μF

(a) XCC构成的宽带混频器

+8 V
1 kΩ
1 kΩ
0.01 μF
0.001 μF
100 μH
100 μH
2
3
51 Ω
7
9.5 μH
9 MHz
100 mV 0.001 μF
6
L_1
输出
u_L
8
0.001 μF
MC1596G
5~80 pF
R_L=50 Ω
5~80 pF
u_s
1
4
9
10 kΩ
51 Ω
10 kΩ
51 Ω
10
5
50 kΩ
6.8 kΩ
调零
−8 V

(b) MC1596G构成的混频器

图 6-64 用模拟乘法器构成混频器

本振信号输出。为了得到大的变频增益，在输入端和输出端都设置有阻抗匹配电路，使信号源和负载的 50 Ω 电阻与场效应管的输入、输出阻抗匹配。匹配电路由电感、电容构成的 L、π、T 形网络担任。不过，由于场效应管输出阻抗高，实际上难以实现完全匹配。

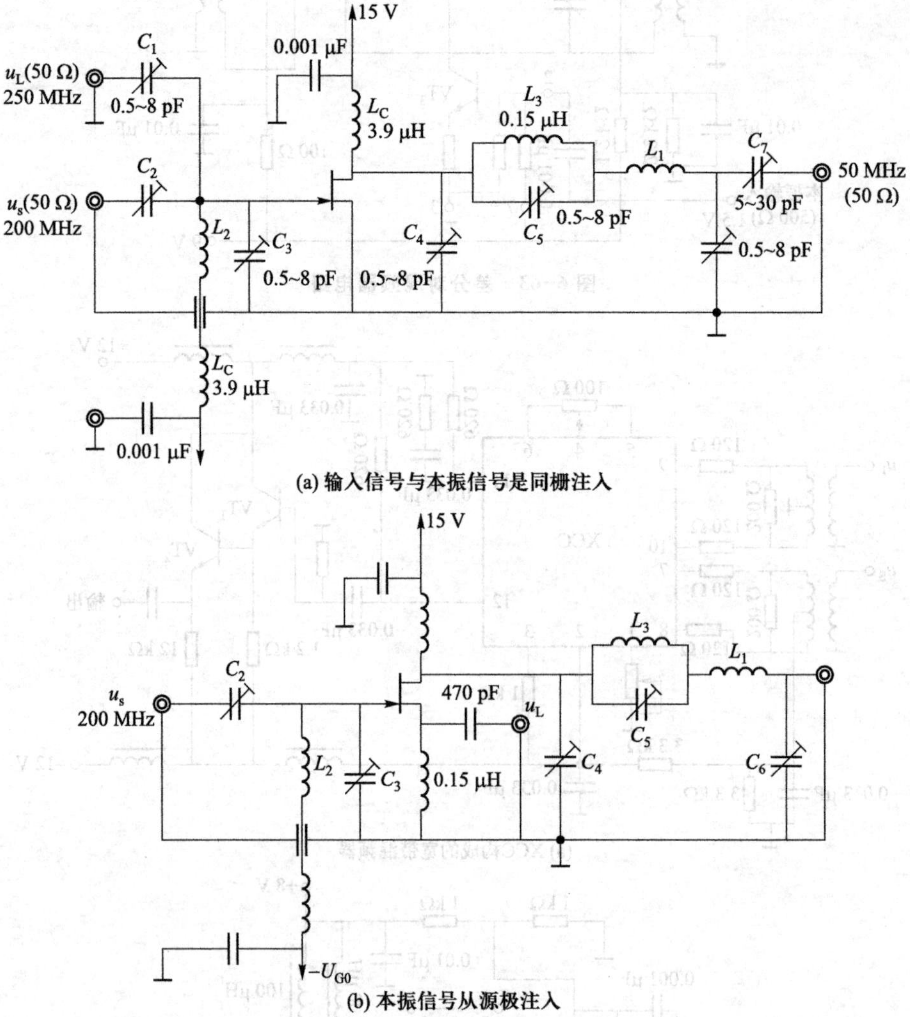
15 V
C_1
u_L(50 Ω)
250 MHz
0.5~8 pF
0.001 μF
L_C
3.9 μH
L_3
0.15 μH
C_2
u_s(50 Ω)
200 MHz
L_1
C_7
50 MHz
(50 Ω)
5~30 pF
C_5
0.5~8 pF
L_2
C_3
C_4
0.5~8 pF
0.5~8 pF
0.5~8 pF
L_C
3.9 μH
0.001 μF
15 V
L_3
u_s
200 MHz
C_2
L_1
470 pF
u_L
C_5
L_2
C_3
0.15 μH
C_4
C_6
$-U_{G0}$
(a) 输入信号与本振信号是同栅注入

(b) 本振信号从源极注入

图 6-65　场效应管混频器的实际电路

为了减小由于场效应管非理想平方律特性而产生的非线性产物，场效应管混频器还可以接成平衡混频器。图 6-66 所示是一实际场效应管平衡混频器的简化电路。图上两个场效应管接成推挽电路（或称平衡电路）。信号反相加入两管的栅极，本振电压是同相加入的。漏极 π 形网络加入变压器 T_2一次侧。加在两管栅极的交流电压分别为 $u_{GS1}=u_s+u_L$ 和 $u_{GS2}=-u_s+u_L$，两管的漏极交流电流分别为

$$i_{D1}=a(u_s+u_L)+b(u_s+u_L)^2$$

$$i_{D2}=a(-u_s+u_L)+b(-u_s+u_L)^2$$

流过变压器 T_2的交流电流为

$$i_D = i_{D1} - i_{D2} = 2au_s + 4bu_s u_L$$

可见除了信号分量之外就是所需的和频、差频分量，比单管时减少了许多其他频率分量（如 ω_L、$2\omega_L$、ω_c等）。而差频及和频分量振幅值 $2bU_L U_s$比单管$bU_L U_s$时增加了一倍。

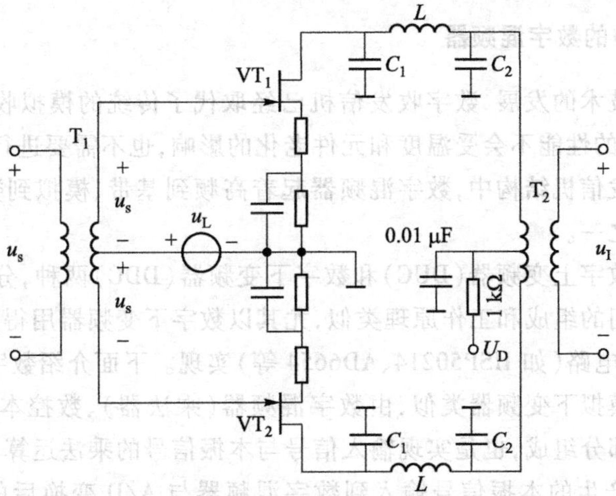
L
C1
C2
VT1
T1
u_s
u_L
u_s
0.01 μF
1 kΩ
U_D
T2
u_I
VT2
C1
C2
L

图 6-66　实际场效应管平衡混频器的简化电路

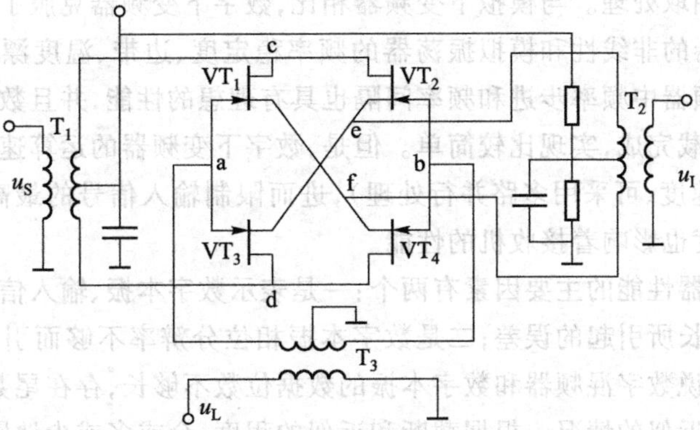
c
VT1
VT2
T1
u_S
a
e
f
b
T2
u_I
VT3
VT4
d
T3
u_L

图 6-67　结型场效应管构成的环形混频器

场效应管作开关运用时，也可以用来构成平衡混频器和环形混频器。图6-67所示是由结型场效应管构成的环形混频器。图上本振电压加到四个场效应管的栅极，控制各管的导通和截止。由于输入电阻很大，本振所需的功率不大。信号及中频输出接在场效应管的漏极和源极电路中，因此对信号源来说，场效应管只起导通和截止的二极管作用，没有放大作用和变频增益。这也是通常把这种混频器称为场效应管无源混频器的原因（前面讨论的场效应管混频器也称为有源混频器）。图中，当本振电压使 a 点为正电位时，VT_1、VT_3导通至低阻区，c 点和 f 点相连（只有很小的导通电阻），d 点和 e 点相连。信号电流按一定的方向和相位流过变压器 T_2。此时相当于由 VT_1、VT_3构成单平衡电路。当 u_L使 b 点为正电位时，VT_2、VT_4导通，c 点和 e 点相连，d 点和 f 点相连。流过 T_2的信号电流正好与 a 点电位为正的情况相反。此时相当于由 VT_2、VT_4构成另一个平衡电路。这样，两对管的轮流导通，就构成了双平衡电路。流过 T_2的电流与二极管环形混频器完全相同。

例 6-4
场效应管混频器

这种场效应管开关混频器与二极管混频器比较，所需的本振功率小，变频损耗小（在频率为几百兆赫时，变频损耗可低至 1.5~3 dB），动态范围大。而且四个场效应管可以集成在一个单片上，性能一致，对称性好。

三、软件无线电中的数字混频器

随着软件无线电技术的发展，数字收发信机已经取代了传统的模拟收发信机。相比模拟收发信机，数字收发信机的性能不会受温度和元件老化的影响，也不需要进行校准。在数字中频接收机和软件无线电收发信机结构中，数字混频器起着高频到基带、模拟到数字的转换作用，是软件无线电的核心技术之一。

数字变频器分为数字上变频器（DUC）和数字下变频器（DDC）两种，分别对应模拟上变频器和模拟下变频器。它们的组成和工作原理类似，尤其以数字下变频器用得最多，可以用 FPGA 实现，也可以用专用集成电路（如 HSP50214、AD6654 等）实现。下面介绍数字下变频器。

数字下变频器与模拟下变频器类似，由数字混频器（乘法器）、数控本地振荡器（NCO）和数字低通抽取滤波器三部分组成，也是实现输入信号与本振信号的乘法运算，但多以正交采样下变频的形式实现。NCO 产生的本振信号输入到数字混频器与 A/D 变换后的输入信号进行混频。数字混频器就是一个数字乘法器，很简单。信号经混频后，输出到低通滤波器以滤出倍频分量和带外信号，然后进行抽取处理。与模拟下变频器相比，数字下变频器克服了许多模拟下变频器固有的问题，例如混频器的非线性和模拟振荡器的频率稳定度、边带、温度漂移、转换速率、相位噪声等，而且数字下变频器中频率步进和频率间隔也具有理想的性能，并且数字下变频器的控制和修改可能通过程序下载完成，实现比较简单。但是，数字下变频器的运算速度受到处理器处理速度的限制（为了提高速度，可采用多路并行处理），进而限制输入信号的最高速率和 ADC 的最高采样速率；其数据精度也影响着接收机的性能。

影响数字下变频器性能的主要因素有两个：一是表示数字本振、输入信号以及混频乘法运算的样本数值的有限字长所引起的误差；二是数字本振相位分辨率不够而引起数字本振样本数值的近似取值。也就是说数字混频器和数字本振的数据位数不够长，存在尾数截断的情况，数字本振相位的样本值存在近似的情况。根据截断和近似的程度，会或多或少地影响 DDC 的性能。

NCO 的性能严重影响着 DDC 的性能。NCO 的目标就是产生一个理想的正弦波或余弦波，确切地说就是产生一个频率可变的正弦波样本。NCO 实际上就是直接数字式频率合成器（DDS）中的核心部件，其具体原理和实现方法见第八章相关内容。

第四节 混频器的干扰

混频器用于超外差接收机中，使接收机的性能得到改善，但同时混频器又会给接收机带来某些类型的干扰问题。希望混频器的输出端只有输入信号与本振信号混频得出的中频分量 f_L-f_c 或 f_c-f_L，这种混频途径称为主通道。但实际上，还有许多其他频率的信号也会经过混频器的非线性作用而产生另一些中频（或近似中频）分量输出，即所谓假响应或寄生响应，这种“混频”途径称为寄生通道。这些信号形成的方式有：直接从接收天线进入（特别是混频前没有高放时）；

由高放非线性产生；由混频器本身产生；由本振的谐波产生等。

把除了有用信号外的所有信号统称为干扰。在实际中，能否形成干扰要看以下两个条件：一是是否满足一定的频率关系；二是满足一定频率关系的分量的幅值是否较大。

混频器主要存在下列干扰：信号与本振的自身组合干扰（也叫干扰哨声）；外来干扰与本振的组合干扰（也叫副波道干扰、寄生通道干扰）；外来干扰与信号形成的交叉调制干扰（交调干扰）；外来干扰互相作用形成的互调干扰；包络失真、阻塞干扰；倒易混频等。下面分别介绍这些干扰的形成机理和抑制方法。

一、信号与本振的自身组合干扰

由第五章非线性电路的分析方法可知，当两个频率的信号作用于非线性器件时，会产生这两个频率的各种组合分量。对混频器而言，作用于非线性器件的两个信号为输入信号 $u_s(f_c)$ 和本振电压 $u_L(f_L)$，则非线性器件产生的组合频率分量为

$$f_\Sigma = \pm pf_L \pm qf_c \tag{6-97}$$

式中，p、q 为正整数或零。当有用中频为差频时，即 $f_I=f_L-f_c$ 或 $f_I=f_c-f_L$，只存在 $pf_L-qf_c=f_I$ 或 $qf_c-pf_L=f_I$ 两种情况可能会形成干扰，即

$$pf_L-qf_c\approx\pm f_I \tag{6-98}$$

这样，能产生中频组合分量的信号频率、本振频率与中频频率之间存在着下列关系

$$f_c=\frac{p}{q}f_L\pm\frac{1}{q}f_I \tag{6-99}$$

当取 $f_L-f_c=f_I$ 时，式(6-99)变为

$$\frac{f_c}{f_I}=\frac{p\pm1}{q-p} \tag{6-100}$$

f_c/f_I 称为变频比。如果取 $f_c-f_L=f_I$，可得

$$\frac{f_c}{f_I}=\frac{p\pm1}{p-q} \tag{6-101}$$

当信号频率与中频频率满足式(6-100)或式(6-101)的关系，或者说变频比 f_c/f_I 一定，并能找到对应的整数 p、q 时，就会形成干扰。事实上，当 f_c、f_I 确定后，总会找到满足式(6-100)、式(6-101)的整数值 p、q，也就是说有确定的干扰点。但是，若对应的 p、q 值大，即 $p+q$ 很大，则意味着是高阶产物，其分量幅度小，实际影响小。若 p、q 值小，即阶数低，则干扰影响大，应设法减小这类干扰。一部接收机，当中频频率确定后，则在其工作频率范围内，由信号及本振产生的上述组合干扰点是确定的。用不同的 p、q 值，按式(6-100)算出相应的变频比 f_c/f_I，列在表 6-1 中。

表 6-1　f_c/f_I 与 p、q 的关系表

编号	1	2	3	4	5	6	7	8	9	10	11	12	13	14	15	16	17	18	19	20
p	0	1	1	2	1	2	3	1	2	3	4	1	2	3	4	1	2	3	1	2
q	1	2	3	3	4	4	4	5	5	5	5	6	6	6	6	7	7	7	8	8
f_c/f_I	1	2	1	3	2/3	3/2	4	1/2	1	2	5	2/5	3/4	4/3	5/2	1/3	3/5	1	2/7	1/2

例题　调幅广播接收机的中频为 465 kHz。某电台发射频率 $f_c=931$ kHz。当接收该台广播时，接收机的本振频率 $f_L=f_c+f_I=1\,396$ kHz。显然 $f_I=f_L-f_c$，这是正常的变频过程（主通道）。但是，由于器件的非线性，在混频器中同时还存在着信号和本振的各次谐波相互作用。变频比 $f_c/f_I=931/465\approx2$，查表 6-1，对应编号 2 和编号 10 的干扰。对 2 号干扰，$p=1,q=2$，是 3 阶干扰，由式(6-98)，可得 $2f_c-f_L=(2\times931-1\,396)$ kHz $=466$ kHz，这个组合分量与中频差1 kHz，经检波后将出现 1 kHz 的啸声。这也是将自身组合干扰称为干扰啸声的原因。对 10 号干扰，$p=3$，$q=5$，是 8 阶干扰，其形成干扰的频率关系为 $5f_c-3f_L=(5\times931-3\times1\,396)$ kHz $=467$ kHz $\approx$ 465 kHz，可以通过中频通道形成干扰。

干扰啸声是信号本身（或其谐波）与本振信号的各次谐波组合形成的，与外来干扰无关，所以不能靠提高前端电路的选择性来抑制。减小这种干扰影响的办法是减少干扰点的数目并提高干扰的阶数。其抑制方法如下。

① 正确选择中频数值。当 f_I 固定后，在一个频段内的干扰点就确定了，合理选择中频频率，可大大减少组合频率干扰的点数，并将阶数较低的干扰排除。例如，某短波接收机，波段范围为 2～30 MHz。如 $f_I=1.5$ MHz，则变频比 $f_c/f_I=1.33\sim20$，由表 6-1 可查出组合干扰点为 2、4、6、7、10、11、14 和 15 号，最严重的是 2 号（3 阶干扰），受干扰的频率 $f_c=2f_I=3$ MHz。若 $f_I=0.5$ MHz，$f_c/f_I=4\sim60$，组合干扰点为 7 号和 11 号，最严重的是 7 号（7 阶干扰），受干扰的频率 $f_c=4f_I=2$ MHz。由此可见，将中频由 1.5 MHz 改为 0.5 MHz，较强的干扰点由 8 个减小到 2 个，最强的干扰由 3 阶升为 7 阶。但中频频率降低后，对镜像干扰频率的抑制是不利的。如选用高中频，中频采用 70 MHz，$f_c/f_I=0.029\sim0.43$，满足这一范围的组合频率干扰点也是很少的（12、16 和 19 号），最严重的是 12 号干扰（阶数 7 阶），因此影响很小。此外，采用高中频后，基本上抑制了镜像和中频干扰。由于采用高中频具有独特的优点，目前已广泛应用。实现高中频带来的问题是：要采用高频窄带滤波器，通常希望用矩形系数小的晶体滤波器，这在技术上会带来一些困难，当然可采用声表面波滤波器来解决这一难题，其相对带宽可做到 0.02%～70%，矩形系数可达 1.2～1.1。

② 正确选择混频器的工作状态，减少组合频率分量。应使 $g_m(t)$ 的谐波分量尽可能地减少，使电路接近乘法器。

③ 采用合理的电路形式。如平衡电路、环形电路、乘法器等，从电路上抵消一些组合分量。

二、外来干扰与本振的组合干扰

如果外来干扰与信号一起到达混频器输入端，则外来干扰电压与本振电压由于混频器的非线性形成假中频而不能滤除，这种干扰称为寄生通道干扰或副通道干扰。设干扰电压为 $u_J(t)=U_J\cos\omega_J t$，频率为 f_J。接收机在接收有用信号时，某些无关电台也可能被同时收到，表现为串台，还可能夹杂着啸声，在这种情况下，混频器的输入、输出和本振的示意图如图 6-68 所示。

如果干扰频率 f_J 满足式(6-99)，即

$$f_J=\frac{p}{q}f_L\pm\frac{1}{q}f_I$$

就能形成干扰。式中，f_L 由所接收的信号频率决定，用 $f_L=f_c+f_I$ 代入上式，可得

$$f_J=\frac{p}{q}f_c+\frac{p\pm1}{q}f_I \tag{6-102}$$

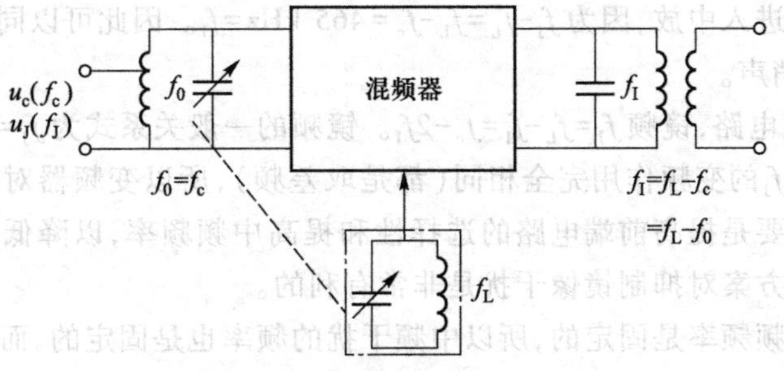
$u_c(f_c)$
$u_J(f_J)$
f_0
混频器
f_I
$f_0=f_c$
$f_I=f_L-f_c$
$=f_L-f_0$
f_L

图 6-68 寄生通道干扰示意图

反过来说，凡是满足此式的信号都可能形成干扰。这一类干扰主要有中频干扰、镜像干扰及其他组合副通道干扰。

1. 中频干扰

当干扰频率等于或接近于接收机中频时，如果接收机前端电路的选择性不够好，干扰电压一旦漏到混频器的输入端，混频器对这种干扰相当于一级（中频）放大器，放大器的跨导为 $g_m(t)$ 中的 g_{m0}，从而将干扰放大，并顺利地通过其后各级电路，就会在输出端形成干扰。因为 $f_J \approx f_I$，在式(6-102)中，$p=0$，$q=1$，即中频干扰是一阶干扰。不同波段对中频干扰的抑制能力不同。中波的波段低端的抑制能力最弱，因为此时接收机前端电路的工作频率距干扰频率最近。

抑制中频干扰的方法主要是提高前端电路的选择性，以降低作用在混频器输入端的干扰电压值，或加中频陷波电路，如图 6-69 所示。图中，L_I、C_I 对中频谐振，滤除外来的中频干扰电压。此外，要合理选择中频数值，中频要选在工作波段之外，最好采用高中频方式。

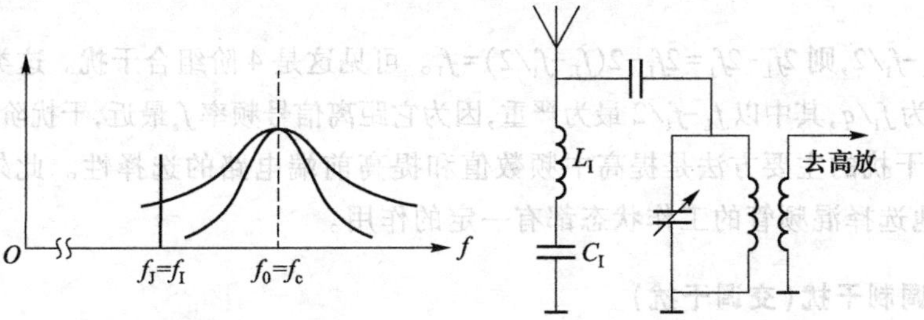
O
f
$f_J=f_I$
$f_0=f_c$
L_I
C_I
去高放

(a) 提高前端电路的选择性　　(b) 加中频陷波电路

图 6-69 抑制中频干扰的措施

2. 镜像干扰

设混频器中 $f_L>f_c$，当外来干扰频率 $f_J=f_L+f_I$ 时，u_J 与 u_L 共同作用在混频器输入端，也会产生差频 $f_J-f_L=f_I$，从而在接收机输出端听到干扰电台的声音。f_J、f_L 及 f_I 的关系如图 6-70 所示。由于 f_J 和 f_c 对称地位于 f_L 两侧，呈镜像关系，所以将 f_J 称为镜像频率，将这种干扰称为镜像干扰。从式(6-99)看出，对于镜像干扰，$p=q=1$，所以为 2 阶干扰。

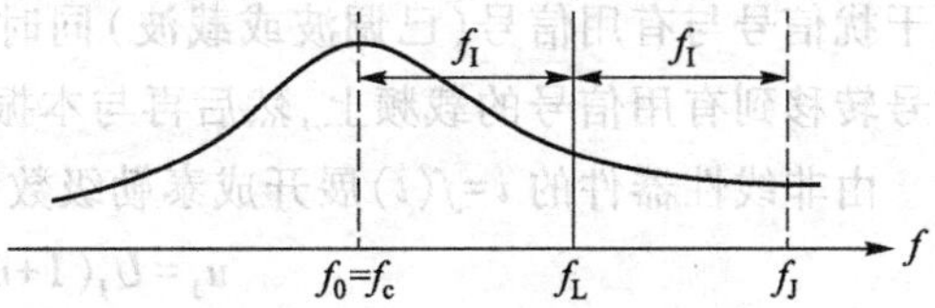
f_I
f_I
f
$f_0=f_c$
f_L
f_J

图 6-70 镜像干扰的频率关系

例如，当接收 580 kHz 的信号时，还有一个 1 510 kHz 的信号也作用在混频器的输入端。它将以镜像干扰的形式进入中放，因为 $f_J-f_L=f_L-f_c=465\ \text{kHz}=f_I$。因此可以同时听到两个信号的声音，并且还可能出现啸声。

对于 $f_L<f_c$ 的变频电路，镜频 $f_J=f_L-f_I=f_c-2f_I$。镜频的一般关系式为 $f_J=f_L\pm f_I$。

变频器对于 f_c 和 f_J 的变频作用完全相同（都是取差频），所以变频器对镜像干扰无任何抑制作用。抑制的方法主要是提高前端电路的选择性和提高中频频率，以降低加到混频器输入端的镜像电压值。高中频方案对抑制镜像干扰是非常有利的。

一部接收机的中频频率是固定的，所以中频干扰的频率也是固定的，而镜像频率随着信号频率 f_c（或本振频率 f_L）的变化而变化。这是它们的不同之处。

3. 组合副波道干扰

这里，只观察 $p=q$ 时的部分干扰。在这种情况下，式(6-102)变为

$$f_J=f_L\pm\frac{1}{q}f_I \tag{6-103}$$

当 $p=q=2$、3、4 时，f_J 分别为 $f_L\pm f_I/2$，$f_L\pm f_I/3$，$f_L\pm f_I/4$。其频率分布如图 6-71 所示。

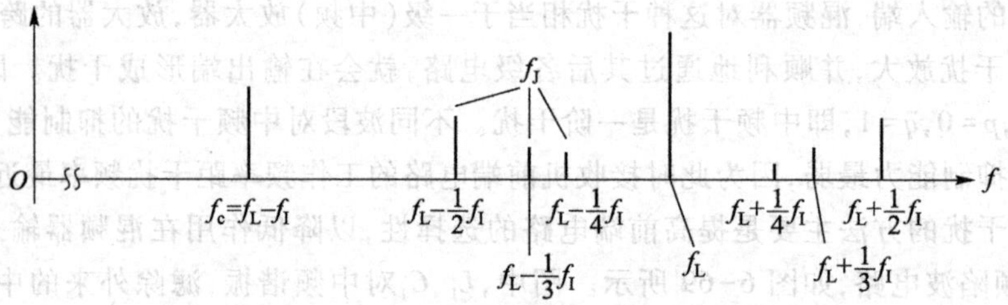
O
f
f_J
$f_c=f_L-f_I$
$f_L-\frac{1}{2}f_I$
$f_L-\frac{1}{4}f_I$
$f_L-\frac{1}{3}f_I$
f_L
$f_L+\frac{1}{4}f_I$
$f_L+\frac{1}{2}f_I$
$f_L+\frac{1}{3}f_I$

图 6-71　组合副波道干扰的频率分布

例如 $f_J=f_L-f_I/2$，则 $2f_L-2f_J=2f_L-2(f_L-f_I/2)=f_I$。可见这是 4 阶组合干扰。这类干扰对称分布于 f_L 两侧，其间隔为 f_I/q，其中以 $f_L-f_I/2$ 最为严重，因为它距离信号频率 f_c 最近，干扰阶数最低(4 阶)。

抑制这种干扰的主要方法是提高中频数值和提高前端电路的选择性。此外，选择合适的混频电路，合理地选择混频管的工作状态都有一定的作用。

三、交叉调制干扰（交调干扰）

交叉调制（简称交调）干扰的形成与本振信号无关，它是有用信号与干扰信号一起作用于混频器时，由混频器的非线性形成的干扰。它的特点是，当接收有用信号时，可同时听到信号台和干扰台的声音，而信号频率与干扰频率间没有固定的关系。一旦有用信号消失，干扰台的声音也随之消失。犹如干扰台的调制信号调制在信号的载频上。所以，交调干扰的含义为：一个已调的强干扰信号与有用信号（已调波或载波）同时作用于混频器，经非线性作用，可以将干扰的调制信号转移到有用信号的载频上，然后再与本振信号混频得到中频信号，从而形成干扰。

由非线性器件的 $i=f(t)$ 展开成泰勒级数，其四阶项为 a_4u^4。设 $u=u_J+u_s+u_L$，这里

$$u_J=U_J(1+m_J\cos\Omega_Jt)\cos\omega_Jt$$

$$u_s=U_s\cos\omega_ct$$

$$u_L=U_L\cos\omega_Lt$$

将这三个信号代入四阶项，可分解出 $12a_4u_J^2u_su_L$，其中有 $3a_4U_J^2U_sU_L(1+m_J\cos\Omega_Jt)^2\cos\omega_It$ 可以通

过混频器后面的中频通道,从而对有用信号形成干扰,这就是交调干扰。交调干扰实质上是通过非线性作用,将干扰信号的调制信号解调出来,再调制到中频载波上。此过程如图 6-72 所示。图中,f_J、$f_J \pm F_J$、$f_J \pm 2F_J$表示干扰台信号频率;f_c表示有用信号频率;F_J表示干扰台的调制信号频率。

由交调干扰的表达式可以看出,如果有用信号消失,即 $U_s=0$,则交调产物为零。所以,交调干扰与有用信号并存,它是通过有用信号而起作用的。同时也可以看出,它与干扰的载频无关,任何频率的强干扰都可能形成交调,只是f_J与f_c相差越大,受前端电路的抑制越彻底,形成的干扰越弱。

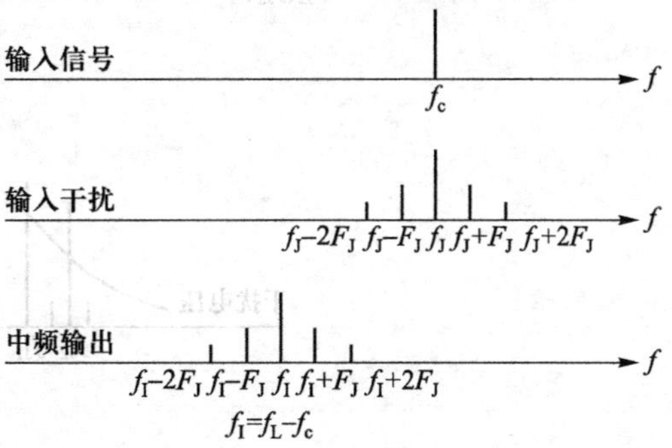
输入信号
f
fc
输入干扰
f
fJ−2FJ fJ−FJ fJ fJ+FJ fJ+2FJ
中频输出
f
fI−2FJ fI−FJ fI fI+FJ fI+2FJ
fI=fL−fc

图 6-72 交调干扰的频率变换

混频器中,除了非线性特性的四次方项外,更高的偶次方项也可能产生交调干扰,但幅值较小,一般可不考虑。

放大器工作于非线性状态时,同样也会产生交调干扰。只不过是由三次方项产生的,交调产物的频率为f_c,而不是f_I。混频器是由四阶项产生的,其中本振电压占了一阶,习惯上仍将四次方项产生的交调称为三阶交调,以和放大器的交调相一致。故三阶交调在放大器里是由三次方项产生的,在混频器里是由四次方项产生的。

抑制交调干扰的措施:一是提高前端电路的选择性,降低加到混频器的 U_J值;二是选择合适的器件(如平方律器件)及合适的工作状态,使不需要的非线性项尽可能小,以减少组合分量。

四、互相调制干扰

互相调制干扰(互调干扰)是指两个或多个干扰电压同时作用在混频器的输入端,经混频器的非线性产生近似为中频的组合分量,落入中放通频带之内形成的干扰,如图6-73(a)所示。

设混频器输入的两个干扰信号 $u_{J1}=U_{J1}\cos\omega_{J1}t$ 和 $u_{J2}=U_{J2}\cos\omega_{J2}t$ 与本振$u_L=U_L\cos\omega_L t$同时作用于混频器的输入端,由于非线性,这三个信号相互作用产生组合分量。由四次方项 a_4u^4,可分解出 $a_4u_{J1}{}^2u_{J2}u_L$项,其中有

$$a_4U_{J1}^2(1+\cos 2\omega_{J1}t)U_{J2}U_L\cos\omega_{J2}t\cos\omega_L t$$

可得组合频率$f_\Sigma=|\pm 2f_{J1}\pm f_{J2}\pm f_L|$。当$f_\Sigma\approx f_I$时,就会形成干扰,即有频率关系$|\pm 2f_{J1}\pm f_{J2}\pm f_L|\approx f_I$或$|\pm 2f_{J1}\pm f_{J2}|\approx f_c$。当$2f_{J1}+f_{J2}=f_c$时,$f_{J1}$或$f_{J2}$必有一个远离$f_c$,产生的干扰不严重。当$2f_{J1}-f_{J2}=f_c$时,$f_{J1}$与$f_{J2}$均可离$f_c$较近,因而产生的干扰比较严重。由$2f_{J1}-f_{J2}=f_c$,变形为

$$f_{J1}-f_{J2}=f_c-f_{J1} \tag{6-104}$$

式(6-104)表明,两个干扰频率都小于(或大于)工作频率,且三者等距时,就可以形成干扰,而对距离的大小并无限制。当距离很近时,前端电路对干扰的抑制能力弱,干扰的影响就大。这种干扰是由两个(或多个)干扰信号通过非线性的相互作用形成的。可以看成两个(或多个)干扰的相互作用,产生了接近输出频率的信号而对有用信号形成干扰,故称为互调干扰。互调干扰的产生与干扰信号的频率有关,可用“同侧等距”来概述,如图 6-73(b)所示。

与交调干扰相类似,放大器工作于非线性状态时,也会产生互调干扰,最严重的是由三次方项产生的,称之为三阶互调。而混频器的互调由四次方项产生的,除掉本振的一阶,即为三阶,故

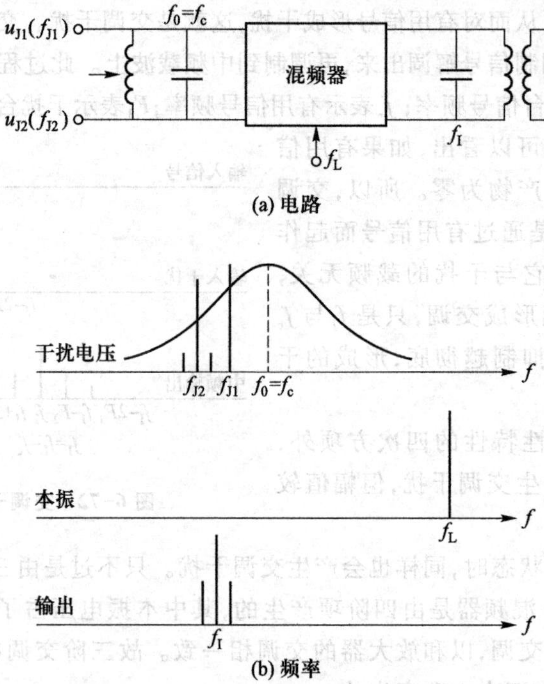
$u_{J1}(f_{J1})$
$u_{J2}(f_{J2})$
$f_0=f_c$
混频器
u_I
f_I
f_L
(a) 电路
干扰电压
f_{J2} f_{J1} $f_0=f_c$
f
本振
f_L
输出
f_I
(b) 频率

图 6-73　互调干扰的示意图

也称之为三阶互调。

互调产物的大小，一方面取决于干扰的振幅（与 $U_{J1}^2U_{J2}$ 或 $U_{J1}U_{J2}^2$ 成正比），另一方面取决于器件的非线性（如 a_4）。因此要减小互调干扰，一方面要提高前端电路的选择性，尽量减小加到混频器上的干扰电压；另一方面要选择合适的电路和工作状态，降低或消除高次方项，如用理想乘法器或具有平方律特性的器件等。

五、包络失真和阻塞干扰

与混频器非线性有关的另外两个现象是包络失真和阻塞干扰。

包络失真是指由于混频器的非线性，输出包络与输入包络不成正比。当输入信号为一振幅调制信号（如 AM 信号）时，混频器输出包络中出现新的频率分量。现以混频器中影响最大的四阶产物 $3a_4U_C^3U_L\cos(\omega_L\pm\omega_c)t$ 为例来说明。当信号为 AM 信号时，将 U_C 用 $U_C(1+m\cos\Omega t)$ 来代替，会出现 3Ω 的调制谐波分量，它随信号振幅 U_C 的增加而增加。

阻塞干扰是指当强的干扰信号与有用信号同时加入混频器时，强干扰会使混频器输出的有用信号的幅度减小，严重时，甚至小到无法接收。当然，如果有用信号过强，也会产生振幅压缩现象，严重时也会有阻塞。可以分析出，产生阻塞的主要原因仍然是混频器中的非线性，特别是引起互调、交调的四阶产物。某些混频器（如晶体管）的动态范围有限，也会产生阻塞干扰。

通常，能减少互调干扰的那些措施，都能改善包络失真与阻塞干扰。

六、倒易混频

在混频器中还存在一种称之为倒易混频的干扰，其表现为当有强干扰信号进入混频器时，混频器输出端的噪声加大，信噪比降低。

振荡器的瞬时频率不稳是由噪声引起的。这也就是说，任何本振源都不是纯正的正弦波，而在振荡频率附近有一定的噪声电压。在强干扰的作用下，与干扰频率相差为中频的一部分噪声和干扰电压进行混频，使这些噪声落入中频频带，从而降低了输出信噪比。图 6-74所示为倒易混频的产生过程。这可以看作是以干扰信号作为“本振”，而以本振噪声作为信号的混频过程，这就是被称为倒易混频的原因。倒易混频是利用混频器的正常混频作用完成的，而不是其他非线性的产物。从图 6-74 中可以看出，产生倒易混频的干扰信号频率范围较宽。倒易混频的影响也可以看成是因干扰而增大了混频器的噪声系数。干扰越强，本振噪声越大，倒易混频的影响就越大。在高性能接收机的设计中，必须考虑倒易混频。其抑制措施除了设法削弱进入混频器的干扰信号电平(提高前端电路的选择性)以外，主要是提高本振的频谱纯度。

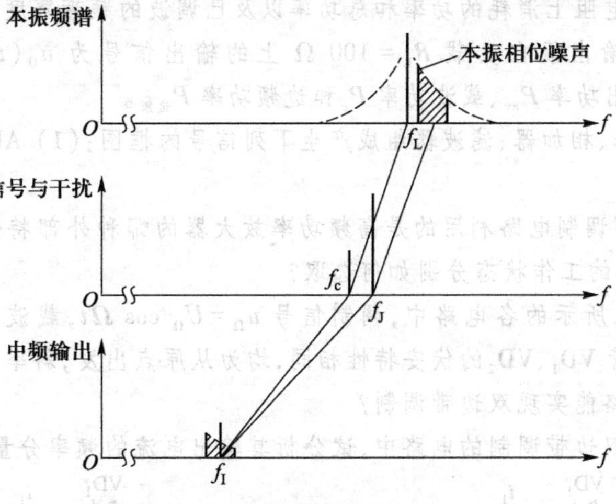
本振频谱
本振相位噪声
O
f
f_L
信号与干扰
f_c
f_J
中频输出
f_I

图 6-74 倒易混频的产生过程

例 6-5
混频干扰分析

思考题与练习题

6-1 已知载波电压为 $u_c=U_c\sin\omega_c t$，调制信号如图 P6-1 所示，$f_c\gg 1/T_\Omega$。分别画出 $m=0.5$ 及 $m=1$ 两种情况下所对应的 AM 波波形以及 DSB 波波形。

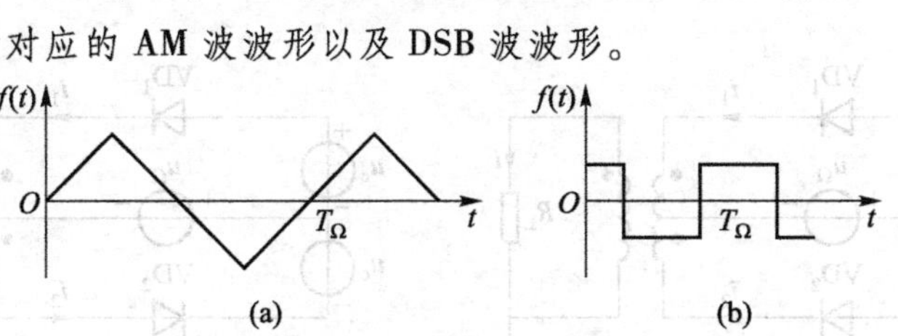
f(t)
O
t
T_Ω
(a)
f(t)
O
t
T_Ω
(b)

图 P6-1 题 6-1 图

6-2 三种振幅调制方式中，哪种调制方式功率利用率最高？三种幅度调制方式，其包络各有什么特点？

6-3 某调幅波表达式为 $u_{AM}(t)=(5+3\cos 2\pi\times4\times10^3 t)\cos2\pi\times465\times10^3 t$ V。

(1) 画出此调幅波的波形；

(2) 画出此调幅波的频谱图,并求带宽;

(3) 若负载电阻 $R_L = 100\ \Omega$,求调幅波的总功率。

6-4　已知两个信号电压的频谱如图 P6-2 所示,要求:

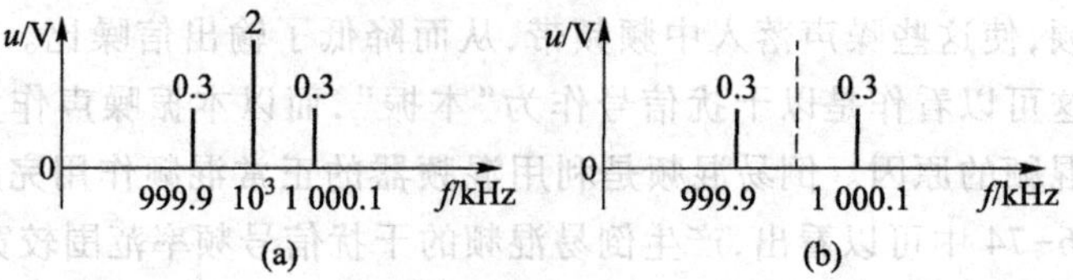
u/V
2
0.3
0.3
0
999.9
10^3
1 000.1
f/kHz
(a)
u/V
0.3
0.3
0
999.9
1 000.1
f/kHz
(b)

图 P6-2　题 6-4 图

(1) 写出两个信号电压的数学表达式,并指出已调波的性质;

(2) 计算在单位电阻上消耗的功率和总功率以及已调波的频带宽度。

6-5　某发射机输出级在负载 $R_L = 100\ \Omega$ 上的输出信号为 $u_o(t) = 4(1+0.5\cos\Omega t)\cos\omega_c t$ V。求总的输出功率 P_{av}、载波功率 P_c 和边频功率 $P_{边频}$。

6-6　试用相乘器、相加器、滤波器组成产生下列信号的框图:(1) AM 信号;(2) DSB 信号;(3) SSB信号。

6-7　高电平振幅调制电路利用的是高频功率放大器的哪种外部特性?要想完成基极或集电极振幅调制,其电路的工作状态分别如何选取?

6-8　在图 P6-3 所示的各电路中,调制信号 $u_\Omega = U_\Omega\cos\Omega t$,载波电压 $u_c = U_c\cos\omega_c t$,且 $\omega_c \gg \Omega$,$U_c \gg U_\Omega$,二极管 VD_1、VD_2 的伏安特性相同,均为从原点出发,斜率为 g_D 的直线。

(1) 试问哪些电路能实现双边带调制?

(2) 在能够实现双边带调制的电路中,试分析其输出电流的频率分量。

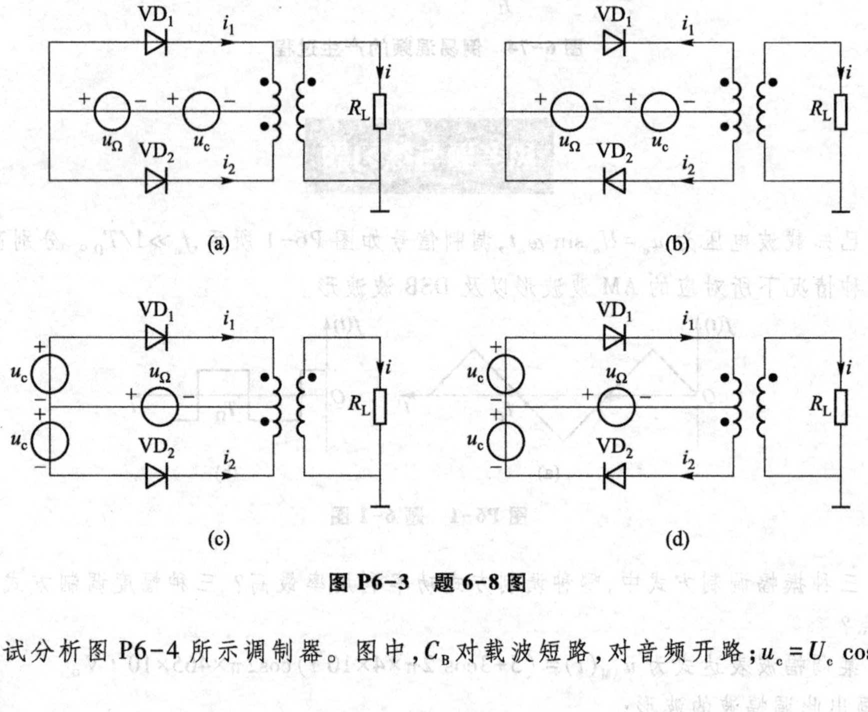
VD_1
i_1
i
u_Ω
u_c
R_L
VD_2
i_2
(a)
VD_1
i_1
i
u_Ω
u_c
R_L
VD_2
i_2
(b)
VD_1
i_1
u_c
u_Ω
i
R_L
u_c
VD_2
i_2
(c)
VD_1
i_1
u_c
u_Ω
i
R_L
u_c
VD_2
i_2
(d)

图 P6-3　题 6-8 图

6-9　试分析图 P6-4 所示调制器。图中,C_B 对载波短路,对音频开路;$u_c = U_c\cos\omega_c t$,$u_\Omega = U_\Omega\cos\Omega t$。

(1) 设 U_c 及 U_Ω 均较小，二极管特性近似为 $i=a_0+a_1u+a_2u^2$，问输出电压 $u_o(t)$ 中含有哪些频率分量(忽略负载反作用)？

(2) 如 $U_c \gg U_\Omega$，二极管工作于开关状态，试求 $u_o(t)$ 的表示式。[要求：首先，分析忽略负载反作用时的情况，并将结果与(1)比较；然后，分析考虑负载反作用时的输出电压。]

6-10 调制电路如图 P6-5 所示。载波电压控制二极管的通、断。试分析其工作原理并画出输出电压波形；说明 R 的作用(设 $T_\Omega=13T_C$，T_C、T_Ω 分别为载波及调制信号的周期)。

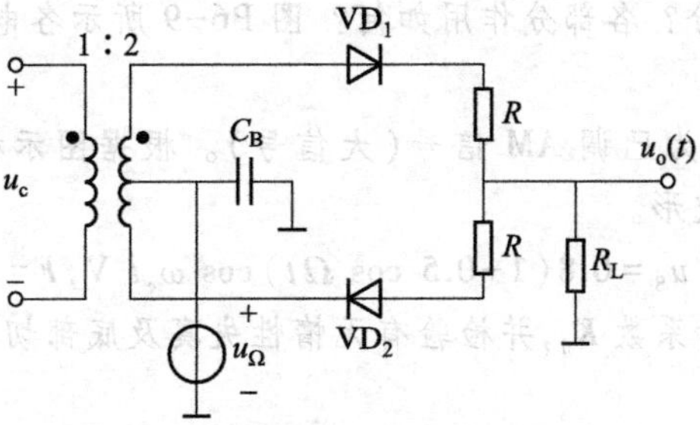
1 : 2
VD1
+
uc
CB
R
uo(t)
R
RL
VD2
+
uΩ
−

图 P6-4 题 6-9 图

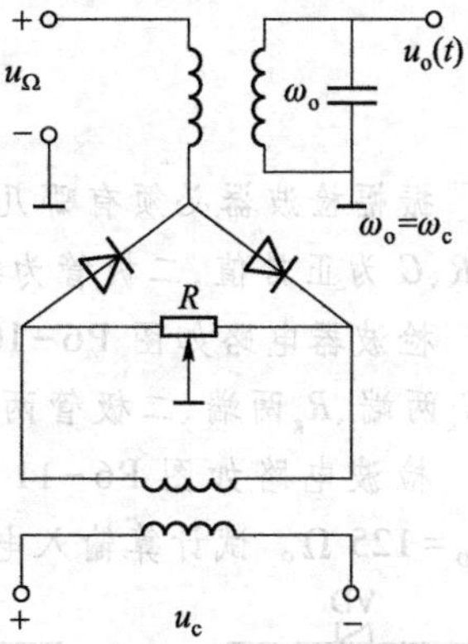
+
uΩ
−
uo(t)
ωo
ωo=ωc
R
+
uc
−

图 P6-5 题 6-10 图

6-11 在图 P6-6 所示桥式调制电路中，各二极管的特性一致，均为自原点出发、斜率为 g_D 的直线，并工作在受 u_2 控制的开关状态。若设 $R_L \gg R_D$ ($R_D=1/g_D$)，试分析电路分别工作在振幅调制和混频时 u_1、u_2 各应为什么信号，并写出 u_o 的表示式。

6-12 差分对调制器电路如图 P6-7 所示。试问：

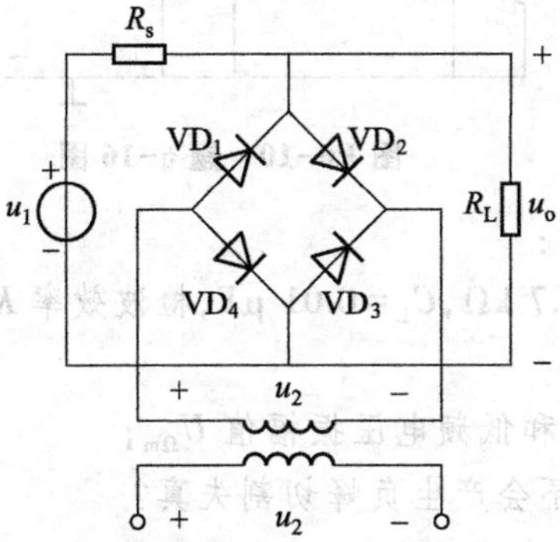
Rs
+
VD1
VD2
+
u1
RL
uo
VD4
VD3
−
+
u2
−
+
u2
−

图 P6-6 题 6-11 图

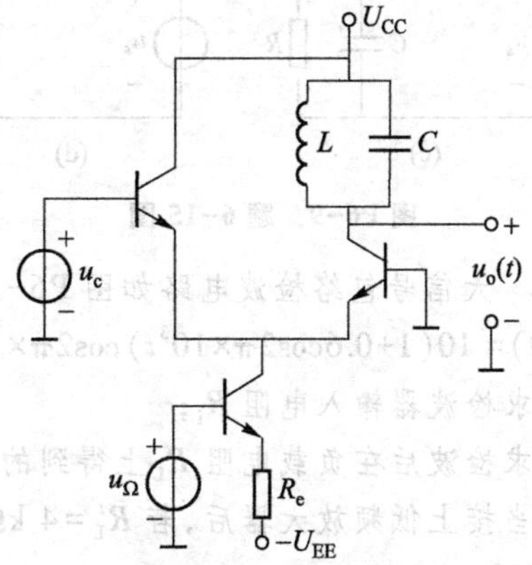
UCC
L
C
+
+
uc
uo(t)
−
uΩ
Re
−UEE

图 P6-7 题 6-12 图

(1) 若 $\omega_c=10^7$ rad/s，并联谐振回路对 ω_c 谐振，谐振电阻 $R_L=5$ kΩ，$U_{EE}=U_{CC}=10$ V，$R_e=5$ kΩ，$u_c=156\cos\omega_c t$ mV，$u_\Omega=5.63\cos 10^4 t$ V，试求 $u_o(t)$；

(2) 此电路能否得到双边带信号？为什么？

6-13 图 P6-8 所示为斩波放大器模型，试画出 A、B、C、D 各点电压波形。

6-14 峰值包络检波器中惰性失真产生的原因是什么？通过调整哪些参数可以避免惰性失真？如何调整？底部切割失真产生的原因是什么？采取哪些措施可以减小底部切割失真？

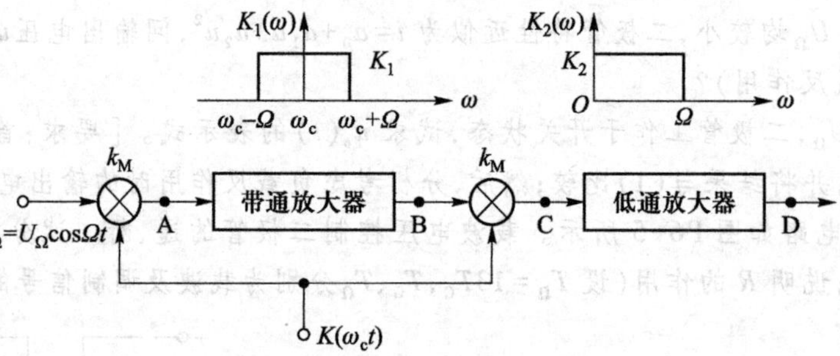

$K_1(\omega)$
K_1
ω
$\omega_c-\Omega$ ω_c $\omega_c+\Omega$
$K_2(\omega)$
K_2
O
Ω
k_M
带通放大器
k_M
低通放大器
$u_\Omega=U_\Omega\cos\Omega t$
A
B
C
D
$K(\omega_c t)$

图 P6-8　题 6-13 图

6-15　振幅检波器必须有哪几个组成部分？各部分作用如何？图 P6-9 所示各电路能否检波？图中 R、C 为正常值，二极管为折线特性。

6-16　检波器电路如图 P6-10 所示。u_S 为已调 AM 信号（大信号）。根据图示极性，画出 RC 两端、C_g 两端、R_g 两端、二极管两端的电压波形。

6-17　检波电路如图 P6-11 所示，其中 $u_S=0.8(1+0.5\cos\Omega t)\cos\omega_c t$ V，$F=5$ kHz，$f_c=465$ kHz，$r_D=125\ \Omega$。试计算输入电阻 R_i、传输系数 K_d，并检验有无惰性失真及底部切割失真。

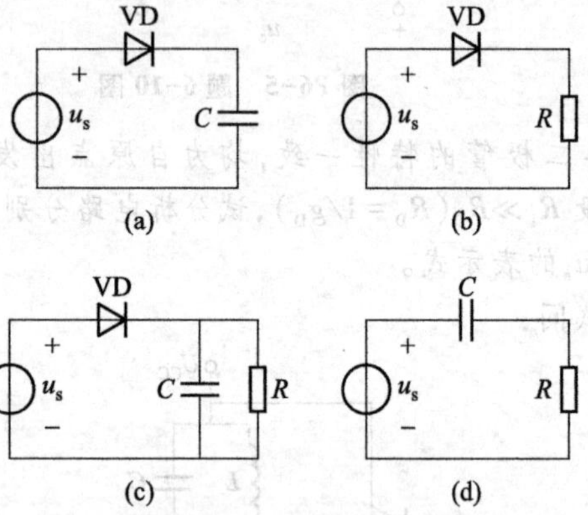

VD
u_s
C
R
(a)
(b)
(c)
(d)

图 P6-9　题 6-15 图

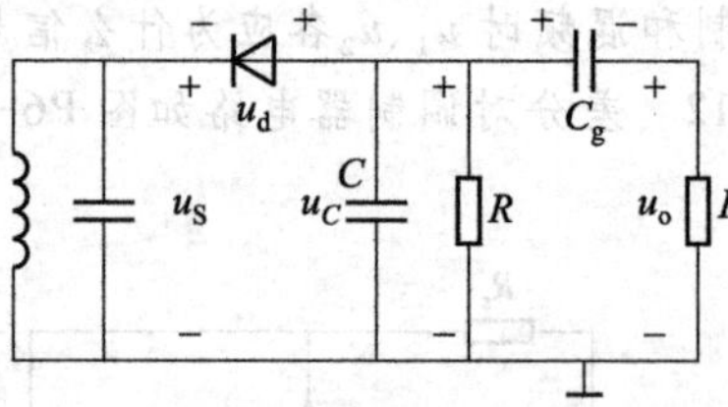

u_d
u_S
u_C
C
R
C_g
u_o
R_g

图 P6-10　题 6-16 图

6-18　大信号包络检波电路如图 P6-12 所示，已知：

$u_{AM}(t)=10(1+0.6\cos2\pi\times10^3 t)\cos2\pi\times10^6 t$ V，$R_L=4.7$ kΩ，$C_L=0.01$ μF，检波效率 $K_d=0.85$。

(1) 求检波器输入电阻 R_i；

(2) 求检波后在负载电阻 R_L 上得到的直流电压 U_D 和低频电压振幅值 $U_{\Omega m}$；

(3) 当接上低频放大器后，若 $R_L'=4$ kΩ，该电路会不会产生负峰切割失真？

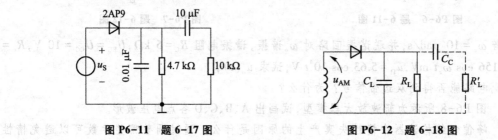

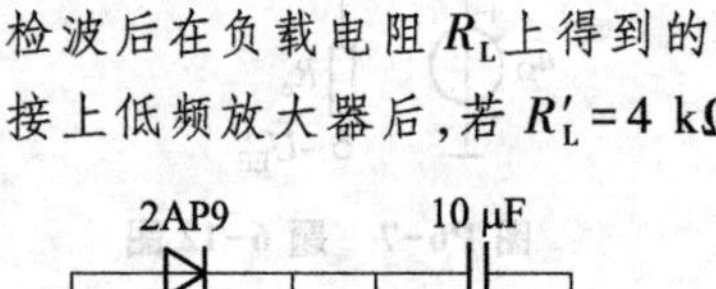

2AP9
10 μF
u_S
0.01 μF
4.7 kΩ
10 kΩ

图 P6-11　题 6-17 图

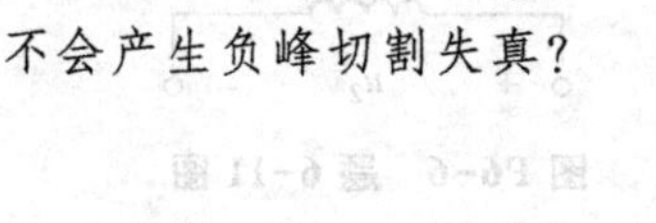

C_C
u_{AM}
C_L
R_L
R_L'

图 P6-12　题 6-18 图

6-19　在图 P6-13 所示的检波电路中，输入回路为并联谐振电路，其谐振频率 $f_0=10^6$ Hz，回路本身谐振电阻 $R_0=20$ kΩ，检波负载 R 为 10 kΩ，$C_1=0.01$ μF，$r_D=100$ Ω。

(1) 若 $i_S=0.5\cos 2\pi\times10^6 t$ mA，求检波器输入电压 $u_S(t)$ 及检波器输出电压 $u_o(t)$ 的表达式；

(2) 若 $i_S=0.5(1+0.5\cos 2\pi\times10^3 t)\cos 2\pi\times10^6 t$ mA，求 $u_o(t)$ 表达式。

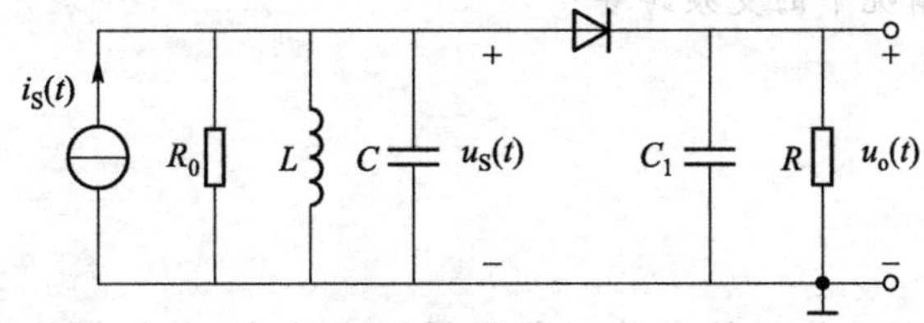

iS(t)
R0
L
C
uS(t)
C1
R
uo(t)
+
−

图 P6-13　题 6-19 图

6-20　图 P6-14 所示为一平衡同步检波器电路，$u_s=U_s\cos(\omega_c+\Omega)t$，$u_r=U_r\cos\omega_r t$，$U_r\gg U_s$。求输出电压表达式，并证明二次谐波的失真系数为零。

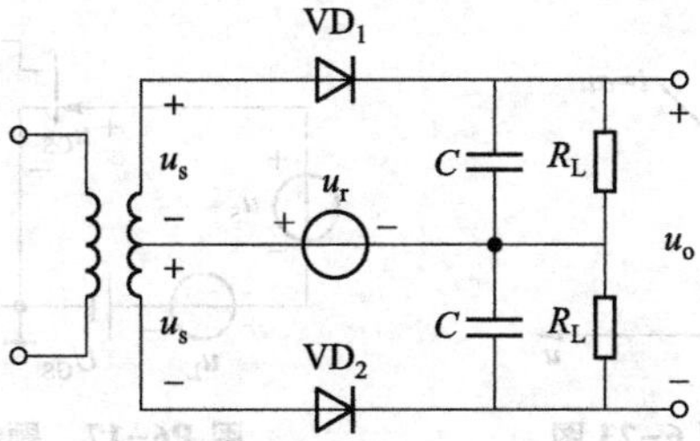

VD1
VD2
us
ur
C
RL
uo
+
−

图 P6-14　题 6-20 图

6-21　图 P6-15(a)所示为调制与解调方框图。调制信号及载波信号如图 P6-15(b)所示。试写出 u_1、u_2、u_3、u_4的表示式，并分别画出它们的波形与频谱图（设 $\omega_c\gg\Omega$）。

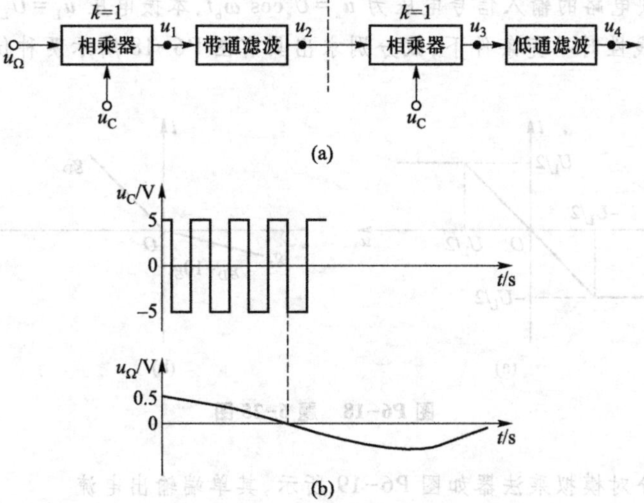

k=1
相乘器
带通滤波
低通滤波
uΩ
uC
u1
u2
u3
u4
(a)
uC/V
5
0
−5
t/s
uΩ/V
0.5
(b)

图 P6-15　题 6-21 图

6-22　已知混频器晶体管转移特性为

$$i_c=a_0+a_2u^2+a_3u^3$$

式中，$u=U_s\cos\omega_s t+U_L\cos\omega_L t$，$U_L\gg U_s$。求混频器对于 $\omega_L-\omega_s$ 及 $2\omega_L-\omega_s$ 的变频跨导。

6-23　设一非线性器件的静态伏安特性如图 P6-16 所示，其中斜率为 a；设本振电压的振幅 $U_L=U_0$。求在下列四种情况下的变频跨导：

(1) 偏压为 U_0；

(2) 偏压为 $U_0/2$；

(3) 偏压为零；

(4) 偏压为 $-U_0/2$。

6-24　在图 P6-17 所示的场效应管混频器原理电路中，已知场效应管的静态转移特性为 $i_D=I_{DSS}\left(1-\frac{u_{GS}}{U_P}\right)^2$，在满足线性时不变条件下，试画出下列两种情况下 $g_m(t)$ 的波形，并导出变频跨导 g_c 的表达式。

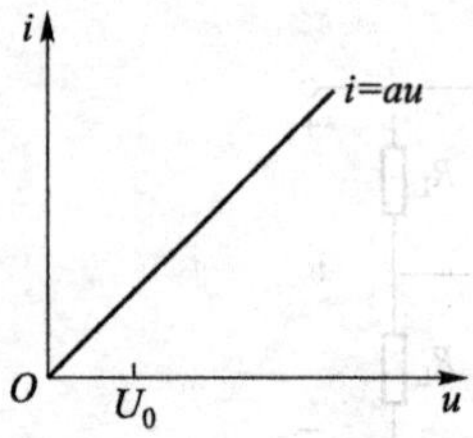
i
i=au
O
U0
u

图 P6-16　题 6-23 图

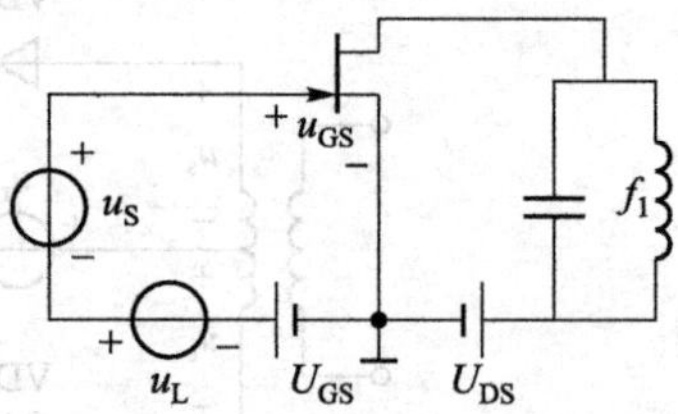
+ uGS
−
+
uS
−
f1
+
−
uL
UGS
UDS

图 P6-17　题 6-24 图

(1) $U_{GS}=\frac{1}{2}|U_P|$，$U_L\leqslant\frac{1}{2}|U_P|$；

(2) $U_{GS}=|U_P|$，$U_L\leqslant|U_P|$。

6-25　已知混频电路的输入信号电压为 $u_s=U_s\cos\omega_c t$，本振电压 $u_L=U_L\cos\omega_L t$，静态偏置电压 $U_Q=0$ V，在满足线性时不变条件下，试分别求出具有图 P6-18 所示两种伏安特性的混频器的变频跨导。

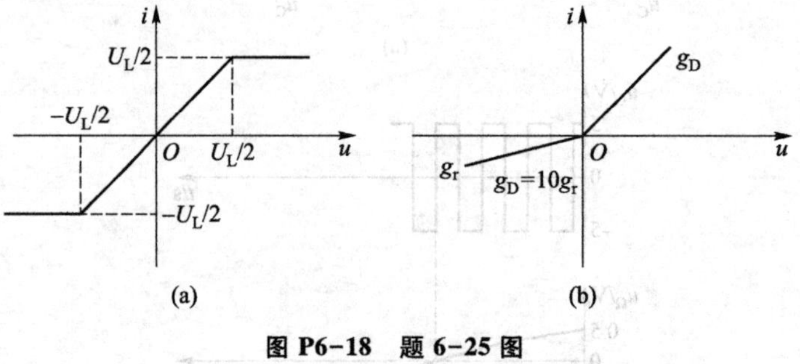
i
UL/2
−UL/2
O
UL/2
u
−UL/2
(a)
i
gD
O
u
gr
gD=10gr
(b)

图 P6-18　题 6-25 图

6-26　一双差分对模拟乘法器如图 P6-19 所示，其单端输出电流

$$i_I=\frac{I_0}{2}+\frac{i_5-i_6}{2}\tanh\left(\frac{u_1}{2U_T}\right)\approx\frac{I_0}{2}-\frac{u_2}{R_e}\tanh\left(\frac{u_1}{2U_T}\right)$$

试分析为实现下列功能(要求不失真),各输入端口应加什么信号电压。输出端电流包含哪些频率分量？对输出滤波器的要求是什么？

(1) 双边带调制；

(2) 振幅已调波解调；

(3) 混频。

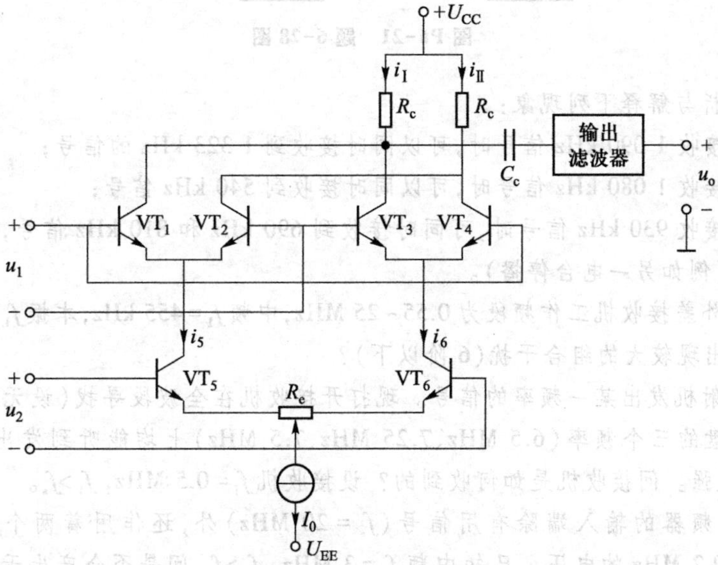
+U_{CC}
i_I
i_{II}
R_c
R_c
输出
滤波器
C_c
+
u_o
−
+
u_1
VT$_1$
VT$_2$
VT$_3$
VT$_4$
i_5
i_6
+
u_2
−
VT$_5$
VT$_6$
R_e
I_0
U_{EE}

图 P6-19 题 6-26 图

6-27 图 P6-20 所示为二极管平衡电路,用此电路能否完成振幅调制(AM、DSB、SSB)、调幅解调、倍频、混频功能？若能,写出 u_1、u_2 应加什么信号,输出滤波器应为什么类型的滤波器,中心频率 f_0、带宽 B 如何设计。

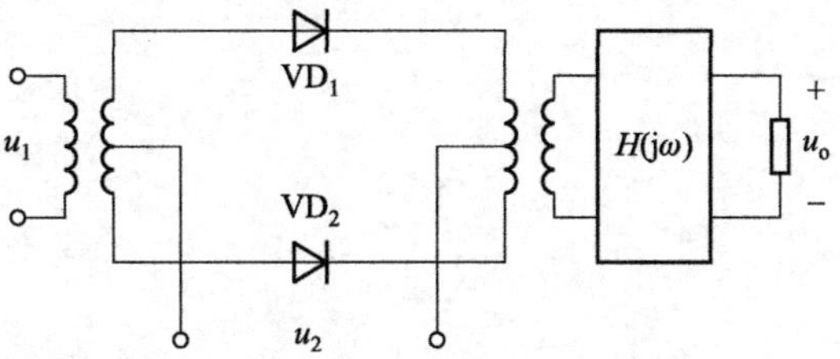
VD$_1$
u_1
VD$_2$
$H(j\omega)$
+
u_o
−
u_2

图 P6-20 题 6-27 图

6-28 图 P6-21 所示为单边带(上边带)发射机方框图。调制信号为300~3 000 Hz 的音频信号,其频谱分布如图中所示。试画出图中各方框输出端的频谱图。

6-29 提高前端电路的选择性对降低混频器中哪些干扰无效？为什么选择高中频对降低镜像干扰有利？混频器中的哪些干扰与有用信号同时存在,同时消失？混频器中的哪种干扰与干扰信号频率无关？选择合适的器件以及合适的工作状态对降低哪种干扰无效？

6-30 某超外差接收机中频 f_I = 500 kHz,本振频率 f_L<f_s,在收听 f_s = 1.501 MHz的信号时,听到啸声,其原因是什么？试进行具体分析(设此时无其他外来干扰)。

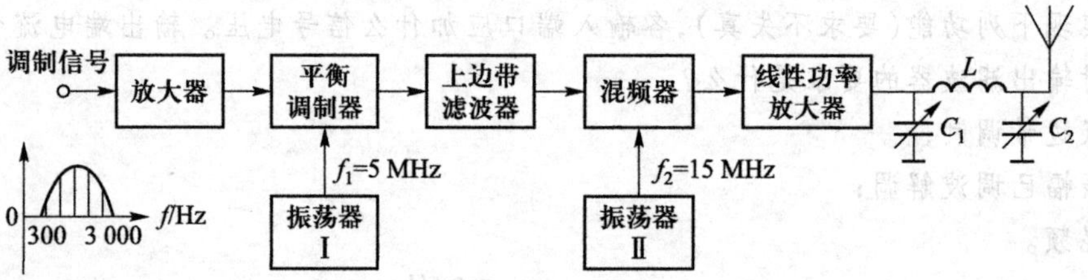
调制信号
放大器
平衡
调制器
上边带
滤波器
混频器
线性功率
放大器
L
C_1
C_2
f_1=5 MHz
f_2=15 MHz
振荡器
I
振荡器
II
0
300　3 000
f/Hz

图 P6-21　题 6-28 图

6-31　试分析与解释下列现象：

（1）收音机接收 1 090 kHz 信号时，可以同时接收到 1 323 kHz 的信号；

（2）收音机接收 1 080 kHz 信号时，可以同时接收到 540 kHz 信号；

（3）收音机接收 930 kHz 信号时，可同时接收到 690 kHz 和 810 kHz 信号，但不能单独接收到其中的一个台（例如另一电台停播）。

6-32　某超外差接收机工作频段为 0.55～25 MHz，中频 f_I = 455 kHz，本振 $f_L>f_s$。试问波段内哪些频率上可能出现较大的组合干扰（6 阶以下）？

6-33　某发射机发出某一频率的信号。现打开接收机在全波段寻找（设无任何其他信号），发现在接收机度盘的三个频率（6.5 MHz、7.25 MHz、7.5 MHz）上均能听到发出的信号，其中以 7.5 MHz的信号最强。问接收机是如何收到的？设接收机 f_I = 0.5 MHz，$f_L>f_s$。

6-34　设变频器的输入端除有用信号（f_s = 20 MHz）外，还作用着两个频率分别为 f_{J1} = 19.6 MHz，f_{J2} = 19.2 MHz 的电压。已知中频 f_I = 3 MHz，$f_L>f_s$，问是否会产生干扰？干扰的性质如何？

第七章

角度调制与解调

角度调制包括频率调制和相位调制。在无线电通信中，这两种调制是非常重要的调制方式，应用非常广泛。频率调制简称调频，是指用调制信号去控制高频载波的频率，使之随调制信号的规律变化，确切地讲，是使载波信号的频率随调制信号线性变化，而振幅保持不变。频率调制的过程也是频谱的搬移过程，与振幅调制不同，它是一种频谱的非线性搬移过程，在搬移的过程中，信号的频谱结构发生了变化。调频的过程就是将调制信号寄载到高频载波频率上的过程。调频信号的解调是频率调制的逆过程，是将寄载于高频载波频率上的调制信号恢复出来，频率调制信号的解调又称为频率检波或鉴频。调频信号解调也是一个频谱的搬移过程，是将高频信号的频谱从频谱高频端搬移到低频端，恢复出调制信号。由于频率调制是频谱的非线性搬移，因此频率调制的逆过程——调频信号的解调也是一种频谱的非线性搬移。

第七章
导学图与要求

相位调制是指用调制信号去控制高频载波的相位，使之随调制信号的规律变化，即使载波信号的相位随调制信号线性变化，但振幅保持不变。相位调制信号的解调是相位调制的逆过程，是将寄载于高频载波相位上的调制信号恢复出来，相位调制信号解调又称为相位检波或鉴相。与频率调制类似，相位调制与解调也属于频谱的非线性搬移，在搬移的过程中信号的频谱结构发生了变化。

由于一个信号的频率和相位之间有一种内在的关系，即微分和积分的关系

$$\varphi(t) \xleftrightarrow{\text{微分} \leftrightarrow \text{积分}} \omega(t)$$

对高频载波的相位微分就可得高频载波的频率，反之，对高频载波的频率积分就可得到其相位。因此，在完成频率（或相位）的调制时，其相位（或频率）也将随调制信号变化，只不过不是线性变化而已。由此可见在完成频率（或相位）调制的同时，也伴随着完成了相位（或频率）调制，因此可以得出结论：调频必调相，调相必调频。在实现调制时，可以用调相的方法完成调频，也可用调频的方法完成调相。无论是调频还是调相，都会引起高频载波的角度的变化，因而将调频和调相统称为角度调制。同样，可以用鉴相的方法完成鉴频，也可以用鉴频的方法完成鉴相。

相位调制的
发展及应用

由于频率调制和相位调制均属于频谱的非线性搬移，在搬移的过程中信号的频谱结构发生了变化，其占用带宽一般情况下比调制信号的带宽要宽，甚至要宽很多，其频谱利用率相对调幅信号要低，但其抗干扰和抗噪声的能力较调幅信号要好，在通信中被广泛采用。本章主要介绍的是模拟调制，但许多调制方法和调制电路，以及解调方法和解调电路都可以用于数字调制中。

由于频率调制与相位调制之间存在内在关系，且在模拟通信中主要用到的是频率调制，因此本章重点介绍频率调制与解调。

第一节　角度调制信号分析

一、调频信号分析

1. 调频信号的表达式与波形

设调制信号和载波信号分别为

$$u_\Omega = U_\Omega \cos \Omega t$$

$$u_c = U_c \cos \omega_c t$$

根据频率调制的定义,高频载波信号的频率与调制信号呈线性关系,即其瞬时角频率为

$$\begin{aligned}\omega(t) &= \omega_c + \Delta\omega(t)\\ &= \omega_c + k_f u_\Omega\\ &= \omega_c + k_f U_\Omega \cos \Omega t\\ &= \omega_c + \Delta\omega_m \cos \Omega t\end{aligned} \tag{7-1}$$

式中,$\Delta\omega(t)=k_f u_\Omega$ 为瞬时(角)频偏;k_f 为调频系数,也称为调频灵敏度,它是由调制电路决定的,单位为 rad/s · V;$\Delta\omega_m = k_f U_\Omega$ 为最大(角)频偏。由此可得调频信号的瞬时相位

$$\begin{aligned}\varphi(t) &= \int_0^t \omega(t)\,\mathrm{d}t = \omega_c t + \Delta\varphi(t)\\ &= \omega_c t + k_f \int_0^t U_\Omega \cos \Omega t \mathrm{d}t\\ &= \omega_c t + \frac{k_f U_\Omega}{\Omega}\sin \Omega t\\ &= \omega_c t + \frac{\Delta\omega_m}{\Omega}\sin \Omega t\\ &= \omega_c t + m_f \sin \Omega t\end{aligned} \tag{7-2}$$

式中,$\Delta\varphi(t)=k_f\int_0^t U_\Omega \cos \Omega t \mathrm{d}t = m_f \sin \Omega t$ 为瞬时相偏;$m_f=\dfrac{\Delta\omega_m}{\Omega}$为调频指数。由此可得,在单一频率调制信号的情况下,调频信号的表达式为

$$u_{FM} = U_c \cos\left(\omega_c t + m_f \sin \Omega t\right) \tag{7-3}$$

当调制信号为一般信号时,即 $u_\Omega = f(t)$时,调频信号的表达式为

$$u_{FM} = U_c \cos\left[\omega_c t + k_f \int_0^t f(\tau)\,\mathrm{d}\tau\right] \tag{7-4}$$

图 7-1 所示为单一频率调制信号时调频信号的瞬时频率[图 7-1(c)]、瞬时相位[图 7-1(e)]以及调频信号的波形图[图7-1(d)]。

由图 7-1 可以看出,调频信号的瞬时频率与调制信号呈线性关系,调频信号的瞬时相位与调制信号的积分呈线性关系。反映在波形上,调频信号单位时间内的波形数与调制信号的大小呈

线性关系,即调制信号的大小反映到调频信号的波形上就是其波形的疏密程度。当调制信号大于零时,调频信号的频率高于载波频率,单位时间内的波形数比载波多;当调制信号最大时,正好对应调频信号频率的最大值;当调制信号小于零时,调频信号的频率低于载波频率,单位时间内的波形数比载波少;当调制信号最小时,正好对应调频信号频率的最小值。单位时间内的波形数的变化,正好反映出调制信号的变化规律。由此可见,调制信号的信息寄托在高频载波频率的变化中。调频信号是一恒定振幅的信号,其振幅保持不变。

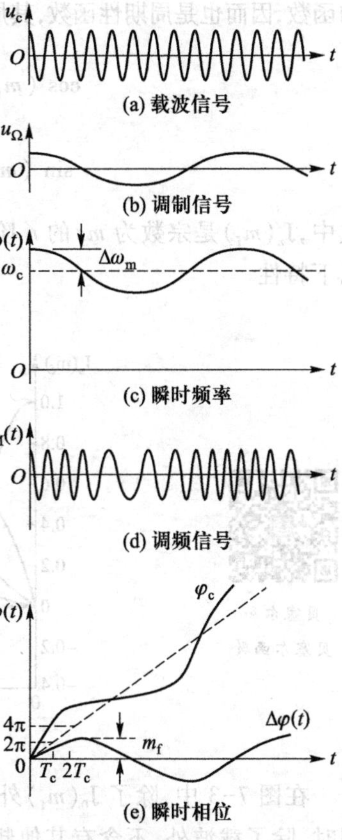
u_c
O
t
(a) 载波信号
u_Ω
O
t
(b) 调制信号
$\omega(t)$
$\Delta\omega_m$
ω_c
O
t
(c) 瞬时频率
$u_{FM}(t)$
O
t
(d) 调频信号
φ_c
$\varphi(t)$
4π
2π
0
m_f
$\Delta\varphi(t)$
T_c $2T_c$
t
(e) 瞬时相位

图 7-1 单一频率调制信号相关波形

在调频波表达式中,有三个频率参数:ω_c、$\Delta\omega_m$ 和 Ω。ω_c 为载波角频率,它是没有受调时的载波角频率。Ω 是调制信号角频率,它反映了受调制信号的瞬时频率变化的快慢。$\Delta\omega_m$ 是相对于载频的最大角频偏(峰值角频偏),与之对应的 $\Delta f_m=\Delta\omega_m/2\pi$ 称为最大频偏,同时它也反映了瞬时频率摆动的幅度,即瞬时频率变化范围,为 $f_c-\Delta f_m \sim f_c+\Delta f_m$,最大变化值为 $2\Delta f_m$。在频率调制方式中,$\Delta\omega_m$ 是衡量信号频率受调制程度的重要参数,也是衡量调频信号质量的重要指标。比如常用的调频广播,其最大频偏定为 75 kHz,就是一个重要的指标。一般情况下,$\Omega \ll \omega_c$,$\Delta\omega_m \ll \omega_c$。

由式(7-1)可见,$\Delta\omega_m=k_f U_\Omega$,$k_f$ 是比例常数,表示 U_Ω 对最大角频偏的控制能力,它是单位调制电压产生的频率偏移量,是产生 FM 信号电路的一个参数(由调制电路决定),有时也用 S_{FM} 来表示。

$m_f=\Delta\omega_m/\Omega=\Delta f_m/F$ 称为调频波的调制指数,是调频信号的一个重要参数,它是一个无量纲量。由式(7-2)可知,它是调频波与未调载波的最大相位差 $\Delta\varphi_m$,如图 7-1(e)所示。m_f 与 U_Ω 成正比(因此也称为调制深度),与 Ω 成反比。在调频系统中,m_f 不仅可以大于 1,而且通常远远大于 1。图 7-2 所示为调频波 Δf_m、m_f 与 F(调制频率)的关系。

总之,调频是将消息寄载在频率上而不是幅度上。也可以说在调频信号中消息蕴藏于单位时间内波形数目或者说零交叉点数目中。由于各种干扰作用主要表现在振幅上,而在调频系统中,可以通过限幅器来消除这种干扰,因此 FM 波抗干扰能力较强。

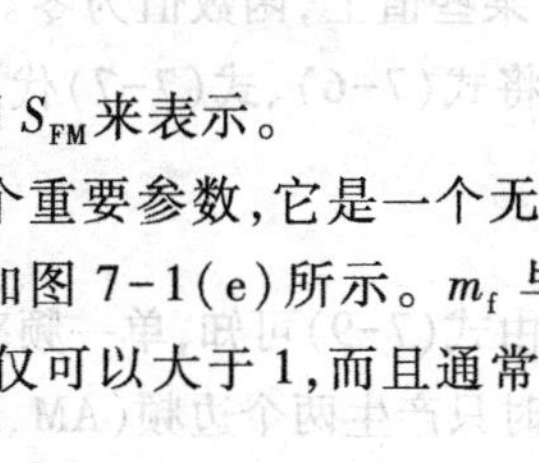
$\Delta f_m, m_f$
Δf_m
m_f
O
F

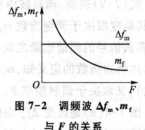

图 7-2 调频波 Δf_m、m_f 与 F 的关系

2. 调频信号的频谱

将式(7-3)展开成正交形式,有

$$\begin{aligned} u_{FM} &= U_c\cos(\omega_c t+m_f\sin\Omega t) \\ &= U_c\cos(m_f\sin\Omega t)\cos\omega_c t-U_c\sin(m_f\sin\Omega t)\sin\omega_c t \end{aligned} \tag{7-5}$$

式中,同相分量($\cos\omega_c t$)的振幅 $\cos(m_f\sin\Omega t)$ 和正交分量($\sin\omega_c t$)的振幅 $\sin(m_f\sin\Omega t)$ 均是 $\sin\Omega t$

的函数，因而也是周期性函数，其周期与调制信号的周期相同，因此可以展开为傅里叶级数，分别为

$$\cos\ (m_f\sin\ \Omega t)=\mathrm{J}_0(m_f)+2\sum_{n=1}^{\infty}\mathrm{J}_{2n}(m_f)\cos\ 2n\Omega t \tag{7-6}$$

$$\sin\ (m_f\sin\ \Omega t)=2\sum_{n=1}^{\infty}\mathrm{J}_{2n-1}(m_f)\cos\ (2n-1)\Omega t \tag{7-7}$$

式中，$\mathrm{J}_n(m_f)$是宗数为 m_f 的 n 阶第一类贝塞尔函数，它随 m_f 变化的曲线如图 7-3 所示，并具有以下特性

$$\mathrm{J}_{-n}(x)=(-1)^n\mathrm{J}_n(x) \tag{7-8}$$

贝塞尔和
贝塞尔函数

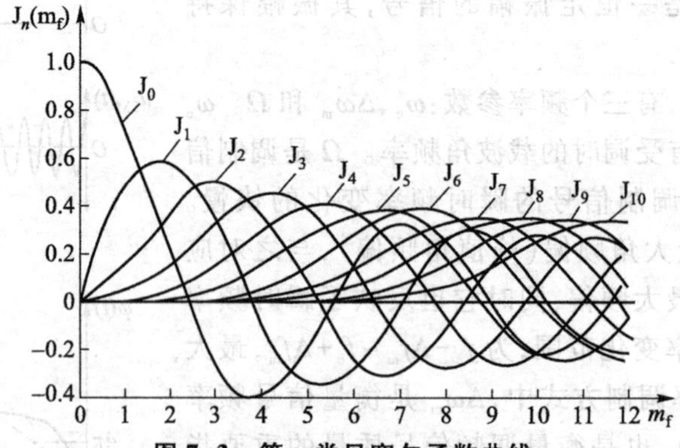

Jn(mf)
1.0
0.8
0.6
0.4
0.2
0
−0.2
−0.4
J0
J1
J2
J3
J4
J5
J6
J7
J8
J9
J10
0 1 2 3 4 5 6 7 8 9 10 11 12
mf

图 7-3　第一类贝塞尔函数曲线

在图 7-3 中，除了 $\mathrm{J}_0(m_f)$外，在 $m_f=0$ 时其他各阶函数值都为零。这意味着，当没有角度调制时，除了载波外，不含有其他频率分量。所有贝塞尔函数都是正负交替变化的非周期函数，在 m_f 的某些值上，函数值为零。与此对应，在某些确定的 $\Delta\varphi_m$ 值，对应的频率分量为零。

将式(7-6)、式(7-7)代入式(7-5)，并利用式(7-8)，可得

$$u_{FM}=U_c\sum_{n=-\infty}^{\infty}\mathrm{J}_n(m_f)\cos\ (\omega_c+n\Omega)t \tag{7-9}$$

由式(7-9)可知，单一频率调频波是由许多频率分量组成的，而不是像振幅调制那样，单一低频调制时只产生两个边频(AM、DSB)或一个边频(SSB)。因此调频和调相属于频谱的非线性变换。

式(7-9)表明，调频波由载波 ω_c 与无数边频 $\omega_c\pm n\Omega$ 组成。这些边频对称地分布在载频两边，其幅度取决于调制指数 m_f。这些边频的相位由其位置(边频次数 n)和 $\mathrm{J}_n(m_f)$确定。m_f 变化，调频信号的频谱也随之发生变化(各频率分量的幅值相对变化)，这是调频信号的一大特点。由前述调频指数的定义知，$m_f=\Delta\omega_m/\Omega=\Delta f_m/F$，它既取决于调频的频偏 Δf_m(它与调制电压 U_Ω 成正比)，又取决于调制频率 F。图 7-4 所示是不同 m_f 时调频信号的振幅谱，它分别对应于两种情况。图 7-4(a)是改变 Δf_m 而保持 F 不变时的频谱。图 7-4(b)所示是保持 Δf_m 不变而改变 F 时的频谱。对比图 7-4(a)与(b)，当 m_f 相同时，其频谱的包络形状是相同的。由图 7-3 的函数曲线可以看出，当 m_f 一定时，并不是 n 越大，$\mathrm{J}_n(m_f)$值越小，因此一般说来，并不是边频次数越高，$\pm n\Omega$分量幅度越小。这从图 7-4 上可以证实。只是在 m_f 较小(m_f 约小于 1)时边频分量随 n 增大而减小。对于 m_f 大于 1 的情况，有些边频分量幅度会增大，只有更远的边频幅度才又减小，这是由贝塞尔函数总的衰减趋势决定的。图上将幅度很小的高次边频忽略了。图 7-4(a)中，增大

m_f 是靠增加频偏 Δf_m 实现的，因此可以看出，随着 Δf_m 增大，调频波中有影响的边频分量数目要增多，频谱要展宽。而在图7-4(b)中，它靠减小调制频率而加大 m_f。虽然有影响的边频分量数目也增加，但频谱并不展宽。了解这一频谱结构特点，对确定调频信号的带宽是很有用的。

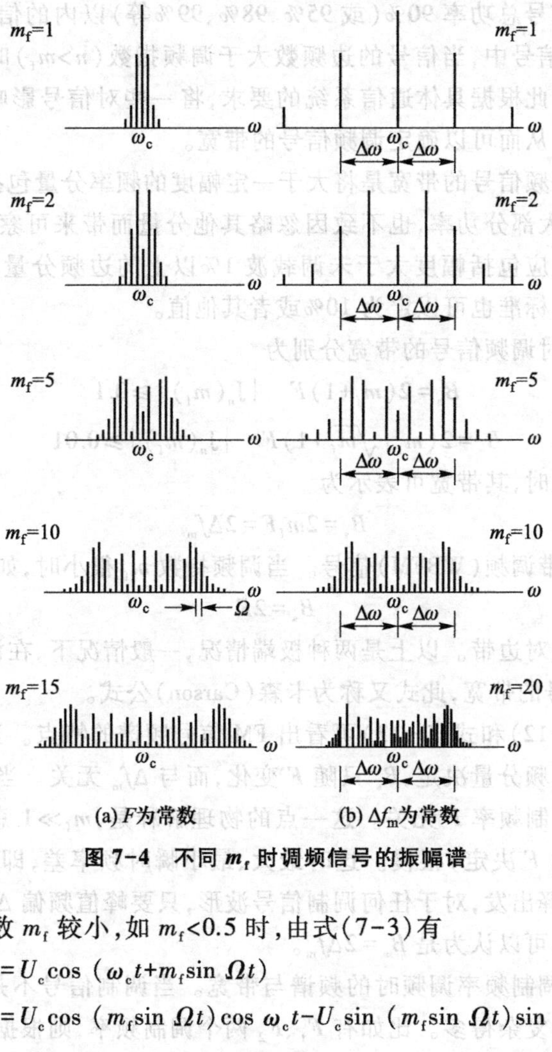

mf=1
ω
ωc
mf=1
ω
Δω
ωc
Δω
mf=2
ω
ωc
mf=2
ω
Δω
ωc
Δω
mf=5
ω
ωc
mf=5
ω
Δω
ωc
Δω
mf=10
ω
ωc
Ω
mf=10
ω
Δω
ωc
Δω
mf=15
ω
ωc
mf=20
ω
Δω
ωc
Δω

(a) F为常数　　(b) Δf_m为常数

图 7-4　不同 m_f 时调频信号的振幅谱

当调频波的调制指数 m_f 较小，如 $m_f<0.5$ 时，由式(7-3)有

$$
\begin{aligned}
u_{FM} &= U_c\cos(\omega_c t+m_f\sin\Omega t) \\
&= U_c\cos(m_f\sin\Omega t)\cos\omega_c t-U_c\sin(m_f\sin\Omega t)\sin\omega_c t \\
&\approx U_c\cos\omega_c t-U_c m_f\sin\Omega t\sin\omega_c t \qquad (7-10)\\
&= U_c\cos\omega_c t-\frac{1}{2}m_f\cos(\omega_c-\Omega)+\frac{1}{2}m_f\cos(\omega_c+\Omega)
\end{aligned}
$$

式(7-10)中用到了当 $|x|<0.5$ 时，$\cos x\approx1$，$\sin x\approx0$。由此可以看出，当调频指数较小时，调频信号由三个频率分量构成，包括载波频率 f_c、载波频率与调制信号频率的和频与差频 $f_c\pm F$，与调幅信号的频率分量相同，不同的是其相位，此时称这种调频为窄带调频(NBFM)。窄带调频可用调幅的方法产生，将载波相移 90°，再与相移 90°的调制信号相乘后，用载波减去此乘积项就可完成此窄带调频。

3. 调频信号的带宽

带宽是调频信号的又一重要参数。从调频信号的频谱看，调频信号包含了无穷多对边频，对称地分布在载频的两边，若考虑一个信号的所有频率分量，调频信号的带宽应是无穷宽。但在无线通信中，无线电信号一般都是窄带信号，其相对带宽一般在 10%以下，占据全频带信号的通信是不可能实现的。考虑到一个无线电信号的实际情况，一般在工程实践中根据信号的特点来确定其信号的带宽，如占信号总功率 90%（或 95%、98%、99%等）以内的信号所占据的频率范围作为信号的带宽。在调频信号中，当信号的边频数大于调频指数（$n>m_f$）时，调频信号的边频分量的振幅是迅速衰减的，因此根据具体通信系统的要求，将一些对信号影响很小的频率分量忽略，以减小信号的传输带宽，从而可以确定调频信号的带宽。

从实际应用出发，调频信号的带宽是将大于一定幅度的频率分量包括在内的，这样就可以使频带内集中了信号的绝大部分功率，也不致因忽略其他分量而带来可察觉的失真。通常采用的准则是，信号的频带宽度应包括幅度大于未调载波 1%以上的边频分量，即 $|J_n(m_f)|\geqslant 0.01$。在某些要求不高的场合，此标准也可以定为 10%或者其他值。

由此可得不同标准时调频信号的带宽分别为

$$B_s=2(m_f+1)F\quad |J_n(m_f)|\geqslant 0.1 \tag{7-11a}$$

$$B_s=2(m_f+\sqrt{m_f}+1)F\quad |J_n(m_f)|\geqslant 0.01 \tag{7-11b}$$

当调频指数 m_f 很大时，其带宽可表示为

$$B_s=2m_fF=2\Delta f_m \tag{7-12}$$

此时的调频信号称为宽带调频（WBFM）信号。当调频指数 m_f 很小时，如 $m_f<0.5$时，有

$$B_s=2F \tag{7-13}$$

为窄带调频，它只包含一对边带。以上是两种极端情况，一般情况下，在没有特殊说明时，可用式（7-11a）来表示调频信号的带宽，此式又称为卡森（Carson）公式。

由式（7-11）、式（7-12）和式（7-13）可看出 FM 信号频谱的特点。当 m_f 为小于 1 的窄频带调频时，带宽由第一对边频分量决定，B_s 只随 F 变化，而与 Δf_m 无关。当 $m_f\gg 1$ 时，带宽 B_s 只与频偏 Δf_m 成比例，而与调制频率 F 无关。这一点的物理解释是，$m_f\gg 1$ 意味着 F 比 Δf_m 小得多，瞬时频率变化的速度（由 F 决定）很慢。这时最大、最小瞬时频率差，即信号瞬时变化的范围就是信号带宽。从这一解释出发，对于任何调制信号波形，只要峰值频偏 Δf_m 比调制频率的最高频率大得多，其信号带宽都可以认为是 $B_s=2\Delta f_m$。

以上主要讨论单一调制频率调频时的频谱与带宽。当调制信号不是单一频率时，由于调频是非线性过程，其频谱要复杂得多。比如有 F_1、F_2 两个调制频率，则根据式（7-9）可写出

$$u_{FM}(t)=U_c\sum_{n=-\infty}^{\infty}\sum_{k=-\infty}^{\infty}J_n(m_{f1})J_k(m_{f2})\cos(\omega_c+n\Omega_1+k\Omega_2)t \tag{7-14}$$

可见，FM 信号中不但有 ω_c，$\omega_c\pm n\Omega_1$，$\omega_c\pm k\Omega_2$ 分量，还会有 $\omega_c\pm n\Omega_1\pm k\Omega_2$ 的组合分量。根据分析和经验，当多频调制信号调频时，仍可以用式（7-11）来计算 FM 信号带宽。其中 Δf_m 应该用峰值频偏，F 和 m_f 用最大调制频率 F_{max}和对应的 m_f。

通常调频广播中规定的峰值频偏 Δf_m 为 75 kHz，最高调制频率 F 为15 kHz，故 $m_f=5$，由式（7-11）可计算出此 FM 信号的频带宽度为 180 kHz。

综上所述，除了窄带调频外，当调制频率 F 相同时，调频信号的带宽比振幅调制（AM、DSB、SSB）要大得多。由于信号频带宽，因此通常 FM 信号只用于超短波及频率更高的波段，如调频广播的频率范围为 88~108 MHz。

4. 调频信号的功率

调频信号的功率可以从时域和频域求出。首先从时域来看，由信号功率的定义有

$$P=\frac{1}{T}\int_0^T\frac{u_{\mathrm{FM}}^2(t)}{R_{\mathrm{L}}}\mathrm{d}t=\frac{U_{\mathrm{c}}^2}{R_{\mathrm{L}}T}\int_0^T\cos^2(\omega_{\mathrm{c}}t+m_{\mathrm{f}}\sin\Omega t)\,\mathrm{d}t \tag{7-15}$$

$$=\frac{U_{\mathrm{c}}^2}{2R_{\mathrm{L}}T}\int_0^T[1+\cos 2(\omega_{\mathrm{c}}t+m_{\mathrm{f}}\sin\Omega t)]\,\mathrm{d}t$$

式(7-15)中的积分是在一个周期内的积分，而对一个频率变化的正弦信号而言，其周期也是变化的，即积分上限 T 是随调制信号变化的，与被积函数的周期是相同的。由于式(7-15)的第二项为一个周期信号在一个周期内的积分，其结果为零，因此可得调频信号的功率为

$$P=\frac{U_{\mathrm{c}}^2}{2R_{\mathrm{L}}T}\int_0^T\mathrm{d}t=\frac{U_{\mathrm{c}}^2}{2R_{\mathrm{L}}}=P_{\mathrm{c}} \tag{7-16}$$

这里 P_{c} 为载波功率，即调频信号的功率等于未调制时的载波功率。

由式(7-9)，有

$$P=\frac{U_{\mathrm{c}}^2}{R_{\mathrm{L}}T}\int_0^T\sum_{n=-\infty}^{\infty}\mathrm{J}_n^2(m_{\mathrm{f}})\cos^2(\omega_{\mathrm{c}}+n\Omega t)\,\mathrm{d}t$$

$$=\frac{U_{\mathrm{c}}^2}{R_{\mathrm{L}}}\sum_{n=-\infty}^{\infty}\mathrm{J}_n^2(m_{\mathrm{f}})\frac{1}{T}\int_0^T\cos^2(\omega_{\mathrm{c}}+n\Omega t)\,\mathrm{d}t$$

$$=P_{\mathrm{c}}\sum_{n=-\infty}^{\infty}\mathrm{J}_n^2(m_{\mathrm{f}})=P_{\mathrm{c}} \tag{7-17}$$

式(7-17)中用到了贝塞尔函数的性质 $\sum\limits_{n=-\infty}^{\infty}\mathrm{J}_n^2(x)=1$。此结果与式(7-16)相同，它是从频域出发，利用了信号分析中一个正交级数的功率等于每个分量功率之和的结论。

由此可以得出结论，调频信号的平均功率与未调制的载波平均功率相等。调频器相当于一个功率分配器，调制的过程就是一个功率的分配过程，将载波功率按照一定的规律分配在调频信号的各个频率分量上。其功率分配与调频指数有关，不同的调频指数 m_{f}，调频信号的频谱结构不同，各频率分量的振幅不同，各频率分量的功率也就不同，但在功率的分配过程中，总的功率不变。

从 $\mathrm{J}_n(m_{\mathrm{f}})$ 曲线可看出，适当选择 m_{f} 值，可使任一特定频率分量(包括载频及任意边频)达到所要求的那样小。例如 $m_{\mathrm{f}}=2.405$ 时，$\mathrm{J}_0(m_{\mathrm{f}})=0$，在这种情况下，所有功率都在边带中。

二、调相信号分析

调相就是用调制信号去控制高频载波的相位，使其随调制信号的规律线性变化。在单一频率正弦信号作为调制信号时，即 $u_\Omega(t)=U_\Omega\cos\Omega t$，有

$$\varphi(t)=\omega_{\mathrm{c}}t+\Delta\varphi(t)=\omega_{\mathrm{c}}t+k_{\mathrm{p}}u_\Omega(t) \tag{7-18}$$

$$=\omega_{\mathrm{c}}t+\Delta\varphi_{\mathrm{m}}\cos\Omega t=\omega_{\mathrm{c}}t+m_{\mathrm{p}}\cos\Omega t$$

从而得到调相信号为

$$u_{PM}(t)=U_c\cos(\omega_c t+m_p\cos\Omega t) \qquad (7-19)$$

式中，$\Delta\varphi_m=k_pU_\Omega=m_p$ 为最大相偏，m_p 称为调相指数。对于一确定电路，$\Delta\varphi_m\propto U_\Omega$，$\Delta\varphi(t)$ 的曲线如图 7-5(c) 所示，它与调制信号形状相同。$k_p=\Delta\varphi_m/U_\Omega$ 为调相灵敏度，它表示单位调制电压所引起的相位偏移值。调相信号的波形如图 7-5 所示。

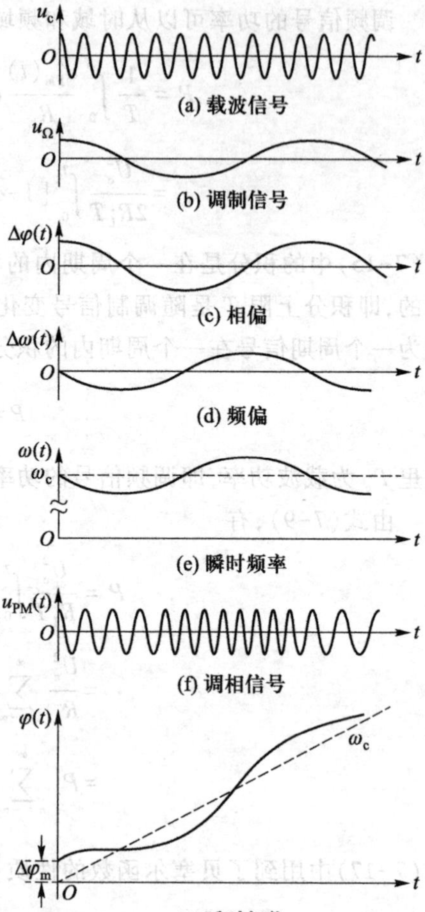

u_c
O
t
(a) 载波信号
u_Ω
O
t
(b) 调制信号
$\Delta\varphi(t)$
O
t
(c) 相偏
$\Delta\omega(t)$
O
t
(d) 频偏
$\omega(t)$
ω_c
O
t
(e) 瞬时频率
$u_{PM}(t)$
O
t
(f) 调相信号
$\varphi(t)$
ω_c
$\Delta\varphi_m$
O
t
(g) 瞬时相位

图 7-5　调相信号的波形图

调相信号的瞬时频率为

$$\omega(t)=\frac{d}{dt}\varphi(t)=\omega_c-m_p\Omega\sin\Omega t=\omega_c-\Delta\omega_m\sin\Omega t \qquad (7-20)$$

式中，$\Delta\omega_m=m_p\Omega=k_pU_\Omega\Omega$，为调相信号的最大频偏。它不仅与调制信号的幅度成正比，而且还与调制频率成正比（这一点与 FM 不同），其关系如图 7-6 所示。调制频率愈高，频偏也愈大。若规定 $\Delta\omega_m$ 值，那么就需限制调制信号频率。根据瞬时频率的变化可画出调相信号波形，如图 7-5(f) 所示，也是等幅疏密波。它与图 7-1 中的调频信号相比只是延迟了一段时间。如不知道原调制信号，则在单频调制的情况下无法从波形上分辨是调频信号还是调相信号。

当调制信号为一般的信号时，即 $u_\Omega=f(t)$，调相信号的表达式为

$$u_{PM}(t)=U\cos[\omega_c t+k_pf(t)] \qquad (7-21)$$

由于频率与相位之间存在着微分与积分的关系，所以调频与调相间是可以互相转化的。如果先对调制信号积分，然后再进行调相，这就可以实现调频，如图 7-7(a) 所示。如果先对调制信号微分，然后用微分结果去进行调频，得出的已调信号为调相信号，如图 7-7(b) 所示。

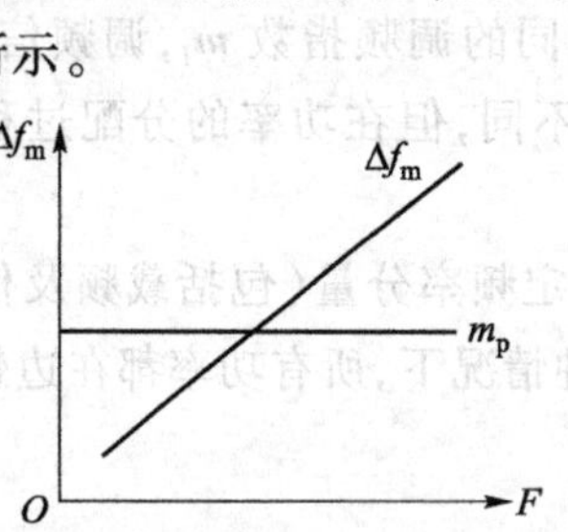

$m_p,\Delta f_m$
Δf_m
m_p
O
F

图 7-6　调相信号 Δf_m、m_p 与 F 的关系

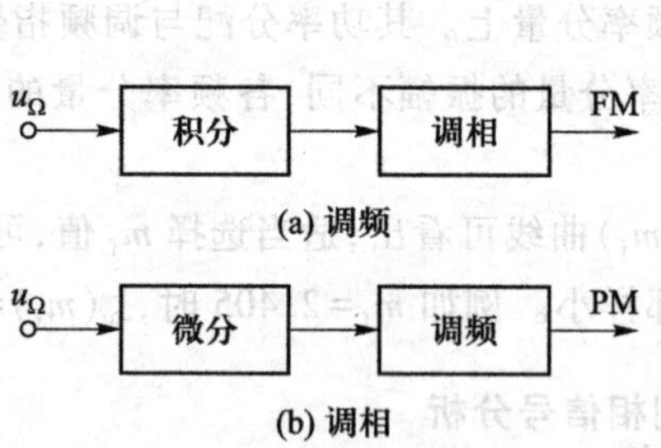

u_Ω
积分
调相
FM
(a) 调频
u_Ω
微分
调频
PM
(b) 调相

图 7-7　调频与调相的关系

至于 PM 信号的频谱及带宽，其分析方法与 FM 相同。调相信号带宽为

$$B_s=2(m_p+1)F \qquad (7-22)$$

由于 m_p 与 F 无关，所以 B_s 正比于 F。调制频率变化时，B_s 随之变化。如果按最高调制频率 F_{max} 值设计信道，则在调制频率低时有很大余量，系统频带利用不充分。因此在模拟通信中调相

方式用得很少。

三、调频信号与调相信号的比较

由于调频信号与调相信号同属于角度调制信号，且频率与相位之间存在内在关系，因此调频信号与调相信号之间有许多相近或相似之处，比较这两种调制方式，可以更好地理解和掌握它们的特性和规律。调频信号和调相信号的比较见表 7-1。

表 7-1 调频信号与调相信号的比较

项目	调频信号	调相信号
载波	$u_c=U_c\cos\omega_c t$	$u_c=U_c\cos\omega_c t$
调制信号	$u_\Omega=U_\Omega\cos\Omega t$	$u_\Omega=U_\Omega\cos\Omega t$
偏移的物理量	频率	相位
调制指数（最大相偏）	$m_f=\dfrac{\Delta\omega_m}{\Omega}=\dfrac{k_f U_\Omega}{\Omega}=\Delta\varphi_m$	$m_p=\dfrac{\Delta\omega_m}{\Omega}=k_p U_\Omega=\Delta\varphi_m$
最大频偏	$\Delta\omega_m=k_f U_\Omega$	$\Delta\omega_m=k_p U_\Omega\Omega$
瞬时角频率	$\omega(t)=\omega_c+k_f u_\Omega(t)$	$\omega(t)=\omega_c+k_p\dfrac{du_\Omega(t)}{dt}$
瞬时相位	$\varphi(t)=\omega_c t+k_f\int u_\Omega(t)dt$	$\varphi(t)=\omega_c t+k_p u_\Omega(t)$
已调波电压	$u_{FM}(t)=U_c\cos(\omega_c t+m_f\sin\Omega t)$	$u_{PM}(t)=U_c\cos(\omega_c t+m_p\cos\Omega t)$
信号带宽	$B_s=2(m_f+1)F_{max}$（恒定带宽）	$B_s=2(m_p+1)F_{max}$（非恒定带宽）

由表 7-1 可以看出，调频信号的带宽基本上不随调制信号的频率变化，属于一种恒定带宽的调制，而调相信号的带宽随调制信号的频率变化，其频带利用率较低。因此，在模拟通信中，较多地采用调频方式。但在数字调制时，调频和调相都有很广泛的应用。

第二节 调频方法

一、调频方法概述

由前面的分析已知，频率调制和相位调制统称为角度调制，这是因为在调频的同时必然存在调相，在调相的同时必然存在调频。也就是说在角度调制时，高频载波的频率和相位均要随调制信号变化，可通过观察是其频率还是相位随调制信号规律线性变化，来区分这两种调制方式。因此在实现调频时，可直接调频，也可通过调相的方法完成调频，这就是调频的两种实现方式，即直接调频和间接调频。当然实现调相时，也有直接调相和间接调相两种方式。

1. 直接调频

直接调频是用调制信号去控制振荡器，使振荡器产生的频率随调制信号的规律线性变化。以正弦波振荡器为例，由前面振荡器的分析可知，振荡器的频率是由谐振回路元件参数决定的，

$f=1/2\pi\sqrt{LC}$，改变谐振回路的元件参数，振荡器产生的振荡频率就会发生变化。用调制信号去控制振荡器谐振回路的元件，如控制回路的电容 C(或电感 L)使之随调制信号变化(肯定不是线性关系)，即此时的电容成为一时变电容(受调制信号控制)，这样振荡器产生的振荡频率就是一个随调制信号变化的振荡频率。若此时振荡器产生的振荡频率与调制信号呈线性关系，就完成了调频功能。

直接调频是将振荡器和调频器合二为一，同时完成振荡频率产生和频率调制功能，因此电路比较简单，但其性能指标将受到一定的限制。这种方法的主要优点是在实现线性调频的要求下，可以获得较大的频偏，其主要缺点是频率稳定度差，在许多场合须对载频采取稳频措施或者采用晶体振荡器进行直接调频。

直接调频的振荡器一般采用正弦波振荡器，第四章中介绍的各种正弦波振荡器均可用于直接调频。直接调频电路主要包括变容二极管直接调频电路、晶体振荡器直接调频电路、电抗管直接调频电路等。目前广泛采用的是变容二极管直接调频电路，主要是因为变容二极管直接调频电路简单、性能良好。

除了正弦波振荡器作为调频电路外，还可用其他振荡电路来完成调频，如张弛振荡器。由于张弛振荡器的振荡频率取决于电路中的充电或放电速度，因此，可以用调制信号去控制(通过受控理想电流源)电容的充电或放电电流，从而控制张弛振荡器的重复频率。对张弛振荡器调频，产生的是非正弦波调频信号，如三角波调频信号、方波调频信号等。

目前逐渐应用的软件无线电技术也可很方便地产生不同性能指标的调频信号。

2. 间接调频

间接调频法如图 7-7(a)所示，先将调制信号积分，然后对载波进行调相，即可实现调频。这种间接调频方法也称为阿姆斯特朗(Armstrong)法。

间接调频时，调制器与振荡器是分开的，因此，载波振荡器可以具有较高的频率稳定度和准确度，但实现起来较为复杂。

实现间接调频的关键是如何进行相位调制。通常，实现相位调制的方法有三种。

① 矢量合成法。这种方法主要针对的是窄带的调频或调相信号。对于单音调相信号

$$\begin{aligned}u_{PM}&=U\cos\left(\omega_c t+m_p\cos\Omega t\right)\\&=U\cos\omega_c t\cos\left(m_p\cos\Omega t\right)-U\sin\left(m_p\cos\Omega t\right)\sin\omega_c t\end{aligned}$$

当 $m_p\leqslant\pi/12$ 时，上式近似为

$$u_{PM}\approx U\cos\omega_c t-Um_p\cos\Omega t\sin\omega_c t \tag{7-23}$$

式(7-23)表明，在调相指数较小时，调相波可由两个信号合成得到。据此式可以得到一种调相方法，如图 7-8(b)所示。

这种窄带调相(NBPM)方法与普通 AM 信号的实现方法[图 7-8(a)]非常相似，其主要区别仅在于载波信号的相位上。用矢量合成法实现窄带调频(NBFM)信号的方法如图 7-8(c)所示，图中点画线框内的电路为一积分电路，后面是用乘法器(平衡调制器或差分对电路)及移相器来实现的窄带调相电路。

② 可变移相法。可变移相法就是利用调制信号控制移相网络或谐振回路的电抗元件或电阻元件来实现调相。应用最广泛的是变容管调相电路。通常情况下，用这种方法得到的调相波的最大不失真相移 m_p 受谐振回路或相移网络相频特性非线性的限制，一般都在30°以下。为了增大 m_p，可以采用多级级联调相电路。

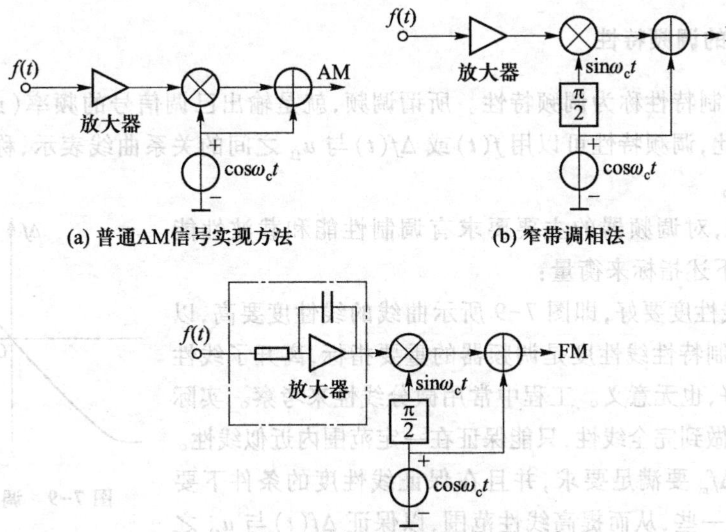
f(t)
放大器
AM
cosωct
PM
sinωct
π/2
FM
+
−

(a) 普通AM信号实现方法 (b) 窄带调相法

(c) 窄带调频法

图 7-8 矢量合成法调相与调频

③ 可变延时法。将载波信号通过一可控延时网络，延时时间 τ 受调制信号控制，即

$$\tau = k_{\mathrm{d}} u_{\Omega}(t) \tag{7-24}$$

则输出信号为

$$u = U\cos\ \omega_{\mathrm{c}}(t-\tau) = U\cos[\omega_{\mathrm{c}} t - k_{\mathrm{d}}\omega_{\mathrm{c}} u_{\Omega}(t)]$$

由此可知，输出信号已变成调相信号了。

除上述调频方法外，还有锁相调频（见第八章）法和用计算机模拟调频微分方程的方法产生调频信号。

可变移相法原理

可变延时法原理

3. 扩大调频器线性频偏的方法

最大频偏 Δf_{m} 和调制线性是调频器的两个相互矛盾的指标。如何扩展最大线性频偏是选择调频方法的一个关键问题。

对于直接调频法，调制特性的非线性随最大相对频偏 $\Delta f_{\mathrm{m}}/f_{\mathrm{c}}$ 的增大而增大。当最大相对频偏 $\Delta f_{\mathrm{m}}/f_{\mathrm{c}}$ 限定时，对于特定的 f_{c}，Δf_{m} 也就被限定了，其值与调制频率的大小无关。因此，如果在较高的载波频率上实现调频，则在相对频偏一定的条件下，可以获得较大的绝对频偏。当要求绝对频偏一定，且载波频率较低时，可以在较高的载波频率上实现调频，然后通过混频将载频降下来，而频偏的绝对数值保持不变。这种方法较为简单。但当难以实现高频调频时，可以先在较低的载波频率上实现调频，然后通过倍频将所有频率提高，频偏也提高相应的倍数（绝对频偏增大了），最后，通过混频将所有频率降低同一绝对数值，使载波频率达到规定值。这种方法产生的宽带调频（WBFM）信号的相位噪声随倍频值的增加而增加。

采用间接调频时，受到非线性限制的不是相对频偏，也不是绝对频偏，而是最大相偏。因此，不能指望在较高的载波频率上实现调频以扩大线性频偏，而一般采用先在较低的载波频率上实现调频，然后再通过倍频和混频的方法得到所需的载波频率的最大线性频偏。为了保证电路的可实现性，调相时载频不能取得太低，它至少要比最高调制频率高 10 倍以上。

二、调频电路的调频特性

调频电路的调制特性称为调频特性。所谓调频，就是输出已调信号的频率（或频偏）随输入信号规律变化，因此，调频特性可以用 $f(t)$ 或 $\Delta f(t)$ 与 u_Ω 之间的关系曲线表示，称为调频特性曲线，如图 7-9 所示。

在无线通信中，对调频器的主要要求有调制性能和载波性能两个方面，通常用下述指标来衡量：

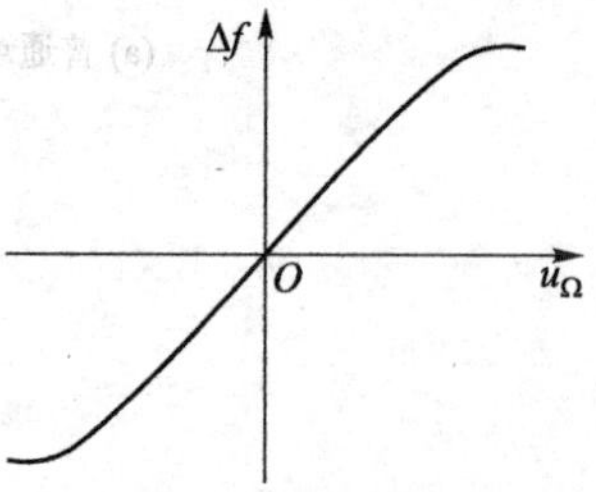

Δf
O
u_Ω

图 7-9　调频特性曲线

① 调制特性线性度要好，即图 7-9 所示曲线的线性度要高，以避免调制失真。调制特性线性度是调频器的重要指标，离开了线性指标，其他指标再好，也无意义。工程中常用微分线性来考察。实际上调制特性不可能做到完全线性，只能保证在一定范围内近似线性。

② 最大频偏 Δf_m 要满足要求，并且在保证线性度的条件下要尽可能地使 Δf_m 大一些，从而提高线性范围，以保证 $\Delta f(t)$ 与 u_Ω 之间在较宽范围内呈线性关系。不同的调频系统对最大频偏的要求不同。通常情况下，调制线性与最大频偏相矛盾，要输出频偏大，调制线性就做不好，反之，调制线性就好。工程中，在保证较好的调制线性条件下，应尽量使最大频偏大一些。

③ 调制灵敏度要高。调制特性曲线在原点处的斜率就是调频灵敏度 k_f，它表示输入的调制信号对输出的调频信号频率的控制能力，k_f 越大，同样的 U_Ω 值产生的 Δf_m 越大。一般地，调制灵敏度与调频器的中心工作频率（通常为载频）及变容二极管的直流偏置等因素有关。

寄生调幅

④ 载波性能要好。调频的瞬时频率就是以载频 f_c 为中心变化的，因此，为了保证调制器的性能，防止调频信号频谱落到接收机的通带之外，产生较大的失真和邻道干扰，对载波频率 f_c 要有严格的限定，包括频率、准确度和稳定度。此外，载波振荡的幅度要保持恒定，寄生调幅要小。

第三节　变容二极管调频电路

变容二极管调频电路中由于变容二极管的电容变化范围大，因而工作频率变化就大，可以得到较大的频偏，且调制灵敏度高、固有损耗小、使用方便、构成的调频器电路简单，因此变容二极管直接调频电路是一种应用非常广泛的调频电路。

一、变容二极管

半导体二极管 PN 结具有电容效应，它包括扩散电容效应与势垒电容效应。当 PN 结正向偏置时，由大量非平衡载流子注入造成的扩散效应起主导作用。当 PN 结反偏时，由势垒区空间电荷所呈现的势垒电容效应起主导作用。由于 PN 结正向偏置时半导体二极管呈现的正向电阻很小，大大地削弱了 PN 结的电容效应，因而为了充分利用 PN 结的电容，PN 结必须工作在反向偏置状态。

变容二极管利用 PN 结反向偏置时势垒电容随外加反向偏压变化的机理，在制作半导体二极管的工艺上进行特殊处理，控制掺杂浓度和掺杂分布，从而使二极管的势垒电容灵敏地随反偏电压变化且呈现较大的变化。这样制作的变容二极管可以看作一压控电容，在调频振荡器中起着可变电容的作用。

变容二极管在反偏时的结电容为

$$C_{\mathrm{j}}=\frac{C_0}{\left(1+\dfrac{u}{u_{\varphi}}\right)^{\gamma}} \tag{7-25}$$

式中，C_0 为变容二极管在零偏置时的结电容值；u 为加到变容二极管上的反偏电压；u_{φ} 为变容二极管 PN 结的势垒电位差（硅管约为 0.7 V，锗管约为 0.3 V）；γ 为变容二极管的结电容变化指数，它取决于 PN 结的杂质分布规律并与制造工艺有关。图 7-10(a) 所示为不同指数 γ 时变容二极管的 $C_{\mathrm{j}}-u$ 曲线，图 7-10(b) 所示为一实际变容二极管的 $C_{\mathrm{j}}-u$ 曲线。$\gamma=1/3$ 称为缓变型，扩散型管多属此类；$\gamma=1/2$ 为突变型，合金型管属于此类；超突变型的 γ 在 1~5 之间。

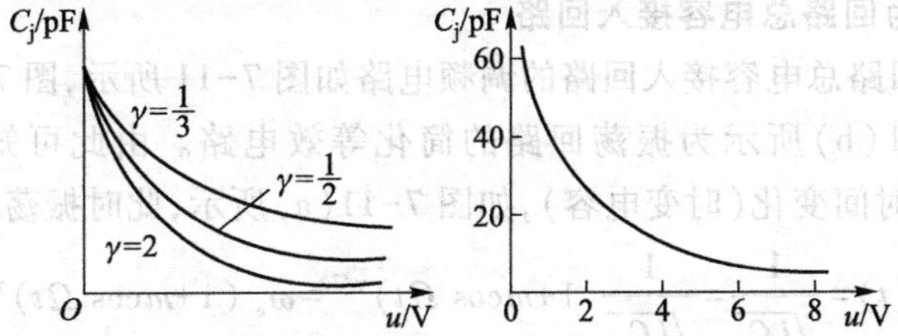

C_j/pF
$\gamma=\frac{1}{3}$
$\gamma=\frac{1}{2}$
$\gamma=2$
O
u/V
C_j/pF
60
40
20
0
2
4
6
8
u/V

(a) 不同指数 γ　　(b) 实际变容二极管

图 7-10　变容二极管的 $C_{\mathrm{j}}-u$ 曲线

变容二极管是单向导电器件，在反向偏置时，它始终工作在截止区，它的反向电流极小，它的 PN 结呈现一个与反向偏置电压 u 有关的结电容 C_{j}（主要是势垒电容）。C_{j} 与 u 的关系是非线性的，所以变容二极管电容 C_{j} 属非线性电容。这种非线性电容基本上不消耗能量，产生的噪声也较小，是理想的高效率、低噪声电容。

若在变容二极管上加一固定偏置电压 U_{Q}［负偏压，在式(7-25)中已考虑了反偏，这里是其绝对值］时，此时变容二极管的静态工作点的结电容为

$$C_{\mathrm{j}}=C_{\mathrm{Q}}=\frac{C_0}{\left(1+\dfrac{U_{\mathrm{Q}}}{u_{\varphi}}\right)^{\gamma}} \tag{7-26}$$

若偏压 u 为一个固定偏压 U_{Q} 和一调制信号 $u_{\Omega}(t)=U_{\Omega}\cos\Omega t$ 之和，即有

$$u=U_{\mathrm{Q}}+u_{\Omega}(t)=U_{\mathrm{Q}}+U_{\Omega}\cos\Omega t \tag{7-27}$$

此时可得

$$\begin{aligned}C_{\mathrm{j}}&=\frac{C_0}{\left(1+\dfrac{U_{\mathrm{Q}}+U_{\Omega}\cos\Omega t}{u_{\varphi}}\right)^{\gamma}}\\&=\frac{C_0}{\left(1+\dfrac{U_{\mathrm{Q}}}{u_{\varphi}}\right)^{\gamma}}\frac{1}{\left(1+\dfrac{U_{\Omega}}{U_{\mathrm{Q}}+u_{\varphi}}\cos\Omega t\right)^{\gamma}}\\&=C_{\mathrm{Q}}(1+m\cos\Omega t)^{-\gamma}\end{aligned} \tag{7-28}$$

式中，$m=U_\Omega/(U_Q+u_\varphi)\approx U_\Omega/U_Q$，称为电容调制度，它表示结电容受调制信号调变的程度，U_Ω 越大，C_j 变化越大，调制越深。

二、变容二极管直接调频电路

在变容二极管直接调频电路中，变容二极管作为一压控电容接入到谐振回路中，由第四章正弦波振荡器已知，振荡器的振荡频率由谐振回路的谐振频率决定。因此，当变容二极管的结电容随加到变容二极管上的电压变化时，由变容二极管的结电容和其他回路元件决定的谐振回路的谐振频率也就随之变化。若此时谐振回路的谐振频率与加到变容二极管上的调制信号呈线性关系，就完成了调频的功能，这也是变容二极管调频的原理。

变容二极管作为谐振回路的一部分，可作为回路的总电容接入谐振回路，也可作为回路电容的一部分接入谐振回路，下面分别分析这两种情况下的变容二极管调频电路及其性能。

1. 变容二极管作为回路总电容接入回路

变容二极管作为回路总电容接入回路的调频电路如图 7-11 所示，图 7-11(a)所示为变容二极管调频电路，图 7-11(b)所示为振荡回路的简化等效电路。由此可知，若变容二极管上加 $u_\Omega(t)$，就会使得 C_j 随时间变化（时变电容），如图 7-11(a)所示，此时振荡频率为

$$\omega(t)=\frac{1}{\sqrt{LC_j}}=\frac{1}{\sqrt{LC_Q}}(1+m\cos\Omega t)^{\gamma/2}=\omega_c(1+m\cos\Omega t)^{\gamma/2} \tag{7-29}$$

式中，$\omega_c=1/\sqrt{LC_Q}$ 为不加调制信号时的振荡频率，它就是振荡器的中心频率——未调载频。由此可以看出，振荡频率与调制信号的关系与变容二极管的结电容变化指数 γ 有关，一般情况下是一种非线性关系，振荡频率随时间变化的曲线如图 7-12(b)所示。

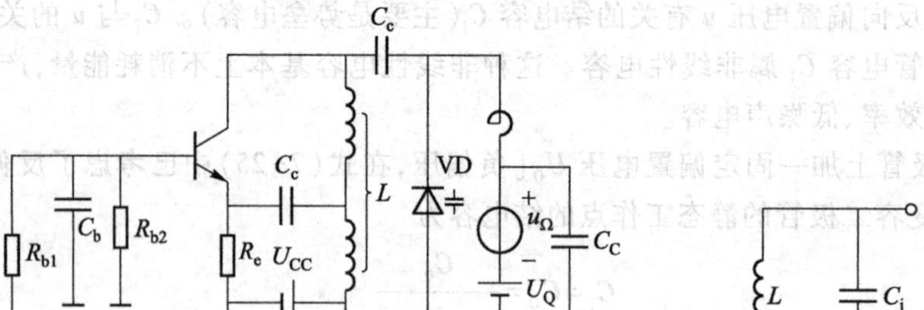
C_c
R_{b1}
C_b
R_{b2}
R_e
U_{CC}
C_c
L
VD
u_Ω
C_C
U_Q
C_c
L
C_j

(a) 变容二极管调频电路　　(b) 振荡回路的简化等效电路

图 7-11　变容二极管作为回路总电容接入回路

若 $\gamma=2$，由式(7-29)可得谐振回路的谐振频率为

$$\omega(t)=\omega_c(1+m\cos\Omega t)=\omega_c+\Delta\omega(t) \tag{7-30}$$

其中，$\Delta\omega(t)=\omega_c u_\Omega(t)/(U_Q+u_\varphi)\propto u_\Omega(t)$，即瞬时频偏 $\Delta\omega(t)$ 与 $u_\Omega(t)$ 成正比例。这种调频就是线性调频，如图 7-12(c)所示。

一般情况下，$\gamma\neq2$，这时，式(7-29)可以展开成幂级数

$$\omega(t)=\omega_c\left[1+\frac{\gamma}{2}m\cos\Omega t+\frac{1}{2!}\cdot\frac{\gamma}{2}\left(\frac{\gamma}{2}-1\right)m^2\cos^2\Omega t+\cdots\right]$$

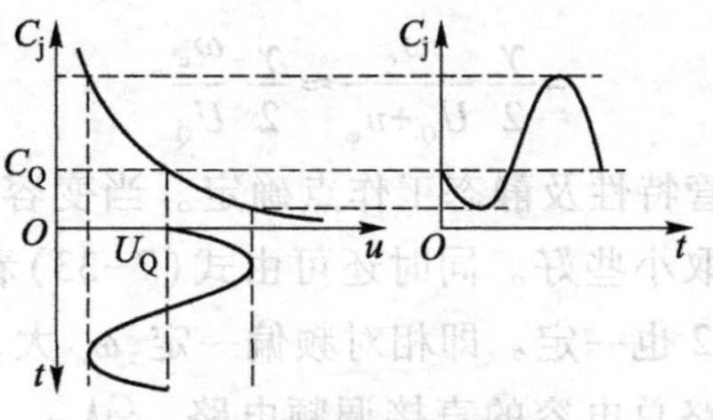
C_j
C_Q
O
U_Q
u
t
C_j
O
t
(a) 结电容随时间变化曲线

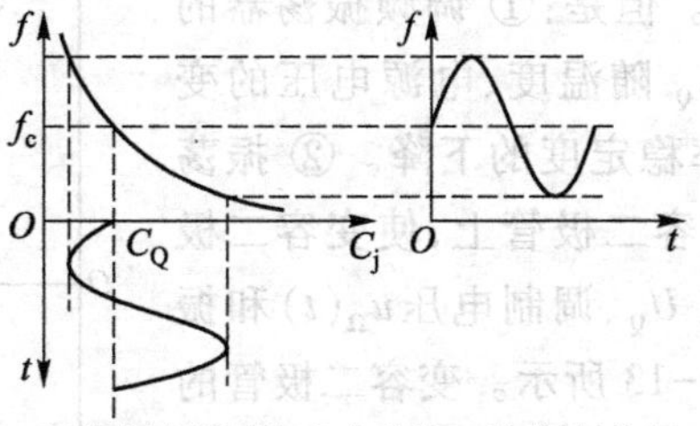
f
f_c
O
C_Q
C_j
t
f
O
t
(b) 振荡频率随时间变化曲线(不加调制信号)

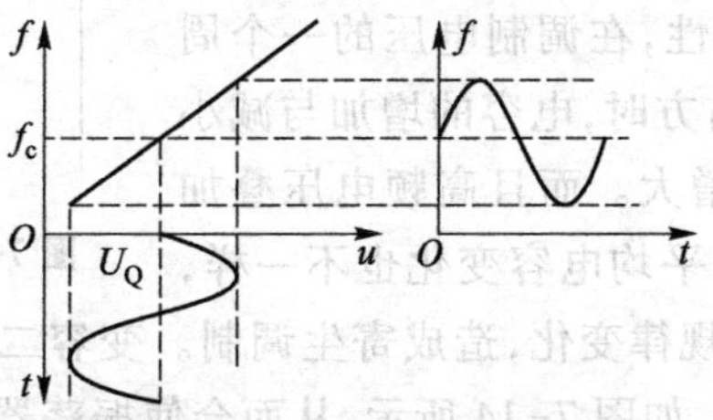
f
f_c
O
U_Q
u
t
f
O
t
(c) 振荡频率随时间变化曲线(线性调频后)

图 7-12　变容二极管线性调频原理

忽略高次项，上式可近似为

$$\omega(t)=\omega_c+\frac{\gamma}{8}\left(\frac{\gamma}{2}-1\right)m^2\omega_c+\frac{\gamma}{2}m\omega_c\cos\Omega t+\frac{\gamma}{8}\left(\frac{\gamma}{2}-1\right)m^2\omega_c\cos 2\Omega t$$

$$=\omega_c+\Delta\omega_c+\Delta\omega_m\cos\Omega t+\Delta\omega_{2m}\cos 2\Omega t \qquad (7-31)$$

式中，$\Delta\omega_c=\gamma(\gamma/2-1)m^2\omega_c/8$，是调制过程中产生的中心频率漂移。$\Delta\omega_c$ 与 γ 有关，当变容二极管一定后，U_Ω 越大，m 越大，$\Delta\omega_c$ 也越大。产生 $\Delta\omega_c$ 的原因在于 C_j-u 曲线不是直线，这使得在一个调制信号周期内，电容的平均值不等于静态工作点的结电容 C_Q，从而引起中心频率的改变。$\Delta\omega_m=\gamma m\omega_c/2$ 为最大角频偏，它是调频电路的一个重要参数，通常越大越好。$\Delta\omega_{2m}=\gamma(\gamma/2-1)m^2\omega_c/8$ 为二次谐波最大角频偏，它也是由 C_j-u 曲线的非线性引起的，并将引入非线性失真。二次谐波失真系数可用下式求出

$$K_{f2}=\frac{\Delta\omega_{2m}}{\Delta\omega_m}=\frac{1}{4}\left(\frac{\gamma}{2}-1\right)m \qquad (7-32)$$

可见，当 U_Ω 增大而使 m 增大时，将同时引起 $\Delta\omega_m$、$\Delta\omega_c$ 及 K_{f2} 的增大，因此 m 不能选得太大。

由于非线性失真，$\gamma\neq 2$ 时的调频特性不是直线，调制特性曲线弯曲。

调频灵敏度可以通过式(7-31)求出。根据调频灵敏度的定义，有

$$k_f=S_{FM}=\frac{\Delta\omega_m}{U_\Omega}=\frac{\gamma}{2}\frac{m\omega_c}{U_\Omega}$$

$$=\frac{\gamma}{2}\frac{\omega_c}{U_Q+u_\varphi}\approx\frac{\gamma}{2}\frac{\omega_c}{U_Q} \tag{7-33}$$

式(7-33)表明，k_f 由变容二极管特性及静态工作点确定。当变容二极管一定，中心频率一定时，在不影响线性条件下，$|U_Q|$ 值取小些好。同时还可由式(7-33)看到，在变容二极管一定，U_Q 及 U_Ω 一定时，比值 $\Delta\omega_m/\omega_c=m\gamma/2$ 也一定。即相对频偏一定，ω_c 大，则 $\Delta\omega_m$ 增加。

由此可见：在用 C_j 作为回路总电容的直接调频电路中，输出频偏大，调制灵敏度高。但是：① 调频振荡器的中心频率由 C_Q 直接决定，而 C_Q 随温度、电源电压的变化而变化，因此会造成振荡频率稳定度的下降。② 振荡回路的高频电压完全作用于变容二极管上，使变容二极管的结电容受到直流偏置电压 U_Q、调制电压 $u_\Omega(t)$ 和振荡高频电压的共同控制，如图 7-13 所示。变容二极管的电容值应由每个高频周期内的平均电容来确定。由于变容二极管电容变化曲线的非线性，在调制电压的一个周期内，当高频电压摆向左方或右方时，电容的增加与减小并不相同，因而造成平均电容增大。而且高频电压叠加在 $u_\Omega(t)$ 之上，每个高频周期的平均电容变化也不一样，因而会引起频率不按调制信号规律变化，造成寄生调制。变容二极管实际的结电容与高频信号的幅度 U_1 和直流偏压 U_Q 有关，如图 7-14 所示，从而会使振荡器的幅度不稳定性转化为频率的不稳定性。再者，当偏压值较小时，若变容二极管上高频电压过大，还会使变容二极管正向导通。正向导通的二极管会改变回路阻抗和 Q 值，引起寄生调幅，也会引起中心频率不稳。一般应避免在低偏压区工作。因此，除非要求宽带调频，一般很少将变容二极管作为回路总电容应用。

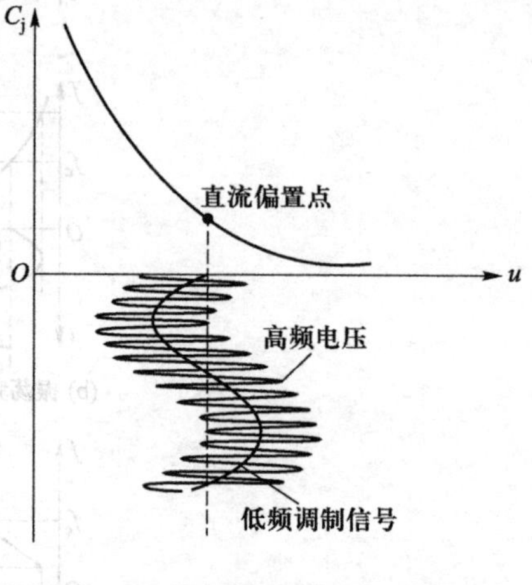

C_j
直流偏置点
O
u
高频电压
低频调制信号

图 7-13　加在变容二极管上的电压

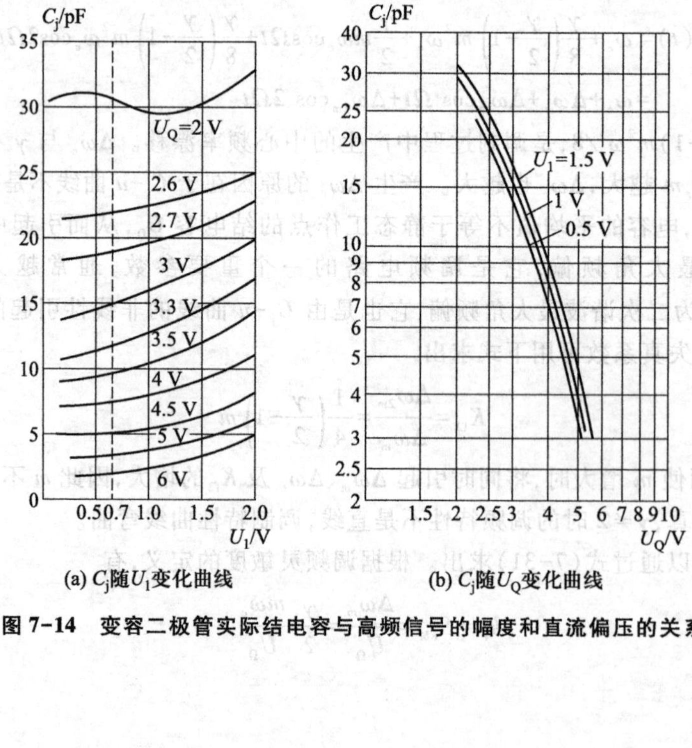

C_j/pF
U_Q=2 V
2.6 V
2.7 V
3 V
3.3 V
3.5 V
4 V
4.5 V
5 V
6 V
0.5 0.7 1.0 1.5 2.0
U_1/V
(a) C_j随U_1变化曲线
C_j/pF
U_1=1.5 V
1 V
0.5 V
1.5 2 2.5 3 4 5 6 7 8 9 10
U_Q/V
(b) C_j随U_Q变化曲线

图 7-14　变容二极管实际结电容与高频信号的幅度和直流偏压的关系

2. C_j 作为回路部分电容接入回路

在振荡回路中，除了变容二极管之外还有其他电容接入称为变容二极管部分接入的振荡回路，其一般形式如图 7-15 所示。这样，回路的总电容为

$$C=C_1+\frac{C_2C_j}{C_2+C_j}=C_1+\frac{C_2C_Q}{C_2(1+m\cos\Omega t)^{\gamma}+C_Q} \tag{7-34}$$

振荡频率为

$$\omega(t)=\frac{1}{\sqrt{LC}}$$

$$=\left\{L\left[C_1+\frac{C_2C_Q}{C_2(1+m\cos\Omega t)^{\gamma}+C_Q}\right]\right\}^{-1/2} \tag{7-35}$$

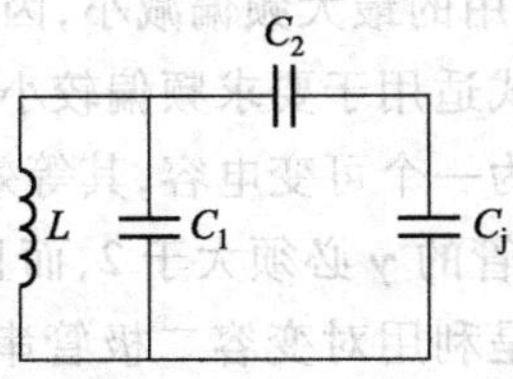

C_2
L
C_1
C_j

图 7-15　变容二极管部分接入的振荡回路

将式(7-35)在工作点 U_Q 处展开，可得

$$\omega(t)=\omega_c(1+A_1m\cos\Omega t+A_2m^2\cos^2\Omega t+\cdots)$$

$$=\omega_c+\frac{A_2}{2}m^2\omega_c+A_1m\omega_c\cos\Omega t+\frac{A_2}{2}m^2\omega_c\cos 2\Omega t+\cdots \tag{7-36}$$

式中

$$\omega_c=\frac{1}{\sqrt{L\left(C_1+\frac{C_2C_Q}{C_2+C_Q}\right)}} \tag{7-37}$$

$$A_1=\frac{\gamma}{2p}$$

$$A_2=\frac{3}{8}\cdot\frac{\gamma^2}{p^2}+\frac{1}{4}\cdot\frac{\gamma(\gamma-1)}{p}-\frac{\gamma^2}{2p}\cdot\frac{1}{1+p_1}$$

$$p=(1+p_1)(1+p_1p_2+p_2)$$

$$p_1=\frac{C_Q}{C_2}$$

$$p_2=\frac{C_1}{C_Q}$$

因此，瞬时频偏为

$$\Delta f(t)=mf_c\left(\frac{A_2}{2}m+A_1\cos\Omega t+\frac{A_2}{2}m\cos 2\Omega t+\cdots\right) \tag{7-38}$$

式中第一项为与时间无关的直流项，它引起中心频率偏移。第二项为线性调频项，即频偏项，其

最大频偏为

$$\Delta f_m = A_1 m f_c = \frac{\gamma}{2p} m f_c \tag{7-39}$$

它是变容二极管作为回路总电容时最大频偏 Δf_m 的 $1/p$，这说明振荡器的频率受控制的程度为变容二极管作为回路总电容时的 $1/p$，因此调频灵敏度也下降为全接入时的 $1/p$，这是因为此时 C_j 比全接入时影响小，Δf_m 必然下降。C_1 愈大，C_2 愈小，即 p 加大，C_j 对频率的变化影响就愈小，故 C_1 值要选取适当，一般取 $C_1=(10\%\sim30\%)C_2$。同时，由于 C_j 影响减小，使 C_Q 随温度及电源电压等外界因素变化的影响也减小，从而使载波（中心）频率的稳定度也提高了 p 倍。此外，部分接入方式可以减小加在变容二极管上的高频电压，所以可减弱因其产生的寄生调制，从而进一步提高载波频率稳定度。第三项及后面各项为非线性失真项。为了减小载波频率偏移和非线性失真，需要减小 m 值。但 m 减小会使有用的最大频偏减小，因此 m 不能过小，一般取 m 为 0.5。这样，频偏就比较小，因此，部分接入方式适用于要求频偏较小的情况。

需要指出，若把回路总电容等效为一个可变电容，其等效的电容变化指数必定小于变容二极管的 γ，为了实现线性调频，变容二极管的 γ 必须大于 2，而且要正确选择和调整电容 C_1 和 C_2 的值。实际上，上述的部分接入组态就是利用对变容二极管串联或并联电容的方法来调整回路总电容 C 与电压 u 之间的特性。

图 7-16 所示为变容二极管串、并联电容时的 $C-u$ 特性。图中曲线②为原变容二极管的 C_j-u 曲线。曲线①为并联电容 C_1 时的情况。并联 C_1 后，各点电容均增加，曲线上移。但在原变容二极管 C_j 小的区域并联电容影响大，电容相对变化大；在 C_j 大的区域，并联电容 C_1 影响小。因此造成反向偏压小的区域 $C-u$ 曲线斜率减小得少（变化很小），而在反向偏压大的区域，斜率减小得多。曲线③为变容管串联电容 C_2 时的情况。串联电容使得总电容减小，故曲线下移。当 C_j 大时，串联电容影响大，$C-u$ 曲线在此区域与原 C_j-u 曲线相比变化较大；反之，C_j 小的区域，C_2 影响小，曲线的斜率基本不变。

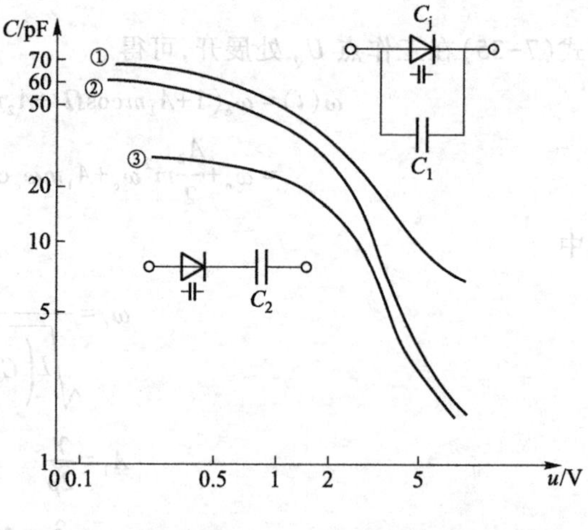
C/pF
70
60
50
20
10
5
1
①
②
③
C_j
C_1
C_2
0 0.1
0.5
1
2
5
u/V

图 7-16　变容二极管串、并联电容时的 $C-u$ 特性

总之，并联电容可较大地调整 C_j 值小的区域内的 $C-u$ 特性，串联电容可有效地调整 C_j 值大的区域内的 $C-u$ 特性。如果原变容二极管 $\gamma>2$，则可以通过串、并联电容的方法，使 $C-u$ 特性在一定偏压范围内接近 $\gamma=2$ 的特性，从而实现线性调频。变容二极管串、并联电容后，总的 $C-u$ 曲线斜率要下降，因此频偏下降。

图 7-17(a) 所示是变容二极管部分接入直接调频的典型电路。图中 12 μH 的电感为高频扼流圈，对高频相当于开路，1 000 pF 电容为高频滤波电容。振荡回路由 10 pF、15 pF、33 pF 电容，可调电感及变容二极管组成，其简化交流电路如图 7-17(b) 所示，由此可以看出，这是一个电容反馈三点式振荡器电路。两个变容二极管为反向串联组态；直流偏置同时加至两管正端，调制信号经 12 μH 电感（相当于短路）加至两管负端，所以对直流及调制信号来说，两个变容二极管是

并联的。对高频而言,两个变容二极管是串联的,总变容二极管电容 $C_j' = C_j/2$。这样,加到每个变容二极管的高频电压就降低一半,从而可以减弱高频电压对电容的影响;同时,采用反向串联组态,在高频信号的任意半周期内,一个变容二极管的寄生电容(即前述平均电容)增大,另一个则减小,二者相互抵消,能减弱寄生调制。这个电路与采用单变容二极管时相比较,在 Δf_m 要求相同时,由于系数 p 的加大,m 值就可以降低。另外,改变变容二极管偏置及调节电感 L 可使该电路的中心频率在 50~100 MHz 范围内变化。

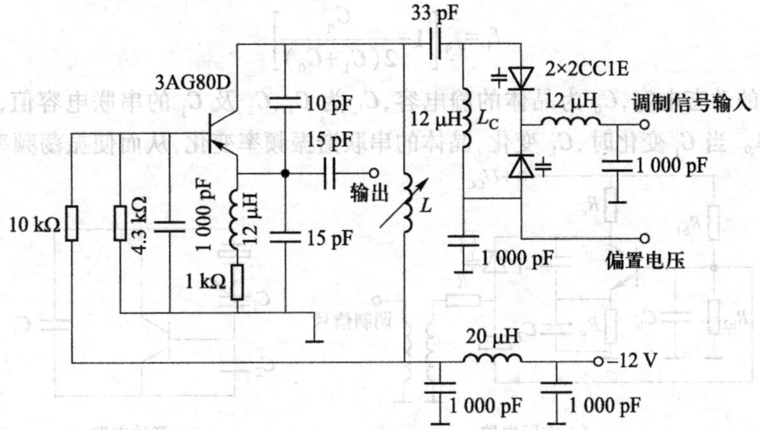
33 pF
3AG80D
2×2CC1E
10 pF
12 μH
调制信号输入
12 μH
L_C
15 pF
1 000 pF
输出
L
10 kΩ
4.3 kΩ
1 000 pF
12 μH
15 pF
1 000 pF
偏置电压
1 kΩ
20 μH
-12 V
1 000 pF
1 000 pF

(a) 典型电路

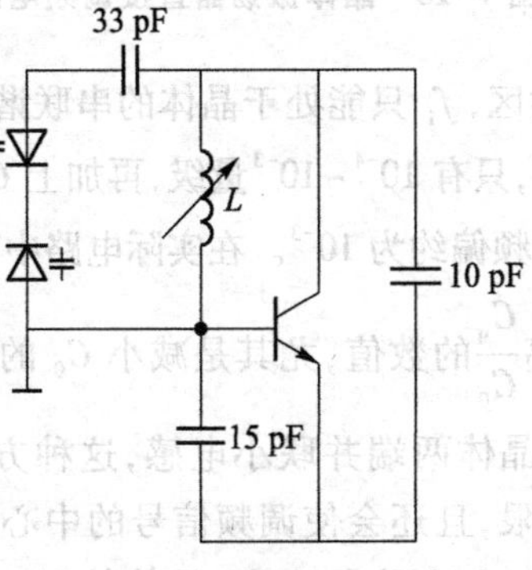
33 pF
L
10 pF
15 pF

(b) 简化交流电路

图 7-17　变容二极管部分接入直接调频典型电路

第四节　其他直接调频电路

一、晶体振荡器直接调频电路

变容二极管直接调频电路的中心频率稳定度较差。为得到高稳定度调频信号,须采取稳频措施,如增加自动频率微调电路或锁相环路。还有一种稳频的简单调频方法是直接对晶体振荡器调频。

变容二极管可通过与晶体串联或并联的方法接入回路，由于与晶体并联存在许多缺点，目前广泛采用的是变容二极管与晶体串联接入的晶体振荡器直接调频电路，其实际电路如图 7-18(a)所示，图 7-18(b)所示为其等效电路。变容二极管的结电容变化将引起晶体的等效电抗变化，从而引起等效串联谐振频率或并联谐振频率发生变化。由图可知，此电路为并联型晶振皮尔斯电路，其稳定度高于密勒电路。其中，变容二极管相当于晶体振荡器中的微调电容，它与 C_1、C_2 的串联等效电容作为石英谐振器的负载电容 C_L。此电路的振荡频率为

$$f_1=f_q\left[1+\frac{C_q}{2(C_L+C_0)}\right] \tag{7-40}$$

其中，C_q 为晶体的动态电容，C_0 为晶体的静电容，C_L 为 C_1、C_2 及 C_j 的串联电容值，f_q 为晶体的标称串联谐振频率。当 C_j 变化时，C_L 变化，晶体的串联谐振频率变化，从而使振荡频率发生变化。

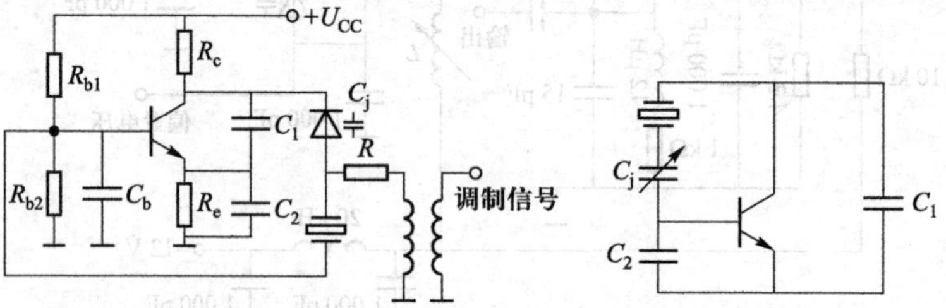
+U_CC
R_b1
R_c
C_j
C_1
R
R_b2
C_b
R_e
C_2
调制信号
C_j
C_2
C_1

(a) 实际电路 (b) 等效电路

图 7-18 晶体振荡器直接调频电路

由于振荡器工作于晶体的感性区，f_1 只能处于晶体的串联谐振频率 f_q 与并联谐振频率 f_0 之间。由于晶体的相对频率变化范围很窄，只有 $10^{-4}\sim10^{-3}$ 量级，再加上 C_j 的影响，则可变范围更窄，因此，晶体振荡器直接调频电路的最大相对频偏约为 10^{-3}。在实际电路中，需要采取扩大频偏的措施。

要扩大相对频偏，就需要提高 $\frac{C_q}{C_0}$ 的数值，尤其是减小 C_0 的影响。工程中常用的方法有三种：一种方法是在晶体支路串联或在晶体两端并联小电感，这种方法简便易行，是一种常用的方法，但用这种方法获得的扩展范围有限，且还会使调频信号的中心频率的稳定度有所下降；另一种方法是利用 π 形网络进行阻抗变换，在这种方法中，晶体接于 π 形网络的终端；第三种方法是倍频，在调频振荡器的输出端进行 N 倍频，不仅可以保证载波频率的稳定，同时也使信号的频偏增加了 N 倍，倍频方法是目前采用较多的方法。

晶体振荡器直接调频电路的主要缺点就是相对频偏非常小，但其中心频率稳定度较高，一般可达 10^{-5} 以上。如果为了进一步提高频率稳定度，可以采用晶体振荡器间接调频的方法。

二、张弛振荡器直接调频电路

前面所述电路均为用调制信号调制正弦波振荡器。如果受调电路是多谐振荡器（其波形或是矩形波或是锯齿波等非正弦波形）则可得方波调频或其他波调频信号。它们还可以经过滤波器或波形变换器，形成正弦波调频信号。

我们知道，多谐振荡器的振荡频率是由 RC 充、放电速度决定的。因此，若用调制信号去控制电容充、放电电流，则可控制重复频率，从而达到调频的目的。下面仅就三角波调频的工作原

理和电路进行简单介绍。

图 7-19 所示是一种调频三角波产生器的方框图。调制信号控制理想电流源发生器,当调制信号为零时,理想电流源输出电流为 I;当有调制电压时,输出电流为 $I+\Delta I(t)$, $\Delta I(t)$ 与调制信号成正比。理想电流源发生器成为受控理想电流源。理想电流源的输出分两路送至积分器,一路直接经压控开关 a;一路经反相器得 $-I$ 送至压控开关 b,再到积分器。压控开关由电压比较器控制使 a 路或 b 路接通。电压比较器有两个门限值 U_1 及 U_2,且 $U_2>U_1$,其输入和输出电压间的关系如图 7-20(a)所示。当 u_T 增加时,只有当 $u_T=U_2$ 后,比较器才改变状态,输出变为低电平 U_{min};u_T 减小时,当 u_T 下降至等于 U_1 时,比较器才输出 U_{max},此比较器具有下行迟滞特性。积分器与电压比较器的输出电压波形如图 7-20(b)所示。此时未加调制信号,I 不变,故积分器输出电压的周期是固定的。I 愈大,则三角波的斜率愈大,周期愈短,因此输出三角波的重复频率与 I 成正比。

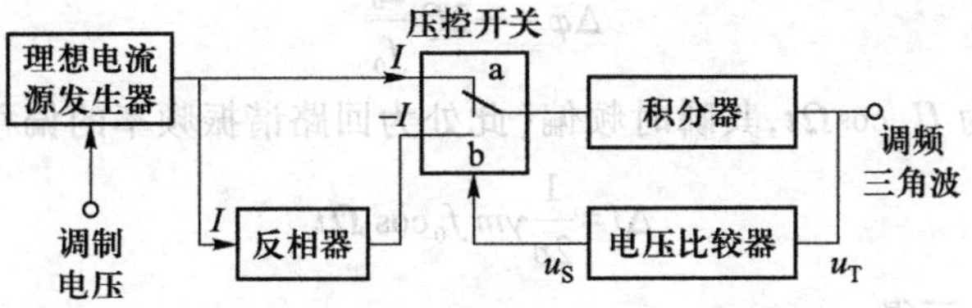
理想电流源发生器
压控开关
I
a
-I
b
积分器
调频三角波
调制电压
I
反相器
电压比较器
u_S
u_T

图 7-19　调频三角波产生器的方框图

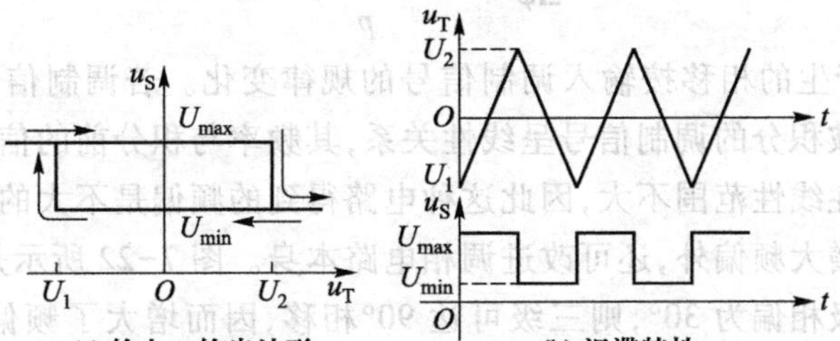
u_S
U_{max}
U_{min}
U_1
O
U_2
u_T
u_T
U_2
O
t
U_1
u_S
U_{max}
U_{min}
O
t

(a) 输入、输出波形　(b) 迟滞特性

图 7-20　电压比较器的输入、输出波形和迟滞特性

当外加调制电压时,理想电流源电流与其呈线性关系,因此三角波频率与调制电压呈线性关系。由于理想电流源电流的变化范围很大,所以可得到大频偏的调频信号。

第五节　间接调频电路

间接调频的关键是调相,常用的调相电路有以下几种。

一、回路参数调相电路

图 7-21 所示是一个单回路变容二极管调相电路。它将受调制信号控制的变容二极管作为振荡回路的一个元件。电感 L_{C1}、L_{C2} 为高频扼流圈,分别防止高频信号进入直流电源及调制信号源中。

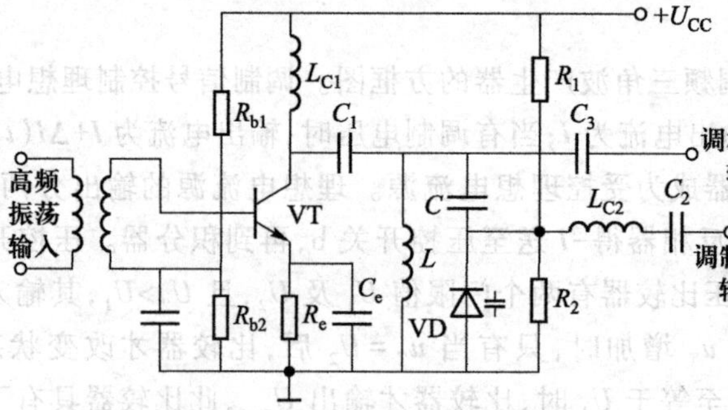
+U_{CC}
L_{C1}
R_{b1}
C_1
R_1
C_3
调相信号
输出
高频
振荡
输入
VT
C
L_{C2}
C_2
L
调制信号
输入
C_e
R_{b2}
R_e
VD
R_2

图 7-21　单回路变容二极管调相电路

由第二章可知,高 Q 并联振荡电路的电压、电流间相移 $\Delta\varphi<\pi/6$ 时,有近似关系

$$\Delta\varphi\approx-2Q\frac{\Delta f}{f_0} \tag{7-41}$$

设输入调制信号为 $U_{\Omega}\cos\Omega t$,其瞬时频偏(此处为回路谐振频率的偏移)为

$$\Delta f=\frac{1}{2p}\gamma m f_0\cos\Omega t$$

将此式代入式(7-41),可得

$$\Delta\varphi=-\frac{Q\gamma m\cos\Omega t}{p} \tag{7-42}$$

式(7-42)表明,回路产生的相移按输入调制信号的规律变化。若调制信号积分后输入,则输出调相波的相位偏移与被积分的调制信号呈线性关系,其频率与积分前的信号呈线性关系。

由于回路相移特性线性范围不大,因此这种电路得到的频偏是不大的,必须采取扩大频偏措施。除了用倍频方法增大频偏外,还可改进调相电路本身。图 7-22 所示是由三级单谐振回路组成的调相电路。若每级相偏为 30°,则三级可达 90°相移,因而增大了频偏。图中各级间耦合电容为 1 pF,互相影响很小。

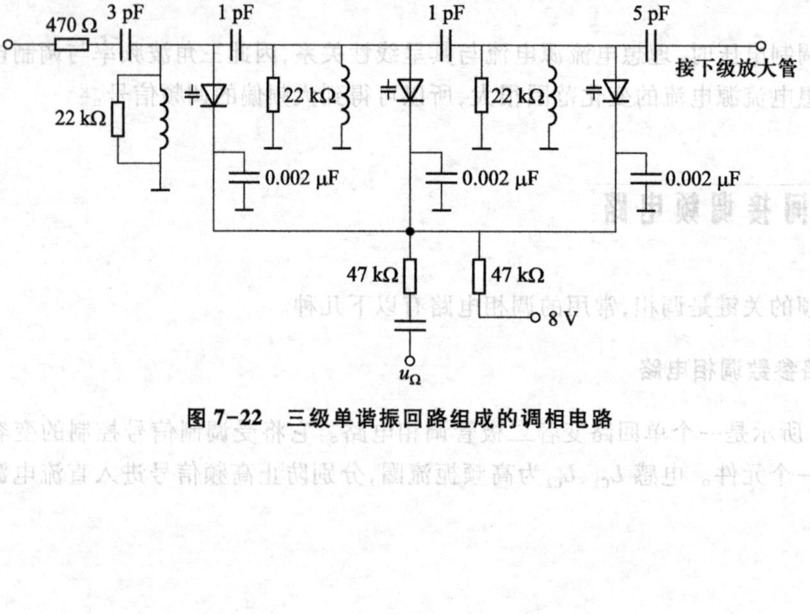
470 Ω
3 pF
1 pF
1 pF
5 pF
接下级放大管
22 kΩ
22 kΩ
22 kΩ
0.002 μF
0.002 μF
0.002 μF
47 kΩ
47 kΩ
8 V
u_{Ω}

图 7-22　三级单谐振回路组成的调相电路

二、RC 网络调相电路

图 7-23 所示是一个用调制电压(或积分后的调制电压)控制变容二极管的电容以改变移相网络参数的调相电路(即阻容网络的调相电路)。移相网络由变容二极管及电阻 R 组成。C_1、C_2、C_3 为隔直流电容。R_1 为变容二极管提供直流通路,它对高频相当于开路,而对调制频率的阻抗远小于变容二极管 C_D 的容抗。放大管 VT_1 的集电极与发射极分别输出幅度相等的电压,即移相网络输入端加有对地对称的反相信号。移相网络的 A 点输出电压加至 VT_2 基极,由射极输出调相波。若调制输入端是经过积分处理的调制信号,则输出为调频波。

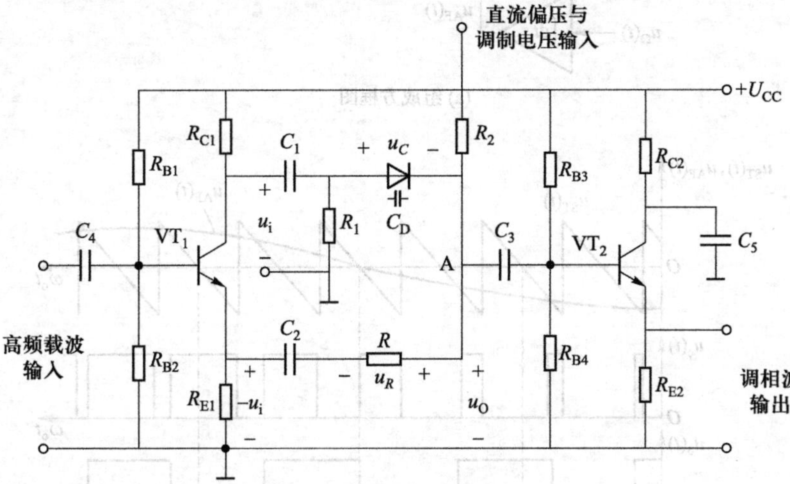
直流偏压与
调制电压输入
+UCC
RC1
RB1
C1
+ uC −
R2
RB3
RC2
+
ui
−
R1
CD
C4
VT1
C3
VT2
C5
A
C2
R
高频载波
输入
RB2
+
−
uR
+
+
RB4
RE2
调相波
输出
RE1
−ui
−
uO
−

图 7-23　阻容网络的调相电路

设移相网络输出端负载电阻远大于网络本身阻抗时,移相网络 R 及 C_D 上的电压矢量和为一常量,它等于 $2\dot{U}_i$,如图 7-24 所示。输出电压 $\dot{U}_o$ 为射极电压 $-\dot{U}_i$ 和 R 上电压 $\dot{U}_R$ 的矢量和。从图 7-24 可得 $\dot{U}_o$ 与输入载波(实际为 $-\dot{U}_i$)间的相移 $\Delta\varphi$ 为

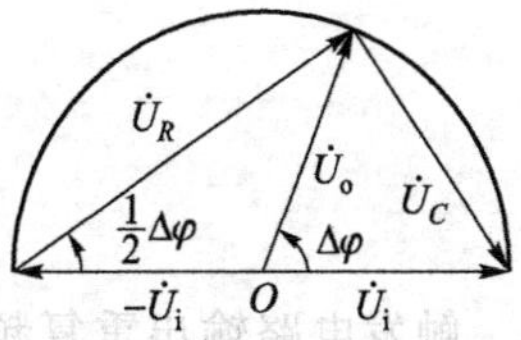
$\dot{U}_R$
$\dot{U}_o$
$\dot{U}_C$
$\frac{1}{2}\Delta\varphi$
$\Delta\varphi$
$-\dot{U}_i$
O
$\dot{U}_i$

图 7-24　移相网络矢量图

$$\frac{1}{2}\Delta\varphi=\arctan\frac{U_C}{U_R}=\arctan\frac{\dfrac{1}{\omega C_D}}{R}=\arctan\frac{1}{\omega C_D R} \tag{7-43}$$

式中,U_C、U_R 分别为 C_D 及 R 上的电压幅度。

当 $\Delta\varphi<\pi/3$ 时,式(7-43)可写成

$$\Delta\varphi\approx\frac{2}{\omega C_D R} \tag{7-44}$$

由此可见,$\Delta\varphi$ 与 RC_D 成反比。若变容二极管电容 C_D 与输入调制电压成反比,则得到线性调相。

三、可变延时法调相电路

图 7-25(a)为用可变延时法调相实现调频的组成方框图。它是利用锯齿波和已积分的调制

电压进行比较,间接地得到调频信号。如果调制信号 $u_\Omega(t)$ 不经积分直接比较,可实现调相。振荡器频率是所要求输出载频 f_o 的两倍($2f_o$),用它去激励锯齿波产生器,其输出 $u_{ST}(t)$ 与积分调制电压 $u_{AF}(t)$ 分别加至电压比较器的负端和正端。当 $u_{AF}(t)$ 大于锯齿波电压 $u_{ST}(t)$ 时,比较器输出为高电平,如图 7-25(b)所示。比较器输出加至触发电路,该触发电路在每个下降沿翻转。

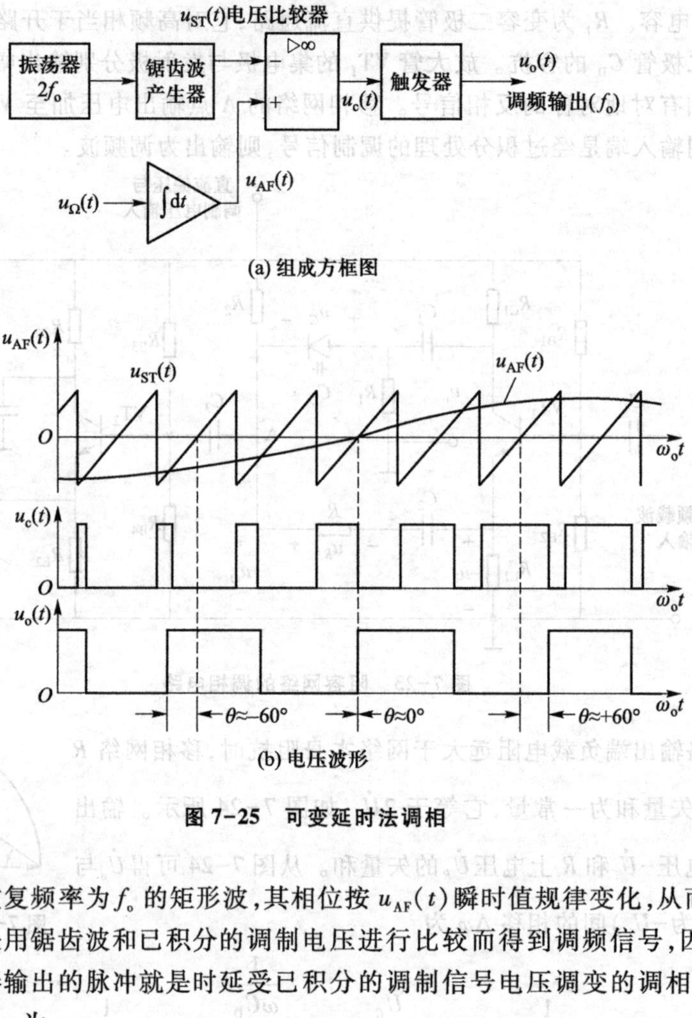

$u_{ST}(t)$电压比较器
振荡器 $2f_o$
锯齿波产生器
$u_c(t)$
触发器
$u_o(t)$
调频输出(f_o)
$u_\Omega(t)$
∫dt
$u_{AF}(t)$
(a) 组成方框图
$u_{ST}(t),u_{AF}(t)$
$u_{ST}(t)$
$u_{AF}(t)$
O
$\omega_o t$
$u_c(t)$
$u_o(t)$
θ≈-60°
θ≈0°
θ≈+60°
(b) 电压波形

图 7-25　可变延时法调相

触发电路输出重复频率为 f_o 的矩形波,其相位按 $u_{AF}(t)$ 瞬时值规律变化,从而实现调相和调频。由于这种方法是用锯齿波和已积分的调制电压进行比较而得到调频信号,因此也称为比较法间接调频。比较器输出的脉冲就是时延受已积分的调制信号电压调变的调相脉冲,它和载波脉冲之间的时延差 $\Delta\tau$ 为

$$\Delta\tau=-\frac{u_{AF}(t)}{k_d} \tag{7-45}$$

式中,k_d 为锯齿波电压变化的斜率,负号表示时延滞后。由此时延产生的相偏为

$$\theta=n\omega_o\Delta\tau \tag{7-46}$$

式中,n 为输出脉冲通过滤波器取出的谐波次数。$\Delta\tau$ 的最大值 $\Delta\tau_{max}$ 可达 $1/(4f_o)$,考虑到锯齿波的回扫时间,一般取 $0.4/(2f_o)$。因此,该调相器的最大相偏为

$$|\theta_{max}|=|m_p|=|n\omega_o\Delta\tau_{max}|\leqslant 0.8n\pi \tag{7-47}$$

当 $n=1$ 时,最大相偏达 0.8π(144°)。可见,此调相电路的线性相移比较大。此外,该调制器的线性度主要取决于锯齿波的线性度,只要设计合理,该调制器的线性度也较好。因此,这种电路被

广泛用于调频广播发射机中。

第六节　调频信号的解调

调频信号的解调就是从调频信号 $u_{FM}(t)$ 中恢复出原调制信号 $u_{\Omega}(t)$ 的过程。调频信号的解调又称为频率检波或鉴频。完成调频信号解调的电路称为频率检波器或鉴频器。

为了提高调频接收机在灵敏度、选择性等方面的性能，与调幅接收机一样，调频接收机的组成也大多采用超外差方式。在超外差式调频接收机中，鉴频通常在中频频率（如调频广播接收机的中频频率为 10.7 MHz）上进行，随着科学技术的发展，采用软件无线电技术，现在也可在基带上用数字信号处理的方法实现。在调频信号的产生、传输和通过调频接收机前端电路的过程中，不可避免地要引入干扰和噪声。干扰和噪声对调频信号的影响，主要表现为调频信号出现了不希望有的寄生调幅和寄生调频。一般在末级中放和鉴频器之间设置限幅器就可以消除由寄生调幅所引起的鉴频器的输出噪声（当然，在具有自动限幅能力的鉴频器，如比例鉴频器之前不需此限幅器）。可见，限幅与鉴频一般是连用的，统称为限幅鉴频器。若调频信号的调频指数较大，它本身就可以抑制寄生调频，同时也可以抑制寄生调频引起的接收机输出噪声，从而使调频接收机的输出具有很高的输出信噪比。因此，与调幅制相比较，调频制具有很好的抗噪声性能。

调频制具有良好的抗噪声性能，但是鉴频器输入信噪比有一个门限值（大约为 10 dB），一旦低于此门限值，鉴频器的输出信噪比将急剧下降，调频制的抗噪声性能急剧恶化，有用信号甚至完全淹没在噪声中。这种现象称为门限效应。

门限效应

从调频信号中还原调制信号的方法很多，概括起来可分为直接鉴频法和间接鉴频法两种。直接鉴频法，是根据调频信号中调制信号与已调调频信号瞬时频率之间的关系，对调频信号的频率进行检测，直接从调频信号的频率中提取原始调制信号。直接鉴频法主要有脉冲计数式鉴频法、锁相环直接鉴频法等方法。间接鉴频法，就是对调频信号进行不同的变换或处理从而间接地恢复出原始调制信号的方法，例如用振幅检波的方法完成频率检波，或用相位检波的方法完成频率检波等。在间接鉴频中，通过鉴幅或鉴相完成鉴频，首先要将调频信号经过波形变换，转换成相应的调幅或调相波，再通过鉴幅或鉴相将调制信号恢复出来，从而完成鉴频。

一、鉴频器的性能指标

鉴频是调频的逆过程，是将已调信号中的调制信号恢复出来。就完成的功能而言，鉴频器是一个将输入调频波的瞬时频率 f（或频偏 Δf）变换为相应的解调输出电压 u_o 的变换器，其将频率信息转换为原始的要传输的信息，如图7-26(a)所示。就鉴频器而言，由频率信息 f（或频偏 Δf）转换为输出电压 u_o 的关系通常称为鉴频特性，也可称为转移特性或变换特性。用曲线表示为输出电压 u_o 与瞬时频率 f 或频偏 Δf 之间的关系曲线，称为鉴频特性曲线。在线性解调的理想情况下，此曲线为一直线，但实际上往往有弯曲，呈“S”形，简称“S”曲线，如图 7-26(b)所示。鉴频器的主要性能指标大都与鉴频特性曲线有关，主要有以下几个。

1. 鉴频器中心频率 f_0

鉴频器中心频率对应于鉴频特性曲线原点处的频率。在接收机中，鉴频器位于中频放大器之后，其中心频率应与中频频率 f_{IF} 一致。在鉴频器中，通常将中频频率 f_{IF} 写作 f_c，因此也认为鉴频器中心频率为 f_c。

2. 鉴频带宽 B_m

能够不失真地解调所允许的输入信号频率变化的最大范围称为鉴频器的鉴频带宽，它可以近似地衡量鉴频特性线性区宽度。在图 7-26(b) 中，它指的是鉴频特性曲线左右两个极值（U_{omax}，U_{omin}）对应的频率间隔，因此也称峰值带宽。鉴频特性曲线一般是左右对称的，若峰值点的频偏为 $\Delta f_A=f_A-f_c=f_c-f_B$，则 $B_m=2\Delta f_A$。对于鉴频器来讲，要求线性范围宽（$B_m>2\Delta f_m$ 或 $\Delta f_A>\Delta f_m$）。

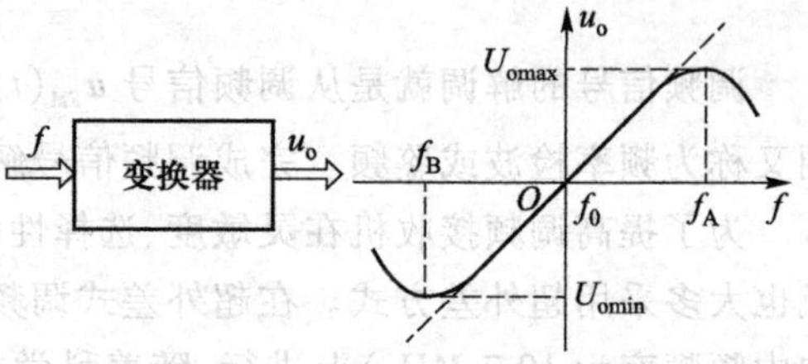

f
变换器
u_o
U_{omax}
f_B
O
f_0
f_A
f
U_{omin}

(a) 鉴频器　　(b) 鉴频特性

图 7-26　鉴频器及鉴频特性

3. 线性度

为了实现线性鉴频，鉴频特性曲线在鉴频带宽内必须呈线性。但实际上，鉴频特性在两峰之间都存在一定的非线性，通常只有在 $\Delta f=0$ 附近才有较好的线性。

4. 鉴频跨导 S_D

所谓鉴频跨导，就是鉴频特性在载频处的斜率，它表示的是单位频偏所能产生的解调输出电压，鉴频跨导又叫鉴频灵敏度，用公式表示为

$$S_D=\left.\frac{du_o}{d\omega}\right|_{\omega=\omega_c}=\left.\frac{du_o}{d\Delta\omega}\right|_{\Delta\omega=0} \tag{7-48a}$$

或

$$S_D=\left.\frac{du_o}{df}\right|_{f=f_c}=\left.\frac{du_o}{d\Delta f}\right|_{\Delta f=0} \tag{7-48b}$$

鉴频跨导的单位为 V/(rad/s)、V/(krad/s)、V/(Mrad/s) 或 V/Hz、V/kHz、V/MHz。另一方面，鉴频跨导也可以理解为鉴频器将输入频率转换为输出电压的能力或效率，鉴频跨导越大，输入信号的频率对输出电压的转换能力越强，可以以小的频偏得到较大的输出电压。因此，鉴频跨导又可以称为鉴频效率。

二、直接鉴频

在调频信号中，由于其瞬时频率与调制信号呈线性关系，即

$$f(t)=f_c+k_f u_\Omega(t) \tag{7-49}$$

因此，调频信号的瞬时频率变化就反映了调制信号的变化规律，瞬时频率越大，反映出的调制信号电压的值越大，反之，瞬时频率越小，表明调制信号电压的值越小。直接将频率变化的信息转化为一个随频率线性变化的电压，就可恢复出调制信号，这就是直接鉴频的原理。在调频信号中，从波形上看，单位时间的波形数越多，或单位时间内调频信号的零交点数越多，表明频率越高，对应的调制信号电压越大，反之亦然。因此，可以从调频信号波形中单位时间内的波形数或零交点数直接获得调制信号电压的信息，经过一定的处理获得原始的调制信号电压。直接脉冲

计数式鉴频法就是一种典型的直接鉴频方法，其工作原理如图 7-27 所示。

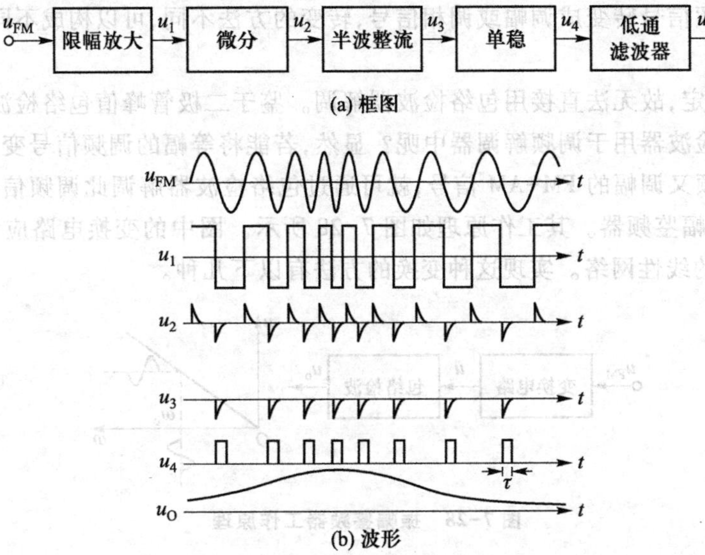
u_{FM}
限幅放大
u_1
微分
u_2
半波整流
u_3
单稳
u_4
低通滤波器
u_O
(a) 框图
u_{FM}
u_1
u_2
u_3
u_4
τ
u_O
t
(b) 波形

图 7-27 直接脉冲计数式鉴频法

直接脉冲计数式鉴频法是先将输入调频信号通过具有合适特性的非线性变换网络（频率-电压变换），使它变换为调频脉冲序列。由于该脉冲序列含有反映瞬时频率变化的平均分量，因而，将该调频脉冲序列直接计数就可得到反映瞬时频率变化的解调电压，或者通过低通滤波器的平滑而得到反映瞬时频率变化的平均分量的输出解调电压。

由图 7-27 可以看出，直接脉冲计数式鉴频法先将输入调频信号进行宽带放大和限幅，变成调频方波信号，然后进行微分得到一串高度相等、形状相同的微分脉冲序列，再经半波整流得到反映调频信号瞬时频率变化的单向微分脉冲序列。对此单向微分脉冲计数，就可直接得到调频信号的频率。为了提高鉴频效率，一般都在微分后加一脉冲形成电路，将微分脉冲序列变换成脉宽为 τ 的矩形脉冲序列，然后对该调频脉冲序列直接计数或通过低通滤波器得到反映瞬时频率变化的输出解调电压。

直接脉冲计数式鉴频法鉴频特性的线性度高，线性鉴频范围宽，便于集成。但是，其最高工作频率受脉冲序列的最小脉宽 τ_{min} 的限制，$\tau_{min}<1/(f_c+\Delta f_m)$。目前，在一些高级的收音机中已开始采用这种电路。

在图 7-27 中，在将调频信号转变成脉冲序列后，完全可以用数字处理的方法将单位时间内的脉冲数转变成电压值，获得原始调制信号。

在直接鉴频中，还有锁相环直接鉴频，在第八章反馈控制电路中将给予介绍。除此之外，目前的软件无线电技术也可完成直接鉴频。

三、间接鉴频

间接鉴频不是直接对调频信号进行鉴频，而是用其他的方法（振幅解调或相位解调）完成鉴频。因此，间接鉴频时，首先要将调频信号进行波形变换，将其转换成调幅信号或调相信号，再用振幅解调器或相位检波器完成调幅信号或调相信号的解调。

间接鉴频器可分为两类鉴频器，即振幅鉴频器和相位鉴频器。在这两类鉴频器中，关键的是波形变换，即将调频信号转变成调幅或调相信号，转变的方法不同，可以构成不同的鉴频器。

1. 振幅鉴频器

调频波振幅恒定，故无法直接用包络检波器解调。鉴于二极管峰值包络检波器线路简单、性能好，能否把包络检波器用于调频解调器中呢？显然，若能将等幅的调频信号变成振幅也随瞬时频率变化的、既调频又调幅的 FM-AM 信号，就可通过包络检波器解调此调频信号。用此原理构成的鉴频器称为振幅鉴频器。其工作原理如图 7-28 所示。图中的变换电路应该是具有线性频率-幅度转换特性的线性网络。实现这种变换的方法有以下几种。

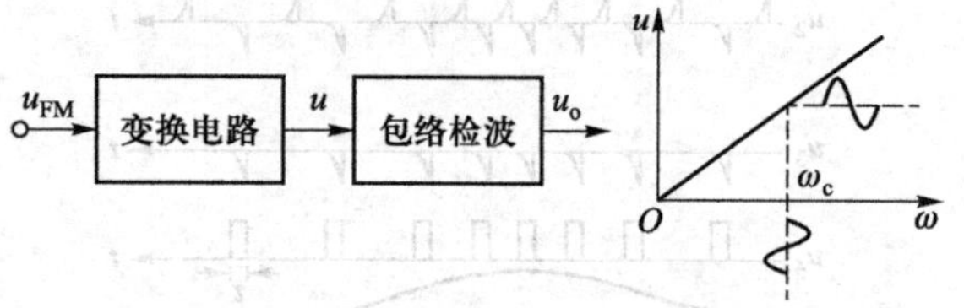

u_{FM}
变换电路
u
包络检波
u_o
u
ω_c
O
ω

图 7-28　振幅鉴频器工作原理

（1）直接时域微分法

设调制信号为 $u_\Omega(t)$，调频信号为

$$u_{FM}(t)=U\cos\left[\omega_c t+k_f\int_0^t u_\Omega(\tau)\,d\tau\right] \tag{7-50}$$

对式(7-50)直接微分可得

$$u=\frac{du_{FM}(t)}{dt}=-U\left[\omega_c+k_f u_\Omega(t)\right]\sin\left[\omega_c t+k_f\int_0^t u_\Omega(\tau)\,d\tau\right] \tag{7-51}$$

电压 u 的振幅与瞬时频率 $\omega(t)=\omega_c+k_f u_\Omega(t)$ 成正比。因此，式(7-51)是一个调频-调幅(FM-AM)信号。由于包络检波器对频率或相位不敏感(在一定的频率范围内，或相对频率变化较小时)，包络检波器将检测出包络的变化，即检测出原始调制信号来，从而完成鉴频功能。由于 ω_c 远大于频偏，包络不会出现负值，此时的输出电压为

$$u_o=-K_d U\left[\omega_c+k_f u_\Omega(t)\right] \tag{7-52}$$

式中，K_d 为包络检波器的检波系数。将输出信号 u_o 中的直流分量滤除掉，就得到原始的调制信号 $u_\Omega(t)$。以上过程说明，只要将调频波直接进行微分运算，就可很方便地用包络检波器实现鉴频。由此可知，这种鉴频器由微分网络和包络检波器两部分组成，如图 7-29 所示。

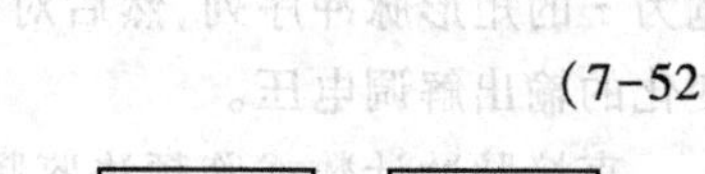

u_{FM}
$\frac{d}{dt}$
u
包络检波
u_o

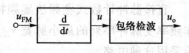

图 7-29　微分鉴频器工作原理

图 7-30 所示为一最简单的微分鉴频电路，微分电路由电容 C 和晶体管的发射结电阻构成，晶体管的集电结和 R_0 与 C_0 组成低通滤波器。图中点画线框内的电路为另一平衡支路，以消除输出直流分量。

理论上这种方法非常好，但在实际电路中，由于器件非线性等原因，其有效的线性鉴频范围是有限的。为了扩大线性鉴频范围，可以采用较为理想的时域微分鉴频器。

（2）斜率鉴频器

微分器的功能可以在时域实现，也可在频域实现。由信号分析可知，时域的微分相对于频域

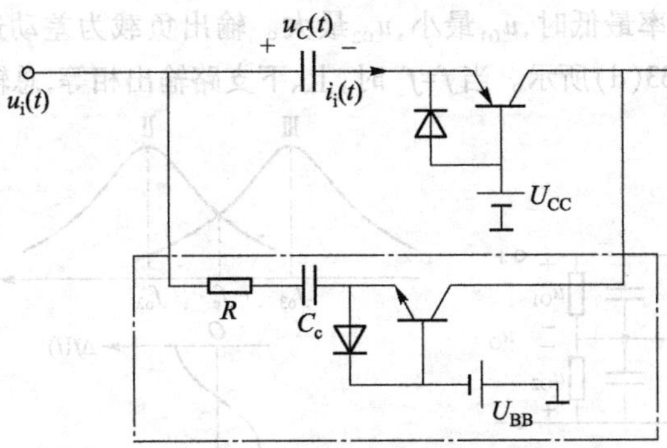

$u_C(t)$
+
−
$u_i(t)$
$i_i(t)$
u_o
R_0
C_0
U_{CC}
R
C_c
U_{BB}

图 7-30 微分鉴频电路

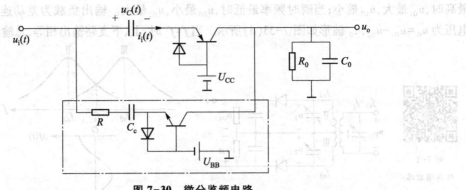

增加一线性因子，因此，对一个信号的微分处理，相当于一个信号在频域进行一次线性变换。在实现此线性变换时，只要在一定的频率范围内满足线性关系，就可以完成微分功能。在实际中，可用线性网络来担当此任，如低通滤波器、带通滤波器、高通滤波器、带阻滤波器等网络，其应用前提是在所需频率范围内具有线性幅频特性即可。图 7-31 所示是单回路斜率鉴频器的电路及各点波形，它是利用单调谐电路完成鉴频的最简单电路，回路的谐振频率高于调频信号的载频，并尽量利用幅频特性的倾斜部分。当 $f>f_c$ 时，回路两端电压大；当 $f<f_c$ 时，回路两端电压小，因而形成图 7-31(b)中 U_i 的波形。这种利用调谐回路幅频特性倾斜部分对调频信号解调的方法称为斜率鉴频。由于在斜率鉴频电路中利用的是调谐回路的失(离)谐状态，因此又称失(离)谐回路法。

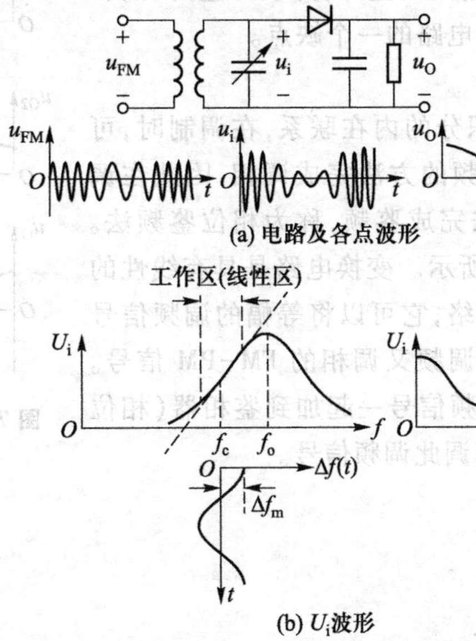

u_{FM}
u_i
u_O
O
t
(a) 电路及各点波形
工作区(线性区)
U_i
O
f
f_c
f_o
$\Delta f(t)$
Δf_m
(b) U_i波形

图 7-31 单回路斜率鉴频器

但是，单调谐回路谐振曲线的倾斜部分的线性度是较差的。为了扩大线性范围，实际上采用的多是三调谐回路的双离谐平衡鉴频器，如图 7-32(a)所示。三个回路的谐振频率分别为 $f_{o1}=f_c$、$f_{o2}>f_c$、$f_{o3}<f_c$，且 $f_{o2}-f_c=f_c-f_{o3}$。回路的谐振特性如图 7-32(b)所示。上支路输出电压 u_{O1} 与图 7-31 中 u_O 波形相同，如图7-33(b)所示。下支路则与上支路相反，u_{O2} 波形如图 7-33(c)所示。当瞬时频率

最高时，u_{O1}最大，u_{O2}最小；当瞬时频率最低时，u_{O1}最小，u_{O2}最大。输出负载为差动连接，鉴频器输出电压为 $u_O=u_{O1}-u_{O2}$，u_O 波形如图 7-33(d)所示。当$f=f_c$ 时，上、下支路输出相等，总输出电压 $u_O=0$。

例 7-1
双离谐回路
鉴频特性分析

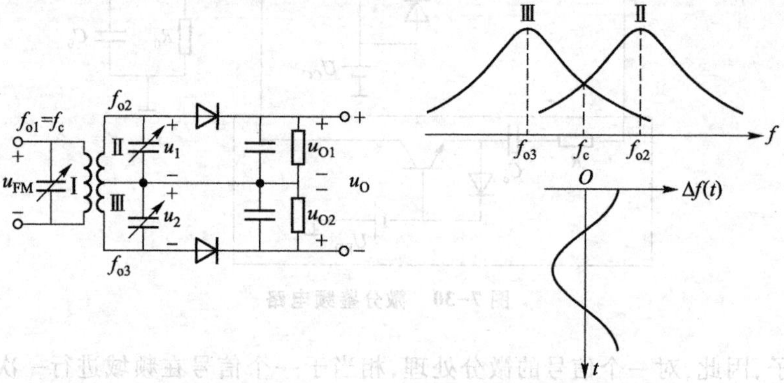

$f_{o1}=f_c$
u_{FM}
I
II
III
f_{o2}
f_{o3}
u_1
u_2
u_{O1}
u_{O2}
u_O
III
II
f_{o3}
f_c
f_{o2}
f
O
$\Delta f(t)$
t

(a) 电路　　(b) 谐振特性

图 7-32　双离谐平衡鉴频器

双离谐鉴频器的输出是取两个带通响应之差，即该鉴频器的传输特性或鉴频特性如图 7-34中的实线所示。其中虚线为两回路的谐振曲线。从图看出，它可获得较好的线性响应，失真较小，灵敏度也高于单回路鉴频器。这种电路适用于解调大频偏调频信号。但采用这种电路时，三个回路要调整好，并须尽量对称，否则会引起较大失真。不易调整是该电路的一个缺点。

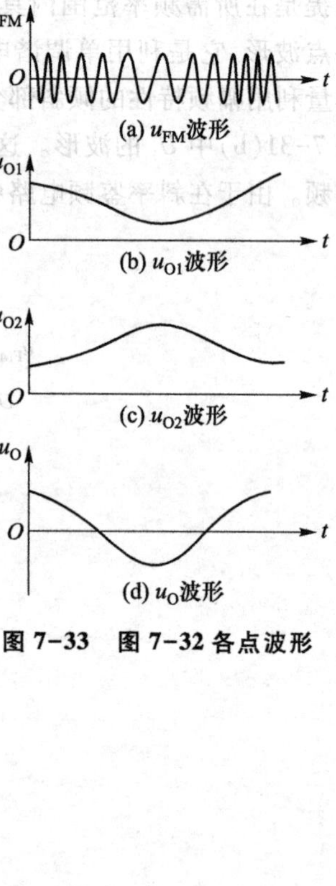

u_{FM}
u_{O1}
u_{O2}
u_O
O
t

(a) u_{FM}波形　(b) u_{O1}波形　(c) u_{O2}波形　(d) u_O波形

图 7-33　图 7-32 各点波形

2. 相位鉴频器

由于频率和相位具有微分和积分的内在联系，在调制时，可以用调相的方法完成调频，或用调频的方法完成调相，因此在调频信号解调时，也可用鉴相的方法完成鉴频，称为相位鉴频法。相位鉴频器的组成框图如图 7-35 所示。变换电路是具有线性的频率-相位转换特性的线性相移网络，它可以将等幅的调频信号变成相位也随瞬时频率变化的、既调频又调相的 FM-PM 信号。把此 FM-PM 信号和原来输入的调频信号一起加到鉴相器（相位检波器）上，就可通过相位检波器解调此调频信号。

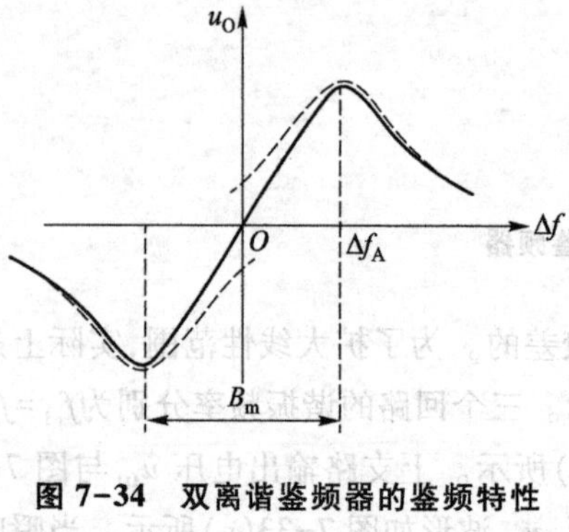

u_O
Δf
O
Δf_A
B_m

图 7-34　双离谐鉴频器的鉴频特性

u_{FM}
变换电路
u_{FM-PM}
鉴相器
u_O

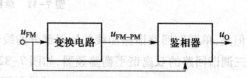

图 7-35　相位鉴频器的组成框图

变换电路可以用一般的线性网络来实现，要求此线性电路在调频信号的频率变化范围内具有线性的相频特性，其振幅特性基本保持不变即可。一般用谐振回路作为变换电路。

相位鉴频法的关键是相位检波器。相位检波器或鉴相器就是用来检出两个信号之间的相位差，完成相位差-电压变换作用的部件或电路。设输入鉴相器的两个信号分别为

$$u_1 = U_1\cos\left[\omega_c t+\varphi_1(t)\right] \tag{7-53}$$

$$u_2 = U_2\cos\left[\omega_c t-\frac{\pi}{2}+\varphi_2(t)\right] = U_2\sin\left[\omega_c t+\varphi_2(t)\right] \tag{7-54}$$

把它们同时加于鉴相器，鉴相器的输出电压 u_O 是瞬时相位差的函数，即

$$u_O = f[\varphi_2(t)-\varphi_1(t)] = f[\varphi_e(t)] \tag{7-55}$$

在线性鉴相时，u_O 与输入相位差 $\varphi_e(t)=\varphi_2(t)-\varphi_1(t)$ 成正比。式中引入 $\pi/2$ 固定相移的目的在于当输入相位差 $\varphi_e(t)=\varphi_2(t)-\varphi_1(t)$ 在零附近正负变化时，鉴相器输出电压也相应地在零附近正负变化。

在鉴相时，u_1 常为输入调相波，其中 $\varphi_1(t)$ 为反映调相波相位随调制信号规律变化的时间函数，u_2 为参考信号。在相位鉴频时，u_1 常为输入调频波，u_2 是 u_1 通过移相网络后的调频-调相信号。

在鉴相器中，通常有两类鉴相器，即乘积型鉴相器和叠加型鉴相器。与此对应的鉴频器分别为乘积型相位鉴频器和叠加型相位鉴频器。下面分别讨论这两类相位鉴频器。

（1）乘积型相位鉴频器

乘积型相位鉴频器的组成框图如图 7-36 所示。在乘积型相位鉴频器中，线性移相网络通常是单谐振回路（也可以是耦合回路），而相位检波器为乘积型鉴相器（点画线框内）。

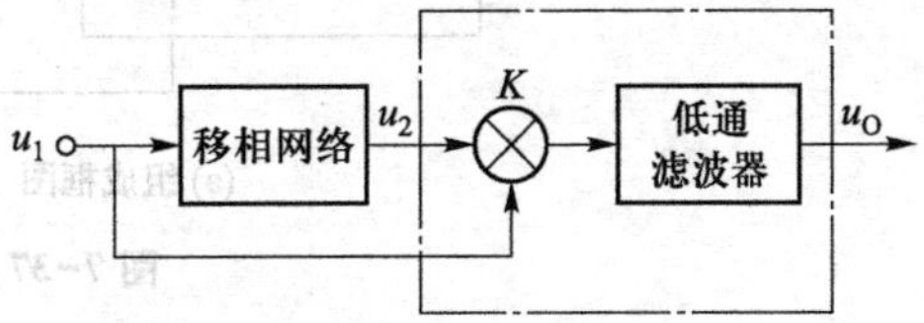

u_1
移相网络
u_2
K
低通
滤波器
u_O

图 7-36 乘积型相位鉴频器的组成框图

设输入的调频信号和经过移相网络后的信号分别为

$$u_1 = U_1\cos\left(\omega_c t+m_f\sin\Omega t\right) \tag{7-56}$$

$$u_2 = U_2\cos\left[\omega_c t+m_f\sin\Omega t+\varphi_e(t)\right] \tag{7-57}$$

u_1 和 u_2 的相位差为

$$\varphi_e(t) = \frac{\pi}{2}-\Delta\varphi(t) \tag{7-58}$$

式中，$\Delta\varphi(t)$ 是与输入调频信号的瞬时频率有关的附加相移，为

$$\Delta\varphi(t) = \arctan\left(2Q_0\frac{\Delta f}{f}\right) \tag{7-59}$$

f_0 和 Q_0 分别为谐振回路（或耦合回路）的谐振频率和品质因数，$f_0=f_c$。设乘法器的乘积因子为 K，则经乘法器和低通滤波器后的输出电压为

$$u_O = \frac{K}{2}U_1U_2\sin\Delta\varphi(t) \tag{7-60}$$

由式（7-60）可知乘积型相位鉴频器的鉴频特性呈正弦形。当 $\Delta f/f_0 \ll 1$，即系统工作在窄带情况下时（一般情况下均可满足此条件），$\Delta\varphi(t)$ 较小，正弦型的鉴频特性可以近似为线性，这样

$$u_O \approx \frac{1}{2} K U_1 U_2 \Delta\varphi(t) \tag{7-61}$$

由此可见，相位鉴频器的输出与输入两个信号的相位差成正比，这样就完成了相位检波。

由调频信号分析已知，调频信号的瞬时频偏 Δf 与调制信号 $u_\Omega(t)$ 成正比，由此可得乘积型相位鉴频器的输出

$$u_O \propto u_\Omega(t) \tag{7-62}$$

完成了频率检波功能。

应当指出，鉴频器既然是频谱的非线性变换电路，它就不能简单地用乘法器来实现，因此，这里的电路模型是有局限性的，只有在相偏较小时才近似成立。其中的乘法器通常采用集成模拟乘法器或(双)平衡调制器实现。当两输入信号幅度都很大时，由于乘法器内部的限幅作用，鉴相特性趋近于三角形。

(2) 叠加型相位鉴频器

利用叠加型相位检波器(点画线框内)实现鉴频的方法称为叠加型相位鉴频法，其组成框图如图 7-37(a)所示。调频信号经移相网络后再与原信号相加，相加后的信号为一FM-PM-AM 信号，经包络检波器检波，恢复出原始的调制信号。

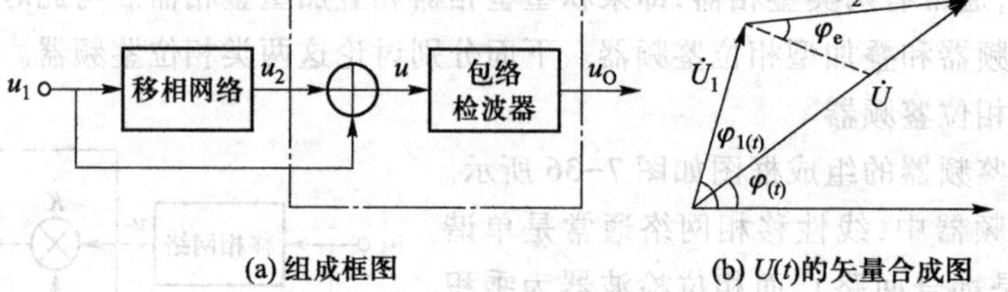

u_1
移相网络
u_2
u
包络
检波器
u_O
(a) 组成框图
$\dot{U}_2$
φ_e
$\dot{U}_1$
$\dot{U}$
$\varphi_{1(t)}$
$\varphi_{(t)}$
(b) $U(t)$的矢量合成图

图 7-37　叠加型相位鉴频器

设输入到叠加器中的输入信号 u_1 和 u_2 分别为式(7-56)和式(7-57)所描述的信号，将 u_1 和 u_2 相加，有

$$\begin{aligned}
u_1+u_2 &= U_1\cos(\omega_c t+m_f\sin\Omega t)+U_2\cos[\omega_c t+m_f\sin\Omega t+\varphi_e(t)] \\
&= U_1\cos(\omega_c t+m_f\sin\Omega t)+U_2\sin[\omega_c t+m_f\sin\Omega t+\Delta\varphi(t)] \\
&= U_1\cos(\omega_c t+m_f\sin\Omega t)-U_2\cos\Delta\varphi(t)\sin(\omega_c t+m_f\sin\Omega t)+ \\
&\quad U_2\sin\Delta\varphi(t)\cos(\omega_c t+m_f\sin\Omega t) \qquad (7\text{-}63)\\
&= [U_1+U_2\sin\Delta\varphi(t)]\cos(\omega_c t+m_f\sin\Omega t)- \\
&\quad U_2\cos\Delta\varphi(t)\sin(\omega_c t+m_f\sin\Omega t) \\
&= U_m(t)\cos[\omega_c t+m_f\sin\Omega t+\varphi(t)]
\end{aligned}$$

式中，$U_m(t)$和 $\varphi(t)$分别为合成信号的振幅和附加相位，均与 u_1 和 u_2 的相位差 $\Delta\varphi(t)$有关，用矢量表示如图 7-37(b)所示。由于叠加器之后是包络检波器，因此更关心合成信号的包络$U_m(t)$

$$\begin{aligned}
U_m(t) &= \sqrt{[U_1+U_2\sin\Delta\varphi(t)]^2+U_2^2\cos^2\Delta\varphi(t)} \\
&= \sqrt{U_1^2+U_2^2+2U_1U_2\sin\Delta\varphi(t)}
\end{aligned} \tag{7-64}$$

如果 $U_2 \gg U_1$,则

$$U_m(t)=U_2\sqrt{1+\left(\frac{U_1}{U_2}\right)^2+2\frac{U_1}{U_2}\sin\Delta\varphi(t)} \approx U_2\left[1+\frac{U_1}{U_2}\sin\Delta\varphi(t)\right] \tag{7-65}$$

同样,如果 $U_1 \gg U_2$,则

$$U_m(t)\approx U_1\left[1+\frac{U_2}{U_1}\sin\Delta\varphi(t)\right] \tag{7-66}$$

对式(7-63)所示信号进行包络检波,则鉴相器输出为

$$u_O=K_d U_m(t) \tag{7-67}$$

式中,K_d 为包络检波器的检波系数。可见,在这两种情况下,鉴相特性为正弦形。在 $\Delta\varphi(t)$ 较小时,$U_m(t)$ 与 $\Delta\varphi(t)$ 近似呈线性关系,从而完成了相位检波。当输入信号为调频信号时,就完成了频率检波。

在实际中,为了抵消上面式子中的直流项,通常采用平衡方式,差动输出,如图 7-38 所示。上面支路的输出与前面的分析结果[式(7-67)]相同,为

$$u_{O1}=K_d U_{m1}(t)=K_d U_2\left[1+\frac{U_1}{U_2}\sin\Delta\varphi(t)\right] \tag{7-68}$$

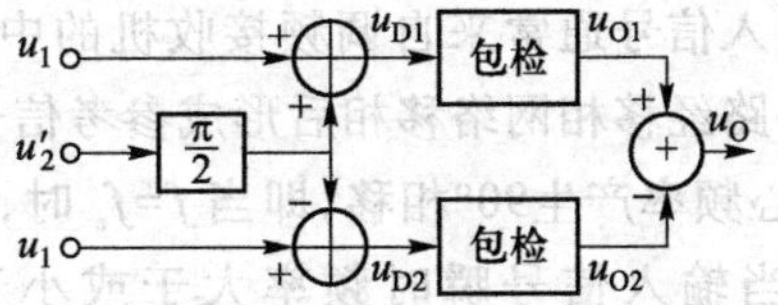
u_1
u_2'
u_1
$\frac{\pi}{2}$
u_{D1}
u_{D2}
包检
包检
u_{O1}
u_{O2}
u_O
+
+
+
+
+
-

图 7-38 平衡式叠加型相位鉴频器框图

下面支路的输出为

$$u_{O2}=K_d U_{m2}(t)=K_d U_2\left[1-\frac{U_1}{U_2}\sin\Delta\varphi(t)\right] \tag{7-69}$$

总的输出为差动输出,为

$$u_O=u_{O1}-u_{O2}=2K_d U_1\sin\Delta\varphi(t) \tag{7-70}$$

当 $\Delta\varphi(t)$ 较小时,则有

$$u_O=2K_d U_1\Delta\varphi(t)\propto u_\Omega(t) \tag{7-71}$$

由此可见,采用平衡电路,不仅可以使有用成分加倍,而且扩大了线性鉴频范围。对于平衡方式,如果 $U_1=U_2$,此时

$$U_{m1}(t)=\sqrt{2}U_1\sqrt{1+\sin\Delta\varphi(t)} \tag{7-72}$$

$$U_{m2}(t)=\sqrt{2}U_1\sqrt{1-\sin\Delta\varphi(t)} \tag{7-73}$$

$$u_O=2\sqrt{2}U_1\sin\frac{\Delta\varphi(t)}{2} \tag{7-74}$$

鉴相输出电压为 U_1、U_2 相差较大时的 $\sqrt{2}$ 倍，鉴相特性近似为三角形，线性鉴频范围扩展为 U_1、U_2 相差较大时的 2 倍。因此，在实际应用中，常把 U_1、U_2 调成接近相等。

在叠加型相位鉴频器中，具有线性的频相转换特性的变换电路（移相网络）一般用耦合回路来实现（$\pi/2$ 固定相移也由耦合回路引入），因此也称为耦合回路相位鉴频法。耦合回路的一次、二次电压间的相位差随输入调频信号瞬时频率变化。耦合回路可以是互感耦合回路，也可以是电容耦合回路。

需要指出，叠加型相位鉴频器的工作过程实际包括两个动作：首先通过叠加作用，将两个信号电压之间的相位差变化相应地变为合成信号的包络变化（FM-PM-AM 信号），然后由包络检波器将其包络检出。因此，从原理上讲，叠加型相位鉴频器也可以认为是一种振幅鉴频器。但与斜率鉴频器不同，叠加型相位鉴频器中耦合回路的一次、二次回路是同频的，它们均调谐于信号的载频 f_c 上。而且在一般情况下，一次、二次回路具有相同的参数。

3. 正交鉴频器

乘积型相位鉴频器由移相网络、乘法器和低通滤波器组成，乘法器和低通滤波器实现乘积型鉴相功能。常用的乘法器为基于双差分对的模拟乘法器，当输入调频信号足够大，使乘法器出现限幅状态时，乘法器可等效为开关电路形式或门电路的形式（这时的鉴频器称为符合门鉴频器，常用在数字锁相环等电路中）。模拟乘法器作为鉴相器的最佳工作状态是让两个差分对都工作于开关状态，鉴频特性为三角形。

在乘积型相位鉴频器中，输入信号通常来自调频接收机的中频。此中频调频信号一路直接加至乘法器的一个输入端，另一路经移相网络移相后形成参考信号加至乘法器的另一个输入端。如果移相网络对于输入信号中心频率产生90°相移，即当 $f=f_c$ 时，移相网络输出电压与输入电压正交，两者相乘的结果为零。当输入信号瞬时频率大于或小于中心频率时，移相网络呈现 $90°\pm\Delta\varphi$ 的相移，两电压相乘后，则产生与原调制信号成正比的输出电压。这种鉴频器称为正交鉴频器。正交鉴频器是一种特殊的乘积型相位鉴频器，由于其电路简单，调试方便，易于集成，是目前调频接收机中应用最为广泛的鉴频电路。

正交鉴频器中最常用的移相网络由电容 C_1 和一个 LCR 并联谐振回路串接而成，如图 7-39 所示。其传输函数为

$$H(\mathrm{j}\omega)=\frac{\dfrac{1}{\dfrac{1}{R}+\mathrm{j}\left(\omega C-\dfrac{1}{\omega L}\right)}}{\dfrac{1}{\mathrm{j}\omega C_1}+\dfrac{1}{\dfrac{1}{R}+\mathrm{j}\left(\omega C-\dfrac{1}{\omega L}\right)}}=\frac{\mathrm{j}Q\omega^2 LC_1}{1+\mathrm{j}\xi} \tag{7-75}$$

其中，$Q=\dfrac{R}{\omega_0 L}$，$\xi=Q\left(\dfrac{\omega^2}{\omega_0^2}-1\right)\approx 2Q\dfrac{\Delta f}{f_0}$，$\omega_0=\omega_c=\dfrac{1}{\sqrt{L(C+C_1)}}$。

由此可见，该移相网络的相移（u_1 与 u_2 之间的相位差）为

$$\varphi=\frac{\pi}{2}-\arctan\xi=\frac{\pi}{2}-\Delta\varphi(t) \tag{7-76}$$

式中，$\Delta\varphi(t)$为ξ引起的相偏，对应的相频特性曲线如图 7-39(b)所示。当$\xi=0(\Delta f=0)$时，u_1与u_2正交，实际上是参考信号u_r与输入信号u_s正交。

移相网络的参数可按以下步骤估算：① 确定保证线性相移的回路Q值。根据线性相移的条件和广义失谐的定义可得，$Q_e<0.577\dfrac{f_c}{2\Delta f_m}$，式中，$f_c$为调频信号中频频率，$\Delta f_m$为调频信号最大频偏。② 由$Q=\dfrac{R}{\omega_0 L}=R\omega_0(C_1+C)$和$\omega_0=\omega_c=\dfrac{1}{\sqrt{L(C+C_1)}}$确定网络参数。一般取$C_1$为 5~10 pF，$R$为 20~60 kΩ，则可求出电容$C$和电感$L$。

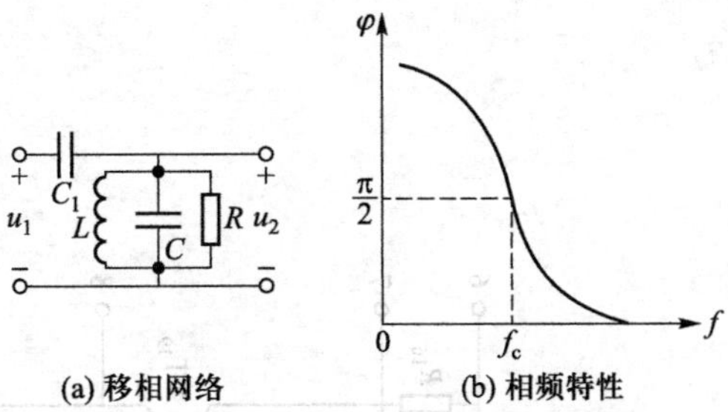

C_1
L
C
R
u_1
u_2
+
−
(a) 移相网络
φ
$\frac{\pi}{2}$
0
f_c
f
(b) 相频特性

图 7-39 正交鉴频器的移相网络及其相频特性

若设$u_1=U_1\cos(\omega_c t+m_f\sin\Omega t)$，则$u_2=U_2\sin[\omega_c t+m_f\sin\Omega t+\Delta\varphi(t)]$，经乘法器和低通滤波器，输出电压为$u_0=U\sin\Delta\varphi(t)$，当$\Delta f/f_0\ll 1$时，$u_0$为

$$u_0\approx U\Delta\varphi(t)=2UQ\frac{\Delta f}{f_0} \tag{7-77}$$

可见，鉴频器的输出与输入调频信号的频偏成正比。

图 7-40 所示是某电视机伴音集成电路，它包括限幅中放（VT_1、VT_2，VT_4、VT_5，VT_7、VT_8为三级差分对放大器，VT_3、VT_6和VT_9为三个射极跟随器）、内部稳压（VD_1~VD_5、VT_{10}）和鉴频电路三部分。其核心电路是正交鉴频器，乘法器为双差分对电路，其中，VT_{12}、VT_{13}和VT_{17}、VT_{18}组成集电极交叉连接的差分对 1，它由参考电压u_r控制；VT_{14}、VT_{15}组成差分对 2，它由经限幅后的信号电压u_s控制；尾管VT_{16}供给VT_{14}、VT_{15}以理想电流源电流。移相网络（如图中的L、C、C_1及R）和低通滤波器为外接电路。u_r与u_s经乘法器相乘后输出加于射极跟随器VT_{19}，由⑧脚输出接至外部的低通滤波器，滤除高频分量后即可解调出原调制信号。

在上面电路中，必须调整L、C或C_1使回路谐振频率满足

$$\omega_0=\omega_c=\frac{1}{\sqrt{L(C+C_1)}} \tag{7-78}$$

这样才能实现正交鉴频。改变R，可以改变回路的Q值，从而调整相频特性的线性段宽度和鉴频器鉴频特性的线性段宽度。当R较大时，回路的Q值高，输出音频电压也大。但若Q值过大则会因回路的相频特性的非线性而使鉴频输出失真。

如果限幅放大器把调频信号变成了矩形波，则此电路就成了积分鉴频电路，因为积分器也是低通滤波器。

正交鉴频器也可用数字电路中的门电路来实现两路信号的相乘，但需要在乘法器前将两路信号放大限幅成方波信号。其鉴频原理是相同的。

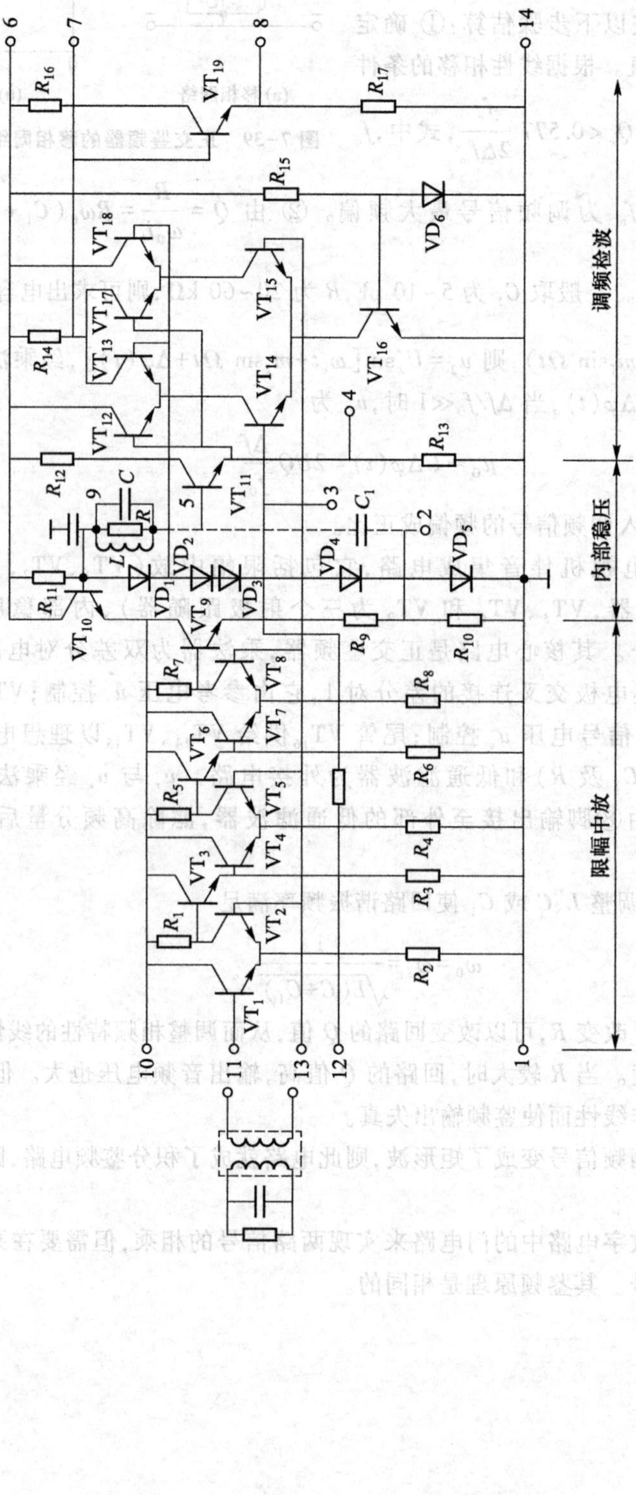
限幅中放
内部稳压
调频检波

图 7-40　某电视机伴音集成电路

第七节 相位鉴频器电路

相位鉴频器是调频信号解调中常用的一类鉴频器,下面介绍几种常用的相位鉴频器电路。

一、互感耦合相位鉴频器

互感耦合相位鉴频器又称福斯特-西利(Foster-Seeley)鉴频器,图 7-41 所示是其典型电路。移相网络为耦合回路。图中,一次、二次回路参数相同,即 $C_1=C_2=C, L_1=L_2=L, r_1=r_2=r, k=M/L$,中心频率均为 $f_0=f_c$(f_c 为调频信号的中频载波频率)。$\dot{U}_1$ 是经过限幅放大后的调频信号,它一方面经隔直电容 C_0 加在后面的两个包络检波器上,另一方面经互感 M 耦合在二次回路两端产生电压 $\dot{U}_2$。电感 L_3 为高频扼流圈,它除了保证使输入电压 $\dot{U}_1$ 经 C_0 全部加在二次回路的中心抽头外,还要为后面两个包络检波器提供直流通路。二极管 VD_1、VD_2 和两个 C_L、R_L 组成平衡的包络检波器,差分输出。在实际中,鉴频器电路还可以有其他形式,如接地点改接在下端(图中虚线所示),检波负载电容用一个电容代替并可省去高频扼流圈。

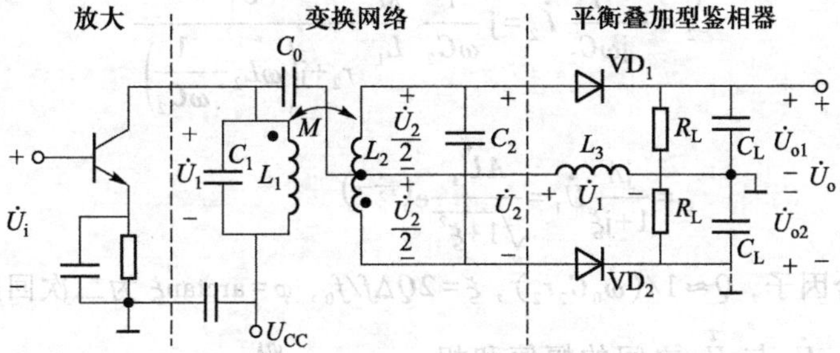
放大
变换网络
平衡叠加型鉴相器
C_0
M
C_1
L_1
L_2
$\dot{U}_1$
$\dot{U}_i$
$\frac{\dot{U}_2}{2}$
C_2
$\dot{U}_2$
L_3
VD_1
VD_2
R_L
C_L
$\dot{U}_{o1}$
$\dot{U}_{o2}$
$\dot{U}_o$
U_{CC}

图 7-41 互感耦合相位鉴频器典型电路

互感耦合相位鉴频器的工作原理可分为移相网络的频率-相位变换、加法器的相位-幅度变换和包络检波器的差分检波三个过程。

1. 频率-相位变换

频率-相位变换是由图 7-42 所示的互感耦合回路完成的。由图 7-42(b)的等效电路可知,一次回路电感 L_1 中的电流为

$$\dot{I}_1=\frac{\dot{U}_1}{r_1+j\omega L_1+Z_f} \tag{7-79}$$

式中,Z_f 为二次回路对一次回路的反射阻抗,在互感 M 较小时,Z_f 可以忽略。考虑一次、二次回路均为高 Q 回路,r_1 也可忽略。这样,式(7-79)可近似为

$$\dot{I}_1\approx\frac{\dot{U}_1}{j\omega L_1} \tag{7-80}$$

一次电流在二次回路产生的感应电动势为

$$\dot{U}_2' = \mathrm{j}\omega M \dot{I}_1 = \frac{M}{L_1}\dot{U}_1 = k\dot{U}_1 \tag{7-81}$$

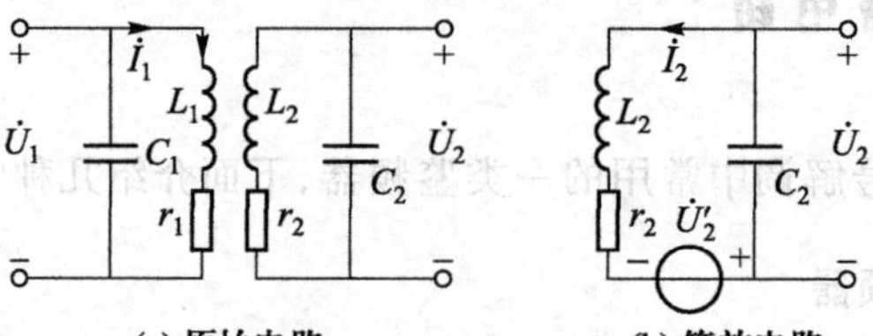

$\dot{I}_1$
L_1
L_2
$\dot{U}_1$
C_1
C_2
$\dot{U}_2$
r_1
r_2
$\dot{I}_2$
$\dot{U}_2'$

(a) 原始电路　　(b) 等效电路

图 7-42　互感耦合回路

感应电动势 $\dot{U}_2'$ 在二次回路形成的电流 $\dot{I}_2$ 为

$$\dot{I}_2 = \frac{\dot{U}_2'}{r_2+\mathrm{j}\left(\omega L_2-\dfrac{1}{\omega C_2}\right)} = \frac{M}{L_1}\frac{\dot{U}_1}{r_2+\mathrm{j}\left(\omega L_2-\dfrac{1}{\omega C_2}\right)} \tag{7-82}$$

$\dot{I}_2$ 流经 C_2，在 C_2 上形成的电压 $\dot{U}_2$ 为

$$\dot{U}_2 = -\frac{1}{\mathrm{j}\omega C_2}\dot{I}_2 = \mathrm{j}\frac{1}{\omega C_2}\frac{M}{L_1}\frac{\dot{U}_1}{r_2+\mathrm{j}\left(\omega L_2-\dfrac{1}{\omega C_2}\right)}$$

$$= \frac{\mathrm{j}A}{1+\mathrm{j}\xi}\dot{U}_1 = \frac{A\dot{U}_1}{\sqrt{1+\xi^2}}\mathrm{e}^{\left(\mathrm{j}\frac{\pi}{2}-\varphi\right)} \tag{7-83}$$

式中，$A=kQ$ 为耦合因子，$Q\approx 1/(\omega_0 C_2 r_2)$，$\xi=2Q\Delta f/f_0$，$\varphi=\arctan\xi$ 为二次回路的阻抗角。

式(7-83)表明，$\dot{U}_2$ 与 $\dot{U}_1$ 之间的幅值和相位关系都将随输入信号的频率变化。但在 f_0 附近幅值变化不大，而相位变化明显。$\dot{U}_2$ 与 $\dot{U}_1$ 之间的相位差为 $\pi/2-\varphi$。φ 与频率的关系及 $\pi/2-\varphi$ 与频率的关系如图 7-43 所示。由此可知，当 $f=f_0=f_c$ 时，二次回路谐振，$\dot{U}_2$ 与 $\dot{U}_1$ 之间的相位差为 $\pi/2$（引入的固定相差）；当 $f>f_0=f_c$ 时，二次回路呈感性，$\dot{U}_2$ 与 $\dot{U}_1$ 之间的相差为 $0\sim\pi/2$；当 $f<f_0=f_c$ 时，二次回路呈容性，$\dot{U}_2$ 与 $\dot{U}_1$ 之间的相位差为 $\pi/2\sim\pi$。

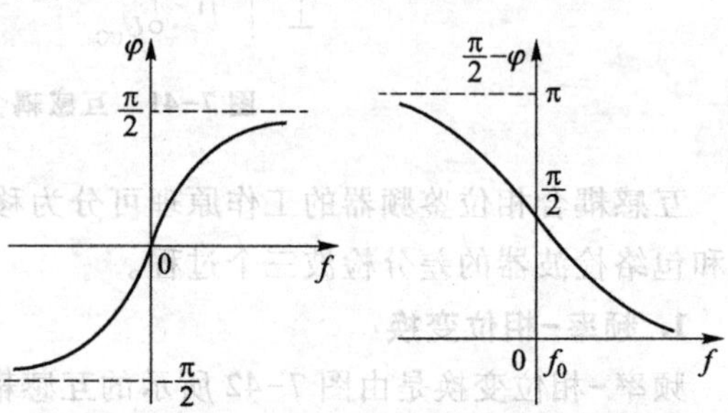

φ
π/2
0
f
−π/2
π/2−φ
π
π/2
0
f₀
f

(a) φ 与频率的关系　　(b) $\frac{\pi}{2}-\varphi$ 与频率的关系

图 7-43　频率-相位变换电路的相频特性

由上可以看出，在一定频率范围内，$\dot{U}_2$ 与 $\dot{U}_1$ 间的相差与频率之间具有线性关系。因而互感耦合回路可以作为线性相移网络，其中固定相差 $\pi/2$ 是由互感形成的。

应当注意，与鉴相器不同，由于 $\dot{U}_2$ 由耦合回路产生，相移网络由谐振回路近似形成，因此，$\dot{U}_2$ 的幅度随频率变化。但在回路通频带之内，幅度基本不变。

2. 相位-幅度变换

根据图中规定的 $\dot{U}_2$ 与 $\dot{U}_1$ 的极性，图 7-41 电路可简化为如图 7-44 所示电路。这样，在两个检波二极管上的高频电压分别为

$$\left.\begin{aligned}\dot{U}_{D1}&=\dot{U}_1+\frac{\dot{U}_2}{2}\\ \dot{U}_{D2}&=\dot{U}_1-\frac{\dot{U}_2}{2}\end{aligned}\right\} \tag{7-84}$$

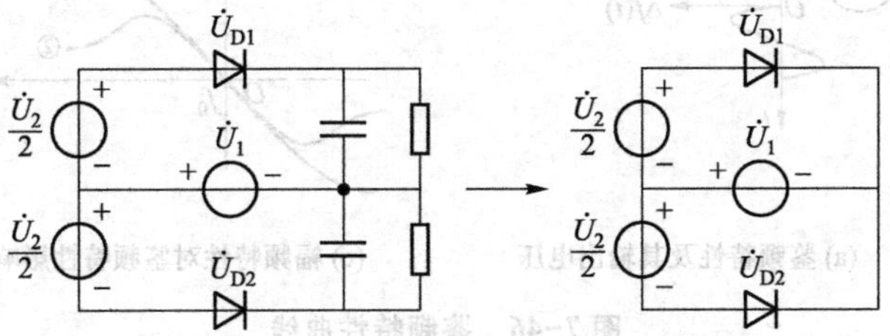

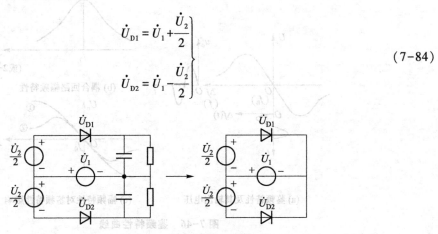

图 7-44　图 7-41 的简化电路

合成矢量的幅度随 $\dot{U}_2$ 与 $\dot{U}_1$ 间的相差而变化（FM-PM-AM 信号），如图 7-45 所示。

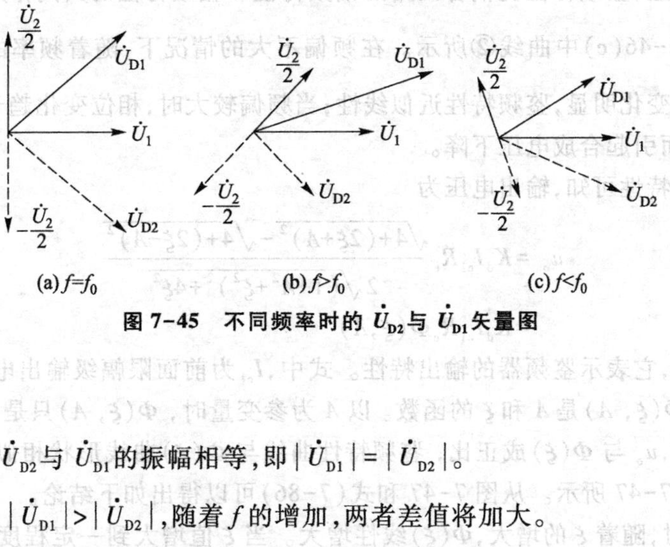

图 7-45　不同频率时的 $\dot{U}_{D2}$ 与 $\dot{U}_{D1}$ 矢量图

由此可见：

① $f=f_0=f_c$ 时，$\dot{U}_{D2}$ 与 $\dot{U}_{D1}$ 的振幅相等，即 $|\dot{U}_{D1}|=|\dot{U}_{D2}|$。

② $f>f_0=f_c$ 时，$|\dot{U}_{D1}|>|\dot{U}_{D2}|$，随着 f 的增加，两者差值将加大。

③ $f<f_0=f_c$ 时，$|\dot{U}_{D1}|<|\dot{U}_{D2}|$，随着 f 的降低，两者差值也将加大。

3. 检波输出

由于是平衡电路，两个包络检波器的检波系数 $K_{d1}=K_{d2}=K_d$，包络检波器的输出分别为 $u_{o1}=K_{d1}|\dot{U}_{D1}|$ 和 $u_{o2}=K_{d2}|\dot{U}_{D2}|$。鉴频器的输出电压为

$$u_o=u_{o1}-u_{o2}=K_d(|\dot{U}_{D1}|-|\dot{U}_{D2}|) \tag{7-85}$$

由上面分析可知，当 $f=f_0=f_c$ 时，鉴频器输出为零；当 $f>f_0=f_c$ 时，鉴频器输出为正；当 $f<f_0=f_c$

时,鉴频器输出为负。由此可得此鉴频器的鉴频特性,如图7-46(a)所示,为正极性。在瞬时频偏为零($f=f_0=f_c$)时输出也为零,这是靠固定相移 π/2 及平衡差分输出来保证的。

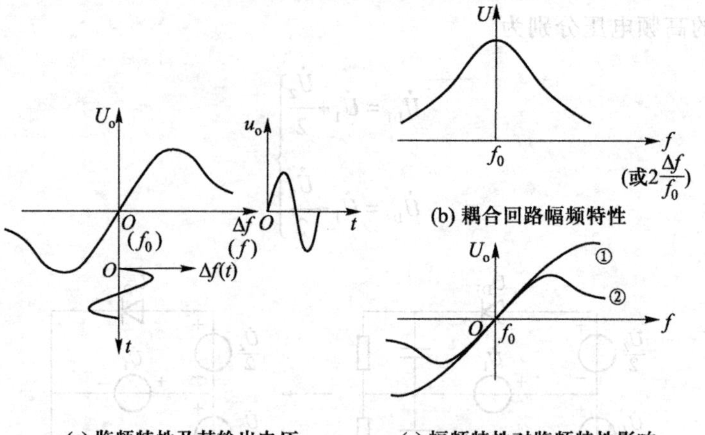

U
f
f_0
(或$2\frac{\Delta f}{f_0}$)
(b) 耦合回路幅频特性
U_o
u_o
O
(f_0)
Δf
(f)
t
O
Δf(t)
t
①
②
f
f_0

(a) 鉴频特性及其输出电压　　(c) 幅频特性对鉴频特性影响

图 7-46　鉴频特性曲线

在理想情况下,鉴频特性不受耦合回路的幅频特性的影响,调频信号通过耦合回路移相后得到的是等幅电压,鉴频特性形状与耦合回路这一移相网络的相频特性相似,如图 7-46(c)中曲线①所示。但实际上,鉴频特性受耦合回路的幅频特性和相频特性的共同作用,可以认为是两者相乘的结果,如图7-46(c)中曲线②所示。在频偏不大的情况下,随着频率的变化,$\dot{U}_2$ 与 $\dot{U}_1$ 幅度变化不大而相位变化明显,鉴频特性近似线性;当频偏较大时,相位变化趋于缓慢,而 $\dot{U}_2$ 与 $\dot{U}_1$ 幅度明显下降,从而引起合成电压下降。

定量分析鉴频特性可知,输出电压为

$$u_o=K_dI_{c1}R_e\frac{\sqrt{4+(2\xi+A)^2}-\sqrt{4+(2\xi-A)^2}}{2\sqrt{(1+A^2+\xi^2)^2+4\xi^2}}$$
$$=K_dI_{c1}R_e\Phi(\xi,A) \tag{7-86}$$

此式称为鉴频方程,它表示鉴频器的输出特性。式中,I_{c1}为前面限幅级输出电流,R_e 为一次回路本身的谐振电阻,$\Phi(\xi, A)$是 A 和 ξ 的函数。以 A 为参变量时,$\Phi(\xi, A)$只是 ξ 的函数 $\Phi(\xi)$。在电路一定的情况下,u_o 与 $\Phi(\xi)$成正比,鉴频特性曲线与 $\Phi(\xi)$曲线形状相似。以 A 为参变量的 $\Phi(\xi)-\xi$ 曲线如图 7-47 所示。从图 7-47 和式(7-86)可以得出如下结论。

① 在 A 一定时,随着 ξ 的增大,$\Phi(\xi)$线性增大。当 ξ 值增大到一定程度时,$\Phi(\xi)$变化缓慢并出现最大值。ξ 继续增大,$\Phi(\xi)$反而下降。最大值及其所对应的 ξ 值与 A 值有关。A 增加时,Φ_{max}值加大,且与纵轴距离增大。当 $A\geqslant 1$ 时,其最大值出现于 $\xi=A$ 之处。这时,对应的峰值带宽 $B_m=kf_0$,这说明耦合系数 k 一定,则 B_m 一定。只要 k 一定,当改变 Q 而引起 A 变化时,B_m 就不会变化。但如果 Q 一定,改变 k 使 A 变化时,B_m 将随 k 变化。

② $\Phi(\xi)=-\Phi(-\xi)$。曲线对原点是奇对称的。随频偏 Δf 的正负变化,输出电压也正负变化。

③ $\Phi(\xi)$在原点处的斜率随 A 值的不同而不同。A 值太大或太小时,曲线斜率均减小。可以

证明当 $A=0.86$ 时，曲线斜率最大，通常近似认为 $A=1$ 时最大。

④ A 愈大，$\Phi(\xi)$ 左右两峰距离愈大。但 A 太大（如 $A>3$ 时），曲线的线性度变差。线性度及斜率下降的原因，主要是耦合过紧时，谐振曲线在原点处凹陷过大造成的。

⑤ 根据鉴频跨导的定义，有

$$S_D=\left.\frac{du_o}{d\Delta f}\right|_{\Delta f=0}=K_dI_{c1}R_e\frac{4QA}{f_0(1+A^2)\sqrt{4+A^2}} \qquad (7-87)$$

此式说明，S_D 与 A 有关。而 $A=kQ$，因此存在以下两种情况。

第一种情况，Q 为常数，k 变化而引起 A 值变化。此时 S_D-A 曲线如图7-48(a)所示。最大跨导 S_{Dmax} 所对的 A 值在 $A=0.86$ 处获得。当 $A>1$ 后，S_D 下降较快。

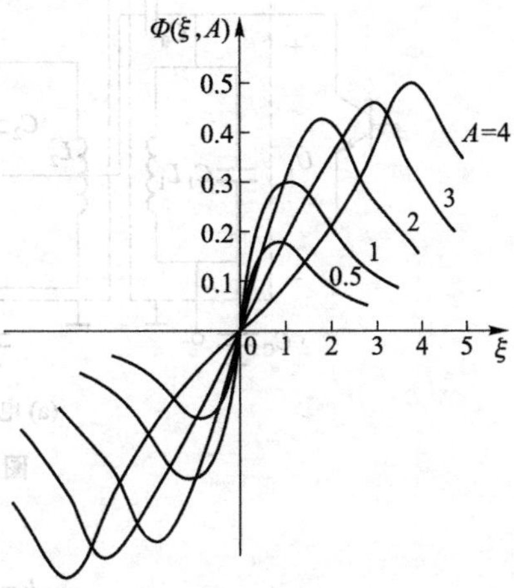

Φ(ξ,A)
0.5
0.4
0.3
0.2
0.1
A=4
3
2
1
0.5
0
1
2
3
4
5
ξ

图 7-47　以 A 为参变量的 $\Phi(\xi)-\xi$ 曲线

第二种情况，k 一定，Q 变化，引起 A 变化。由于 Q 变化，回路谐振电阻 R_e 改变，这时 S_D-A 曲线如图 7-48(b)所示。随着 A 的增加，S_D 单调上升。当 $A>3$ 后，S_D 上升缓慢，A 很大时，S_D 接近极限值。

实际中，为了兼顾鉴频特性的几个参数，A 通常选择在 1~3 之间，使鉴频特性的线性区约在 $2B_m/3$ 之内。

例 7-2
互感耦合相位鉴频特性分析

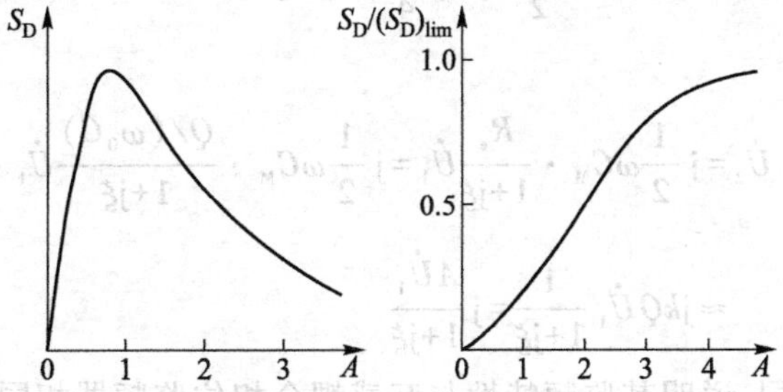

S_D
0
1
2
3
A
S_D/(S_D)_lim
1.0
0.5
0
1
2
3
4
A

(a) Q为常数　　(b) Q变化

图 7-48　S_D-A 曲线

二、电容耦合相位鉴频器

在实际应用中，为了便于调整一次侧、二次侧之间的耦合量，常用电容耦合代替上述的互感耦合，组成电容耦合相位鉴频器，如图 7-49(a)所示。一次、二次回路相互屏蔽，相互之间无互感耦合，仅通过耦合电容 C_M 进行耦合。C_M 的值比一次、二次回路电容小得多，一般只有 1~20 pF。整个电路除耦合方式外，其他部分均与互感耦合相位鉴频器相同。因此，它们有着相同的工作原理，只需分析耦合回路在波形变换中的作用即可。

耦合回路部分单独示于图 7-49(b)，一般取 $C_1=C_2=C$，$L_1=L_2=L$，则其等效电路如图 7-49(c)所示。根据耦合电路理论可求出此电路的耦合系数为

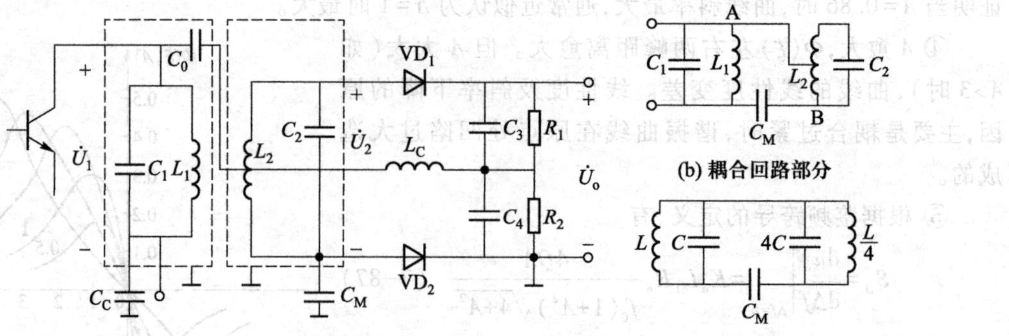

C0
+
VD1
+
C2
U̇2
C3
R1
U̇1
C1
L1
L2
LC
U̇o
C4
R2
−
−
−
VD2
CC
CM
(a) 电路
A
C1
L1
L2
C2
CM
B
(b) 耦合回路部分
L
C
4C
L/4
CM
(c) 等效电路

图 7-49　电容耦合相位鉴频器

$$k=\frac{C_M}{\sqrt{(C_M+C)(C_M+4C)}}\approx\frac{C_M}{2C} \tag{7-88}$$

设二次回路的并联阻抗 Z_2 为

$$Z_2=\frac{R_e}{1+j\xi}$$

由于 C_M 很小,满足 $1/(\omega C_M)\gg p^2Z_2, p=1/2$。分析可得,图 7-49(b)中 AB 间的电压为

$$\frac{1}{2}\dot{U}_2=j\frac{1}{4}\omega C_M Z_2\dot{U}_1 \tag{7-89}$$

由此可得

$$\begin{aligned}\dot{U}_2&=j\frac{1}{2}\omega C_M\cdot\frac{R_e}{1+j\xi}\dot{U}_1=j\frac{1}{2}\omega C_M\cdot\frac{Q/(\omega_0 C)}{1+j\xi}\dot{U}_1\\&\approx jkQ\dot{U}_1\frac{1}{1+j\xi}=j\frac{A\dot{U}_1}{1+j\xi}\end{aligned} \tag{7-90}$$

此式与式(7-83)完全相同,说明其鉴频特性与互感耦合相位鉴频器相同。

应当指出,这两种相位鉴频器常用于频偏较小(只有几百千赫兹)的 FM 无线电接收设备中。

三、比例鉴频器

由对互感耦合相位鉴频器的分析可知,相位鉴频器的输出正比于前级集电极电流,它随接收信号的大小而变化。为抑制寄生调幅,相位鉴频器前必须使用限幅器。但限幅器要求较大的输入信号,这必将导致鉴频器前中放、限幅级数的增加。比例鉴频器具有自动限幅作用(软限幅),不仅可以减少前面放大器的级数,而且可以避免使用硬限幅器,因此,比例鉴频器在调频广播及电视接收机中得到了广泛的应用。

1. 鉴频原理

图 7-50(a)所示为比例鉴频器的基本电路,它与互感耦合相位鉴频器电路类似,但也有区别,表现在四个方面:① 包络检波器的两个二极管顺接。② 在电阻(R_1+R_2)两端并接一个大电容 C(通常为电解电容),容量约在 10 μF 数量级。时间常数(R_1+R_2)C 很大,为 0.1~0.25 s,远

大于要解调的低频信号的周期，故在调制信号周期内或寄生调幅干扰电压周期内，可认为 C 上电压基本不变，近似为一恒定值 U_C。③ 接地点和输出点改变，接地点位于两检波电阻 R_1、R_2 之间的 D 点，解调输出取自 R_LC_L 两端。④ 比例鉴频器的前端电路一般是高频谐振放大器，而其他的相位鉴频器前端一般是限幅放大器。

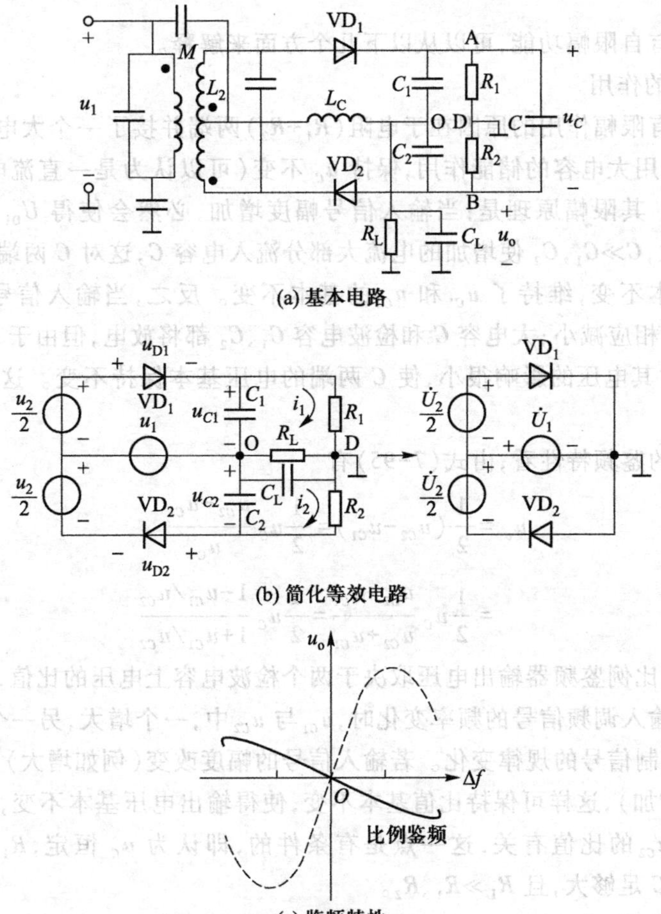
VD1
M
L2
u1
LC
C1
R1
A
O D
C
uC
C2
R2
VD2
B
RL
CL
uo
uD1
uC1
i1
uC2
i2
uD2
u2/2
比例鉴频
Δf
O

(a) 基本电路

(b) 简化等效电路

(c) 鉴频特性

图 7-50　比例鉴频器电路及特性

图 7-50(b)所示为图 7-50(a)的简化等效电路，电压、电流如图所示。由电路理论可得

$$i_1(R_1+R_L)-i_2R_L=u_{C1} \tag{7-91}$$

$$i_2(R_2+R_L)-i_1R_L=u_{C2} \tag{7-92}$$

$$u_o=(i_2-i_1)R_L \tag{7-93}$$

当 $R_1=R_2=R$ 时，可得

$$u_o=\frac{u_{C2}-u_{C1}}{2R_L+R}R_L \tag{7-94}$$

若 $R_L \gg R$，则

$$u_o \approx \frac{1}{2}(u_{C2}-u_{C1})=\frac{1}{2}K_d(U_{D2}-U_{D1}) \tag{7-95}$$

可见，在电路参数相同的条件下，输入调频信号幅度相等，比例鉴频器的输出电压与互感耦合或电容耦合相位鉴频器输出电压［式(7-85)］相比要小一半（鉴频灵敏度减半），且其输出电压极性相反，其鉴频特性如图 7-50(c)所示。这在自动频率控制系统中要特别注意。当然，通过改变两个二极管连接的方向或耦合线圈的绕向（同名端），可以使鉴频特性反向。

2. 自限幅作用

比例鉴频器具有自限幅功能，可以从以下几个方面来解释。

(1) 大电容 C 的作用

比例鉴频器具有限幅作用的原因在于电阻(R_1+R_2)两端并接了一个大电容 C。当输入信号幅度发生变化时，利用大电容的储能作用，保持 u_C 不变（可以认为是一直流电压 U_C），以此来抑制输入幅度的变化。其限幅原理是：当输入信号幅度增加，必然会使得 U_{D1}、U_{D2}增大，i_{D1}、i_{D2}增大；但由于 C 值很大，$C \gg C_1, C_2$ 使增加的电流大部分流入电容 C，这对 C 两端的电压值并不会有明显的变化，u_C 基本不变，维持了 u_{C1} 和 u_{C2} 的基本不变。反之，当输入信号幅度减小时，使得 U_{D1}、U_{D2}减小，i_{D1}、i_{D2}相应减小；大电容 C 和检波电容 C_1、C_2 都将放电，但由于 C 值很大，主要的放电由 C 担任，放电对其电压的影响很小，使 C 两端的电压基本保持不变。这就是比例鉴频器自限幅的原理。

从比例鉴频器的鉴频特性看，由式(7-95)有

$$
\begin{aligned}
u_o &= \frac{1}{2}(u_{C2}-u_{C1}) = \frac{1}{2}u_C\frac{u_{C2}-u_{C1}}{u_C} \\
&= \frac{1}{2}u_C\frac{u_{C2}-u_{C1}}{u_{C2}+u_{C1}} = \frac{1}{2}u_C\frac{1-u_{C1}/u_{C2}}{1+u_{C1}/u_{C2}}
\end{aligned} \tag{7-96}
$$

由此可以看出，比例鉴频器输出电压取决于两个检波电容上电压的比值，这就是称其为比例鉴频器的原因。当输入调频信号的频率变化时，u_{C1}与 u_{C2}中，一个增大，另一个减小，变化方向相反，输出电压可按调制信号的规律变化。若输入信号的幅度改变（例如增大），则 u_{C1}与 u_{C2}将以相同方向变化（如均增加），这样可保持比值基本不变，使得输出电压基本不变，起到了自限幅的作用。u_o 只与 u_{C1} 和 u_{C2} 的比值有关，这一点是有条件的，即认为 u_C 恒定，R_1、R_2 上的电压等于 $u_C/2$。为此必须使 C 足够大，且 $R_L \gg R_1$、R_2。

(2) 谐振回路 R_e 和 Q_e

比例鉴频器的限幅作用还可解释为由鉴频器高 Q 回路的负载变化产生。从电路图可以看到，u_C 对检波管 VD_1、VD_2 是反向偏压，也就是说检波器具有固定的负偏压。当输入幅度增大时，二极管导通角增加，电流基波分量加大，使得基波能量消耗增加，检波器输入电阻 R_i 下降；它又使回路负载加重，回路的有效 Q_e 值及回路谐振电阻 R_e 下降。这样，一方面将导致回路两端电压下降，使检波器输入幅度下降，同时还将引起回路相位的减小，其结果都使输出电压不随输入信号幅度的增大而增大，起到自动限幅作用。

(3) 包络检波器的检波系数 K_d

当输入信号的幅度增加时，将会导致 u_{C1} 和 u_{C2} 增加，检波器的通角 θ 也必然会增加，通角 θ 的增加将引起检波系数 K_d 的减小，从式(7-95)可以看出，检波系数 K_d 的减小使输出电压减小，从而保持输出的稳定。

不过，比例鉴频器的限幅作用并不理想。由于其限幅作用主要靠大电容 C 完成，当输入

信号幅度长时间慢变化时，因时常数$(R_1+R_2)C$不可能很大，因此C两端电压不可能不随之变化。为使比例鉴频器有较好的限幅作用，须做到：

① 回路的无载Q_0要足够高，以便当检波器输入电阻R_i随输入电压幅度变化时，能引起回路Q_e明显的变化。一般应在接上检波器后，Q_e降至Q_0的一半。通常取(R_1+R_2)值在5~7 kΩ为宜。若(R_1+R_2)值太大，则当输入信号幅度迅速减小时，会引起二极管截止。

② 要保证时间常数$(R_1+R_2)C$大于寄生调幅干扰的几个周期。

比例鉴频器存在着过抑制与阻塞现象。所谓过抑制是指输入信号幅度加大时，输出电压反而下降的现象。例如当I_{c1}加大，因R_i变化使回路Q_e值下降太多，相位减小过多，因而使输出电压下降。过抑制现象会引起解调失真。阻塞是指当输入信号幅值瞬时大幅度下降时，因u_C的反偏作用，使二极管截止，造成在一段时间内收不到信号。

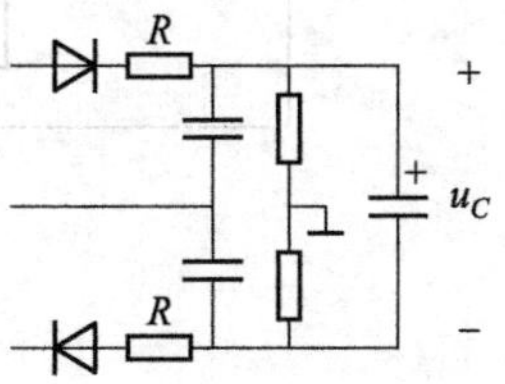
R
+
u_C
R
−
图 7-51　减小过抑制及阻塞的措施

为解决过抑制与阻塞问题，可使部分反偏压随输入信号变化。二极管反偏压可由两部分组成，一部分是固定的，由u_C提供；另一部分由与二极管串联的电阻产生，它随输入信号而变。总偏压为$u_C/2+I_{av}R$，如图 7-51 所示。当输入幅度瞬时减小时，I_{av}减小，R上的电压减小，使得二极管的反偏压也瞬时减小。为了兼顾减轻阻塞效应与抑制寄生调幅，R上的电压应为u_C的15%左右。实际上，调整电阻R还可以使上下两支路对称。

第八节　调频收发信机及附属电路

一个完整的调频收发信机，除了放大器、混频器和频率调制解调器之外，还有许多附属电路和特殊电路，如话音加工电路（话筒到调制器输入端和解调器输出端到耳机的整个低频电路）就有瞬时频偏控制电路、带通与低通滤波器电路、预加重与去加重电路以及音节压缩器与扩张器等。

一、调频发信机

图 7-52 所示是一种调频发射机的框图。其载频f_c=88~108 MHz（接收机的接收频率），输入调制信号频率为15~50 kHz，最大频偏为75 kHz。由图可知，调频方式为间接调频。由高稳定度晶体振荡器产生f_{c1}=200 kHz的初始载波信号送入调相器，由经预加重和积分的调制信号对其调相。调相输出的最大频偏为25 kHz，调制指数$m_f<0.5$。经64倍频后，载频变为12.8 MHz，最大频偏为1.6 MHz。再经混频器，只将载频降低到1.8~2.3 MHz，然后再经48倍频，载频变为86.4~110.4 MHz（覆盖88~108 MHz），最大频偏也提高到76.8 MHz（大于75 kHz），调制指数也得到了提高，满足要求。最后，经功率放大后由天线辐射出去。

调频信号的带宽较宽，调制指数较大，因此，调频制具有优良的抗噪声性能。但也正因为如此，调频发射机必须工作在超高频段以上。

调频发信机可以用集成电路来实现，图 7-53 为调频发射芯片 MC2833 的基本应用电路。

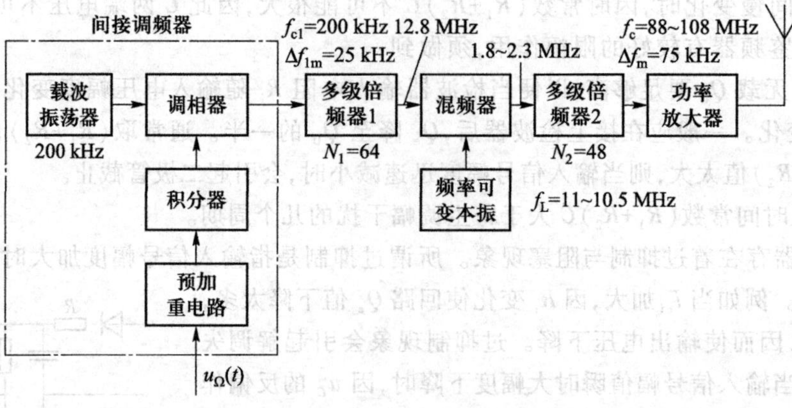
间接调频器
载波振荡器
200 kHz
调相器
积分器
预加重电路
$u_\Omega(t)$
f_{c1}=200 kHz 12.8 MHz
Δf_{1m}=25 kHz
多级倍频器1
N_1=64
1.8~2.3 MHz
混频器
频率可变本振
f_L=11~10.5 MHz
多级倍频器2
N_2=48
f_c=88~108 MHz
Δf_m=75 kHz
功率放大器

图 7-52　调频发射机框图

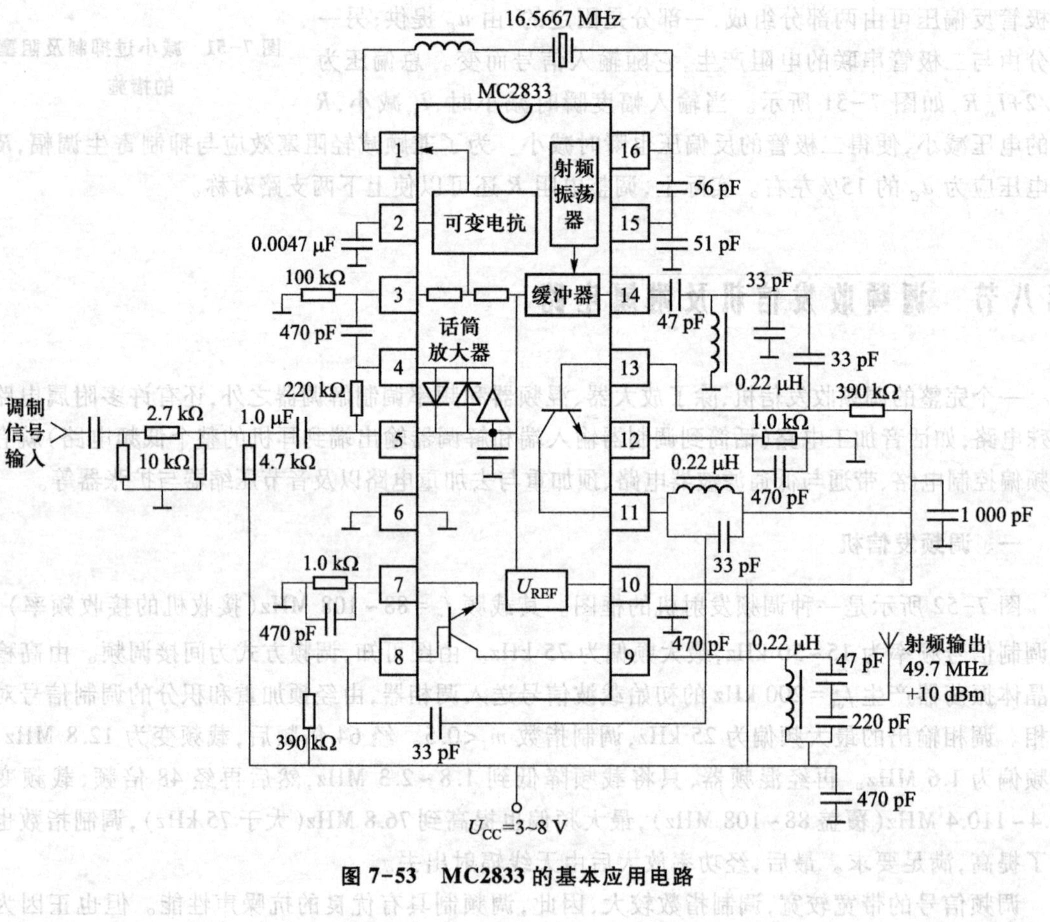
16.5667 MHz
MC2833
可变电抗
射频振荡器
缓冲器
话筒放大器
U_{REF}
56 pF
51 pF
0.0047 μF
100 kΩ
470 pF
220 kΩ
调制信号输入
2.7 kΩ
10 kΩ
1.0 μF
4.7 kΩ
33 pF
47 pF
0.22 μH
33 pF
390 kΩ
1.0 kΩ
0.22 μH
470 pF
1 000 pF
33 pF
1.0 kΩ
470 pF
470 pF
0.22 μH
47 pF
220 pF
射频输出
49.7 MHz
+10 dBm
390 kΩ
33 pF
470 pF
U_{CC}=3~8 V

图 7-53　MC2833 的基本应用电路

二、调频接收机

图 7-54 所示为调频接收机框图。为了获得较好的接收机灵敏度和选择性，除限幅器、鉴频器及几个附加电路外，其主要方框均与 AM 超外差接收机相同。调频广播基本参数与发射机相

同。由于信号带宽为 180 kHz，留出±10 kHz 的余量，接收机频带约为 200 kHz，其放大器带宽远大于调幅接收机。混频器只改变信号的载波频率，而不改变其频偏。其中频值为 10.7 MHz，稍大于调频广播频段（108 MHz－88 MHz＝20 MHz）的一半，这样可以避免镜频干扰。如 $f_L=f_c+10.7$ MHz，当 $f_c=88$ MHz 时，镜像频率为 109.4 MHz，这个频率已位于调频广播波段之外。当然这并不能避免该频率范围以外的其他电台的镜频干扰。

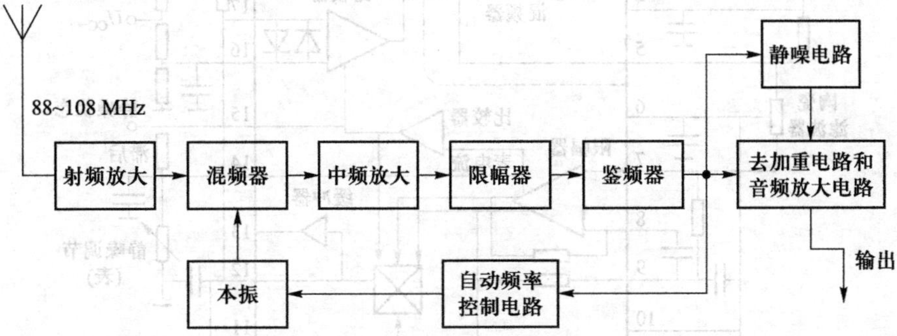
88~108 MHz
射频放大
混频器
中频放大
限幅器
鉴频器
静噪电路
去加重电路和
音频放大电路
输出
本振
自动频率
控制电路

图 7-54　调频接收机框图

图中的自动频率控制（AFC）电路可微调本振频率，使混频输出稳定在中频数值 10.7 MHz 上，这样不仅可以提高整个调频接收机的选择性和灵敏度，而且对改善接收机的保真度也是有益的。

调频接收机的集成化是调频接收机的一个发展方向，有各种单元集成电路和接收机集成电路，图 7－55 和图 7－56 分别为一款调频中频集成电路（MC13155）和调频接收机集成电路（MC3356）。MC13155 是专为卫星电视、宽带数据和模拟调频应用而设计的调频解调器，具有很高的中频增益（典型值为46 dB功率增益）和 12 MHz 的视频/基带调解器，同时具有接收信号强度指示（RSSI）功能（动态范围约 35 dB）。

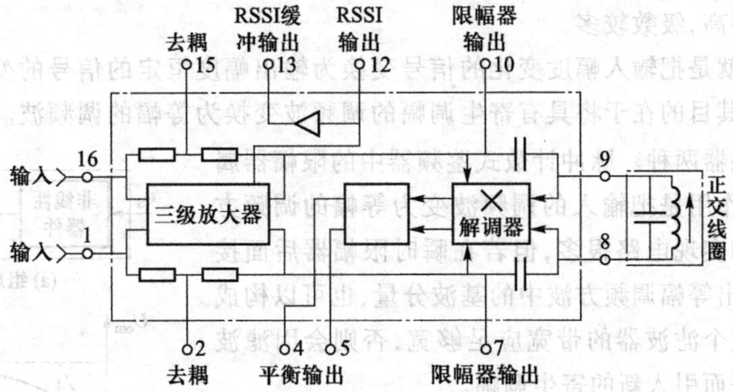
去耦
15
RSSI缓
冲输出
13
RSSI
输出
12
限幅器
输出
10
输入
16
输入
1
三级放大器
解调器
9
8
正交线圈
2
去耦
4
平衡输出
5
7
限幅器输出

图 7-55　MC13155 的内部框图

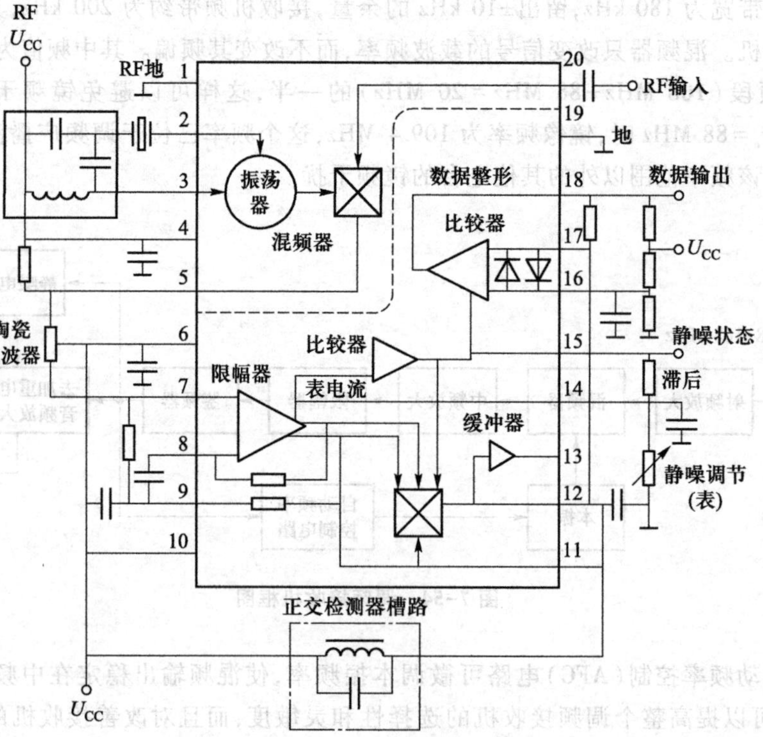
RF
U_{CC}
RF地
RF输入
地
振荡器
混频器
数据整形
数据输出
比较器
U_{CC}
陶瓷
滤波器
比较器
静噪状态
限幅器
表电流
滞后
缓冲器
静噪调节
(表)
正交检测器槽路
U_{CC}

图 7-56　MC3356 的基本应用电路

三、附属电路与特殊电路

1. 限幅电路

除比例鉴频器外，其他鉴频器基本上都不具有自动限幅（软限幅）能力，为了抑制寄生调幅，需在中放级采用硬限幅电路。硬限幅器要求的输入信号电压较大，为 1~3 V，因此，其前面的中频放大器的增益要高，级数较多。

所谓限幅器，就是把输入幅度变化的信号变换为输出幅度恒定的信号的变换电路。在鉴频器中采用限幅器，其目的在于将具有寄生调幅的调频波变换为等幅的调频波。限幅器分为瞬时限幅器和振幅限幅器两种。脉冲计数式鉴频器中的限幅器属于瞬时限幅器，其作用是把输入的调频波变为等幅的调频方波。振幅限幅器的实现电路很多，但若在瞬时限幅器后面接上带通滤波器，取出等幅调频方波中的基波分量，也可以构成振幅限幅器。但这个滤波器的带宽应足够宽，否则会因滤波器的传输特性不好而引入新的寄生调幅。

振幅限幅器及其特性曲线如图 7-57 所示。图中，U_P 表示限幅器进入限幅状态的最小输入信号电压，称为门限电压。对限幅器的要求主要是在限幅区内要有平坦的限幅特性，门限电压要尽量小。

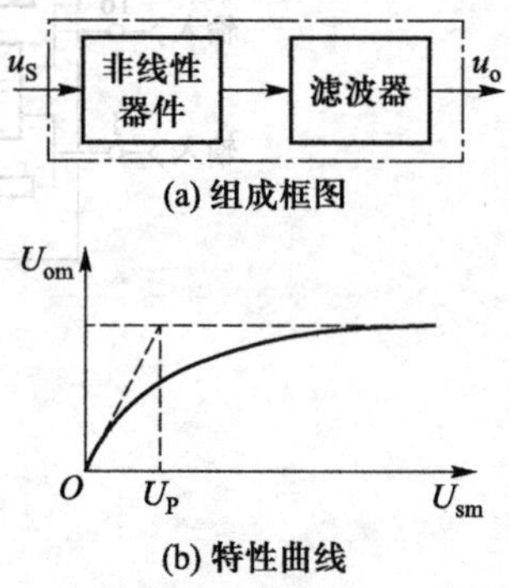
u_S
非线性器件
滤波器
u_o
(a) 组成框图
U_{om}
O
U_P
U_{sm}
(b) 特性曲线

图 7-57　振幅限幅器及其特性曲线

限幅电路一般有二极管电路、晶体管电路和集成电路三类。典型的二极管限幅器(瞬时限幅器)电路简单,限幅特性对称,限幅输出中没有直流分量和偶次谐波成分。晶体管限幅器是利用饱和和截止效应进行限幅的,同时具有一定的放大能力。高频功率放大器在过压区(饱和状态)就是一种晶体管限幅器。集成电路中常用的限幅电路是差分对电路,当输入电压大于 100 mV 时,电路就进入限幅状态。它通常是利用截止特性进行限幅的,因此不受基区载流子存储效应的影响,工作频率较高。为了降低限幅门限,常常在差分对限幅器前增设多级放大器,构成多级差分限幅放大器。

2. 瞬时频偏控制电路

在调频系统中,在给定信道带宽条件下,调频指数 m_f 越大,频偏越大,系统的抗干扰能力越强。因此,调频系统中调频指数应选得稍大一些。但在实际中,m_f 还与用户的话音幅度成正比。而 m_f 越大,调频波的边频分量就越丰富,落入相邻信道的频率成分也就越多,造成的邻道干扰就越大。为此,通常在语音加工电路中用瞬时频偏控制(instantaneous deviation control,IDC)电路来限定用户的最高话音幅度。

瞬时频偏控制电路的实质是限幅器,但与鉴频器之前的限幅器(带通限幅器=双向限幅器+带通滤波器)不同,IDC 电路是一个低通限幅器,就是在限幅器后加上阻带特性极陡峭的低通滤波器,以抑制限幅器后产生的高频分量。因此,此滤波器也称为邻道抑制滤波器。

3. 预加重及去加重电路

理论证明,对于输入白噪声,调幅制的输出噪声频谱呈矩形,在整个调制频率范围内,所有噪声都一样大。调频制的噪声频谱(电压谱)呈三角形,如图 7-58(b)所示,随着调制频率的增高,噪声也增大。调制频率范围愈宽,输出的噪声也愈大。

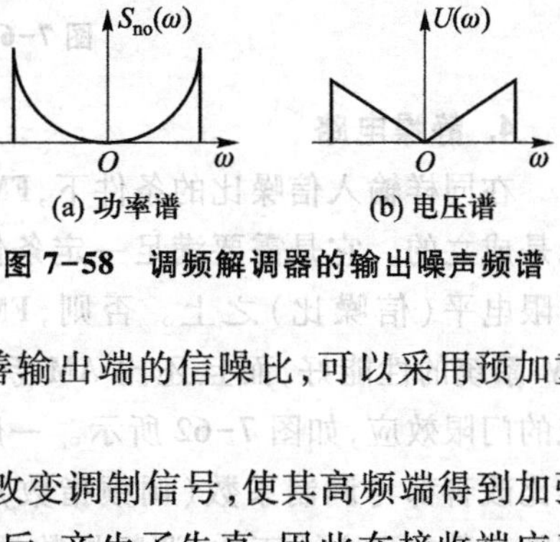
$S_{no}(\omega)$
O
ω
$U(\omega)$
O
ω
(a) 功率谱　(b) 电压谱

图 7-58 调频解调器的输出噪声频谱

但对信号来说,诸如话音、音乐等,其信号能量不是均匀分布的,而是在较低的频率范围内集中了大部分能量,高频部分能量较少。这恰好与调频噪声谱相反。这样会导致调制频率高频端信噪比降低到不允许的程度。为了改善输出端的信噪比,可以采用预加重与去加重措施。

所谓预加重,是在发射机的调制器前,有目的地、人为地改变调制信号,使其高频端得到加强(提升),以提高调制频率高端的信噪比。信号经过这种处理后,产生了失真,因此在接收端应采取相反的措施,在调解器后接去加重网络,以恢复原来调制频率之间的比例关系。

由于调频噪声频谱呈三角形,或者说与 ω 呈线性关系,可联想到将信号做相应的处理,即要求预加重网络的特性为

$$H(\mathrm{j}\omega)=\mathrm{j}\omega \tag{7-97}$$

这是个微分器。也就是说对信号微分后再进行频率调制,这样就等于用 PM 代替了 FM。这种方法存在带宽不经济的缺点。故采用折中的办法,使预加重网络传递函数在低频段为常数而在较高频段相当于微分器。近似这种响应的 RC 网络如图 7-59(a)所示,它是典型的预加重网络。图 7-59(b)所示是网络频率响应的渐近线。CR_1 的典型值为 75 μs。由 $\omega_1=1/(CR_1)$ 看出,这意味着在2.1 kHz以上的频率分量都被"加重"。f_2 选择在所要传输的最高音频处。对于高质量的接收,可取 $f_2=15$ kHz。

去加重网络及其频率响应如图 7-60 所示。从图看出，当 $\omega<\omega_2$ 时，预加重和去加重网络总的频率传输函数近似为一常数，这正是使信号不失真所需要的条件。

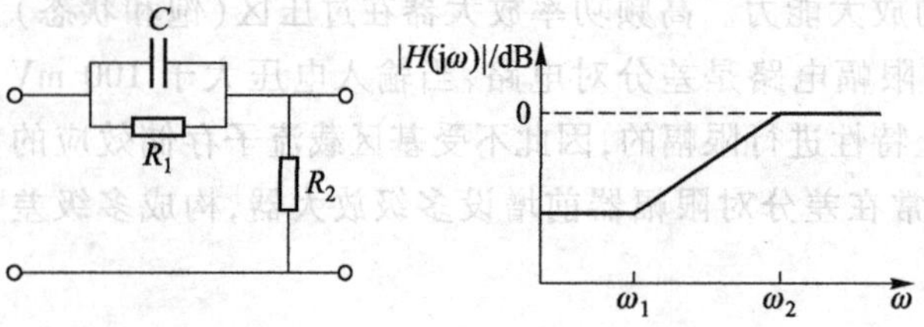
C
R1
R2
|H(jω)|/dB
0
ω1
ω2
ω

(a) 预加重网络　　(b) 频率响应

图 7-59　预加重网络及其频率响应

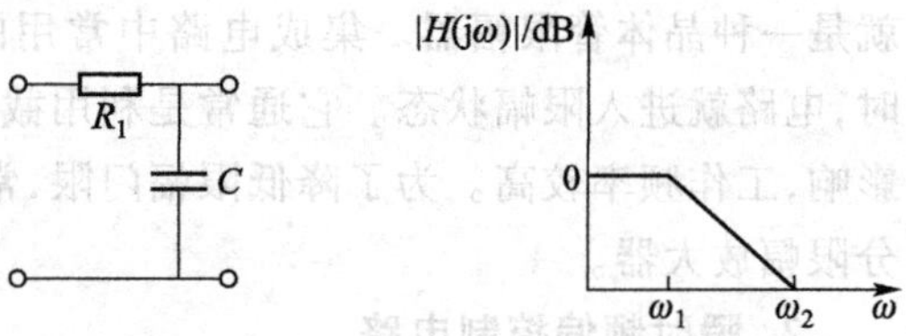
R1
C
|H(jω)|/dB
0
ω1
ω2
ω

(a) 去加重网络　　(b) 频率响应

图 7-60　去加重网络及其频率响应

采用预、去加重网络后，信号不会产生变化，但信噪比却得到较大的改善，如图 7-61 所示。

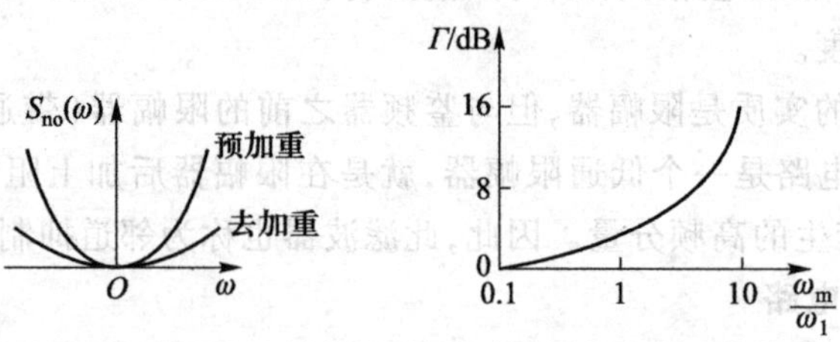
Sno(ω)
预加重
去加重
O
ω
Γ/dB
16
8
0
0.1
1
10
ωm/ω1

(a) 功率谱　　(b) 信噪比

图 7-61　预、去加重网络对信噪比的改善

4. 静噪电路

在同样输入信噪比的条件下，FM 接收机的输出信噪比比 AM 接收机的要高，这一结论并不总是成立的。它是需要满足一定条件的，即输入信噪比要在门限电平（信噪比）之上。否则，FM 系统的性能不仅不比 AM 系统的性能好，而且还比 AM 系统更差。这就是调频系统的门限效应，如图 7-62 所示。一般情况下，门限电平和信噪比改善都与调制系数（调频指数）有关。信噪比的改善与调频指数的平方成正比，调频指数越大，信号带宽越宽，抗噪声性能越好。但是，随着调频指数的提高，门限电平也随之提高，使系统接收微弱信号的能力降低。

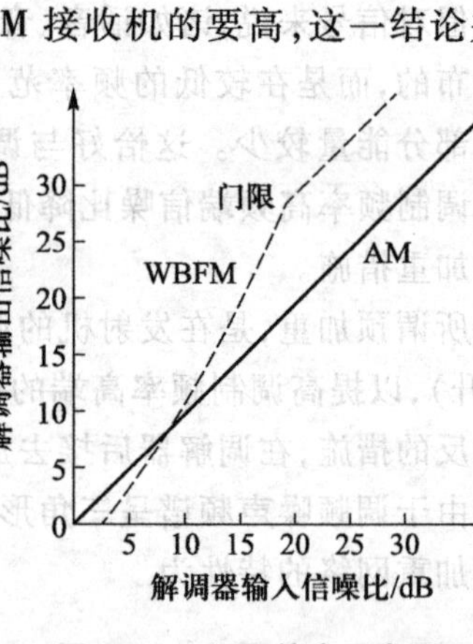
解调器输出信噪比/dB
30
25
20
15
10
5
0
门限
WBFM
AM
5
10
15
20
25
30
解调器输入信噪比/dB

图 7-62　门限效应示意图

由于在调频接收中存在门限效应，因此在系统设计时要尽可能地降低门限值。但在调频通信和调频广播中，经常会遇到无信号或弱信号的情况，这时输入信噪比就低于门限值，输出端的噪声就会急剧增加。为此，要采用静噪电路来抑制这种烦人的噪声。静噪电路的目的是使接收机在没有收到信号时（此时噪声较大），自动将低频放大器闭锁，使噪声不在终端出现。当有信号时，噪声小，又能自动解除闭锁，使信号通过低放输出。

静噪的方式和电路是多种多样的，常用的是用静噪电路去控制接收机的低（音）频放大器，如图 7-63 所示。静噪电路的类型主要有两种，一种是信号型，它接在鉴频器的输入端，利用中频已调信号的信噪比下降到 FM 门限后信号小和噪声大的特点，经检波后控制静噪开关，从而控制低频放大器的偏置电路；另一种是噪声型，它接在鉴频器的输出端，用鉴频输出中的信号和静噪电平的变化控制静噪开关，使低频放大器断开或接通以达到静噪目的，如图 7-64 所示。另外还有导频型和静噪门型，这里不再介绍。

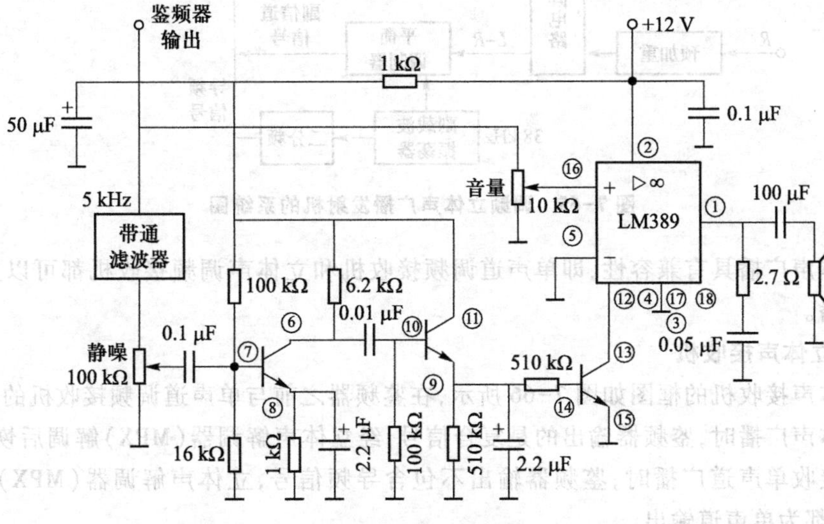

鉴频器
输出
+12 V
1 kΩ
50 μF
0.1 μF
②
⑯
音量
10 kΩ
LM389
①
100 μF
⑤
5 kHz
带通
滤波器
100 kΩ
6.2 kΩ
0.01 μF
2.7 Ω
⑫④⑰⑱
③
0.05 μF
⑥
⑩
⑪
0.1 μF
静噪
100 kΩ
⑦
510 kΩ
⑬
⑨
⑧
⑭
⑮
16 kΩ
1 kΩ
2.2 μF
100 kΩ
510 kΩ
2.2 μF

图 7-63　静噪电路举例

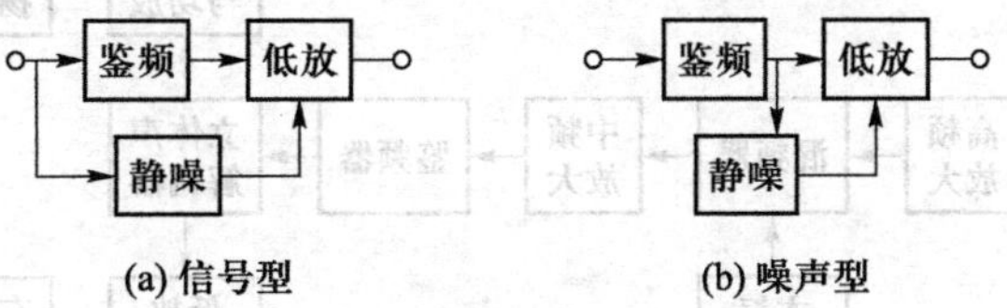

鉴频
低放
静噪
(a) 信号型
鉴频
低放
静噪
(b) 噪声型

图 7-64　静噪电路接入方式

第九节　调频多重广播

一、调频立体声广播

1. 调频立体声广播方式

图 7-65 所示为调频立体声广播发射机的系统图。左声道信号(L)和右声道信号(R)经各自的预加重在矩阵电路中形成和信号($L+R$)与差信号($L-R$)。和信号($L+R$)照原样成为主信道信号，差信号($L-R$)经平衡调制器对副载波进行抑制载波的调幅，成为副信道信号。为了使接收端易于生成副载波，通常在发射机中把副载波频的二分频信号作为导频信号。把主信道信号、副信道信号和导频信号合称为复合信号。复合信号对主载波进行调频，就成为调频立体声广播信号。

由此可知，调频立体声广播为调幅-调频（AM-FM）调制方式。

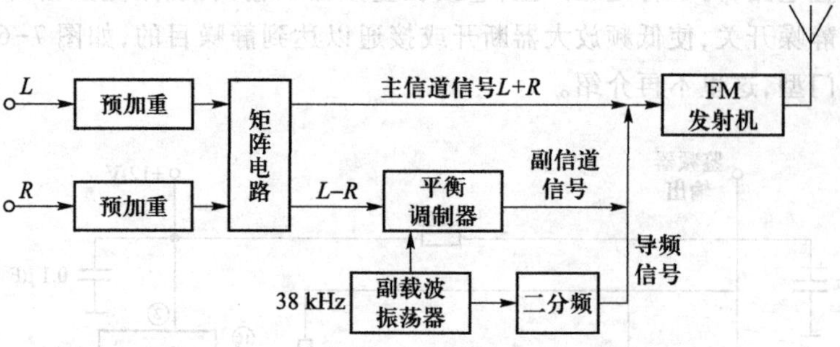
L
预加重
R
预加重
矩阵电路
主信道信号L+R
L–R
平衡调制器
副信道信号
FM发射机
导频信号
38 kHz
副载波振荡器
二分频

图 7-65　调频立体声广播发射机的系统图

调频立体声广播具有兼容性，即单声道调频接收机和立体声调频接收机都可以正常接收调频立体声广播。

2. 调频立体声接收机

调频立体声接收机的框图如图 7-66 所示，在鉴频器之前与单声道调频接收机的组成相同。

接收立体声广播时，鉴频器输出的是复合信号，经立体声解调器（MPX）解调后恢复出左、右声道信号。接收单声道广播时，鉴频器输出不包含导频信号，立体声解调器（MPX）停止工作，左、右扬声器都为单声道输出。

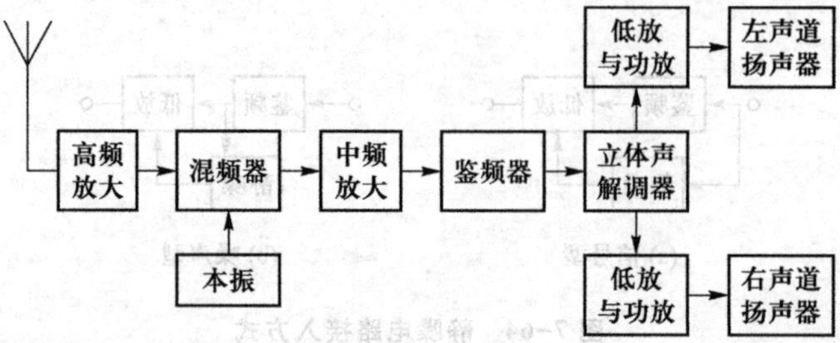
高频放大
混频器
本振
中频放大
鉴频器
立体声解调器
低放与功放
左声道扬声器
低放与功放
右声道扬声器

图 7-66　调频立体声接收机的框图

立体声解调器（MPX）是调频立体声接收机的关键电路之一。通常有开关方式和矩阵方式两种工作方式，如图 7-67 所示，并有专用集成电路可供使用，如 HA1156W 等。

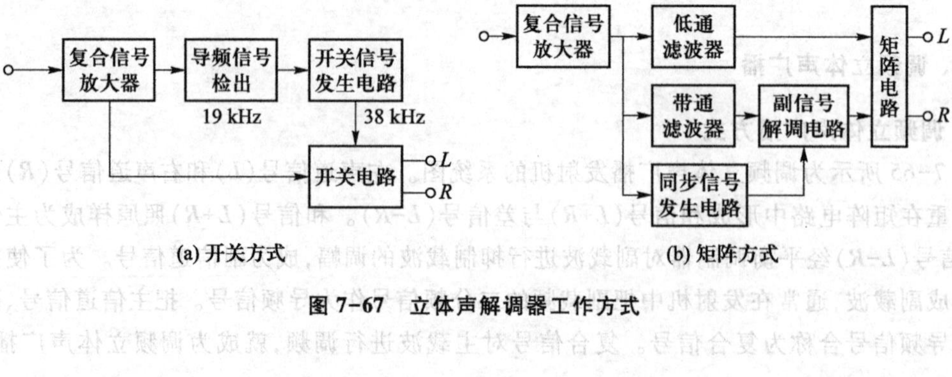
复合信号放大器
导频信号检出
19 kHz
开关信号发生电路
38 kHz
开关电路
L
R
复合信号放大器
低通滤波器
带通滤波器
副信号解调电路
同步信号发生电路
矩阵电路
L
R

(a) 开关方式　　(b) 矩阵方式

图 7-67　立体声解调器工作方式

二、电视伴音的多重广播

电视伴音的多重广播就是电视伴音的立体声广播。图 7-68 所示为某电视伴音多重广播的发射机框图。和信号被作为主信道信号发送,差信号经限幅器、IDC 电路和低通滤波器后作为副信道信号对行扫描频率 f_H 的 2 倍频信号(副载波)进行调频,并与主信道信号合成后送到伴音发射机。

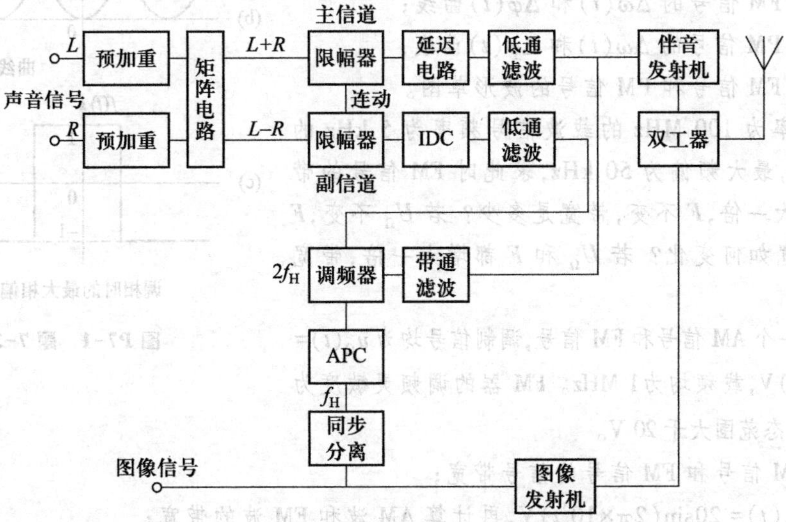
主信道
L
预加重
矩阵电路
L+R
限幅器
延迟电路
低通滤波
伴音发射机
声音信号
连动
R
预加重
L–R
限幅器
IDC
低通滤波
双工器
副信道
2fH
调频器
带通滤波
APC
fH
同步分离
图像信号
图像发射机

图 7-68　电视伴音多重广播的发射机框图

在接收端,电视机中的伴音处理电路框图如图 7-69 所示。对图像中放的输出进行检波,取出伴音中频,对它放大后进行鉴频,得到复合伴音信号。它含有主信道信号、副信道信号和控制信号。对此复合信号进行处理和转换即可得到立体声伴音的输出。

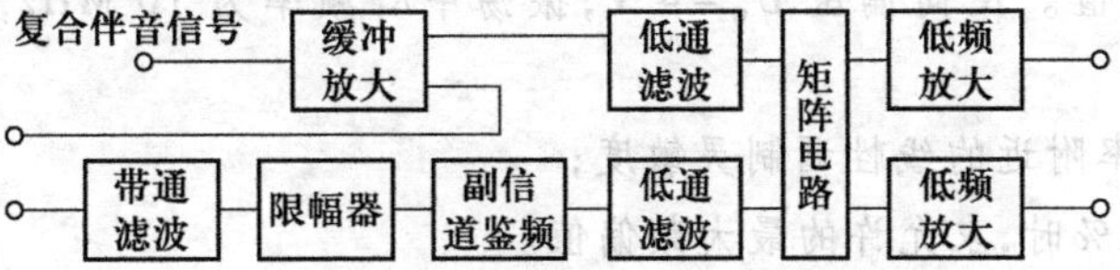
复合伴音信号
缓冲放大
低通滤波
矩阵电路
低频放大
带通滤波
限幅器
副信道鉴频
低通滤波
低频放大

图 7-69　电视伴音处理电路框图

思考题与练习题

7-1　角调波 $u(t)=10\cos(2\pi\times10^6 t+10\cos 2\,000\pi t)$ V,试确定:

(1) 最大频偏;

(2) 最大相偏;

(3) 信号带宽;

(4) 此信号在单位电阻上的功率;

（5）这是 FM 信号或是 PM 信号；

（6）调制电压。

7-2 调制信号 $u_\Omega=(2\cos 2\pi\times10^3 t+3\cos 3\pi\times10^3 t)$ V，调频灵敏度 $k_f=3$ kHz/V，载波信号为 $u_c=5\cos(2\pi\times10^7 t)$ V，试写出此 FM 信号表达式。

7-3 调制信号如图 P7-1 所示。

（1）画出 FM 信号的 $\Delta\omega(t)$ 和 $\Delta\varphi(t)$ 曲线；

（2）画出 PM 信号的 $\Delta\omega(t)$ 和 $\Delta\varphi(t)$ 曲线；

（3）画出 FM 信号和 PM 信号的波形草图。

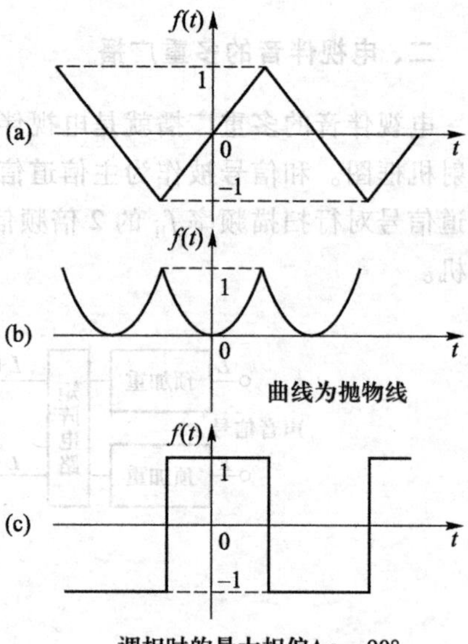

f(t)
1
0
-1
t
(a)
(b)
曲线为抛物线
(c)
调相时的最大相偏Δφm=90°

图 P7-1 题 7-3 图

7-4 频率为 100 MHz 的载波信号频率为 5 kHz 的正弦信号调制，最大频偏为 50 kHz，求此时 FM 信号的带宽。若 U_Ω 增大一倍，F 不变，带宽是多少？若 U_Ω 不变，F 增大一倍，带宽如何变化？若 U_Ω 和 F 都增大一倍，带宽又如何？

7-5 有一个 AM 信号和 FM 信号，调制信号均为 $u_\Omega(t)=0.1\sin(2\pi\times10^3 t)$ V，载频均为 1 MHz。FM 器的调频灵敏度为 $k_f=1$ kHz/V，动态范围大于 20 V。

（1）求 AM 信号和 FM 信号的信号带宽；

（2）若 $u_\Omega(t)=20\sin(2\pi\times10^3 t)$ V，再计算 AM 波和 FM 波的带宽；

（3）由此(1)和(2)可得出什么结论？

7-6 已知某调频电路调制信号频率为 400 Hz，振幅为 2.4 V，调制指数为 60，求最大频偏。当调制信号频率减为 250 Hz，同时振幅上升为 32 V 时，调制指数将变为多少？

7-7 调频振荡器回路的电容为变容二极管，其压控特性为 $C_j=C_{j0}/\sqrt{1+2u}$，u 为变容二极管反向电压的绝对值。反向偏压 $U_Q=4$ V，振荡中心频率为 10 MHz，调制电压为 $u_\Omega(t)=\cos(\Omega t)$ V。

（1）求在中心频率附近的线性调制灵敏度；

（2）当要求 $K_{f2}<1\%$ 时，求允许的最大频偏值。

7-8 调频振荡器回路由电感 L 和变容二极管组成。$L=2$ μH，变容二极管参数为 $C_{j0}=225$ pF，$\gamma=0.5$，$u_\varphi=0.6$ V，$U_Q=-6$ V，调制电压为 $u_\Omega(t)=3\cos(10^4 t)$ V。求输出调频波的：

（1）载频；

（2）由调制信号引起的载频漂移；

（3）最大频偏；

（4）调频系数；

（5）二阶失真系数。

7-9 图 P7-2 所示为变容二极管 FM 电路，$f_c=360$ MHz，$\gamma=3$，$u_\varphi=0.6$ V，$u_\Omega(t)=\cos(\Omega t)$ V。图中电感 L_C 为高频扼流圈，C_3、C_4 和 C_5 为高频旁路电容。

（1）分析此电路工作原理并说明其他各元件作用；

(2) 调节 R_2 使变容二极管反偏电压为 6 V,此时,$C_{jQ}=20$ pF,求 L;

(3) 计算最大频偏和二阶失真系数。

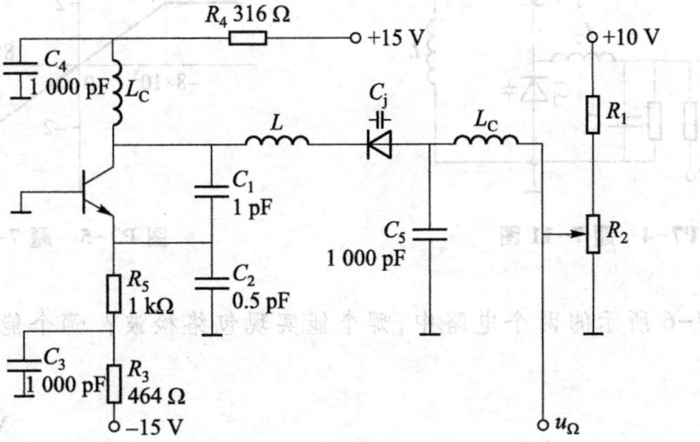

R_4 316 Ω
+15 V
+10 V
C_4
1 000 pF
L_C
C_j
L
L_C
R_1
C_1
1 pF
C_5
1 000 pF
R_2
C_2
0.5 pF
R_5
1 kΩ
C_3
1 000 pF
R_3
464 Ω
–15 V
u_Ω

图 P7-2 题 7-9 图

7-10 图 P7-3 所示为晶体振荡器直接调频电路,试说明其工作原理及各元件的作用。

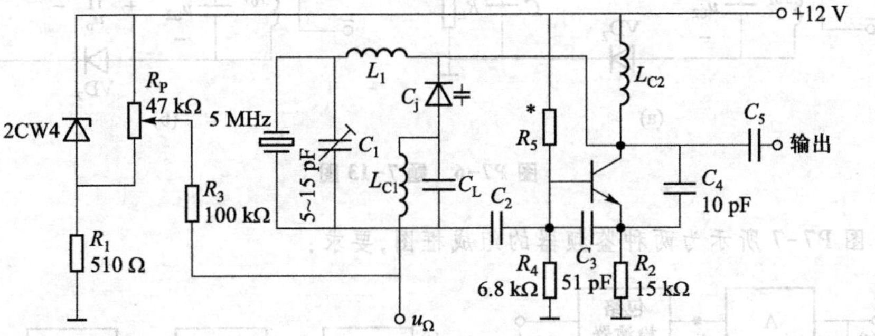

+12 V
L_1
R_P
47 kΩ
C_j
L_{C2}
5 MHz
2CW4
*
R_5
C_5
输出
C_1
5~15 pF
L_{C1}
C_L
C_2
C_4
10 pF
R_3
100 kΩ
C_3
R_1
510 Ω
R_4
6.8 kΩ
51 pF
R_2
15 kΩ
u_Ω

图 P7-3 题 7-10 图

7-11 变容二极管调频器的部分电路如图 P7-4 所示,其中,两个变容二极管的特性完全相同,均为 $C_j=C_{j0}/(1+u/u_\varphi)^\gamma$,电感 L_1 及 L_2 为高频扼流圈,C_1 对振荡频率短路。试推导:

(1) 振荡频率表示式;

(2) 基波最大频偏;

(3) 二次谐波失真系数。

7-12 某鉴频器输入信号 $u_{FM}=3\cos(2\pi\times10^6t+5\sin 2\pi\times10^3t)$ V,其鉴频特性曲线如图 P7-5 所示。

(1) 求电路的鉴频灵敏度 S_D;

(2) 当输入调频信号 u_{FM} 时,求输出电压 u_o;

(3) 若将 u_{FM} 的调制信号频率增大 1 倍后作为输入信号,输出 u_o 有无变化? 若将调制信号的幅度增大 1 倍后再作为输入信号,则输出 u_o 又有何变化?

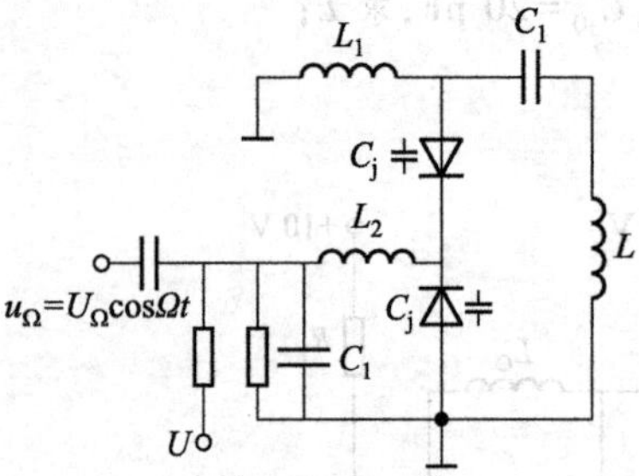

L_1
C_1
C_j
L_2
L
$u_\Omega=U_\Omega\cos\Omega t$
C_j
C_1
U

图 P7-4　题 7-11 图

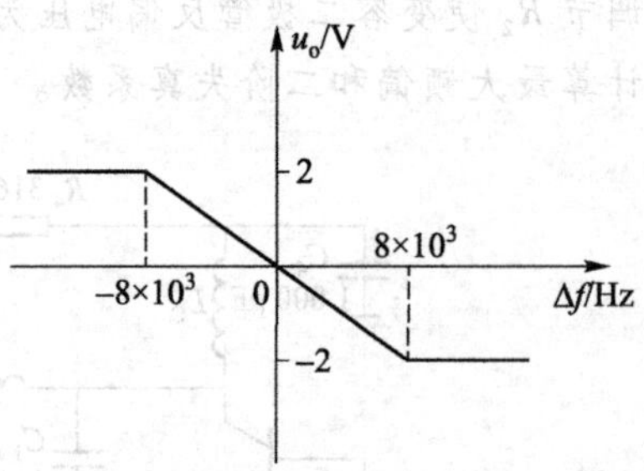

u_o/V
2
-8×10^3
0
8×10^3
Δf/Hz
−2

图 P7-5　题 7-12 图

7-13　在图 P7-6 所示的两个电路中，哪个能实现包络检波？哪个能实现鉴频？相应的回路参数如何配置？

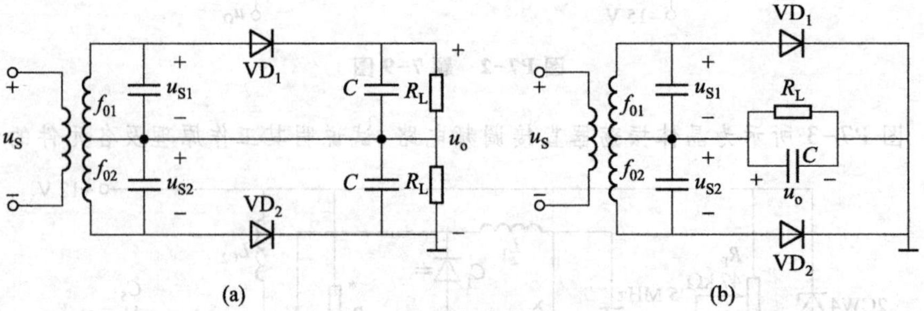

u_S
f_{01}
f_{02}
u_{S1}
u_{S2}
VD_1
VD_2
C
R_L
u_o
(a)
(b)

图 P7-6　题 7-13 图

7-14　图 P7-7 所示为两种鉴频器的组成框图，要求：

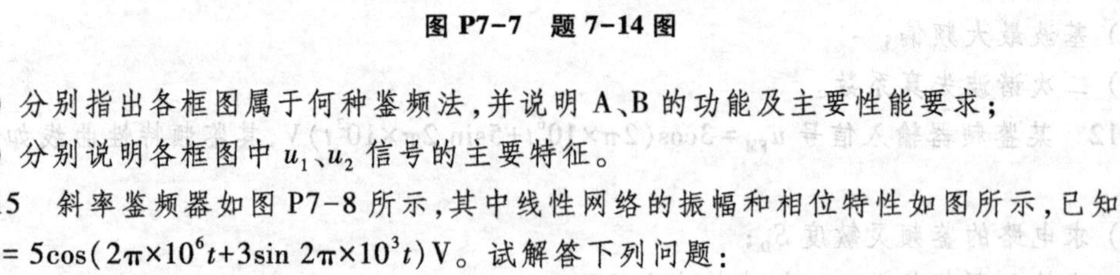

$u_{FM}(t)$
A
B
u_1
u_2
包络检波器
$u_o(t)$
(a)
(b)

图 P7-7　题 7-14 图

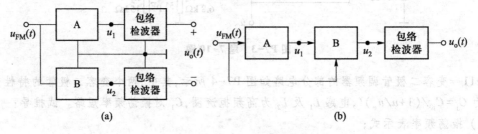

（1）分别指出各框图属于何种鉴频法，并说明 A、B 的功能及主要性能要求；

（2）分别说明各框图中 u_1、u_2 信号的主要特征。

7-15　斜率鉴频器如图 P7-8 所示，其中线性网络的振幅和相位特性如图所示，已知输入信号 $u_s(t)=5\cos(2\pi\times10^6t+3\sin 2\pi\times10^3t)$ V。试解答下列问题：

（1）写出 $u_1(t)$ 的表达式；

（2）设 VD 为理想二极管，求输出电压 $u_o(t)$ 及鉴频灵敏度 S_D；

（3）若 $u_s(t)$ 的幅度增大一倍，$u_o(t)$ 有何变化？若 $u_s(t)$ 的调频指数增大一倍，则 $u_o(t)$ 又有何变化？

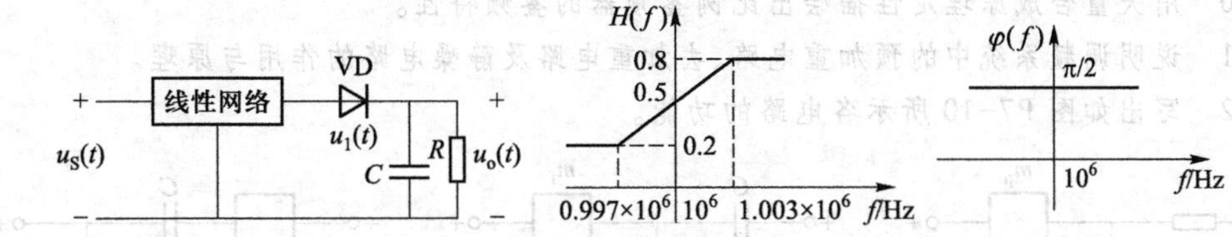

+
线性网络
VD
$u_1(t)$
$u_S(t)$
C
R
$u_o(t)$
−
H(f)
0.8
0.5
0.2
0.997×10^6
10^6
1.003×10^6
f/Hz
φ(f)
π/2
10^6
f/Hz

图 P7-8 题 7-15 图

7-16 已知某鉴频器的输入信号为 $u_{FM}=3\sin\left[\omega_c t+10\sin(2\pi\times10^3 t)\right]$ V,鉴频灵敏度为 $S_D=-5$ mV/kHz,线性鉴频范围大于 $2\Delta f_m$。求输出电压 u_o 的表示式。

7-17 对于图 P7-9 所示的互感耦合叠加型相位鉴频器,试回答下列问题:

(1) 若鉴频器输入端电压 $u_1=2\cos\left[2\pi\times10^7 t+3\sin(4\pi\times10^3 t)\right]$ V,已知电路的鉴频灵敏度 $S_D=-0.2\times10^{-4}$ V/Hz,问能否确定输出电压 u_o?

(2) 若将二次线圈的同名端和异名端互换,则鉴频特性有何变化?

(3) 若二极管的接法分别出现下列情况:两管的电极均反接,其中 VD_2 管的电极反接,其中 VD_1 管断开,则鉴频特性有何变化?

(4) 若二次侧中心抽头偏离中间点,则鉴频特性有何变化?

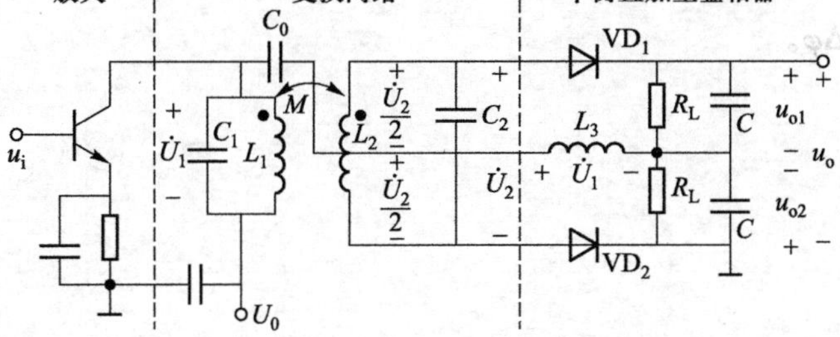

放大
变换网络
平衡叠加型鉴相器
C_0
u_i
$\dot{U}_1$
C_1
L_1
M
L_2
$\frac{\dot{U}_2}{2}$
C_2
$\dot{U}_2$
L_3
$\dot{U}_1$
VD_1
VD_2
R_L
C
u_{o1}
u_o
u_{o2}
U_0

图 P7-9 题 7-17 图

7-18 已知某鉴频器的鉴频特性在鉴频带宽之内为正弦型,$B_m=20$ MHz,输入信号 $u_i(t)=U_i\sin[\omega_c t+m_f\cos(2\pi Ft)]$,求以下两种情况下的输出电压:

(1) $F=1$ MHz,$m_f=6.32$;

(2) $F=1$ MHz,$m_f=10$。

7-19 设互感耦合相位鉴频器的输入信号为 $u_1(t)=U_1\cos(\omega_c t+m_f\sin\Omega t)$,试画出下列波形示意图:

(1) $u_1(t)$;

(2) $u_1(t)$ 的调制信号 $u_\Omega(t)$;

(3) 二次回路电压 $u_2(t)$;

(4) 两个检波器的输入电压 $u_{d1}(t)$ 及 $u_{d2}(t)$;

(5) 两个检波器的输出电压 $u_{o1}(t)$ 及 $u_{o2}(t)$;

(6) 两个检波二极管上的电压 $u_{D1}(t)$ 及 $u_{D2}(t)$;

(7) 鉴频器输出电压 $u_o(t)$。

7-20　用矢量合成原理定性描绘出比例鉴频器的鉴频特性。

7-21　说明调频系统中的预加重电路、去加重电路及静噪电路的作用与原理。

7-22　写出如图 P7-10 所示各电路的功能。

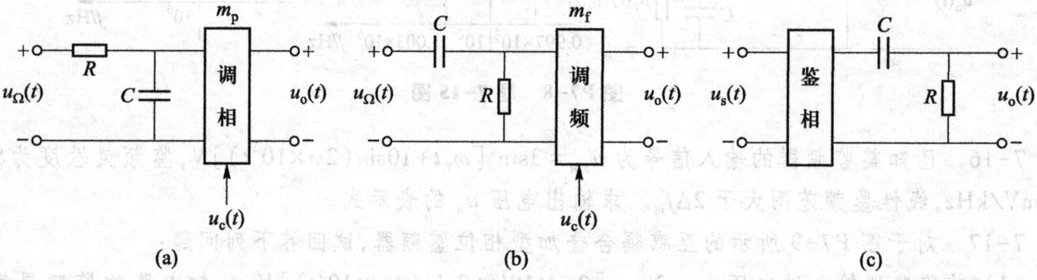

m_p
+
R
$u_\Omega(t)$
C
调
相
$u_o(t)$
−
$u_c(t)$
(a)
C
m_f
$u_\Omega(t)$
R
调
频
$u_o(t)$
$u_c(t)$
(b)
$u_s(t)$
鉴
相
C
R
$u_o(t)$
(c)

图 P7-10　题 7-20 图

（1）在图 P7-10(a) 中，设 $u_\Omega(t)=U_\Omega\cos 2\pi\times10^3 t$，$u_c(t)=U_c\cos 2\pi\times10^6 t$，已知 $R=30\ \text{k}\Omega$，$C=0.1\ \mu\text{F}$，或者 $R=10\ \text{k}\Omega$，$C=0.03\ \mu\text{F}$；

（2）在图 P7-10(b) 中，设 $u_\Omega(t)=U_\Omega\cos 2\pi\times10^3 t$，$u_c(t)=U_c\cos 2\pi\times10^6 t$，已知 $R=10\ \text{k}\Omega$，$C=0.03\ \mu\text{F}$，或者 $R=100\ \Omega$，$C=0.03\ \mu\text{F}$；

（3）在图 P7-10(c) 中，设 $u_s(t)=U_s\cos(\omega_c t+m_f\sin\Omega t)$，已知 $R=100\ \Omega$，$C=0.03\ \mu\text{F}$，鉴相器的鉴相特性为 $u_d=A\Delta\varphi$。

第八章

反馈控制电路

反馈控制(feedback control)就是在系统受到扰动的情况下,通过反馈控制作用,使系统的某个参数达到所需的精度,或按照一定的规律变化。反馈控制系统是现代系统工程中的一种重要技术手段,根据控制对象参量的不同,可将反馈控制电路分为自动增益控制 AGC(automatic gain control)、自动频率控制 AFC(automatic frequency control)和自动相位控制 APC(automatic phase control)三类。

第八章
导学图与要求

反馈控制电路由比较器、控制信号发生器、可控器件和反馈网络四部分组成,如图 8-1 所示,它是一个负反馈闭合环路。其中比较器的作用是将参考信号 $u_r(t)$ 和反馈信号 $u_f(t)$ 进行比较,输出二者的差值[误差信号 $u_e(t)$],控制信号发生器对误差信号进行处理后形成控制信号 $u_c(t)$,对可控器件的某一特性进行控制。对于可控器件,其输入、输出特性受控制信号的控制(如可控增益放大器),或者是在不加输入的情况下,其本身输出信号的某一参量受控制信号的控制(如压控振荡器)。反馈网络将输出信号 $u_o(t)$ 送到比较器与参考信号进行比较。

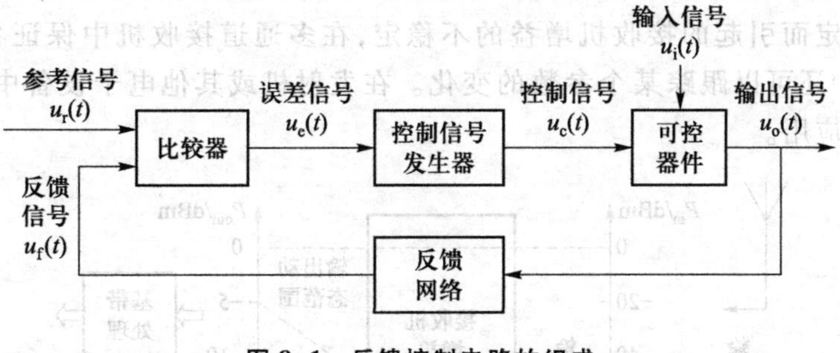
输入信号
$u_i(t)$
参考信号
$u_r(t)$
误差信号
$u_e(t)$
控制信号
$u_c(t)$
输出信号
$u_o(t)$
比较器
控制信号发生器
可控器件
反馈信号
$u_f(t)$
反馈网络

图 8-1 反馈控制电路的组成

一般情况下,控制对象参量与输入比较信号参量是相同的。根据输入比较信号参量的不同,图中的比较器可以是电压比较器、频率比较器(鉴频器)或相位比较器(鉴相器)三种,所以对应的 $u_r(t)$ 和 $u_f(t)$ 可以是电压、频率或相位参量。可控器件的可控制特性一般是增益、频率或相位,所以输出信号 $u_o(t)$ 的量纲是电压、频率或相位。

① 自动增益控制(AGC):通过自动增益控制电路,使输出的电压或功率(电平)维持恒定或减小变动范围,因此,在某些电路中也称为自动(功率)电平控制(ALC)。在 AGC 电路中,比较器通常是电压比较器。AGC 电路主要用于接收机中,控制接收通道的增益,以维持整机输出恒定,使之几乎不随外来信号的强弱变化。

② 自动频率控制(AFC):通过自动频率控制电路,使输出的频率稳定地维持在所需要的频率上,有时也称为自动频率调谐(AFT)电路。在 AFC 电路中,比较器通常是鉴频器。AFC 电路主要用于维持通信电子设备中工作频率的稳定。

③ 自动相位控制(APC):通过自动相位控制电路,使输出信号的频率和相位稳定地锁定在

所需要的参考信号上，因此又称为相位锁定环或锁相环路 PLL(phase locked loop)。其中的比较器一般是鉴相器。由于频率与相位之间的关系，PLL 实际上也是一种自动频率控制电路，而且可以做到零频差。PLL 具有锁定和跟踪的功能，被广泛地应用在稳频、同步、调制、解调和频率合成器 FS(frequency synthesizer)电路中。频率合成器是一种具有高的频率稳定度和准确度、改换频率方便、用较为简单的电路可提供大量所需频率的信号源。

本章主要介绍反馈控制电路和在此基础上发展起来的频率合成技术。

第一节 自动增益控制电路

在通信、导航、遥测遥控等无线电系统中，由于受发射功率大小、收发距离远近、电波传播衰落等各种因素的影响，接收机所接收的信号强弱变化范围(动态范围)很大(信号强度可从几微伏至几毫伏变化)。一般的接收机都具有 60~80 dB 的动态范围，现代接收机则对动态范围指标提出相当苛刻的要求，往往超过 100 dB，如图 8-2 所示。如果接收机增益恒定，则强输入信号会使接收机饱和或阻塞(非线性失真)，甚至使接收机损坏；而太弱的信号则可能使解调器检测不到它而被丢失。因此，为了提高接收机的动态范围，在接收弱信号时，希望接收机有很高的增益，而在接收强信号时，接收机的增益应减小一些。这就需要自动增益控制电路，图 8-3 所示是具有 AGC 电路的接收机组成框图。自动增益控制电路还可以补偿由于环境和电路参数的不稳定而引起的接收机增益的不稳定，在多通道接收机中保证各通道增益的平衡，在有些应用中还可以跟踪某个参数的变化。在发射机或其他电子设备中，自动增益控制电路也有广泛的应用。

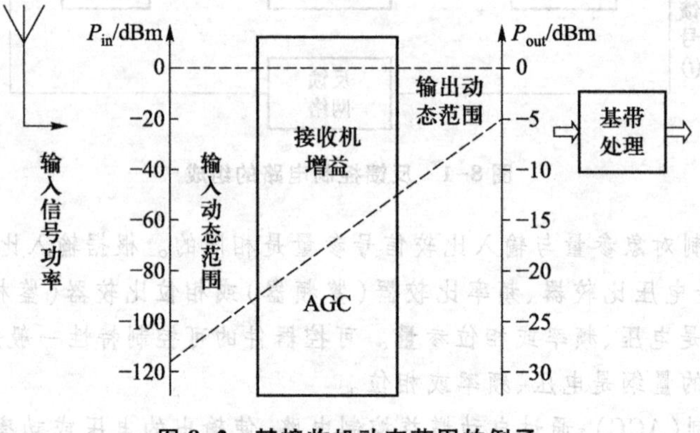

P_{in}/dBm
0
-20
-40
-60
-80
-100
-120
输入信号功率
输入动态范围
接收机增益
AGC
输出动态范围
P_{out}/dBm
0
-5
-10
-15
-20
-25
-30
基带处理

图 8-2 某接收机动态范围的例子

对 AGC 环路的要求随输入信号的调制类型不同而不同。通常，AM 信号对 AGC 的要求较 FM 接收机或其他接收机要严格得多。

通常接收机的第一级 AGC 输入的信号动态范围最大，而且第一级 AGC 一般要求要具有衰减作用以提高接收机接收大信号的能力。在 AGC 电路中必须保证信号放大器工作在线性区域，即小于器件的 1 dB 压缩点，否则就会产生失真。

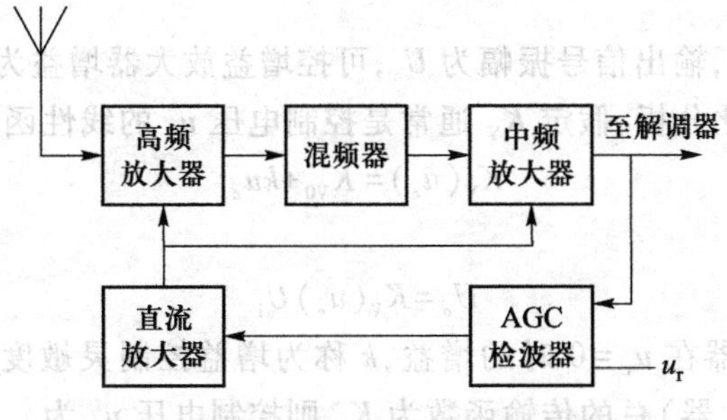
高频
放大器
混频器
中频
放大器
至解调器
直流
放大器
AGC
检波器
u_r

图 8-3 具有 AGC 电路的接收机组成框图

一、AGC 电路原理

1. 组成原理

自动增益控制电路的组成框图如图 8-4 所示。其中,比较器采用电压比较器。反馈网络由电平检测器(通常是峰值检波器)、低通滤波器和直流放大器组成,检测出输出信号振幅电平(平均电平或峰值电平),滤除不需要的较高频率分量,进行适当放大后得到反馈电压 u_f(通常为直流电压 U_f)与恒定的参考电平 u_r(通常为直流电压 U_r)比较,产生一个误差信号 u_e。这个误差信号通过控制信号发生器形成控制电压 u_c 去控制可控增益放大器的增益。受控器件通常用可控增益放大器(中频或射频放大器),有时也用电调衰减器实现。

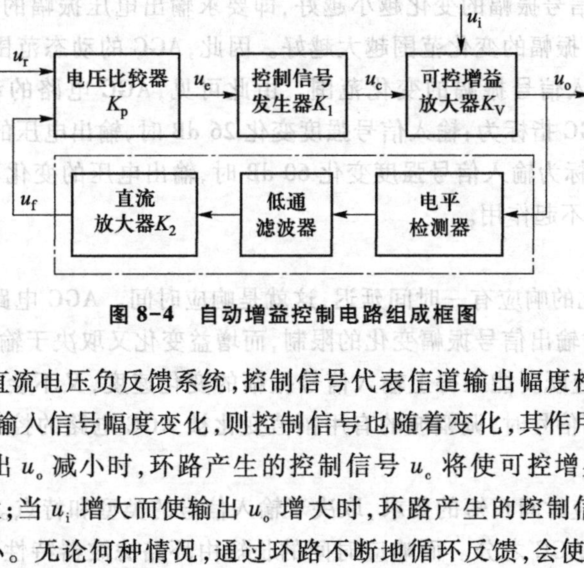
u_i
u_r
电压比较器
K_p
u_e
控制信号
发生器K_1
u_c
可控增益
放大器K_V
u_o
u_f
直流
放大器K_2
低通
滤波器
电平
检测器

图 8-4 自动增益控制电路组成框图

AGC 环路是一个直流电压负反馈系统,控制信号代表信道输出幅度检波后的直流值与参考电压之间的误差值,若输入信号幅度变化,则控制信号也随着变化,其作用是使误差减小到最小值。当 u_i 减小而使输出 u_o 减小时,环路产生的控制信号 u_c 将使可控增益放大器的增益 K_V 增加,从而使 u_o 趋于增大;当 u_i 增大而使输出 u_o 增大时,环路产生的控制信号 u_c 将使增益 K_V 减小,从而使 u_o 趋于减小。无论何种情况,通过环路不断地循环反馈,会使输出信号振幅 U_o 保持基本不变或仅在较小范围变化。

顺便指出,AGC 输入的控制电压一般是 AGC 反馈系统自动提供的,当 AGC 输入电压是人为的控制电压时,则称为人工增益控制(MGC)。

2. 线性 AGC 模型分析

AGC 系统从根本上说是一个非线性系统,很难得到描述系统动态特性的非线性动态微分方程的通解。但是,对于一些系统,可以求得系统的闭环解。对于大多数系统可以根据系统的小信号线性模型导出近似解。

设输入信号振幅为 U_i，输出信号振幅为 U_o，可控增益放大器增益为 K_V。K_V 通常是控制电压 u_c 的非线性函数，为了简化分析，假定 K_V 通常是控制电压 u_c 的线性函数，即

$$K_V(u_c)=K_{V0}+ku_c \tag{8-1}$$

则有

$$U_o=K_V(u_c)U_i \tag{8-2}$$

式中，K_{V0}为可控增益放大器在 $u_c=0$ 时的增益，k 称为增益控制灵敏度。设反馈网络（电平检测器、低通滤波器和直流放大器）总的传输函数为 K_f，则控制电压 u_c 为

$$u_c=K_pK_1(U_r-U_f)=K_pK_1(U_r-K_fU_o) \tag{8-3}$$

由式(8-1)至式(8-3)可得

$$U_o=\frac{K_{V0}U_i}{1+kK_pK_1K_fU_i}+\frac{kK_pK_1U_rU_i}{1+kK_pK_1K_fU_i} \tag{8-4}$$

3. AGC 的性能指标

AGC 电路的主要性能指标有两个，一是动态范围，二是响应时间。另外，控制精度和稳定性也是重要指标。

（1）动态范围

AGC 电路是利用电压误差信号去消除输出信号振幅与要求输出信号振幅之间电压误差的自动控制电路。所以当电路达到平衡状态后，仍会有电压误差存在。从对 AGC 电路的实际要求考虑，一方面希望输出信号振幅的变化越小越好，即要求输出电压振幅的误差越小越好；另一方面也希望容许输入信号振幅的变化范围越大越好。因此，AGC 的动态范围是在给定输出信号振幅变化范围内，容许输入信号振幅的变化范围。由此可见，AGC 电路的动态范围越大，性能越好。例如，收音机的 AGC 指标为：输入信号强度变化 26 dB 时，输出电压的变化不超过 5 dB。在高级通信机中，AGC 指标为输入信号强度变化 60 dB 时，输出电压的变化不超过 6 dB；输入信号在 10 μV 以下时，AGC 不起作用。

（2）响应时间

AGC 对其输入变化的响应有一时间延迟，这就是响应时间。AGC 电路通过对可控增益放大器增益的控制来实现对输出信号振幅变化的限制，而增益变化又取决于输入信号振幅的变化，因此要求 AGC 电路的反应既要能跟得上输入信号振幅的变化速度，又不会出现反调制现象（所谓反调制是指当输入调幅信号时，调幅波的有用幅值变化被 AGC 电路的控制作用所抵消）和 AGC 跟随脉冲干扰。

对 AGC 电路的响应时间长短的要求，取决于输入信号的类型和特点。根据响应时间长短分别有慢速 AGC 和快速 AGC 之分。而响应时间的长短由环路滤波器特性（主要是低通滤波器的带宽）、放大器的选择性和响应特性以及带通滤波器的延迟特性决定。低通滤波器带宽不能太宽也不能太窄。低通滤波器带宽太窄，接收机的增益不能得到及时调整；低通滤波器带宽太宽，则响应时间太短，这又容易出现反调制现象。通常在接收语音调幅信号时，低通滤波器的时间常数选为 0.02～0.2 s；接收等幅电平时，低通滤波器的时间常数选为 0.1～1 s。一般情况下，对于 AM 信号，AGC 的响应速度应低于最低调制频率，与衰落速率相比拟。现代 AGC 系统的响应时间已可做到 0.1 μs 以下。

(3) 稳定性

AGC 属于闭环控制系统,电路设置不好,可能会产生自激振荡等不稳定情况。对于重复周期为 T 的脉冲调制信号,可能会出现频率为 $1/(2T)$ 的自激振荡。在设计多级大动态范围的 AGC 电路时,第一级最好采用处理大信号能力强、工作频率高的电路,如 PIN 二极管电路等,第二级可采用线性度好的专用可变增益放大器电路。有关稳定性的深入讨论,可参考自动控制理论方面的著作。

二、AGC 电路

根据输入信号的类型、特点以及对控制的要求,AGC 电路主要有以下几种类型。

1. 简单 AGC 电路

在简单 AGC 电路里,参考电平 $U_r=0$。这样,只要输入信号振幅 U_i 增加,AGC 的作用就会使增益 K_V 减小,从而使输出信号振幅 U_o 减小。在式(8-4)中,令 $U_r=0$,则此式变为

$$U_o=\frac{K_{V0}U_i}{1+kK_pK_1K_fU_i}=\frac{K_{V0}U_i}{1+K_cU_i} \tag{8-5}$$

式中,$kK_pK_1K_f=K_c$ 为控制系数。由此可知,简单 AGC 电路的输出电压与输入电压在有、无 AGC 时的关系曲线如图 8-5 所示。

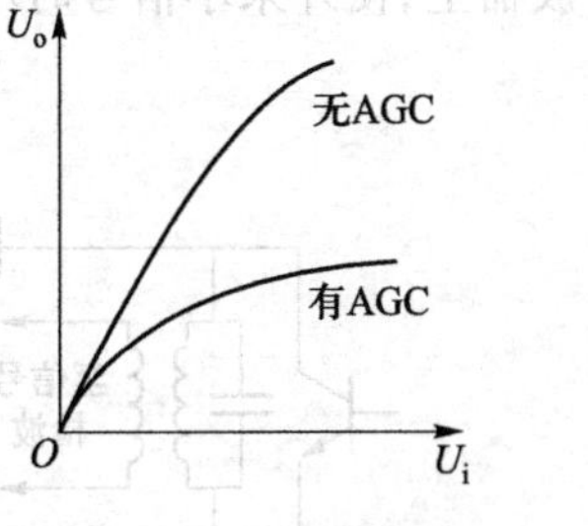

U_o
无AGC
有AGC
O
U_i

图 8-5 AGC 控制特性曲线

设 m_o 是 AGC 电路限定的输出信号振幅最大值与最小值之比(输出动态范围),即

$$m_o=U_{omax}/U_{omin} \tag{8-6}$$

m_i 为 AGC 电路限定的输入信号振幅最大值与最小值之比(输入动态范围),即

$$m_i=U_{imax}/U_{imin} \tag{8-7}$$

则有

$$\frac{m_i}{m_o}=\frac{U_{imax}/U_{imin}}{U_{omax}/U_{omin}}=\frac{U_{omin}/U_{imin}}{U_{omax}/U_{imax}}=\frac{K_{Vmax}}{K_{Vmin}}=n_V \tag{8-8}$$

式(8-8)中,K_{Vmax} 是输入信号振幅最小时可控增益放大器的增益,显然,这应是它的最大增益;K_{Vmin} 是输入信号振幅最大时可控增益放大器的增益,这应是它的最小增益。比值 m_i/m_o 越大,表明 AGC 电路输入动态范围越大,而输出动态范围越小,则 AGC 性能越佳,这就要求可控增益放大的增益控制倍数 n_V 尽可能大,n_V 也可称为增益动态范围,通常用分贝数表示。

简单 AGC 电路的优点是电路简单,在实用电路中没有参考电压,不需要电压比较器;主要缺点是,一有外来信号,AGC 立即起作用,接收机的增益就受控制而减小。尤其在外来信号很微弱的时候,这对提高接收机的灵敏度是不利的。所以简单 AGC 电路适用于输入信号振幅较大的场合。

2. 延迟 AGC 电路

含有参考电压的 AGC 环路称为延迟 AGC 电路。延迟 AGC 并不是指带宽的限制而延迟了增益控制,主要是指 AGC 环路包含有参考信号。

在延迟 AGC 电路里有一个起控门限,即比较器参考电压 U_r,它对应的输入信号振幅 U_{imin} 如图 8-6 所示。

当输入信号 U_i 小于 U_{imin} 时，反馈环路断开，AGC 不起作用，放大器 K_V 不变，输出信号 U_o 与输入信号 U_i 呈线性关系。当 U_i 大于 U_{imin} 后，反馈环路接通，AGC 电路才开始产生误差信号和控制信号，使放大器增益 K_V 有所减小，保持输出信号 U_o 基本恒定或仅有微小变化。这种 AGC 电路由于需要延迟到 $U_i>U_{imin}$ 之后才开始起控制作用，故称为延迟 AGC。但应注意，这里“延迟”二字不是指时间上的延迟。图 8-7 所示是一延迟 AGC 电路及其特性曲线。二极管 VD 和负载 R_1、C_1 组成 AGC 检波器，检波后的电压经 RC 低通滤波器，供给 AGC 直流电压。另外，在二极管 VD 上加有一负电压（由负电源分压获得），称为延迟电压。当输入信号 U_i 很小时，AGC 检波器的输入电压也比较小，由于延迟电压的存在，AGC 检波器的二极管 VD 一直不导通，没有 AGC 电压输出，因此没有 AGC 作用。只有当输入电压 U_i 大到一定程度（$U_i>U_{imin}$），使检波器输入电压的幅值大于延迟电压后，AGC 检波器才工作，产生 AGC 作用。调节延迟电压可改变 U_{imin} 的数值，以满足不同的要求。由于延迟电压的存在，信号检波器必然要与 AGC 检波器分开，否则延迟电压会加到信号检波器上，使外来小信号时不能检波，而信号大时又产生非线性失真。

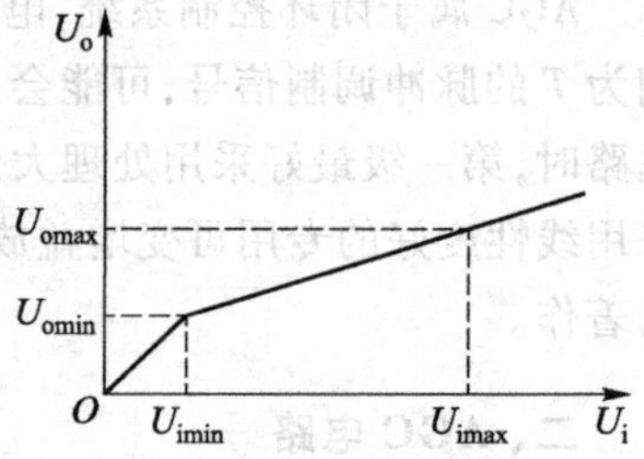
U_o
U_{omax}
U_{omin}
O
U_{imin}
U_{imax}
U_i

图 8-6　延迟 AGC 特性曲线

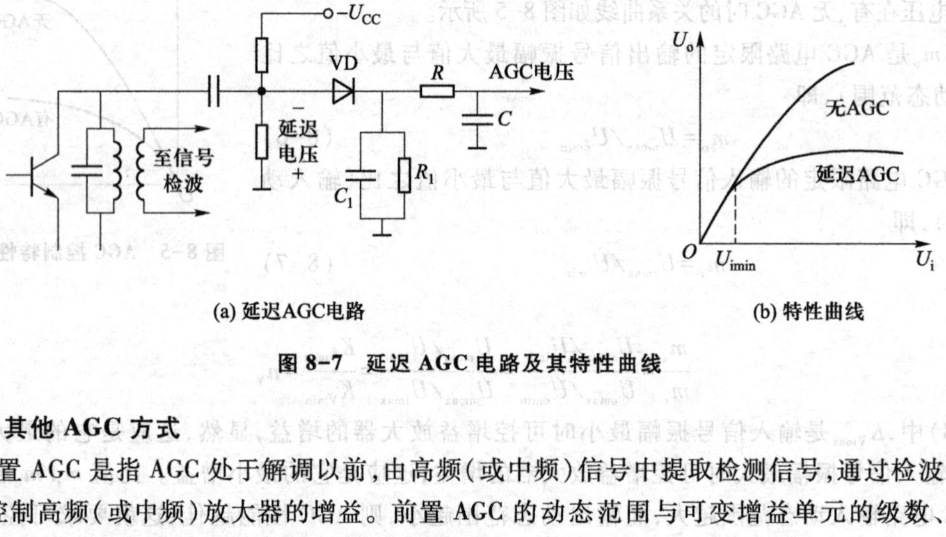
$-U_{CC}$
VD
R
AGC电压
C
延迟
电压
至信号
检波
C_1
R_1
U_o
无AGC
延迟AGC
O
U_{imin}
U_i

(a) 延迟AGC电路　　(b) 特性曲线

图 8-7　延迟 AGC 电路及其特性曲线

3. 其他 AGC 方式

前置 AGC 是指 AGC 处于解调以前，由高频（或中频）信号中提取检测信号，通过检波和直流放大，控制高频（或中频）放大器的增益。前置 AGC 的动态范围与可变增益单元的级数、每级的增益和控制信号电平有关，通常可以做得很大。

后置 AGC 是从解调后提取检测信号来控制高频（或中频）放大器的增益。由于信号解调后信噪比较高，AGC 就可以对信号电平进行有效的控制。

基带 AGC 是整个 AGC 电路均在解调后的基带进行处理。基带 AGC 可以用数字处理的方法完成，这将成为 AGC 电路的一种发展方向。

除此之外，还有用于抑制杂波干扰的近程或瞬时自动增益控制（IAGC）和自动杂波衰减（ACA），以及利用对数放大、限幅放大-带通滤波等方式实现的 AGC 等。在某些接收机中还有噪声 AGC 电路。

三、增益控制电路

增益控制电路通常是可控增益放大器(VGA),也可以是在两级放大器中间插入一个电调衰减器。由分立器件构成的可控增益放大器一般都是基于偏置的增益控制电路,即靠改变晶体管或场效应管的直流偏置来控制放大器的增益;集成放大器必须有 AGC 控制端。由 VGA 构成的 AGC 系统具有结构简单、使用方便、成本低、集成度高、控制线性度好和动态范围大(一级通常就可以获得 30~50 dB 的动态范围)等许多优点,非常适合用在接收机中。

1. 晶体管可控增益放大器

晶体管的增益特性与其偏置有很大关系。当提高基极偏置时,其集电极(或发射极)电流就增加,增益就增加;反之,当降低基极偏置时,其集电极(或发射极)电流就减小,增益也就减小。但是,当集电极电流使增益增加到某个极值点后,随着集电极电流的增加,其增益开始下降,如图 8-8(a)所示。

在图 8-8(a)中,当发射极电流 I_E 在小于 5 mA 的范围变化时,管子的正向传输导纳(线性影响增益)$|Y_{fe}|$随 I_E 的减小而降低,称为反向 AGC;当发射极电流 I_E 在大于 5 mA 的范围变化时,管子的$|Y_{fe}|$随 I_E 的增大而降低,称为正向 AGC。通常,正向 AGC 的线性度稍好,线性范围稍宽,但其消耗的电流较大,因此,用得并不是很多。

用晶体管实现的正向 AGC 和反向 AGC 电路分别如图 8-8(b)和(c)所示。

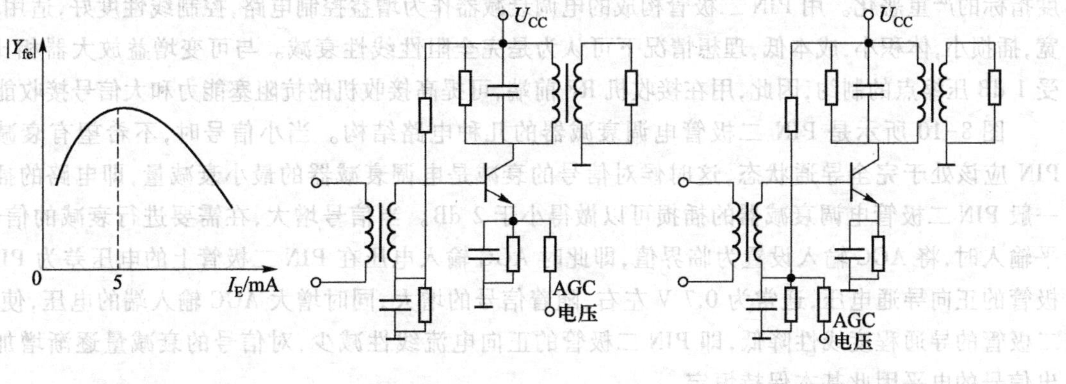

$|Y_{fe}|$
0
5
I_E/mA
U_{CC}
AGC
电压
U_{CC}
AGC
电压

(a) 晶体管AGC特性　(b) 正向AGC电路　(c) 反向AGC电路

图 8-8　晶体管 AGC 电路

2. 场效应管可控增益放大器

场效应管的跨导$|g_m|$随漏极电流 I_D 变化的特性如图 8-9(a)所示,具有反向 AGC 的功能。用场效应管实现的 AGC 电路如图 8-9(b)和(c)所示。其中,图 8-9(c)所示是双栅场效应管可控增益放大器。双栅 MOSFET 相当于把两个场效应管结合在一起,这种器件特别适合用作 AGC 系统中的可变增益放大器或混频器。双栅 MOSFET 的一个栅极用作 RF 信号输入端,另一个栅极作为 AGC 电压的输入端。由于双栅分别连接,当 AGC 电压控制放大器增益时,MOSFET 放大器的输入-输出阻抗基本不变。

3. 电调衰减器电路

上述两类传统的可控增益电路,由于具有较低的 $P_{1\,dB}$ 或 IP_3 指标,往往容易引起接收机线性

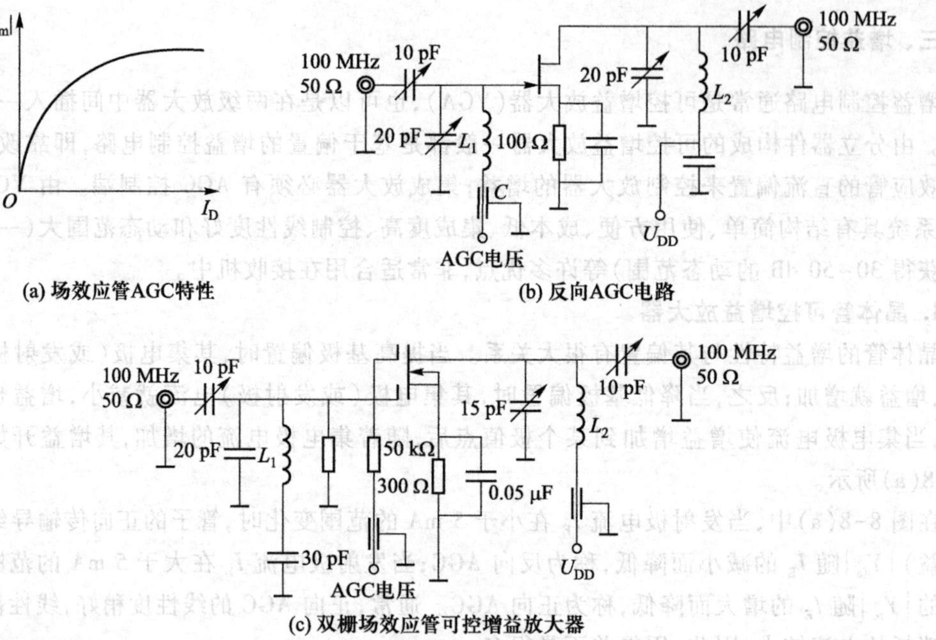
|gm|
O
ID
(a) 场效应管AGC特性
100 MHz
50 Ω
10 pF
20 pF
L1
100 Ω
C
AGC电压
20 pF
L2
10 pF
100 MHz
50 Ω
UDD
(b) 反向AGC电路
100 MHz
50 Ω
10 pF
20 pF
L1
50 kΩ
300 Ω
0.05 μF
30 pF
AGC电压
15 pF
L2
10 pF
100 MHz
50 Ω
UDD
(c) 双栅场效应管可控增益放大器

图 8-9　场效应管 AGC 电路

度指标的严重恶化。用 PIN 二极管构成的电调衰减器作为增益控制电路，控制线性度好，适用频段宽，插损小，体积小，成本低，理想情况下可认为是完全阻性线性衰减。与可变增益放大器相比，不受 1 dB 压缩点的制约，因此，用在接收机 RF 前端，可提高接收机的抗阻塞能力和大信号接收能力。

图 8-10 所示是 PIN 二极管电调衰减器的几种电路结构。当小信号时，不希望有衰减，则 PIN 应该处于完全导通状态，这时候对信号的衰减是电调衰减器的最小衰减量，即电路的插损。一般 PIN 二极管电调衰减器的插损可以做得小于 2 dB。当信号增大，在需要进行衰减的信号电平输入时，将 AGC 输入设置为临界值，即此时 AGC 输入电压在 PIN 二极管上的电压差为 PIN 二极管的正向导通电压，通常为 0.7 V 左右，随着信号的增大，同时增大 AGC 输入端的电压，使 PIN 二极管的导通程度线性降低，即 PIN 二极管的正向电流线性减少，对信号的衰减量逐渐增加，输出信号的电平因此基本保持恒定。

用于 AGC 系统中电调衰减器的 PIN 二极管多数是成对使用的，用多个 PIN 二极管来提高最大衰减量，改善控制线性度。PIN 二极管可以串联，也可以并联。通常 PIN 二极管电调衰减器的最大衰减量为 20～40 dB，频率较低时最大衰减量可达 60 dB，具体数值取决于 PIN 二极管的数目及构成方式。

需要指出，PIN 二极管本质上属于非线性器件，不恰当的使用会影响整个接收机的线性度指标。但产生的失真可用平衡对称电路予以抵消或减小。

4. 集成放大器中的增益控制电路

集成放大器一般用差分对电路，其中的增益控制电路通常采用改变差分放大器理想电流源电流的办法来实现。其电路可参见第五章中的差分对电路。

也有用一个可变阻性衰减网络和一个固定增益的放大器相结合的结构实现的 AGC 电路（如 AD 公司的 VGA 芯片 AD603 具有 42 dB 的动态范围），用控制阻性衰减网络的衰减量来实现整

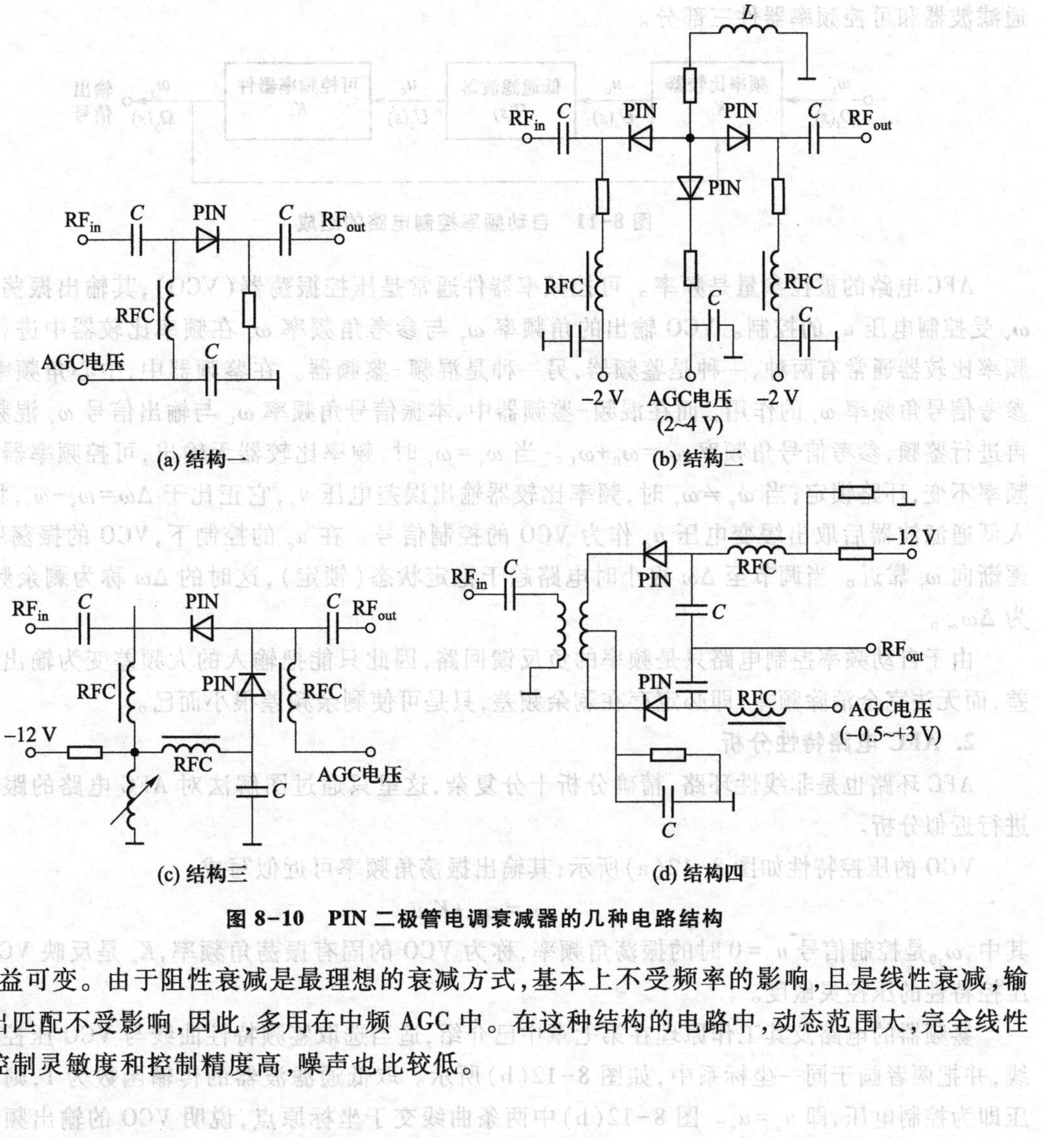
RFin C PIN C RFout
RFC
AGC电压
C
(a) 结构一
L
RFin C PIN PIN C RFout
PIN
RFC RFC
C C
−2 V AGC电压 −2 V
(2~4 V)
(b) 结构二
RFin C PIN C RFout
PIN
RFC RFC
−12 V
RFC
AGC电压
C
(c) 结构三
−12 V
PIN RFC
RFin C
C
RFout
PIN
RFC
AGC电压
(−0.5~+3 V)
C
(d) 结构四

图 8-10 PIN 二极管电调衰减器的几种电路结构

体的增益可变。由于阻性衰减是最理想的衰减方式，基本上不受频率的影响，且是线性衰减，输入、输出匹配不受影响，因此，多用在中频 AGC 中。在这种结构的电路中，动态范围大，完全线性控制，控制灵敏度和控制精度高，噪声也比较低。

第二节 自动频率控制电路

频率源是通信和电子系统的心脏，频率源性能的好坏，直接影响到系统的性能。频率源的频率经常受各种因素的影响而发生变化(漂移)，从而偏离标称的数值(标称频率或额定频率)。第四章已经讨论了引起频率不稳定的各种因素及稳定频率的各种措施，本节将讨论另一种稳定频率的方法——自动频率控制(AFC)，用这种方法可以使频率源的频率自动锁定到近似等于预期的标准频率上。

一、AFC 电路的组成原理

1. AFC 电路的组成原理

自动频率控制电路也是一个闭环的负反馈系统，其组成如图 8-11 所示，包括频率比较器、低通滤波器和可控频率器件三部分。

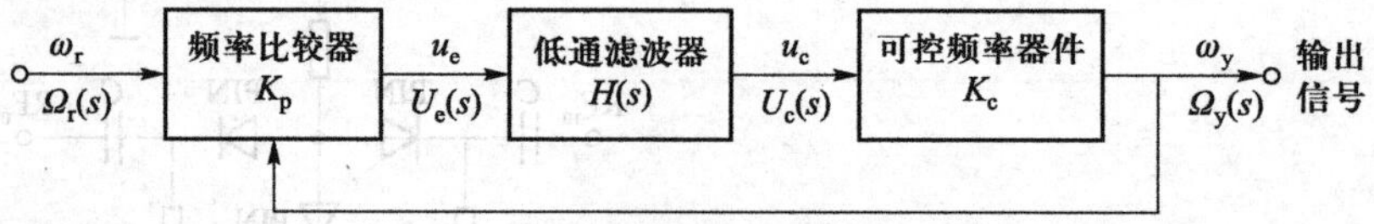
ω_r
Ω_r(s)
频率比较器
K_p
u_e
U_e(s)
低通滤波器
H(s)
u_c
U_c(s)
可控频率器件
K_c
ω_y
Ω_y(s)
输出
信号

图 8-11　自动频率控制电路的组成

AFC 电路的被控参量是频率。可控频率器件通常是压控振荡器(VCO),其输出振荡角频率 ω_y 受控制电压 u_c 的控制。VCO 输出的角频率 ω_y 与参考角频率 ω_r 在频率比较器中进行比较,频率比较器通常有两种,一种是鉴频器,另一种是混频-鉴频器。在鉴频器中,中心角频率 ω_0 起参考信号角频率 ω_r 的作用,而在混频-鉴频器中,本振信号角频率 ω_L 与输出信号 ω_y 混频,然后再进行鉴频,参考信号角频率 $\omega_r=\omega_0+\omega_L$。当 $\omega_y=\omega_r$ 时,频率比较器无输出,可控频率器件输出频率不变,环路锁定;当 $\omega_y\neq\omega_r$ 时,频率比较器输出误差电压 u_e,它正比于 $\Delta\omega=\omega_y-\omega_r$,将 u_e 送入低通滤波器后取出缓变电压 u_c 作为 VCO 的控制信号。在 u_c 的控制下,VCO 的振荡频率 ω_y 逐渐向 ω_r 靠近。当调节至 $\Delta\omega$ 很小时电路趋于稳定状态(锁定),这时的 $\Delta\omega$ 称为剩余频差,记为 $\Delta\omega_\infty$。

由于自动频率控制电路只是频率的负反馈回路,因此只能把输入的大频差变为输出的小频差,而无法完全消除频差,即必定存在剩余频差,只是可使剩余频差很小而已。

2. AFC 电路特性分析

AFC 环路也是非线性环路,精确分析十分复杂,这里只通过图解法对 AFC 电路的跟踪特性进行近似分析。

VCO 的压控特性如图 8-12(a)所示,其输出振荡角频率可近似写成

$$\omega_y=\omega_{y0}+K_c u_c \tag{8-9}$$

其中,ω_{y0}是控制信号 $u_c=0$ 时的振荡角频率,称为 VCO 的固有振荡角频率,K_c 是反映 VCO 静态压控特性的压控灵敏度。

鉴频器的电路及其工作原理在第七章中已介绍,适当选取鉴频特性曲线与 VCO 压控特性曲线,并把两者画于同一坐标系中,如图 8-12(b)所示。取低通滤波器的传输函数为 1,则误差电压即为控制电压,即 $u_e=u_c$。图 8-12(b)中两条曲线交于坐标原点,说明 VCO 的输出频率就是需要的标称频率,因此,AFC 环路不需要调整。如果 VCO 的振荡频率与标称频率存在(初始)偏差 $\Delta\omega$(实际情况正是如此),则 VCO 的压控特性曲线将会右移或左移,如图 8-12(c)所示。这时两条曲线的交点 A 就是电路经过调节后的稳定点,是一个稳定的平衡点,A 点对应的 $\Delta\omega$ 即为剩余频差 $\Delta\omega_\infty$。

由图 8-12(c)可得

$$\Delta\omega_\infty=\frac{\Delta\omega}{1-K_c K_d} \tag{8-10}$$

式中,K_d 为鉴频特性的斜率。将初始频差 $\Delta\omega$ 和剩余频差 $\Delta\omega_\infty$ 的比值称为频率调整系数 δ,则有

$$\delta=\Delta\omega/\Delta\omega_\infty=1-K_c K_d \tag{8-11}$$

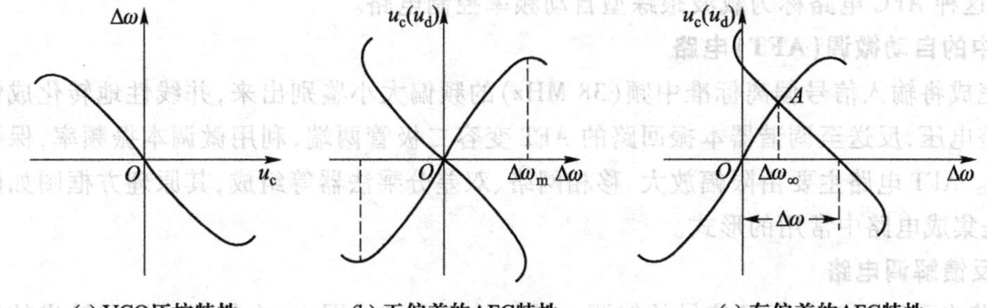
Δω
O
u_c
$u_c(u_d)$
O
$\Delta\omega_m$ Δω
$u_c(u_d)$
A
O
$\Delta\omega_\infty$
Δω
Δω

(a) VCO压控特性　(b) 无偏差的AFC特性　(c) 有偏差的AFC特性

图 8-12 AFC 电路特性

AFC 压控特性与鉴频特性

由式(8-10)、式(8-11)可知，当初始频差 $\Delta\omega$ 一定时，若 δ 越大，则剩余频差 $\Delta\omega_\infty$ 越小，即 AFC 电路的工作质量越好；为了减小剩余频差 $\Delta\omega_\infty$，至少需要 $\delta>1$，即 K_c 和 K_d 的符号应该相反；$|K_c|$和$|K_d|$的值越大，即鉴频特性曲线和 VCO 压控特性曲线越陡峭，剩余频差 $\Delta\omega_\infty$ 越小。

实际上，VCO 的自由振荡频率 ω_{y0} 与参考频率 ω_r 的差只有落在鉴频器的最大鉴频带宽之内时，AFC 回路才是一个负反馈环路，因此，AFC 的捕捉带近似为鉴频器的鉴频带宽 $-\Delta\omega_m \sim \Delta\omega_m$。而跟踪带(同步带)通常比捕获带宽得多。

AFC 同步带与捕获带

二、AFC 在通信电子电路中的应用

自动频率控制电路广泛用作接收机和发信机中的自动频率微调电路、调频接收机中的解调电路等。

1. 自动频率微调电路(简称 AFC 电路)

图 8-13(a)所示是一个调频接收机的 AFC 系统方框图。图中的鉴频器的中心频率(AFC 系统的标准频率)是固定的中频 f_I。当混频器输出差频 $f'_I=f_0-f_s$ 不等于 f_I 时，鉴频器即有误差电压输出，通过低通滤波器，只允许直流电压输出，用来控制本振(VCO)，从而使本振频率 f_0 改变，直到 $|f'_I-f_I|$ 减小到小于或等于剩余频差为止。图中的本振频率 f_0 为 46.5～56.5 MHz，信号频率 f_s 为 45～55 MHz，固定中频 f_I 为 1.5 MHz，剩余频差不超过 9 kHz。

图 8-13(b)所示是一个调频发射机的 AFC 系统方框图。图中调频电路的中心频率为 f_c，晶体振荡器的输出频率为 f_0，鉴频器的中心频率为 f_0-f_c。由于晶体振荡器的输出频率 f_0 稳定度很高，当 f_c 漂移时，利用反馈系统的控制作用就可以使 f_c 的偏离减小。其中，低通滤波器的作用是滤除鉴频器输出电压中的边频调制信号分量，使加到 VCO 上的控制电压只是反映中频信号载波频率偏移的缓变电压。因此，这里的低通滤波器的带宽应足够窄。也正是因为低通滤波器的这

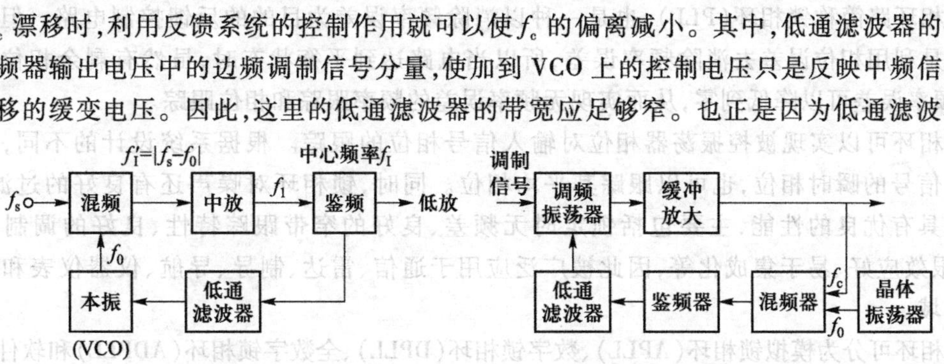
$f'_I=|f_s-f_0|$
中心频率f_I
f_s
混频
中放
f_I
鉴频
低放
f_0
本振
低通
滤波器
(VCO)
调制
信号
调频
振荡器
缓冲
放大
f_c
低通
滤波器
鉴频器
混频器
晶体
振荡器
f_0

(a) 调频接收机的AFC系统方框图　(b) 调频发射机的AFC系统方框图

图 8-13 调频通信机的 AFC 系统方框图

种作用，通常将这种 AFC 电路称为载波跟踪型自动频率控制电路。

2. 电视机中的自动微调（AFT）电路

AFT 电路完成将输入信号偏离标准中频（38 MHz）的频偏大小鉴别出来，并线性地转化成慢变化的直流误差电压，反送至调谐器本振回路的 AFT 变容二极管两端，利用微调本振频率，保证中频准确、稳定。AFT 电路主要由限幅放大、移相网络、双差分乘法器等组成，其原理方框图如图 8-14 所示，这是集成电路中常用的形式。

3. 调频负反馈解调电路

用 AFC 电路也可以实现对调频信号的解调，如图 8-15 所示。图中，由低通滤波器输出的解调电压同时又反馈给了压控振荡器（相当于调频接收机的本振）作为控制电压，使压控振荡器的振荡频率按调制电压变化。鉴频器一般为限幅鉴频器，其参考频率为中频频率，输出是不失真的解调电压。

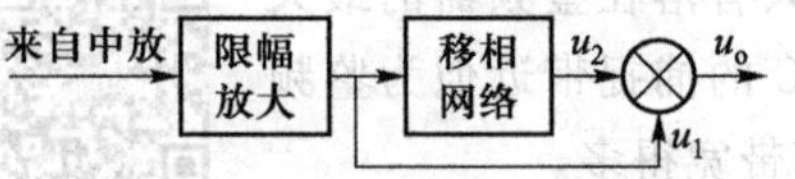
来自中放
限幅放大
移相网络
u_2
u_o
u_1

图 8-14　AFT 原理方框图

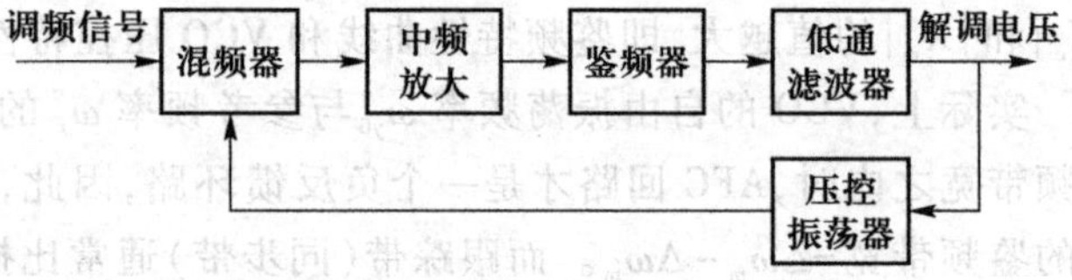
调频信号
混频器
中频放大
鉴频器
低通滤波器
解调电压
压控振荡器

图 8-15　调频负反馈解调电路方框图

这里的低通滤波器与图 8-13 中的不同，其带宽应足够的宽，以便不失真地通过解调后的调制信号。因此，通常将这种 AFC 电路称为调制跟踪型自动频率控制电路。这种鉴频器的突出特点是降低了噪声门限电平，有利于对微弱信号的解调。

第三节　锁相环路

AFC 电路是以消除频率误差为目的的反馈控制电路。由于它是利用频率误差电压去消除频率误差的，所以当电路达到平衡状态之后，必然会有剩余频率误差存在，即频率误差不可能为零，这是它固有的缺点。

锁相环路简称锁相环（PLL），也是一种以消除频率误差为目的的反馈控制电路。但它的基本原理是利用相位误差去消除频率误差，所以当电路达到平衡状态时，虽然有剩余相位误差存在，但频率误差可以降低到零，从而实现无频率误差的频率跟踪和相位跟踪。

锁相环可以实现被控振荡器相位对输入信号相位的跟踪。根据系统设计的不同，可以跟踪输入信号的瞬时相位，也可以跟踪其平均相位。同时，锁相环对噪声还有良好的过滤作用。锁相环具有优良的性能，主要包括锁定时无频差、良好的窄带跟踪特性、良好的调制跟踪特性、门限效应好、易于集成化等，因此被广泛应用于通信、雷达、制导、导航、仪器仪表和电机控制等领域。

锁相环可分为模拟锁相环（APLL）、数字锁相环（DPLL）、全数字锁相环（ADPLL）和软件锁相环（SPLL）。模拟锁相环可近似为线性锁相环（LPLL），本节重点讨论简单的 LPLL。不同类型的锁相环，工作方式不同，没有通用的理论可用于所有类型的锁相环，但 LPLL 和 DPLL 的性能相似。

一、锁相环的基本原理

1. PLL 的组成及工作原理

锁相环是一个相位负反馈控制系统。它由鉴相器 PD、环路滤波器 LF 和压控振荡器 VCO 三个基本部件组成,如图 8-16 所示。

$u_r(t)$
参考信号
鉴相器
PD
$u_d(t)$
环路滤波器
LF
$u_c(t)$
压控振荡器
VCO
$u_o(t)$
输出信号

图 8-16　锁相环的基本构成

鉴相器是相位比较器,它把输出信号 $u_o(t)$ 和参考信号 $u_r(t)$ 的相位进行比较,产生对应于两信号相位差 $\theta_e(t)$ 的误差电压 $u_d(t)$。环路滤波器的作用是滤除误差电压 $u_d(t)$ 中的高频成分和噪声,以保证环路所要求的性能,提高系统的稳定性。压控振荡器受控制电压 $u_c(t)$ 的控制,$u_c(t)$ 使压控振荡器的频率向参考信号的频率靠近,于是两者频率之差越来越小,直至频差消除而被锁定,这个过程称为捕获或捕捉。

当环路锁定后,如果 $u_r(t)$ 的角频率 ω_r 在一定范围内变化,$u_v(t)$ 的角频率 ω_v 会紧随其变化,并始终保持 $\omega_v = \omega_r$,这个过程称为跟踪或同步。

顺便指出,在某些锁相环电路中,可控器件不是 VCO 而是流控振荡器(CCO),但这并不影响其工作原理。

设参考信号为

$$u_r(t) = U_r \sin[\omega_r t + \theta_r(t)] \tag{8-12}$$

式中,U_r 和 ω_r 分别为参考信号的振幅和载波角频率,$\theta_r(t)$ 为参考信号以其载波相位 $\omega_r t$ 为参考时的瞬时相位。若参考信号是未调载波,则 $\theta_r(t) = \theta_r =$ 常数。

设输出信号为

$$u_o(t) = U_o \cos[\omega_0 t + \theta_0(t)] \tag{8-13}$$

式中,U_o 为输出信号振幅,ω_0 为压控振荡器的自由振荡角频率[控制电压 $u_c(t) = 0$ 时的频率],$\theta_0(t)$ 为输出信号以其载波相位 $\omega_0 t$ 为参考的瞬时相位,在 VCO 未受控之前它是常数,受控后它是时间的函数。因此两信号之间的瞬时相差为

$$\theta_e(t) = (\omega_r t + \theta_r) - [\omega_0 t + \theta_0(t)] = (\omega_r - \omega_0)t + \theta_r - \theta_0(t) \tag{8-14}$$

由频率和相位之间的关系可得两信号之间的瞬时频差为

$$\frac{d\theta_e(t)}{dt} = \omega_r - \omega_0 - \frac{d\theta_0(t)}{dt} \tag{8-15}$$

当环路锁定后式(8-14)最终为一固定的稳态值,故

$$\lim_{t \to \infty} \frac{d\theta_e(t)}{dt} = 0 \tag{8-16}$$

此时,输出信号的频率已偏离了原来的自由振荡频率 ω_0,其偏移量由式(8-15)和式(8-16)得到,为

$$\frac{d\theta_0(t)}{dt} = \omega_r - \omega_0 \tag{8-17}$$

这时输出信号的工作频率已变为

$$\frac{\mathrm{d}}{\mathrm{d}t}[\omega_0 t+\theta_0(t)]=\omega_0+\frac{\mathrm{d}\theta_0(t)}{\mathrm{d}t}=\omega_r \tag{8-18}$$

由此可见,通过锁相环的相位跟踪作用,最终可以实现输出信号与参考信号同步,两者之间不存在频差而只存在很小的稳态相差。

2. 数学模型和基本环路方程

(1) 鉴相器模型

鉴相器(PD)又称为相位比较器,它用来比较两个输入信号之间的相位差$\theta_e(t)$。鉴相器输出的误差信号 $u_d(t)$是相位差 $\theta_e(t)$的函数,即

$$u_d(t)=f[\theta_e(t)] \tag{8-19}$$

鉴相器的形式很多,按其鉴相特性分为正弦形、三角形和锯齿形等,具体电路参见第七章。理想的鉴相器的输出正比于两个输入信号的相位差。通常使用的正弦鉴相器可用模拟乘法器与低通滤波器的串接构成,其电路模型如图 8-17(a)所示,其鉴相特性为

$$u_d(t)=U_d\sin\theta_e(t) \tag{8-20}$$

式中,U_d 为鉴相器的最大输出电压,称为鉴相灵敏度或鉴相系数。U_d 越大,在同样的 $\theta_e(t)$下,鉴相器的输出就越大。$\theta_e(t)=\theta_1(t)-\theta_2(t)$为乘法器两输入信号的瞬时相位差,$\theta_1(t)$和 $\theta_2(t)$分别为以压控振荡器的载波相位 $\omega_0 t$ 作为参考的两输入信号的相位,$\theta_1(t)=(\omega_r-\omega_0)t+\theta_r(t)=\Delta\omega_0 t+\theta_r(t)$。图 8-17(b)和图 8-17(c)所示分别为正弦鉴相器的相位模型和鉴相特性。

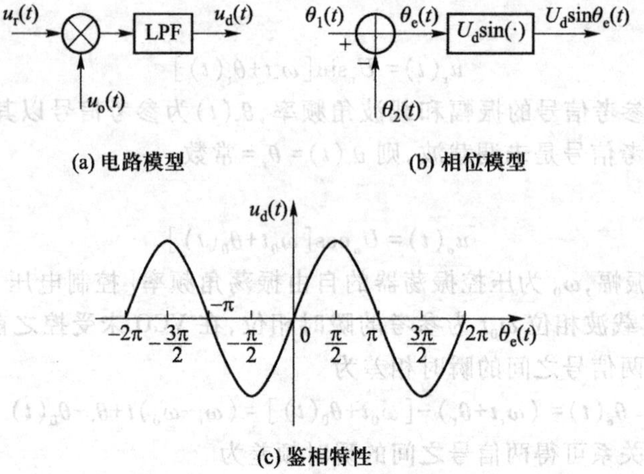

$u_r(t)$
LPF
$u_d(t)$
$u_o(t)$
$\theta_1(t)$
$\theta_e(t)$
$U_d\sin(\cdot)$
$U_d\sin\theta_e(t)$
+
−
$\theta_2(t)$
$u_d(t)$
-2π
$-\frac{3\pi}{2}$
$-\pi$
$-\frac{\pi}{2}$
0
$\frac{\pi}{2}$
π
$\frac{3\pi}{2}$
2π
$\theta_e(t)$

(a) 电路模型　　(b) 相位模型

(c) 鉴相特性

图 8-17　正弦鉴相器模型

(2) 环路滤波器模型

环路滤波器(LF)是一个线性低通滤波器,用来滤除误差电压 $u_d(t)$中的高频分量和噪声,更重要的是它对环路参数调整起到决定性的作用。环路滤波器由线性元件电阻、电容和运算放大器组成。因为它是一个线性系统,在频域分析中可用传递函数 $F(s)$表示,其中 $s=\sigma+\mathrm{j}\Omega$ 是复频率。若用 $s=\mathrm{j}\Omega$ 代入 $F(s)$就得到它的频率响应 $F(\mathrm{j}\Omega)$,故环路滤波器的模型可以表示为如图 8-18所示。

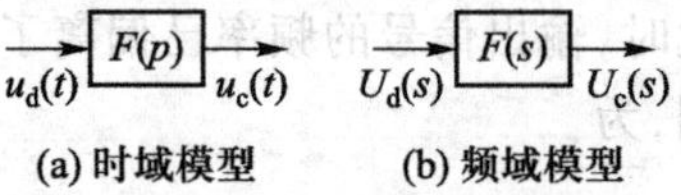

$u_d(t)$
$F(p)$
$u_c(t)$
$U_d(s)$
$F(s)$
$U_c(s)$

(a) 时域模型　　(b) 频域模型

图 8-18　环路滤波器的模型

常用的分立元件环路滤波器主要有 RC 积分滤波器、无源比例积分滤波器和有源积分滤波器三种。现在流行的PLL或频率合成器集成电路常用电荷泵(charge pump)电路,它是由鉴相器输出控制的两个(充、放电)电流源,配合 RC 网络将相位差转换为平均电压。

① RC 积分滤波器。这是最简单的低通滤波器,电路如图 8-19(a)所示,其传递函数为

$$F(s)=U_c(s)/U_d(s)=\frac{1}{1+s\tau} \tag{8-21}$$

式中,$\tau=RC$ 是时间常数,它是这种滤波器唯一可调的参数。其对数频率特性如图 8-19(b)所示。由图可见,它具有低通特性,且相位滞后。当频率很高时,幅度趋于零,相位滞后接近90°。

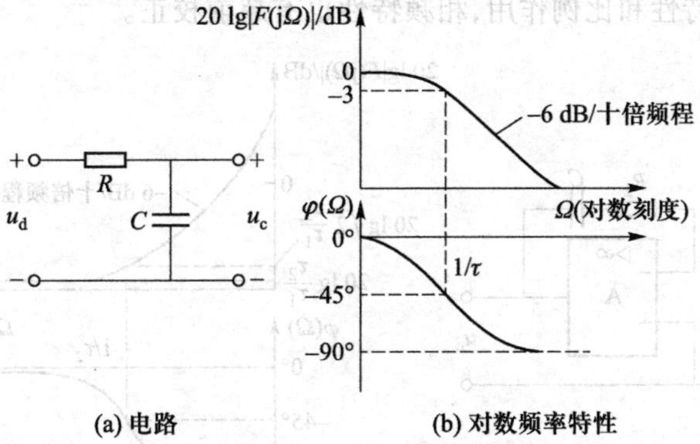

+
R
u_d
C
u_c
+
−
−
20 lg|F(jΩ)|/dB
0
−3
−6 dB/十倍频程
Ω(对数刻度)
φ(Ω)
0°
1/τ
−45°
−90°
(a) 电路
(b) 对数频率特性

图 8-19　RC 积分滤波器

② 无源比例积分滤波器。无源比例积分滤波器电路如图 8-20(a)所示。与 RC 积分滤波器相比,它附加了一个与电容 C 串联的电阻 R_2,这样就增加了一个可调参数。它的传递函数为

$$F(s)=\frac{U_c(s)}{U_d(s)}=\frac{1+s\tau_2}{1+s\tau_1} \tag{8-22}$$

式中,$\tau_1=(R_1+R_2)C$,$\tau_2=R_2C$,它们是两个独立的可调参数。其对数频率特性如图 8-20(b)所示。与 RC 积分滤波器不同的是,当频率很高时,$F(j\Omega)|_{\Omega\to\infty}=R_2/(R_1+R_2)$ 是电阻的分压比,这就是滤波器的比例作用。从相频特性上看,当频率很高时有相位超前校正的作用,这是由相位超前校正因子 $1+j\Omega\tau_2$ 实现的。这个相位超前作用对改善环路的稳定性是有好处的。

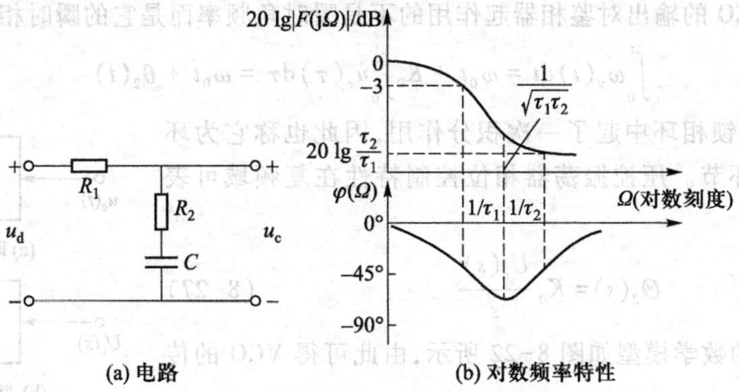

+
R_1
R_2
u_d
C
u_c
+
−
−
20 lg|F(jΩ)|/dB
0
−3
$\frac{1}{\sqrt{\tau_1\tau_2}}$
$20\lg\frac{\tau_2}{\tau_1}$
φ(Ω)
$1/\tau_1$
$1/\tau_2$
Ω(对数刻度)
0°
−45°
−90°
(a) 电路
(b) 对数频率特性

图 8-20　无源比例积分滤波器

③ 有源比例积分滤波器。有源比例积分滤波器与无源比例积分滤波器相比增加了运算放大器环节，电路如图 8-21(a)所示。当运算放大器开环电压增益 A 为有限值时，它的传递函数为

$$F(s)=\frac{U_c(s)}{U_d(s)}=-A\frac{1+s\tau_2}{1+s\tau_1'} \tag{8-23}$$

式中，$\tau_1'=(R_1+AR_1+R_2)C$，$\tau_2=R_2C$。若 A 很高，则

$$F(s)=-A\frac{1+sR_2C}{1+s(AR_1+R_1+R_2)C}\approx -A\frac{1+sR_2C}{1+sAR_1C}\approx -\frac{1+sR_2C}{sR_1C}=-\frac{1+s\tau_2}{s\tau_1} \tag{8-24}$$

式中，$\tau_1=R_1C$，负号表示滤波器输出电压与输入电压反相。其频率特性如图8-21(b)所示。由图可见，它也具有低通特性和比例作用，相频特性也有超前校正。

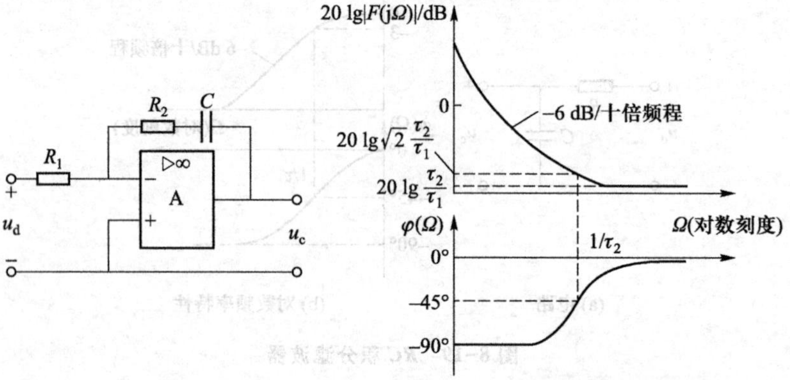

R_2
C
R_1
▷∞
A
u_d
u_c
20 lg|F(jΩ)|/dB
0
−6 dB/十倍频程
$20\lg\sqrt{2}\frac{\tau_2}{\tau_1}$
$20\lg\frac{\tau_2}{\tau_1}$
φ(Ω)
Ω(对数刻度)
$1/\tau_2$
0°
−45°
−90°

(a) 电路　　(b) 频率特性

图 8-21　有源比例积分滤波器

(3) 压控振荡器模型

压控振荡器(具体电路见第四章)是一个电压-频率变换器，在环路中可看作一个线性时变系统。其振荡频率应随输入控制电压 $u_c(t)$ 线性地变化，即

$$\omega_v(t)=\omega_0+K_0u_c(t) \tag{8-25}$$

式中，$\omega_v(t)$是 VCO 的瞬时角频率，ω_0 为 VCO 的自由振荡频率，K_0是线性特性斜率，表示单位控制电压可使 VCO 角频率变化的数值，因此又称为 VCO 的控制灵敏度或增益系数，单位为 rad/(s · V)。在锁相环路中，VCO 的输出对鉴相器起作用的不是瞬时角频率而是它的瞬时相位，即

$$\int_0^t\omega_v(t)\,\mathrm{d}t=\omega_0t+K_0\int_0^t u_c(\tau)\,\mathrm{d}\tau=\omega_0t+\theta_2(t) \tag{8-26}$$

由此可见，VCO 在锁相环中起了一次积分作用，因此也称它为环路中的固有积分环节。压控振荡器相位控制特性在复频域可表示为

$$\Theta_2(s)=K_0\frac{U_c(s)}{s} \tag{8-27}$$

其时域和复频域的数学模型如图 8-22 所示，由此可得 VCO 的传递函数为

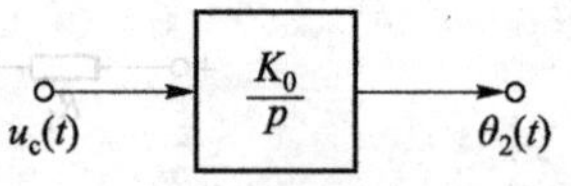

$u_c(t)$
$\frac{K_0}{p}$
$\theta_2(t)$

(a) 时域模型

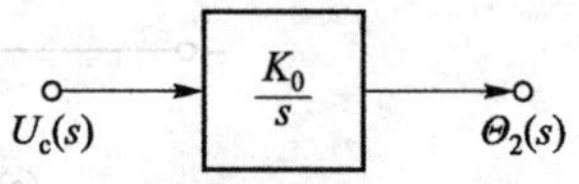

$U_c(s)$
$\frac{K_0}{s}$
$\Theta_2(s)$

(b) 复频域模型

图 8-22　VCO 的数学模型

$$\frac{\Theta_2(s)}{U_c(s)}=\frac{K_0}{s} \tag{8-28}$$

(4) 环路相位模型和基本方程

将上面鉴相器、环路滤波器和压控振荡器三个模型连接起来，就可得到锁相环路的相位模型，如图 8-23 所示。复时域分析时可用一个传输算子$F(p)$来表示，其中 $p(\equiv d/dt)$是微分算子。由图 8-23，可以得出锁相环路的基本方程

$$\theta_e(t)=\theta_1(t)-\theta_2(t) \tag{8-29}$$

$$\theta_2(t)=U_d\sin\theta_e(t)\cdot F(p)\cdot\frac{K_0}{p} \tag{8-30}$$

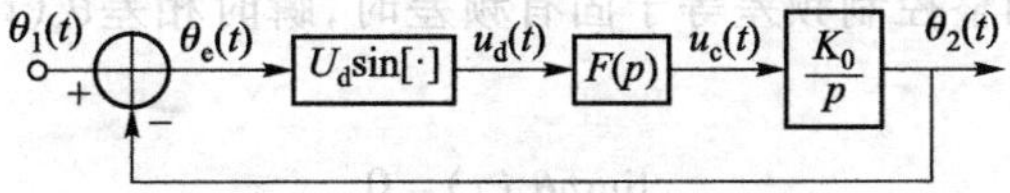

$\theta_1(t)$
+
−
$\theta_e(t)$
$U_d\sin[\cdot]$
$u_d(t)$
$F(p)$
$u_c(t)$
$\frac{K_0}{p}$
$\theta_2(t)$

图 8-23　锁相环路的相位模型

由式(8-29)、式(8-30)可得

$$p\theta_e(t)=p\theta_1(t)-K_0U_d\sin\theta_e(t)\cdot F(p)=p\theta_1(t)-K\sin\theta_e(t)\cdot F(p) \tag{8-31}$$

式中，$K=K_0U_d$为环路增益，它是压控振荡器的最大频偏量。环路增益 K 具有频率的量纲，而单位取决于 K_0所用的单位。若 K_0的单位用 rad/(s · V)，则 K 的单位为 rad/s；若 K_0的单位用 Hz/V，则 K 的单位为 Hz。

由于

$$p\theta_1(t)=\omega_r-\omega_0=\Delta\omega_0 \tag{8-32}$$

因此

$$p\theta_e(t)=\Delta\omega_0-K_0U_d\sin\theta_e(t)\cdot F(p) \tag{8-33}$$

等式左边 $p\theta_e(t)$项是瞬时相差 $\theta_e(t)$对时间的导数，称为瞬时频差 $\omega_r-\omega_v$。等式右边第一项 $\Delta\omega_0$称为固有频差，它反映锁相环需要调整的频率量。右边第二项是闭环后 VCO 受控制电压$u_c(t)$作用引起振荡频率 ω_v相对于固有振荡频率 ω_0的频差 $\omega_v-\omega_0$，称为控制频差。由式(8-33)可见，在闭环之后的任何时刻存在如下关系：瞬时频差=固有频差-控制频差，记为

$$\Delta\omega=\Delta\omega_0-\Delta\omega_v \tag{8-34a}$$

即

$$\omega_r-\omega_v=(\omega_r-\omega_0)-(\omega_v-\omega_0) \tag{8-34b}$$

式(8-33)反映了锁相环瞬时频率的变化规律，称为锁相环的基本方程。

环路基本方程是非线性微分方程，其非线性主要来源于鉴相器(鉴相特性为非线性函数)。基本方程的阶数取决于滤波器传递函数的阶数，由于 VCO 的固有积分作用，可等效为一阶理想积分器，因此，基本方程的阶数等于滤波器传递函数的阶数加 1。一阶环路是指鉴相器和压控振荡器直接连接的环路。

二、锁相环工作过程的定性分析

要分析锁相环的性能，就需要求解锁相环路的基本方程，而求解这类非线性微分方程(若考

虑噪声影响时基本方程是高阶非线性随机微分方程)是极端困难的。目前只有一阶 PLL 可通过解析法求解,而二阶或高阶环路只能针对具体情况进行近似处理。这里仅对锁相环路的工作过程给出定性分析,而不考虑环路的线性与非线性以及阶数。

锁相环有锁定和失锁两个基本状态,在这两个基本状态之间有两种动态过程,分别称为跟踪与捕获(捕捉)。环路处于锁定状态或跟踪过程都认为是处于同步状态。在捕获过程中,控制环将 VCO 的频率移向参考信号频率,这个过程高度非线性,它以捕获带和捕获时间为标志;在同步模式下,VCO 跟踪参考频率,频率稳定度、精确度(稳态相差)和频谱纯度等是其关键参数。下面就定性分析锁相环的这两个基本状态和两个动态过程。

1. 锁定状态

在环路的作用下,当调整控制频差等于固有频差时,瞬时相差$\theta_e(t)$趋向于一个固定值,并一直保持下去,即满足

$$\lim_{t\to\infty} p\theta_e(t)=0 \tag{8-35}$$

此时认为锁相环路进入了锁定状态。环路对输入固定频率的信号锁定后,输入到鉴相器的两信号之间无频差而只有一固定的稳态相差$\theta_e(\infty)$。此时误差电压 $U_d\sin\theta_e(\infty)$为直流,它经过$F(\mathrm{j}0)$的过滤作用之后得到控制电压 $U_d\sin\theta_e(\infty)\cdot F(\mathrm{j}0)$也为直流。因此,锁定时的环路方程为

$$K_0U_d\sin\theta_e(\infty)\cdot F(\mathrm{j}0)=\Delta\omega_0 \tag{8-36}$$

从中解得稳态相差

$$\theta_e(\infty)=\arcsin\frac{\Delta\omega_0}{K_0U_dF(\mathrm{j}0)} \tag{8-37}$$

可见,锁定正是在由稳态相差 $\theta_e(\infty)$产生的直流控制电压作用下,强制使 VCO 的振荡角频率 ω_v 相对于 ω_0 偏移了 $\Delta\omega_0$ 而与参考角频率 ω_r 相等的结果,即

$$\omega_v=\omega_0+K_0U_d\sin\theta_e(\infty)\cdot F(\mathrm{j}0)=\omega_0+\Delta\omega_0=\omega_r \tag{8-38}$$

锁定后没有稳态频差是锁相环的一个重要特性。

2. 跟踪过程

在环路锁定的条件下,输入参考频率和相位在一定的范围内以一定的速率发生变化时,输出信号的频率和相位以同样的规律跟随变化,这一过程称为环路的跟踪过程或同步过程。

跟踪过程中环路始终是锁定的。当 ω_r 改变时,固有频差$|\omega_r-\omega_0|=|\Delta\omega_0|$也改变,这使稳态相差 $\theta_e(\infty)$也改变,由此产生的直流控制电压也改变,这必使 VCO 产生的控制频差 $\Delta\omega_v$ 跟着改变以补偿固有频差$|\Delta\omega_0|$,但环路一直维持锁定。当 $\theta_e(\infty)$达到最大值 $\pi/2$ 时,固有频差也达到最大值 $K_0U_dF(\mathrm{j}0)$。如果固有频差$|\Delta\omega_0|$在小于最大固有频差的范围内变化,则环路始终处于同步跟踪状态。但如果$|\Delta\omega_0|>K_0U_dF(\mathrm{j}0)$,则环路失锁($\omega_v\neq\omega_r$),出现了瞬时频差。因此,把环路能够继续维持锁定状态的最大固有频差定义为环路的同步带,即

$$\Delta\omega_H\triangleq\Delta\omega_0\big|_{max}=K_0U_dF(\mathrm{j}0) \tag{8-39}$$

锁定与跟踪统称为同步,其中跟踪是锁相环正常工作时最常见的情况。

3. 失锁状态

当 VCO 的固有振荡频率偏离输入参考频率较大时,环路失锁。失锁状态就是瞬时频差总不为零的状态,这时,鉴相器输出为一上下不对称的稳定差拍波,其平均分量为一恒定的直流。这

一恒定的直流电压通过环路滤波器的作用使 VCO 的平均频率 ω_v 偏离 ω_0 向 ω_r 靠拢，这就是环路的频率牵引效应。也就是说，锁相环处于失锁差拍状态时，虽然 VCO 的瞬时角频率 $\omega_v(t)$ 始终不能等于参考信号频率 ω_r，即环路不能锁定，但平均频率 ω_v 已向 ω_r 方向牵引，这种牵引作用的大小显然与恒定的直流电压的大小有关，恒定的直流电压的大小又取决于差拍波 $u_d(t)$ 的上下不对称状态。

4. 捕获过程

前面的讨论是在假定环路已经锁定的前提下来讨论环路跟踪过程的。但在实际工作中，例如开机、换频或由开环到闭环，一开始环路总是失锁的。因此，环路需要经历一个由失锁进入锁定的过程，这一过程称为捕获过程。捕获过程分为频率捕获和相位捕获两个过程。

开机时，鉴相器输入端两信号之间存在着起始频差（即固有频差）$\Delta\omega_0$，其相位差为 $\Delta\omega_0 t$。因此，鉴相器输出是一个角频率等于频差 $\Delta\omega_0$ 的差拍信号，即

$$u_d(t)=U_d\sin(\Delta\omega_0 t) \tag{8-40}$$

若 $\Delta\omega_0$ 很大，$u_d(t)$ 差拍信号的拍频很高，易受环路滤波器抑制，这样加到 VCO 输入端的控制电压 $u_c(t)$ 很小，控制频差建立不起来，$u_d(t)$ 仍是一个上下接近对称的稳定差拍波，环路不能入锁。

当 $\Delta\omega_0$ 减小到某一范围时，鉴相器输出的误差电压 $u_d(t)$ 是上下不对称的差拍波，其平均分量（即直流分量）不为零。通过环路滤波器的作用，使控制电压 $u_c(t)$ 中的直流分量增加，从而牵引着 VCO 的频率 ω_v 平均地向 ω_r 靠拢。这使得 $u_d(t)$ 的拍频 $\omega_r-\omega_v$ 减小，增大 $u_d(t)$ 差拍波的不对称性，即增大直流分量，这又将使 VCO 的频率进一步接近 ω_r。这样，差拍波上下不对称性不断加大，$u_c(t)$ 中的直流分量不断增加，VCO 的平均频率 ω_v 不断地向输入参考频率 ω_r 靠近。在一定条件下，经过一段时间之后，当平均频差减小到某一频率范围时，以上频率捕获过程结束。此后进入相位捕获过程，$\theta_e(t)$ 的变化不再超过 2π，最终趋于稳态值 $\theta_e(\infty)$。同时，$u_d(t)$ 和 $u_c(t)$ 亦分别趋于它们的稳态值 $U_d\sin\theta_e(\infty)$ 和 $U_c(\infty)$，压控振荡器的频率被锁定在参考信号频率 ω_r 上，使 $\lim\limits_{t\to\infty}p\theta_e(t)=0\ (\omega_v=\omega_r)$，捕获全过程结束，环路锁定。捕获全过程的各点波形变化过程如图 8-24 所示。

需要指出，环路能否捕获是与固有频差的 $\Delta\omega_0$ 大小有关的。若 $|\Delta\omega_0|>\Delta\omega_p$，环路不能捕获入锁。只有当 $|\Delta\omega_0|$ 小到某一频率范围时，环路才能捕获入锁，这一范围称为环路的捕获带 $\Delta\omega_p$。它定义为在失锁状态下能使环路经频率牵引，最终锁定的最大固有频差 $|\Delta\omega_0|_{max}$，即

$$\Delta\omega_p \triangleq |\Delta\omega_0|_{max} \tag{8-41}$$

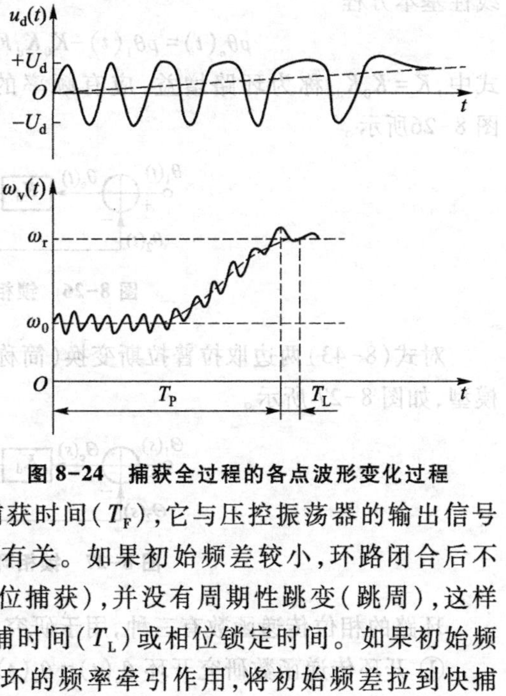

$u_d(t)$
$+U_d$
O
$-U_d$
t
$\omega_v(t)$
ω_r
ω_0
O
T_P
T_L
t

图 8-24　捕获全过程的各点波形变化过程

锁相环建立同步（进入锁定状态）的时间称为捕获时间（T_F），它与压控振荡器的输出信号和参考信号的初始频差及相差有关，还与环路参数有关。如果初始频差较小，环路闭合后不需要频率牵引（频率捕获）就可立即锁定（只经过相位捕获），并没有周期性跳变（跳周），这样的频差范围称为快捕带 $\Delta\omega_L$，其锁定的时间称为快捕时间（T_L）或相位锁定时间。如果初始频差超过快捕带而没有超出捕获带，则可以依靠锁相环的频率牵引作用，将初始频差拉到快捕

带之内再进行相位捕获。由以上分析可知,一般锁相环路的捕获时间应包括频率捕获时间和相位锁定时间。

三、锁相环的线性分析

对锁相环性能进行定量分析,有线性分析和非线性分析两种方法。线性分析通常是对锁相环中的有关部件进行线性近似,得到线性化的环路方程和模型,然后根据不同的环路滤波器分析不同的环路响应(相位误差函数的暂态响应和稳态响应以及频率响应)。相位误差函数的暂态响应用来描述跟踪速度的快慢及跟踪过程中相位误差波动的大小,稳态响应是当 $t\to\infty$ 时的相位误差值,表征了系统的跟踪精度。频率响应是决定锁相环对信号和噪声过滤性能好坏的重要特性,并由此可以判断环路的稳定性和进行校正。

1. 线性化模型

锁相环在同步状态下,由于相位误差较小,可以近似地将环路看成线性系统,因此,锁相环路线性分析的前提是环路同步。虽然压控振荡器有可能是非线性的,但只要恰当地设计与使用就可以做到控制特性线性化,因此,线性分析实际上就是将鉴相器线性化后进行分析。鉴相器在具有三角波和锯齿波鉴相特性时具有较大的线性范围,而对于正弦型鉴相器特性,当 $|\theta_e|\leqslant\pi/6$ 时,可把原点附近的特性曲线视为斜率为 K_d 的直线,如图 8-17(c)所示,用式子表示为

$$u_d(t)=K_d\theta_e(t) \tag{8-42}$$

相应的线性化鉴相器的模型如图 8-25 所示。其中,K_d 为线性化鉴相器的鉴相增益或灵敏度,数值上等于正弦鉴相特性的输出最大电压值 U_d,单位为 V/rad。

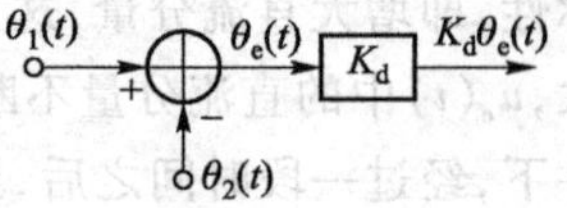
$\theta_1(t)$
+
$\theta_e(t)$
K_d
$K_d\theta_e(t)$
−
$\theta_2(t)$

图 8-25　线性化鉴相器的模型

用 $K_d\theta_e(t)$ 取代基本方程式中的 $U_d\sin\theta_e(t)$ 可得到环路的线性基本方程

$$p\theta_e(t)=p\theta_1(t)-K_0K_dF(p)\theta_e(t)=p\theta_1(t)-KF(p)\theta_e(t) \tag{8-43}$$

式中,$K=K_0K_d$ 称为环路增益,应有频率的量纲。式(8-43)相应的锁相环线性相位模型如图 8-26所示。

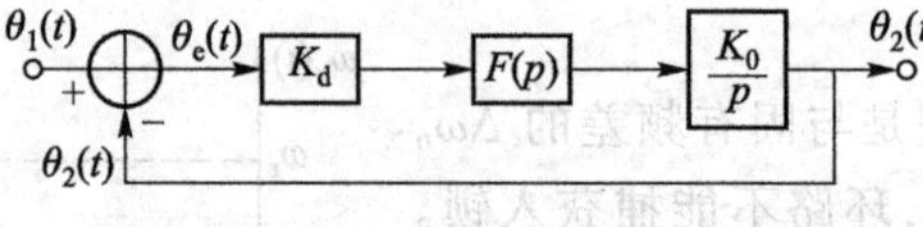
$\theta_1(t)$
$\theta_e(t)$
+
−
K_d
$F(p)$
$\frac{K_0}{p}$
$\theta_2(t)$
$\theta_2(t)$

图 8-26　锁相环线性相位模型(时域)

对式(8-43)两边取拉普拉斯变换(简称拉氏变换),就可以得到相应的复频域中的线性相位模型,如图 8-27 所示。

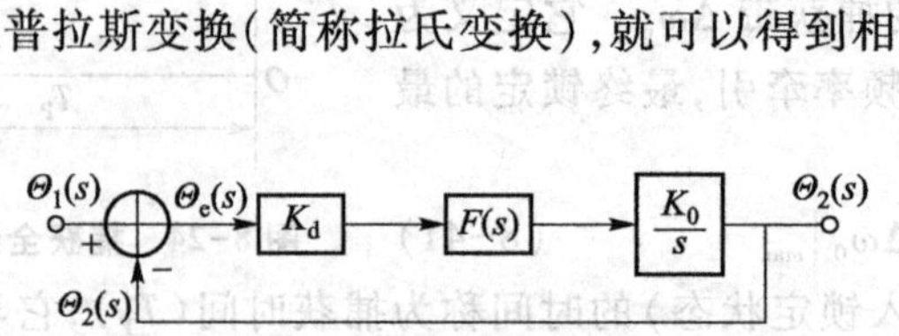
$\Theta_1(s)$
$\Theta_e(s)$
+
−
K_d
$F(s)$
$\frac{K_0}{s}$
$\Theta_2(s)$
$\Theta_2(s)$

图 8-27　锁相环的线性相位模型(复频域)

环路的相位传递函数有三种,用于研究环路不同的响应函数。

① 开环传递函数研究开环 $\theta_e(t)=\theta_1(t)$ 时,由输入相位 $\theta_1(t)$ 所引起的输出相位 $\theta_2(t)$ 的响

应，为

$$H_0(s)=\left.\frac{\Theta_2(s)}{\Theta_1(s)}\right|_{开环}=K\frac{F(s)}{s} \tag{8-44}$$

② 闭环传递函数研究闭环时，由 $\theta_1(t)$ 引起输出相位 $\theta_2(t)$ 的响应，为

$$H(s)=\frac{\Theta_2(s)}{\Theta_1(s)}=\frac{KF(s)}{s+KF(s)} \tag{8-45}$$

③ 误差传递函数研究闭环时，由 $\theta_1(t)$ 所引起的误差相位 $\theta_e(t)$ 的响应，为

$$H_e(s)=\frac{\Theta_e(s)}{\Theta_1(s)}=\frac{\Theta_1(s)-\Theta_2(s)}{\Theta_1(s)}=\frac{s}{s+KF(s)} \tag{8-46}$$

式(8-44)至式(8-46)是环路传递函数的一般形式。

$H_0(s)$、$H(s)$、$H_e(s)$ 是研究锁相环路同步性能最常用的三个传递函数，三者之间存在如下关系

$$H(s)=\frac{H_0(s)}{1+H_0(s)} \tag{8-47}$$

$$H_e(s)=\frac{1}{1+H_0(s)}=1-H(s) \tag{8-48}$$

由以上式子不难看出，它们除了与 K 有关之外，还与环路滤波器的传递函数 $F(s)$ 有关，选用不同的环路滤波器，将会得到不同环路的实际传递函数。

表 8-1 列出了采用无源比例积分滤波器和理想积分滤波器（即 A 很高时的有源比例积分滤波器）的环路传递函数。

表 8-1　采用无源比例积分器和理想积分滤波器的环路传递函数

	无源比例积分滤波器的环路传递函数	理想积分滤波器的环路传递函数
$F(s)$	$\dfrac{1+s\tau_2}{1+s\tau_1}$	$\dfrac{1+s\tau_2}{s\tau_1}$
$H_0(s)$	$\dfrac{K\left(\dfrac{1}{\tau_1}+s\dfrac{\tau_2}{\tau_1}\right)}{s^2+\dfrac{s}{\tau_1}}$	$\dfrac{s\dfrac{K\tau_2}{\tau_1}+\dfrac{K}{\tau_1}}{s^2}$
$H_e(s)$	$\dfrac{s^2+\dfrac{s}{\tau_1}}{s^2+s\left(\dfrac{1}{\tau_1}+K\dfrac{\tau_2}{\tau_1}\right)+\dfrac{K}{\tau_1}}$	$\dfrac{s^2}{s^2+s\dfrac{K\tau_2}{\tau_1}+\dfrac{K}{\tau_1}}$
$H(s)$	$\dfrac{s\dfrac{K\tau_2}{\tau_1}+\dfrac{K}{\tau_1}}{s^2+s\left(\dfrac{1}{\tau_1}+K\dfrac{\tau_2}{\tau_1}\right)+\dfrac{K}{\tau_1}}$	$\dfrac{s\dfrac{K\tau_2}{\tau_1}+\dfrac{K}{\tau_1}}{s^2+s\dfrac{K\tau_2}{\tau_1}+\dfrac{K}{\tau_1}}$

因为锁相环是一个伺服系统，其响应在性质上可以是非谐振型的或振荡型的。因此习惯上引入 ω_n——无阻尼振荡频率（单位为 rad/s）和 ζ——阻尼系数（无量纲）这两个参数来描述系统的特性。表 8-2 列出了用 ζ、ω_n 表示的传递函数及系统参数 ζ、ω_n 与电路参数 K、τ_1 和 τ_2 的关系。

表 8-2 用 ζ、ω_n 表示的传递函数及系统参数 ζ、ω_n 与电路参数 K、τ_1 和 τ_2 的关系

	无源比例积分滤波器的环路传递函数	理想积分滤波器的环路传递函数
$H_e(s)$	$\dfrac{s\left(s+\dfrac{\omega_n^2}{K}\right)}{s^2+2\zeta\omega_n s+\omega_n^2}$	$\dfrac{s^2}{s^2+2\zeta\omega_n s+\omega_n^2}$
$H(s)$	$\dfrac{s\omega_n\left(2\zeta-\dfrac{\omega_n}{K}\right)+\omega_n^2}{s^2+2\zeta\omega_n s+\omega_n^2}$	$\dfrac{2\zeta\omega_n s+\omega_n^2}{s^2+2\zeta\omega_n s+\omega_n^2}$
ω_n	$\sqrt{\dfrac{K}{\tau_1}}$	$\sqrt{\dfrac{K}{\tau_1}}$
ζ	$\dfrac{1}{2}\sqrt{\dfrac{1}{K\tau_1}}\left(\tau_2+\dfrac{1}{K}\right)$	$\dfrac{\tau_2}{2}\sqrt{\dfrac{K}{\tau_1}}$

以上两表中的电路参数在本节基本原理中已定义。在上面的式子中，$H(s)$ 的分母多项式中 s 的最高幂次(极点)称为环路的“阶”数，因为 VCO 中的 $1/s$ 是环路的固有一阶因子，故环路的阶数等于环路滤波器的阶数加一；$H_0(s)$ 中的理想积分因子的个数称为“型”数。故无源比例积分滤波器的环路为二阶Ⅰ型环，理想积分滤波器的环路为二阶Ⅱ型环，又称为理想二阶环。

比较这两种环路的传递函数可以看到，当环路增益很高(即 $K\gg\omega_n$)时，采用无源比例积分滤波器的环路传递函数与理想二阶环的传递函数相似。因此，只要 $K\gg\omega_n$ 成立，这两种环路的性能是近似的。通常把 $K\gg\omega_n$ 的二阶锁相环称为高增益二阶环。

2. 性能分析

(1) 跟踪特性

锁相环的一个重要特点是对输入信号相位的跟踪能力，衡量跟踪性能好坏的指标是跟踪相位误差，即相位误差函数 $\theta_e(t)$ 的暂态响应和稳态响应。相位误差函数的暂态响应和稳态响应就是输入信号的频率或相位发生变化(频率阶跃和斜升、相位阶跃)时系统输出的暂态响应和稳态响应，主要用相位误差的最大瞬时跳变值、锁定后的稳态相位误差值和趋于稳定的时间三个量描述。一般地，最大瞬时跳变值不能超过鉴相器的鉴相范围；稳态相位误差越小，趋于稳定的时间越短，跟踪性能越好。暂态响应用来描述跟踪速度的快慢及跟踪过程中相位误差波动的大小，稳态响应用来表征系统的跟踪精度。

在给定锁相环路之后，根据式(8-46)可以计算出复频域中相位误差函数 $\Theta_e(s)$，对其进行拉氏反变换，就可以得到时域误差函数 $\theta_e(t)$，并由此求出稳态相位误差 $\theta_e(\infty)$。下面分析理想二阶环对于频率阶跃信号的暂态响应和稳态响应。

① 暂态响应。当输入参考信号的频率在 $t=0$ 时有一阶跃变化时，即

$$\omega_0(t)=\begin{cases}0 & t<0\\ \Delta\omega & t\geqslant 0\end{cases} \tag{8-49}$$

其对应的输入相位

$$\theta_1(t)=\Delta\omega t \tag{8-50}$$

其拉氏变换为

$$\Theta_1(s)=\Delta\omega/s^2 \tag{8-51}$$

则

$$\Theta_e(s)=\Theta_1(s)H_e(s)=\frac{\Delta\omega}{s^2+2\zeta\omega_n s+\omega_n^2} \tag{8-52}$$

进行拉氏反变换,得

当 $\zeta>1$ 时

$$\theta_e(t)=\frac{\Delta\omega}{\omega_n}e^{-\zeta\omega_n t}\frac{\sin\omega_n\sqrt{\zeta^2-1}\,t}{\sqrt{\zeta^2-1}} \tag{8-53a}$$

当 $\zeta=1$ 时

$$\theta_e(t)=\frac{\Delta\omega}{\omega_n}e^{-\zeta\omega_n t}\omega_n t \tag{8-53b}$$

当 $0<\zeta<1$ 时

$$\theta_e(t)=\frac{\Delta\omega}{\omega_n}e^{-\zeta\omega_n t}\frac{\sin\omega_n\sqrt{1-\zeta^2}\,t}{\sqrt{1-\zeta^2}} \tag{8-53c}$$

式(8-53)相应的相位误差响应曲线如图 8-28 所示。由图可见:

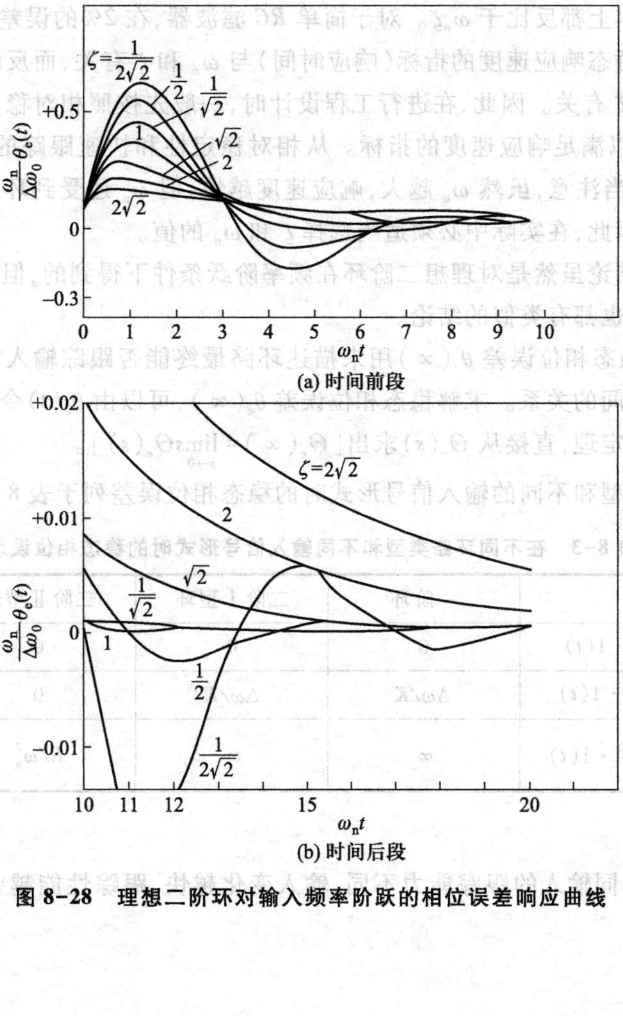

ζ=1/(2√2)
1/2
1/√2
1
√2
2
2√2
+0.5
0
-0.3
ωn/Δω0 θe(t)
0 1 2 3 4 5 6 7 8 9 10
ωnt
(a) 时间前段
+0.02
+0.01
0
-0.01
ζ=2√2
2
√2
1/√2
1
1/2
1/(2√2)
10 11 12 15 20
ωnt
(b) 时间后段

图 8-28 理想二阶环对输入频率阶跃的相位误差响应曲线

a. 暂态过程的性质由 ζ 决定。当 $\zeta<1$ 时，暂态过程是衰减振荡，环路处于欠阻尼状态；当 $\zeta>1$ 时，暂态过程按指数衰减，尽管可能有过冲（超过稳态值），但不会在稳态值附近多次摆动，环路处于过阻尼状态；当 $\zeta=1$ 时，环路处于临界阻尼状态，其暂态过程没有振荡。因此，阻尼系数的物理意义得到进一步明确。

b. ω_n 作为无阻尼自由振荡角频率的物理意义很明确。当 $\zeta<1$ 时，暂态过程的振荡频率为 $(1-\zeta^2)^{1/2}\omega_n$。若 $\zeta=0$，则振荡频率等于 ω_n，这就意味着此时在输入信号或噪声干扰下，环路将会自激而完全丧失跟踪能力，因此，$\zeta=0$ 的状态是不允许存在的。在理想二阶环中，由于 R_2 的存在 $(\tau_2\neq0)$，保证了 $\zeta\neq0$，即保证了二阶环的稳定跟踪作用。

c. 二阶环的暂态过程有过冲现象，过冲量 θ_{ep}（暂态相位误差的最大摆动量）的大小与 ζ 值有关。ζ 越小，过冲量越大，环路相对稳定性越差。过冲量 θ_{ep} 对应到输出信号相位 $\theta_2(t)$ 阶跃响应中的参数是超调量 M_p，它们都是反映环路稳定性的参数。M_p 越大，环路相对稳定性越差。但 M_p 不能选得太小，否则影响响应时间或建立时间。

d. 暂态过程是逐步衰减的，至于衰减到多少才认为暂态过程结束，完全取决于如何选择暂态结束的标准。选定之后，不难从式(8-53)中求出响应时间。响应时间有上升时间 t_r、第一峰值时间 t_p 和调节时间 t_s 等几个参数，通常指的是调节时间 t_s。它定义为输出信号相位 $\theta_2(t)$ 阶跃响应曲线由跳变开始到与稳态值相差误差 $\delta\%$ 所需要的时间。不同的环路滤波器和不同的误差 $\delta\%$ 有不同的 t_s，但 t_s 基本上都反比于 $\omega_n\zeta$。对于简单 RC 滤波器，在 2% 的误差条件下，$t_s=4/\zeta\omega_n$。

综上所述，反映暂态响应速度的指标（响应时间）与 ω_n 和 ζ 有关，而反映环路相对稳定性的指标（θ_{ep} 或 M_p）只与 ζ 有关。因此，在进行工程设计时，一般先按照相对稳定性的指标要求选择 ζ 值，然后再调整 ω_n 以满足响应速度的指标。从相对稳定性和快速跟踪的角度考虑，工程上一般选择 $\zeta=0.707$。应当注意，虽然 ω_n 越大，响应速度越快，但 ω_n 还受到环路带宽和噪声以及稳定性等指标的限制，因此，在实际中必须适当选择 ζ 和 ω_n 的值。

应当指出，以上结论虽然是对理想二阶环在频率阶跃条件下得到的，但实际上对于其他环路和在其他输入条件下也都有类似的结论。

② 稳态响应。稳态相位误差 $\theta_e(\infty)$ 用来描述环路最终能否跟踪输入信号的相位变化及跟踪精度与环路参数之间的关系。求解稳态相位误差 $\theta_e(\infty)$，可以由 $\theta_e(t)$ 令 $t\to\infty$ 求极限，也可以利用拉氏变换的终值定理，直接从 $\Theta_e(s)$ 求出 $[\Theta_e(\infty)=\lim\limits_{s\to0}s\Theta_e(s)]$。

在不同的环路类型和不同的输入信号形式时的稳态相位误差列于表 8-3 中。

表 8-3　在不同环路类型和不同输入信号形式时的稳态相位误差

输入信号	一阶环	二阶Ⅰ型环	二阶Ⅱ型环	三阶Ⅱ型环
相位阶跃 $\theta_1(t)=\Delta\theta\cdot1(t)$	0	0	0	0
频率阶跃 $\theta_1(t)=\Delta\omega t\cdot1(t)$	$\Delta\omega/K$	$\Delta\omega/K$	0	0
频率斜升 $\theta_1(t)=\frac{1}{2}Rt^2\cdot1(t)$	∞	∞	R/ω_n^2	0

由此可见：

a. 同一环路对不同输入的跟踪能力不同，输入变化越快，跟踪性能越差，$\theta_e(\infty)=\infty$ 意味着环路不能跟踪。

b. 对同一输入,采用不同环路滤波器时环路的跟踪性能也不同。由此可见环路滤波器对改善环路跟踪性能的作用。

c. 同是二阶环,对同一信号的跟踪能力与环路的"型"有关。"型"越高跟踪精度越高;增加"型"数,可以跟踪更快变化的输入信号。

d. 理想二阶环(二阶Ⅱ型)跟踪频率斜升信号的稳态相位误差与扫描速率 R 成正比。当 R 加大时,稳态相差随之加大,有可能进入非线性跟踪状态。

环路的稳态参数——稳态相位误差和同步带共同决定环路增益。在实际设计时,如果 K 不够,可在环路滤波器后面加放大器。

(2) 频率响应

频率响应是输入信号的频率或相位为正弦变化(如正弦角度调制信号)时系统的输出响应,用稳态输出相位与输入相位的比值表示。通过频率响应可以了解环路的频域特性,进而了解锁相环对信号和噪声的过滤性能,同时还可以判断环路的稳定性并进行校正。

采用 RC 积分滤波器,其传递函数见表 8-2,其相应的幅频特性为

$$H(\omega)=\frac{1}{\sqrt{\left(1-\frac{\omega^2}{\omega_n^2}\right)^2+\left(2\zeta\frac{\omega}{\omega_n}\right)^2}} \tag{8-54}$$

阻尼系数 ζ 取不同值时的幅频特性曲线如图 8-29 所示,可见具有低通滤波特性,且其特性与 ζ 有关,ζ 越大,带宽越宽且平坦。环路带宽 $B_{\omega0.707}$ 可令式(8-54)等于 0.707 后求得,有

$$B_{\omega0.707}=\frac{1}{2\pi}\omega_n\left(1-2\zeta^2+\sqrt{4\zeta^4-4\zeta^2+2}\right)^{\frac{1}{2}} \tag{8-55}$$

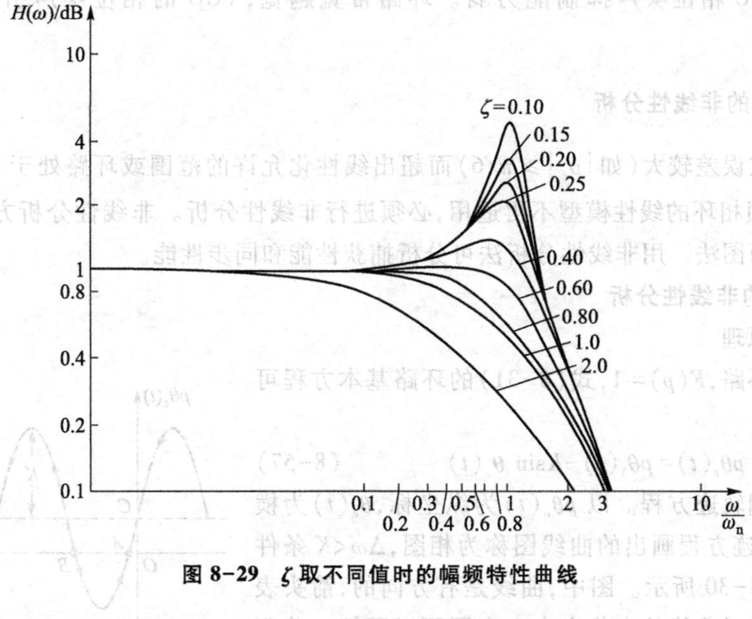

H(ω)/dB
10
4
2
1
0.8
0.4
0.2
0.1
ζ=0.10
0.15
0.20
0.25
0.40
0.60
0.80
1.0
2.0
0.1
0.2
0.3
0.4
0.5
0.6
1
0.8
2
3
10
ω/ωn

图 8-29　ζ 取不同值时的幅频特性曲线

由此可知,在 ζ 给定的情况下,环路带宽与环路自然谐振角频率 ω_n 成正比,通常用 ω_n 来说

明环路带宽的大小。调节阻尼系数ζ和自然谐振角频率ω_n可以改变带宽，调节ζ还可以改变曲线的形状。当$\zeta=0.707$时，曲线最平坦，相应的带宽为

$$B_{\omega 0.707}=\frac{\omega_n}{2\pi}=\frac{1}{2\pi}\left(\frac{K_d K_0}{\tau_1}\right)^{\frac{1}{2}} \tag{8-56}$$

当$\zeta<0.707$时，特性曲线出现峰值。

对锁相环的频率响应，应说明以下几点：

① 虽然根据不同环路滤波器的传输函数可以得到不同的环路带宽公式，但不论采用何种滤波器，二阶环的闭环频率特性与一阶环性质相同，都具有低通性质，而且环路带宽与ζ的关系相似。实际上，这个低通特性是对于输入信号的相位谱而言的，它使得远离中心频率的输入信号（如参考晶振）和鉴相器的相位噪声得以滤除，而只让中心频率附近的相位噪声通过。

② 仿照第二章中等效噪声带宽的定义方法，也可以定义一个环路的等效噪声带宽B_L，$B_L=\int_0^\infty |H(j2\pi f)|^2 df$，它可以很好地反映环路对输入噪声的滤除作用。$B_L$越小，对噪声的滤除性能越好。对于理想积分滤波器，$B_L=\omega_n(\zeta+1/4\zeta)/2$，当$\zeta=0.5$时$B_L=0.5\omega_n$为最小。

③ 对于输入信号的电压谱，锁相环相当于中心频率位于ω_r的带通滤波器。适当调整环路增益和时间常数，可使环路成为一个具有极高品质因数的窄带带通滤波器，也可以使环路成为一个宽带的调制跟踪环。需要注意，环路在跟踪角度调制信号时，应保证鉴相器工作于线性区。

④ 环路误差的频率特性具有高通特性。由于VCO的噪声与输入噪声不相关，环路输出相位噪声与VCO的相位噪声之比等于误差传递函数，因此，环路对VCO噪声的传输呈高通特性。也就是说，环路锁定时，环路对中心频率附近的VCO相位噪声抑制得好，而对远离中心频率的VCO相位噪声抑制能力弱。环路带宽越宽，VCO的相位噪声引起的输出相位抖动越小。

四、锁相环的非线性分析

当环路相位误差较大（如$|\theta_e|\geqslant\pi/6$）而超出线性化允许的范围或环路处于非线性状态（如捕获过程）时，锁相环的线性模型不再适用，必须进行非线性分析。非线性分析方法通常有时域分析法和相平面图法。用非线性分析法可分析捕获性能和同步性能。

1. 一阶环的非线性分析

（1）相图原理

对于一阶环路，$F(p)=1$，式(8-31)的环路基本方程可简化为

$$p\theta_e(t)=p\theta_1(t)-K\sin\theta_e(t) \tag{8-57}$$

这一方程称为相轨迹方程。以$p\theta_e(t)$为纵坐标，$\theta_e(t)$为横坐标，按照相轨迹方程画出的曲线图称为相图，$\Delta\omega<K$条件下的相图如图8-30所示。图中，曲线是有方向的，箭头表示随着时间增长时曲线的变化方向。由图可以了解一阶环失锁与入锁过程（环路沿相轨迹的运动情况）。

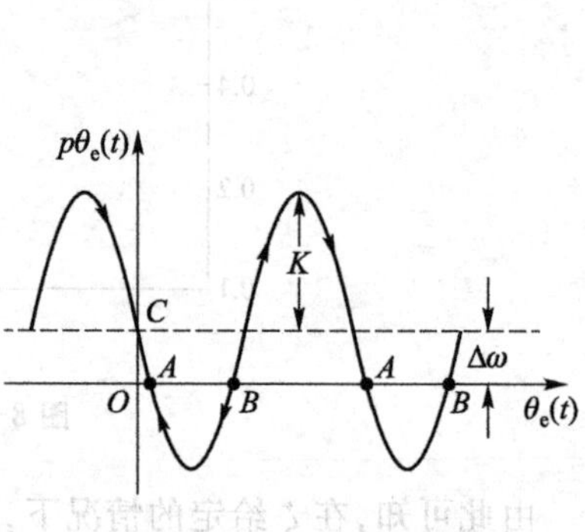

$p\theta_e(t)$
C
K
A
A
$\Delta\omega$
O
B
B
$\theta_e(t)$

图 8-30　一阶环相图

当 $\theta_e(t)$ 位于 $B\sim A$ 之间任一个值时，由于 $p\theta_e(t)>0$，意味着 $\theta_e(t)$ 随着时间的增长而增大，$\theta_e(t)$ 沿横轴向右变化，曲线按正弦轨迹变化。当 $\theta_e(t)$ 增加至 A 点时，$p\theta_e(t)=0$，环路进入锁定。

当 $\theta_e(t)$ 位于 $A\sim B$ 之间任一个值时，由于 $p\theta_e(t)<0$，意味着 $\theta_e(t)$ 随着时间的增长而减小，$\theta_e(t)$ 沿横轴向左变化，曲线仍按正弦轨迹变化。当 $\theta_e(t)$ 减小至 A 点时，$p\theta_e(t)=0$，环路也进入锁定。

由上可知，A 点是稳定的平衡点，而 B 也是平衡点，但不稳定。无论初始相点在何处，相点都是沿着箭头方向向稳定平衡点移动，并且离稳定平衡点越近，瞬时频差 $p\theta_e(t)$ 越小，相点移动的速度也越慢，直到第一个平衡点才停止移动，环路进入锁定。此外，由于控制频差 $K\sin\theta_e(t)$ 变化的每一个周期都有一个稳定平衡点，在环路锁定过程中，相点移动无须超过 2π 就能锁定。即在一阶环的相轨迹过程中，$\theta_e(t)$ 的变化范围永远小于 2π，因此，在一阶环中，只要满足 $\Delta\omega<K$ 的条件，环路总能锁定且不会出现跳周现象（由于噪声的随机性，瞬时的强噪声可能使环路的稳定状态遭到破坏，鉴相器工作点跳跃一个或几个 2π，重新趋向一个新的稳定平衡点，这种现象称为跳周）。

需要指出，当 $\Delta\omega>K$ 时，相图曲线与横轴没有交点，即不会出现 $p\theta_e(t)=0$ 的情况，因此，环路始终处于失锁状态。但是，由于存在环路的控制作用，所以还存在使频差减小的频率牵引现象。

（2）捕获性能

由图 8-30 和以上分析可知，当输入频率和 VCO 振荡频率之间的固有频差 $|\Delta\omega|$ 增大时，相轨迹将向上（或下）移动，稳定平衡点 A 和不稳定平衡点 B 将逐渐靠拢。当 $|\Delta\omega|=K$ 时，A 和 B 点重合。再增大 $|\Delta\omega|$ 时，平衡点消失，环路再也不能锁定。这一过程也可以反过来变化。因此，一阶环路的捕获带和同步带相等，即

$$\Delta\omega_p=\Delta\omega_H=K \tag{8-58}$$

由于一阶环没有跳周现象，$\theta_e(t)$ 的变化范围始终小于 2π，因此，捕获带也就是快捕带 $\Delta\omega_L$。也就是说，一阶环路的捕获带、快捕带和同步带都等于环路增益。

一阶环路在小扰动条件下的捕获时间为

$$T_p=T_L=1/\sqrt{K^2-(\Delta\omega)^2} \tag{8-59}$$

当 $|\Delta\omega|\ll K$ 时，式(8-59)近似为

$$T_p=T_L=1/K \tag{8-60}$$

即环路增益越高，捕获时间越短。

锁定后稳态相位误差为

$$\theta_e(\infty)=2\arctan\sqrt{\frac{K-\Delta\omega}{K+\Delta\omega}}+\frac{\pi}{2} \tag{8-61}$$

2. 二阶环的捕获性能

常用的锁相环是二阶环。由于二阶环增加了环路滤波器，其相图或相轨迹方程比一阶环要复杂得多，详细分析也相当烦琐。因此，这里不加分析而直接给出具有正弦型鉴相器的二阶环的捕获性能，见表 8-4。

表 8-4　二阶环的捕获性能

环路类型	捕获带 $\Delta\omega_p$	快捕带 $\Delta\omega_L$	捕获时间 T_p	同步带 $\Delta\omega_H$	稳态相差 $\theta_e(\infty)$
RC 积分	$\pm1.25\omega_n$	$\pm\omega_n$	$\dfrac{(\Delta\omega)^2}{2\zeta\omega_n^3}$ 或 $\dfrac{25\sim30}{f_{PD}}$	$KF(0)$	$\arcsin\dfrac{\Delta\omega}{KF(0)}$
RC 比例积分	$\pm2\sqrt{K\zeta\omega_n}$	$\pm2\zeta\omega_n$			
有源比例积分	$\pm2\sqrt{KA\zeta\omega_n}$	$\pm2\zeta\omega_n$			
理想积分	$\pm\infty$	$\pm2\zeta\omega_n$		$\pm\infty$	

锁相环同步带与捕获带

表 8-4 中,f_{PD} 为鉴相器的鉴相频率。对于理想二阶环,捕捉带 $\Delta\omega_p=\infty$ 表示无论 $|\Delta\omega|$ 为何值,环路总能锁定。但实际上,理想二阶环的捕获带受 VCO 频率覆盖的限制,因此,其捕获带等于 VCO 的频率覆盖。

通常,二阶环的捕获带小于同步带,同步带、捕获带和快捕带三者在数量上的关系为

$$\Delta\omega_H>\Delta\omega_p>\Delta\omega_L$$

五、锁相环在通信电子线路中的应用

由以上的讨论已知,锁相环路具有以下几个重要特性:

① 环路锁定后,没有剩余频差。压控振荡器的输出频率严格等于输入信号的频率。

② 跟踪特性。环路锁定后,当输入信号频率 ω_i 稍有变化时,VCO 的频率立即发生相应的变化,最终使 VCO 输出频率 $\omega_v=\omega_i$。它跟踪输入载波信号的频率与相位变化,环路输出信号就是需要提取的载波信号,这就是环路的载波跟踪特性。

只要让环路有适当的低频通带,压控振荡器输出信号的频率与相位就能跟踪输入调频或调相信号的频率与相位的变化,即得到输入角度调制信号的复制品,这就是调制跟踪特性。利用环路的调制跟踪特性,可以制成角度调制信号的调制器与解调器。

③ 滤波特性。锁相环通过环路滤波器的作用,具有窄带滤波特性,能够将混进输入信号中的噪声和杂散干扰滤除。在设计良好时,这个通带能做到极窄。例如,可以在几十兆赫的频率上,实现几十赫甚至几赫的窄带滤波。这种窄带滤波特性是任何 *LC*、*RC*、石英晶体、陶瓷等滤波器所难以达到的。

④ 易于集成化。组成环路的基本部件都易于采用模拟集成电路。环路实现数字化后,更易于采用数字集成电路。环路集成化为减小体积、降低成本,提高可靠性与增多用途等提供了条件。

应当强调,环路滤波器对 PLL 的性能影响巨大。环路对晶振噪声呈低通特性,对 VCO 的噪声呈高通特性。较宽的带宽加速了捕获,并保证了较低的远端相位噪声;较窄的带宽能够容忍 PLL 中的较大干扰,从而使 PLL 保持较好的跟踪。因此,在实际应用中,根据系统的指标要求,设计适当的环路滤波器及其带宽非常重要。通常情况下,环路滤波器的带宽(用 f_n 表示)设置在晶振的噪声功率谱密度曲线和 VCO 的噪声功率谱密度曲线的交点频率附近,约为鉴相频率的 1/10。

由于 PLL 具有这么多的优良特性,使得 PLL 电路可广泛应用于调频立体声解码、调频与调

相及其解调、同步检波、载波恢复与位同步提取、微波频率源、锁相接收机、移相器、锁相倍频/分频/混频/频率合成和自动跟踪调谐以及测距测速等方面。下面只简单介绍锁相环的几种应用。

1. 锁相调频及其解调

图 8-31 所示是用锁相环实现调频的方框图,这种方法能够得到中心频率高度稳定的调频信号。

实现调制的条件是:调制信号的频谱要处于低通滤波器通频带之外,并且调频指数不能太大。这样,调制信号在锁相环路内不能形成交流反馈,也就是调制频率对锁相环路无影响。锁相环只对 VCO 平均中心频率不稳定所引起的分量(处于低通滤波器通带之内)起作用,使它的中心频率锁定在晶振频率上。因此,输出调频波的中心频率稳定度很高。这样,用锁相环路调频器能克服直接调频的中心频率稳定度不高的缺点。若将调制信号经过微分电路送入压控振荡器,环路输出的就是调相信号。

调制跟踪锁相环本身就是一个调频解调器,它利用锁相环路良好的调制跟踪特性,使锁相环路跟踪输入调频信号瞬时相位的变化,从而从 VCO 控制端获得解调输出。锁相环鉴频器的组成如图 8-32 所示。

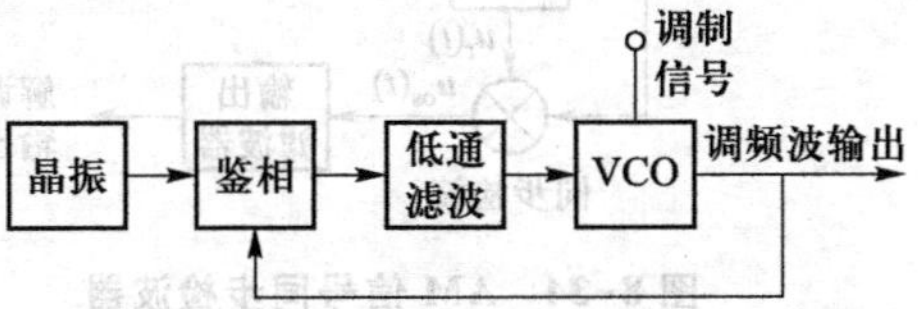
调制
信号
晶振
鉴相
低通
滤波
VCO
调频波输出

图 8-31 用锁相环实现调频的方框图

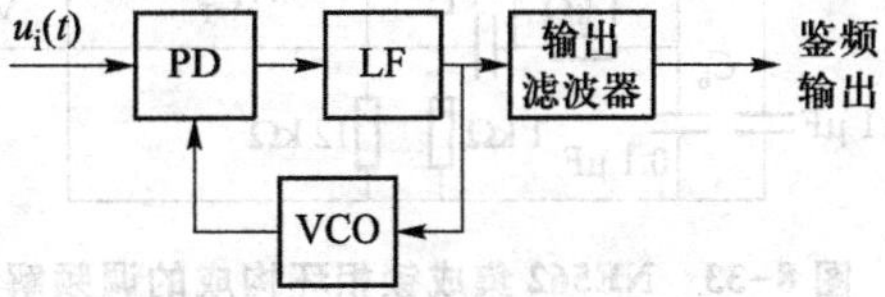
$u_i(t)$
PD
LF
输出
滤波器
鉴频
输出
VCO

图 8-32 锁相环鉴频器的组成

设输入的调频信号为

$$u_i(t)=U_i\sin\ (\omega_i t+m_f\sin\ \Omega t) \tag{8-62}$$

其调制信号为 $u_\Omega(t)=U_\Omega\cos\ \Omega t$, m_f 为调频指数。同时假设环路处于线性跟踪状态,且输入载频 ω_i 等于 VCO 自由振荡频率 ω_0,则可得到调频波的瞬时相位为

$$\theta_1(t)=m_f\sin\ \Omega t \tag{8-63}$$

现以 VCO 控制电压 $u_c(t)$ 作为解调输出,那么可先求出环路的输出相位 $\theta_2(t)$,再根据 VCO 控制特性 $\theta_2(t)=K_0u_c(t)/p$,不难求得解调输出信号 $u_c(t)$。

设锁相环路的闭环频率响应为 $H(\mathrm{j}\Omega)$,则输出相位为

$$\theta_2(t)=m_f|H(\mathrm{j}\Omega)|\sin\ [\Omega t+\underline{/H(\mathrm{j}\Omega)}] \tag{8-64}$$

因而解调输出电压为

$$\begin{aligned}u_\Omega(t)&=\frac{1}{K_0}\frac{\mathrm{d}\theta_2(t)}{\mathrm{d}t}=\frac{1}{K_0}m_f\Omega|H(\mathrm{j}\Omega)|\cos\ [\Omega t+\underline{/H(\mathrm{j}\Omega)}]\\&=U_c|H(\mathrm{j}\Omega)|\cos\ [\Omega t+\underline{/H(\mathrm{j}\Omega)}]\end{aligned} \tag{8-65}$$

式中,$U_c=\dfrac{1}{K_0}m_f\Omega=\dfrac{\Delta\omega_m}{K_0}$, $\Delta\omega_m$ 为调频信号的最大频偏。对于设计良好的调制跟踪锁相环,在调制频率范围内 $|H(\mathrm{j}\Omega)|\approx1$,相移 $\underline{/H(\mathrm{j}\Omega)}$ 也很小。因此,$u_c(t)$ 的确是良好的调频解调输出。各种通用锁相环集成电路都可以构成调频解调器。图 8-33 所示为用 NE562 集成锁相环构成的调频解调器。

2. 同步检波器

如果锁相环路的输入电压是调幅波，只有幅度变化而无相位变化，则由于锁相环路只能跟踪输入信号的相位变化，所以环路输出得不到原调制信号，而只能得到等幅波。用锁相环对调幅信号进行解调，实际上是利用锁相环路提供一个稳定度高的载波信号电压，与调幅波在非线性器件中乘积检波，输出的就是原调制信号。AM 信号频谱中，除包含调制信号的边带外，还含有较强的载波分量，使用载波跟踪环可将载波分量提取出来，再经 90°移相，可用作同步检波器的相干载波。这种同步检波器如图 8-34 所示。

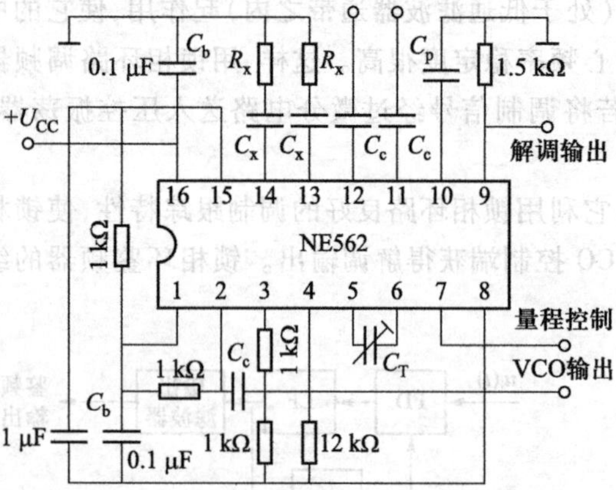

0.1 μF
C_b
R_x
R_x
C_p
1.5 kΩ
$+U_{CC}$
C_x
C_x
C_c
C_c
解调输出
16 15 14 13 12 11 10 9
NE562
1 2 3 4 5 6 7 8
1 kΩ
量程控制
VCO输出
C_c
C_T
1 kΩ
C_b
0.1 μF
0.1 μF
1 kΩ
12 kΩ

图 8-33　NE562 集成锁相环构成的调频解调器

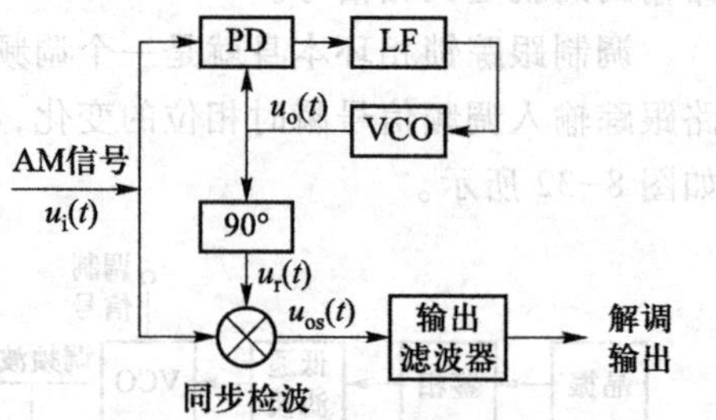

PD
LF
$u_o(t)$
VCO
AM信号
$u_i(t)$
90°
$u_r(t)$
$u_{os}(t)$
输出
滤波器
解调
输出
同步检波

图 8-34　AM 信号同步检波器

设输入信号为

$$u_i(t)=U_i(1+m\cos\Omega t)\cos\omega_i t \tag{8-66}$$

输入信号中载波分量为 $U_i\cos\omega_i t$，用载波跟踪环提取后输出为 $u_o(t)=U_o\cos(\omega_i t+\theta_0)$，经 90°移相后，得到相干载波为

$$u_r(t)=U_o\sin(\omega_i t+\theta_0) \tag{8-67}$$

将 $u_r(t)$ 与 $u_i(t)$ 相乘，并滤除 $2\omega_i$ 分量，得到的输出信号就是恢复出来的调制信号。

第四节　频率合成器

一、频率合成器及其技术指标

随着电子技术的发展，要求信号的频率越来越准确和越来越稳定，一般振荡器已不能满足系统设计的要求。晶体振荡器的高准确度和高稳定度早已被人们认识，成为各种电子系统的必选部件。但是晶体振荡器的频率变化范围很小，其频率值不高，很难满足通信、雷达、测控、仪器仪表等电子系统的需求，在这些应用领域中，往往需要在一个频率范围内提供一系列高准确度和高稳定度的频率源，这就需要应用频率合成技术来满足这一需求。

频率合成是指以一个或少量的高准确度和高稳定度的标准频率作为参考频率，由此导出多个或大量的输出频率，这些输出频率的准确度与稳定度与参考频率是一致的。用来产生这些频率的部件就称为频率合成器或频率综合器。频率合成器通过一个或多个标准频率产生大量的输出频率,它是通过对标准频率在频域进行加、减、乘、除来实现的,可以用混频、倍频和分频等电路来实现。

为了正确理解、使用与设计频率合成器,应对它提出合理的技术指标。频率合成器的使用场合不同,对它的要求也不尽相同。大体上讲,有如下几项主要技术指标:频率范围、频率间隔、准确度、频率稳定度、频谱纯度(杂散输出和相位噪声)、频率转换时间以及体积、重量、功能与成本等。指标提高,频率合成器的复杂程度和成本将增加。因此,如何选择合理经济的频率合成器方案来满足技术指标的要求是十分重要的。下面仅介绍一些基本指标的含义。

1. 频率范围

频率范围是指频率合成器输出的最低频率 f_{omin} 和最高频率 f_{omax} 之间的变化范围,也可用覆盖系数 $k=f_{omax}/f_{omin}$ 表示(k 又称之为波段系数)。如果覆盖系数 $k>2\sim3$ 时,整个频段可以划分为几个子波段。在频率合成器中,子波段的覆盖系数一般取决于压控振荡器的特性。

要求频率合成器在指定的频率范围之内,所有指定的离散频率点上均能正常工作,且均能满足其他性能指标。

2. 频率间隔(频率分辨率)

频率合成器输出的频率是不连续的。两个相邻频率之间的最小间隔,就是频率间隔。频率间隔又称为频率分辨率。不同用途的频率合成器,对频率间隔的要求是不相同的。对短波单边带通信来说,现在多取频率间隔为 100 Hz,有的甚至取 10 Hz、1 Hz 乃至 0.1 Hz。对超短波通信来说,频率间隔多取为 50 Hz、25 kHz等。在一些测量仪器中,其频率间隔高端可达 MHz 量级,低端可达 mHz 量级。

3. 频率转换时间

频率转换(捷变)时间是指频率合成器从某一个频率转换到另一个频率并达到稳定所需要的时间。它与采用的频率合成方法有密切的关系。

4. 准确度与频率稳定度

频率准确度是指频率合成器工作频率偏离规定频率的数值,即频率误差。而频率稳定度是指在规定的时间间隔内,频率合成器频率偏离规定频率相对变化的大小。这是频率合成器的两个重要指标,二者既有区别,又有联系。通常认为频率误差已包括在频率不稳定的偏差之内,因此一般只提频率稳定度。

5. 频谱纯度

影响频率合成器频谱纯度的因素主要有两个,一是相位噪声,二是寄生干扰。

相位噪声是瞬间频率稳定度的频域表示,在频谱上呈现为主谱两边的连续噪声,如图 8-35(a)所示。相位噪声的大小可用频率轴上距主谱 f_0 处的相位功率谱密度来表示。相位噪声是频率合成器质量的主要指标,锁相频率合成器相位噪声主要来源于参考振荡器和压控振荡器。此外,环路参数的设计对频率合成器的相位噪声也有重要的影响。图 8-35(b)所示是一频率合成器的实际频谱图。

寄生(又称为杂散)干扰是非线性部件所产生的,其中最严重的是混频器,寄生干扰表现为一些离散的频谱,如图 8-35(a)所示。混频器中混频比的选择以及滤波器的性能对于寄生干扰的抑制是至关重要的。

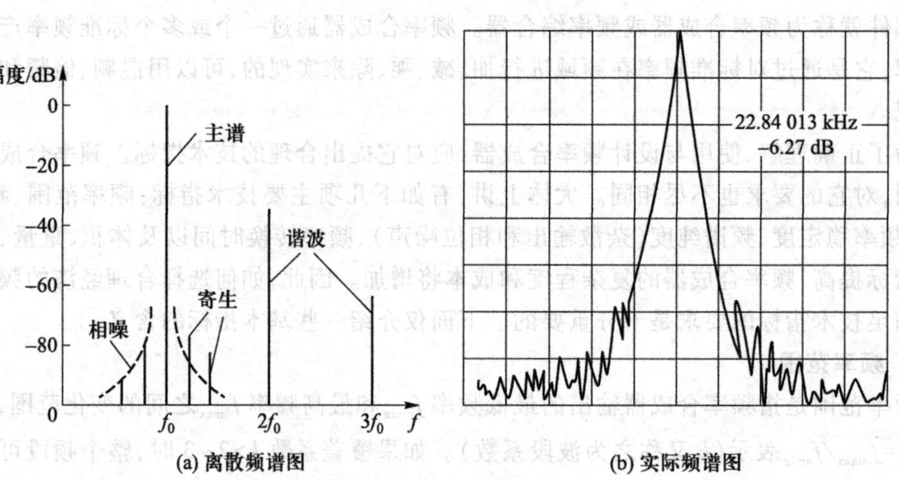

相对幅度/dB
0
−20
−40
−60
−80
0
主谱
谐波
寄生
相噪
f_0
$2f_0$
$3f_0$
f
(a) 离散频谱图
22.84 013 kHz
−6.27 dB
(b) 实际频谱图

图 8-35　频率合成器的频谱

二、频率合成方法

频率合成方法可分为直接式频率合成法、间接式（或锁相）频率合成法、直接数字式频率合成法以及混合合成法。

1. 直接式频率合成法（DS）

直接式频率合成法是最先出现的一种简单易行的合成方法，它是将两个或多个基准（参考）频率直接在混频器中进行混频，以获得所需要的新频率。基准频率源一般是晶体振荡器。直接频率合成方法大致可分为非相关（非相干）合成法和相关（相干）合成法两种，这两种方法之间的主要区别是所使用的基准频率源之间是否独立（或无关）和基准频率源数目。此外，还有利用外差原理的外差补偿法直接频率合成方式。

非相关合成法使用多个基准频率源（通常为晶振），所需的各种频率分别由这些相互独立的基准源提供。其缺点在于制作具有相同频率稳定性和精度的多个基准频率源既复杂又困难，而且成本很高。

相关合成法只使用一个基准频率源，所需的各种频率都由它经过分频、混频或倍频后得到，因而合成器输出频率的准确度和稳定度与基准源一样。现在绝大多数直接式频率合成器都用这种方法。

直接式频率合成器的显著特点是分辨率高（10^{-2} Hz）、频率转换速度快（<100 μs）、工作稳定可靠、输出信号频谱纯度较高等，最大的缺点是体积大、笨重、成本高。

外差补偿法直接频率合成具有瞬时频率稳定度高、寄生调制小的优点，可用于快速数字通信。但其实现相当复杂，体积和成本也很大，调试也比较困难，实际中很少使用。

2. 间接式频率合成法（IS）

间接式频率合成法又称为锁相频率合成法，就是利用锁相环实现的频率合成方法。锁相频率合成法由于克服了直接式频率合成法中所固有的那些缺点，使它成为目前应用最广的频率合成法。

间接式频率合成法可分为脉冲控制锁相法、模拟锁相法和数字锁相法三种方法。脉冲控制锁相法是利用参考晶振频率的某次谐波（通过脉冲形成电路产生）与压控振荡器的输出频率在鉴相器中比较；模拟锁相法和数字锁相法大多是利用适当的降频电路将压控振荡器的频率降低（也有升高的）后与参考频率在鉴相器中比较。模拟锁相法一般采用混频器的减法降频，数字锁相法通常采用分频器的除法降频。模拟锁相法和数字锁相法都有单环和多环之分，它们各有优缺点。目前最常用的间接式频率合成法是数字锁相法。

基本的数字锁相频率合成器如图 8-36 所示。当锁相环锁定后，相位检波器（鉴相器 PD）的两个输入信号的频率（参考频率和鉴相频率）是相同的，即

$$f_r = f_d \tag{8-68}$$

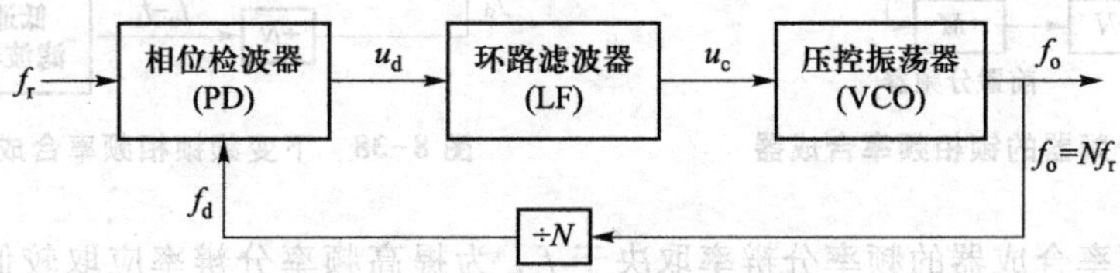

f_r
相位检波器
(PD)
u_d
环路滤波器
(LF)
u_c
压控振荡器
(VCO)
f_o
$f_o=Nf_r$
f_d
÷N

图 8-36　基本的数字锁相频率合成器

VCO 输出频率 f_o 经 N 分频得到

$$f_d = f_o/N \tag{8-69}$$

所以，输出频率是参考频率 f_r 的整数倍，即

$$f_o = Nf_r \tag{8-70}$$

这样，环路中带有分频器的锁相环就提供了一种从单个参考频率获得大量频率的方法。如果用一可编程分频器来实现分频比 N，就很容易按增量 f_r 来改变输出频率。带有可编程分频器的锁相环为合成大量频率提供了一种方法，合成频率都是参考频率的整倍数，而此参考频率通常就是此频率合成器的分辨率。

基本的数字锁相频率合成器的转换时间取决于锁相环的非线性性能，精确的表达式目前还难以导出，工程上常用的经验公式为

$$t_s = 25/f_r \tag{8-71}$$

即转换时间大约等于 25 个参考频率的周期。

基本的数字锁相频率合成器存在以下几个问题。首先，从式（8-70）可知，频率分辨率等于 f_r，即输出频率只能以参考频率 f_r 为增量来改变。为了提高频率合成器频率分辨率，就必须将 f_r 减小，而分辨率是与转换时间成反比的，这样，就使得分辨率与转换时间相互矛盾。其次，在基本锁相频率合成器中，VCO 的输出是直接加到可变分频器上的，而这种可编程分频器的最高工作频率可能比所要求的合成器工作频率低得多，因此在很多应用场合基本频率合成器是不适用的。

固定分频器的工作频率明显高于可变分频器，超高速器件的上限频率可达千兆赫以上。若在可变分频器之前串接一固定分频的前置分频器，则可大大提高 VCO 的工作频率，如图 8-37 所示。前置分频器的分频比为 M，则可得

$$f_o = N(Mf_r) \tag{8-72}$$

采用了前置分频器之后，允许合成器得到较高的工作频率，但是因为 M 是固定的，输出频率只能以 Mf_r 为增量变化，合成器的分辨率下降了。避免可编程分频器工作频率过高的另一个途径是，用一个本地振荡器通过混频将频率下移，如图 8-38 所示。

混频后用低通滤波器取出差频分量，分频器输出频率为

$$f_d=f_r=\frac{f_o-f_L}{N} \tag{8-73}$$

因此

$$f_o=f_L+Nf_r \tag{8-74}$$

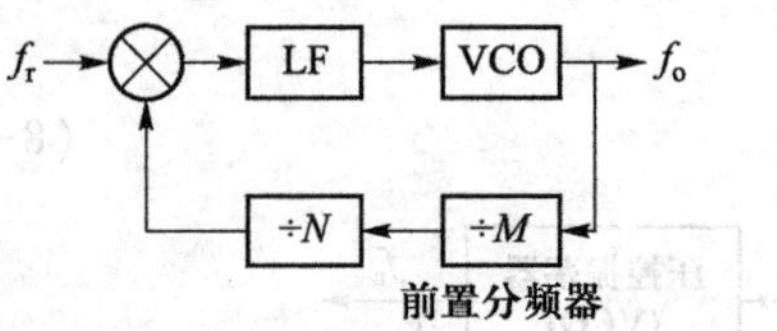

f_r
LF
VCO
f_o
÷N
÷M
前置分频器

图 8-37　有前置分频器的锁相频率合成器

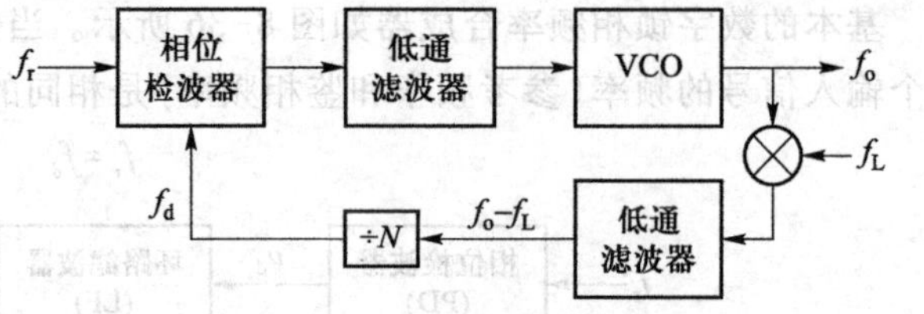

f_r
相位
检波器
低通
滤波器
VCO
f_o
f_L
f_d
÷N
f_o-f_L
低通
滤波器

图 8-38　下变频锁相频率合成器

总之，锁相频率合成器的频率分辨率取决于 f_r，为提高频率分辨率应取较低的 f_r；而转换时间 t_s 也取决于 f_r，为使转换时间短应取较高的 f_r，这两者是矛盾的。另外，可变分频器的频率上限与合成器的工作频率之间也是矛盾的。上述前置分频器和下变频的简单方法并不能从根本上解决这些矛盾。近年来出现的变模分频锁相频率合成器、小数分频锁相频率合成器以及多环锁相频率合成器等的性能比基本锁相频率合成器有了明显的改善，满足了各类应用的需求。

间接式频率合成法利用很少的基准频率源、混频器和滤波器，就可以得到大量的稳定频率，而且减少了组合频率干扰，输出频谱纯度高。但外部干扰会影响鉴相器的输出，从而影响瞬时频率稳定度。间接式频率合成法的主要缺点就是锁相有一定的范围，并需要较长的频率捕获时间（一般为 ms 级）。

3. 直接数字式频率合成法（DDS）

直接数字式频率合成法是近年来发展非常迅速的一种技术，它采用全数字技术，具有分辨率高、频率转换时间短、相位噪声低等特点，并具有很强的调制功能和其他功能。

DDS 的基本思想是在存储器中存入正弦波的 N 个均匀间隔样值，然后以均匀速度把这些样值输出到数模转换器，将其转换成模拟信号。最低输出频率的波形会有 N 个不同的点。同样的数据输出速率，但存储器中的值每隔一个值输出一个，就能产生二倍频率的波形。以同样的速率，每隔 k 个点输出就得到 k 倍频率的波形。频率分辨率与最低频率一样，其上限频率由奈奎斯特速率决定，与 DDS 所用的工作频率有关。DDS 的组成框图如图 8-39 所示，它由一相位累加器、只读存储器（ROM）、数/模转换器（DAC）和低通滤波器组成，图中 f_c 为时钟频率。相位累加器和 ROM 构成数控振荡器（NCO）。NCO 的原理结构如图 8-40 所示，其中相位累加器的长度为 N，用频率控制字去控制相位累加器，以改变频率。对一个定频 ω，$d\varphi/dt$ 为一常数，即定频信号的相位变化与时间呈线性关系，用相位累加器就可实现这个线性关系。不同的 ω 值需要不同的 $d\varphi/dt$ 的输出，这就可用不同的值加到相位累加器来完成。当最低有效位为 **1** 且加到相位累加器时，产生最低的频率，在时钟 f_c 的作用下，经过了 N 位累加器的 2^N 个状态，输出频率为 $f_c/2^N$。加任意的 M 值到累加器，则 DDS 的输出频率为

$$f_o=\frac{M}{2^N}f_c \tag{8-75}$$

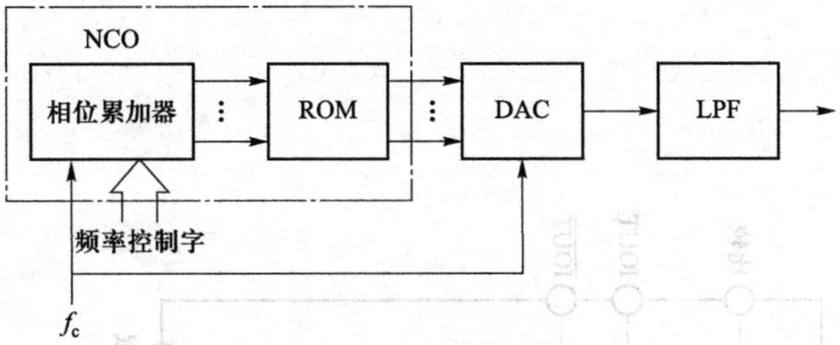
NCO
相位累加器
ROM
DAC
LPF
频率控制字
f_c

图 8-39　DDS 组成框图

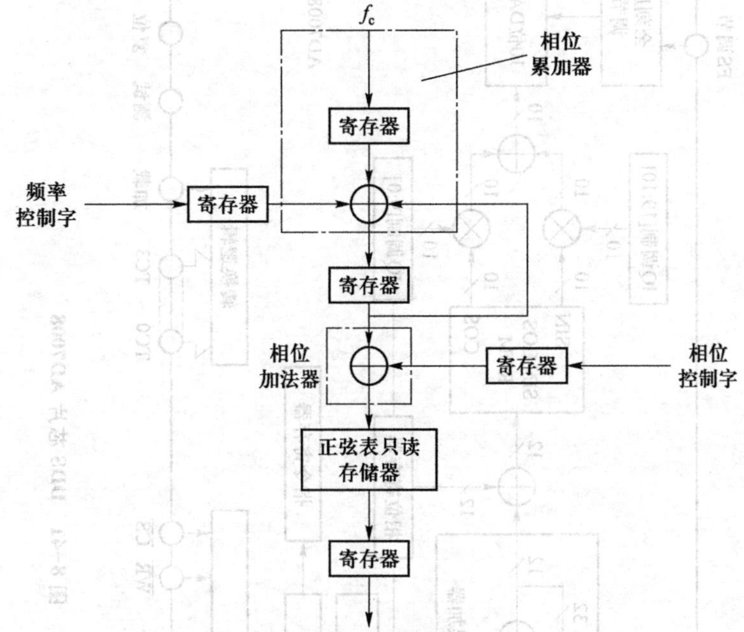
f_c
相位
累加器
寄存器
频率
控制字
寄存器
寄存器
相位
加法器
寄存器
相位
控制字
正弦表只读
存储器
寄存器

图 8-40　NCO 原理结构图

式中，$M \leqslant 2^{N-1}$，所以 $f_o \leqslant f_c/2$，通常情况下 $f_o \leqslant 0.4f_c$。

设置相位加法器与偏移相位输入相加，可以实现相位调制（通常情况下无相位加法器或偏移相位输入为零）。

在时钟 f_c 的作用下，相位累加器通过正弦表只读存储器（查表），得到对应于输出频率的量化振幅值，通过 D/A 转换，得到连续的量化振幅值，再经过低通滤波器滤波后，就可得到所需频率的模拟信号。改变 ROM 中的数据值，可以得到不同的波形，如正弦波、三角波、方波、锯齿波等周期性的波形。

在 DDS 中，输出信号波形有频率 ω、相位 φ 和振幅 A 三个参数，它们都可以用数据字来定义。ω 的分辨率由相位累加器中的比特数来确定，φ 的分辨率由 ROM 中的比特数确定，而 A 的分辨率由 DAC 中的分辨率确定。因此，在 DDS 中可以完成数字调制和模拟调制。频率调制可以用改变频率控制字来实现，相位调制可以用改变瞬时相位控制字来实现，振幅调制可用在 ROM 和 DAC 之间加数字乘法器来实现。因此，许多厂商在生产 DDS 芯片时，就考虑了调制功能，可直接利用这些 DDS 芯片完成所需的调制功能，这无疑为实现各种调制方式增添了更多的选择。而且，用 DDS 完成调制带来的好处是以前许多相同调制方法难以比拟的。图 8-41 所示

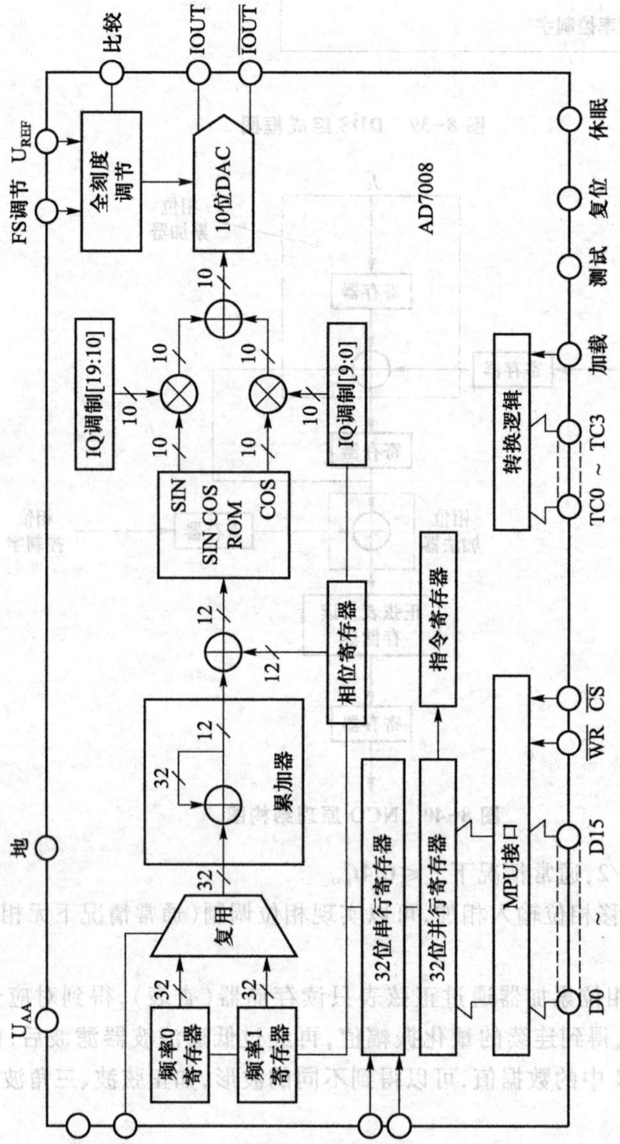
时钟
频率选择
串行时钟
串行数据
U_AA
地
FS调节
U_REF
比较
IOUT
IOUT
休眠
复位
测试
加载
TC0 ~ TC3
CS
WR
D15
~
D0
频率0寄存器
频率1寄存器
复用
累加器
32位串行寄存器
32位并行寄存器
MPU接口
指令寄存器
相位寄存器
SIN
SIN COS ROM
COS
IQ调制[19:10]
IQ调制[9:0]
10位DAC
全刻度调节
AD7008
转换逻辑

图 8-41　DDS 芯片 AD7008

是 AD 公司生产的 DDS 芯片 AD7008，其时钟频率有 20 MHz 和 50 MHz 两种，相位累加器长度 $N=32$。它不仅可以用于频率合成，而且具有很强的调制功能，可以完成各种数字和模拟调制功能，如 AM、PM、FM、ASK、PSK、FSK、MSK、QPSK、QAM 等调制方式。用 DDS 完成调制，其调制方式是非常灵活方便的，调制质量也非常好。这样，就将频率合成和数字调制合二为一，一次完成，系统大大简化，成本、复杂度也大大降低。

由以上分析可知，DDS 是一种全数字开环系统，因此，它有如下优点：

① 频率转换时间短，可达纳秒(ns)级，这主要取决于累加器中数字电路的门延迟时间。

② 分辨率高，可达到 mHz 级，这取决于累加器的字长 N 和参考时钟 f_c。如 $N=32$，$f_c=20$ MHz，则分辨率 $\Delta F=f_c/2^N=2\times10^6/2^{32}$ MHz $=4.7$ mHz。

③ 频率变换时相位连续。

④ 非常小的相位噪声。其相位噪声由参考时钟 f_c 的纯度确定，随 $20\lg(f_o/f_c)$ 改善。

⑤ 输出频带宽，一般可从直流到 $0.4f_c$。

⑥ 具有很强的调制功能。

但 DDS 也存在着输出频率低、杂散与功耗大、成本与复杂度高等缺点。DDS 的杂散主要是由 DAC 的误差和离散抽样值的量化近似引起的，改善 DDS 杂散的方法有：① 增加 DAC 的位数，DAC 的位数每增加一位，杂散电平降低 6 dB；② 增加有效相位数，每增加一位，杂散电平降低 8 dB；③ 设计性能良好的滤波器。

4. 混合合成法

以上三种基本方法是现代频率合成的技术基础，在性能上各有其特点，相互补充。在实际应用中，可以根据系统要求，组合应用这些基本方法，从而得到性能更好的、能满足系统要求的频率合成器。其中，最常用的是 DDS 和 IS 的混合合成法。

DDS 是一种全数字开环系统，而 IS 是一种模拟闭环系统。由于合成的方式不同，因而都具有其特有的优点和不足，见表 8-5。

由表 8-5 可知，DDS 和 IS 这两种频率合成方式的特点不同，不能相互代替，但可以相互补充。将这两种技术相结合，可以达到单一方式难以达到的效果。图 8-42 所示是 DDS 驱动 PLL 频率合成器，这种频率合成器由 DDS 产生分辨率高的频率较低信号，将 DDS 的输出送入一倍频-混频 PLL，其输出频率为

$$f_o=f_L+Nf_{DDS} \tag{8-76}$$

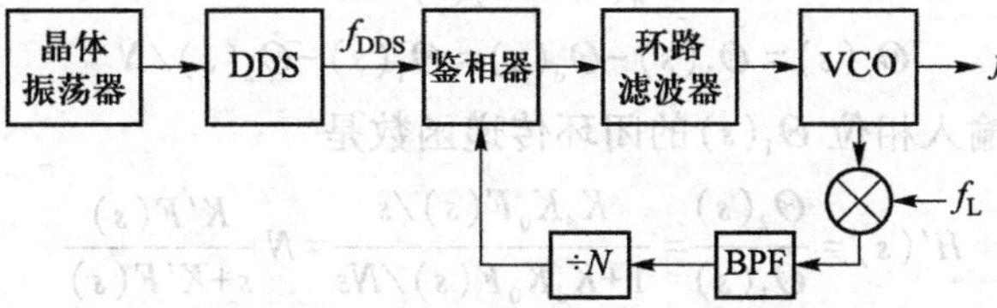
晶体振荡器
DDS
f_{DDS}
鉴相器
环路滤波器
VCO
f_o
f_L
÷N
BPF

图 8-42　DDS 驱动 PLL 频率合成器

其输出频率范围是 DDS 输出频率的 N 倍，因而输出带宽宽；分辨率高(可达 1 Hz 以下)，取决于 DDS 的分辨率和 PLL 的倍频次数；转换时间快，由于 PLL 是固定的倍频环，环路带宽可以较大，因而建立时间就快，可达 μs 级；N 不大时，相位噪声和杂散都可以较低。

表 8-5 DDS 和 IS 的主要特性对照表

主要特性	IS	DDS
频率分辨率	不高	高(mHz)
建立时间	长(ms 级)	短(ns 级)
输出频率	高($f_o>f_c$)	低($f_o\leqslant 0.4f_c$)
输出带宽	窄	宽($0\sim 0.4f_c$)
相位噪声	大	小
杂散	较小(与环路参数有关)	大

三、锁相频率合成器

锁相频率合成器是一种闭环系统,虽然其频率转换时间和分辨率均不如直接式频率合成器和直接数字式频率合成器好,但结构简单、成本低是其优势,因此是当前频率合成的主要方式,被广泛地应用于各种电子系统中。

锁相频率合成的基本方法是:锁相环路对高稳定度的参考振荡器锁定,环内串接可编程的程序分频器,通过编程改变程序分频器的分频比 N,从而就得到 N 倍参考频率的稳定输出。按上述方式构成的单环锁相频率合成器是锁相频率合成器的基本单元。这种基本的锁相频率合成器在性能上存在一些问题。为了解决合成器工作频率与可编程的程序分频器最高工作频率之间的矛盾和合成器分辨率与转换速率之间的矛盾,需对基本的构成进行改进。

1. 单环锁相频率合成器

基本的单环锁相频率合成器的构成如图 8-36 所示。环中的÷N 分频器采用可编程的程序分频器,合成器输出频率为

$$f_o=Nf_r \tag{8-77}$$

式中,f_r 为参考频率,通常是用高稳定度的晶体振荡器产生,经过固定分频比的参考分频之后获得的。这种合成器的分辨率为 f_r。

设鉴相器的增益为 K_d,环路滤波器的传递函数为 $F(s)$,压控振荡器的增益系数为 K_0,则可得单环锁相频率合成器的线性相位模型,如图 8-43 所示。

$$\Theta_d(s)=\Theta_2(s)/N \tag{8-78}$$

$$\Theta_e(s)=\Theta_1(s)-\Theta_d(s)=\Theta_1(s)-\Theta_2(s)/N \tag{8-79}$$

输出相位 $\Theta_2(s)$ 和输入相位 $\Theta_1(s)$ 的闭环传递函数是

$$H'(s)=\frac{\Theta_2(s)}{\Theta_1(s)}=\frac{K_dK_0F(s)/s}{1+K_dK_0F(s)/Ns}=N\frac{K'F(s)}{s+K'F(s)} \tag{8-80}$$

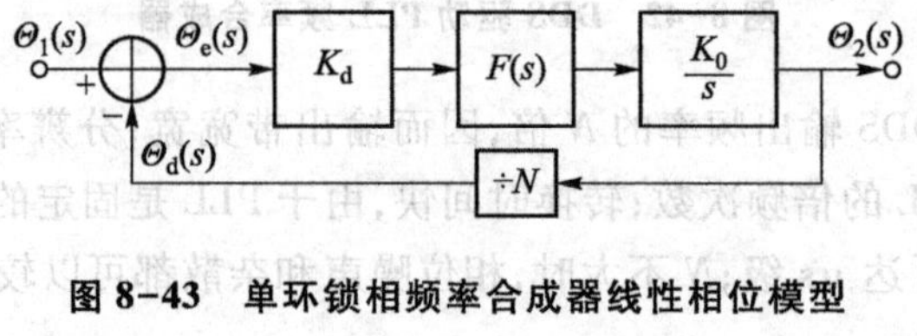
Θ1(s)
+
Θe(s)
Kd
F(s)
K0/s
Θ2(s)
Θd(s)
÷N

图 8-43 单环锁相频率合成器线性相位模型

式中，$K'=K_dK_0/N$。因为相位是频率的时间积分，故同样的传递函数也可说明输入频率（即参考频率）$f_r(s)$和输出频率$f_v(s)$之间的关系。

误差传递函数

$$H'_e(s)=\frac{\Theta_e(s)}{\Theta_1(s)}=\frac{1}{1+K_dK_0F(s)/Ns}=\frac{s}{s+K'F(s)} \tag{8-81}$$

将式（8-80）和式（8-81）与式（8-45）和式（8-46）相比较可知，单环锁相频率合成器的传递函数与线性锁相环的传递函数有如下关系

$$\begin{aligned} H'(s)&=NH(s) \\ H'_e(s)&=H(s) \end{aligned} \tag{8-82}$$

不同的只是$H(s)$和$H_e(s)$中的环路增益由原来的K变为$K'=K_dK_0/N=K/N$，K'比K减小了N倍。从式（8-80）和式（8-81）不难看出，单环锁相频率合成器的线性性能、跟踪性能、噪声性能等与线性锁相环是一致的。只要将表 8-1 和表8-2中的环路增益K换成K'，就可得到单环锁相频率合成器采用不同$F(s)$的传递函数及系统参数ω_n、ξ的表达式。

图 8-44（a）所示是通用型单片集成锁相环 L562（NE562）和国产 T216 可编程除 10 分频器构成的单环锁相频率合成器，可完成 10 以内的锁相倍频，即可得到 1~10 倍的输入信号频率输出，图 8-44（b）为 L562 的内部结构图。

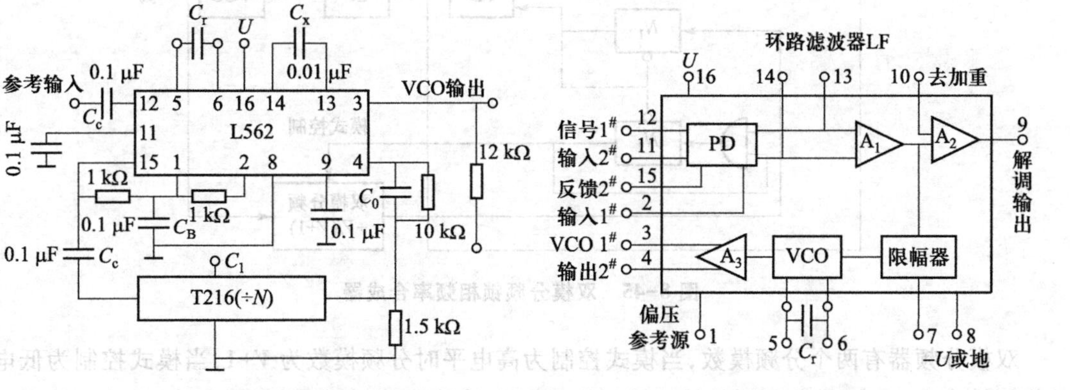

参考输入
0.1 μF
C_c
C_r
U
C_x
0.01 μF
VCO输出
L562
12 kΩ
1 kΩ
1 kΩ
0.1 μF
C_B
C_0
0.1 μF
10 kΩ
0.1 μF
C_c
C_1
T216(÷N)
1.5 kΩ
环路滤波器LF
去加重
信号1#
输入2#
反馈2#
输入1#
VCO 1#
输出2#
PD
A_1
A_2
A_3
VCO
限幅器
解调输出
偏压参考源
C_r
−U或地

(a) L562及T216构成的频率合成器　　(b) L562内部结构图

图 8-44　通用型单片集成锁相环 L562

如果要合成更多的频率，可选择多级的可变分频器或程序分频器。频率合成器要求波段工作，频率数要多，频率间隔要小，因此对分频器的要求很高。目前已有专用的单片合成器，这种合成器将环路的主要部件鉴相器以及性能很好的分频器集成在一个芯片上，它可以与微机接口连接，利于调整环路参数。

顺便指出，前面提到的有前置分频器的锁相环频率合成器和有下变频器的锁相环频率合成器均属于单环锁相频率合成器。

2. 变模分频锁相频率合成器

在基本的单环锁相频率合成器中，VCO 的输出频率是直接加到可编程分频器上的。目前可编程分频器还不能工作到很高的频率上，这就限制了这种合成器的应用。加前置分频器后固然能提高合成器的工作频率，但这是以降低频率分辨率为代价的。采用下变频方法可以在不改变

频率分辨率和转换时间的条件下提高合成器的工作频率,但它增加了电路的复杂性,而且由混频产生的寄生信号以及滤波器引起的延迟对环路性能都有不利的影响。因此上述两种电路并不能很好地解决基本单环锁相频率合成器的固有问题。

在不改变频率分辨率的同时提高频率合成器输出频率的有效方法之一是采用变模分频器,也称吞脉冲技术。它的工作速度虽不如固定模数的前置分频器那么快,但比可编程分频器快得多。这种方式可以实现分数或小数分频,其最小频率分辨率可以是鉴相频率的分数或小数倍,因此,这种频率合成器也称为分数分频频率合成器(FNPLL)。分数分频频率合成器可使锁相环采用较大的鉴相频率和较小的分频比来改善系统的相位噪声、频率捷变时间和杂波抑制,并实现高的频率分辨率。

双模分频锁相频率合成器由鉴相器(PD)、环路滤波器(LF)、压控振荡器(VCO)和双模分频器组成,如图 8-45 所示。为了提高芯片的通用性,通常将鉴相器、参考分频器和两个计数器集成于芯片内,而将环路滤波器、压控振荡器和双模分频器放在芯片外。随着可编程器件(如 FPGA)的发展,可以方便地只将环路滤波器和压控振荡器放在芯片外部。

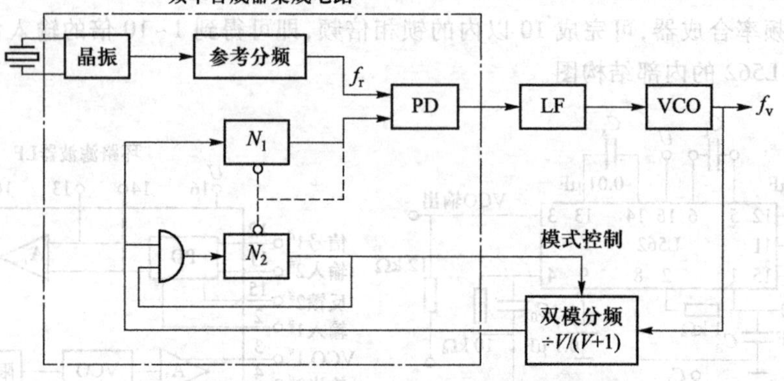

频率合成器集成电路
晶振
参考分频
f_r
PD
LF
VCO
f_v
N_1
N_2
模式控制
双模分频
$\div V/(V+1)$

图 8-45　双模分频锁相频率合成器

双模分频器有两个分频模数,当模式控制为高电平时分频模数为 $V+1$,当模式控制为低电平时分频模式为 V。双模分频器的输出同时驱动两个计数器,它们分别预置在 N_1 和 N_2,并进行减法计数。在 N_1 计数器和 N_2 计数器未计数到零时,模式控制为高电平,双模分频器的输出频率为 $f_v/(V+1)$。在输入 $N_2(V+1)$ 周期之后,N_2 计数器计数到零(并停止计数),将模式控制电平变为低电平,同时,N_1 计数器还存有 N_1-N_2。由于受低电平的控制,双模分频器的分频模数变为 V,输出频率为 f_v/V。再经过 $(N_1-N_2)V$ 个周期,N_1 计数器也计数到零,输出低电平,将两个计数器重新赋予它们的预置值 N_1 和 N_2,同时对鉴相器输出比相脉冲,并将模式控制信号恢复到高电平。在一个完整的周期中,输入的周期数为

$$N=(V+1)N_2+(N_1-N_2)V=VN_1+N_2 \tag{8-83}$$

假设 $V=10$,则

$$N=10N_1+N_2 \tag{8-84}$$

由上可知,N_1 必须大于 N_2。例如 N_2 从 0 到 9 变化,则 N_1 至少为 10。由此得到最小分频比为 $N_{min}=100$。若 N_1 从 10 变化到 19,那么可得到的最大分频比为 $N_{max}=199$。

其他的变模分频，例如 5/6、6/7、8/9、10/11、31/32、40/41、100/101 等也是常用的。

在变模分频器的方案中也要用可编程分频器，这时双模分频器的工作频率为合成器的工作频率 f_v，而两个可编程分频器的工作频率为 f_v/V 或 $f_v/(V+1)$。合成器的频率分辨率仍然为参考频率 f_r，这就在保证分辨率的条件下提高了合成器的工作频率，频率的转换时间也未受到影响。

为了扩展合成器的频率范围，还可以采用四模或八模前置分频器。

3. 双环锁相频率合成器

为进一步减小锁相频率合成器的转换时间，提高转换速度，也可采用图 8-46 所示的双环电路或类似方法的多环电路。采用这种环路时，由于两个环路交替输出，一个环路输出时另一个环路可以提前进行捕获，因此，可以从整体上提高频率合成器的转换速度。在跳频通信系统中，采用这种方式，可以缩短频率转换时间，将跳频速率提高十倍。采用双环电路，虽然可以提高跳频速率，但如何解决两个环路的相互影响是一个很重要的问题。

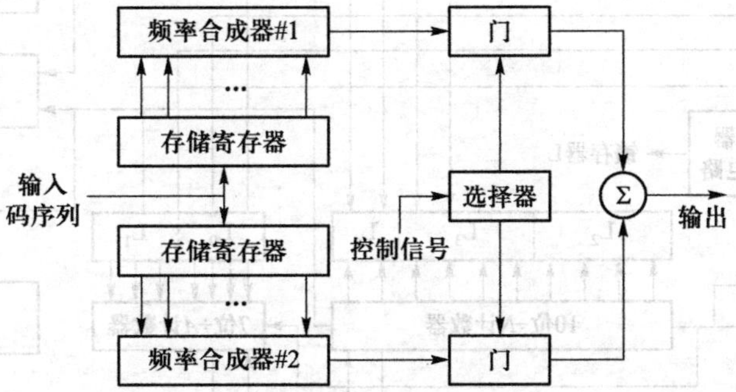
频率合成器#1
门
存储寄存器
输入
码序列
选择器
Σ
输出
存储寄存器
控制信号
频率合成器#2
门

图 8-46　双环路频率合成器

四、集成锁相频率合成器

集成锁相频率合成器是一种专用锁相电路，它将参考分频器、参考振荡器、数字鉴相器、各种逻辑控制电路等部件集成在一个或几个单元中。目前，集成锁相频率合成器按集成度可分为中规模（MSI）和大规模（LSI）两种；按电路速度可分为低速、中速和高速三种；按频率置定方式可分为并行码、4 位数据总线、串行码和 BCD 码四种，每一种频率置定方式又可区分为单模频合或双（四）模频合。实现频率置定可采用机械开关、晶体管阵列、EPROM 和微机等多种方式。

随着频率合成技术和集成电路技术的迅速发展，单片集成频率合成器也正向性能更好、速度更高的方向发展。有些集成频率合成器系统中还引入微机部件，使得波道转换、频率和波段的显示实现了遥控和程控，从而使集成频率合成器逐渐取代分立元件组成的频率合成器，应用范围日益广泛。但目前 VCO 还没有集成到单片合成器中，主要是因为 VCO 的噪声指标不易做高。这里重点介绍摩托罗拉公司出品的 4 位数据总线输入可编程大规模单片集成锁相频率合成器 MC145146-1 和并行码输入可编程大规模单片集成锁相频率合成器 MC145151-1 及其应用。

1. MC145146-1

MC145146-1 是一块 20 脚陶瓷或塑料封装的，由 4 位总线输入、锁存器选通和地址线编程单元组成的大规模单片集成锁相双模频率合成器，如图 8-47 所示。程序分频器为由 10 位 $\div N$（$N=3\sim 1\,023$）计数器和 7 位 $\div A$（$A=3\sim 127$）计数器组成的吞脉冲程序分频器。第 14 脚为变模控制端 *Mod*，

当 *Mod*=1 时(高电平),双模前置分频器按低模分频比工作;当 *Mod*=0 时(低电平),双模前置分频器按高模分频比工作。12 位可编程的参考分频器的分频比为 $R=3\sim4\ 095$,这样,鉴相器输入的参考频率 $f_R=f_c/R$,这里 f_c 为参考时钟源的频率,一般用高稳定度的石英晶振担当参考时钟源。OSC_{in} 和 OSC_{out} 就是此参考时钟源的输入和输出端。f_{in} 和 f_v 分别为 10 位÷*N* 计数器的输入端和输出端。

图 8-47 中,$D_0\sim D_3$ 为数据输入端,$A_0\sim A_2$ 为地址输入端,*ST* 为数据选通控制端,PD_{out} 为鉴相器的三态单端输出,*LD* 为锁定检测器信号输出端,*ΦV*、*ΦR* 为鉴相器的双端输出。表 8-6 给出了 MC145146-1 地址码与锁存器的选通关系。

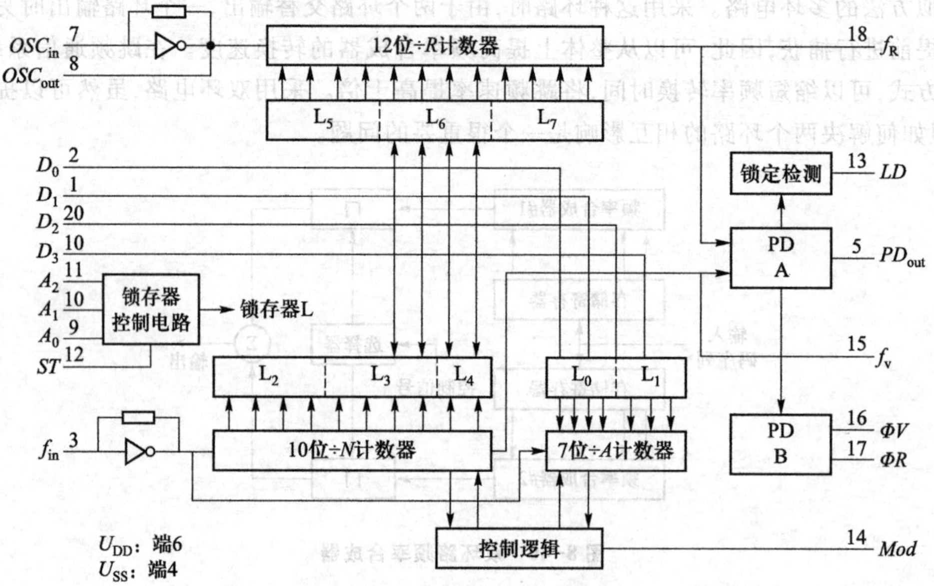
OSCin
OSCout
7
8
12位÷R计数器
L5
L6
L7
18
fR
D0
D1
D2
D3
A2
A1
A0
ST
2
1
20
10
11
10
9
12
锁定检测
13
LD
PD
A
5
PDout
锁存器
控制电路
锁存器L
15
fv
L2
L3
L4
L0
L1
PD
B
16
ΦV
17
ΦR
fin
3
10位÷N计数器
7位÷A计数器
控制逻辑
14
Mod
UDD: 端6
USS: 端4

图 8-47 MC145146-1 方框图

表 8-6 MC145146-1 地址码与锁存器的选通关系

A_2	A_1	A_0	被选锁存器	功能	D_0	D_1	D_2	D_3
0	0	0	0	÷*A*	0	1	2	3
0	0	1	1	÷*A*	4	5	6	7
0	1	0	2	÷*N*	0	1	2	3
0	1	1	3	÷*N*	4	5	6	7
1	0	0	4	÷*N*	8	9	—	—
1	0	1	5	÷*R*	0	1	2	3
1	1	0	6	÷*R*	4	5	6	7
1	1	1	7	÷*R*	8	9	10	11

地址输入端用来确定由哪一个锁存器接收数据输入端的信息。$D_0\sim D_3$ 栏的 0、1、2、⋯表示相应数据输入端 $D_0\sim D_3$ 上所输入二进制数的权值,如 $D_i(i=0\sim3)=3$,表示该位权值为 $2^3=8$;$D_i=8$ 表示该位权值为 $2^8=128$,以此类推。实际的参考分频比和可变分频比即等于所输入的二进制数。当 *ST* 是高电平时,数据输入端的信息将被传送到内部锁存器;*ST* 是低电平时,则锁存这些

信息。当频率 $f_v>f_R$ 或 f_v 相位超前时，PD_{out} 输出负脉冲；当相位滞后时，输出正脉冲；当 $f_v=f_R$ 且同相位时，输出端为高阻抗状态。当环路锁定时（f_v 与 f_R 同频同相），输出高电平；失锁时输出低电平。鉴相器的双端输出可以在外部组合成环路误差信号。

图 8-48 所示是一个采用 MC145146-1 的 UHF 移动无线电话频率合成器，工作频率为 450 MHz。接收机中频 10.7 MHz，具有双工功能，收发频差为5 MHz，$f_r=25$ kHz，可根据选定的参考振荡频率来确定 ÷R 值。环路总分频比 $N_T=N\times P+A=17\ 733\sim17\ 758$，其中，$P=64$，$N=277$，$A=5\sim30$。输出频率（VCO 输出）为 $N_Tf_r=443.325\sim443.950$ MHz，步进 25 kHz。

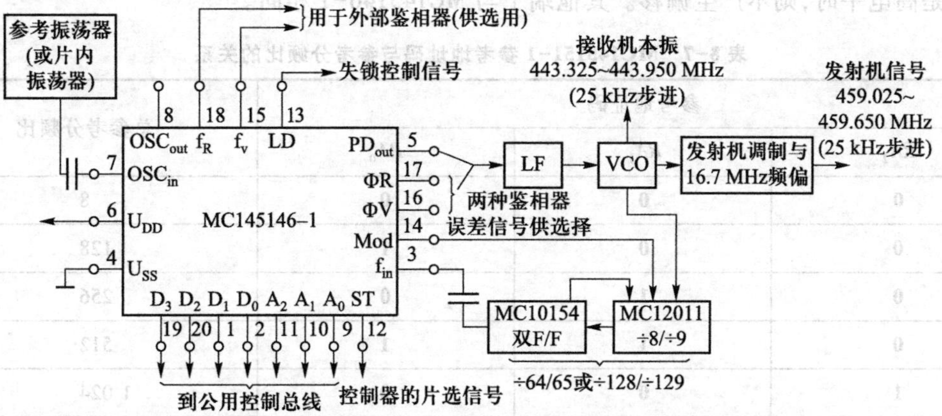
参考振荡器
(或片内
振荡器)
用于外部鉴相器(供选用)
失锁控制信号
接收机本振
443.325~443.950 MHz
(25 kHz步进)
发射机信号
459.025~
459.650 MHz
(25 kHz步进)
OSCout fR fv LD
OSCin
UDD
USS
MC145146–1
PDout
ΦR
ΦV
Mod
fin
两种鉴相器
误差信号供选择
LF
VCO
发射机调制与
16.7 MHz频偏
MC10154
双F/F
MC12011
÷8/÷9
D3 D2 D1 D0 A2 A1 A0 ST
÷64/65或÷128/÷129
到公用控制总线
控制器的片选信号

图 8-48　采用 MC145146-1 的 UHF 移动无线电话频率合成器

2. MC145151-1

MC145151-1 是一块由 14 位并行码输入编程的单模 CMOS、LSI 单片集成锁相频率合成器，其组成框图如图 8-49 所示。整个电路包含参考振荡器、12 位÷R 计数器（有 8 种可选择的分频比）、12×8 ROM 参考译码器、14 位÷N 计数器（$N=3\sim16\ 383$）、发射频偏加法器、三态单端输出鉴相器、双端输出鉴相器和锁定指示器等几部分。其内部能够实现控制收发频差的功能，可以很方便地组成单模或混频型频率合成器。

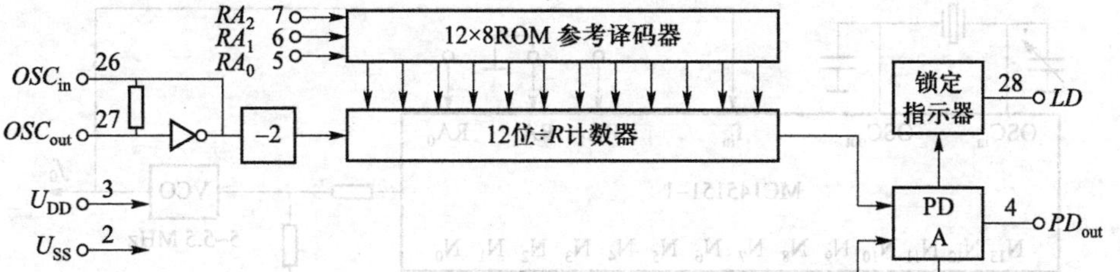
RA2
RA1
RA0
12×8ROM 参考译码器
OSCin
OSCout
UDD
USS
−2
12位÷R计数器
锁定
指示器
LD
PD
A
PDout
PD
B
ΦV
ΦR
fv
fin
14位÷N计数器
T/R
发射频偏加法器
N13 N11 N9 N7 N6 N4 N2 N0

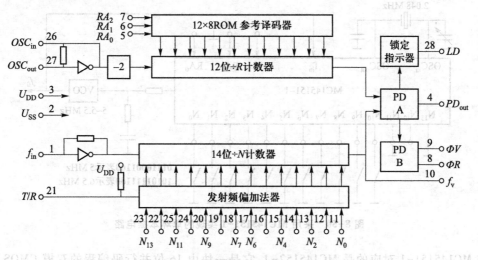

图 8-49　MCA145151-1 组成框图

MC145151-1 是 28 脚陶瓷或塑料封装型电路，其中，OSC_{in} 和 OSC_{out} 为参考振荡器的输入和输出端，RA_0、RA_1、RA_2 为参考地址输入端，12×8 ROM 为参考译码器，通过地址码的控制，对 12 位÷R 计数器进行编程，使参考分频比有 8 种选择，见表 8-7。

在图 8-49 中，f_{in} 和 f_v 分别为 14 位÷N 计数器的输入端和输出端，N_0 ~ N_{13} 为 14 位÷N 计数器的预置端（N_0 是最低位，N_{13} 是最高位）。当 14 位÷N 计数器达到 0 时，这些输入端向 14 位÷N 计数器提供程序数据。T/R 为收/发控制端。这个输入端可控制向 N 输入端提供附加的数据，以产生收发频差，其数值一般等于收发信机的中频。当 T/R 端是低电平时，N 端的偏值固定在 856，T/R 端是高电平时，则不产生偏移。其他端子与 MC145146-1 相同。

表 8-7　MC145151-1 参考地址码与参考分频比的关系

参考地址码			总参考分频比
RA_2	RA_1	RA_0	
0	0	0	8
0	0	1	128
0	1	0	256
0	1	1	512
1	0	0	1 024
1	0	1	2 048
1	1	0	4 096
1	1	1	8 192

图 8-50 所示是一个采用 MC145151-1 实现的单环本振电路。参考晶振频率 f_c = 2.048 MHz，因 RA_0 = **1**、RA = **0**、RA_2 = **1**，故 R = 2 048，所以鉴相频率（亦即频道间隔）f_r = 1 kHz，VCO 的输出频率范围 f_0 = 5~5.5 MHz。

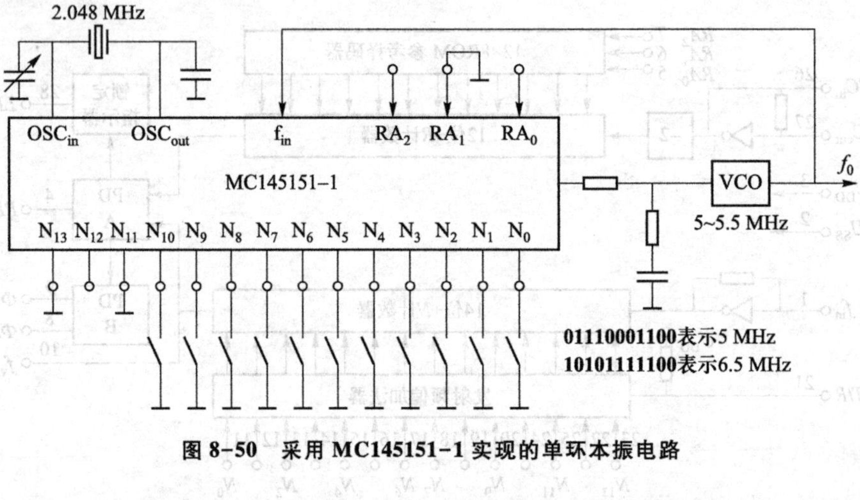
2.048 MHz
OSCin
OSCout
fin
RA2
RA1
RA0
MC145151-1
N13 N12 N11 N10 N9 N8 N7 N6 N5 N4 N3 N2 N1 N0
VCO
f0
5~5.5 MHz
01110001100表示5 MHz
10101111100表示6.5 MHz

图 8-50　采用 MC145151-1 实现的单环本振电路

与 MC145151-1 对应的是 MC145152-1，它是一块由 16 位并行码编程的双模 CMOS、LSI 单片锁相频率合成器，除程序分频器外，与 MC145151-1 基本相同。MC145151-1 是单模工作的，而 MC145152-1 是双模工作的。

思考题与练习题

8-1 有哪几类反馈控制电路？每一类反馈控制电路控制的参数是什么？要达到的目的是什么？

8-2 AGC 的作用是什么？主要的性能指标包括哪些？

8-3 已知接收机输入信号动态范围为 80 dB，要求输出电压在 0.8~1 V 范围内变化，则整机增益控制倍数应是多少？

8-4 图 P8-1 所示是接收机三级 AGC 电路框图。已知可控增益放大器增益 $K_v(u_c)=20/(1+2u_c)$。当输入信号振幅 $U_{imin}=125\ \mu V$ 时，对应输出信号振幅 $U_{omin}=1\ V$，当 $U_{imax}=250\ mV$ 时，对应输出信号振幅 $U_{omax}=3\ V$。试求直流放大器增益 K_1 和参考电压 U_R 的值。

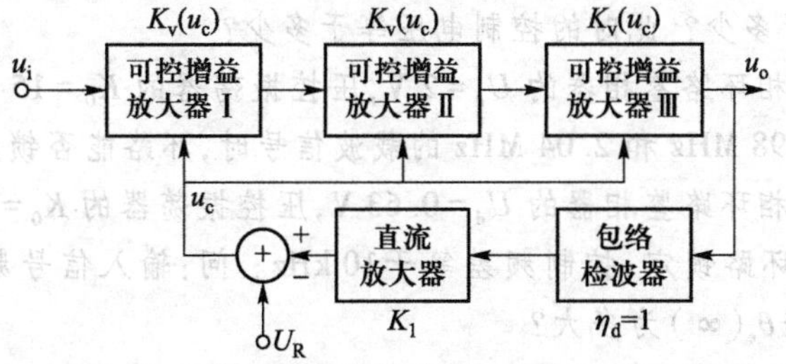

$K_v(u_c)$
$K_v(u_c)$
$K_v(u_c)$
u_i
可控增益放大器Ⅰ
可控增益放大器Ⅱ
可控增益放大器Ⅲ
u_o
u_c
+
−
直流放大器
K_1
包络检波器
$\eta_d=1$
U_R

图 P8-1 题 8-4 图

8-5 图 P8-2 所示是调频接收机 AGC 电路的两种设计方案，试分析哪一种方案可行，并加以说明。

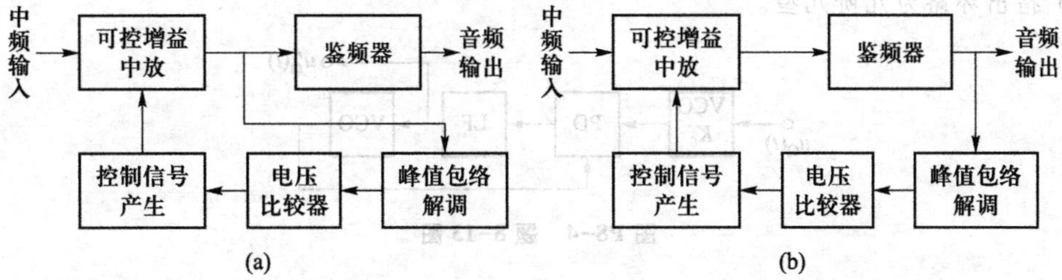

中频输入
可控增益中放
鉴频器
音频输出
控制信号产生
电压比较器
峰值包络解调
(a)
中频输入
可控增益中放
鉴频器
音频输出
控制信号产生
电压比较器
峰值包络解调
(b)

图 P8-2 题 8-5 图

8-6 AFC 的组成包括哪几部分？其工作原理是什么？

8-7 图 P8-3 所示为某调频接收机 AFC 框图，它与一般调频接收机 AFC 系统比较有何差别？优点是什么？如果将低通滤波器去掉能否正常工作？能否将低通滤波器合并在其他环节里？

8-8 AFC 电路达到平衡时回路有频率误差存在，而 PLL 在电路达到平衡时频率误差为零，这是为什么？PLL 达到平衡时，存在什么误差？

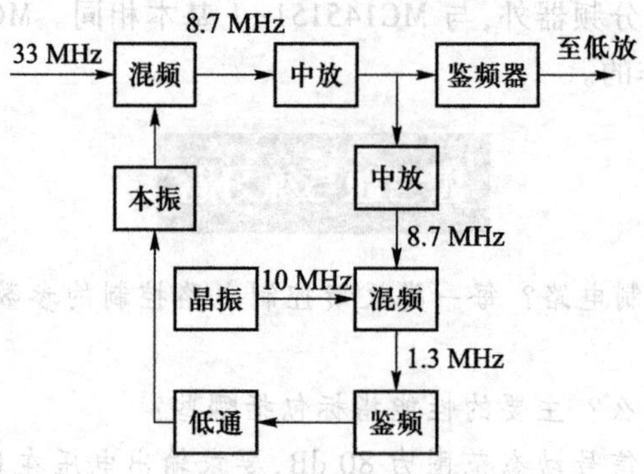
8.7 MHz
33 MHz
混频
中放
鉴频器
至低放
中放
本振
8.7 MHz
晶振
10 MHz
混频
1.3 MHz
低通
鉴频

图 P8-3　题 8-7 图

8-9　PLL 的主要性能指标有哪些？其物理意义是什么？

8-10　已知一阶锁相环路鉴相器的 $U_d=2$ V，压控振荡器的 $K_0=10^4$ Hz/V[或 $2\pi\times10^4$ rad/(s·V)]，自由振荡频率 $\omega_0=2\pi\times10^6$ rad/s。问当输入信号频率 $\omega_i=2\pi\times1\,015\times10^3$ rad/s 时，环路能否锁定？若能锁定，稳态相差等于多少？此时的控制电压等于多少？

8-11　已知一阶锁相环路鉴相器的 $U_d=2$ V，压控振荡器的 $K_0=15$ kHz/V，$\omega_0/2\pi=2$ MHz。问当输入频率分别为 1.98 MHz 和 2.04 MHz 的载波信号时，环路能否锁定？稳定相差多大？

8-12　已知一阶锁相环路鉴相器的 $U_d=0.63$ V，压控振荡器的 $K_0=20$ kHz/V，$f_0=2.5$ MHz，在输入载波信号作用下环路锁定，控制频差等于10 kHz。问：输入信号频率 ω_i 为多大？环路控制电压 $u_c(t)$ 和稳定相差 $\theta_e(\infty)$ 为多大？

8-13　图 P8-4 所示为锁相环路频率特性测试电路，输入为音频电压 $u_\Omega(t)$，从 VCO 输入端输出电压 $u'_\Omega(t)$，环路滤波器采用 $F(s)=(1+s\tau_2)/(1+s\tau_1)$。要求：

(1) 画出电路的线性相位模型；

(2) 写出电路的传递函数 $H(s)=U'_\Omega(s)/U_\Omega(s)$；

(3) 指出环路为几阶几型。

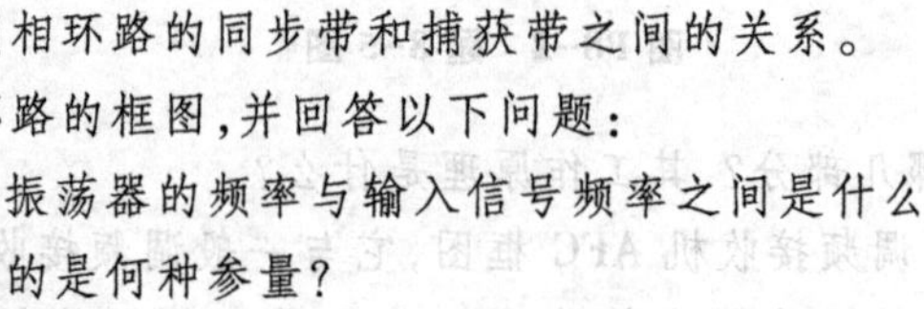
u'Ω(t)
VCO
K0
PD
LF
VCO
uΩ(t)

图 P8-4　题 8-13 图

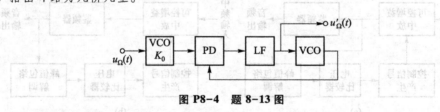

8-14　试定性分析锁相环路的同步带和捕获带之间的关系。

8-15　试画出锁相环路的框图，并回答以下问题：

(1) 环路锁定时压控振荡器的频率与输入信号频率之间是什么关系？

(2) 在鉴相器中比较的是何种参量？

8-16　举例说明锁相环路的应用。

8-17　有几种类型的频率合成器？各类频率合成器的特点是什么？频率合成器的主要性能指标有哪些？

8-18　在图 P8-5 所示的频率合成器中，若可变分频器的分频比 $m=760\sim860$，试确定输出频率的范围及相邻频率的间隔。

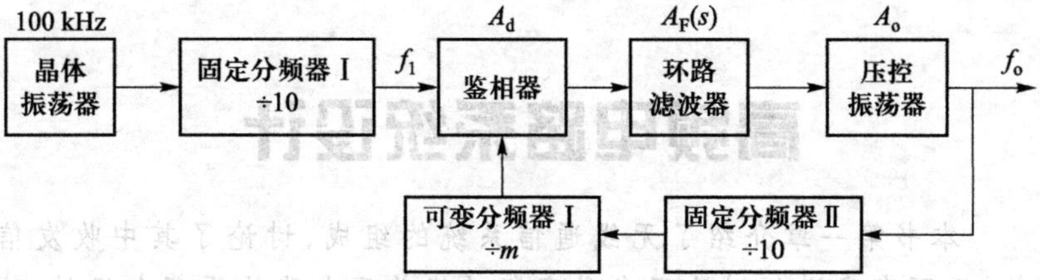

100 kHz
晶体
振荡器
固定分频器 I
÷10
f_1
A_d
鉴相器
$A_F(s)$
环路
滤波器
A_o
压控
振荡器
f_o
可变分频器 I
÷m
固定分频器 II
÷10

图 P8-5 题 8-18 图

第九章

高频电路系统设计

本书第一章介绍了无线通信系统的组成，讨论了其中收发信机的系统结构，后面各章详细讨论了各种高频功能单元电路的原理与设计，本章再回到系统，从整机或系统的角度介绍高频电路的系统设计方法和过程，并以实例加以说明。

第九章
导学图与要求

第一节 高频电路系统设计方法

无线通信系统设计就是根据无线电信号在信道中的传播特性，估算系统的传输损耗，按照系统性能要求与技术指标，进行系统链路预算(link budget)和系统指标设计及收、发信机指标分配。

一、系统总传输损耗

无线通信系统
链路及其关键
因素与指标

点对点无线通信系统链路损耗如图 9-1 所示。其中，发送链路从发射机经馈线(损耗为 L_t)至发射天线，接收链路从接收天线经馈线(损耗为 L_r)至接收机。发送设备以一定频率、带宽和功率发射无线电信号(天线辐射功率为 P_{tt})，接收设备以一定频率、带宽和接收灵敏度(MDS)接收无线电信号(天线接收到的功率为 P_r，接收机接收到的功率为 P_{rr})，无线电信号经过信道会产生衰减和衰落，并会引入噪声与干扰。如果天线是无方向性(全向)天线，通常认为天线增益为0 dBi，在系统设计时可以不考虑；如果天线是方向性天线，在系统设计时就要考虑天线的增益，一般假设发射和接收天线的增益分别为 G_t 和 G_r。综合考虑发送功率和天线增益联合效果的参数是有效全向辐射功率 EIRP(effective isotropic radiated power)。

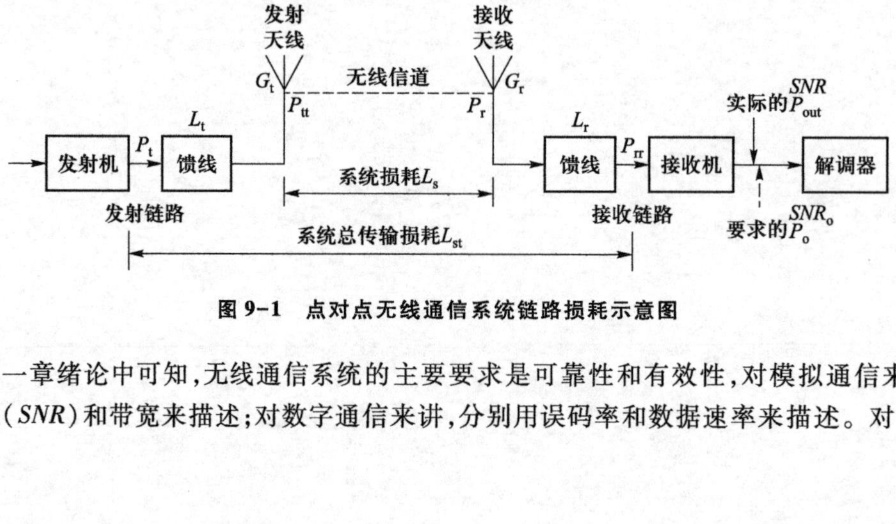

发射天线
接收天线
G_t
无线信道
G_r
P_{tt}
P_r
L_t
L_r
SNR
实际的P_{out}
发射机
P_t
馈线
系统损耗L_s
馈线
P_{rr}
接收机
解调器
发射链路
接收链路
SNR_o
要求的P_o
系统总传输损耗L_{st}

图 9-1 点对点无线通信系统链路损耗示意图

由第一章绪论中可知，无线通信系统的主要要求是可靠性和有效性，对模拟通信来讲，分别用信噪比(*SNR*)和带宽来描述；对数字通信来讲，分别用误码率和数据速率来描述。对于确定的无线通信系统和链路,模拟通信与数字通信的可靠性和有效性指标存在确定的关系。以模拟通信为例,在对无线通信链路进行系统设计时,最重要的技术指标有工作频率f(载波频率或频带的几何中心频率)、带宽(注意区分信号带宽、信道带宽和噪声带宽3种不同的带宽概念,通常信道带宽不小于信号带宽,在多级级联系统中,为了估算方便,一般认为三者相等)、传输距离d、发射机的发射功率P_t、接收设备的输出信噪比SNR_o(解调器的输入信噪比)和信号电平(常用功率P_o表示)。

1. 系统损耗

无线信道产生的损耗为系统损耗L_s,包括传输损耗和衰落。传输损耗也称路径损耗(L_p),包括传播损耗(衰减)和媒质传输损耗A。路径损耗代表大尺度传播特性,总体上表现为幂定律的传播特征。

(1) 传输损耗

传播损耗主要指自由空间传播损耗L_{bf}。自由空间是一个理想的空间,在自由空间中,电波按直线传播而不被吸收,也没有反射、折射、绕射和散射等现象,电波的能量只因距离的增加而自然扩散,这样引起的衰减称为自由空间的传播损耗。设辐射源的辐射功率为P_t,当天线发射信号后,信号会向各个方向传播。在距离发射天线半径为d的球面上,信号强度密度等于发射的总信号强度除以球的面积,则接收功率P_r为

$$P_r=P_tG_tG_r\left(\frac{\lambda}{4\pi d}\right)^2 \tag{9-1}$$

式中,G_t和G_r分别为从发射机到接收机方向上的发射天线增益和接收天线增益;d为发射天线和接收天线之间的距离;载波波长为$\lambda=c/f$,c为自由空间中的光速,f为无线载波频率。若把$P_0=P_tG_tG_r\left(\frac{\lambda}{4\pi}\right)^2$作为第1 m($d=1$ m)的接收信号强度,则式(9-1)可写为

自由空间全向天线路径损耗

$$P_r=\frac{P_0}{d^2} \tag{9-2}$$

用分贝(dB)表示为

$$10\lg P_r=10\lg P_0-20\lg d \tag{9-3}$$

对于理想的各向同性天线($G_t=G_r=1$),自由空间的损耗称为自由空间的基本传输损耗L_{bf},用公式表示为

$$L_{bf}=\frac{P_t}{P_r}=\left(\frac{4\pi d}{\lambda}\right)^2 \tag{9-4}$$

或

$$L_{bf}(\text{dB})=32.45\ \text{dB}+20\lg f(\text{MHz})+20\lg d(\text{km}) \tag{9-5}$$

考虑实际媒质(如大气)各向同性天线的传输损耗称为基本传输损耗L_b。

上面几个式子表明:在自由空间中,接收信号功率与距离的平方成反比,这里的次幂2称为距离功率斜率(distance power gradient)、路径损耗斜率或路径损耗指数。作为距离函数的信号强度每10倍距离的损耗为20 dB,或者每2倍频程的损耗为6 dB。

需要说明的是,前面的关系式不能用于任意小的路径长度,因为接收天线必须位于发射天线的远场中。对于物理尺寸超过几个波长的天线,通用的远场准则是$d\geqslant 2l^2/\lambda$,式中,l为天线主

尺寸。

媒质传输损耗指的是传输媒质及障碍物等对电磁波的吸收、反射、散射或绕射等作用而引起的衰减。由于传输情况不同，媒质传输损耗可能包括以下几部分。

① 吸收损耗：由地面、大气气体分子或水汽凝结物吸收引起，与工作频段、传输距离等因素有关。例如，氧气对 60 GHz 频率附近信号的吸收衰减较大；下雨通常对 10 GHz 以上频段影响较大，大雨可使 10 GHz 频段信号以 2 dB/km 的比率衰减，大雾可使 10 GHz 频段信号以 1 dB/km 的比率衰减。

② 反射影响或散射吸收：如电离层内由反射曲面的聚焦或散焦作用引起反射面有效面积的边缘效应，或由不均匀媒质对电波的散射作用等引起。

③ 极化耦合损耗：由传播过程中的极化面旋转引起。

④ 孔径-介质耦合损耗：由于电波传播的散射效应，使接收天线口面上因非平面波而引起的附加损耗。

⑤ 波的干涉效应：由地面或障碍物产生的反射波与直射波的干涉作用而引起。

根据不同的传播方式，媒质传输损耗计算可能取上述诸项中的一项或几项，视具体情况而定，每项中 A 值的统计与预测模型非常复杂，详细情况请参考相关文献。

不同的应用场合、不同的应用环境，系统传输损耗模型是不同的。下面给出一个地面上常用的路径中值损耗模型 Okumura-Hata 模型。

预测城区信号时使用的最广泛的模型是 Okumura 模型，该模型是奥村（Okumura）于 1968 年在100~1 920 MHz 的频率范围内，测定的一组以距离为函数的路径损耗曲线。烟正治（Masaharu Hata）创建了实验模型，即 Okumura-Hata（简称 Hata）模型。该模型以准平坦地形大城市市区场强中值或路径损耗为基准，总结了移动通信中宏小区的路径损耗情况，Hata 路径损耗表达式如下

$$L_p=69.55+26.16\lg f-13.82\lg h_b+(44.9-6.55\lg h_b)\lg d-a(h_m) \tag{9-6}$$

式中，f 为中心频率（MHz），d 为距离（km），h_b 和 h_m 分别是基站天线和移动台天线的有效高度（m），$a(h_m)$ 为移动台高度修正因子。天线有效高度是指天线相对于海平面的高度减去平均地面高度（3~15 km）。

式（9-6）中的各参数的取值范围见表 9-1。

表 9-1　式（9-6）中各参数的取值范围

中心频率 f/MHz			100~1 500
距离 d/km			1~20
h_b 和 h_m/m			30~200，1~10
$a(h_m)$/dB	大城市	$f\leqslant 200$ MHz	$8.29\lg^2(1.54h_m)-1.1$
		$f\geqslant 400$ MHz	$3.2\lg^2(11.75h_m)-4.97$
	中小城市	100 MHz$\leqslant f\leqslant$1 500 MHz	$1.1\lg(f-0.7)h_m-1.56\lg f+0.8$
郊区	在式（9-6）上加修正因子		$L_{ps}=-2\lg^2(f/28)-5.4$
开阔地	在式（9-6）上加修正因子		$L_{po}=-4.78\lg^2 f+18.33\lg f-40.94$

进一步对 Hata 公式进行修正，可以提高它和 Okumura 实验曲线的拟合精度，并可使工作频率扩展至 3 000 MHz，距离扩展至 100 km，基站天线高度扩展至 1 km。进一步的修正是在式(9-6)上添加 3 项修正因子，即地球曲率修正因子 S_{ks}、郊区/市区修正因子 S_o 和建筑物的百分比修正因子 S_o。

$$S_{ks}=\left(27+\frac{f}{230}\right)\lg\frac{17(h_b+20)}{17(h_b+20)+d^2}+1.3-\frac{f-55}{750} \tag{9-7}$$

$$S_o=(1-U_r)[(1-2U_r)L_{po}+4U_rL_{ps}] \tag{9-8}$$

$$B_o=25\lg B_1-30 \tag{9-9}$$

式中，U_r 为大城市参数，开阔地取值为 0，郊区取值为 0.5，市区取值为 1；B_1 为陆地上建筑物的百分比，标称值为 15.849。

(2) 衰落

衰落是由阴影、多径或移动等引起的信号幅度的随机变化，这种信号幅度的随机变化可能在时间上、频率上和空间上表现出来，分别称为时间选择性衰落、频率选择性衰落和空间选择性衰落。

衰落是一种不确定的损耗或衰减，影响传输的可靠性和稳定性。对抗衰落的方法要根据衰落产生的原因和特性来确定，主要从改善线路的传播情况和提高系统的抗衰落能力着眼。在进行系统设计时，一方面要尽可能地减少衰落，如选择合适的工作频率、部署适当的设备位置等；另一方面要采取系列的技术措施以提高抗衰落能力，如针对快衰落可采用合适的调制解调方式、分集接收和自适应均衡等一种或多种措施，针对慢衰落和媒质传输损耗以及设备老化与损伤通常适当增加功率储备或衰落裕量(fade margin) F_σ。衰落裕量是指在一定的时间内，为了确保通信的可靠性，链路预算中所需要考虑的发射功率、增益和接收机噪声系数的安全容限。一般 20 km 的数字微波链路要求衰落裕量为10~20 dB，频率较高、链路较长时要求衰落裕量达到30 dB。在衰落裕量为20 dB、误码率为 10^{-8} 的条件下，数字系统要求一年内可靠性为 99.99%。

2. 系统总传输损耗

从发送链路到接收链路的所有损耗称为系统总传输损耗 L_{st}，主要包括传输损耗 L_p 和两端收、发信机至天线的馈线损耗(发射馈线损耗为 L_t，接收馈线损耗为 L_r)。在进行系统设计时，通常将衰落裕量 F_σ 也计入系统总传输损耗，即

$$L_{st}(\text{dB})=L_p(\text{dB})+L_t(\text{dB})+L_r(\text{dB})+F_\sigma(\text{dB}) \tag{9-10}$$

由以上分析可以看出，系统总传输损耗与工作频率、传输距离、传播方式、媒质特性和收发天线增益等因素有关，一般为几十至 200 dB。

二、链路预算与系统设计

根据系统要求，在确定了工作频率、带宽、传输距离和调制解调方式等系统指标后，在进行硬件设计之前，还必须进行链路预算分析。通过分析，可以预知或计算出在特定的误码率或信噪比下，为了达到系统设计要求，接收机所需要的噪声系数、增益和发射机的输出功率等参数以及接收机输出的信号强度和信噪比等技术指标。链路预算的过程实际上是反复计算和参数调整的过程。

实际上，工作频率、带宽、传输距离和调制解调方式等系统指标的选择也与链路预算有关，可能需要通过链路预算来修正这些系统指标。

需要注意的是，由于不是所有的双工链路都在频率、带宽、功率、调制解调方式等方面对称，因此，在对双工（尤其是频分双工）系统进行链路预算时，要考虑两个方向的不同。

1. 链路预算

链路预算就是估算系统总增益能否补偿系统总损耗，或者接收机接收到的信号强度能否超过接收机灵敏度，以达到解调器输入端所需的信号电平 P_o 和信噪比 SNR_o 要求。下面介绍链路预算过程。

(1) 计算链路总损耗 L_{st}

根据系统要求给定的通信距离 d、工作频率 f 和工作环境，选择相应的路径损耗模型，计算相应的传输损耗（简单估算时常用自由空间传播损耗 L_{bf} 代替），在考虑收发两端馈线损耗和衰落裕量后，按照式(9-10)计算链路总损耗。

(2) 计算系统总增益 G_s

设接收机的总增益为 G_{RX}(dB)，则系统总增益 G_s 为

$$G_s(\mathrm{dB})=G_t(\mathrm{dB})+G_r(\mathrm{dB})+G_{RX}(\mathrm{dB}) \tag{9-11}$$

(3) 计算接收机的灵敏度 S_{imin} 和最小可检测信号 MDS

按照第二章中噪声系数与灵敏度的关系计算接收机的最小可检测信号 MDS 和接收机灵敏度 S_{imin}。实际上，在不考虑解调器要求的信噪比（或要求的信噪比为 0 dB）时，最小可检测信号 MDS 和接收机灵敏度 S_{imin} 是相同的。为了使用方便，将第二章的公式重写于此

$$MDS(\mathrm{dBm})=-171(\mathrm{dBm})+10\lg B(\mathrm{Hz})+N_F(\mathrm{dB}) \tag{9-12}$$

$$S_{imin}(\mathrm{dBm})=MDS+SNR_o=-171(\mathrm{dBm})+10\lg B(\mathrm{Hz})+N_F(\mathrm{dB})+SNR_o(\mathrm{dB}) \tag{9-13}$$

(4) 计算接收机接收到的信号功率 P_{rr} 和接收机输出功率 P_{out} 及信噪比 SNR

$$P_{rr}(\mathrm{dBm})=P_t(\mathrm{dBm})+G_t(\mathrm{dB})+G_r(\mathrm{dB})-L_{st}(\mathrm{dB}) \tag{9-14}$$

在确保发射机输出功率能克服系统总损耗，并提供足够的衰落裕量，同时保证接收机具有低的噪声系数以满足所需的信噪比时，接收机输出功率为

$$P_{out}(\mathrm{dBm})=P_t(\mathrm{dBm})+G_s(\mathrm{dB})-L_{st}(\mathrm{dB}) \tag{9-15}$$

如果已知接收天线上的信号电平为 P_s，也可以按照下式计算接收机输出功率

$$P_{out}(\mathrm{dBm})=P_s(\mathrm{dBm})+G_r(\mathrm{dB})-L_r(\mathrm{dB})+G_{RX}(\mathrm{dB}) \tag{9-16}$$

根据 P_{out} 和噪声功率可以计算出接收机输出端的信噪比 SNR 为

$$SNR(\mathrm{dB})=P_{out}(\mathrm{dBm})-[MDS(\mathrm{dBm})+L_r(\mathrm{dB})+G_{RX}(\mathrm{dB})] \tag{9-17}$$

接收机设计的输出信噪比 SNR 与要求的信噪比 SNR_o 之差称为链路裕量 M。链路裕量 M 为正值是所希望的结果，但这并不一定说明该链路不会出现差错，而是表明其出错的概率较低。M 的正值越大，链路出错的概率越低，但付出的代价也越大。反之，M 为负值并不表示该通信链路一定无法通信，只是其通信出错的概率较高而已。综合各种因素去推算链路裕量的过程就是链路预算。

(5) 判断与调整

判断接收机输出功率 P_{out} 是否不低于系统设计要求的输出功率 P_o，或者链路裕量 M 是否为正值。若满足，则链路预算合理，否则需要调整发射机输出功率 P_t、G_s 中的收发天线增益与接收机总增益 3 个参数，以及降低 L_{st} 中可降低的损耗。

判断接收机接收到的信号功率 P_{rr} 是否不低于接收机最小可检测信号 MDS 和接收灵敏度

S_{imin}。如果接收机接收到的信号功率 P_{rr} 低于接收机最小可检测信号 MDS,则系统很难正常工作,需要对技术体制和系统参数进行较大调整;如果接收机接收到的信号功率 P_{rr} 大于接收机最小可检测信号 MDS 而低于接收灵敏度 S_{imin},则除了调整 P_t、G_s、L_{st} 和接收机噪声系数 N_F 等参数之外,也可以考虑调整对解调性能的要求或者改变调制解调方式;如果接收机接收到的信号功率 P_{rr} 大于接收机的接收灵敏度 S_{imin},则系统可以正常工作,不需调整。

2. 系统设计

系统设计就是根据系统要求(主要是工作频率、带宽、通信距离,可能还有调制解调方式)和链路预算情况,确定通信链路的系统结构和其中各单元的系统指标。

首先是确定发射机的发射功率 P_t、收发天线的增益、收发两端馈线的损耗和接收机的总增益等功率和增益(损耗)指标;其次,根据最小可检测信号 MDS 和接收灵敏度 S_{imin} 计算接收机的噪声系数;最后,根据通信距离和环境的变化以及衰落储备的情况确定接收机的动态范围。

在系统设计时,如果发射机的 EIRP 或发射功率已定,为了达到接收机输出端所要求的误码率或信噪比,必须在发射机的输出功率或收发两端的馈线损耗、接收机的噪声系数、系统增益和互调失真之间进行调整与折中。

下面用一个实际例子来说明链路预算和系统设计的过程。

在一个实际工程中,要求工作在 2.4 GHz 频率上,带宽为 1 MHz,通信距离为 20 km,接收端解调器输入信号电平不低于 0 dBm,信噪比不低于 12 dB,已确定发射机输出功率为 500 mW。现在来进行链路预算和系统设计。

参考图 9-1,工作于 2.4 GHz 微波频率上,传输距离比较远,路径损耗可按照自由空间估算,则 $L_{bf}=(32.45+20\lg 2\,400+20\lg 20)\ \mathrm{dB}=126\ \mathrm{dB}$。假设收发两端馈线损耗相同,都为 2 dB,再考虑 20 dB 的衰落裕量,则系统总传输损耗 $L_{st}=(126+2+2+20)\ \mathrm{dB}=150\ \mathrm{dB}$。为了远距离传输,在发射功率一定的情况下,要尽量提高天线的增益,降低馈线的损耗,考虑到发射端 EIRP 的限制,假设发射和接收天线增益分别为 12 dBi 和 24 dBi,则 $P_{rr}=(27+12+24-150)\ \mathrm{dBm}=-87\ \mathrm{dBm}$。为了使解调器正常工作,其输入信号电平不能低于 0 dBm,由此可得接收机的总增益 $G_{RX}\geqslant 87\ \mathrm{dB}$,考虑到实际设计时还要对系统不理想等因素引起的附加损耗进行补偿,因此将接收机总增益 G_{RX} 设计为 95 dB。这样,接收机输出端的信号电平 P_{out} 为 8 dBm,大于 0 dBm,满足要求。假设接收机的噪声系 N_F 为 4 dB,则 MDS 为 −107 dBm,接收机灵敏度 $S_{imin}=MDS+SNR_o=-95\ \mathrm{dBm}$。由于 $MDS\leqslant S_{imin}\leqslant P_{rr}$,接收机输出端的信噪比 $SNR=[8-(-107+2+95)]\ \mathrm{dB}=18\ \mathrm{dB}$,大于 12 dB[或者说链路裕量为 $(18-12)\ \mathrm{dB}=6\ \mathrm{dB}$],满足系统要求。因此以上链路预算合理,我们可以确定馈线损耗、收发天线的增益和接收机总增益及其噪声系数。

三、接收机设计与指标分配

接收机设计是无线通信系统设计中最复杂、最困难,也是最重要的环节。接收机设计的主要内容就是根据接收机的系统指标要求,选定合适的接收机结构,进行频率规划,确定合适的中频频率,并从实现的方便性等方面考虑将接收机的指标分配到各个模块。

设计方法可以用理论计算或仿真工具仿真,为了更清楚地说明设计过程,这里介绍理论计算的方法。

1. 接收机指标分析

(1) 输入特性

接收机的输入特性主要是输入阻抗，输入电路与天线的阻抗匹配和噪声匹配问题是应优先考虑的问题，它影响接收机的接收信号强度和接收灵敏度。关于天线的匹配设计，通常是预先指定一种或几种天线阻抗，如 50 Ω、300 Ω 等进行天线设计，然后利用匹配网络实现阻抗或噪声匹配。

针对接收机的输入特性，在实际中要注意输入阻抗的测量（常用矢量网络分析仪）问题、平衡-不平衡问题、接地问题和抑制强干扰问题等。

(2) 增益

接收机增益是接收机中各单元电路增益的乘积，是系统增益的重要组成部分，用于克服各种损耗（衰减）和衰落。

由于接收机接收到的信号可能非常微弱，如-120 dBm 左右，而解调器解调需要的信号功率大多在 0 dBm 附近，再加上接收机内滤波器等各种损耗，接收机的增益通常很高，大多在 120 dB 左右。为了获得稳定的增益，并减少非线性失真，通常将接收机的总增益分配到各级单元电路中，甚至还要采用不同的工作频率和滤波器。但是考虑到有效传输和高频增益的稳定性问题，需要在实际中注意各单元电路的级间匹配问题。

需要说明，再高的增益也无法克服接收机内部的噪声，但前端高增益可以减小整个接收机的噪声系数。

(3) 通频带与选择性(selectivity)

通频带是保证有用信号主要能量不失真、少衰减通过的频率范围，与调制体制、系统的性能要求甚至接收机设计方法有关，在电路中由多级选频网络的幅频特性共同决定。对于多级选频网络的级联，级联后的通频带小于单级网络的通频带。在设计时要使单级网络的通频带大于接收机的通频带，在确保总通频带满足要求的条件下，尽量使各级网络的通频带相同（这样所需级数最少）。具体选择与分配的数值，需要通过计算获得，详细情况请参考式(3-15)与表 3-1、式(3-16)与表 3-2。

接收机的选择性是衡量接收机抗拒接收相邻信道信号和其他无用信号以及寄生响应能力的重要指标。选择性的高低，决定于解调器之前电路的频率响应，通常分为射频、中频和基带三部分。对于一般的接收机，选择性主要决定于中频滤波器，但在抑制镜频干扰和中频干扰时，则还受控于接收机输入端的高频调谐电路。对于中频滤波器，选择性常用矩形系数表示，越小越好，接近于 1 最佳；对于高频调谐电路，一般用镜频抑制比和中频抑制比来表示，越大越好，通常镜频抑制比在 50 dB 上下，而中频抑制比为 80 dB 左右。

(4) 噪声系数

有关噪声系数的概念和计算在第二章中已有论述，这里主要讨论接收机的噪声系数及其指标分配方法。

接收机的噪声系数可认为是系统的噪声系数，可由天线、馈线和接收机等部分级联而成。在第二章中，级联网络噪声系数的计算可以认为是从后往前，即知道各个单元电路的噪声系数和增益，就可以计算出整个接收机的噪声系数。因此，为了降低接收机的噪声系数，可采用减少接收天线馈线长度、提高天线增益等方法。

对于已经确定的接收机噪声系数，将其分配到各个单元中，可采用从前往后的方法。如图 9-2所示，设某级电路的噪声系数为 N_{Fi}，功率增益为 K_{Pmi}，其前端和后端（可简单认为是输入和输出）噪声系数分别为 N_{Fin} 和 N_{Fout}，则按照级联网络噪声系数的计算公式（2-74）可得

$$N_{Fin}=N_{Fi}+\frac{N_{Fout}-1}{K_{Pmi}} \tag{9-18}$$

由式（9-18）可推导出噪声系数分配公式如下

$$N_{Fout}=K_{Pmi}(N_{Fin}-N_{Fi})+1 \tag{9-19}$$

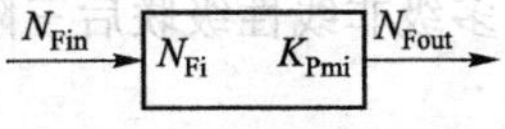

N_{Fin}
N_{Fi}
K_{Pmi}
N_{Fout}

图 9-2 噪声系数分配方法

（5）灵敏度（sensitivity）

接收机灵敏度的定义有很多种，但是不论哪一种定义都用来衡量接收机检测微弱信号的能力，因此，都与接收机的通频带和噪声有关或受噪声控制。通常用两种表示方法表示，一种是最小可检测信号 *MDS*，表示解调器输入信噪比 $SNR_o=1$ 或 $S_o=N_o$ 时接收机可以检测到的信号功率；另一种就是接收机灵敏度 S_{imin}，它表示可以提供解调器正常解调所需信噪比 SNR_o 时接收机输入端的最小信号功率。

超外差接收机的灵敏度通常在-80～-120 dBm 之间，接收机的增益一般有 100～140 dBm，但是灵敏度与增益无关。

接收机灵敏度无论采用哪种定义，具体表示都使用两个参数，第一个参数是输入信号电平（功率、电压或场强），第二个参数是测试条件[对于模拟解调器用信噪比 *SNR* 量度，对数字解调器则用误码率（*BER*）表示]，两参数间常用@ 隔开，如-110 dBm@ 12 dB 或-110 dBm@ 10^{-5}。

（6）动态范围 DR（dynamic range）

接收机动态范围是设计射频与接收机电路的重要依据之一。动态范围的定义有多种，在设计过程中一定要具体情况具体分析，不能混淆概念。线性动态范围（LDR）没有提供任何由接收机产生的失真信息，一般只在对比不同的系统性能时才会使用。在固定增益系统中，一般指的是无杂散（spurious-free）响应动态范围 SFDR。而在接收系统中，通常动态范围就是指增益受控动态范围。

由于信号的衰落或设备的移动，接收机所接收到的信号强度是变化的。接收机能正常工作（能够检测到并解调）所承受的信号变化范围称为动态范围 DR。动态范围决定通信系统的有效性，其下限是接收机的灵敏度或 *MDS*，而上限由最大可接受的非线性失真决定。通常用三阶互调截点和 1 dB 压缩点表征系统的线性度和动态范围。

把射频前端（不含 AGC）1 dB 压缩点的输入信号电平与灵敏度（或 *MDS*）之比定义为线性动态范围，用 dB 表示为

$$LDR(\mathrm{dB})=P_{1\,\mathrm{dB}}-MDS \tag{9-20}$$

线性动态范围也常用于功率放大器中，这时 *MDS* 一般指最小输入信号电平。

无杂散响应动态范围的定义是：在系统输入端外加等幅双音信号的情况下，接收机输入信号从超过基底噪声 3 dB 处到没有产生三阶互调杂散响应点处之间的功率动态范围。其下限是 *MDS*，而上限是指当接收机输入端所加的等幅双音信号在输出端产生的三阶互调分量折合到输入端恰好等于最小可检测信号功率值时所对应的输入端的等幅双音信号的功率值。用 dB 表示为

$$SFDR(\mathrm{dB})=\frac{2}{3}(IIP_3-MDS)=\frac{2}{3}(IIP_3+171-10\lg B-N_F) \tag{9-21}$$

可见 *SFDR* 直接正比于三阶互调截点电平 IIP_3，反比于噪声系数和中频带宽，也就是说，噪声系数越低，中频带宽越窄，三阶互调截点电平越高，则接收机无杂散动态范围就越大。

SFDR 由所用器件类型、电路拓扑、电流、直流电压等器件或系统参数决定，常用于低噪声放大器（LNA）、混频器或整个接收机中。

多级非线性级联后三阶互调失真 IIP_3 可用下式描述

$$\frac{1}{IIP_3}\approx\frac{1}{(IIP_3)_1}+\frac{K_{P1}}{(IIP_3)_2}+\frac{K_{P1}K_{P2}}{(IIP_3)_3}+\cdots \tag{9-22}$$

式中，$(IIP_3)_i$ 和 K_{Pi} 分别是各级的三阶互调截点输入功率和功率增益。

三阶互调截点越高（值越大），则带内强信号互调产生的杂散响应对系统的影响就越小。然而，高三阶互调截点与低噪声系数存在矛盾，在对接收机线性度和噪声系数均有要求时，需要在这两个指标间作折中考虑。

需要指出，针对三阶互调失真，射频预选器（高频调谐器）无法解决，中频滤波器也不能很好解决。因此，要在整个接收机进行 RF-IF 链的设计，电路结构的选择、器件的选用、中频的选取和滤波器的设计以及本振电平等方面要进行合理优化。

2. 接收机频率规划

根据系统参数和链路预算结果选定接收机结构以后，最重要也是首先应该着手的工作就是接收机内部的频率安排，即频率规划。

频率规划的目的是减小非线性，避免或抑制假响应和干扰，达到要求的频谱特性。对于常用的外差结构收发信机，频率规划主要是确定频率变换的次数和位置，合理选择射频 RF、中频 IF 和载频或本振 LO 的频率及带宽等参数。

中频的选择取决于三个参数的折中：镜像干扰的数量、有用频带和镜像频带之间的间隔以及镜像抑制滤波器的损耗。低中频接收机由于本振频率非常接近载波频率，因此如果镜像频率上有强干扰信号的话是很难抑制的。高的中频可以使镜频信号远离有用信号，有利于提高中频的输出信噪比和接收机灵敏度。但高中频同时使具有相同 Q 值的中频滤波器的带宽变宽，降低了对邻道干扰的抑制能力，也就降低了接收机的选择性。因此，中频的选择需要在灵敏度和选择性之间进行折中考虑。中频值的选择可从以下三方面考虑。

（1）根据对镜频干扰的抑制要求设计

设接收机要求镜频抑制比（杂散响应抑制度）为 60 dB，高频滤波器带宽为 $B_{3\,\mathrm{dB}}$，高频滤波器幅频特性相对衰减 60 dB 时的带宽为 $B_{60\,\mathrm{dB}}$，对应的矩形系数为 $K_{r60\,\mathrm{dB}}$，则中频按下式选择

$$f_{IF}\geqslant\frac{1}{4}B_{3\,\mathrm{dB}}K_{r60\,\mathrm{dB}} \tag{9-23}$$

（2）根据对中频干扰的抑制要求设计

设接收机要求中频抑制比（杂散响应抑制度）为 80 dB，高频滤波器带宽为 $B_{3\,\mathrm{dB}}$，高频滤波器幅频特性相对衰减 80 dB 时的带宽为 $B_{80\,\mathrm{dB}}$，对应的矩形系数为 $K_{r80\,\mathrm{dB}}$，则中频按下式选择

$$f_{RF}-f_{IF}\geqslant\frac{1}{2}B_{3\,\mathrm{dB}}K_{r80\,\mathrm{dB}} \tag{9-24}$$

(3) 根据中频滤波器的可实现性设计

中频滤波器的 Q 值为 $Q=\dfrac{f_{\mathrm{IF}}}{B_{3\ \mathrm{dB}}}$,根据 Q 值的可实现范围,检验并调整中频的数值。

在二次变频接收机中,第一中频要大于 RF 带宽,第二中频一般可选用 70 MHz 等这些通用中频值。

本振频率一般可根据组合(衍生)频率公式计算确定,或者根据混频器互调衍生信号图并结合混频器的技术资料分析而定,也可以利用相关设计软件仿真确定。

图 9-3 是混频器互调衍生信号图,图中 f_1 为输入信号频率,f_2 为本振信号频率,IF 为输出信号频率,横纵坐标分别是对 f_2 归一化后的输入、输出信号频率。每一条直线代表一个互调衍生信号,并在其边沿列出阶数。两条较粗的直线分别代表 f_1 与 f_2 的和频与差频。

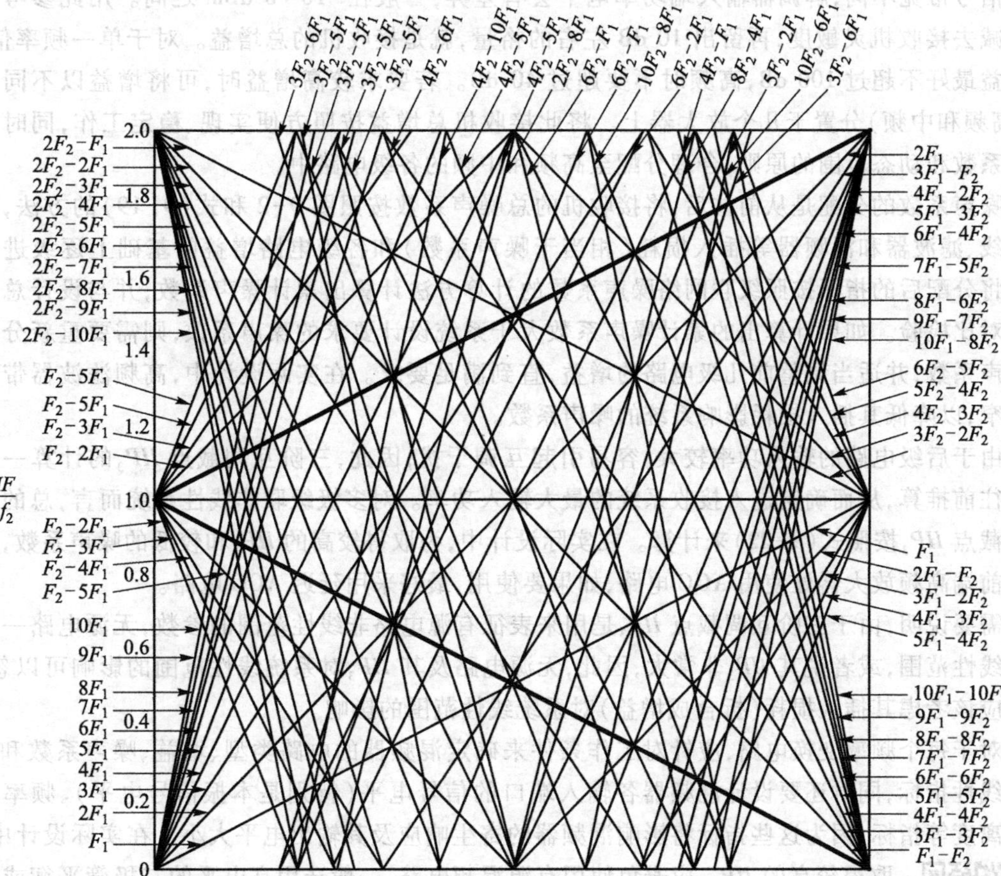

$3F_2-6F_1$
$3F_2-5F_1$
$3F_2-5F_1$
$3F_2-5F_1$
$3F_2-5F_1$
$4F_2-6F_1$
$4F_2-10F_1$
$4F_2-5F_1$
$4F_2-5F_1$
$2F_2-8F_1$
$6F_2-F_1$
$6F_2-F_1$
$10F_2-8F_1$
$6F_2-2F_1$
$4F_2-F_1$
$8F_2-4F_1$
$5F_2-2F_1$
$10F_2-6F_1$
$3F_2-6F_1$
$2F_2-F_1$
$2F_2-2F_1$
$2F_2-3F_1$
$2F_2-4F_1$
$2F_2-5F_1$
$2F_2-6F_1$
$2F_2-7F_1$
$2F_2-8F_1$
$2F_2-9F_1$
$2F_2-10F_1$
F_2-5F_1
F_2-5F_1
F_2-3F_1
F_2-2F_1
F_2-2F_1
F_2-3F_1
F_2-4F_1
F_2-5F_1
$10F_1$
$9F_1$
$8F_1$
$7F_1$
$6F_1$
$5F_1$
$4F_1$
$3F_1$
$2F_1$
F_1
2.0
1.8
1.6
1.4
1.2
1.0
0.8
0.6
0.4
0.2
0
$\frac{IF}{f_2}$
$2F_1$
$3F_1-F_2$
$4F_1-2F_2$
$5F_1-3F_2$
$6F_1-4F_2$
$7F_1-5F_2$
$8F_1-6F_2$
$9F_1-7F_2$
$10F_1-8F_2$
$6F_2-5F_2$
$5F_2-4F_2$
$4F_2-3F_2$
$3F_2-2F_2$
F_1
$2F_1-F_2$
$3F_1-2F_2$
$4F_1-3F_2$
$5F_1-4F_2$
$10F_1-10F_2$
$9F_1-9F_2$
$8F_1-8F_2$
$7F_1-7F_2$
$6F_1-6F_2$
$5F_1-5F_2$
$4F_1-4F_2$
$3F_1-3F_2$
F_1-F_2
0　0.05　0.1　0.2　0.3　0.4　0.5　0.6　0.7　0.8　0.9　1.0
$\frac{f_1}{f_2}$

图 9-3　混频器互调衍生信号图

3. 关键指标分配

接收机最重要的性能指标是增益、灵敏度和动态范围,后两者通常用噪声系数 N_F 和互调三

阶截点 IIP_3 两个参数衡量。实际中通常利用电平图(level diagram)的方法来对这些关键指标进行分配,以达到实现代价与所需指标的平衡。

应当说明,实际的指标分配过程像链路预算一样也是一个不断修改的过程,每完成一次指标分配,都要将计算结果与设计指标进行比较,以判断是否达到最佳状态。下面只是举例讨论这三个关键指标的分配方法,并不包含反复修改过程。

电平图表示收发链中从输入(接收机是天线)到输出(接收机是解调器输入)的每一级电平状态,在每一级标出相应的功率增益 K_p(或损耗 L)、有源单元电路的噪声系数 N_F 和三阶互调截点 IIP_3 以及功率电平。这些数据可得自设计准则或以往经验,也可以取自元器件或电路模块制造商的技术资料。

在电平图中,接收机增益的配置通常以解调器输入端功率电平作为参考基准。调制解调方式和信号带宽不同,解调器输入端功率电平会有差异,一般在 -10~0 dBm 之间。用此参考基准电平减去接收机灵敏度,再留出 10 dB 左右的裕量,就是接收机的总增益。对于单一频率信号,总增益最好不超过 100 dB,高频时不要超过 40 dB。若要求较高增益时,可将增益以不同频率(如高频和中频)分置于几个放大器上。将此接收机总增益按照方便实现、稳定工作,同时兼顾噪声系数和动态范围的原则,合理分配至高频和中频的各级电路中。

噪声系数的分配是从前往后,将接收机的总噪声系数按照图 9-2 和式(9-19)的方法,在考虑馈线、滤波器和混频器等插入损耗(相当于噪声系数)和各级电路增益的基础上逐级进行分配。将分配后的指标按照级联网络噪声系数的计算方法计算出累计噪声系数,并与设计总指标进行对比检验。如果计算出的累计噪声系数大于系统设计要求的噪声系数,则需要重新分配各级噪声系数,并适当调整前几级电路的增益,直到满足要求。在实际设计中,高频滤波器带宽不能太窄,以降低其插入损耗影响系统的噪声系数。

由于后级电路的输入功率较大,容易引起互调干扰,因此,三阶互调截点 IIP_3 的计算一般是从后往前推算,从而确定进入接收系统的最大输入功率。对多级级联非线性系统而言,总的三阶互调截点 IIP_3 按照式(9-22)来计算。在实际设计中,为取得较高的 IIP_3 和较低的噪声系数,一般不在前端高频放大器处使用 AGC 电路,如果要使用,最好采用延迟 AGC 电路。

需要说明,由于三阶互调截点 IIP_3 是用来表征有源电路非线性范围的参数,无源电路一般不存在线性范围,或者说其 IIP_3 非常大,因此,无源电路及其 IIP_3 对系统线性范围的影响可以忽略,但是应该考虑其插入损耗(折合成增益)对系统线性范围的影响。

对于每个频率变换电路,应针对工作条件来确定混频器的电路类型、增益、噪声系数和 IIP_3 等非线性指标,同时还要设计混频器各输入端口的信号电平(特别是本振信号电平)、频率关系和隔离度等指标,因为这些指标将影响混频器的寄生响应及其输出电平大小。在实际设计中,为取得较高的 IIP_3,应避免使用有源混频电路,一般选用高电平的二极管平衡或双平衡混频电路,而且本振信号电平应高于输入高频信号电平 10 dBm。如果为取得较低的倒易混频(reciprocal mixing),应选用较低电平或标准电平的二极管平衡或双平衡混频电路。

蜂窝码分多址超外差接收机系统设计实例

图 9-4 所示为一个超外差接收机射频前端用以进行指标分配的电平图。由图可知,使用 AGC 电路后使得动态范围缩小了(虚线所示)。

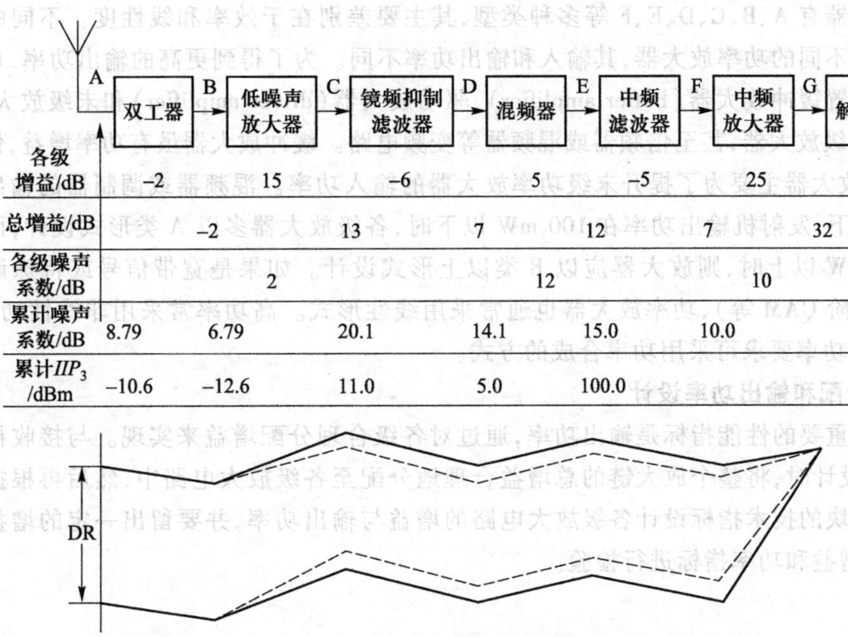
A
双工器
B
低噪声放大器
C
镜频抑制滤波器
D
混频器
E
中频滤波器
F
中频放大器
G
解调器
各级增益/dB　−2　15　−6　5　−5　25
总增益/dB　−2　13　7　12　7　32
各级噪声系数/dB　2　12　10
累计噪声系数/dB　8.79　6.79　20.1　14.1　15.0　10.0
累计IIP_3/dBm　−10.6　−12.6　11.0　5.0　100.0
DR

时分双工收发信机结构与能级图实例

图 9-4　超外差接收机射频前端用以进行指标分配的电平图

四、发射机设计与指标分配

无论采用何种发射机方案,发射机的主要功能仍然是将基带信号调制搬移到所需频段,按照要求的频谱模板以足够的功率发射,因此,其结构总是呈从调制器、上变频到功率放大和滤波的链状形式,主要技术指标主要有输出功率和载波频率稳定度、工作频率、带宽、杂散辐射等频谱指标。

发射机的设计比较简单,主要考虑以下几方面的问题。

1. 发射机结构选择

发射机结构的选择是发射机设计的首要问题。虽然发射机结构较为简单,但不同的结构具有不同的特点,设计时要根据系统的指标要求,结合实现的代价等来选择。

2. 频率选择与非线性、噪声、杂散辐射、收发隔离等设计

如果采用二次变频发射机结构,载波和本振信号频率的选择就显得非常重要。考虑到发射机具有多级功率放大器、倍频器等强非线性电路,容易产生许多寄生和杂散信号,合理选择载波和本振信号频率并配以适当的滤波器,可以较好地抑制这些不需要的信号。本振信号的频率稳定性对于降低频率调制和相位噪声十分重要。本振信号经过混频器泄漏到天线并经天线辐射到自由空间引起的干扰务必低于无线电管理部门规定的电平。通常发射机的发射功率会远大于接收机的饱和信号电平,高的收发隔离度可以提高双工收发信机的性能。针对非线性、噪声、杂散辐射问题,滤波器的设计十分重要。

3. 功率放大器形式

根据输出功率和线性度的指标要求,合理选择功率放大器的形式是发射机设计中的关键问

题。功率放大器有 A、B、C、D、E、F 等多种类型，其主要差别在于效率和线性度。不同的调制方式要求线性度不同的功率放大器，其输入和输出功率不同。为了得到更高的输出功率，可能需要在放大链中配置缓冲放大器（buffer amplifier）、驱动放大器（driver amplifier）和末级放大器（final amplifier）等多级放大器，甚至倍频器或混频器等变频电路。缓冲放大器虽有功率增益，但主要用于隔离；驱动放大器主要为了提升末级功率放大器的输入功率。混频器或调制器的输出功率一般在 1 mW 以下，发射机输出功率在 100 mW 以下时，各级放大器多以 A 类形式设计，而发射机输出功率在 1 W 以上时，则放大器应以 B 类以上形式设计。如果是宽带信号或特殊调制信号（如 OFDM，高阶 QAM 等），功率放大器也通常采用线性形式。高功率常采用非线性功放（效率也较高），更高功率要求可采用功率合成的方式。

4. 增益分配和输出功率设计

发射机最重要的性能指标是输出功率，通过对各级合理分配增益来实现。与接收机设计类似，在发射机设计时，将整个放大链的总增益合理地分配至各级放大电路中，然后再根据功率放大器管子或模块的技术指标设计各级放大电路的增益与输出功率，并要留出一定的增益和功率余量，最后对增益和功率指标进行检验。

第二节　WLAN 射频电路系统设计

WLAN 是一种应用广泛的宽带无线通信网络，俗称 WiFi 网络。其应用方式主要有局部覆盖模式（点对多点或有基础设施结构，其中心设备称为无线接入点，即 AP）和对等模式（点对点或 Ad Hoc 方式）。WLAN 的标准规定其工作在 2. 400～2. 483 5 GHz 和 5 GHz 频段（各国不同），单信道带宽大多在 20 MHz 左右（实际为 22 MHz）；等效全向发射功率（EIRP）各国家和地区也不相同，也分为多个档次，多采用最大发射功率 100 mW（20 dBm）的标准；采用不同的调制方式，传输速率最低为 1 Mbit/s，最高可达 54 Mbit/s，通过各种聚合方式或分集与协作方式，使得传输速率达到几百 Mbit/s（IEEE802. 11ac 单信道达 500 Mbit/s）甚至几 Gbit/s（IEEE802. 11ad 达 6. 93 Gbit/s）。下面举例说明 WLAN 射频电路的系统设计与实现。

一、WLAN 系统链路预算与指标分配

1. WLAN 系统链路预算

IEEE802. 11 WLAN 链路预算估算

不论是局部覆盖模式还是对等模式，WLAN 系统的链路预算都与覆盖半径或传输距离密切相关，而在 WLAN 系统中，即使都采用最大发射功率，其传输距离也随传输速率（实际上是信道情况，如室内与室外、衰落和干扰等）而变化，非常复杂。这里仅就一种较为简单的情况进行链路预算。

对于 2. 4 GHz 和 5 GHz 的 WLAN，决定通信距离的有关参数分别见表9-2 和表 9-3。在确定灵敏度时认为 IEEE802. 11a 中的误包率（PER）与 IEEE802. 11b 中的误帧率（FEP）大约相当（由 IEEE802. 11 标准规定）。

表 9-2　IEEE802.11b 参数

	欧洲	美国	参考
发射功率 P_t	20 dBm	30 dBm	
发射天线增益 G_t	0 dBi	0 dBi	
接收天线增益 G_r	0 dBi	0 dBi	
接收灵敏度 P_r	-76 dBm	-76 dBm	11 Mbit/s
	-90 dBm	-90 dBm	1 Mbit/s

表 9-3　IEEE802.11a 参数

	欧洲	美国	参考
发射功率 P_t	23 dBm	23 dBm	
发射天线增益 G_t	0 dBi	6 dBi	
接收天线增益 G_r	0 dBi	0 dBi	
接收灵敏度 P_r	-65 dBm	-65 dBm	54 Mbit/s
	-82 dBm	-82 dBm	6 Mbit/s

下面以计算室内覆盖范围为例分析 WLAN 的传输距离。

假设发射功率为 15 dBm,收发两端均采用 0 dBi 的全向天线。在各种文献中有 7 种模型描述分析室内信号路径损耗的不同方面和途径,以及对室内覆盖范围的影响。线性路径衰减模型(LPAM)指 Keenan-Motley 或 Devasirvatham 模型,它是描述发射机和接收机位于同一层情况下的信号路径损耗模型。室内信号路径损耗为

$$L(d,f)(\mathrm{dB})=L_{\mathrm{fs}}(d,f)+ad \tag{9-25}$$

式中,d 为距离(m),f 为工作频率,L_{fs}为自由空间路径损耗(dB),a 为线性衰减系数,其典型值为 0.47 dB/m。

由无线链路方程

$$P_r(\mathrm{dB})=P_t(\mathrm{dB})+G_t(\mathrm{dB})-L(d,f)(\mathrm{dB})+G_r(\mathrm{dB}) \tag{9-26}$$

可以计算出室内传输距离,见表 9-4。式中,P_r 为满足 PER(误包率)或 FER(误帧率)的最小接收功率(灵敏度)。由式可知,增大发射功率或提高天线增益,均可扩大传输距离;如果室内有遮挡或穿墙,则会缩短传输距离。当然,调整传输速率和工作频率也会改变传输距离。

表 9-4　WLAN 室内覆盖范围(11Mbit/s 时)

	IEEE802.11b	IEEE802.11a
欧洲	47.6 m	47.4 m
美国	64 m	57 m

在 WLAN 系统中,由于发射功率、天线增益、接收灵敏度、工作频率等参数都是可调整的,因此,其链路预算通常只能在确定相关参数后做简单估算,然后实测确定。

蓝牙(BT)
链路预算

蓝牙(blue tooth,BT)技术是另外一种短距离无线通信技术,它使用另外一种扩频技术——跳频(FH)抗干扰,具有整体宽带、瞬时窄带的特性。一般情况下,蓝牙设备发射功率为 1 dBm,天线增益也只有 1 dBi 左右,天线效率约为 80%。在3 m

处，自由空间的路径损耗约为 51 dB。蓝牙采用 GMSK 调制（跳频是一个重要原因），解调需要的 S/N 为 4 dB，链路余量够用。

2. WLAN 链路指标分配

对于发射机，不论基带或中频的指标如何分配，由于其总的发射功率不大，分配与单元电路设计都不困难，最重要的是输出频谱模板要符合 WLAN 标准的要求，以免干扰其他信道或设备。

接收机的指标分配与接收机的结构有关，仅就表 9-2 的指标来看，以 -90 dBm 的接收灵敏度计算，接收机总的噪声系数在 7.7 dB 左右；系统总增益应在 100 dBm 以上；考虑到系统应具有 40 dB的邻近信道抑制能力，因此，接收机的输入 1 dB 压缩点要达到至少 -30 dBm左右。

图 9-5 为一个由多芯片组实现的 2.4 GHz WLAN 接收前端电路及其电平图，其中图 9-5(b) 为带噪声的电平图，图 9-5(c) 为带干扰的电平图。图中的接收机采用两次变频结构，其中一次中频为 374 MHz，中频增益达 46 dB，二次变频变到零中频，基带处理还有几十 dB 的增益。

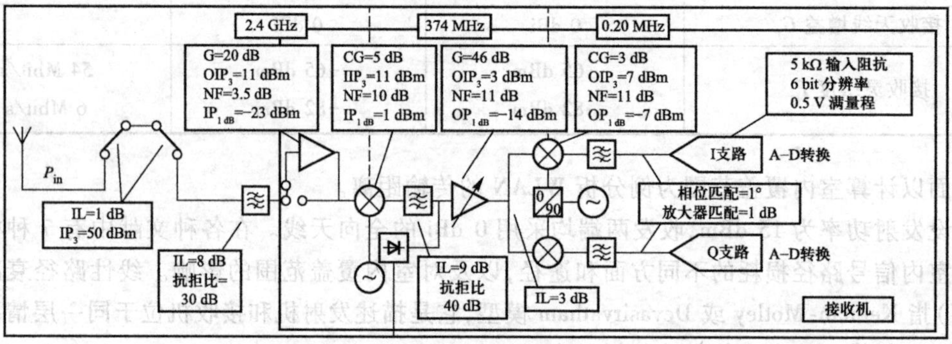
2.4 GHz
374 MHz
0.20 MHz
G=20 dB
OIP_3=11 dBm
NF=3.5 dB
IP_{1dB}=−23 dBm
CG=5 dB
IIP_3=11 dBm
NF=10 dB
IP_{1dB}=1 dBm
G=46 dB
OIP_3=3 dBm
NF=11 dB
OP_{1dB}=−14 dBm
CG=3 dB
OIP_3=7 dBm
NF=11 dB
OP_{1dB}=−7 dBm
5 kΩ 输入阻抗
6 bit 分辨率
0.5 V 满量程
I支路
A-D转换
P_{in}
IL=1 dB
IP_3=50 dBm
0
90
相位匹配=1°
放大器匹配=1 dB
Q支路
A-D转换
IL=8 dB
抗拒比=
30 dB
IL=9 dB
抗拒比
40 dB
IL=3 dB
接收机

(a) WLAN接收前端电路

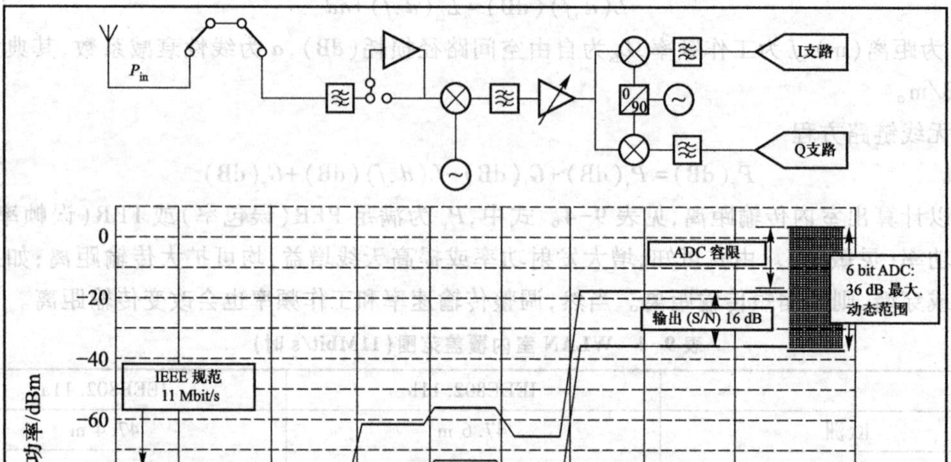
P_{in}
I支路
0
90
Q支路
0
−20
−40
−60
−80
−100
−120
功率/dBm
ADC 容限
6 bit ADC:
36 dB 最大
动态范围
输出 (S/N) 16 dB
IEEE 规范
11 Mbit/s
输入(S/N)26 dB
热噪声
输入
功率
开关
RF
滤波器
LNA
RF
混频器
IF
滤波器
IF
放大
IQ
解调
到
ADC

(b) 带噪声的电平图

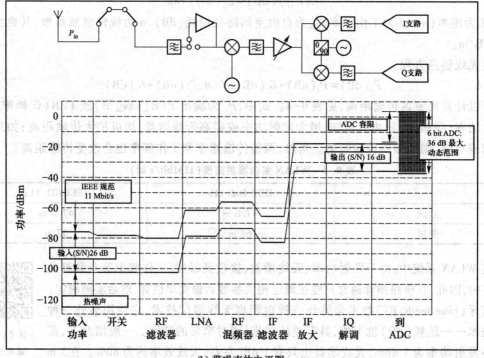

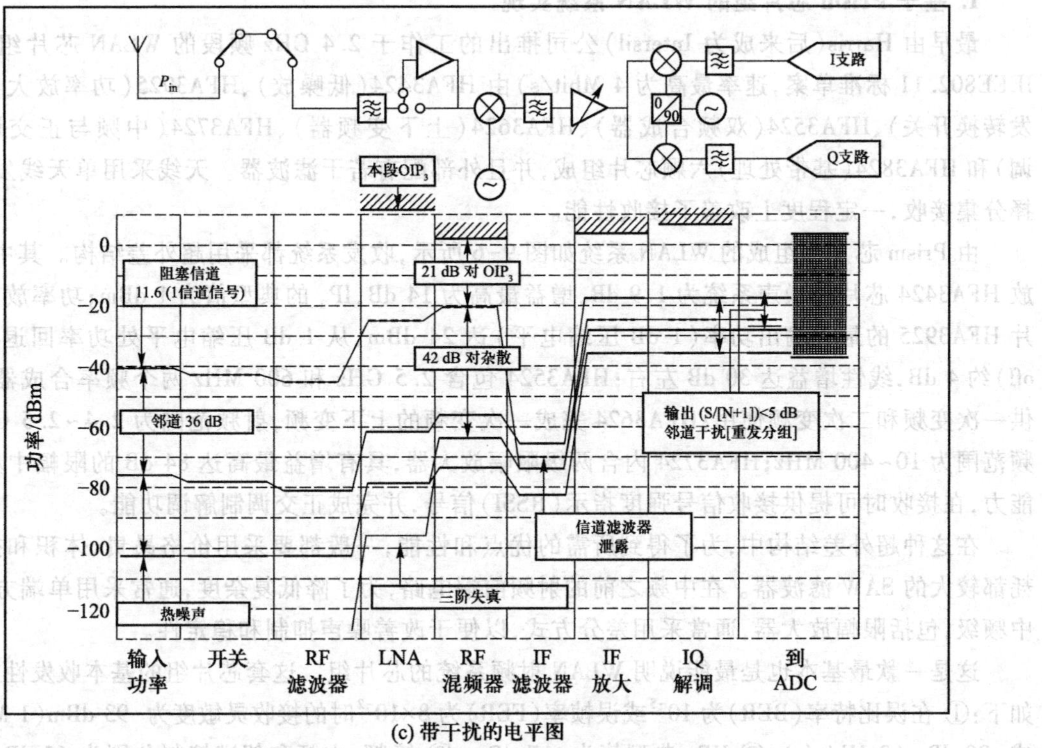
Pin
I支路
Q支路
本段OIP3
阻塞信道
11.6 (1信道信号)
21 dB 对 OIP3
42 dB 对杂散
邻道 36 dB
输出 (S/[N+1])<5 dB
邻道干扰[重发分组]
信道滤波器
泄露
三阶失真
热噪声
功率/dBm
0
−20
−40
−60
−80
−100
−120
输入
功率
开关
RF
滤波器
LNA
RF
混频器
IF
滤波器
IF
放大
IQ
解调
到
ADC
(c) 带干扰的电平图

图 9-5 WLAN 接收前端电路及其电平图

二、WLAN 射频电路系统实现

一个基本的 WLAN 芯片解决方案必须包含射频前端、基带处理器(BBP)、媒体访问控制器(MAC),以及内存、天线等其他外部零件。传统的 WLAN 设计是在射频收发器、中频与基带处理之间进行信号转换,但直接转换的零中频架构和超低中频(VLIF)架构有其独特的优点,已在 WLAN 芯片组的设计中被广泛采用。

WLAN 系统硬件实现经历了集成度逐步提高的多次变化。WLAN 首次实现时射频部分采用分立元件+部分集成电路的形式。随着 IEEE802.11 系列标准的公布,有几家公司先后推出了多款 WLAN 芯片组,从低噪放、混频器、中放、基带处理、频合、功率放大器与开关等多个单独芯片组成,到将各单独芯片逐步集成,最终成为 WLAN 单片集成电路,甚至在其中还集成了 2.4 GHz 和5.8 GHz 双频段射频系统。为了降低功耗、缩小体积,特别是降低造价,芯片组通常采用 BiCMOS 工艺或 SiGe 工艺。

目前,主要有 Broadcom、Atheros(被高通收购)、联发科(MTK)、雷凌(Ralink)和 Marvell 等几大 WLAN 芯片生产商,他们生产的 WLAN 芯片大同小异,大多为单片集成电路,功能非常强大,但其中的射频部分变化很少,基本上与早期 WLAN 芯片相似,主要是采用不同的工艺和结构(超外差、零中频或超低中频等),将不同的功能集成到一个芯片上而已。因此,下面主要介绍能体现 WLAN 射频电路及其系统设计的 WLAN 系统实现方案。

1. 基于 Prism 芯片组的 WLAN 系统实现

最早由 Harris(后来成为 Intersil)公司推出的工作于 2.4 GHz 频段的 WLAN 芯片组(对应 IEEE802.11 标准草案,速率最高为 4 Mbit/s)由 HFA3424(低噪放)、HFA3925(功率放大器与收发转换开关)、HFA3524(双频合成器)、HFA3624(上下变频器)、HFA3724(中频与正交调制解调)和 HFA3824(基带处理)六颗芯片组成,并且外部配有若干滤波器。天线采用单天线发射,选择分集接收,一定程度上改善了接收性能。

由 Prism 芯片组组成的 WLAN 系统如图 9-6 所示,收发系统都采用超外差结构。其中,低噪放 HFA3424 芯片的噪声系统为 1.9 dB,增益最高为 14 dB,IP_3 的典型值为 1 dBm;功率放大器芯片 HFA3925 的最大输出功率(1 dB 压缩电平)达 24 dBm,从 1 dB 压缩电平处功率回退(back-off)约 4 dB,线性增益达 30 dB 左右;HFA3524 包含 2.5 GHz 和 600 MHz 两个频率合成器,分别供一次变频和二次变频使用;HFA3624 完成一次变频的上下变频,射频范围为 2.4~2.5 GHz,中频范围为 10~400 MHz;HFA3724 内含两级限幅放大器,具有增益最高达 84 dB 的限幅中频放大能力,在接收时可提供接收信号强度指示(RSSI)信号,并完成正交调制解调功能。

在这种超外差结构中,为了得到所需的优点和性能,一般都要采用价格昂贵、体积和插入损耗都较大的 SAW 滤波器。在中频之前的射频前端电路,为了降低复杂度,通常采用单端方式;在中频级,包括限幅放大器,通常采用差分方式,以便于改善噪声抑制和稳定性。

这是一款最基本也是最能说明 WLAN 射频系统的芯片组。这套芯片组的基本收发性能指标如下:① 在误比特率(BER)为 10^{-5} 或误帧率(FER)为 8×10^{-2} 时的接收灵敏度为 -93 dBm(1 Mbit/s)或 -90 dBm(2 Mbit/s);② IIP_3 典型值为 -17 dBm;③ 镜频、中频和邻道抑制分别为 65 dB、80 dB 和 63 dB;④ 输出功率为 18 dBm;⑤ 在第一旁瓣处的发射频谱模板为 -32 dBc;⑥ AGC 建立时间和收发转换时间不超过 2 μs。

接收链路增益分配电平图如图 9-7 所示,整个接收机的电平如表 9-5 所示。其中 BW_N 为噪声带宽,IL 为插入损耗。NF 和 IIP_3 按照式(9-19)和式(9-22)计算。可知,接收链路的总增益超过 90 dB,如果按照输入信号为 -90 dBm 计算,经中频处理后,信号功率在 0 dBm 以上;而噪声带宽(由 RF 滤波器和 IF 滤波器确定)若为 20 MHz,射频前端输入的基底噪声(热噪声)为 -101 dBm,经链路后噪声功率为 -10 dBm 左右。根据 IEEE802.11 协议,在解调时信噪比为0 dB以上即可正常解调。

发射机电平如表 9-6 所示。其中,$OP_{1\,\mathrm{dB}}$ 按照式(9-27)计算。为了便于分析,假设可变衰减器(匹配器)插入损耗 IL 为 0 dB,调制器输出功率为 -10.4 dBm,而实际上调制器输出为 0.2 $V_{\mathrm{p-p}}$,远大于 -10 dBm,因此,衰减器的 IL 可以较大。

$$(OP_{1\,\mathrm{dB}})_{总}=\frac{G_{总}}{\dfrac{G_1}{(OP_{1\,\mathrm{dB}})_1}+\dfrac{G_1G_2}{(OP_{1\,\mathrm{dB}})_2}+\dfrac{G_1G_2G_3}{(OP_{1\,\mathrm{dB}})_3}+\cdots} \tag{9-27}$$

2. 基于 Prism2 芯片组的 WLAN 系统实现

Prism2 芯片组主要针对的是 IEEE802.11b 协议,仍然工作于 2.4 GHz 频段,射频参数没有变化,主要增加了 CCK(补码键控)调制方式,传输速率最高提高到 11 Mbit/s。芯片组中的芯片型号有了变化(其功率放大器、RF/IF、IF 与调制解调、基带分别为 HFA3983、HFA3683、HFA3783、HFA3861),但其中收发信机结构和射频电路的主要实现方法没有大的变化,用 Prism2 芯片组构成的 WLAN 系统如图 9-8 所示。

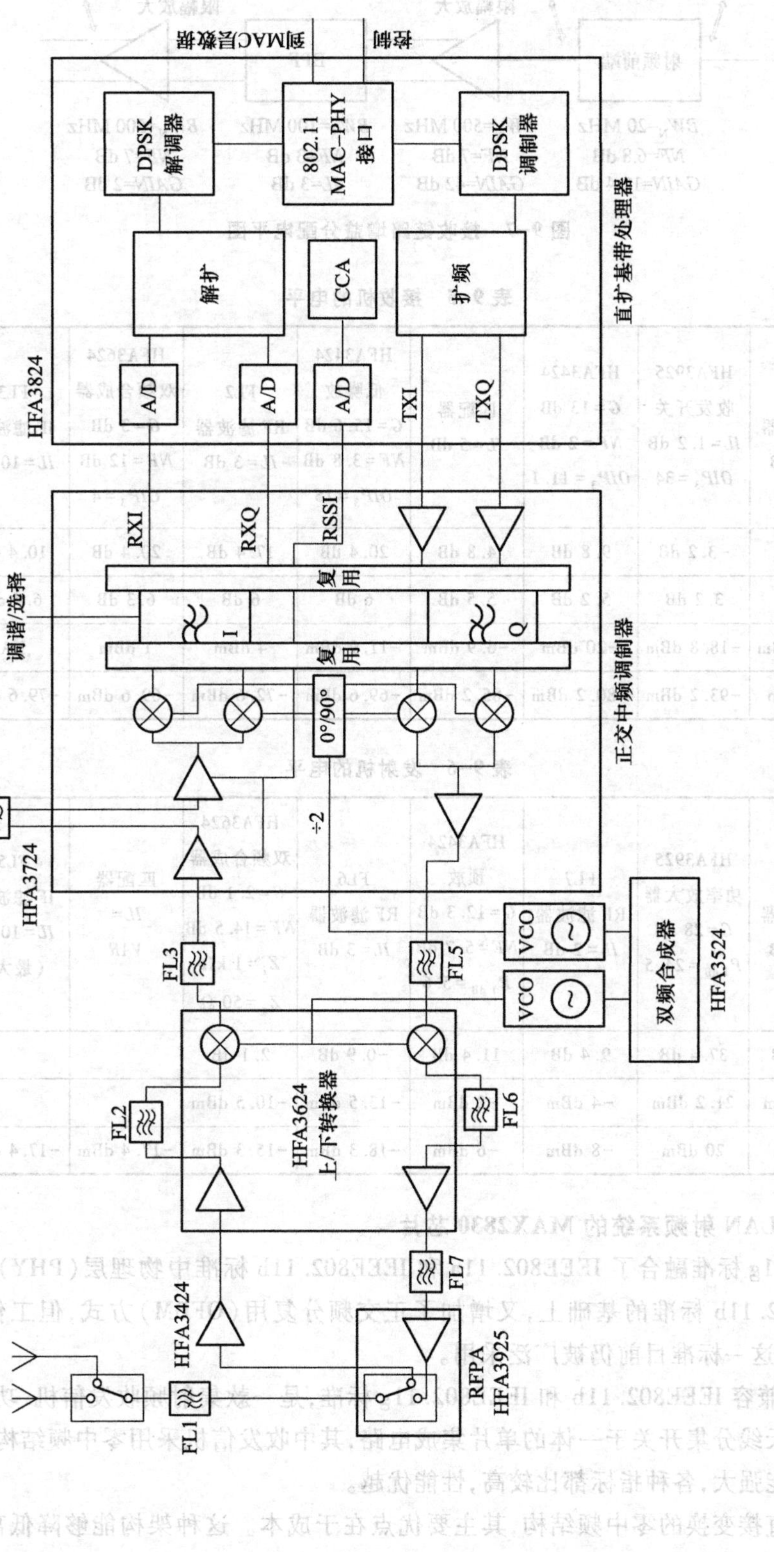
到MAC层数据
控制
DPSK
解调器
802.11
MAC-PHY
接口
DPSK
调制器
解扩
CCA
扩频
直扩基带处理器
A/D
A/D
A/D
TXI
TXQ
HFA3824
RXI
RXQ
RSSI
复用
复用
I
Q
0°/90°
÷2
调谐/选择
正交中频调制器
FL4
HFA3724
FL3
FL5
VCO
VCO
双频合成器
HFA3524
FL2
HFA3624
上/下转换器
FL6
FL7
HFA3424
FL1
RFPA
HFA3925

图 9-6 由 Prism 芯片组成的 WLAN 系统

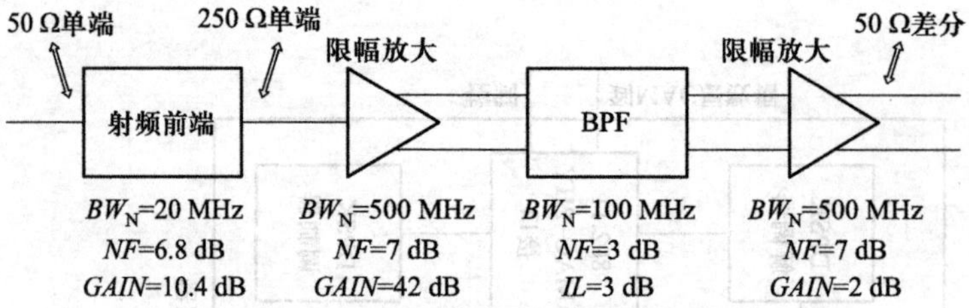
50 Ω单端
250 Ω单端
限幅放大
限幅放大
50 Ω差分
射频前端
BPF
BW_N=20 MHz
NF=6.8 dB
$GAIN$=10.4 dB
BW_N=500 MHz
NF=7 dB
$GAIN$=42 dB
BW_N=100 MHz
NF=3 dB
IL=3 dB
BW_N=500 MHz
NF=7 dB
$GAIN$=2 dB

图 9-7 接收链路增益分配电平图

表 9-5 接收机的电平

输入功率	FL1 RF 滤波器 $IL=2$ dB	HFA3925 收发开关 $IL=1.2$ dB $OIP_3=34$	HFA3424 $G=13$ dB $NF=2$ dB $OIP_3=11.1$	匹配器 $IL=5$ dB	HFA3424 低噪放 $G=15.6$ dB $NF=3.8$ dB $OIP_3=15$	FL2 RF 滤波器 $IL=3$ dB	HFA3624 双频合成器 $G=3$ dB $NF=12$ dB $OIP_3=4$	FL3 IF 滤波器 $IL=10$ dB	HFA3724 IF 限幅放大 $G=0$ dB $NF=7$ dB
增益	-2 dB	-3.2 dB	9.8 dB	4.8 dB	20.4 dB	17.4 dB	20.4 dB	10.4 dB	10.4 dB
NF	2 dB	3.2 dB	5.2 dB	5.5 dB	6 dB	6 dB	6.3 dB	6.4 dB	6.8 dB
IIP_3	-16.8 dBm	-18.8 dBm	-20 dBm	-6.9 dBm	-11.9 dBm	4 dBm	1 dBm	NA	NA
-90 dBm	-92 dBm	-93.2 dBm	-80.2 dBm	-85.2 dBm	-69.6 dBm	-72.6 dBm	-69.6 dBm	-79.6 dBm	-79.6 dBm

表 9-6 发射机的电平

输出功率	FL1 RF 滤波器 $IL=2$ dB	HFA3925 功率放大器 $G=28$ dB $P_{1\ dB}=24.5$	FL7 RF 滤波器 $IL=2$ dB	HFA3424 预放 $G=12.3$ dB $NF=5.7$ dB $P_{1\ dB}=5.6$	FL6 RF 滤波器 $IL=3$ dB	HFA3624 双频合成器 $G=2.1$ dB $NF=14.5$ dB $Z_i=1$ kΩ $Z_o=50$ Ω	匹配器 $IL=$ VAR	FL5 IF 滤波器 $IL=10$ dB (最大)	HFA3724 调制输出 $Z_o=270$ Ω
增益	35.4 dB	37.4 dB	9.4 dB	11.4 dB	-0.9 dB	2.1 dB			
$OP_{1\ dB}$	19.2 dBm	21.2 dBm	-4 dBm	-2 dBm	-13.5 dBm	-10.5 dBm			
P_{out}	18 dBm	20 dBm	-8 dBm	-6 dBm	-18.3 dBm	-15.3 dBm	-17.4 dBm	-17.4 dBm	-10.4 dBm

3. 用于 WLAN 射频系统的 MAX2830 芯片

IEEE802.11g 标准融合了 IEEE802.11a 和 IEEE802.11b 标准中物理层(PHY)的要求,调制方式在 IEEE802.11b 标准的基础上,又增加了正交频分复用(OFDM)方式,但工作频率仍然在 2.4 GHz频段。这一标准目前仍被广泛采用。

MAX2830 兼容 IEEE802.11b 和 IEEE802.11g 标准,是一款集射频收发信机、功率放大器、收发转换开关与天线分集开关于一体的单片集成电路,其中收发信机采用零中频结构,如图 9-9 所示。该芯片功能强大,各种指标都比较高,性能优越。

系统采用直接变换的零中频结构,其主要优点在于成本。这种架构能够降低离散滤波的要

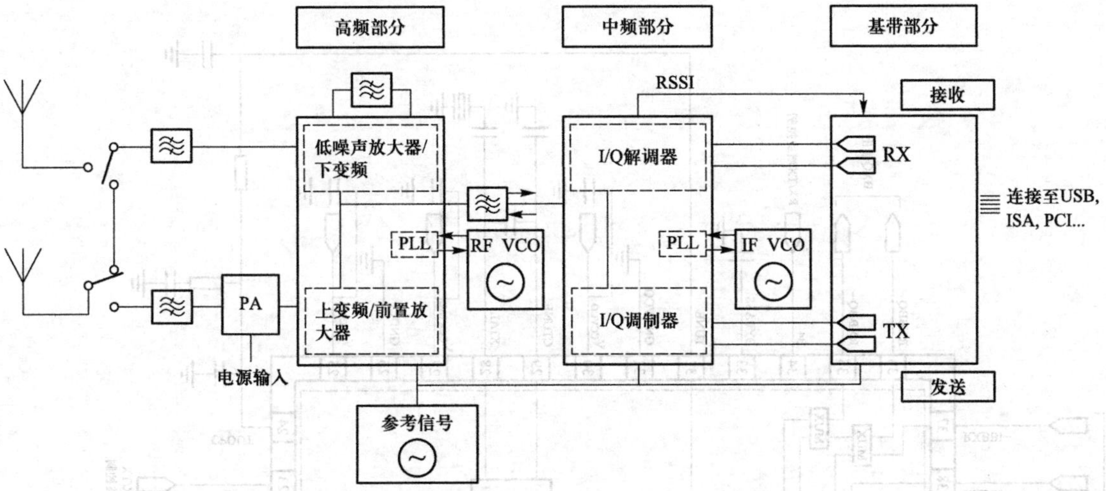
高频部分
中频部分
基带部分
RSSI
接收
低噪声放大器/下变频
I/Q解调器
RX
连接至USB, ISA, PCI...
PLL
RF VCO
PLL
IF VCO
PA
上变频/前置放大器
I/Q调制器
TX
电源输入
发送
参考信号

图 9-8　基于 Prism2 芯片组的 WLAN 系统框图

求，减少电路板面积、元器件数量和系统功耗，也为降低成本和加快产品上市指明了方向。另外，零中频在射频前端为镜像信号抑制和中频信道选择减少了昂贵的射频滤波器件，提高了系统的集成度。但是，由于射频信号直接转换到基带，信号的增益放大和滤波就能在直流处实现。另外，由于本振与输入信号的频率相同，信号能在输入信号的直流分量中找到。在这个过程中，信号链路固有的直流偏移会无意中被放大，反过来会降低电路的动态范围。当然，在某些信道内的本振信号泄漏被送至混频器的射频前端并紧接着被下变频时，也会产生直流偏移问题。为了防止信号受到这些直流偏移的影响，必须采取措施确保信号频率的组成部分之间没有交叠。固有的直流偏移可通过精心的布局布线技术以及校准电路来解决。

需要说明，针对具有 OFDM 调制的高速 WLAN 系统（如 IEEE802.11g 的 54 Mbit/s），采用超低中频架构更为有利：① 一个 54 Mbit/s 的信号能通过带宽为 20 MHz 的信道发送出去，频谱利用率高；② 超低中频架构使得 OFDM 高速子信道滤波工作在数百个 kHz 级的窄频段执行，没有零中频架构的直流偏移问题；③ 由正交下变频可抑制射频镜像信号；④ 可降低对 A/D 转换器的动态范围要求；⑤ 功耗普遍要低于零中频产生的功耗。

4. 单频多模多天线 WLAN 系统实现

在一个频段上实现多种 WLAN 物理层协议（多模）是经常应用的方式，特别是在 2.4 GHz 频段，可以实现 IEEE802.11b/g/n 等多种模式，而其 MAC 甚至 BBP 单元基本可以通用。图 9-10 为一款单频多模多天线 WLAN 系统芯片框图。

5. 单片双频 WLAN 射频系统实现

随着集成度的提高，将用于 WLAN 的 2.4 GHz 和 5 GHz 两个频段以及多种工作模式（IEEE802.11b/a/g/n/ac 等）的主要射频功能集成到单一芯片中已经成为可能，目前的 WLAN 芯片厂商大都能够做到。这种集成已经不是单元电路级的集成，电路结构已不会发生大的变化，而是系统级的集成。当然，有些芯片也将 BBP 和 MAC 的部分功能集成进来。图 9-11 为一款单片双频 WLAN 射频系统芯片框图。

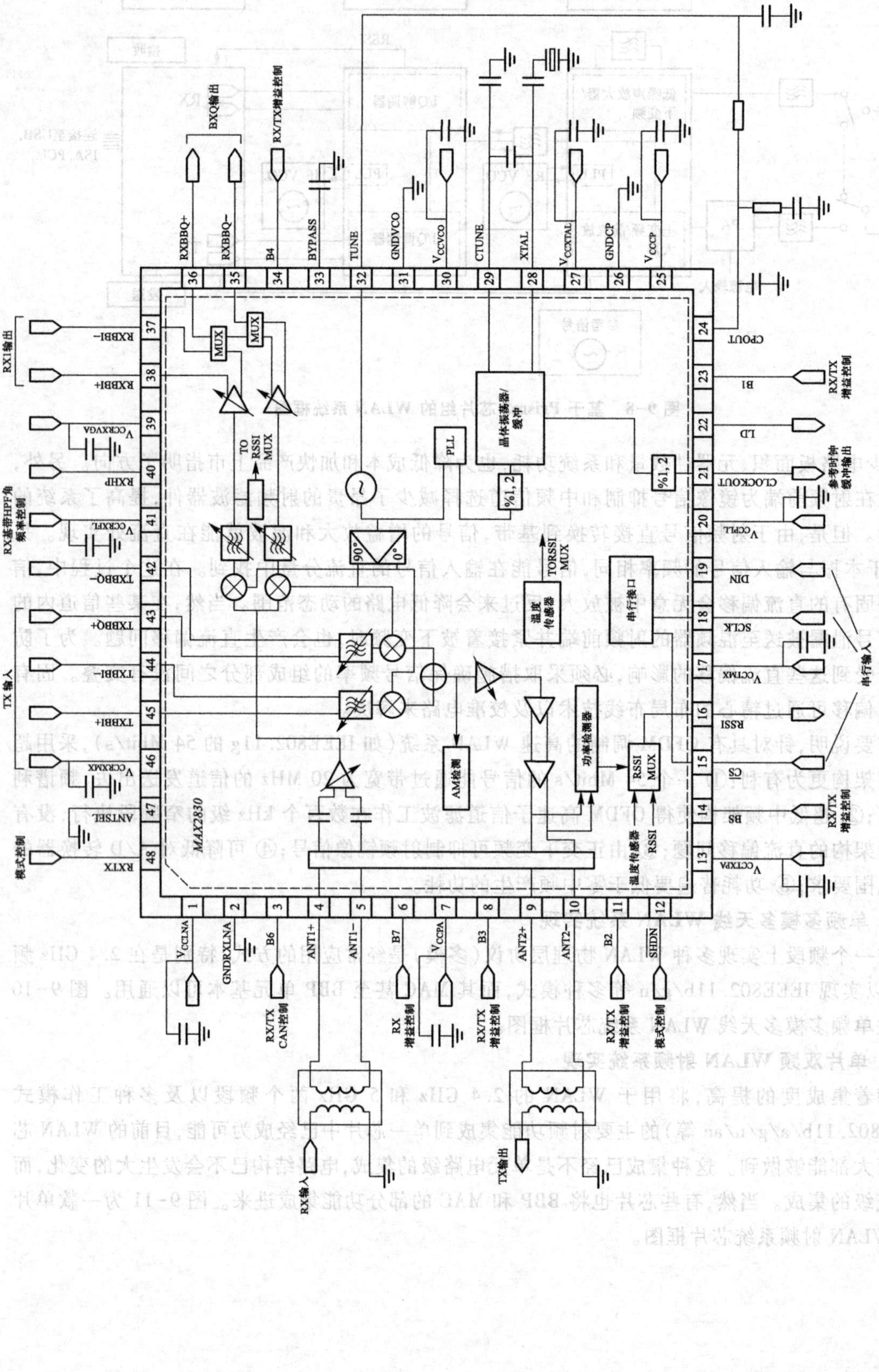
RXBBQ+
RXBBQ−
B4
BYPASS
TUNE
GNDVCO
VCCVCO
CTUNE
XTAL
VCCXTAL
GNDCP
VCCCP
CPOUT
B1
LD
CLOCKOUT
VCCPLL
DIN
SCLK
VCCTMX
RSSI
CS
B5
VCCTXPA
RXBBI−
RXBBI+
VCCRXVGA
RXHP
VCCRXFL
TXBBQ−
TXBBQ+
TXBBI−
TXBBI+
VCCRXMX
ANTSEL
RXTX
VCCLNA
GNDRXLNA
B6
ANT1+
ANT1−
B7
VCCPA
B3
ANT2+
ANT2−
B2
SHDN
MAX2830
MUX
TO RSSI MUX
PLL
晶体振荡器/缓冲
%1, 2
TORSSI MUX
温度传感器
串行接口
功率检测器
RSSI MUX
AM检测
温度传感器
RSSI
BXQ输出
RX/TX增益控制
RX1输出
RX基带HPF角频率控制
TX输入
模式控制
RX/TX CAN控制
RX 增益控制
RX/TX 增益控制
模式控制
RX输入
TX输出
参考时钟缓冲输出
串行输入

图 9-9　MAX2830内部框图

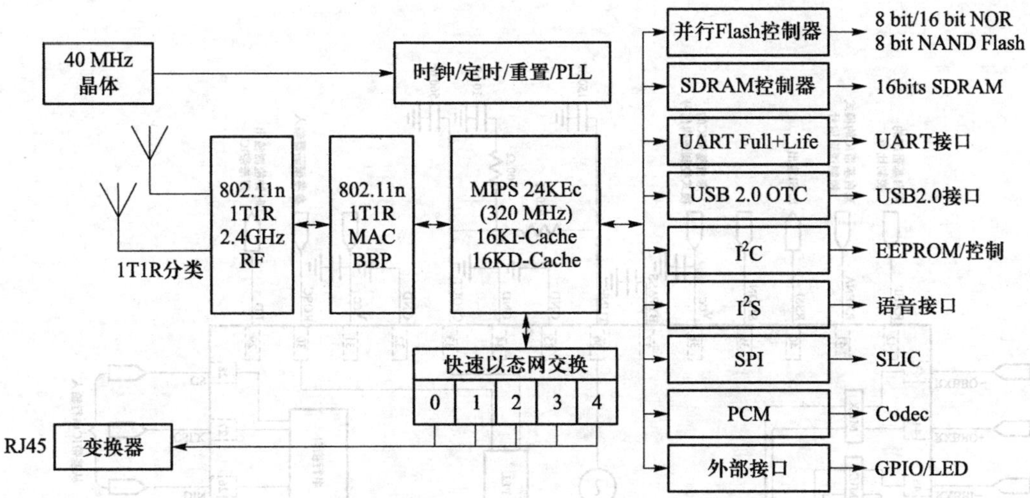
40 MHz 晶体
时钟/定时/重置/PLL
802.11n 1T1R 2.4GHz RF
802.11n 1T1R MAC BBP
MIPS 24KEc (320 MHz) 16KI-Cache 16KD-Cache
1T1R分类
快速以态网交换
0 1 2 3 4
RJ45
变换器
并行Flash控制器
8 bit/16 bit NOR
8 bit NAND Flash
SDRAM控制器
16bits SDRAM
UART Full+Life
UART接口
USB 2.0 OTC
USB2.0接口
I2C
EEPROM/控制
I2S
语音接口
SPI
SLIC
PCM
Codec
外部接口
GPIO/LED

图 9-10 单频多模多天线 WLAN 系统芯片框图

三、WLAN 射频电路中的关键技术

1. 频率变换

WLAN 系统中的频率变换主要是上/下混频和正交调制/解调。对它们的要求是线性度高、动态范围大、隔离度大,但对正交调制/解调还要求两支路的平衡性要好。

理想的频率变换电路应该是一个乘法器,但由于馈通(feedthrough)路径的存在以及其他因素,使得频率变换电路甚至放大器都产生非线性。这将严重影响系统的传输性能,应该引起足够的重视。

对 WLAN 的 RF 的一个很大的挑战就是干扰问题。微波炉和其他非扩频的窄带干扰、蓝牙系统与 IEEE802. 11b 的干扰、无绳电话和 Home RF 的干扰等,都对 WLAN 的前端电路,特别是频率变换电路产生影响。

2. 自动增益控制(AGC)

信号在空间传播过程中,由于环境和通信距离的变化,使得接收机接收的信号电平出现起伏变化,从而引起解调性能的变化。如果接收信号太强,可能会导致接收机前端电路的饱和,产生阻塞;如果接收信号太弱,也会导致接收机解调器的信噪比恶化,甚至不能工作。为了有效地恢复出发送的信号,应使解调器的输入信号保持在一个相对固定的电平。这就需要借助于自动增益控制电路实现。

由第八章可知,AGC 电路由可变增益放大器或可变衰减器、检波器和 AGC 控制电路三部分组成。其中,检波器用来检测接收信号电平的变化,AGC 控制电路产生 AGC 控制电压或电流,用此控制电压或电流去控制可变增益放大器或可变衰减器的增益或衰减,使得可变增益放大器或可变衰减器的输出信号电平基本不随输入信号电平变化。

自动增益控制电路的主要性能指标为建立时间和动态范围,在 WLAN 等高速突发无线通信中,对自动增益控制电路的要求更为严格,其实现也更为困难。建立时间对于高速突发通信而言尤为重要,它与环路滤波器(低通)带宽和环路放大倍数有关。对于环路滤波器,既要保证能滤出有用信号,又要能保证有足够大的带宽,以缩短建立时间。也可以采用特殊的 AGC 电路,如对数放大器、高增益放大器+带通滤波器等。

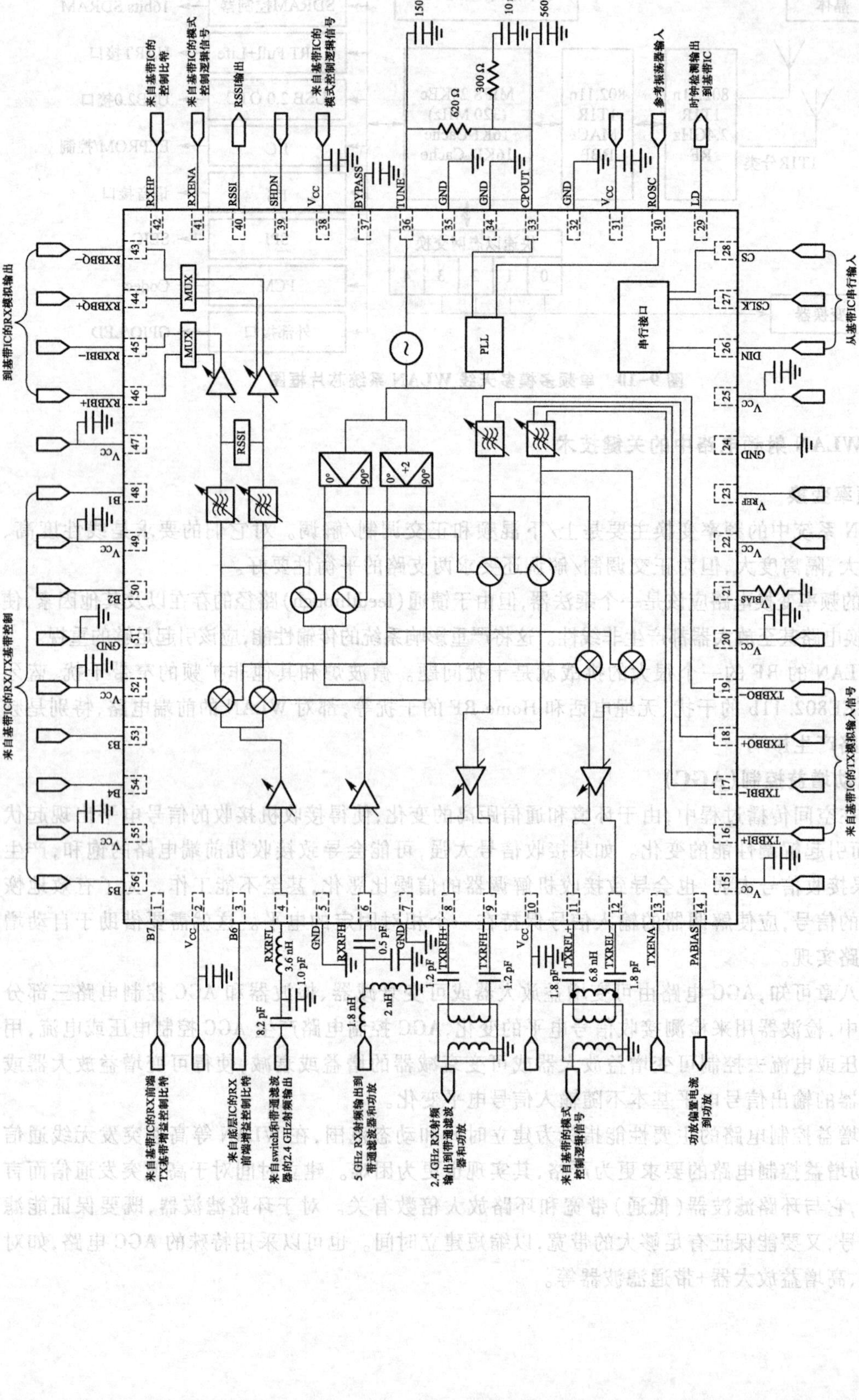
RXHP
RXENA
RSSI
SHDN
V_{CC}
BYPASS
TUNE
GND
GND
CPOUT
GND
V_{CC}
ROSC
LD
CS
CSLK
DIN
V_{CC}
GND
V_{REF}
V_{CC}
BIAS
V_{CC}
TXBBQ−
TXBBQ+
TXBBI−
TXBBI+
V_{CC}
PABIAS
TXENA
TXRFL−
TXRFL+
V_{CC}
TXRFH−
TXRFH+
GND
RXRFH
GND
RXRFL
B6
V_{CC}
B7
B5
V_{CC}
B4
B3
V_{CC}
GND
B2
V_{CC}
B1
V_{CC}
RXBBI+
RXBBI−
RXBBQ+
RXBBQ−
MUX
MUX
RSSI
PLL
串行接口
150 pF
10 nF
560 pF
300 Ω
620 Ω
3.6 nH
1.0 pF
8.2 pF
0.5 pF
1.8 nH
2 nH
1.2 pF
1.2 pF
1.8 pF
6.8 nH
1.8 pF
来自基带IC的RX/TX基带控制
到基带IC的RX模拟输出
从基带IC串行输入
来自基带IC的TX模拟输入信号
来自基带IC的控制比特
来自基带IC的模式控制逻辑信号
RSSI输出
来自基带IC的模式控制逻辑信号
参考振荡器输入
时钟检测输出到基带IC
来自基带IC的RX前端TX基带增益控制比特
来自底层IC的RX前端增益控制比特
来自switch和带通滤波器的2.4 GHz射频输出
5 GHz RX射频输出到带通滤波器和功放
2.4 GHz RX射频输出到带通滤波器和功放
来自基带的模式控制逻辑信号
功放偏置电流到功放

图 9-11　单片双频 WLAN 射频系统芯片框图

3. 功率控制(power control)

无线局域网的发射功率一般为微功率或中小功率,覆盖的范围也较小,因此可以只需简单地设置发射功率的等级,也可以不使用功率控制技术。但是,为了减小干扰、简化 AP 的接收机或者节省功率(节能管理),通常只在一定程度上采用功率控制技术。在物理层上,功率控制主要完成对非工作模块的电源控制和增益控制。

4. 物理载波侦听(CS)

为了减小碰撞概率,WLAN 通常采用"载波侦听"类媒体访问控制协议,如载波侦听/冲突避免(CSMA/CA)。而载波侦听(CS)有物理层的物理载波侦听和 MAC 层的虚拟载波侦听两种机制。物理载波侦听机制由 PHY 提供,其状态信息需要传送给 MAC 层。

物理载波侦听的结果用空闲信道估计 CCA(clear channel assessment)表示,而 CCA 是对接收能量检测(ED)、接收信号强度指示(RSSI)和解调输出进行综合的总体评价。其中,ED 和 RSSI 都是从接收机的射频部分取得的。不管是所需信号还是干扰,ED 都认为是能量。RSSI 只反映了带内接收信号的大小。IEEE802.11 DSSS PHY 应提供以下三种之一的空闲信道估计:

① 能量超过门限;

② 载波检测;

③ 能量超过门限及载波检测。

思考题与练习题

9-1 在进行高频系统设计时通常考虑哪些系统指标?这些系统指标与各单元电路指标的关系是怎样的?

9-2 在进行高频系统设计时如何进行链路预算和指标分配?

9-3 在对接收机进行设计时一般需要考虑哪些问题?

9-4 试对一个实际无线通信系统进行系统设计并完成各单元的指标分配。

参考文献

[1] 曾兴雯．高频电子线路[M].3 版.北京:高等教育出版社,2016.

[2] 曾兴雯,刘乃安,陈健．高频电路原理与分析[M].4 版．西安:西安电子科技大学出版社,2006.

[3] Rehzad Razavi. 射频微电子[M]. 北京:清华大学出版社,2003.

[4] Cotter W.Sayre. 完整无线设计[M]. 北京:清华大学出版社,2004.

[5] 陈邦媛．射频通信电路[M]. 北京:科学出版社,2002.

[6] Thomas H. Lee. CMOS 射频集成电路设计[M]．余志平,周润德,等译．北京:电子工业出版社,2004.

[7] 弋稳．雷达接收机技术[M]. 北京:电子工业出版社,2005.

[8] 万心平,张厥盛．集成锁相环路——原理、特性、应用[M]．北京:人民邮电出版社,1990.

[9] 张冠百．锁相与频率合成技术[M]. 北京:电子工业出版社,1990.

[10] Roland E. Best. 锁相环设计、仿真与应用[M]. 北京:清华大学出版社,2003.

[11] 冯军,谢嘉奎．电子线路(非线性部分)[M].6 版．北京:高等教育出版社,2021.

[12] 郭梯云,刘增基,等．数据传输[M]修订版．北京:人民邮电出版社,1998.

[13] Theodore S. Rappapot. Wireless Communications Principles and Practice[M]. New Jersey: Prentice Hall Inc,1996.

[14] H. Meyr and R. Subramanian. Advanced Digital Receiver Principles and Technologies for PCS[J]. IEEE Communications Magazine, 1995,vol.1:68-78.

[15] 北大路刚．抑制电子电路噪声的方法[M]. 刘宗惠译．北京:人民邮电出版社,1980.

[16] 袁杰．张友德,张凌改编．实用无线电设计[M]. 北京:电子工业出版社,2006.

[17] Daniel M.Dobkin. 无线网络 RF 工程:硬件、天线和传播[M]. 北京:科学出版社,2007.

[18] 杨小牛,楼才义,徐建良,等．软件无线电技术原理与应用[M]. 北京:电子工业出版社,2010.

[19] Smith J. Modern Communication Circuits[M]. New York:McGraw-Hill Book Company,1986.

[20] H. L. 克劳斯,等．固态无线电技术[M]．秦士,姚玉洁译．北京:高等教育出版社,1987.

[21] Horowitz P, Hill W. The Art of Electronic[M],2nd ed. New York: Cambridge University Press, 1989.

[22] K. K. 克拉克,D. T. 希斯．通信电路:分析与设计[M]. 北京:人民教育出版社,1980.

[23] 荆震．高稳定晶体振荡器[M]. 北京:国防工业出版社,1975.

[24]《实用电子电路手册(模拟电路分册)》编写组．实用电子电路手册(模拟电路分册)

[M]. 北京:高等教育出版社,1991.

[25] 沙济彰,陆曼如 . 非线性电子线路[M]. 西安:西安电子科技大学出版社,1993.

[26] 张肃文.高频电子电路[M].5 版 . 北京:高等教育出版社,2013.

[27] 胡见堂,等.固态高频电路[M].长沙:国防科技大学出版社,1999.

[28] 周子文.模拟乘法器及其应用[M].北京:高等教育出版社,1983.

[29] 沈伟慈.高频电路[M].西安:西安电子科技大学出版社,2000.

[30] 梁昌洪.微波五讲[M].北京:高等教育出版社,2014.

[31] Sajal Kumar Das.移动终端系统设计[M].王立宁译.北京:人民邮电出版社,2012.